Müller u. a.
Übungsbuch PHYSIK

Übungsbuch PHYSIK

Von Dr. rer. nat. **Peter Müller** (Federführender)
Dr. rer. nat. **Hilmar Heinemann**
Dr. rer. nat. **Heinz Krämer**
Prof. Dr. rer. nat. **Hellmut Zimmer**

8., neubearbeitete Auflage

Mit 572 Bildern, 298 Kontrollfragen mit Antworten,
88 durchgerechneten Beispielen sowie
479 Aufgaben mit Lösungsformeln und Ergebnissen

Fachbuchverlag Leipzig
im Carl Hanser Verlag

Die Deutsche Bibliothek – CIP-Einheitsaufnahme

Übungsbuch PHYSIK : mit 298 Kontrollfragen mit Antworten, 88 durchgerechneten Beispielen sowie 479 Aufgaben mit Lösungsformeln und Ergebnissen / von Peter Müller (Federführender) ... – 8., neubearb. Aufl. – München ; Wien : Fachbuchverl. Leipzig im Hanser-Verl., 1996

Bis 7. Auflage u.d.T.: Physik - Verstehen durch Üben

ISBN 3-446-18847-9

NE: Müller, Peter [Hrsg.]

Fachbuchverlag Leipzig im Carl Hanser Verlag

Satzherstellung: Dr. Steffen Naake, Chemnitz
Druck: Druckhaus Köthen GmbH
Printed in Germany

Vorwort

Das vorliegende Buch ist die Fortführung des Titels „Physik – Verstehen durch Üben“, der sich seit reichlich anderthalb Jahrzehnten in der Physikausbildung nichtzugeordneter Studiengänge an Universitäten und Fachhochschulen bewährt hat. Es wurde vor allem für Studenten ingenieurtechnischer Fachrichtungen geschrieben und ist als Grundlage sowohl für seminaristische Übungen der Anfangssemester als auch für das Selbststudium gedacht. Am Ort seines Entstehens, der Technischen Universität Dresden, findet das ihm zugrunde liegende Lehrkonzept bis heute erfolgreiche Anwendung. Außer für den ursprünglichen Adressatenkreis hat sich das Buch inzwischen noch für zahlreiche andere Interessenten als nützlich erwiesen, die sich mit den Arbeitsmethoden der Physik durch eigene schöpferische Tätigkeit auseinandersetzen wollen, so z. B. Schüler an Gymnasien mit verstärkter mathematisch-physikalischer Ausbildung oder auch Physikstudenten in den ersten Semestern.

Durch das Lösen physikalischer Übungsaufgaben wird die Fähigkeit geschult, in Vorgängen der Natur oder in technischen Sachverhalten physikalische Fragestellungen zu erkennen, diese mathematisch zu formulieren sowie Lösungen der mathematischen Formen zu finden und physikalisch zu interpretieren. Diese Fähigkeit kann als eine wichtige Erweiterung des wissenschaftlichen Horizonts in nahezu allen akademischen Berufen angesehen werden; sie ist aber natürlich besonders für solche Berufe wichtig, die traditionell auf die enge Zusammenarbeit mit Physikern orientiert sind.

Jeder, der selbst einmal begonnen hat, sich mit physikalischen Fragen eingehender auseinanderzusetzen, kennt die Schwierigkeiten und Mühen, die dabei auftreten. Das **Übungsbuch** verfolgt das Ziel, den Aneignungsprozeß zu erleichtern und Hilfestellung zu geben, die so weit wie irgend möglich dem individuellen Auffassungsvermögen des Lernenden angepaßt werden kann.

Die Arbeit mit dem Buch setzt Kenntnisse aus einer Vorlesung oder einem Lehrbuch voraus. Die 42 behandelten Stoffgebiete sind nach ihrer Bedeutung für die Praxis des Ingenieurs und nach ihrer Eignung für die mathematische Behandlung ausgewählt worden. Der Aufbau des Buches ist so gestaltet, daß der Benutzer in weiten Grenzen die Möglichkeit hat, ein eigenes Programm mit ausgewählten Stoffeinheiten zusammenzustellen. Allerdings muß er beachten, daß die weiter hinten stehenden Kapitel – vor allem innerhalb der jeweiligen Hauptabschnitte Mechanik, Thermodynamik usw. – vielfach auf die vorangegangenen Stoffeinheiten aufbauen.

Jedes Stoffgebiet gliedert sich in vier Haupteinheiten:

GRUNDLAGEN, **KONTROLLFRAGEN**, **BEISPIELE** und **AUFGABEN**.

In den GRUNDLAGEN wird in gedrängter Form ein Überblick über die wichtigsten physikalischen Gesetzmäßigkeiten gegeben, die für das Lösen der Aufgaben benötigt werden. Insbesondere wird empfohlen, zum Lösen der später folgenden Aufgaben stets nur auf die Gleichungen zurückzugreifen, die in diesem Teil vorkommen. Daneben sind die GRUNDLAGEN sehr gut für die zusammenfassende Wiederholung des Lehrstoffes, z. B. bei Prüfungsvorbereitungen, geeignet.

Die KONTROLLFRAGEN bieten dem Leser des Buches die Möglichkeit, seine Kenntnisse zu überprüfen. Die Antworten können im Anhang nachgelesen werden.

In den BEISPIELEN sind zu jedem Stoffgebiet die wichtigsten Grundtypen von Aufgaben ausführlich vorgerechnet. Hier kann sich der Leser mit „Know-how" versorgen, wenn er bei einer der Aufgaben nicht weiterkommt. Am größten ist der Lerneffekt allerdings dann, wenn er versucht, auch die Beispiele zunächst ohne Blick auf die Lösungen zu rechnen und nur im äußersten Notfall bzw. am Schluß nachzuschauen, wie der richtige Lösungsweg aussieht. Im übrigen sollte man gelegentlich auch im Auge behalten, daß die vorgerechneten Lösungen nicht den Anspruch erheben können, den einzig richtigen Weg zum Ergebnis zu zeigen. Kritische Betrachtung ist immer, und hier ganz besonders, angebracht!

Beim Lösen der AUFGABEN sollte sich der Leser von Anfang an konsequent an zwei Vorgaben halten: Erstens sollten alle Gleichungen, die nicht in den GRUNDLAGEN enthalten sind, selbst hergeleitet und nicht aus anderen Büchern, Formelsammlungen u. ä. übernommen werden. Zweitens sollten alle Probleme so weit wie möglich bis zur Endformel allgemein, d. h. ohne Verwendung der gegebenen Zahlenwerte, behandelt werden. Für die abschließende Zahlenrechnung findet der Leser eventuell benötigte physikalische Konstanten und auch Zusammenhänge zwischen unterschiedlichen Einheiten auf den inneren Umschlagseiten des Buches. Die Ergebnisse aller Aufgaben befinden sich im Anhang.
Gegenüber der 7. Auflage von „Physik – Verstehen durch Üben" wurde neben einer Reihe inhaltlicher Verbesserungen und Fehlerkorrekturen vor allem die äußere Form des Buches ansprechender und zeitgemäßer gestaltet. Von der veränderten Kennzeichnung der Stoffabschnitte, Fragen und Aufgaben erhoffen sich die Autoren und der Verlag, daß sich die Handhabung des Buches für den Leser spürbar erleichtert.
Nach wie vor sind Änderungs- und Ergänzungswünsche, Verbesserungsvorschläge sowie Informationen über Erfahrungen mit dem Buch aus dem Kreis der Lehrenden und Lernenden willkommen.

Die ausführlichen Lösungen aller Aufgaben aus dem „Übungsbuch PHYSIK" sind in den Werken „**PHYSIK in Aufgaben und Lösungen**", Teil I (ISBN 3-446-00868-3) und Teil II (ISBN 3-446-00885-3) enthalten, die ebenfalls im Fachbuchverlag Leipzig erschienen sind.

Besonders hingewiesen sei darauf, daß an Stelle der früher dem Buch beigefügten Formelsammlung jetzt eine selbständige Publikation „**Kleine Formelsammlung PHYSIK**" (Fachbuchverlag Leipzig, ISBN 3-446-00849-7) im Buchhandel erhältlich ist.

Die Autoren

Inhaltsverzeichnis

M Mechanik

M 1 Bewegung auf einer Geraden

GRUNDLAGEN

1 Geschwindigkeit und Beschleunigung

Die Bewegung einer Punktmasse auf einer Geraden (z. B. in x-Richtung) wird durch die **Ort-Zeit-Funktion** $x = x(t)$ vollständig beschrieben.

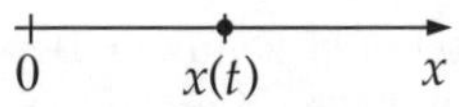

Da die Definitionen

$$\text{Geschwindigkeit} \quad v_x = \frac{\mathrm{d}x}{\mathrm{d}t} = \dot{x}$$

$$\text{Beschleunigung} \quad a_x = \frac{\mathrm{d}v_x}{\mathrm{d}t} = \dot{v}_x = \frac{\mathrm{d}^2 x}{\mathrm{d}t^2} = \ddot{x}$$

gelten, gewinnt man durch Differentiation der Ort-Zeit-Funktion $x(t)$ die **Geschwindigkeit-Zeit-Funktion** $v_x(t)$ und die **Beschleunigung-Zeit-Funktion** $a_x(t)$. Auch der umgekehrte Weg ist möglich: Kennt man z. B. die zeitliche Abhängigkeit der Beschleunigung, so gewinnt man durch Integration unter Berücksichtigung der Anfangsbedingungen $v_x(0) = v_{x0}$ und $x(0) = x_0$ die Geschwindigkeit-Zeit-Funktion und die Ort-Zeit-Funktion.

2 Bewegungsformen

Es können folgende Bewegungen unterschieden werden:

Ruhe:

$$v_x = 0$$
$$x = \text{const}$$

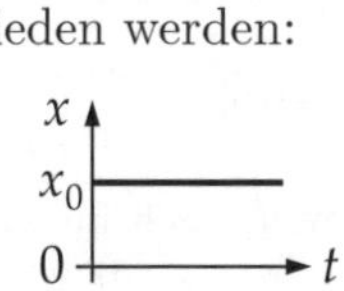

Gleichförmige Bewegung:

$$a_x = 0$$
$$v_x = \text{const}$$
$$x = v_x t + x_0$$

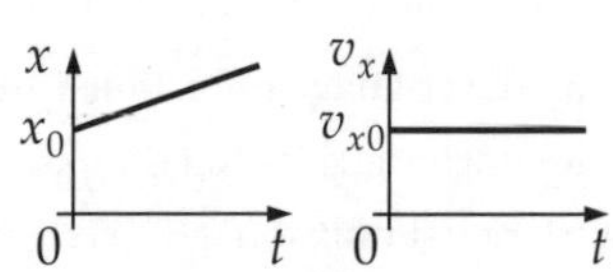

Gleichmäßig beschleunigte Bewegung:

$$a_x = \text{const}$$
$$v_x = a_x t + v_{x0}$$
$$x = \frac{a_x}{2} t^2 + v_{x0} t + x_0$$

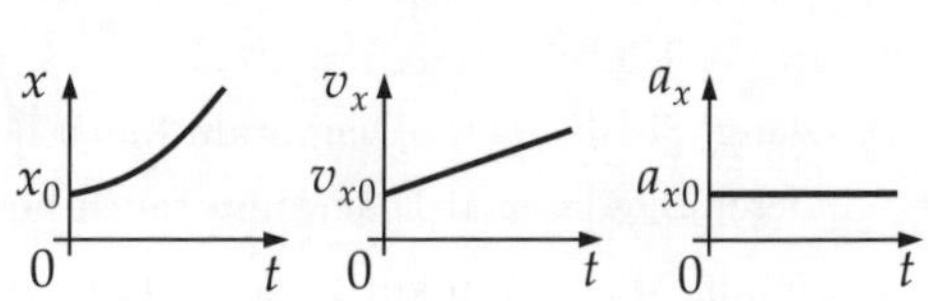

Ungleichmäßig beschleunigte Bewegung:

$$a_x = a_x(t)$$

z. B. harmonische Schwingung

$$\begin{aligned} x &= x_{\mathrm{m}} \cos \omega t \\ v_x &= -x_{\mathrm{m}} \omega \sin \omega t = -v_{x\mathrm{m}} \sin \omega t \\ a_x &= -x_{\mathrm{m}} \omega^2 \cos \omega t = -a_{x\mathrm{m}} \cos \omega t \end{aligned}$$

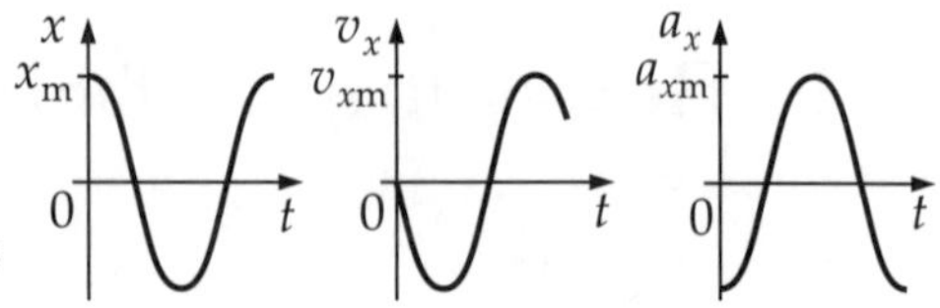

KONTROLLFRAGEN

M 1-1
Unter welcher Voraussetzung kann zur Berechnung der Geschwindigkeit die Formel $v_x = \dfrac{x}{t}$ verwendet werden?

M 1-2
Leiten Sie aus der Bedingung $a_x = \mathrm{const}$ die Ort-Zeit Funktion der gleichmäßig beschleunigten Bewegung her! Erklären Sie dabei die physikalische Bedeutung der Integrationskonstanten!

M 1-3
Stellen Sie die Beschleunigung a_x, die Geschwindigkeit v_x, und den Ort x einer gleichmäßig beschleunigten Bewegung ($a_x < 0$, $v_{x0} > 0$, $x_0 > 0$) als Funktion der Zeit (qualitativ) grafisch in je einem Diagramm dar!

M 1-4
Weisen Sie nach, daß die harmonische Schwingung $x = x_{\mathrm{m}} \sin \omega t$ eine ungleichmäßig beschleunigte Bewegung ist!

M 1-5
Gegeben sind die Beschleunigung $a(t) = A\,\mathrm{e}^{-Bt}$. A und B sind Konstanten. Ermitteln Sie die Ort-Zeit-Funktion $s(t)$ mit den Anfangsbedingungen $s(0) = s_0$ und $v(0) = v_0$!

BEISPIELE

1. Zeitabhängige Beschleunigung

Ein geladenes Teilchen (Ion) bewegt sich im Vakuum kräftefrei mit der Geschwindigkeit v_{x0} längs der x-Achse. Am Ort x_0 tritt es zur Zeit $t = 0$ in ein elektrisches Gegenfeld ein und bewegt sich mit der Beschleunigung $a_x = bt$ weiter.

a) Skizzieren Sie das $a_x(t)$-Diagramm (auch für $t < 0$)!

b) Leiten Sie die Geschwindigkeit-Zeit-Funktion $v_x = v_x(t)$ für $t \geqq 0$ her!

c) Leiten Sie die Ort-Zeit-Funktion $x = x(t)$ für $t \geqq 0$ her!

d) Zu welcher Zeit t_{U} ändert sich die Bewegungsrichtung?

e) Wo ist der Umkehrort x_{U}?

f) Skizzieren Sie das $v_x(t)$-Diagramm (auch für $t < 0$)!

g) Skizzieren Sie das $x(t)$-Diagramm (auch für $t < 0$)!

$x_0 = 3{,}0$ mm $\quad v_{x0} = 2{,}0$ km/s $\quad b = -0{,}75 \cdot 10^{15}$ m/s^3

Lösung

a) Die Beschleunigung ist eine lineare Funktion der Zeit und wegen $b < 0$ im $a_x(t)$-Diagramm eine fallende Gerade. Das absolute Glied fehlt, deshalb beginnt sie im Koordinatenursprung. Für $t < 0$ ist $a_x = \ddot{x} = 0$.

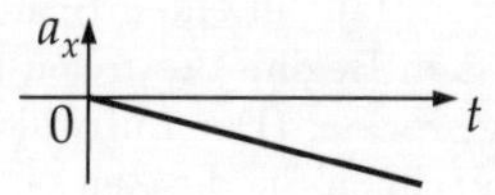

b) Mit der Beschleunigung

$$\ddot{x} = bt$$

ergibt sich durch Integration

$$\dot{x} = b \int t \, \mathrm{d}t$$

$$\dot{x} = \frac{b}{2}t^2 + C_1; \quad C_1 = v_{x0}$$

Damit ist die Geschwindigkeit-Zeit-Funktion

$$\underline{v_x = \frac{b}{2}t^2 + v_{x0}}$$

c) Die Geschwindigkeit-Zeit-Funktion wird noch einmal integriert.

$$x = \int \left(\frac{b}{2}t^2 + v_{x0}\right) \mathrm{d}t$$

$$x = \frac{b}{6}t^3 + v_{x0}t + C_2; \quad C_2 = x_0$$

Damit erhalten wir die Ort-Zeit-Funktion

$$\underline{x = \frac{b}{6}t^3 + v_{x0}t + x_0}$$

d) Das Ion hat zur Zeit $t = 0$ die positive Geschwindigkeit v_{x0}. Das Gegenfeld verringert die Geschwindigkeit und bewirkt eine Umkehr. Zur Zeit t_U, wenn es die Bewegungsrichtung ändert, hat es die Geschwindigkeit Null. Zu diesem Zeitpunkt lautet der Zusammenhang zwischen Geschwindigkeit und Zeit:

$$0 = \frac{b}{2}t_U^2 + v_{x0}$$

Damit erhalten wir die Umkehrzeit

$$\underline{t_U = \sqrt{-\frac{2v_{x0}}{b}}} = \sqrt{+\frac{4,0 \cdot 10^3 \text{ m} \cdot \text{s}^3}{0,75 \cdot 10^{15} \text{ m} \cdot \text{s}}} = \underline{\underline{2,3 \mu\text{s}}}$$

e) Den Umkehrort berechnen wir mit der Ort-Zeit-Funktion.

$$\underline{x_U = \frac{b}{6}t_U^3 + v_{x0}t_U + x_0}$$

$$x_U = (-1,5 + 4,6 + 3,0) \cdot 10^{-3} \text{ m} = \underline{\underline{6,1 \text{ mm}}}$$

f) Die Funktion $v_x(t)$ stellt wegen $b < 0$ eine nach unten geöffnete Parabel dar, deren Scheitel die Koordinaten $t_0 = 0$ und $v_{x0} = 0$ hat. Bei $t = t_U$ wird die t-Achse geschnitten. Für $t < 0$ hat das Ion die konstante Geschwindigkeit v_{x0}.

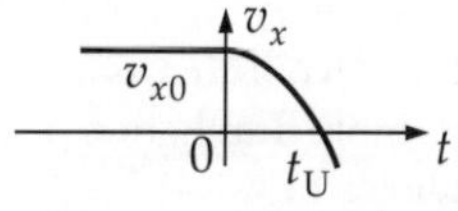

g) Die Funktion $x(t)$ ist im Bereich $t \geqq 0$ eine kubische Parabel. Der Umkehrpunkt (t_U, x_U) ist das Maximum der Parabel. Die Parabel schließt sich bei $t = 0$ an eine Gerade an, weil Für $t < 0$ das Ion eine konstante Geschwindigkeit hat.

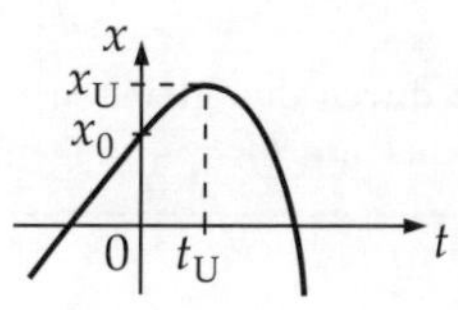

2. Zwei verschiedene Bewegungen

Ein Stein fällt in einen Brunnen. Seine Anfangsgeschwindigkeit ist Null. Ein Zeitintervall Δt nach dem Beginn des freien Falles wird ein zweiter Stein mit der Anfangsgeschwindigkeit v_{z0}^* nachgeworfen. (Der Luftwiderstand bleibt unberücksichtigt.)

a) Berechnen Sie die Zeit t_1, die nach Bewegungsbeginn des ersten Steines vergeht, bis dieser vom zweiten Stein überholt wird!

b) In welcher Tiefe z_1 findet der Überholvorgang statt?

c) Skizzieren Sie den Verlauf der Bewegung beider Steine im $z(t)$-Diagramm!

$v_{z0}^* = 20\ \mathrm{m/s} \quad g = 10\ \mathrm{m/s^2} \quad \Delta t = 1{,}0\ \mathrm{s}$

Lösung

a) Beide Steine führen eine gleichmäßig beschleunigte Bewegung nach unten (in positiver z-Richtung) aus.

Die Ort-Zeit-Funktion lautet für den ersten Stein

$$z = \frac{g}{2}t^2$$

Für den zweiten Stein gilt

$$z^* = \frac{g}{2}(t - \Delta t)^2 + v_{z0}^*(t - \Delta t)$$

wobei der spätere Start dadurch berücksichtigt ist, daß $\Delta t > 0$ von der Zeit abgezogen wurde. Beim Überholvorgang, der zur Zeit t_1 stattfindet, sind beide Steine am gleichen Ort:

$$z_1 = z_1^*$$

Daraus folgt

$$\frac{g}{2}t_1^2 = \frac{g}{2}(t_1 - \Delta t)^2 + v_{z0}^*(t_1 - \Delta t)$$

Diese Gleichung muß nach t_1 aufgelöst werden.

$$\frac{g}{2}t_1^2 = \frac{g}{2}t_1^2 - g t_1 \Delta t + \frac{g}{2}(\Delta t)^2 + v_{z0}^* t_1 - v_{z0}^* \Delta t$$

$$t_1(v_{z0}^* - g\Delta t) = \left(v_{z0}^* - \frac{g}{2}\Delta t\right)\Delta t$$

$$\underline{t_1 = \frac{v_{z0}^* - \frac{g}{2}\Delta t}{v_{z0}^* - g\Delta t}}\Delta t = \underline{\underline{1{,}5\ \mathrm{s}}}$$

Das Problem ist nur lösbar, wenn $v_{z0}^* > g\Delta t$ ist, d. h., die Startgeschwindigkeit des zweiten Steines muß größer sein als die Geschwindigkeit, die der erste Stein bis dahin erreicht hat.

b) $$\underline{z_1 = \frac{g}{2}t_1^2} = \underline{\underline{11\ \mathrm{m}}}$$

c) Beide Kurven sind, weil der Ort quadratisch von der Zeit abhängt, Parabeln. Beide sind wegen $\ddot{z} = \ddot{z}^* = g > 0$ nach oben geöffnet. Der Scheitel von

$$z = \frac{g}{2}t^2 \qquad \text{(Stein I)}$$

liegt im Koordinatenursprung, und die zugehörige Parabel muß durch den Punkt (t_1, z_1) gehen. Die zweite Parabel

$$z^* = v_{z0}^*(t - \Delta t) + \frac{g}{2}(t - \Delta t)^2 \qquad \text{(Stein II)}$$

geht durch den gleichen Punkt. Sie beginnt aber zur Zeit $\Delta t < t_1$ am Ort $z_0^* = 0$ mit positiver Steigung ($v_{z0}^* > 0$).

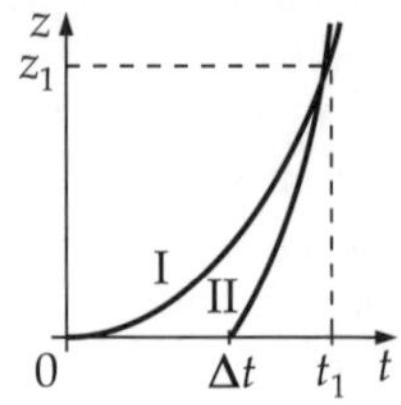

AUFGABEN

M 1.1

Eine Punktmasse hat zur Zeit $t_0 = 0$ am Ort x_0 die Geschwindigkeit v_{x0}. Vom Zeitpunkt t_0 an erfährt die Punktmasse eine konstante Beschleunigung a_x.

a) Wo befindet sich die Punktmasse zur Zeit t_1?

b) Welche Geschwindigkeit v_{x1} hat sie dort?

c) Wo liegt der Umkehrpunkt x_2 der Bewegung?

$x_0 = 6,0\ \text{m} \quad v_{x0} = -5,0\ \text{m/s}$
$a_x = 2,0\ \text{m/s}^2 \quad t_1 = 3,0\ \text{s}$

M 1.2

Ein schwingender Körper hat die Geschwindigkeit $v_x(t) = v_\text{m} \cos 2\pi \dfrac{t}{T}$. Er befindet sich zur Zeit $t_0 = \dfrac{T}{4}$ am Ort x_0.

Geben Sie den Ort x und die Beschleunigung a_x des Körpers als Funktion der Zeit t an!

M 1.3

Ein Kraftfahrzeug nähert sich einer Verkehrsampel mit verminderter Geschwindigkeit. Beim Umschalten der Ampel auf Grün wird es während der Zeit t_1 gleichmäßig mit a beschleunigt und legt dabei die Strecke s_1 zurück.

Wie groß sind die Geschwindigkeiten v_0 und v_1 am Anfang und am Ende der Beschleunigungsphase?

$a = 0,94\ \text{m/s}^2 \quad t_1 = 5,3\ \text{s} \quad s_1 = 60\ \text{m}$

M 1.4

Beim Notbremsen wird ein mit einer Geschwindigkeit v_{x0} fahrender Zug auf der Strecke von $x_0 = 0$ bis x_1 zum Stehen gebracht.

a) Wie groß ist die konstante Bremsbeschleunigung a_x?

b) Stellen Sie den Verlauf der Bewegung im $x(t)$-, $v_x(t)$- und $a_x(t)$-Diagramm dar!

$x_1 = 260\ \text{m} \quad v_{x0} = 90\ \text{km/h}$

M 1.5

Ein Körper wird von der Erdoberfläche aus ($z_0 = 0$) mit der Anfangsgeschwindigkeit v_{z0} senkrecht nach oben abgeschossen.

a) Welche Geschwindigkeit v_{z1} hat er in der Höhe z_1?

b) Welche Maximalhöhe z_2 erreicht er?

c) Skizzieren Sie den Verlauf des Wurfes im $z(t)$- und $v_z(t)$-Diagramm!

$v_{z0} = 20\ \text{m/s} \quad z_1 = 5,0\ \text{m} \quad g = 10\ \text{m/s}^2$

M 1.6

Eine Stahlkugel springt auf einer elastischen Platte auf und ab. Die Aufschläge haben den zeitlichen Abstand Δt.

Welche Maximalhöhe z_m erreicht die Kugel?

$\Delta t = 0,40\ \text{s}$

M 1.7

Zwei Testfahrzeuge beginnen gleichzeitig eine geradlinige Bewegung mit der Anfangsgeschwindigkeit $v_0 = 0$ am gleichen Ort. Das Fahrzeug A bewegt sich mit der Beschleunigung $a_\text{A} = a_0 = \text{const}$, das Fahrzeug B mit der Beschleunigung $a_\text{B} = kt$; $k = \text{const}$. Beide Fahrzeuge legen in der Zeit t_1 die Strecke s_1 zurück.

a) Skizzieren Sie den Verlauf beider Bewegungen im $a(t)$-, $v(t)$- und $s(t)$-Diagramm!

b) Berechnen Sie die Zeit t_1 und die Strecke s_1!

c) Welche Geschwindigkeiten $v_{\text{A}1}$ und $v_{\text{B}1}$ haben die Fahrzeuge am Ende der Strecke s_1 erreicht?

d) Nach welcher Zeit t_2 haben beide Fahrzeuge die gleiche Geschwindigkeit v_2 erreicht?

Gegeben: a_0, k

M 1.8

Ein Güterzug passiert auf einem Nebengleis mit der Geschwindigkeit v_0' einen Bahnhof. Zur gleichen Zeit $t_0 = 0$ fährt ein Personenzug in derselben Richtung ab. Die Beschleunigung des Personenzuges nimmt von a_0 (zur Zeit t_0) linear mit der Zeit bis auf Null (zur Zeit t_1) ab. Dann fährt er mit konstanter Geschwindigkeit v_1 weiter und überholt den Güterzug.

a) Zu welcher Zeit t_2 fährt der Personenzug am Güterzug vorbei?

b) In welcher Entfernung s_2 vom Bahnhof geschieht das?

c) Wie groß ist die Relativgeschwindigkeit $\Delta v = v_1 - v_0'$ beim Überholen?

d) Skizzieren Sie das $s(t)$-, das $v(t)$- und das $a(t)$-Diagramm beider Bewegungen!

$v_0' = 54$ km/h $\quad t_1 = 160$ s
$a_0 = 0,25$ m/s^2

M 1.9

Ein Schienenfahrzeug fährt mit konstanter Geschwindigkeit v_0. Nach Abschalten des Triebwerkes zur Zeit $t_0 = 0$ wird das Fahrzeug im wesentlichen durch den Luftwiderstand gebremst; die Beschleunigung ist geschwindigkeitsabhängig: $a = -Kv^2$.

a) Nach welcher Zeit t_1 ist die Geschwindigkeit auf v_1 abgesunken?

b) Welche Strecke s_1 wurde in der Zeit t_1 zurückgelegt?

$v_0 = 120$ km/h $\quad K = 3,75 \cdot 10^{-4}$ m^{-1}
$v_1 = 60$ km/h

M 1.10

Ein Rennwagen durchfährt zwischen zwei Haarnadelkurven eine Strecke s_0, wobei Anfangs- und Endgeschwindigkeit annähernd gleich Null seien. Die als konstant angesehene Beschleunigung ist a_1, die ebenfalls als konstant vorausgesetzte Verzögerung a_2.

a) Welche minimale Zeit t_0 benötigt der Wagen für die Strecke s_0?

b) Welche Höchstgeschwindigkeit v_1 erreicht er auf dieser Strecke?

$s_0 = 120$ m $\quad a_1 = 2,5$ m/s^2
$a_2 = -5,0$ m/s^2

M 2 Bewegung in der Ebene

GRUNDLAGEN

1 Krummlinige Bewegung

Jede krummlinige Bewegung in der Ebene wird im rechtwinkligen Koordinatensystem durch zwei voneinander unabhängige Funktionen $x(t)$ und $y(t)$ dargestellt.

$$x = x(t) \quad v_x = \dot{x} \quad a_x = \ddot{x}$$
$$y = y(t) \quad v_y = \dot{y} \quad a_y = \ddot{y}$$

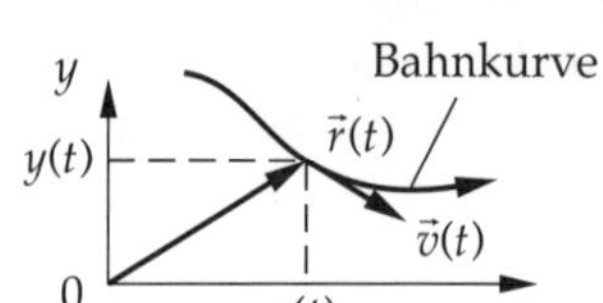

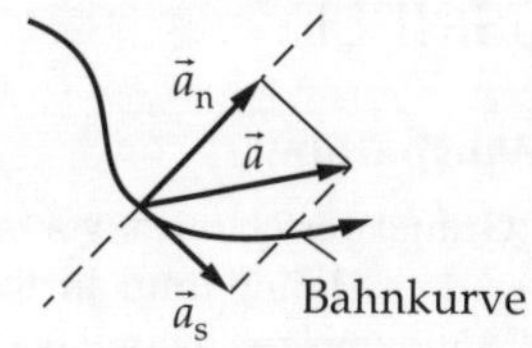

Der Geschwindigkeitsvektor $\vec{v}(t)$ hat stets die Richtung der Bahntangente. Der Beschleunigungsvektor $\vec{a}(t)$ wird oft zweckmäßigerweise in eine Komponente senkrecht zur Bahnrichtung, die **Normalbeschleunigung** $\vec{a}_n$, und eine Komponente in Bahnrichtung, die **Bahnbeschleunigung** $\vec{a}_s$ (auch Tangentialbeschleunigung genannt), zerlegt.

Bei einer krummlinigen Bewegung ist die Normalbeschleunigung immer von Null verschieden; sie ist auf die Richtungsänderung der Geschwindigkeit zurückzuführen. Eine Bahnbeschleunigung tritt dagegen nur auf, wenn sich der Betrag der Geschwindigkeit ändert.

2 Kreisbewegung

Die Kreisbewegung ist eine spezielle krummlinige Bewegung, bei der der Krümmungsradius r konstant ist. Sie kann deshalb durch die zeitliche Änderung des Drehwinkels φ beschrieben werden. Demzufolge gelten folgende Beziehungen:

$$s = r\varphi$$
$$v = r\dot{\varphi} = r\omega$$
$$a_s = r\ddot{\varphi} = r\alpha$$

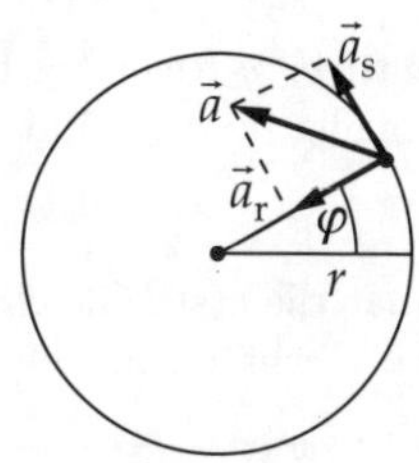

$\dot{\varphi} = \omega$ ist die **Winkelgeschwindigkeit** und
$\ddot{\varphi} = \alpha$ die **Winkelbeschleunigung**.

Die Normalbeschleunigung ist stets zum Kreismittelpunkt hin gerichtet und heißt **Radialbeschleunigung**. Ihr Betrag ist

$$a_r = \omega^2 r = \frac{v^2}{r}$$

Für die **Gesamtbeschleunigung** gilt

$$a = \sqrt{a_s^2 + a_r^2}$$

KONTROLLFRAGEN

M 2-1
Man gebe den Winkel $\varphi = 1$ rad in Grad an!

M 2-2
Warum ist jede Kreisbewegung – auch die gleichförmige – eine beschleunigte Bewegung?

M 2-3
Wie lautet die Winkel-Zeit-Funktion $\varphi(t)$ der gleichförmigen Kreisbewegung, wenn $\varphi(0) = 0$ ist?

M 2-4
Erläutern Sie den Unterschied zwischen der Bahngleichung $y(x)$ und der Ort-Zeit-Funktion $y(t)$!

M 2-5
Wie erhält man aus der Koordinatendarstellung der Bahn einer gleichförmigen Kreisbewegung, $x = r\cos\omega t$ und $y = r\sin\omega t$, den Betrag der Radialbeschleunigung $a_r = \omega^2 r$?

BEISPIELE

1. Wurfparabel

Ein Granatwerfer wird vor einem hohen Bahndamm in Stellung gebracht. Es soll ein Ziel hinter dem Bahndamm in 620 m Entfernung, das aber 50 m höher liegt, getroffen werden. Die Mündungsgeschwindigkeit der Granate beträgt 91 m/s. Der Luftwiderstand wird nicht berücksichtigt.
Welcher Winkel α gegenüber der Horizontalen muß eingestellt werden?

Lösung

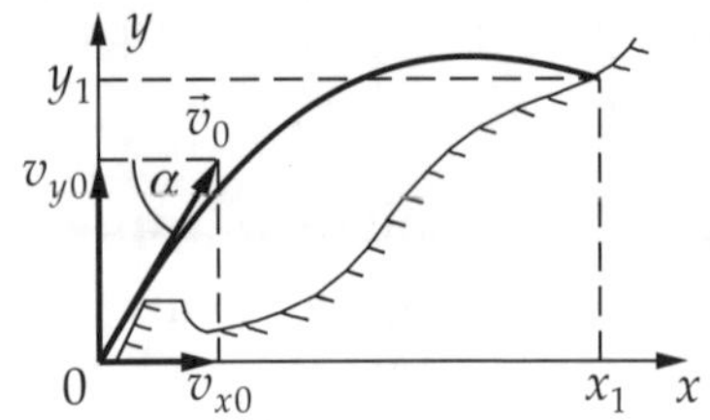

Die krummlinige Bewegung wird zweckmäßig in der x, y-Ebene dargestellt.

$x_1 = 620$ m $\quad y_1 = 50$ m $\quad v_0 = 91$ m/s

$v_{y0} = v_0 \sin\alpha \quad v_{x0} = v_0 \cos\alpha$

Um die Bahngleichung $y(x)$ zu ermitteln, beschreiben wir die Bewegung in x- bzw. y-Richtung zunächst getrennt. In x-Richtung ist keine Beschleunigung vorhanden. Die Bewegung ist daher gleichförmig.

$$x = v_{x0}t = (v_0 \cos\alpha)t$$

In negativer y-Richtung hat das Geschoß die Fallbeschleunigung g. Die Bewegung ist daher gleichmäßig beschleunigt (senkrechter Wurf).

$$y = -\frac{g}{2}t^2 + v_{y0}t = -\frac{g}{2}t^2 + (v_0 \sin\alpha)t$$

Löst man die erste Gleichung nach t auf und setzt den Ausdruck für t in die zweite Gleichung ein, dann erhält man die Bahngleichung $y(x)$.

$$y = -\frac{g}{2v_0^2 \cos^2\alpha}x^2 + (\tan\alpha)x$$

Für $\cos^2\alpha$ im Nenner liefert die bekannte Beziehung $\cos^2\alpha + \sin^2\alpha = 1$, dividiert durch $\cos^2\alpha$, den Ausdruck $1/\cos^2\alpha = 1 + \tan^2\alpha$. Damit und mit den speziellen Werten x_1 und y_1 erhält man

$$y_1 = -\frac{gx_1^2}{2v_0^2}(1 + \tan^2\alpha) + x_1 \tan\alpha$$

Die Normalform dieser quadratischen Gleichung lautet

$$\tan^2\alpha - \frac{2v_0^2}{gx_1}\tan\alpha + \frac{2v_0^2 y_1}{gx_1^2} + 1 = 0$$

Daraus folgt

$$\tan\alpha = \frac{v_0^2}{gx_1} \pm \sqrt{\frac{v_0^2}{g^2x_1^2} - \frac{2v_0^2 y_1}{gx_1^2} - 1}$$

Es können also zwei Winkel eingestellt werden:

$$\underline{\underline{\alpha = 65^\circ}}$$

$$\alpha' = 31^\circ$$

Wegen des hohen Bahndammes wird der größere Winkel gewählt.

2. Gleichförmige Kreisbewegung

Ein Auto fährt geradlinig mit der Geschwindigkeit v_0 auf der Autobahn. Die Räder haben den Durchmesser d.

a) Welche Radialbeschleunigung a_r hat die Ventilkappe des Rades, die sich im Abstand r_1 von der Achse befindet?

b) In welcher Zeit t_1 ändert sich die Richtung der Tangentialgeschwindigkeit dieser Kappe um den Winkel φ_1? (Hierbei soll die Drehung um die mitbewegte Achse des Rades betrachtet werden.)

c) Angenommen, die Ventilkappe löse sich gerade beim Durchgang im oberen Punkt. In welcher Richtung würde sie sich unmittelbar nach dem Lösen bewegen, und wie groß wäre die Geschwindigkeit v_K?

$v_0 = 96$ km/h $\quad d = 2r_2 = 58$ cm $\quad r_1 = 14,5$ cm $\quad \varphi_1 = 60°$

Lösung

a) Die Radialbeschleunigung der Ventilkappe ist

$$a_\mathrm{r} = \omega^2 r_1 \quad \text{mit} \quad \omega = \frac{v_0}{r_2}$$

also

$$\underline{a_\mathrm{r} = \left(\frac{v_0}{r_2}\right)^2} r_1 = \underline{\underline{1,20 \cdot 10^3 \text{ m/s}^2}}$$

Das ist das 122fache der Fallbeschleunigung g.

b) Der Zusammenhang zwischen Drehwinkel φ und Zeit t folgt aus der Winkelgeschwindigkeit

$$\frac{\mathrm{d}\varphi}{\mathrm{d}t} = \omega$$

die hier konstant ist. Diese Gleichung wird integriert:

$$\int_0^{\varphi_1} \mathrm{d}\varphi = \omega \int_0^{t_1} \mathrm{d}t$$

Als Grenzen wurden die zusammengehörigen Werte der Variablen eingesetzt. Damit ist

$$\varphi_1 = \omega t_1$$

Mit $\omega = \dfrac{v_0}{r_2}$ erhalten wir weiter

$$\underline{t_1 = \frac{r_2 \varphi_1}{v_0}} = \underline{\underline{1,15 \cdot 10^{-2} \text{ s}}}$$

c) Die Führung auf der Kreisbahn hört im oberen Punkt auf. Die Bahngeschwindigkeit der Kappe zeigt in diesem Punkt in Fahrtrichtung. In diese Richtung wird sie auch weggeschleudert. Um die Gesamtgeschwindigkeit der Kappe in diesem Punkt zu ermitteln, muß zur Fahrtgeschwindigkeit v_0 noch die Umlaufgeschwindigkeit $v_1 = \omega r_1$ der Kappe addiert werden:

$$v_\mathrm{K} = v_0 + r_1 \omega, \quad \text{wobei} \quad \omega = v_0/r_2$$

$$\underline{v_\mathrm{K} = v_0 \left(1 + \frac{r_1}{r_2}\right)} = 1,5 v_0 = \underline{\underline{143 \text{ km/h}}}$$

3. Ungleichförmige Kreisbewegung

Ein Schienenfahrzeug bremst während der Kurvenfahrt auf einer horizontalen Ebene (Kurvenradius r). Vor dem Bremsen hatte es die Bahngeschwindigkeit v_0. Die Bremsbeschleunigung nimmt dabei linear mit der Zeit zu: $a_\mathrm{s} = bt$; $b = \text{const} < 0$. Welche Gesamtbeschleunigung $a(t)$ hat das Fahrzeug?

$0 \leqq t \leqq t_\mathrm{B}$ (Bremszeit)

Gegeben: r, v_0, b

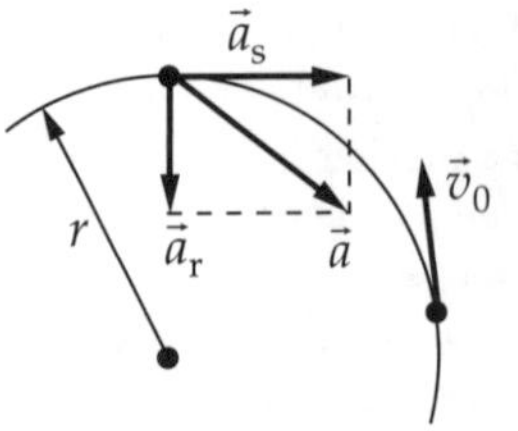

Lösung

Die Gesamtbeschleunigung des Fahrzeuges ist

$$a = \sqrt{a_s^2 + a_r^2}$$

wobei $a_s = bt$ die Bahnbeschleunigung darstellt.
Für die Radialbeschleunigung

$$a_r = \frac{v^2}{r}$$

muß die zeitabhängige Bahngeschwindigkeit ermittelt werden. Wir erhalten sie durch Integration der Bahnbeschleunigung:

$$v = \int bt \, dt = \frac{b}{2}t^2 + C_1; \quad C_1 = v_0$$

$$v = \frac{b}{2}t^2 + v_0$$

Demzufolge ergibt sich für die Radialbeschleunigung, die bahnnormal gerichtet ist (senkrecht zur Bahntangente),

$$a_r = \frac{\left(\frac{b}{2}t^2 + v_0\right)^2}{r}$$

Die Gesamtbeschleunigung ist somit

$$\underline{a(t) = \sqrt{b^2t^2 + \frac{\left(\frac{b}{2}t^2 + v_0\right)^4}{r^2}}}$$

AUFGABEN

M 2.1

Ein Fluß hat die Breite y_1. Er wird von einem Boot mit der Eigengeschwindigkeit v_B überquert.
Um welche Strecke x_1 wird das Boot bis zum Erreichen des gegenüberliegenden Ufers abgetrieben, wenn es senkrecht darauf zusteuert ($v_B = v_y$) und die Strömungsgeschwindigkeit des Flusses ($v_F = v_x$)

a) konstant ist?

b) vom Uferabstand abhängt:

$$v_x = cy(y_1 - y)?$$

c) Unter welchem Winkel α zur Ufernormalen müßte das Boot im Fall a) steuern, wenn es genau gegenüber ankommen soll?

$y_1 = 100$ m $\quad v_B = 1,00$ m/s
$v_F = 0,80$ m/s $\quad c = 0,33 \cdot 10^{-3} (\text{m s})^{-1}$

M 2.2

Der Pilot eines Sportflugzeuges, das mit der Geschwindigkeit $v_F = 140$ km/h (relativ zur umgebenden Luft) fliegt, hält den Kompaßkurs $\alpha = 58°$. (Der Kurswinkel wird von der Nordrichtung ausgehend im Uhrzeigersinn gemessen.) Der Wind kommt aus der Richtung $\beta = 195°$ (fast Südwind) mit der Geschwindigkeit $v_W = 54$ km/h.

a) Welche Grundgeschwindigkeit v_G (Geschwindigkeit gegenüber einer ruhenden Bodenstation) hat das Flugzeug?

b) Welchen tatsächlichen Kurs (Winkel γ zwischen Nordrichtung und Grundgeschwindigkeit v_G) fliegt die Maschine?

Die Aufgabe soll unter Benutzung der x- und y-Koordinaten der Geschwindigkeitsvektoren gelöst werden.

M 2.3

Ein Ball soll vom Punkt $P_0(x_0=0; y_0=0)$ aus unter einem Winkel α_0 zur Horizontalen schräg nach oben geworfen werden.

a) Stellen Sie die Bahngleichung $y(x)$ auf!

b) Wie groß muß die Abwurfgeschwindigkeit v_0 sein, wenn der Punkt $P_1(x_1; y_1)$ erreicht werden soll?

c) Welcher Winkel α_0' und welche Abwurfgeschwindigkeit v_0' müssen gewählt werden, wenn der Ball in horizontaler Richtung in P_1 einlaufen soll?

$x_1 = 6,0$ m $\quad y_1 = 1,5$ m $\quad \alpha_0 = 45°$

M 2.4

Aus einem Wasserspeier fließt Regenwasser mit der Geschwindigkeit v_0 unter einem Winkel α_0 gegenüber der Vertikalen ab. Der Ausfluß befindet sich in der Höhe h über dem Erdboden und in der Entfernung x_0 von der Gebäudewand.

In welcher Entfernung x_1 von der Gebäudewand trifft das Wasser am Erdboden auf?

$v_0 = 0,80$ m/s $\quad \alpha_0 = 60° \quad h = 12$ m
$x_0 = 0,75$ m

M 2.5

Wie groß ist die Radialbeschleunigung a_r für einen auf der Erdoberfläche liegenden Körper am 51. Breitengrad infolge der Erdumdrehung?

M 2.6

Ein Riesenrad hat die Umlaufdauer T.

a) Wie groß sind Geschwindigkeit v_0 und Radialbeschleunigung a_r einer Person im Abstand r von der Drehachse?

b) Welche Bahnbeschleunigung a_s hat dieselbe Person, wenn das Riesenrad nach Abschalten des Antriebs bei gleichmäßiger Verzögerung noch eine volle Umdrehung ausführt?

$T = 12$ s $\quad r = 5,6$ m

M 2.7

Ein Zug fährt auf einer Strecke mit dem Krümmungsradius r gleichmäßig beschleunigt an. Nach der Zeit t_1 hat er die Geschwindigkeit v_1.

Gesucht: Tangential-, Radial- und Gesamtbeschleunigung nach der Fahrzeit t_2 $(0 \leqq t \leqq t_2)$.

$r = 1\,200$ m $\quad t_1 = 90$ s $\quad v_1 = 54$ km/h
$t_2 = 150$ s

M 2.8

Eine Schraubenmutter an einem rotierenden Rad bewegt sich auf einem Kreis (Radius r) in vertikaler Ebene nach der Winkel-Zeit-Funktion $\varphi(t) = \frac{\alpha}{2}t^2 + \omega_0 t + \varphi_0$.
Zur Zeit t_1 löst sich beim Winkel φ_1 die Mutter vom Rad.

a) Wie groß sind die Winkelbeschleunigung α und die Winkelgeschwindigkeit ω_1 zur Zeit t_1?

b) Welche Gesamtbeschleunigung a_1 hat die Mutter unmittelbar vor dem Ablösen?

c) Bestimmen Sie den Anfangsort (x_1, y_1) und die Anfangsgeschwindigkeit unter Angabe der Richtung (v_1 und β_1) bei der anschließenden Wurfbewegung!

$r = 10$ cm $\quad t_1 = 2,0$ s $\quad \varphi_0 = \frac{\pi}{2} (= 90°)$
$\varphi_1 = \frac{125}{3}\pi (= 7\,500°) \quad \omega_0 = 10\pi$ s^{-1}
$(f_0 = 5,0$ s$^{-1})$

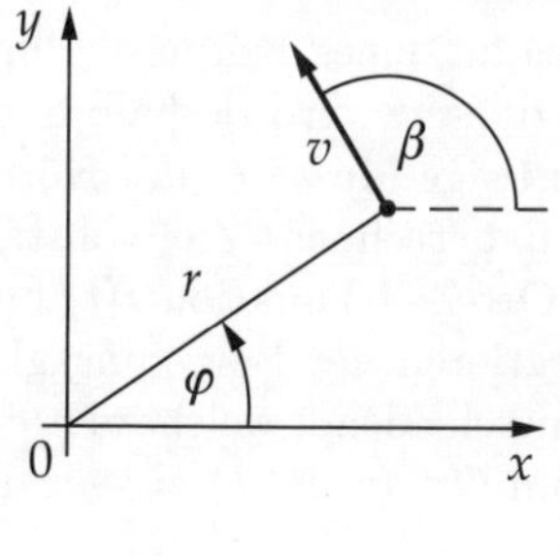

M 2.9

Ein Karussell beginnt seine Drehbewegung. Für eine Person, die sich im Abstand r von der Drehachse befindet, ist die Bahnbeschleunigung $a_s = a_{s0} - bt$. Wenn a_s den Wert Null erreicht, bleibt die Bahngeschwindigkeit konstant.

a) Welche Gesamtbeschleunigung a_1 hat die Person zur Zeit t_1?

b) In welcher Zeit t_2 ist die gleichförmige Kreisbewegung erreicht?

c) Wie groß ist die Bahngeschwindigkeit v_2 der gleichförmigen Kreisbewegung?

$r = 8,5$ m $\quad t_1 = 20$ s $\quad a_{s0} = 0,30$ m/s^2
$b = 10$ mm/s^3

M 2.10

Die Ort-Zeit-Funktion eines Pendelkörpers ist für kleine Ausschläge $s(t) = s_\mathrm{m} \cos \omega t$. Man bestimme die Radialbeschleunigung a_r und die Bahnbeschleunigung a_s zu den Zeiten t_1 und t_2! T ist die Schwingungsdauer des Pendels:

$$T = 2\pi \sqrt{\frac{l}{g}} \qquad \omega = 2\pi / T$$

$l = 100$ cm $\quad s_\mathrm{m} = 2,0$ cm
$t_1 = 0 \quad t_2 = T/4$

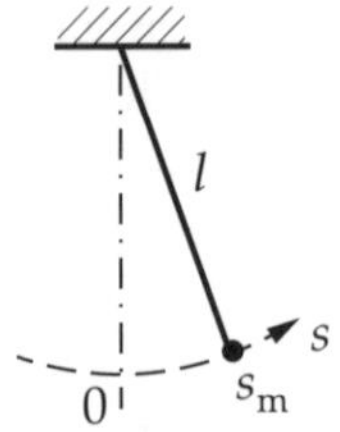

M 2.11

Der Betrag der Gesamtbeschleunigung a des Körpers ist für jeden der Fälle 1 bis 7 anzugeben, wenn

a) $v = 0$ (d. h., der Körper wird gerade freigegeben) und

b) $v \neq 0$ angenommen wird.

$\alpha = 30°$ (Reibung nicht berücksichtigen.)

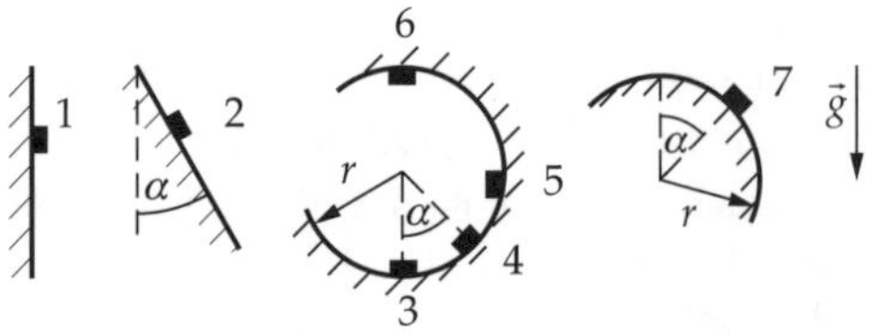

M 3 Bewegungsgleichung

GRUNDLAGEN

1 Grundgesetz

Das Newtonsche Grundgesetz der Mechanik

$$m\vec{a} = \vec{F}$$

erklärt die Bewegung eines Körpers (Punktmasse) als Folge einer auf ihn wirkenden Kraft. Das Grundgesetz wird deshalb auch **Bewegungsgleichung** genannt. Sind die Kraft $\vec{F}$ und die träge Masse m des Körpers bekannt, dann läßt sich unmittelbar die Beschleunigung $\vec{a}$ berechnen. Zur vollständigen Beschreibung des Bewegungsablaufs wird jedoch die Ort-Zeit-Funktion $\vec{r}(t)$ benötigt. Da $\vec{a} = \ddot{\vec{r}}$ gilt, erhält man $\vec{r}(t)$ durch zweimaliges Integrieren der Bewegungsgleichung über die Zeit. Für das Ergebnis der Integration ist entscheidend, welches Kraftgesetz in die Bewegungsgleichung eingesetzt wird. $\vec{F}$ kann vom Ort (z. B. $F_x = -kx$ bei der Federkraft), von der Geschwindigkeit

(z. B. $F_x = -rv_x$ bei der Reibung in Flüssigkeiten) und von der Zeit abhängen (z. B. $F_x = F_{x\mathrm{m}} \sin \omega t$ bei einer elektrischen Ladung im elektrischen Wechselfeld). $\vec{F}$ kann aber auch konstant sein (z. B. $F_x = mg$ bei der Gewichtskraft).

Nur in wenigen Fällen läßt sich das Integral elementar lösen, z. B. wenn $F = \mathrm{const}$ oder $F = F(t)$. Die Bewegungsgleichung ist eine Differentialgleichung, und es müssen im allgemeinen besondere Lösungsmethoden angewendet werden.

2 Gegenwirkungsprinzip

Das **Gegenwirkungsprinzip** besagt, daß alle Kräfte ohne Ausnahme paarweise, als Wechselwirkung zwischen jeweils zwei Körpern, in Erscheinung treten:

> Zu jeder Kraft, die an einem Körper angreift, gibt es eine gleichgroße, entgegengesetzt gerichtete Kraft, die an einem zweiten Körper angreift: *actio = reactio.*

Betrachtet man die beiden Körper zusammen als ein System, dann nennt man *actio* und *reactio* **innere Kräfte** dieses Systems. Sie ergänzen sich immer zu Null. Untersucht man dagegen das Verhalten nur eines der beiden Körper, dann ist in das Grundgesetz allein *actio* einzusetzen. Diese Kraft bezeichnet man nunmehr (bezogen auf das System des einzelnen Körpers) als **äußere Kraft**.

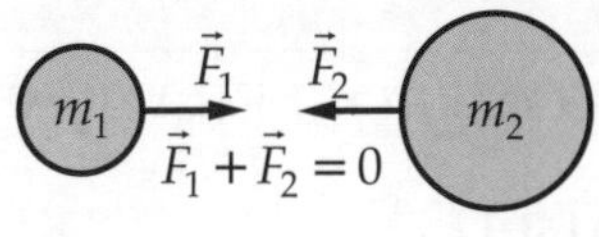

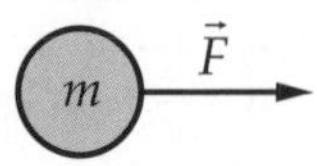

3 Kräfte

Die Kräfte, die über das Grundgesetz der Mechanik die Bewegung des Körpers bestimmen, können entweder durch ein Kraftgesetz oder durch eine Zwangsbedingung bestimmt sein. Man unterscheidet dementsprechend **eingeprägte Kräfte** und **Zwangskräfte**. Eingeprägte Kräfte können als Funktion der Bewegungsvariablen (Ort, Geschwindigkeit und Zeit) angegeben werden, wie z. B. die ortsabhängige Federkraft oder geschwindigkeitsabhängige Reibungskräfte. Zwangskräfte müssen dagegen von Führungen aufgebracht werden, durch die ein bestimmter Bewegungsablauf oder auch ein Gleichgewichtszustand ($\vec{a} = 0$) erzwungen wird, wie z. B. durch Unterlage, Schiene, Seil. Ihre Größe paßt sich den kinematischen Anforderungen an.

Zu keiner der beiden zuletzt genannten Kategorien gehört die sogenannte **Radialkraft**. Sie ist definiert als diejenige Kraft, die benötigt wird, um einen Körper auf einem Kreis zu führen, und ergibt sich aus der Radialbeschleunigung durch die Beziehung

$$\vec{F}_\mathrm{r} = m\vec{a}_\mathrm{r} \qquad (\text{mit } \vec{a}_\mathrm{r} = v^2/\vec{r})$$

Da die Radialkraft nichts anderes als das Produkt Masse mal Beschleunigung der einen (bei uns: linken) Seite der Bewegungsgleichung darstellt, kann sie nicht für die Kraft auf der anderen Seite der Bewegungsgleichung eingesetzt werden. Vielmehr muß in jedem Falle geklärt werden, durch welche Kraft die „Radialkraft" tatsächlich hervorgebracht, d. h. die Radialbeschleunigung erzeugt wird. Zum Beispiel wird die Radialkraft bei der Planetenbewegung durch die (eingeprägte) Gravitationskraft und bei der Kurvenfahrt eines Schienenfahrzeugs durch die Zwangskraft der Schiene erzeugt.

4 Kraftstoß und Impuls

Wenn $\vec{F}$ als Funktion der Zeit t gegeben ist, kann man die Bewegungsgleichung

$$m\ddot{\vec{r}} = m\frac{\mathrm{d}\vec{v}}{\mathrm{d}t} = \vec{F}(t) \quad (m = \text{const})$$

auf beiden Seiten integrieren:

$$m\vec{v}_1 - m\vec{v}_0 = \int\limits_{t_0}^{t_1} \vec{F}(t)\,\mathrm{d}t$$

Das Produkt $m\vec{v}$ wird als **Impuls** $\vec{p}$ bezeichnet:

$$\vec{p} = m\vec{v}$$

Das Integral $\int \vec{F}(t)\,\mathrm{d}t$ ist der Kraftstoß, der die Impulsänderung $\Delta\vec{p}$ verursacht.

KONTROLLFRAGEN

M 3-1
Wie lautet die Bewegungsgleichung für den freien Fall, und wie erhält man daraus die Ort-Zeit-Funktion $z = -(g/2)t^2$?

M 3-2
Welche Gewichtskraft wirkt auf einen Körper der Masse $m = 1$ kg an der Erdoberfläche am Ort der Normfallbeschleunigung?

M 3-3
Welche Kräfte wirken auf einen Rodelschlitten (Gesamtmasse m), der einen Hang mit der Neigung α hinabgleitet? Die Gleitreibung soll berücksichtigt werden, nicht aber der Luftwiderstand.

M 3-4
Inwiefern ist die Gewichtskraft $F_\mathrm{G} = mg$ eine spezielle Gravitationskraft?

M 3-5
Inwiefern ist das Trägheitsgesetz im Bewegungsgesetz $F = ma$ enthalten?

M 3-6
Was besagt das Gegenwirkungsprinzip?

M 3-7
Die Bewegungsgleichung für einen Federschwinger lautet $m\ddot{x} = -kx$. Die Lösung dieser Differentialgleichung ist die Ort-Zeit-Funktion der harmonischen Schwingung $x = x_\mathrm{m}\cos(\omega t + \alpha)$ mit $\omega^2 = k/m$. Prüfen Sie durch Differenzieren und Einsetzen, daß die Lösung $x(t)$ die Differentialgleichung erfüllt!

M 3-8
Ein Geschoß mit der Masse m durchdringt eine Holzplatte und verringert dabei seine Geschwindigkeit von v_0 auf v_1. Welcher Kraftstoß wird dabei auf das Geschoß übertragen?

BEISPIELE

1. Atwoodsche Fallmaschine

Zwei Körper 1 und 2 mit den Massen m_1 und $m_2 = m_1$ hängen an einem Seil, das über eine Rolle läuft. Wird ein Körper 3 mit der Masse m_3 auf den Körper 1 gelegt, so bewegen sich beide abwärts. Die Bewegung soll zur Zeit $t = 0$ an der Stelle $s = 0$ mit einer Geschwindigkeit $v = 0$ beginnen. Die Reibung und die Masse der Rolle werden vernachlässigt.

Für den Fall, daß auch die Seilmasse vernachlässigbar ist, berechne man

a) die Beschleunigung a,

b) die Zeit t_1, in der die Strecke s_1 zurückgelegt wird,

c) die Seilkraft F_S,

d) die Kraft F_A in der Aufhängung,

e) die Kraft F_3, mit der der Körper 3 auf den darunter befindlichen Körper 1 drückt!

Für den Fall, daß die Seilmasse m_S berücksichtigt werden muß, stelle man

f) die Bewegungsgleichung auf! Bei $s = 0$ soll das Seil, das die Gesamtlänge l hat, auf beiden Seiten gleich lang herunterhängen.

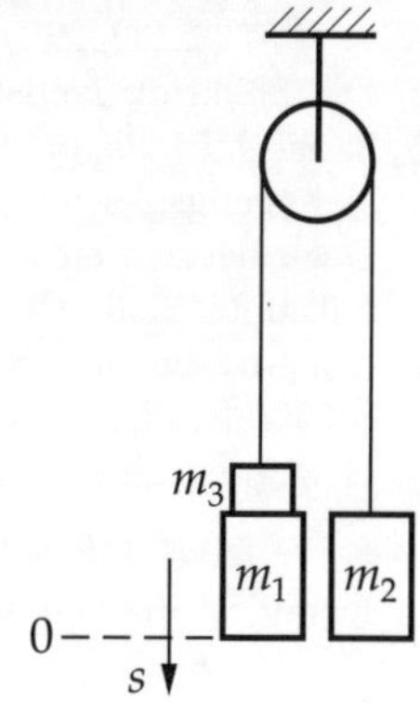

Nur für a) bis e) sind gegeben:

$m_1 = m_2 = 1{,}00$ kg $\quad m_3 = 0{,}25$ kg $\quad s_1 = 2{,}00$ m

Lösung

a) Die Beschleunigung kann hier aus einer gemeinsamen Bewegungsgleichung aller drei Körper bestimmt werden, da diese durch das Seil miteinander verbunden sind:

$$ma = F$$

Dabei wird mit der s-Koordinate ein positive Bewegungsrichtung in der Weise eingeführt, daß sich bei positiver Beschleunigung a der Körper 2 hebt, während sich die Körper 1 und 3 senken.

Als träge Masse wird die Summe der drei Einzelmassen wirksam:

$$m = m_1 + m_2 + m_3$$

In F müssen alle angreifenden Kräfte berücksichtigt werden, wobei sich die inneren Kräfte zwischen den Körpern auf Grund des Gegenwirkungsprinzips in der Kräftesumme aufheben. Als äußere Kräfte bleiben die Gewichtskräfte der Massen m_1 und m_3 in positiver und der Masse m_2 in negativer Richtung übrig:

$$F = F_{G1} + F_{G3} - F_{G2} = (m_1 + m_3 - m_2)g$$

Setzt man m und F in die Bewegungsgleichung ein und berücksichtigt dabei, daß $m_1 = m_2$ gilt, so erhält man

$$(2m_1 + m_3)a = m_3 g$$

Die Beschleunigung hat den Wert

$$\underline{a = \frac{m_3}{2m_1 + m_3}g} = \underline{\underline{1{,}09\ \mathrm{m/s^2}}}$$

b) Die Beschleunigung a ist konstant, so daß die Gesetze der gleichmäßig beschleunigten Bewegung angewendet werden können. Für den zurückgelegten Weg $s(t)$ gilt danach:

$$s = \frac{a}{2}t^2 + v_0 t + s_0$$

mit den Anfangsbedingungen $v_0 = 0$ und $s_0 = 0$.

Zur Zeit t_1 wurde der Weg

$$s_1 = \frac{a}{2}t_1^2$$

zurückgelegt. Daraus folgt

$$\underline{t_1 = \sqrt{\frac{2s_1}{a}}} = \underline{\underline{1,92\ \mathrm{s}}}$$

c) Die Seilkraft F_S ist die innere Kraft zwischen dem Körper 2 und den Körpern 1 und 3. Sie tritt an beiden Körpern in entgegengesetzter Richtung auf und läßt sich aus der Bewegungsgleichung eines Einzelkörpers ermitteln.

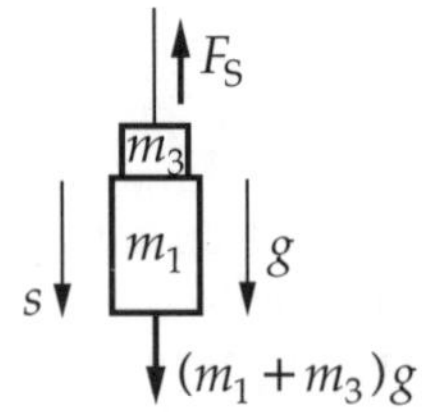

Dazu betrachten wir das linke Seilende und tragen dort die unbekannte Seilkraft F_S an. Da wir nur das linke Seilende mit den Massen m_1 und m_3 untersuchen, wird F_S als eine (äußere) Kraft, die an diesen Körpern 1 und 3 wirkt, angesehen. Die Bewegungsgleichung lautet nun für die linke Seite

$$(m_1 + m_3)a = (m_1 + m_3)g - F_\mathrm{S}$$

Damit ist die Seilkraft gefunden:

$$\underline{F_\mathrm{S} = (m_1 + m_3)(g - a)} = \underline{\underline{10,9\ \mathrm{N}}}$$

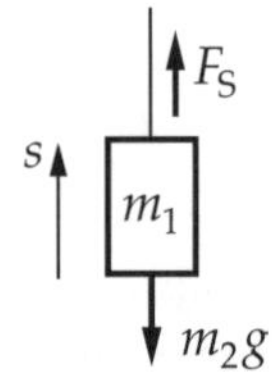

Man hätte ebensogut auch das rechte Seilende betrachten können. Die Bewegungsgleichung liefert die gleiche Seilkraft. Überzeugen wir uns davon:

$$m_2 a = -m_2 g + F_\mathrm{S}$$

$$\underline{F_\mathrm{S} = m_2(g + a)} = \underline{\underline{10,9\ \mathrm{N}}}$$

Wegen des Gegenwirkungsprinzips muß selbstverständlich

$$F_{\mathrm{S(links)}} = F_{\mathrm{S(rechts)}}$$

also

$$(m_1 + m_3)(g - a) = m_2(g + a)$$

bzw.

$$(m_1 - m_2 + m_3)g = (m_1 + m_2 + m_3)a$$

sein. Das ist aber gerade die in Teilaufgabe a) aufgestellte Bewegungsgleichung.

d) Die Aufhängung muß die Seilkraft auf der linken und auf der rechten Seite aufnehmen, damit an der Rolle Gleichgewicht herrscht. Es gilt also

$$\underline{F_\mathrm{A} = 2F_\mathrm{S}} = \underline{\underline{21,8\ \mathrm{N}}}$$

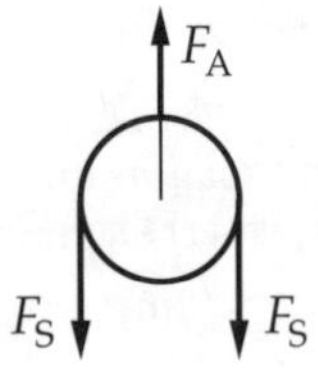

e) Um die Auflagekraft F_3 des Körpers 3 zu bestimmen, muß die Bewegungsgleichung für diesen Körper allein aufgestellt werden. Die Gewichtskraft ist $m_3 g$. Ihr entgegengerichtet ist die Kraft F_3', die die Unterlage auf den Körper 3 ausübt:

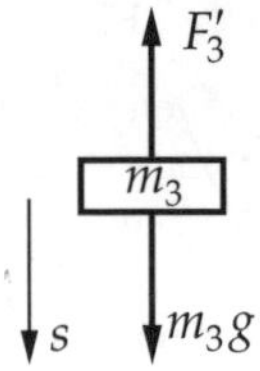

$$m_3 a = m_3 g - F_3'$$

$$\underline{F_3' = m_3(g - a)} = 2,18\ \mathrm{N}$$

Die Auflagekraft F_3 hat zwar entgegengesetzten Richtungssinn, aber den gleichen Betrag:

$$\underline{\underline{F_3 = 2,18\ \mathrm{N}}}$$

f) In der Bewegungsgleichung müssen sowohl die Trägheit als auch die Gewichtskraft des Seiles berücksichtigt werden. Die träge Masse m_S ist einfach zu den übrigen beschleunigten Massen zu addieren:

$$m = m_1 + m_2 + m_3 + m_S$$

Als zusätzliche Kraft wird die Gewichtskraft des überhängenden Seilstückes wirksam. Da sich der Körper 2 um die gleiche Strecke s hebt, um die sich die Körper 1 und 3 senken, hat dieses Stück die Länge $2s$.

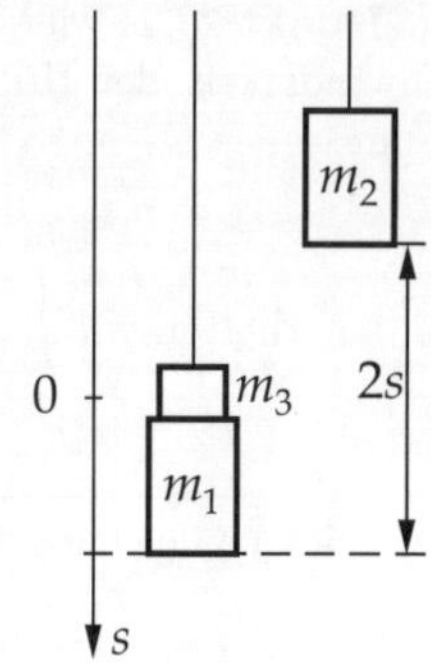

Die zusätzliche Kraft

$$F_Z = m_S g \frac{2s}{l} > 0$$

tritt auf der linken Seite der Anordnung auf. Damit lautet die Bewegungsgleichung

$$\underline{(m_1 + m_2 + m_3 + m_S)a = (m_1 - m_2 + m_3)g + \frac{2m_S g}{l} s}$$

Die Beschleunigung a wächst mit dem zurückgelegten Weg s, es handelt sich also um eine ungleichmäßig beschleunigte Bewegung.

2. Zwangskräfte

Rohrpost wird durch Druckluft mit nahezu konstanter Geschwindigkeit in dem skizzierten Rohrabschnitt auf einer Kreisbahn mit dem Radius $r = h/2$ in die Höhe befördert. Rohrposthülse und Inhalt haben die Masse m. Wie groß ist die Zwangskraft F_Z in den Punkten A, B und C?

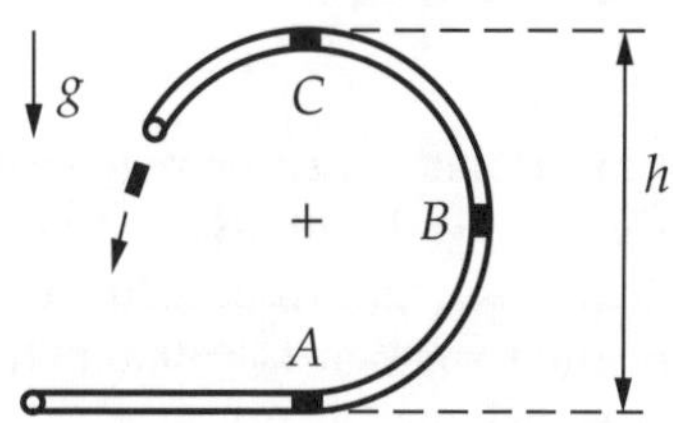

Lösung

Die Bewegungsgleichung lautet für die Radialkomponente der Kreisbewegung

$$m a_r = F_r \quad \text{oder} \quad -m\frac{v^2}{r} = F_r$$

Im **Punkt *A*** beginnt die Kreisbewegung. Es sind als wirkende Kräfte für F_r die Gewichtskraft $G = mg$ und die Zwangskraft F_Z der Führung einzusetzen. Die Vorzeichen werden durch die Richtung von r festgelegt, d. h., alle Kräfte werden positiv gezählt, wenn sie vom Kreismittelpunkt weg gerichtet sind. Somit läßt sich F_Z mit Richtung und Betrag aus der Bewegungsgleichung

$$-m\frac{v^2}{r} = mg + F_Z$$

ermitteln:

$$\underline{F_Z = -m\left(g + \frac{v^2}{r}\right)}$$

Die Zwangskraft zeigt zum Kreismittelpunkt.

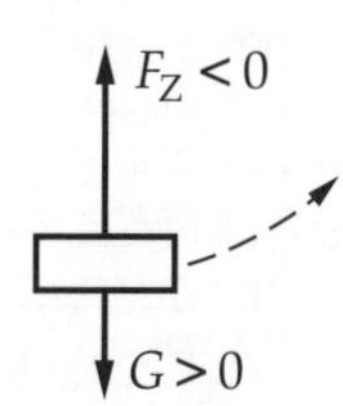

Im **Punkt *B*** hat die Gewichtskraft keine Komponente in radialer Richtung und geht deshalb nicht in die Bewegungsgleichung ein:

$$\underline{-m\frac{v^2}{r} = F_Z}$$

Die Zwangskraft zeigt zum Kreismittelpunkt; sie ist in diesem Fall die Radialkraft.

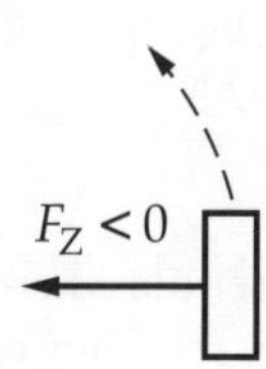

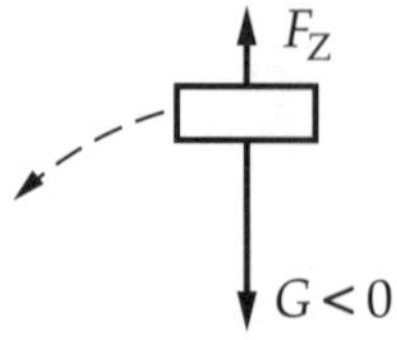

Im **Punkt** $\boldsymbol{C}$ ist der Richtungssinn der Zwangskraft von der Geschwindigkeit der Hülse abhängig. Setzen wir die Bewegungsgleichung

$$-m\frac{v^2}{r} = -mg + F_Z$$

an, so erhalten wir

$$F_Z = mg - m\frac{v^2}{r} = m\left(g - \frac{v^2}{r}\right)$$

Aus dieser Gleichung folgt, daß der Sonderfall $F_Z = 0$ für

$$g - \frac{v^2}{r} = 0 \quad \text{bzw.} \quad v^2 = gr$$

eintritt.

Damit ist $v_S = \sqrt{gr}$ die Geschwindigkeit für den Fall, daß keine Zwangskraft existiert und allein die Gewichtskraft die Radialkraft ist.

Für $v > v_S$ wird $F_Z < 0$, d. h., die Zwangskraft zeigt zum Kreismittelpunkt.
Für $v < v_S$ wird $F_Z > 0$, d. h., die Zwangskraft zeigt vom Kreismittelpunkt weg.

AUFGABEN

M 3.1

Eine Punktmasse bewegt sich unter dem Einfluß der Kraft $F_x = bt$ auf einer Geraden. b ist eine Konstante. Die Bewegung beginnt zur Zeit $t_0 = 0$ am Ort x_0 mit der Geschwindigkeit v_{x0}.
Gesucht: Beschleunigung a_{x1}, Geschwindigkeit v_{x1} und Ort x_1 zur Zeit t_1

$m = 2,0$ kg $\quad b = 20$ N/s $\quad t_1 = 2,0$ s
$x_0 = 0 \quad v_{x0} = 0$

M 3.2

Beim Frontalaufprall eines Straßenfahrzeuges der Masse m mit der Geschwindigkeit v_0 auf ein festes Hindernis kommt das Fahrzeug innerhalb der Zeit Δt zur Ruhe. Welche Kraft F muß das Hindernis während des Aufpralls mindestens aufnehmen? (Rechnen Sie mit einer mittleren Kraft $F = \text{const}$)

$m = 800$ kg $\quad v_0 = 90$ km/h
$\Delta t = 0,02$ s

M 3.3

Ein Körper der Masse m hat die Geschwindigkeit v_0 und bewegt sich kräftefrei. Wie groß wird seine Geschwindigkeit v_1, wenn von der Zeit $t_0 = 0$ bis zur Zeit t_1

a) eine konstante Kraft des Betrages F_0 entgegen der Bewegungsrichtung auf ihn einwirkt?

b) die Kraft $F = -(F_0 + bt)$ wirksam wird?

$F_0 = 400$ N $\quad b = -5,0 \cdot 10^4$ N/s
$v_0 = 2,0$ m $\quad m = 1,0$ kg $\quad t_1 = 0,010$ s

M 3.4

Ein Schnellzug besteht aus einer Lokomotive der Masse m_L und N Wagen der Masse m_W. Der Haftreibungskoeffizient (Räder, Schienen) ist μ_0. Alle Achsen der Lokomotive werden angetrieben. Berechnen Sie

a) die maximal mögliche Beschleunigung a_m auf waagerechter Strecke,

b) die maximale Steigung ($\tan\alpha$), die der Zug mit konstanter Geschwindigkeit überwinden kann!

$m_L = 82,5$ t $\quad m_W = 43$ t $\quad N = 8$
$\mu_0 = 0,15$

M 3.5

In einem U-Rohr steht eine Quecksilbersäule in beiden Schenkeln im Augenblick der Beobachtung ungleich hoch. Die Abmessungen des U-Rohres sind der Skizze zu entnehmen. Welche Beschleunigung a hat die Quecksilbersäule im dargestellten Augenblick?

$h_1 = 100$ mm $h_2 = 150$ mm
$r = 30$ mm $d \ll r$

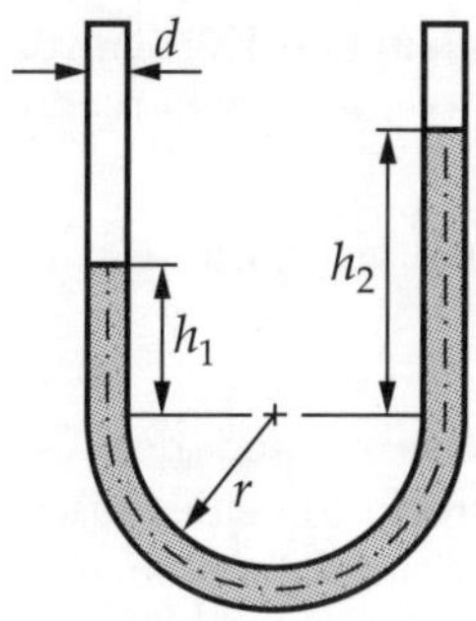

M 3.6

Eine Kugel der Masse m hängt an einem Faden der Länge l und bewegt sich auf einer horizontalen Kreisbahn mit dem Radius r (Kegelpendel).

a) Wie groß ist die Winkelgeschwindigkeit ω der Kugel?

b) Welche Kraft F wirkt im Faden?

$m = 20$ g $l = 50$ cm $r = 40$ cm

M 3.7

a) Welche Schräglage (Winkel α_R gegenüber der Vertikalen) hat ein Radfahrer, der eine Kreisbahn (Radius r_R) mit der Geschwindigkeit v_R durchfährt?

b) Ein Flugzeug soll mit gleicher Schräglage $\alpha_F = \alpha_R$, aber mit der Geschwindigkeit v_F fliegen. Wie groß ist der Kurvenradius r_F?

(Die Bewegungen finden in einer horizontalen Ebenen statt.)

$v_R = 36$ km/h $r_R = 20$ m
$v_F = 900$ km/h

M 3.8

Ein PKW fährt auf einem kurvenfreien Streckenabschnitt mit der Geschwindigkeit v_0 durch eine Talsenke (Krümmungsradius r_1) und danach über eine Bergkuppe (Krümmungsradius r_2). Der Fahrer hat die Masse m.

a) Wie groß ist die Gewichtskraft F_G des Fahrers?

b) Wie groß sind Radialkraft F_{r1} und Zwangskraft F_{Z1} für den Fahrer in der Talsenke?

c) Wie groß sind Radialkraft F_{r2} und Zwangskraft F_{Z2} für den Fahrer auf der Bergkuppe?

d) Bei welcher Geschwindigkeit v_1 verliert der PKW auf der Bergkuppe die Bodenhaftung?

$r_1 = 135$ m $m = 80$ kg $r_2 = 68$ m
$v_0 = 72$ km/h

M 3.9

Man berechne mit Hilfe des Gravitationsgesetzes die Masse m_E der Erde!
Gegeben sind: Mittlerer Erdradius r_E, Fallbeschleunigung g, Gravitationskonstante G

M 3.10

In welche Höhe h über einem festen Ort auf dem Äquator muß ein Satellit gebracht werden, wenn er über diesem Ort stehenbleiben soll (Synchronsatellit)?

M 3.11

Die Körper der Masse m_1, m_2 und m_3 können sich reibungsfrei bewegen; Rollenmassen und Seilmasse werden vernachlässigt.

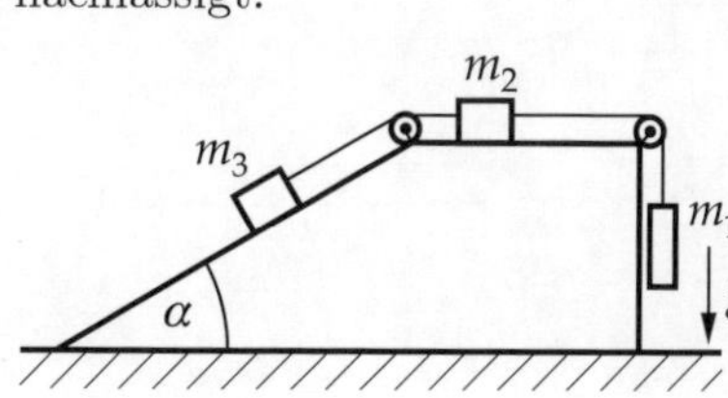

a) Mit welcher Beschleunigung a bewegen sich die Körper?

b) Wie groß sind die Seilkräfte F_{12} und F_{32} während der Bewegung?

$m_1 = 250$ g $m_2 = 250$ g $m_3 = 300$ g
$\alpha = 30°$

M 3.12

Bei einer Förderanlage hat der leere Förderkorb die Masse m_l, der beladene die Masse m_v und das Förderseil die Masse m_S. Die Masse des Förderrades wird vernachlässigt.

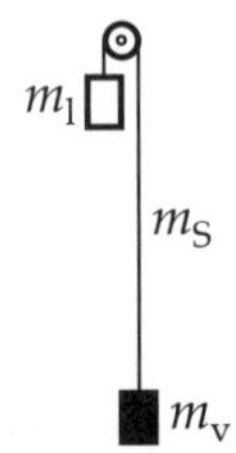

a) Welche Kraft F_A muß im Augenblick des Anfahrens vom Förderrad auf das Seil übertragen werden, um den beladenen Korb anzuheben (Anfahrbeschleunigung a) und gleichzeitig den leeren Korb hinabzubefördern?

b) Aus Sicherheitsgründen darf die Seilkraft den Betrag F_{Sm} nicht überschreiten. Überprüfen Sie, ob diese Bedingung während des Anfahrens erfüllt ist!

$m_l = 10$ t $m_v = 12$ t $m_S = 12,8$ t
$a = 1,2$ m/s^2 $F_{Sm} = 280$ kN

M 3.13

Ein auf einer horizontalen Platte gleitender Körper (Masse m_1) wird durch einen Faden über eine Rolle von einem frei herabhängenden Körper (Masse m_2) gezogen. (Rollen- und Fadenmasse nicht berücksichtigen.)

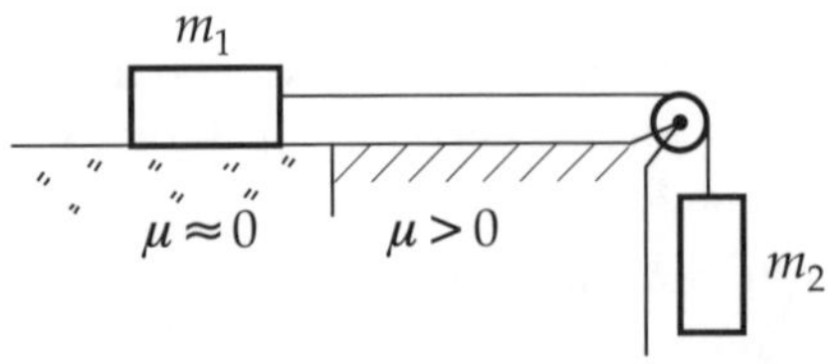

Um welchen Wert ΔF ändert sich die Fadenkraft, wenn der gleitende Körper von einer Glasplatte (Gleitreibungszahl $\mu \approx 0$) auf rauhes Holz ($\mu > 0$) gelangt?

$m_1 = 12$ g $m_2 = 30$ g $\mu = 0,6$

M 3.14

Eine Kette der Masse m und der Gesamtlänge l liegt gestreckt auf einer Tischplatte, so daß ein Stück der Länge x überhängt. Die Gleitreibungszahl ist μ.

a) Man stelle die Bewegungsgleichung für das Abrutschen der Kette vom Tisch auf!

b) Welche Zugkraft muß die Kette an der Tischkante übertragen?

c) Welches Stück x_0 der Kette muß anfangs mindestens überhängen, wenn die Kette von selbst ins Rutschen kommen soll (Haftreibungszahl μ_0)?

M4 Arbeit, Energie, Leistung

GRUNDLAGEN

1 Arbeit

Bewegt sich ein Körper unter dem Einfluß einer Kraft $\vec{F}$, so verrichtet diese Kraft auf dem Weg von s_1 nach s_2 eine Arbeit W am Körper:

$$W = \int_{\vec{r}_1}^{\vec{r}_2} \vec{F}\,\mathrm{d}\vec{r} = \int_{s_1}^{s_2} F_s\,\mathrm{d}s$$

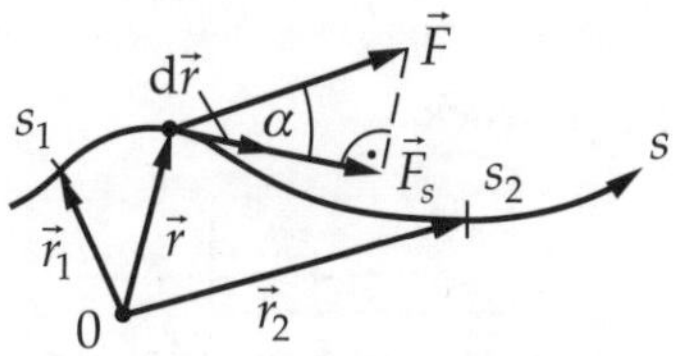

$|\,\mathrm{d}\vec{r}\,| = \mathrm{d}s$

$F_s = F\cos\alpha$

2 Verschiebungsarbeit und potentielle Energie

Ein Körper, der unter dem Einfluß einer Kraft $\vec{F}$ steht, soll beschleunigungsfrei verschoben werden. Dazu muß während der Bewegung das Kräftegleichgewicht durch eine zusätzlich angreifende Kraft $\vec{F}'$ (z. B. Muskelkraft) hergestellt werden:

$$\vec{F}' = -\vec{F}$$

Durch diese Kraft $\vec{F}'$ wird die Verschiebungsarbeit W' verrichtet:

$$W' = -W$$

Läßt sich die Verschiebungsarbeit durch Umkehren der Bewegung zurückgewinnen, so war sie zwischendurch *gespeichert*. Eine Kraft $\vec{F}$, bei der das der Fall ist, heißt **Potentialkraft**; gespeicherte Verschiebungsarbeit ist Zuwachs an **potentieller Energie**:

$$\Delta E_\mathrm{p} = W'$$

$$E_\mathrm{p}(\vec{r}_2) - E_\mathrm{p}(\vec{r}_1) = -\int_{\vec{r}_1}^{\vec{r}_2} \vec{F}\,\mathrm{d}\vec{r}$$

Der Wert des Integrals hängt nur vom Anfangsort $\vec{r}_1$ und Endort $\vec{r}_2$ ab, nicht aber von der Wahl des Weges zwischen beiden.

Der Nullpunkt der potentiellen Energie kann willkürlich gewählt werden. Ist das geschehen, dann wird die potentielle Energie zur reinen Funktion des Ortes. Die konkrete Funktion $E_\mathrm{p}(\vec{r})$ bezieht sich immer auf das gegebene Kraftgesetz $\vec{F}(\vec{r})$. Wichtige Beispiele sind:

Gewichtskraft	$F_z = -mg$	$E_\mathrm{p} = mgz$
Federkraft	$F_x = -kx$	$E_\mathrm{p} = \frac{k}{2}x^2$
Gravitationskraft	$F_r = -G\frac{m_1 m_2}{r^2}$	$E_\mathrm{p} = -G\frac{m_1 m_2}{r}$

3 Beschleunigungsarbeit und kinetische Energie

Wirkt auf einen Körper die Kraft $\vec{F}$, so wird er entsprechend der Bewegungsgleichung

$$\vec{F} = m\vec{a}$$

beschleunigt. Die dabei verrichtete Arbeit W heißt **Beschleunigungsarbeit**. Berechnet man W mit Hilfe der Bewegungsgleichung, so erhält man die Beziehung

$$W = \int_{\vec{r}_1}^{\vec{r}_2} \vec{F}\,\mathrm{d}\vec{r} = \frac{m}{2}v_2^2 - \frac{m}{2}v_1^2$$

Der Ausdruck

$$E_\mathrm{k} = \frac{m}{2}v^2$$

heißt **kinetische Energie**. Die zugeführte Beschleunigungsarbeit ist demzufolge gleich dem Zuwachs an kinetischer Energie.

4 Erhaltungssatz der mechanischen Energie

Ist die Kraft $\vec{F}$ eine Potentialkraft, so ist die von ihr an einem Körper verrichtete Beschleunigungsarbeit gleich der Abnahme seiner potentiellen Energie.
Daraus folgt der **Energiesatz der Mechanik**:

$$E_\mathrm{p}(\vec{r}_1) + E_\mathrm{k}(v_1) = E_\mathrm{p}(\vec{r}_2) + E_\mathrm{k}(v_2)$$

kurz auch

$$E_\mathrm{p}(1) + E_\mathrm{k}(1) = E_\mathrm{p}(2) + E_\mathrm{k}(2)$$

Die Summe von potentieller und kinetischer Energie eines Körpers, der sich unter dem Einfluß der Potentialkraft bewegt, ändert sich nicht.

Die verallgemeinerte Schreibweise des Energiesatzes für beliebige Orte der Bewegung heißt

$$E_\mathrm{p}(\vec{r}) + E_\mathrm{k}(v) = E_0 = \mathrm{const}$$

Der Energiesatz ist besonders geeignet für die Lösung von Bewegungsproblemen, bei denen der Zusammenhang zwischen Ort und Geschwindigkeit eines Körpers benötigt wird.

5 Mechanische Leistung

Die Leistung P ist der Differentialquotient der Arbeit nach der Zeit:

$$P = \frac{\mathrm{d}W}{\mathrm{d}t}$$

Setzt man $\mathrm{d}W = \vec{F}\,\mathrm{d}\vec{r}$ ein, so erhält man

$$P = \vec{F} \cdot \vec{v}$$

KONTROLLFRAGEN

M 4-1
Unter welchen speziellen Bedingungen geht $W = \int \vec{F}\,\mathrm{d}\vec{r}$ in $W = Fs$ über?

M 4-2
Leiten Sie aus $W = \int_{r_1}^{r_2} \vec{F}\,\mathrm{d}\vec{r}$ und $\vec{F} = m\vec{a}$ den Zusammenhang $W = \frac{m}{2}(v_2^2 - v_1^2)$ her!

M 4-3
Unter welchen Voraussetzungen gilt der Energieerhaltungssatz der Mechanik?

M 4-4
Wenn man die mechanische Arbeit kennt, die gegen Reibungskräfte verrichtet werden muß, kann eine Energiebilanz aufgestellt werden. Nehmen Sie das für einen rutschenden Körper (Masse m, Geschwindigkeit v) vor, der infolge Reibung (Reibungszahl μ) auf der Strecke s zum Stillstand kommt!

M 4-5
a) Leiten Sie die Gleichung $E_\mathrm{p}(z) = mgz$ für die potentielle Energie eines Körpers der Masse m im Schwerefeld der Erde nahe der Erdoberfläche her! (Hinweis: Die z-Achse ist senkrecht nach oben gerichtet.)
b) Leiten Sie die Gleichung $E_\mathrm{p}(r) = -\gamma m_\mathrm{E} m/r$ für die potentielle Energie eines Körpers der Masse m im Schwerefeld der Erde in beliebiger Entfernung r vom Erdmittelpunkt her! (m_E ist die Masse der Erde.)
c) Leiten Sie die Gleichung $E_\mathrm{p}(x) = (k/2)x^2$ für die potentielle Energie einer um die Strecke x gespannten Feder her!

M 4-6
Unter welcher speziellen Voraussetzung kann die Leistung P durch $P = W/t$ ausgedrückt werden?

M 4-7
Zeigen Sie, wie die Leistung P bei einer gleichmäßig beschleunigten Bewegung von der Zeit t abhängt! Skizzieren Sie das $P(t)$-Diagramm!

BEISPIELE

1. Energiesatz mit zwei Kräften

Im entspannten Zustand befindet sich das obere Ende einer Feder (Federkonstante k) bei $z = 0$. Legt man einen Körper der Masse m auf dieses Federende, drückt dann die Feder bis z_1 zusammen und läßt danach die Feder sich wieder entspannen, so wird der Körper bis zu einer Höhe z_2 emporgeschleudert.

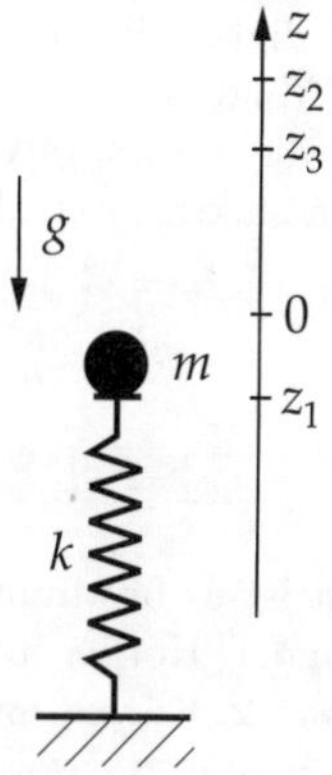

a) Berechnen Sie z_2!
b) Welche Geschwindigkeit v_{z3} hat der Körper bei z_3?
Die Masse der Feder ist vernachlässigbar gegenüber der des Körpers.
$m = 1{,}0$ kg $\quad k = 863$ N/m $\quad z_1 = -0{,}10$ m $\quad z_3 = 0{,}20$ m

Lösung

a) Mit dem Energiesatz ergibt sich

$$E_\mathrm{p}(1) + E_\mathrm{k}(1) = E_\mathrm{p}(2) + E_\mathrm{k}(2)$$

$$mgz_1 + \frac{k}{2}z_1^2 + 0 = mgz_2 + 0$$

E_p setzt sich aus zwei Teilen zusammen, und zwar herrührend vom Schwerefeld (mgz) und von der Feder [$(k/2)z^2$]. Im Zustand 2 ist die Feder entspannt, also hat sie keine potentielle Energie. Die Geschwindigkeiten sind in beiden Zuständen gleich Null und damit auch die Werte für die kinetische Energie. Für z_2 folgt

$$z_2 = z_1 + \frac{kz_1^2}{2mg} = 0,34 \text{ m}$$

b) Es sind zwei Ansätze aus dem Energiesatz möglich:

$$E_p(1) + E_k(1) = E_p(3) + E_k(3)$$
$$E_p(2) + E_k(2) = E_p(3) + E_k(3)$$

Der zweite ist bequemer, weil in diesem die ganze linke Gleichungsseite durch mgz_2 dargestellt wird:

$$mgz_2 = mgz_3 + \frac{m}{2}v_{z3}^2$$
$$v_{z3} = \pm\sqrt{2g(z_2 - z_3)} = \pm 1,66 \text{ m/s}$$

Beide Vorzeichen sind physikalisch sinnvoll. Das positive gilt für das Steigen und das negative für das Fallen des Körpers.

2. Schleifenbahn

Ein Körper soll eine Schleifenbahn mit dem Radius r reibungsfrei durchlaufen, ohne herabzufallen. Wie groß muß die Starthöhe z_1 mindestens gewählt werden?

$r = 10$ cm

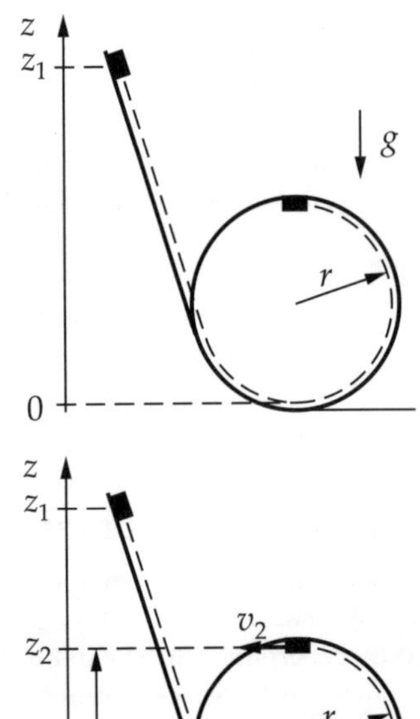

Lösung

Damit der Körper nicht herabfällt, muß seine Geschwindigkeit im höchsten Punkt der Schleifenbahn einen Mindestwert v_2 haben. Bei diesem Mindestwert reicht die konstante Gewichtskraft G gerade aus, um die Radialkraft aufzubringen:

$$F_r = G$$
$$\frac{mv_2^2}{r} = mg$$
$$v_2^2 = rg$$

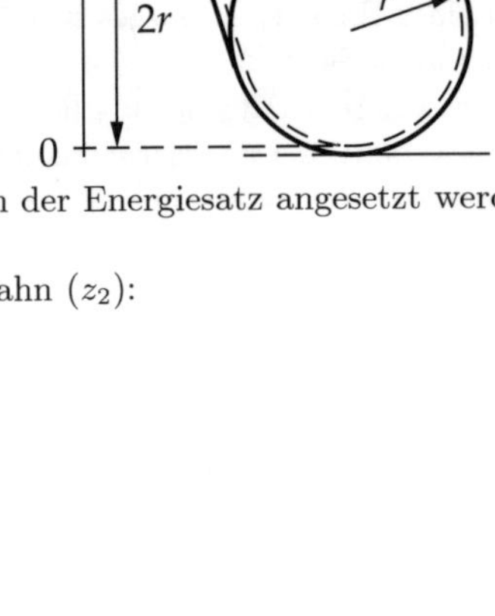

Damit ist v_2 bestimmt, und zur Berechnung von z_1 kann der Energiesatz angesetzt werden.
Zustand 1: Körper am Startpunkt (z_1);
Zustand 2: Körper an der höchsten Stelle der Schleifenbahn (z_2):

$$E_p(1) + E_k(1) = E_p(2) + E_k(2)$$
$$mgz_1 + 0 = mgz_2 + \frac{m}{2}v_2^2$$

Mit

$$z_2 = 2r \quad \text{und} \quad v_2^2 = rg$$

folgt

$$mgz_1 = mg \cdot 2r + \frac{m}{2} rg$$

$$z_1 = 2r + \frac{1}{2} r$$

$$\underline{z_1 = (5/2)r} = \underline{\underline{25 \text{ cm}}}$$

3. Leistung

Ein PKW der Masse m fährt einmal auf waagerechter Strecke und einmal auf einer Steigung mit dem Winkel α gegen die Waagerechte aus dem Stand an. In beiden Fällen wirkt die gleiche Zugkraft, die über die Zeit t_1 aufrechterhalten werden kann. Deshalb erfolgt das Anfahren auf der Waagerechten während dieser Zeit mit der konstanten Beschleunigung a_W. Berechnen Sie

a) die Arbeit W, die in der Zeit t_1 vom Motor auf der waagrechten Strecke verrichtet wird,

b) die Leistung P_W des Motors zur Zeit t_1 auf der waagerechten Strecke,

c) die Beschleunigung a_B, die bergauf erreicht wird,

d) die Leistung P_B des Motors zur Zeit t_1 auf der Bergstrecke!

$m = 1{,}3$ t $\quad a_W = 2{,}9$ m/s^2 $\quad t_1 = 3{,}0$ s $\quad \alpha = 4{,}0°$

Lösung

a) In der Zeit t_1 legt das Fahrzeug die Strecke s_1 zurück, und der Motor verrichtet die Arbeit

$$W = \int_0^{s_1} F_s \, ds \quad \text{mit} \quad F_s = ma_W$$

Wegen $a_W = \text{const}$ folgt

$$W = ma_W \int_0^{s_1} ds = ma_W s_1 \quad \text{und} \quad s_1 = \frac{a_W}{2} t_1^2$$

Man erhält für die Arbeit

$$\underline{W = \frac{ma_W^2 t_1^2}{2}} = \underline{\underline{49 \text{ kW s} = 1{,}4 \cdot 10^{-2} \text{ kWh}}}$$

b) Zur Zeit t_1 hat das Fahrzeug auf der waagerechten Strecke die Geschwindigkeit v_{W1}. Die Leistung des Motors ist dann

$$P_W = F_s v_{W1}$$

Mit $F_S = ma_W$ und $v_{W1} = a_W t_1$ folgt

$$\underline{P_W = ma_W^2 t_1} = \underline{\underline{33 \text{ kW}}} \quad (45 \text{ PS})$$

c) Die Beschleunigung a_B für das Anfahren am Berg wird mit Hilfe der Bewegungsgleichung berechnet:

$$ma_B = F_s - F_H$$

Darin ist F_s die Zugkraft des Motors. Sie hat denselben Betrag wie auf der waagerechten Strecke:

$$F_s = ma_W$$

F_H ist der Betrag der Komponente der Gewichtskraft in Richtung des Hanges:

$$F_H = mg \sin \alpha$$

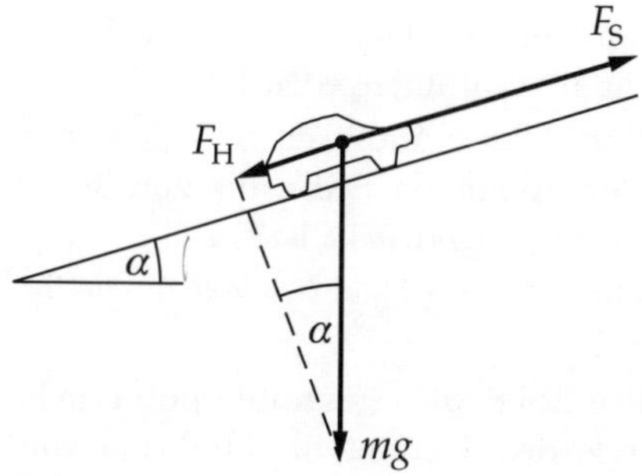

Damit lautet die Bewegungsgleichung

$$ma_{\mathrm{B}} = ma_{\mathrm{W}} - mg\sin\alpha$$

und es folgt daraus

$$\underline{a_{\mathrm{B}} = a_{\mathrm{W}} - g\sin\alpha} = \underline{\underline{2,2\ \mathrm{m/s^2}}}$$

d) Auf der Bergstrecke ist die Leistung des Motors zur Zeit t_1

$$P_{\mathrm{B}} = F_s v_{\mathrm{B1}}$$

Mit $F_s = ma_{\mathrm{W}}$ und $v_{\mathrm{B1}} = a_{\mathrm{B}}t_1$ wird

$$P_{\mathrm{B}} = ma_{\mathrm{W}}a_{\mathrm{B}}t_1$$

Verwendet man für a_{B} den Ausdruck aus der Lösung des Aufgabenteils c), so erhält man

$$\underline{P_{\mathrm{B}} = ma_{\mathrm{W}}(a_{\mathrm{W}} - g\sin\alpha)t_1} = \underline{\underline{25\ \mathrm{kW}}} \quad (34\ \mathrm{PS})$$

AUFGABEN

M 4.1

Welche Arbeit muß aufgewendet werden, um eine Feder mit der Federkonstanten k

a) ohne Vorspannung, d. h. von $x_1 = 0$,

b) von der Vorspannlänge $x_1 = 5,0$ cm

um Δx zusammenzudrücken?

$k = 300$ N/m $\quad \Delta x = 10,0$ cm

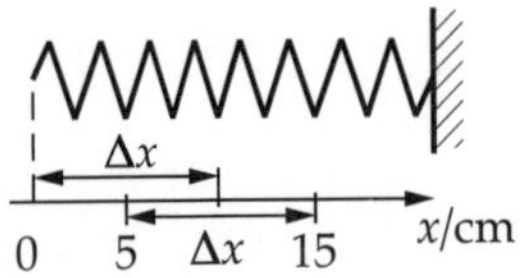

M 4.2

Ein Körper der Masse m wird in der Höhe z_1 losgelassen und trifft bei $z = 0$ auf das Ende einer senkrecht stehenden Feder mit der Federkonstanten k, die den Fall bremst. (Die Masse der Feder wird vernachlässigt.)

a) Bis zu welchem Ort z_2 wird die Feder maximal zusammengedrückt?

b) Welche Geschwindigkeit v_{z3} hat der Körper, wenn die Feder bis zur Stelle z_3 zusammengedrückt ist?

c) Welche Leistung P_3 entwickelt die Feder bei z_3?

d) Stellen Sie die gesamte potentielle Energie des Systems als Funktion von z grafisch dar im Bereich $-0,3\ \mathrm{m} \leqq z \leqq 0,6$ m. Lösen Sie an Hand des Diagramms grafisch:

Der Körper der Masse m fällt aus der Höhe z_4 auf die Feder. Bis zu welcher Stelle z_5 wird die Feder zusammengedrückt?

Überprüfen Sie außerdem das Ergebnis von Aufgabenteil a) an diesem Diagramm!

$m = 10,0$ kg $\quad z_1 = 0,60$ m

$z_3 = -0,10$ m $\quad z_4 = 0,40$ m

$k = 1,96 \cdot 10^3$ N/m

M 4.3

Das Ende einer vertikal aufgestellten Feder befindet sich im entspannten Zustand bei $z = 0$. Beim Auflegen eines Körpers der Masse m wird die Feder bis zum Ort z_0 zusammengedrückt. (z_0 ist die Ruhelage des Körpers auf der Feder.)

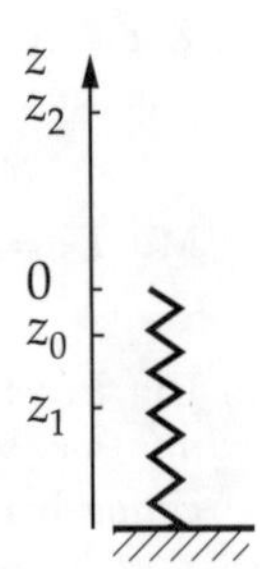

Bis zu welchem Ort z_1 muß die Feder weiter zusammengedrückt werden, damit der Körper nach dem Loslassen an der Stelle z_2 die Geschwindigkeit v_{z2} hat? (Die Federmasse wird vernachlässigt.)

$z_0 = -40$ mm $\quad z_2 = 135$ mm

$v_{z2} = 88$ cm/s

M 4.4

Ein Lastkraftwagen der Masse m fährt bergab. Der Neigungswinkel der Straße ist α.

a) Welche mechanische Leistung P_1 müssen die Bremsen in Wärme umwandeln, wenn seine Geschwindigkeit den konstanten Wert v_1 hat?

b) Auf welchen Wert v_2 muß die Geschwindigkeit reduziert werden, wenn die abfallende Strecke sehr lang ist und deswegen die Bremsleistung P_2 nicht überschritten werden darf?

(Die Wirkung zusätzlicher Bremswiderstände soll außer acht gelassen werden.)

$m = 20$ t $\quad \alpha = 7,0°$ $\quad v_1 = 50$ km/h
$P_2 = 150$ kW

M 4.5

Eine Person zieht einen beladenen Handwagen mit konstanter Geschwindigkeit v_1 bergauf und bringt dabei die Zugkraft F' in Deichselrichtung auf. Die Straße hat den Neigungswinkel α. Deichsel und Bewegungsrichtung schließen den Winkel β ein. Während der Bewegung tritt die Rollreibungskraft F_R auf.

a) Welche Arbeit W' wird von der Person in der Zeit t_1 verrichtet?

b) Welche Leistung P' wird dabei aufgebracht?

c) Welche Masse m hat der beladene Handwagen?

d) Welche Höhe h_1 wird in der Zeit t_1 überwunden?

$F' = 0,16$ kN $\quad \alpha = 5,0°$ $\quad t_1 = 125$ s
$v_1 = 1,1$ m/s $\quad \beta = 30°$ $\quad F_R = 40$ N

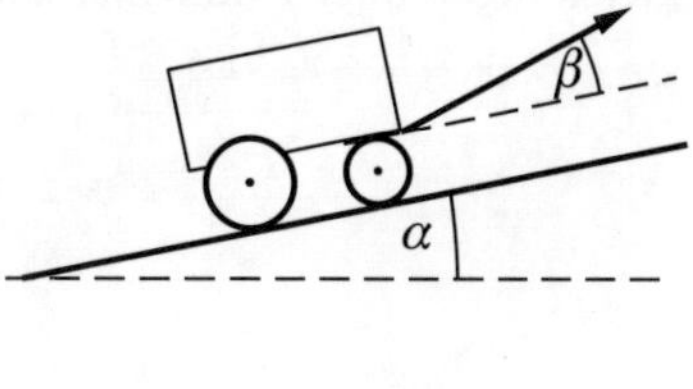

M 4.6

Aus einem Salzbergwerk soll eine Pumpe Sole der Dichte ϱ auf die Höhe h heben. Mit welcher Leistung P muß die Pumpe betrieben werden, wenn sie die Stromstärke I (Volumen durch Zeit) erzeugen soll?

$\varrho = 1,15$ g/cm^3 $\quad h = 50$ m
$I = 3,6$ hl/min

M 4.7

Ein vollbesetzter Bus hat die Masse m.

a) Welche Arbeit W_1 bringt der Motor bei jedem Anfahren bis zum Erreichen der Geschwindigkeit v_1 auf ebener Straße auf?

b) Welche Leistung P_1 und welche durchschnittliche Leistung $\overline{P}$ wären erforderlich, wenn das Anfahren auf einer ebenen Strecke s_1 gleichmäßig beschleunigt erfolgen würde?

$m = 10$ t $\quad v_1 = 30$ km/h $\quad s_1 = 100$ m

M 4.8

Ein Körper (Masse m) soll, nachdem er von einer Feder (Federkonstante k) abgeschossen wurde, eine Schleifenbahn vom Radius r reibungsfrei durchlaufen.

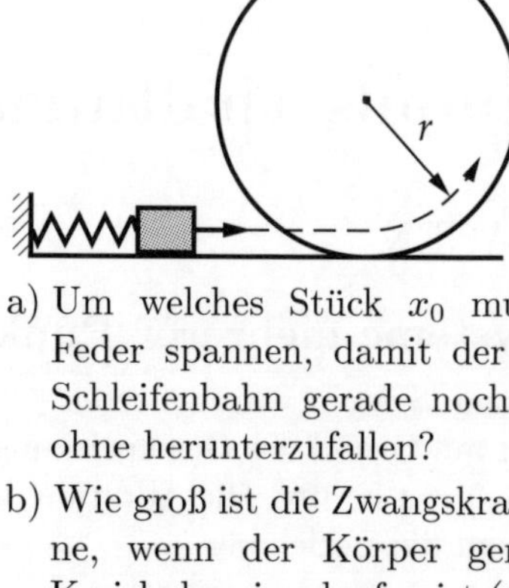

a) Um welches Stück x_0 muß man die Feder spannen, damit der Körper die Schleifenbahn gerade noch durchläuft, ohne herunterzufallen?

b) Wie groß ist die Zwangskraft der Schiene, wenn der Körper gerade in die Kreisbahn eingelaufen ist (F_1) bzw. die Kreisbahn gerade verlassen hat (F_0)?

$m = 20$ g $\quad k = 4,8$ N/cm $\quad r = 0,50$ m

M 4.9
Eine Punktmasse (m) bewegt sich auf einem vertikalen Kreis vom Radius r und wird dabei von einem undehnbaren Faden gehalten. Am höchsten Punkt ist die Fadenkraft F_1. Von Reibungseinflüssen und Luftwiderstand ist abzusehen. Wie groß ist die Fadenkraft F_2 am tiefsten Punkt der Bahn?

$m = 20$ g $\quad F_1 = 0,20$ N

M 4.10
Vom höchsten Punkt einer Kugel (Radius r) gleitet eine Punktmasse reibungsfrei und löst sich an einer bestimmten Stelle von der Kugeloberfläche. Um welchen Höhenunterschied h liegt diese Stelle tiefer als der höchste Punkt?

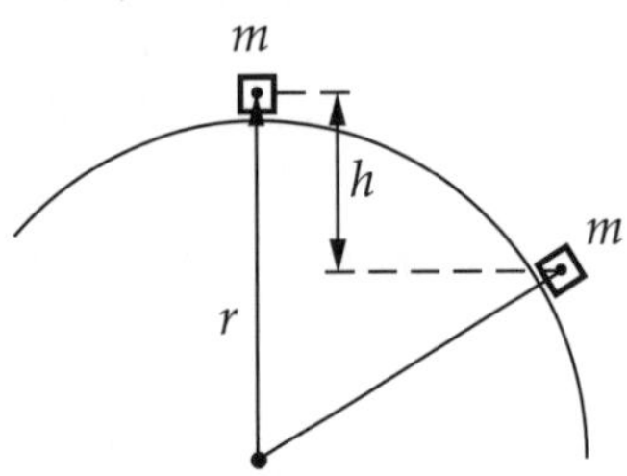

M 4.11
a) Welche Bahngeschwindigkeit v muß ein Erdsatellit haben, der eine kreisförmige Bahn in der Höhe h über der Erdoberfläche beschreiben soll?
b) Welche Arbeit W' muß aufgebracht werden, um diesen Satelliten der Masse m gegen die Wirkung der Schwerkraft auf seine Bahn zu heben und ihm die erforderliche Geschwindigkeit zu verleihen? (Bremswirkung der Lufthülle vernachlässigen; Rotation der Erde nicht berücksichtigen.)

$m = 200$ kg $\quad h = 1\,000$ km

M 4.12
Eine Orbitalstation wird auf eine kreisförmige Umlaufbahn in der Höhe h gebracht. Die zugeführte Energie verteilt sich auf ΔE_p und E_k (ΔE_p zum Heben auf die Bahn, E_k zum Beschleunigen auf die Bahngeschwindigkeit).
a) Berechnen Sie das Verhältnis $\Delta E_\mathrm{p}/E_\mathrm{k}$!
b) In welcher Höhe h' sind ΔE_p und E_k gleich groß?

M 4.13
Man berechne die zweite kosmische Geschwindigkeit! (Mit anderen Worten: Mit welcher Geschwindigkeit v muß ein Körper die Erdoberfläche verlassen, wenn er die Erdanziehung gerade noch überwinden soll?)

M 5 Impulserhaltungssatz

GRUNDLAGEN

1 Systeme mehrerer Punktmassen

Treten in einem System von mehreren (N) Punktmassen nur innere Kräfte auf, dann verschwindet auf Grund des Gegenwirkungsprinzips in diesem System die Gesamtsumme aller wirkenden Kräfte. Die Addition der Bewegungsgleichungen aller Punktmassen führt daher auf die Beziehung

$$\sum_{k=1}^{N} m_k \vec{a}_k = 0$$

Das Zeitintegral über diesen Ausdruck ist der **Impulserhaltungssatz**:

$$\sum_k m_k \vec{v}_k = \vec{p}_0 = \text{const}$$

Er sagt aus, daß die Summe der Impulse $\sum m_k \vec{v}_k$ (bzw. der Gesamtimpuls $\vec{p}_0$) in einem System mehrerer Punktmassen konstant ist, wenn nur innere Kräfte wirken (abgeschlossenes System) bzw. die Summe aller äußeren Kräfte verschwindet. Die nochmalige Integration des Impulserhaltungssatzes über die Zeit führt auf

$$\sum_k m_k \vec{r}_k = \vec{p}_0 t + \vec{C}$$

Teilt man diese Gleichung durch die Summe aller beteiligten Massen, so gewinnt man eine Aussage über die zeitliche Änderung der Größe

$$\vec{r}_\mathrm{M} = \frac{\sum\limits_k m_k \vec{r}_k}{\sum\limits_k m_k}$$

die den Ort des **Massenmittelpunktes** bezeichnet. Der Massenmittelpunkt führt eine gleichförmige Bewegung aus:

$$\vec{r}_\mathrm{M} = \frac{\vec{p}_0}{\sum\limits_k m_k} t + \vec{r}_0$$

Beim Gesamtimpuls $\vec{p}_0 = 0$ ruht der Massenmittelpunkt.

2 Stoßvorgänge

Der Impulssatz eignet sich besonders zur Berechnung des Ablaufs von Stoßvorgängen, bei denen zwischen den stoßenden Körpern nur kurzzeitig innere Kräfte wirken. Für den geraden Stoß zwischen zwei Körpern (m_1 und m_2) erhält er die Gestalt

$$m_1 v_1 + m_2 v_2 = m_1 v_1' + m_2 v_2'$$

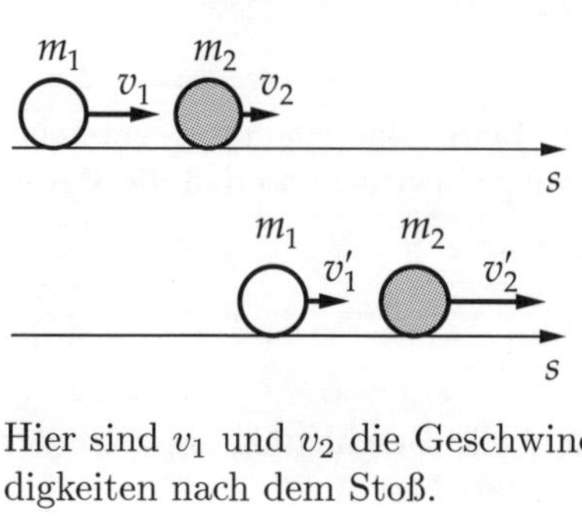

Hier sind v_1 und v_2 die Geschwindigkeiten vor dem Stoß und v_1' und v_2' die Geschwindigkeiten nach dem Stoß.

Der Impulssatz allein reicht aber zur Bestimmung beider Endgeschwindigkeiten v_1' und v_2' im allgemeinen nicht aus, da auch die Art der Kraftwirkung während des Stoßes eine Rolle spielt. Zwei Grenzfälle können dabei unterschieden werden:
Der vollkommen **elastische Stoß** findet statt, wenn die gesamte kinetische Energie erhalten bleibt.

$$\frac{m_1}{2}v_1^2 + \frac{m_2}{2}v_2^2 = \frac{m_1}{2}v_1'^2 + \frac{m_2}{2}v_2'^2$$

Beide Massen entfernen sich nach dem Stoß wieder voneinander. Ihre Geschwindigkeiten sind v_1' und v_2'. Die Auflösung des aus Impulssatz und Energiesatz bestehenden Gleichungssystems liefert für v_1' die Formel

$$v_1' = \frac{(m_1 - m_2)v_1 + 2m_2v_2}{m_1 + m_2}$$

Für v_2' erhält man das Ergebnis durch Vertauschen der Indizes 1 und 2.
Beim vollkommen **unelastischen Stoß** bewegen sich beide Körper mit einer gemeinsamen Endgeschwindigkeit weiter. Ein Teil der kinetischen Energie wird über Verformungsarbeit in Wärme (Verlustenergie ΔW) umgewandelt.

$$\frac{m_1}{2}v_1^2 + \frac{m_2}{2}v_2^2 = \frac{m_1 + m_2}{2}v'^2 + \Delta W$$

3 Impulserhaltung bei Körpern veränderlicher Masse

Wenn sich die Masse eines Körpers während seiner Bewegung verändert (z. B. beim Massenausstoß eines Raketentriebwerkes), kann mit Hilfe des Impulserhaltungssatzes die Bewegungsgleichung für diesen Körper gewonnen werden. Dazu wird der Impulserhaltungssatz in folgender Gestalt verwendet: Im abgeschlossenen System ist die Summe der Impulsänderungen gleich Null.

Der Ausstoß eines Massenelementes $\mathrm{d}m'$ aus dem Körper der Masse m erfolgt mit der Relativgeschwindigkeit $\vec{u}$ gegenüber dem Körper.

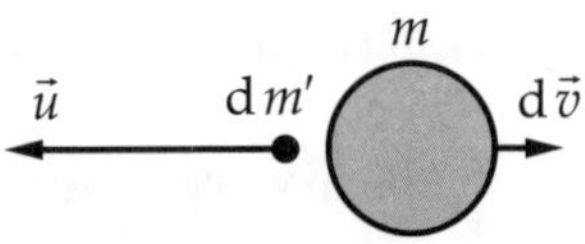

Der Impulserhaltungssatz lautet deshalb

$$\mathrm{d}m'\vec{u} + m\,\mathrm{d}\vec{v} = 0$$

Der Ausstoß eines Massenelementes $\mathrm{d}m'$ bewirkt eine Massenänderung des Körpers selbst, für die $\mathrm{d}m = -\,\mathrm{d}m'$ gilt. Damit folgt aus dem Impulserhaltungssatz

$$m\,\mathrm{d}\vec{v} = \vec{u}\,\mathrm{d}m$$

Division durch $\mathrm{d}t$ ergibt mit $\mathrm{d}\vec{v}/\mathrm{d}t = \vec{a}$

$$m\vec{a} = \vec{u}\frac{\mathrm{d}m}{\mathrm{d}t}$$

Die rechte Seite der Gleichung ist die Schubkraft, die beim Massenausstoß entsteht. Daneben kann noch eine äußere Kraft $\vec{F}$ auf den Körper einwirken, so daß die Bewegungsgleichung

$$\boxed{m\vec{a} = \vec{F} + \vec{u}\frac{\mathrm{d}m}{\mathrm{d}t}}$$

lautet. Bei einer Massenabnahme ist $\mathrm{d}m/\mathrm{d}t < 0$, und die Beschleunigung $\vec{a}$ ist der Relativgeschwindigkeit $\vec{u}$ des Massenausstoßes entgegengerichtet.

KONTROLLFRAGEN

M 5-1
Es wird ein System von Punktmassen betrachtet, die sich in einer waagerechten Ebene bewegen können. Sie stoßen zusammen, laufen auseinander usw. Es wirkt nur die Schwerkraft. Die Bewegung wird durch keine Reibungswirkungen beeinflußt. Gilt für dieses System der Impulserhaltungssatz? Begründen Sie Ihre Antwort!

M 5-2
Die in der ersten Frage beschriebene Ebene wird um den Winkel α gegen die Waagerechte geneigt. Geben Sie auch für diesen Fall an, ob der Impulssatz gilt, und begründen Sie Ihre Antwort!

M 5-3
Für den geraden elastischen Stoß zweier Punktmassen m_1 und m_2, die vor dem Stoß die Geschwindigkeiten v_1 und v_2 hatten, kann aus Energiesatz (ES) und Impulssatz (IS) folgender linearer Zusammenhang für die Berechnung der Endgeschwindigkeiten v_1 und v_2 hergeleitet werden:
$v_1 + v_1' = v_2 + v_2'$
Beweisen Sie diese Formel, indem Sie Energiesatz und Impulssatz zunächst so umstellen, daß die m_1 enthaltenden Glieder auf der einen Seite und die m_2 enthaltenden Glieder auf der anderen Seite der Gleichung stehen!

M 5-4
Eine Punktmasse stößt zentral auf eine zweite ruhende Punktmasse. Die erste bleibt stehen, die zweite läuft weg. Ist der Stoß vollkommen unelastisch? Begründen Sie Ihre Antwort!

M 5-5
Zwei Punktmassen stoßen zusammen und bleiben am Ort des Stoßes liegen. Geben Sie an, um was für einen Stoß es sich handelt!

M 5-6
Formulieren Sie die Energiebilanz für einen geraden Stoß zwischen zwei Massen, der weder vollkommen elastisch noch vollkommen unelastisch ist!

M 5-7
Untersuchen Sie am dargestellten Modell den Rückstoß beim Gewehrschießen bzw. den Rohrrücklauf bei Geschützen!

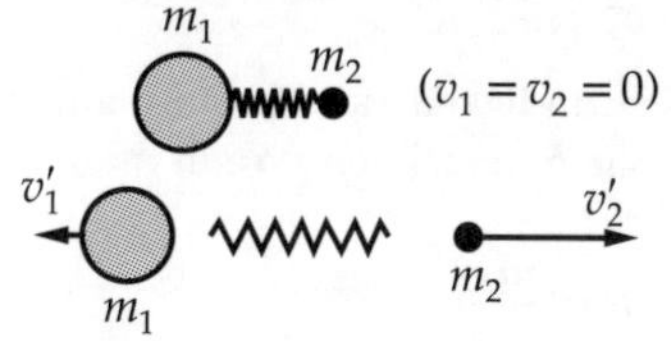

Drücken Sie das Verhältnis v_1'/v_2' durch m_1 und m_2 aus!

M 5-8
Nach dem schiefen Stoß zwischen einer Kugel (m_1), die mit der Geschwindigkeit v_1 auf eine zweite ruhende Kugel (m_2) stößt, bewegen sich beide Kugeln in verschiedene Richtungen weiter. Formulieren Sie die Aussagen des Impulserhaltungssatzes für den dargestellten Fall!

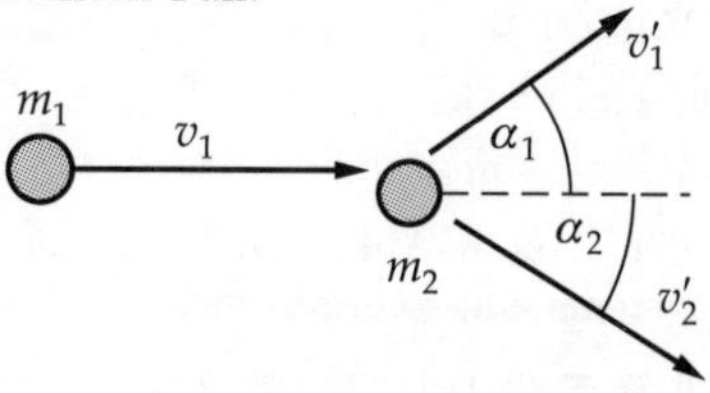

BEISPIELE

1. Elastischer Stoß

Ein Fadenpendel mit der Länge l und der Pendelmasse m_1 wird um den Winkel α aus der Gleichgewichtslage ausgelenkt und anschließend losgelassen. Beim Durchgang durch die Gleichgewichtslage stößt es elastisch auf einen ruhenden Körper der Masse m_2.
Berechnen Sie die Geschwindigkeit v_2', die dieser Körper durch den Stoß erhält!

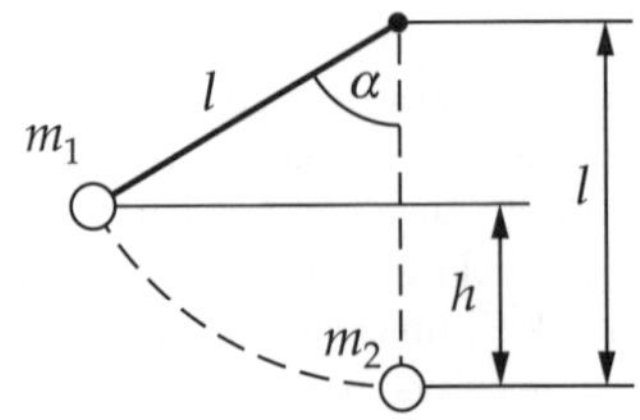

$l = 1,0$ m $\quad \alpha = 60°\quad m_1 = 30$ g $\quad m_2 = 20$ g

Lösung

Da es ein elastischer Stoß ist und während des Stoßvorganges nur innere Kräfte wirken, gelten Impuls- und Energiesatz. Weil der Körper mit der Masse m_2 vor dem Stoß ruht ($v_2 = 0$), entsteht das folgende Gleichungssystem

$$m_1 v_1 = m_1 v_1' + m_2 v_2'$$
$$\frac{m_1}{2} v_1^2 = \frac{m_1}{2} v_1'^2 + \frac{m_2}{2} v_2'^2$$

v_1 ist die Geschwindigkeit des Körpers mit der Masse m_1 unmittelbar vor dem Stoß. Sie läßt sich aus der Höhe h berechnen. Wenn man die potentielle Energie in der Pendelruhelage gleich Null setzt, folgt

$$m_1 g h = \frac{m_1}{2} v_1^2$$
$$v_1 = \sqrt{2gh} \quad \text{mit} \quad h = l - l\cos\alpha$$

Damit ist v_1 durch die in der Aufgabenstellung gegebenen Werte bestimmt. Man kann v_2' durch v_1 ausdrücken, wenn man v_1' eliminiert. Das aus Impuls- und Energiesatz entstandene Gleichungssystem wird nach v_2' aufgelöst. Durch Umformen folgt zunächst

$$m_1(v_1 - v_1') = m_2 v_2'$$
$$m_1(v_1^2 - v_1'^2) = m_2 v_2'^2$$

Entsprechend der dritten binomischen Formel gilt

$$v_1^2 - v_1'^2 = (v_1 + v_1')(v_1 - v_1')$$

Deshalb ist es zweckmäßig, im Gleichungssystem die zweite Gleichung durch die erste zu dividieren. Man erhält

$$v_1 + v_1' = v_2'$$
$$v_1' = v_2' - v_1$$

Setzt man den letzten Ausdruck für v_1' in die erste Gleichung des zu Beginn angesetzten Gleichungssystems ein, so ergibt sich

$$m_1 v_1 = m_1(v_2' - v_1) + m_2 v_2'$$

Das ist nach v_2' aufzulösen:

$$2m_1 v_1 = (m_1 + m_2) v_2'$$
$$v_2' = \frac{2m_1}{m_1 + m_2} v_1$$

Mit dem bereits ermittelten Ausdruck für v_1 ergibt sich

$$\underline{v_2' = \frac{2m_1\sqrt{2gl(1-\cos\alpha)}}{m_1 + m_2}} = \underline{\underline{3,8 \text{ m/s}}}$$

2. Unelastischer Stoß

Das Rammen von Pfählen wird als unelastischer Stoß zwischen Rammbär und Pfahl betrachtet. Mit einem Rammbär der Masse m_1 wird ein Pfahl der Masse m_2 gerammt. Der Rammbär fällt aus der Höhe h auf den Pfahl. Beim letzten Schlag sinkt der Pfahl noch um die Strecke s ein.

Wie groß ist dabei die mittlere Widerstandskraft des Bodens?

$m_1 = 450$ kg $\quad m_2 = 400$ kg $\quad h = 1,20$ m $\quad s = 1,0$ cm

Lösung

Der Rammbär fällt aus der Höhe h auf den Pfahl und erreicht dabei die Geschwindigkeit v_1, die sich durch Anwendung des Energieerhaltungssatzes bestimmen läßt:

$$\frac{m_1}{2}v_1^2 = m_1 gh \qquad v_1 = \sqrt{2gh}$$

Damit findet zwischen Rammbär und Pfahl, der anfangs ruht ($v_2 = 0$), ein unelastischer Stoß statt, nach welchem sich beide Körper mit der gemeinsamen Geschwindigkeit v' weiter bewegen. Hierfür gilt der Impulserhaltungssatz

$$m_1 v_1 = (m_1 + m_2)v'$$

aus dem sich v' bestimmen läßt:

$$v' = \frac{m_1}{m_1 + m_2}v_1 = \frac{m_1}{m_1 + m_2}\sqrt{2gh}$$

Schließlich werden durch die konstante Widerstandskraft F des Bodens Rammbär und Pfahl auf der Strecke s bis zur Ruhe abgebremst. Beim Abbremsen wird die gesamte kinetische Energie E_k, die Rammbär und Pfahl nach dem Stoß hatten, in Bremsarbeit, d. h. in Arbeit gegen die Kraft F, umgewandelt. Da sich Rammbär und Pfahl dabei aber auch in Richtung der Schwerkraft um die Strecke s bewegen, wird zusätzlich potentielle Energie ΔE_p in Bremsarbeit umgewandelt. Für die Bremsarbeit W gilt damit

$$W = E_\mathrm{k} + \Delta E_\mathrm{p}$$

$$Fs = \frac{m_1 + m_2}{2}v'^2 + (m_1 + m_2)gs$$

Setzt man in diese Formel die bereits ermittelte Geschwindigkeit v' ein und löst nach F auf, so ergibt sich die Widerstandskraft des Bodens

$$F = \frac{m_1^2 gh}{s(m_1 + m_2)} + (m_1 + m_2)g = \underline{\underline{288\ \mathrm{kN}}}$$

3. Raketenantrieb

Die Masse einer Rakete verringert sich durch Abbrennen des Treibsatzes nach dem Gesetz

$$m = m_0\,\mathrm{e}^{-\frac{t}{T}}$$

Das Gas strömt mit der Geschwindigkeit u aus. Nach der Abbrennzeit T hat die Rakete ihre Leermasse angenommen.

a) Wie groß darf die Abbrennzeit T höchstens sein, damit die Rakete überhaupt vom Boden abhebt?

b) Wie groß muß T mindestens sein, damit die Beschleunigung der Rakete den Wert $a_z = 5g$ nicht übersteigt

$u = 3\,000$ m/s

Lösung

Zunächst berechnen wir die Beschleunigung der Rakete mit Hilfe der Bewegungsgleichung

$$ma_z = F_z + u_z\frac{\mathrm{d}m}{\mathrm{d}t}$$

Die positive Bewegungsrichtung ist senkrecht nach oben festgelegt. Für die Relativgeschwindigkeit u_z der ausgestoßenen Masse gilt damit

$$u_z = -u$$

Ebenso ist die Gewichtskraft der Rakete als äußere Kraft negativ:

$$F_z = -mg$$

Aus dem angegebenen Gesetz für die Massenabnahme folgt weiterhin durch Differenzieren nach der Zeit

$$\frac{\mathrm{d}m}{\mathrm{d}t} = -\frac{m_0}{T}\mathrm{e}^{-\frac{t}{T}} = -\frac{m}{T}$$

Setzen wir alle diese Beziehungen in die Bewegungsgleichung ein, so ergibt sich eine allgemeine Beziehung für die Beschleunigung:

$$ma_z = -mg + u\frac{m}{T}$$

$$\underline{a_z = \frac{u}{T} - g}$$

a) Damit die Rakete überhaupt vom Boden abhebt, muß $a_z \geqq 0$ sein. Für die maximale Brenndauer $T_{\max}$ gilt also

$$0 = \frac{u}{T_{\max}} - g$$

$$\underline{T_{\max} = \frac{u}{g}} = \underline{\underline{300 \text{ s}}}$$

b) Die Mindestbrenndauer $T_{\min}$ finden wir, wenn $a_z = 5g$ gesetzt wird:

$$5g = \frac{u}{T} - g$$

$$\underline{T_{\min} = \frac{u}{6g}} = \underline{\underline{50 \text{ s}}}$$

AUFGABEN

M 5.1

Leiten Sie für den geraden Stoß zweier Körper die Formeln für die Geschwindigkeiten

a) nach dem vollkommen elastischen Stoß

$$\left(v_1' = \frac{(m_1 - m_2)v_1 + 2m_2v_2}{m_1 + m_2} \quad \text{und} \quad v_2' = \frac{(m_2 - m_1)v_2 + 2m_1v_1}{m_1 + m_2}\right)$$

b) nach dem vollkommen unelastischen Stoß $\left(v' = \dfrac{m_1v_1 + m_2v_2}{m_1 + m_2}\right)$ her!

M 5.2

Zwei Kugeln mit den Massen $m_1 = m$ und $m_2 = 2m$ bewegen sich mit gleichem Geschwindigkeitsbetrag v aufeinander zu. Welche Geschwindigkeiten v_1' und v_2' ergeben sich nach dem Zusammenstoß, wenn dieser

a) elastisch,

b) unelastisch erfolgt?

c) Wie groß ist im Fall b) der Energieverlust ΔE?

M 5.3

Beim Rangieren läuft ein Güterwagen der Masse m_1 mit der Geschwindigkeit v_1 auf einen ruhenden Güterwagen der Masse m_2. Der Stoß ist nur zum Teil elastisch. Nach dem Stoß läuft der zweite Wagen mit der Geschwindigkeit v_2' weg. Berechnen Sie

a) die Geschwindigkeit v_1' des ersten Wagens nach dem Stoß,

b) den Bruchteil η der mechanischen Energie, der in Wärme umgewandelt worden ist!

$m_1 = 25$ t $\quad m_2 = 20$ t $\quad v_1 = 1,2$ m/s
$v_2' = 0,9$ m/s

M 5.4

Ein Stoßpendel besteht aus einer dünnen Stange der Länge l, die am unteren Ende einen Holzklotz mit der Masse m_H trägt. Wird eine Kugel der Masse m_K in den Holzklotz geschossen, so schlägt das vorher ruhende Pendel um die Strecke x_m aus. Wie groß war die Geschwindigkeit v des Geschosses?

$l = 2,0$ m $\quad m_\mathrm{H} = 0,80$ kg $\quad m_\mathrm{K} = 5,0$ g
$x_\mathrm{m} = 20$ cm

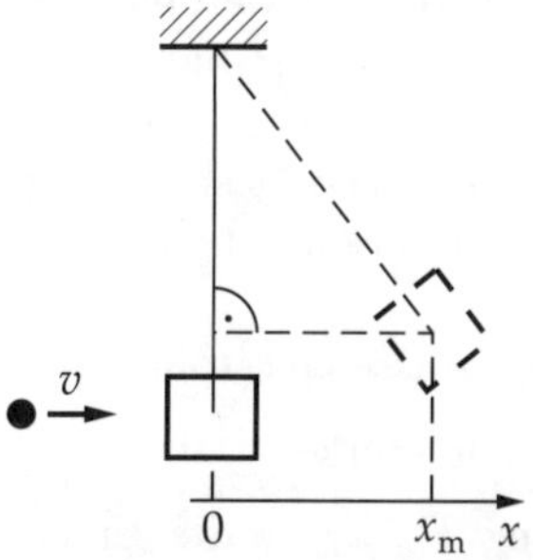

M 5.5

Beim Rangieren stößt ein Waggon der Masse $m_\mathrm{A} = m$ mit der Geschwindigkeit v_0 auf zwei einzeln stehende Waggons der Massen $m_\mathrm{B} = m/2$ und $m_\mathrm{C} = \frac{3}{4}m$

a) Wie viele Zusammenstöße finden insgesamt statt, wenn diese elastisch ablaufen?
   Mit welchen Geschwindigkeiten v_A, v_B und v_C bewegen sich die Waggons nach dem letzten Zusammenstoß?
b) Wie ändert sich des Ergebnis, wenn die beiden stehenden Waggons vertauscht sind?

M 5.6

Bei Schmieden sollen 95 % ($f = 0,95$) der Energie des Hammers (m_H) zur plastischen Verformung eines Werkstücks ($m_\mathrm{W} \ll m_\mathrm{H}$) verwendet werden. Der Amboß hat die Masse $m_\mathrm{A} = 95$ kg. Welche Masse m_H muß der verwendete Hammer haben? (Die Wechselwirkung mit der Unterlage des Ambosses braucht nicht berücksichtigt zu werden.)

M 5.7

Zwei aneinander gekoppelte Fahrzeuge mit den Massen m_1 und m_2 bewegen sich mit konstanter Geschwindigkeit v_0 auf gerader Bahn. Zwischen beiden Fahrzeugen befindet sich eine (nicht befestigte) um die Länge x zusammengedrückte Feder der Federkonstanten k. Nach Lösen der Kopplung entspannt sich die Feder.

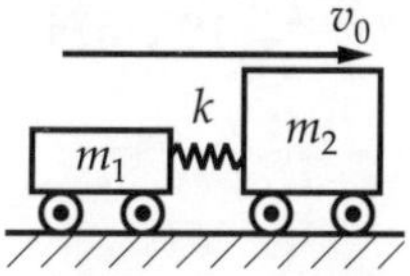

a) Welche Geschwindigkeiten v_1 und v_2 besitzen danach die beiden Fahrzeuge? (Man betrachte Energie und Impuls in einem System, das sich mit dem Schwerpunkt bewegt.)
b) Es sei $m_1 = m_2$ sowie $v_1 = 0$. Wie groß ist dann v_2, und um welche Länge x war die Feder gespannt?
   Wo ist die Energie des zur Ruhe gekommenen Fahrzeuges geblieben?

$v_0 = 1,00$ m/s $\quad m_1 = m_2 = 500$ kg
$k = 40$ kN/m

M 5.8

Eine Kugel bewegt sich in einer waagerechten Ebene und stößt unter dem Winkel $\alpha = 45°$ gegen eine starre ebene Wand. Der Stoß ist nicht vollkommen elastisch, vielmehr verliert die Kugel 20 Prozent ihrer kinetischen Energie. Unter welchem Winkel β zur Wandfläche wird sie reflektiert? (Reibung wird vernachlässigt.)

M 5.9

Eine Kugel mit dem Radius r bewegt sich mit der Geschwindigkeit v_0 so auf eine gleichartige ruhende Kugel zu, daß ein schiefer, vollkommen elastischer Stoß stattfindet. Die Gerade, auf der sich die erste Kugel der zweiten nähert, führt im Abstand d an deren Zentrum vorbei.

a) Unter welchem Winkel α_2 wird die zweite Kugel gestoßen?

b) Stellen Sie die Aussage des Impulserhaltungssatzes in vektorieller Form zeichnerisch dar!

c) Wie groß ist der Winkel α_1, unter dem sich die erste Kugel nach dem Stoß weiterbewegt?

d) Wie groß sind die Geschwindigkeiten v_1 und v_2 der Kugeln nach dem Stoß?

$d = 12$ mm $\quad r = 10$ mm $\quad v_0 = 10$ cm/s

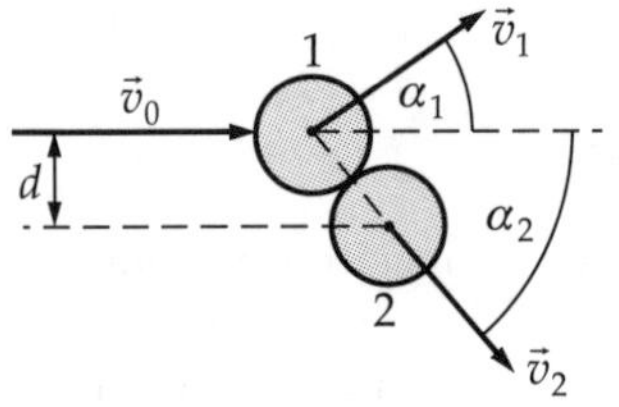

M 5.10

Eine Rakete hat die Startmasse m_0 und hebt mit der Anfangsbeschleunigung a_0 senkrecht vom Boden ab. Die Ausströmgeschwindigkeit der Gase ist u. Der Massenausstoß je Sekunde ist zeitlich konstant. Die Leermasse der Rakete hat den Wert m_1.

a) Berechnen Sie die Brenndauer t_B des Triebwerkes!

Stellen Sie

b) die Beschleunigung-Zeit-Funktion,

c) die Geschwindigkeit-Zeit-Funktion für diese Rakete auf, wobei nur der Zeitbereich $0 \leqq t \leqq t_B$ in Betracht kommen soll!

$m_0 = 2,2 \cdot 10^5$ kg $\quad m_1 = 3,0 \cdot 10^4$ kg
$a_0 = 6,0$ m/s^2 $\quad u = 2\,500$ m/s

M 5.11

Eine Rakete hat die Startmasse m_0 und den zeitlich konstanten Massenausstoß $q = -\frac{dm}{dt}$. Die Ausströmgeschwindigkeit der Gase ist u.

a) Mit welcher Beschleunigung a_0 hebt die Rakete senkrecht vom Boden ab?

b) Welchen Wert a_1 hat ihre Beschleunigung zur Zeit t_1?

c) Wie groß ist die Schubkraft F_S der Rakete?

$m_0 = 2,5 \cdot 10^5$ kg $\quad u = 3\,000$ m/s
$t_1 = 10$ s $\quad q = 1\,000$ kg/s

M 5.12

Eine Landesektion (Startmasse m_0) soll von der Mondoberfläche aus auf eine Mondumlaufbahn gebracht werden. Die dazu erforderliche Geschwindigkeit v_1 wird durch Raketentriebwerke mit der Schubkraft F_0 erzeugt. Die Geschwindigkeit der aus dem Triebwerk ausströmenden Gase ist u.

a) Wie groß ist der Massenausstoß $q = -\frac{dm}{dt}$ der Triebwerke?

b) Welche Leistung P ist für die Erzeugung des Triebwerksstrahles erforderlich?

c) Wie groß ist die Restmasse m_1 der Landesektion im Orbit?

d) Wie lange (t_1) dauert die Beschleunigungsphase?

e) Wie groß sind die höchste und die niedrigste Beschleunigung a_1 und a_0?

f) Welcher Anteil der von den Triebwerken gelieferten Energie (= Wirkungsgrad ε) ist der Landesektion zugeführt worden?

$v_1 = 1,73$ km/s $\quad m_0 = 13,6$ t
$u = 2,90$ km/s $\quad F_0 = 260$ kN

(Die Gravitationswirkung des Mondes kann bei der Lösung dieser Aufgabe unberücksichtigt bleiben. Die angegebene Startgeschwindigkeit reicht aus, um eine Kreisbahn in 90 km Höhe einzunehmen.)

M6 Bewegung im Zentralfeld

GRUNDLAGEN

1 Zentralkräfte

Eine Kraft, die von jedem Ort im Raum aus auf den gleichen festen Punkt gerichtet ist, heißt Zentralkraft. Fällt der Ursprung des gewählten Koordinatensystems in das Kraftzentrum, dann läßt sich eine Zentralkraft mit Hilfe des Ortsvektors $\vec{r}$ in der vektoriellen Form

$$\vec{F} = F\vec{e}_r = F\frac{\vec{r}}{r}$$

darstellen.
Die wichtigsten bekannten Beispiele für Zentralkräfte sind die Gravitationskraft und die Coulomb-Kraft des elektrischen Feldes.
Gravitationskraft:

$$\vec{F} = -G\frac{m_1 m_2}{r^2}\vec{e}_r \qquad G = 6{,}6726 \cdot 10^{-11}\ \frac{\mathrm{m}^3}{\mathrm{kg}\cdot\mathrm{s}^2}$$

Coulomb-Kraft:

$$\vec{F} = \frac{1}{4\pi\varepsilon_0}\frac{Q_1 Q_2}{r^2}\vec{e}_r \qquad \varepsilon_0 = 8{,}854\,187\,817 \cdot 10^{-12}\ \frac{\mathrm{A}\cdot\mathrm{s}}{\mathrm{V}\cdot\mathrm{m}}$$

2 Drehimpulserhaltungssatz

Unter dem **Drehimpuls** $\vec{L}$ einer Punktmasse wird die Größe

$$\boxed{\vec{L} = \vec{r} \times m\vec{v}}$$

verstanden, die auch **Impulsmoment** heißt.

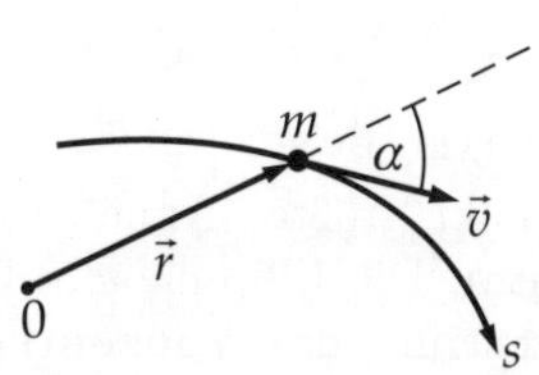

Bewegt sich eine Punktmasse im Feld einer Zentralkraft, dann ist ihr Drehimpuls eine Erhaltungsgröße. Die Konstanz von $\vec{L}$ kann durch die Forderung $\mathrm{d}\vec{L}/\mathrm{d}t = 0$ ausgedrückt werden und läßt sich aus der Bewegungsgleichung herleiten.
Aus dem Drehimpulssatz folgt, daß sich

1. die Punktmasse in einer Ebene bewegt, die das Kraftzentrum enthält und deren Normalenrichtung durch $\vec{L}$ angegeben wird, und daß
2. für die Bewegung der **Flächensatz** gilt, der besagt, daß der Ortsvektor vom Kraftzentrum zur bewegten Punktmasse in gleichen Zeiten gleiche Flächen überstreicht **(2. Keplersches Gesetz)**:

$$\boxed{\frac{\mathrm{d}A}{\mathrm{d}t} = \frac{L}{2m} = \mathrm{const}}$$

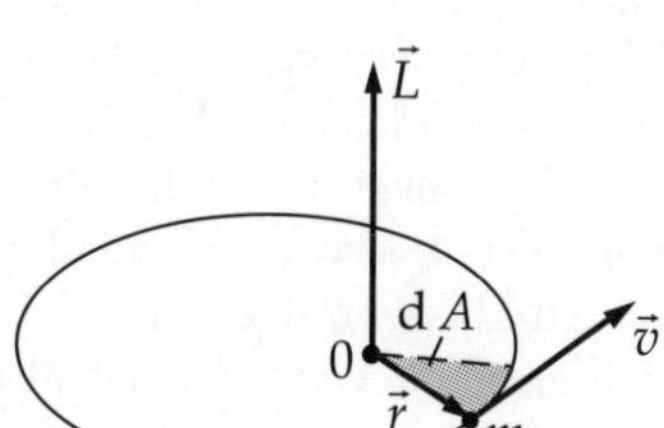

3 Bewegung im Gravitationsfeld

Mit Hilfe von Drehimpulssatz und Energiesatz ist es möglich, den Ablauf der Bewegung im Gravitationsfeld genauer zu bestimmen. Werden als Variable die Beträge r des Ortsvektors und v der Geschwindigkeit eingeführt, so lauten beide Gesetze:

$$mvr \sin\alpha = L = \text{const}$$
$$\frac{m}{2}v^2 - G\frac{m_0 m}{r} = E = \text{const}$$

Im Drehimpulssatz tritt als dritte Bahnvariable der Winkel α zwischen Ortsvektor $\vec{r}$ und Geschwindigkeitsvektor $\vec{v}$ auf. Der Energiesatz enthält die potentielle Energie im Gravitationsfeld, die von r abhängt und deren Nullpunkt im Unendlichen festgelegt wurde.

Die Bahnen einer Punktmasse im Gravitationsfeld haben die Gestalt von Kegelschnitten, wobei die Größe der Gesamtenergie E darüber entscheidet, ob es sich um eine *Ellipse* **(1. Keplersches Gesetz)**, eine *Parabel* oder eine *Hyperbel* handelt:

$E < 0$ Ellipse

$E = 0$ Parabel

$E > 0$ Hyperbel

Die Kreisbahn ist als Sonderfall der Ellipse anzusehen, der dann erreicht wird, wenn zwischen Energie und Drehimpuls die Beziehung

$$E = -\frac{G m_0^2 m^3}{2L^2}$$

besteht (vgl. Beispiel 2).

Der Punkt größter Annäherung der Punktmasse an das Kraftzentrum heißt **Perizentrum**. Die Ellipsenbahn besitzt außerdem einen Punkt größter Entfernung vom Kraftzentrum, das **Apozentrum**. Die von KEPLER empirisch gefundenen Gesetze der Planetenbewegung wurden von NEWTON zur Begründung der klassischen Mechanik benutzt. Insbesondere führte das **3. Keplersche Gesetz** zur Aufstellung des Gravitationsgesetzes. Es besagt, daß sich die Quadrate der Umlaufzeiten zweier Planeten wie die 3. Potenzen der großen Halbachsen ihrer Bahnen verhalten. Die Ableitung aus den Newtonschen Axiomen führt zu der Formel

$$\frac{a^3}{T^2} = \frac{G}{4\pi^2}(m_0 + m)$$

m_0 ist die Masse des Zentralgestirns (z. B. der Sonne). Die Formel enthält außer m_0 die Planetenmasse m, so daß das Verhältnis a^3/T^2 für die verschiedenen Planeten nicht exakt den gleichen Wert hat. (Ursache dieser Erscheinung ist der Umstand, daß die Gravitationskraft infolge des Gegenwirkungsprinzips auch auf die Sonne wirkt. Die Sonne ruht also nicht, sondern bewegt sich, ebenso wie der Planet, um den gemeinsamen Massenmittelpunkt.) Die Keplersche Beobachtung, daß a^3/T^2 für alle Planeten den gleichen Wert hat, ist also nur näherungsweise richtig und beruht darauf, daß m gegenüber m_0 vernachlässigbar klein ist.

KONTROLLFRAGEN

M 6-1
Welcher Unterschied besteht zwischen Gravitationskraft und Coulomb-Kraft bezüglich ihrer Richtung?

M 6-2
Folgende Beschreibung einer Zentralbewegung ist Ihnen bekannt: „Ein Körper der Masse m wird von einer im Kraftzentrum ruhenden Masse m_0 angezogen und bewegt sich auf einer Bahn um das Kraftzentrum." Was ist an dieser Beschreibung zu ändern, wenn man die Gültigkeit des Gegenwirkungsprinzips berücksichtigt?

M 6-3
Weisen Sie nach, daß für eine Zentralkraft $\mathrm{d}\vec{L}/\,\mathrm{d}t = 0$ gilt!

M 6-4
Zeigen Sie am Beispiel der gleichförmigen Kreisbewegung, daß $\mathrm{d}A/\,\mathrm{d}t = L/(2m)$ gilt!

M 6-5
Welchen Wert hat der Winkel α im Perizentrum und im Apozentrum einer Zentralbewegung?

M 6-6
Bei einer Zentralbewegung habe der Geschwindigkeitsvektor die Richtung
a) des Ortsvektors
b) senkrecht zum Ortsvektor.
Wie berechnet sich in beiden Fällen der Betrag L des Drehimpulsvektors?

M 6-7
Ein Körper, der eine Hyperbelbahn beschreibt, entfernt sich vom Kraftzentrum der Zentralbewegung beliebig weit ($r \to \infty$). Weisen Sie mit Hilfe des Energiesatzes nach, daß eine Hyperbelbahn bei $E < 0$ nicht möglich ist!

M 6-8
Welcher Zusammenhang besteht zwischen der großen Halbachse a einer Keplerschen Ellipse und den Abständen r_P des Perizentrums und r_A des Apozentrums der Bahn vom Kraftzentrum (Skizze!)?

BEISPIELE

1. Ellipsenbahn

Ein Erdsatellit hat im Abstand r_1 vom Erdmittelpunkt die Geschwindigkeit v_1 und den Bahnwinkel $\alpha_1 = 90°$.

a) Um welchen Punkt der Bahn handelt es sich?
b) Wie groß sind die große Halbachse a seiner Bahnellipse und seine Umlaufdauer T?

$r_1 = 10\,500$ km $\quad v_1 = 5,70$ km/s

Lösung

a) Wegen $\alpha_1 = 90°$ handelt es sich entweder um das Perizentrum oder das Apozentrum der Satellitenbahn. Die Entscheidung kann getroffen werden, wenn man den Abstand r_2 des zweiten Bahnpunktes, für den $\alpha = 90°$ gilt berechnet. Dazu dienen Energiesatz und Drehimpulssatz:

$$E = \frac{m}{2}v_2^2 - G\frac{mm_\mathrm{E}}{r_2} = \frac{m}{2}v_1^2 - G\frac{mm_\mathrm{E}}{r_1}$$

$$L = mv_2r_2 = mv_1r_1$$

v_2 wird eliminiert:

$$v_1^2\frac{r_1^2}{r_2^2} - 2\frac{Gm_\mathrm{E}}{r_2} = v_1^2 - 2\frac{Gm_\mathrm{E}}{r_1}$$

Die Zusammenfassung von Energie- und Drehimpulssatz ergibt eine gemischt-quadratische Gleichung für $1/r_2$:

$$\left(\frac{1}{r_2}\right)^2 - 2\frac{Gm_E}{v_1^2 r_1^2}\left(\frac{1}{r_2}\right) = \frac{1}{r_1^2} - 2\frac{Gm_E}{v_1^2 r_1^3}$$

Diese Gleichung löst man am besten durch Hinzufügen der quadratischen Ergänzung:

$$\left(\frac{1}{r_2}\right)^2 - 2\frac{Gm_E}{v_1^2 r_1^2}\left(\frac{1}{r_2}\right) + \left(\frac{Gm_E}{v_1^2 r_1^2}\right)^2 = \left(\frac{1}{r_1}\right)^2 - 2\frac{Gm_E}{v_1^2 r_1^2}\left(\frac{1}{r_1}\right) + \left(\frac{Gm_E}{v_1^2 r_1^2}\right)^2$$

$$\left(\frac{1}{r_2} - \frac{Gm_E}{v_1^2 r_1^2}\right)^2 = \left(\frac{1}{r_1} - \frac{Gm_E}{v_1^2 r_1^2}\right)^2$$

$$\left(\frac{1}{r_2} - \frac{Gm_E}{v_1^2 r_1^2}\right) = \pm\left(\frac{1}{r_1} - \frac{Gm_E}{v_1^2 r_1^2}\right)$$

Außer der Lösung $1/r_2 = 1/r_1$, die auf den Ausgangspunkt führt, hat die Gleichung die Lösung

$$\frac{1}{r_2} = \frac{Gm_E}{v_1^2 r_1^2} - \frac{1}{r_1}$$

Sie liefert

$$\underline{r_2 = \frac{r_1}{\dfrac{2Gm_E}{v_1^2 r_1} - 1}} = \underline{\underline{7\,870\text{ km}}}$$

Der Erdsatellit befindet sich demnach im Apozentrum seiner Bewegung.

b) Für die große Halbachse der Satellitenbahn (vgl. Kontrollfrage M 6-8) gilt

$$\underline{a = \frac{r_1 + r_2}{2}} = \underline{\underline{9\,180\text{ km}}}$$

Die Umlaufdauer ist durch das 3. Keplersche Gesetz mit der großen Halbachse der Ellipse verknüpft. Da die Satellitenmasse gegenüber der Erdmasse vernachlässigbar klein ist, gilt

$$\frac{a^3}{T^2} = \frac{Gm_E}{4\pi^2}$$

Daraus folgt

$$\underline{T = 2\pi\sqrt{\frac{a^3}{Gm_E}}} = \underline{\underline{8\,760\text{ s}}} = \underline{\underline{2\text{ h }26\text{ min}}}$$

2. Erhaltungssätze

Die Kreisbahn ist ein Sonderfall der Zentralbewegung.

a) Leiten Sie für das Gravitationsfeld den Zusammenhang zwischen der Energie E und dem Drehimpuls L her, der bestehen muß, damit eine Kreisbewegung zustande kommt!

b) Leiten Sie den Zusammenhang zwischen Umlaufdauer T und Kreisbahnradius r her!

Es wird vorausgesetzt, daß die Masse m_0 des zentralen Körpers groß gegenüber der Masse m des umlaufenden Körpers ist.

Lösung

a) Für Energie E und Drehimpuls L gelten die Beziehungen

$$E = \frac{m}{2}v^2 - \frac{Gmm_0}{r}$$

$$L = mvr$$

Die für die Kreisbewegung erforderliche Radialkraft wird durch die Gravitationskraft erzeugt:

$$-m\frac{v^2}{r} = -G\frac{mm_0}{r^2}$$

Daraus ergibt sich

$$v^2 = \frac{Gm_0}{r}$$

Aus E und L wird zunächst v eliminiert:

$$E = -\frac{Gmm_0}{2r}$$

$$L = m\sqrt{Gm_0 r}$$

Durch Eliminieren von r werden beide Gleichungen zusammengefaßt:

$$r = \frac{L^2}{m^2 Gm_0}$$

$$\underline{E = -\frac{Gm_0^2 m^3}{2L^2}}$$

b) Die Umlaufdauer T auf der Kreisbahn ergibt sich aus der Umlaufgeschwindigkeit v und dem Kreisumfang $2\pi r$:

$$T = \frac{2\pi r}{v}$$

Ersetzt man in dieser Beziehung v durch den in a) hergeleiteten Zusammenhang mit r, so entsteht

$$T = \frac{2\pi r}{\sqrt{\frac{Gm_0}{r}}}$$

$$\underline{T^2 = \frac{4\pi^2}{Gm_0} r^3}$$

Die gefundene Gleichung entspricht dem 3. Keplerschen Gesetz im Sonderfall einer Kreisbahn.

3. Mitbewegung des Zentralgestirns

Der Abstand zwischen Erde und Mond ist $r = 385\,000$ km. Die Mondmasse m_M beträgt 1/81 der Erdmasse m_E. Es sei vorausgesetzt, daß die Zentralbewegung des Mondes auf einer Kreisbahn erfolgt. (Die in Wirklichkeit vorhandenen Exzentrizität der Mondbahn beträgt 5,5 %.) Der Einfluß der Gravitation anderer Himmelskörper einschließlich der Sonne werde vernachlässigt.

a) An welchem Punkt des Raumes liegt das Zentrum der Mondbahn? Wie bewegt sich die Erde?

b) Wie groß ist die Umlaufdauer T des Mondes um die Erde unter Berücksichtigung der Bewegung der Erde?

Lösung

a) Infolge des Gegenwirkungsprinzips bewegen sich sowohl Mond als auch Erde auf Kreisbahnen um ihren gemeinsamen Massenmittelpunkt S und befinden sich dabei immer in gegenüberliegenden Positionen. Der Massenmittelpunktsatz liefert

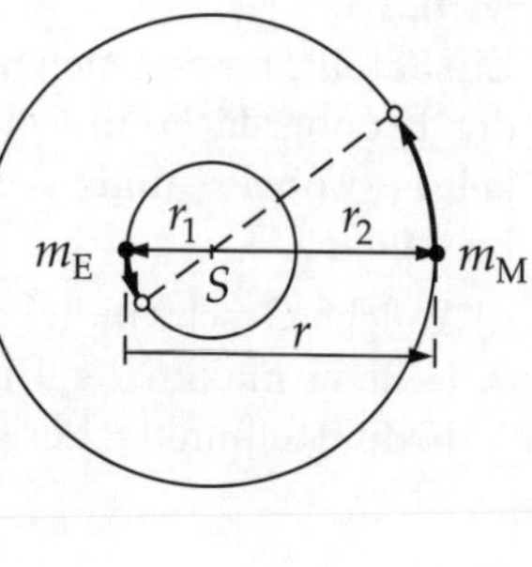

$$m_E r_1 = m_M r_2$$

und mit

$$r_1 + r_2 = r$$

folgt

$$r_1 = \frac{r}{1+\dfrac{m_\mathrm{E}}{m_\mathrm{M}}} = \underline{\underline{4\,700\ \mathrm{km}}} \qquad r_2 = \frac{r}{1+\dfrac{m_\mathrm{M}}{m_\mathrm{E}}} = \underline{\underline{380\,000\ \mathrm{km}}}$$

Das Bewegungszentrum für Erde und Mond liegt noch innerhalb der Erdkugel!

b) Die Umlaufdauer des Mondes wird über die Bewegungsgleichung bestimmt:

$$m_\mathrm{M} a_\mathrm{r} = -G\frac{m_\mathrm{M} m_\mathrm{E}}{r^2}$$

Während im Gravitationsgesetz unverändert der Abstand r zwischen Erde und Mond steht, enthält die Radialbeschleunigung a_r den Abstand r_2 des Mondes vom Bewegungszentrum:

$$a_\mathrm{r} = -\omega^2 r_2 = -\frac{4\pi^2}{T^2} r_2$$

Man findet damit aus der Bewegungsgleichung

$$\frac{4\pi^2}{T^2} r_2 = \frac{G m_\mathrm{E}}{r^2}$$

Mit $$r_2 = \frac{r}{1+\dfrac{m_\mathrm{M}}{m_\mathrm{E}}}$$

folgt $$T^2 = \frac{4\pi^2 r^3}{G m_\mathrm{E}\left(1+\dfrac{m_\mathrm{M}}{m_\mathrm{E}}\right)}$$

$$\underline{T^2 = \frac{4\pi^2}{G}\frac{r^3}{m_\mathrm{E}+m_\mathrm{M}}}$$

Diese Formel entspricht dem 3. Keplerschen Gesetz. Sie liefert

$$T = 2,36 \cdot 10^6\ \mathrm{s} = \underline{\underline{27,3\ \mathrm{d}}}$$

AUFGABEN

M 6.1

Ein Meteorit nähert sich der Erde und bewegt sich im kürzesten Abstand r_P vom Erdmittelpunkt mit der Geschwindigkeit v_P. Welche Geschwindigkeit v_0 hatte er in sehr großer Entfernung von der Erde?

$r_\mathrm{P} = 7\,000$ km $\quad v_\mathrm{P} = 20,0$ km/s

M 6.2

Ein Satellit bewegt sich in der Höhe h über der Erdoberfläche mit einer Geschwindigkeit v_1, wobei r_1 und v_1 einen rechten Winkel bilden.

a) Welche Geschwindigkeit v_A hat der Satellit in maximaler Entfernung r_A vom Erdmittelpunkt (Perigäum)? Wie groß ist r_A?

b) Welche Geschwindigkeit v_2 hat er an einer anderen Stelle r_2 der Bahn? Welchen Winkel α_2 bildet dort der Geschwindigkeitsvektor $\vec{v}_2$ mit dem Ortsvektor $\vec{r}_2$?

$h = 200$ km $\quad v_1 = 8,30$ km/s
$r_2 = 7\,670$ km

M 6.3

Ein Erdsatellit hat im Apozentrum seiner Bahn die Geschwindigkeit v_A und im Perizentrum die Geschwindigkeit v_P.

a) Wie weit sind Apozentrum und Perizentrum von Erdmittelpunkt entfernt?

b) Welche Umlaufdauer hat der Satellit?

$v_\mathrm{A} = 4,13$ km/s $\quad v_\mathrm{P} = 6,82$ km/s

M 6.4

Der Merkur hat den Perihelabstand r_P und den Aphelabstand r_A zur Sonne.

a) Wie groß ist seine Umlaufdauer T um die Sonne?

b) Wie groß sind seine Bahngeschwindigkeiten v_P und v_A im Perihel und Aphel? Die Umlaufzeit T_0 der Erde und der Erdbahnradius r_0 werden als bekannt vorausgesetzt.

$r_P = 46,0 \cdot 10^6$ km $\quad r_A = 69,8 \cdot 10^6$ km

M 6.5

Ein Raumschiff hat bei Brennschluß der letzten Raketenstufe die Höhe h_1 und die Geschwindigkeit v_1 erreicht. In der Höhe h_2 bewegt es sich in der Richtung α_2 gegenüber dem Ortsvektor vom Erdmittelpunkt.

a) Welche Geschwindigkeit v_2 hat es in der Höhe h_2?

b) In welcher Richtung α_1 hat es sich bei Brennschluß bewegt?

$h_1 = 1\,000$ km $\quad h_2 = 20\,000$ km
$v_1 = 9,60$ km/s $\quad \alpha_2 = 45°$

M 6.6

Ein Meteorit trifft mit der Geschwindigkeit v_1 und unter dem Winkel β_1 auf die Mondoberfläche auf.

a) Auf was für einer Bahn hat sich der Meteorit dem Mond genähert?

b) In welcher Entfernung vom Mondmittelpunkt befindet sich das Perizentrum seiner Bahnkurve?

Die Gravitationswirkung von Erde und Sonne soll unberücksichtigt bleiben.

Masse des Mondes: $m_M = 7,35 \cdot 10^{22}$ kg
Mondradius: $r_M = 1\,740$ km

$v_1 = 3,00$ km/s $\quad \beta_1 = 30°$

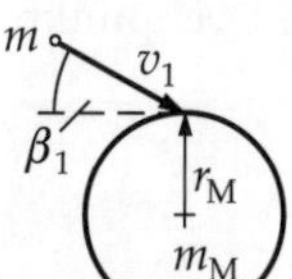

M 6.7

Wie kann man

a) die Geschwindigkeit v_0 der Erde auf ihrer Bahn um die Sonne und

b) die Masse m_S der Sonne

aus dem Erdbahnradius r_0 und der Umlaufdauer T_0 der Erde um die Sonne bestimmen?

M 6.8

Ein Raumflugkörper soll gestartet werden.

a) Welche Geschwindigkeit v_2 muß er an der Erdoberfläche besitzen, um außerhalb des Gravitationsfeldes der Erde auf die Erdbahn um die Sonne zu gelangen (2. kosmische Geschwindigkeit)?

b) Welche Geschwindigkeit v_F muß er im Erdbahnabstand r_0 von der Sonne haben, um das Sonnensystem verlassen zu können (solare Fluchtgeschwindigkeit)?

c) Welche Geschwindigkeit v_3 an der Erdoberfläche würde zum Verlassen des Sonnensystems ausreichen (3. kosmische Geschwindigkeit)?

Bahngeschwindigkeit der Erde:
$v_0 = 2\pi r_0/T_0$ ($T_0 = 365$ d)

M 6.9

Eine Marssonde wird von der Erdbahn aus in Bewegungsrichtung der Erde gestartet und soll den Mars im sonnennächsten Punkt seiner Bahn gerade erreichen (Perihel der Marsbahn, Aphel der Erdbahn).

a) Welche Anfangsgeschwindigkeit v_1 muß die Marssonde (außerhalb des Erdschwerefeldes) haben?

b) Mit welcher Geschwindigkeit v_2 erreicht die Sonde die Marsbahn? (Die Gravitationswirkung des Mars bleibe bis dahin unberücksichtigt.)

c) Welche Zeit τ dauert der Flug der Sonde zum Mars?

Kleinster Abstand Sonne-Mars:
$r_2 = 207 \cdot 10^6$ km

M 6.10

Der Halleysche Komet nähert sich der Sonne bis auf 0,587 Erdbahnradien. Er wurde am 20. April 1910 zum 29. Male im sonnennächsten Punkt beobachtet und hat diesen am 30. April 1986 zum 30. Male erreicht. Wie viele Erdbahnradien beträgt seine Apheldistanz r_A?

M 6.11

Ein Doppelstern hat die Umlaufzeit T und das Massenverhältnis $\mu = m_1/m_2$. Der maximale Sternabstand ist a.

a) In welcher maximalen Entfernung r_1 vom ersten Stern liegt das Zentrum der Bewegung?

b) Wie groß sind m_1 und m_2 im Verhältnis zur Sonnenmasse?

$T = 9$ h 48 min $\quad \mu = 2,36$
$a = 2,02 \cdot 10^6$ km

M 7 Statik

GRUNDLAGEN

1 Drehmoment

Greift eine Kraft $\vec{F}$ an einem starren Körper an, so ist ihre Wirkung nicht allein von Betrag und Richtung des Kraftvektors abhängig, sondern auch von der Lage ihres Angriffspunktes im Körper. Deshalb wird zur Kennzeichnung der Kraftwirkung außer dem Kraftvektor $\vec{F}$ noch das **Drehmoment** $\vec{M}$ benötigt, das die Kraft in bezug auf einen vorgegebenen Drehpunkt des Körpers erzeugt:

$$\vec{M} = \vec{r} \times \vec{F}$$

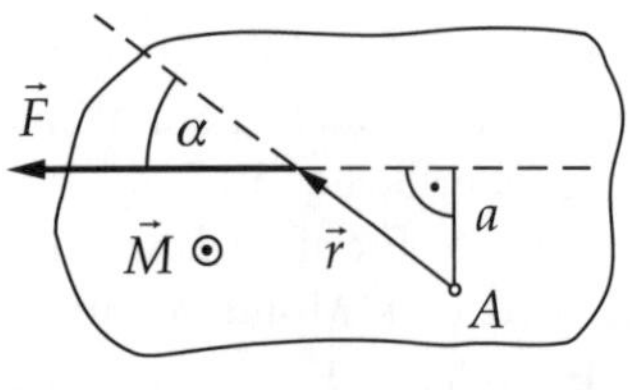

$\vec{r}$ ist der Ortsvektor vom Drehpunkt A zum Angriffspunkt der Kraft. Der Drehmomentvektor steht senkrecht auf der Ebene, die durch die Vektoren $\vec{r}$ und $\vec{F}$ aufgespannt wird. Sein Betrag

$$M = Fr \sin\alpha$$

enthält den Winkel α zwischen den Richtungen von $\vec{r}$ und $\vec{F}$.

Das Produkt $r \sin\alpha$ ist gleich dem kürzesten Abstand a der Wirkungslinie der Kraft vom Drehpunkt A:

$$M = Fa$$

2 Gleichgewicht

Ein starrer Körper befindet sich im **Gleichgewicht**, wenn sowohl die Summe aller Kräfte als auch die Summe ihrer Drehmomente bezüglich eines beliebigen Drehpunktes verschwindet:

$$\sum_{k=1}^{N} \vec{F}_k = 0 \qquad \sum_{k=1}^{N} \vec{M}_k = 0$$

Eine allgemeinere Gleichgewichtsbedingung lautet:

> Innerhalb eines beliebigen Systems von Körpern herrscht Gleichgewicht, wenn die potentielle Energie einen Extremwert annimmt.

In einem System mit nur einem Freiheitsgrad, der durch die Koordinate x beschrieben wird, lautet die Bedingung für einen Extremwert der Energie

$$\frac{\mathrm{d}E_\mathrm{p}}{\mathrm{d}x} = 0$$

Das Gleichgewicht ist *stabil*, wenn der Extremwert der potentiellen Energie ein Minimum darstellt. In diesem Falle kehrt bei einer kleinen Störung des Gleichgewichts das System von selbst in die Gleichgewichtslage zurück. Im Gegensatz dazu führt ein Maximum der potentiellen Energie zu einer *labilen* Gleichgewichtslage, bei der eine kleine Störung genügt, um das Gleichgewicht völlig zu zerstören. Als **Stabilitätskriterium** muß die zweite Ableitung der potentiellen Energie nach der Koordinate x untersucht werden:

$$\frac{\mathrm{d}^2 E_\mathrm{p}}{\mathrm{d}x^2} \begin{array}{ll} > 0 & \text{stabiles} \\ = 0 & \text{indifferentes} \\ < 0 & \text{labiles} \end{array} \Bigg\} \text{Gleichgewicht}$$

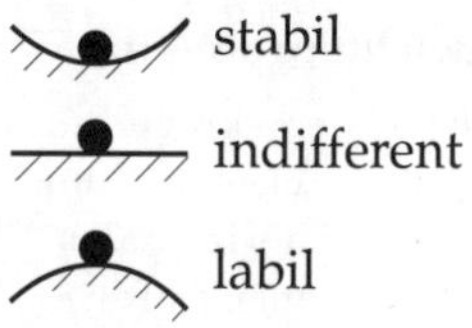

KONTROLLFRAGEN

M 7-1
Es gilt $F_1 = F_2 = F_3$. Ist auch $M_1 = M_2 = M_3$?

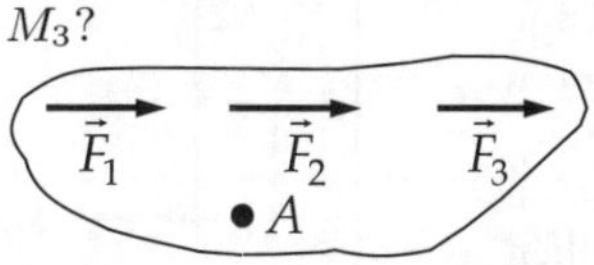

M 7-2
Wie groß ist das Drehmoment einer Kraft $\vec{F}$ bezüglich eines Drehpunktes, der auf ihrer Wirkungslinie liegt?

M 7-3
Geben Sie auf dem skizzierten Balken einen Drehpunkt an, für den das resultierende Drehmoment verschwindet!

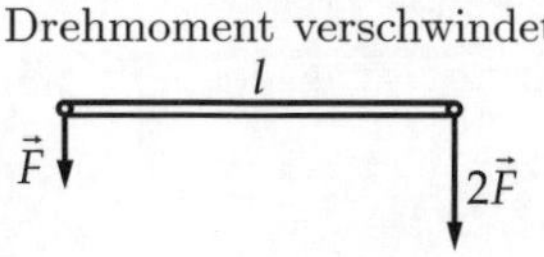

M 7-4
Geben Sie die resultierende Kraft an, durch die man die in Kontrollfrage M 7-3 gegebenen Kräfte ersetzen kann!

M 7-5
Ermitteln Sie die Lösung von Frage M 7-3 zeichnerisch!

M 7-6
Zeigen Sie allgemein, daß an einem Körper, an dem Kräftegleichgewicht $\sum \vec{F}_k = 0$ und Momentengleichgewicht $\sum \vec{r}_k \times \vec{F}_k = 0$ bezüglich des Koordinatenursprungs herrschen, das Drehmoment $\vec{M}$ bezüglich eines Drehpunktes an einer beliebigen Stelle $\vec{r}_0$ ebenfalls verschwindet!

M 7-7

Im allgemeinen Fall des Gleichgewichtes am starren Körper müssen sechs skalare Gleichungen erfüllt werden: drei für die Kraftkoordinaten und drei für die Drehmomentkoordinaten.
Welche Gleichungen bleiben im Fall des ebenen Kraftsystems davon übrig?

M 7-8

Ein Körper mit der Masse m hängt unter dem Einfluß der Schwerkraft an einer Feder der Federkonstanten k. Bei entspannter Feder befindet sich der Körper bei $x = 0$.

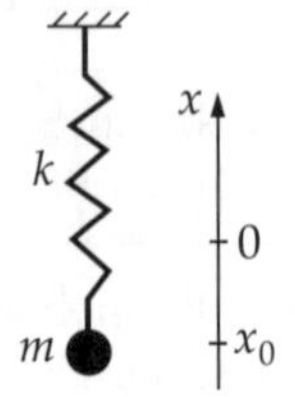

a) Berechnen Sie aus der potentiellen Energie des Systems den Ort x_0 der Punktmasse, an dem Gleichgewicht herrscht!
b) Ist das Gleichgewicht stabil?
c) Berechnen Sie die Gleichgewichtslage x_0 aus der Forderung, daß die Summe der Kräfte verschwindet, und vergleichen Sie den Lösungsweg mit a).

BEISPIELE

1. Gleichgewichtsproblem

Eine Blechplatte der skizzierten Form wird an drei senkrechten Fäden, die an den Ecken 1, 2 und 3 befestigt sind, so aufgehängt, daß sie sich in einer horizontalen Ebene befindet.
Wie groß sind die Fadenkräfte F_1, F_2 und F_3, wenn die Gewichtskraft F_G der Platte bekannt ist?

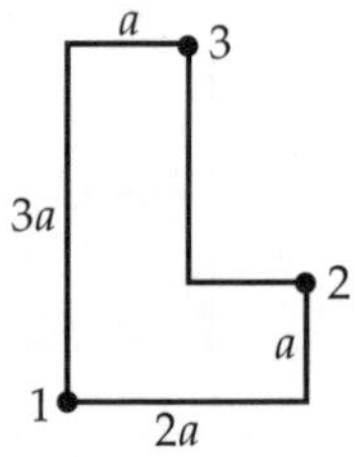

Lösung

Zur Beschreibung der Kräfte und Momente wird ein rechtwinkliges Koordinatensystem eingeführt, dessen x- und y-Achse in der horizontalen Ebene liegen. Die z-Achse dieses Koordinatensystems zeigt senkrecht nach oben. Alle auftretenden Kräfte haben z-Richtung und sind in der Figur je nachdem, ob sie nach oben oder unten gerichtet sind, durch die Symbole $\odot$ oder $\otimes$ gekennzeichnet.
Um das Aufsuchen des Massenmittelpunktes der ganzen Platte zu umgehen, denkt man sich diese aus zwei gleichen Rechteckflächen zusammengesetzt, von denen jede die Gewichtskraft $F_G/2$ hat. Es müssen das Kräftegleichgewicht für die z-Richtung und das Momentengleichgewicht für die x- und y-Achse erfüllt werden:

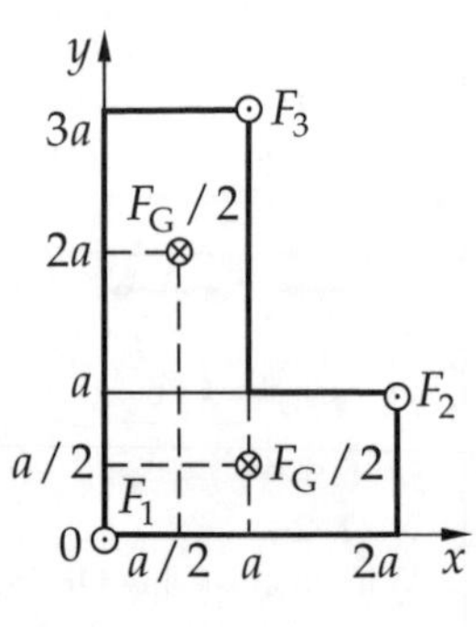

$$F_z: \quad F_1 + F_2 + F_3 - F_G = 0$$

$$M_y: \quad -2aF_2 - aF_3 + a\frac{F_G}{2} + \frac{a}{2}\frac{F_G}{2} = 0$$

$$M_x: \quad aF_2 + 3aF_3 - 2a\frac{F_G}{2} - \frac{a}{2}\frac{F_G}{2} = 0$$

Das ergibt drei Gleichungen für die Variablen F_1, F_2 und F_3:

$$F_1 + F_2 + F_3 = F_G \tag{1}$$

$$2F_2 + F_3 = (3/4)F_G \tag{2}$$

$$F_2 + 3F_3 = (5/4)F_G \tag{3}$$

Multipliziert man Gleichung (3) mit dem Faktor 2 und zieht Gleichung (2) ab, so erhält man

$$5F_3 = \frac{7}{4}F_G \qquad \underline{F_3 = \frac{7}{20}F_G}$$

Weiter folgt aus (3)

$$F_2 = \frac{5}{4}F_G - 3F_3 = \frac{25-21}{20}F_G \qquad \underline{F_2 = \frac{1}{5}F_G}$$

und aus (1)

$$F_1 = F_G - F_2 - F_3 = \frac{20-4-7}{20}F_G \qquad \underline{F_1 = \frac{9}{20}F_G}$$

2. Stabilitätskriterien

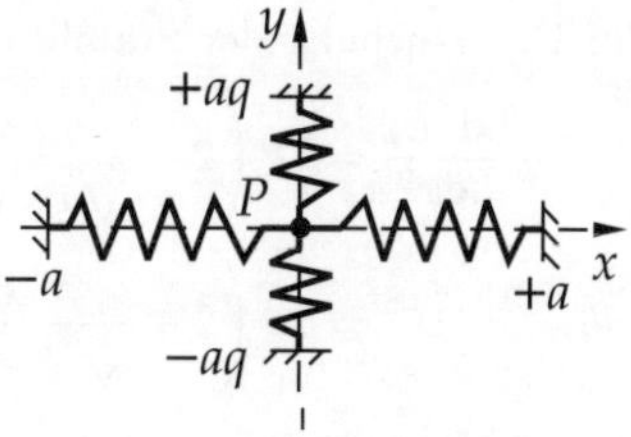

Vier Federn mit der gleichen Länge a und der gleichen Federkonstanten k sind kreuzweise in einem Punkt P miteinander verbunden, dessen Lage in einem x,y-Koordinatensystem beschrieben wird.
Wenn sich P im Koordinatenursprung befindet, sind die horizontalen Federn entspannt und die vertikalen Federn auf den Bruchteil q ihrer ursprünglichen Länge a zusammengedrückt.

a) An welchen Stellen $(x_N, 0)$ nimmt P bei gegebener Stauchung Gleichgewichtslagen ein?

b) Bei welchen Werten von q sind diese Gleichgewichtslagen stabil?

Lösung

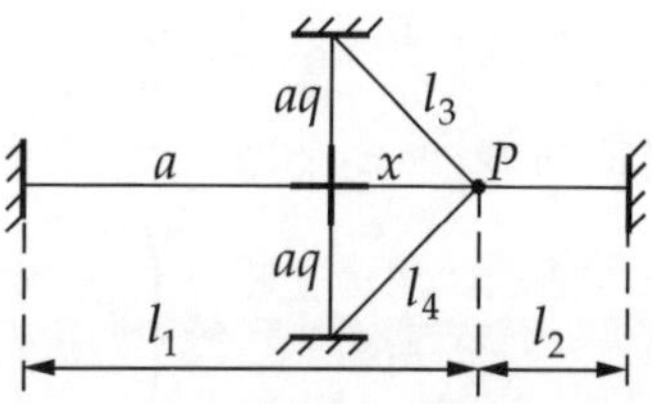

a) Die potentielle Energie der vier Federn hängt von der Auslenkung x des Punktes P ab. Aus x ergibt sich zunächst die Gesamtlänge l_i jeder einzelnen Feder i. Sie beträgt für die horizontalen Federn

$$l_1 = a + x \qquad l_2 = a - x$$

und für die vertikalen Federn

$$l_3 = l_4 = \sqrt{(aq)^2 + x^2}$$

Aus der Differenz der Federlänge l gegenüber der Länge a der entspannten Feder folgt die potentielle Energie:

$$E_{pi} = \frac{k}{2}(l_i - a)^2$$

Durch das Einsetzen der Werte für l_i und Addition der Energien der vier Federn erhält man schließlich die gesamte potentielle Energie

$$E_p = kx^2 + k\left(a - \sqrt{(aq)^2 + x^2}\right)^2$$

Gleichgewicht tritt für $\frac{dE_p}{dx} = 0$ ein:

$$\frac{dE_p}{dx} = 2kx + 2k\left(a - \sqrt{x^2 + a^2q^2}\right)\left(-\frac{2x}{2\sqrt{x^2 + a^2q^2}}\right)$$

$$= 2kx\left(2 - \frac{a}{\sqrt{x^2 + a^2q^2}}\right)$$

dE_p/dx ist Null, wenn entweder x oder der Klammerausdruck Null wird:

$$\underline{x_0 = 0}$$

bzw.

$$2 = \frac{a}{\sqrt{x_1^2 + a^2 q^2}}$$

$$x_1^2 + a^2 q^2 = \frac{a^2}{4}$$

$$\underline{x_1 = a\sqrt{\frac{1}{4} - q^2}}$$

Eine Lösung für x_1 existiert nur, wenn der Radikand größer als Null ist, d. h. für

$$\underline{q < \frac{1}{2}}$$

b) Zur Untersuchung der Stabilität wird $\mathrm{d}^2 E_\mathrm{P} / \mathrm{d}x^2$ berechnet:

$$\begin{aligned}\frac{\mathrm{d}^2 E_\mathrm{P}}{\mathrm{d}x^2} &= 2k\left(2 - \frac{a}{\sqrt{x^2 + a^2 q^2}}\right) + 2kx\left(\frac{1}{2}\frac{2ax}{\sqrt{x^2 + a^2 q^2}^3}\right)\\ &= 2k\left(2 - \frac{a}{\sqrt{x^2 + a^2 q^2}} + \frac{ax^2}{\sqrt{x^2 + a^2 q^2}^3}\right)\end{aligned}$$

An der Stelle x_0 gilt:

$$\frac{\mathrm{d}^2 E_\mathrm{P}}{\mathrm{d}x^2}(x_0) = 2k\left(2 - \frac{1}{q}\right)$$

Stabilität herrscht für $\dfrac{\mathrm{d}^2 E_\mathrm{P}}{\mathrm{d}x^2} > 0$:

$$2 - \frac{1}{q} > 0 \quad \underline{q > \frac{1}{2}}$$

An der Stelle x_1 gilt:

$$\frac{\mathrm{d}^2 E_\mathrm{P}}{\mathrm{d}x^2}(x_1) = 2k\left(2 - \frac{a}{\frac{a}{2}} + \frac{a \cdot a^2\left(\frac{1}{4} - q^2\right)}{\left(\frac{a}{2}\right)^3}\right)$$

$$\frac{\mathrm{d}^2 E_\mathrm{P}}{\mathrm{d}x^2}(x_1) = 16k\left(\frac{1}{4} - q^2\right)$$

Stabilität herrscht für $\dfrac{\mathrm{d}^2 E_\mathrm{P}}{\mathrm{d}x^2} > 0$:

$$\frac{1}{4} - q^2 > 0 \quad \underline{q < \frac{1}{2}}$$

Diese Bedingung ist stets erfüllt, wenn das Minimum an der Stelle $x_1 \neq 0$ überhaupt auftritt. Es müssen demzufolge folgende Fälle unterschieden werden:

$q > \frac{1}{2}$ stabiles Gleichgewicht bei $x_0 = 0$

$q = \frac{1}{2}$ indifferentes Gleichgewicht bei $x_0 = x_1 = 0$

$q < \frac{1}{2}$ stabiles Gleichgewicht bei $x_1 \neq 0$, labiles Gleichgewicht bei $x_0 = 0$

Das läßt sich veranschaulichen, wenn man für die verschiedenen Fälle $E_p(x)$ qualitativ darstellt:

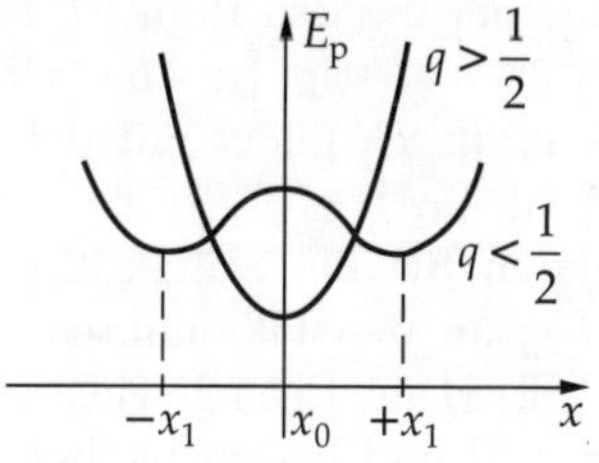

AUFGABEN

M 7.1

Eine Straßenlaterne der Masse m hängt in der Mitte eines zwischen zwei Häusern gespannten Drahtseiles der Länge l. Die beiden gleich hohen Befestigungspunkte des Seils haben den Abstand $b < l$. Wie groß ist die im Seil auftretende Kraft F?

$l = 10,5$ m $\quad b = 10,0$ m $\quad m = 8,00$ kg

M 7.2

Ein schwenkbarer Lampenhalter hat die Masse m_1. Der Abstand seines Massenmittelpunktes S von der Drehachse ist s, und der Abstand der Stützstellen A und B ist h. Die Lampe der Masse m_2 ist in der Entfernung l von der Achse angebracht.

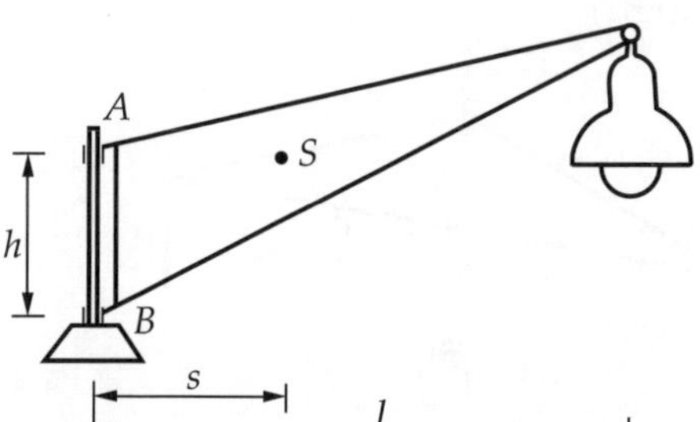

Welche Stützkräfte greifen horizontal (x-Richtung) und vertikal (y-Richtung) in den Punkten A und B an?

$m_1 = 1,5$ kg $\quad m_2 = 1,2$ kg $\quad s = 0,40$ m
$l = 1,00$ m $\quad h = 0,25$ m

M 7.3

Ein Träger ist im Punkt A durch ein festes Lager und im Punkt B durch ein Gleitlager gestützt.

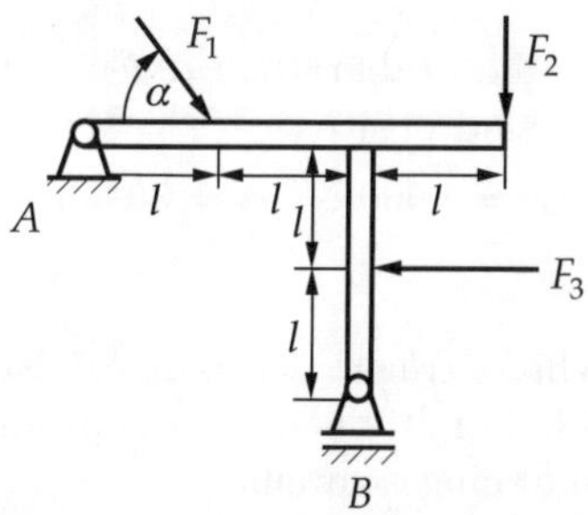

Welche Stützkräfte sind wirksam, wenn die in der Figur angegebenen Kräfte F_1, F_2 und F_3 angreifen?

$F_1 = F_3 = 1\,000$ N $\quad F_2 = 500$ N $\quad \alpha = 60°$

M 7.4

Eine homogene Scheibe (Eigengewichtskraft F_G) wird durch 3 Stäbe gehalten.

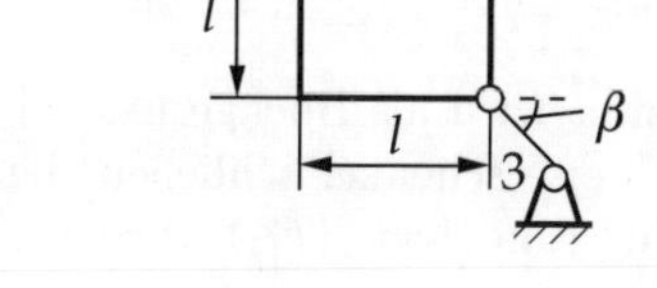

Man berechne die Stabkräfte F_1, F_2 und F_3!

$\alpha = 30°$ $\beta = 45°$ $F_G = 1\,000$ N

M 7.5

Eine quadratische Platte mit der Gewichtskraft F_G ist an drei Stäben aufgehängt. An ihr greift zusätzlich die Kraft F an.

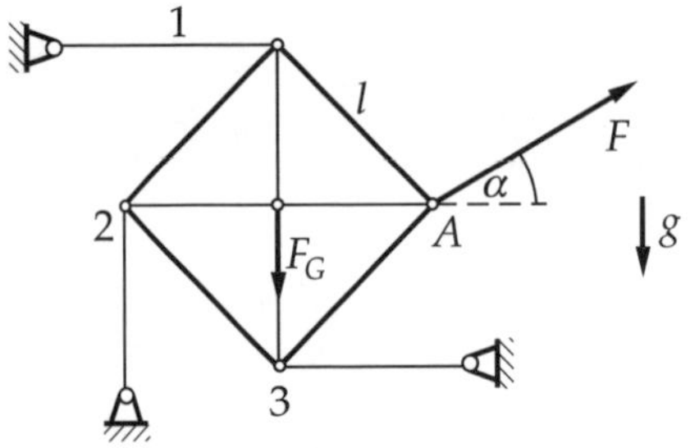

Berechnen Sie die Stabkräfte F_1, F_2 und F_3! (Zugkräfte sind positiv.)

$F_G = 800$ N $F = 1\,000$ N $\alpha = 30°$

M 7.6

Ein waagerechter Träger der Länge l ist in eine Stahlsäule mit einem Kastenprofil (Kantenlänge b) eingeschweißt.

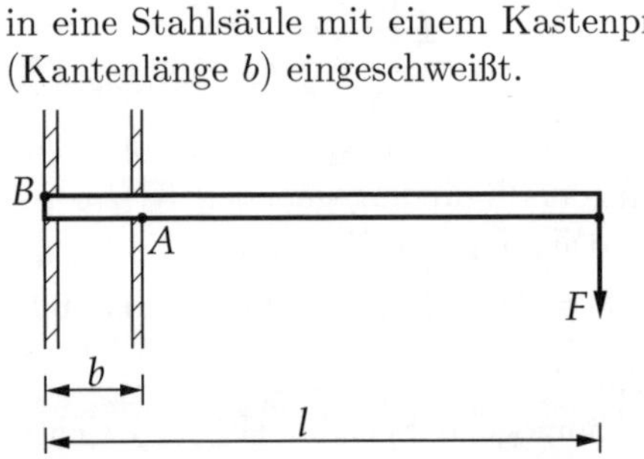

Die Eigenmasse des Trägers ist m. An seinem Ende hängt eine Last (F). Wie groß sind die Stützkräfte in den Punkten A und B?

$l = 4,00$ m $F = 18,0$ kN $b = 0,36$ m
$m = 520$ kg

M 7.7

Eine Malerleiter wird als Bockgerüst verwendet. Die Leiterschenkel schließen den Winkel β ein. Eine Last (F_G) wird mit konstanter Geschwindigkeit gehoben. Das Seil ist über eine Rolle gelegt, deren Achsen an einer um den Punkt P schwenkbaren Lasche befestigt ist. Die Wirkungslinie der Seilkraft F_S bildet mit der Vertikalen den Winkel α.

Berechnen Sie die Stützkräfte F_{1x}, F_{1y}, F_{2x}, F_{2y} an den Fußpunkten der Leiterschenkel! (Die Eigengewichtskräfte von Leiter, Seil und Rollen bleiben unberücksichtigt.)

$F_G = 1\,500$ N $\alpha = 45°$ $\beta = 70°$

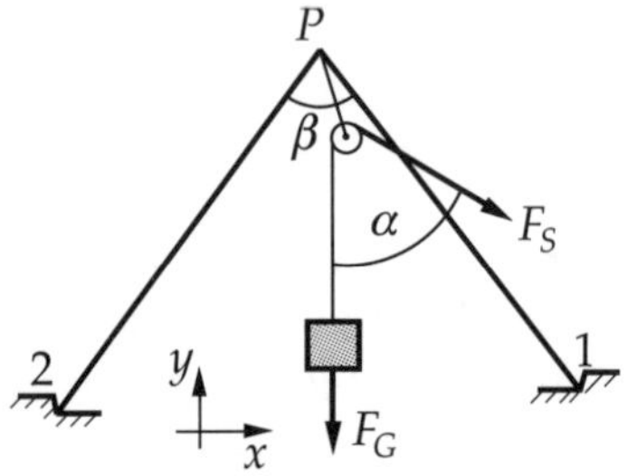

M 7.8

Der Waagebalken einer Balkenwaage hat die Länge c. Seine Aufhängepunkte bilden die Ecken eines gleichschenkligen Dreiecks mit der Höhe h. Bei Gleichgewicht befindet sich auf beiden Waagschalen die gleiche Masse m. (Die Eigenmasse von Waagebalken und Waagschalen bleibt unberücksichtigt.)

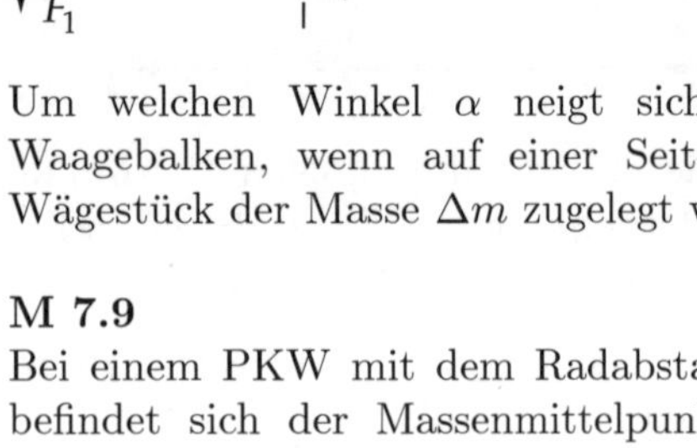

Um welchen Winkel α neigt sich der Waagebalken, wenn auf einer Seite ein Wägestück der Masse Δm zugelegt wird?

M 7.9

Bei einem PKW mit dem Radabstand s befindet sich der Massenmittelpunkt in der Mitte zwischen beiden Achsen und in der Höhe h über der Straße. Die Haftreibungszahl der Reifen auf der Straße ist μ_0.

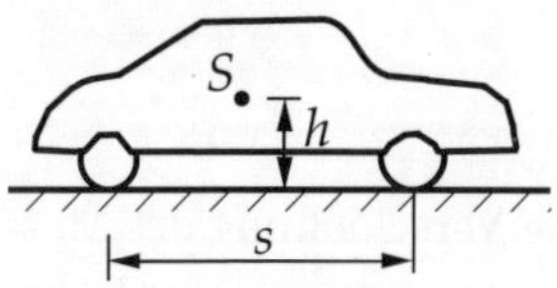

Welche maximale Bremsbeschleunigung a kann erreicht werden, wenn der PKW

a) nur an den Hinterrädern,

b) nur an den Vorderrädern und

c) an allen vier Rädern gebremst wird?

$h = 50$ cm $\quad s = 250$ cm $\quad \mu_0 = 0,70$

M 7.10

Man untersuche bei dem dargestellten System mit Hilfe einer Energiebetrachtung, für welche Werte der Schwerpunktlage s stabiles, indifferentes und labiles Gleichgewicht vorliegt!

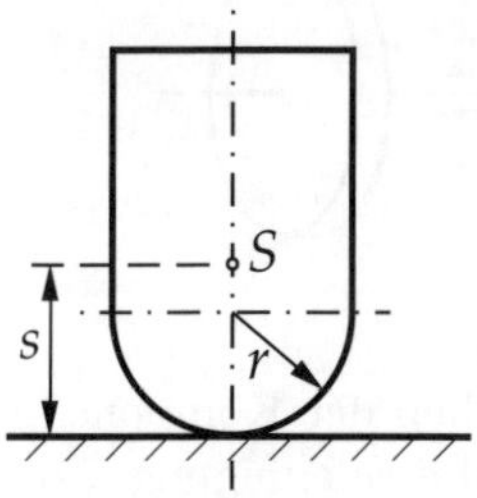

M 7.11

Bei einer Balancedarbietung steht der Artist (Gewichtskraft F_{G1}) auf der Kante einer rohrförmigen Halbschale (Masse m, Außenradius r, Dicke $d \ll r$), seine Partnerin (Gewichtskraft F_{G2}) auf der anderen Kante.

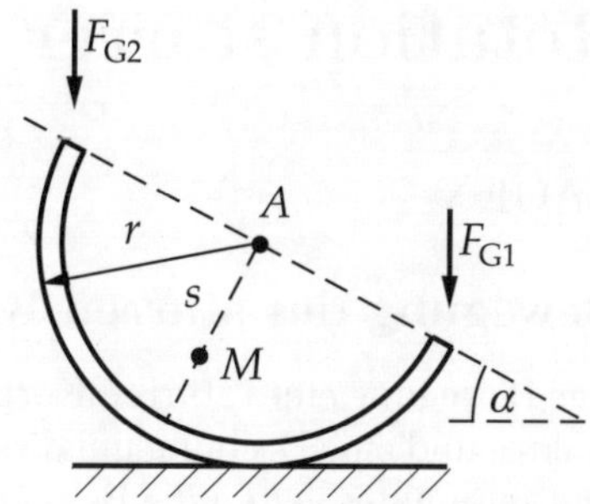

Der Massenmittelpunkt M der Schale hat vom Krümmungsmittelpunkt A den Abstand s. Welcher Neigungswinkel α_0 stellt sich im Gleichgewichtsfall ein?

$F_{G1} = 0,78$ kN $\quad F_{G2} = 0,49$ kN
$m = 60$ kg $\quad r = 70$ cm $\quad s = 51$ cm

M 7.12

In der abgebildeten Anordnung befindet sich am oberen Ende des masselosen starren Stabes eine Punktmasse m. Bei vertikaler Stellung des Stabes ist die Feder (k) entspannt. Die Feder soll so lang sein, daß sie für alle vorkommenden Auslenkwinkel α aus der Vertikalen ihre horizontale Richtung nahezu beibehält.

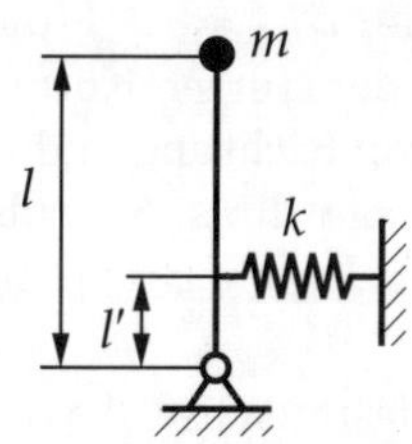

a) Bei welchen Winkeln α befindet sich das System im Gleichgewicht?

b) Welchen Wert m_0 darf die Masse höchstens haben, damit eine stabile Gleichgewichtslage auftritt?
Für diese Teilaufgabe sind $l' = 10$ cm, $l = 30$ cm und $k = 30$ N/m gegeben.

c) Man skizziere die potentielle Energie $E_p(\alpha)$ für die drei Fälle $m \gtreqless m_0$!

M 8 Rotation starrer Körper

GRUNDLAGEN

1 Bewegung des starren Körpers

Jede beliebige Bewegung eines starren Körpers läßt sich auf eine Verschiebung des Massenmittelpunktes und eine Drehung um diesen Punkt zurückführen. Für die Translation des Massenmittelpunktes gelten die Bewegungsgesetze der Punktmasse. Er bewegt sich so, als griffe an ihm die Summe aller auf den Körper wirkenden Kräfte an, unabhängig davon, wo deren wirklicher Angriffspunkt liegt. Der Massenmittelpunkt ist der einzige Punkt des starren Körpers, um den dieser kräftefrei rotieren kann.

Die Rotation besitzt ebenso wie die Translation drei Freiheitsgrade. Davon entfallen zwei auf die Festlegung der Drehachsenrichtung im Raum und einer auf den Drehwinkel φ um diese Achse. Bei einer Drehung um eine *raumfeste Achse* wird der Bewegungsablauf durch den **Winkel** φ als Funktion der Zeit beschrieben: $\varphi = \varphi(t)$. Daraus leiten sich die **Winkelgeschwindigkeit** $\omega = \dot{\varphi}$ und die **Winkelbeschleunigung** $\alpha = \dot{\omega} = \ddot{\varphi}$ ab.

$\vec{\omega}$ und $\vec{\alpha}$ sind Vektoren in Richtung der Drehachse; der Zusammenhang zwischen ihren Orientierungen und dem Drehsinn wird durch die Rechtsschraubenregel festgelegt.

2 Bewegungsgleichungen der Rotation

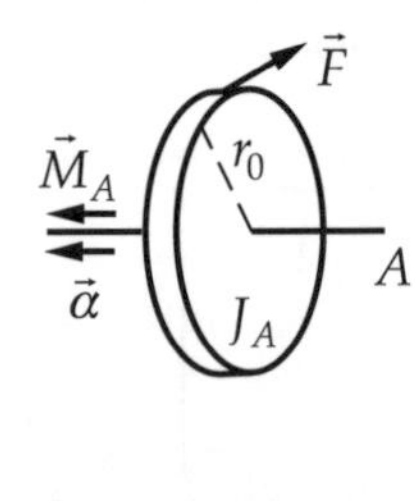

Während bei der Translation die Beschleunigung einer Punktmasse durch eine Kraft verursacht wird, ist bei der Rotation das **Drehmoment** $\vec{M} = \vec{r} \times \vec{F}$ die Ursache für die Winkelbeschleunigung α des starren Körpers. Das Drehmoment hängt nicht allein von Richtung und Betrag der Kraft, sondern auch von der Lage ihres Angriffspunktes ab. Es muß stets auf einen festgelegten Drehpunkt bezogen werden.

Ist darüber hinaus eine feste Achse A vorgegeben, besteht zwischen der Komponente $\vec{M}_A$ des Drehmomentes in bezug auf diese Achse und die Winkelbeschleunigung $\vec{\alpha}$ die Beziehung

$$M_A = J_A \alpha$$

In diesem **Grundgesetz der Rotation** (Bewegungsgleichung) ist J_A das **Trägheitsmoment** um die feste Achse A. J_A ist ein Maß für die Trägheit des Körpers bei Drehzahländerungen. In der Translation ist die Trägheit des Körpers allein durch seine Masse m bestimmt. Um aber die „Drehträgkeit" eines starren Körpers zu erfassen, reicht die Angabe der Masse nicht aus. Man muß noch wissen, wie die Masse des starren Körpers um die Drehachse verteilt ist. (So haben zum Beispiel die Massenelemente $\mathrm{d}m$, die sich in verschiedenen Abständen r von der Achse befinden, unterschiedliche Bahngeschwindigkeiten und damit auch unterschiedliche kinetische Energien.)

Eine solche Verteilung der Massenelemente erfaßt das Trägheitsmoment (Massenträgheitsmoment)

$$J_A = \int r^2 \, \mathrm{d}m$$

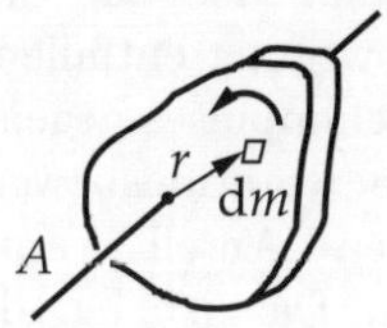

Kennt man das Trägheitsmoment J_S um eine Achse S durch den Schwerpunkt des Körpers, so ist auch das Trägheitsmoment J_A um eine Achse A bekannt, die im Abstand s parallel zur Achse S liegt. Er gilt der **Satz von Steiner**:

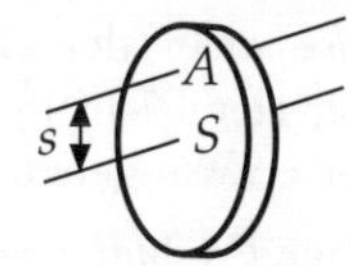

$$J_A = J_S + ms^2$$

Ändert ein starrer Körper während der Drehung sein Trägheitsmoment (z. B. durch Änderung des Abstandes s bei einem Fliehpendel), so muß die Bewegungsgleichung in der Form

$$M_A = \frac{\mathrm{d}}{\mathrm{d}t}(J_A\omega) = \frac{\mathrm{d}}{\mathrm{d}t}L_A = \dot{L}_A$$

geschrieben werden. $L_A = J_A\omega$ ist der **Drehimpuls** eines Körpers, der um die Achse A rotiert. Der Drehimpuls ist ebenso wie die Winkelgeschwindigkeit ein Vektor. Bei einer Drehung um eine feste Achse hat auch der Drehimpuls Achsenrichtung. Der Richtungssinn wird mit der Rechtsschraubenregel festgelegt. Die Bewegungsgleichung in vektorieller Form lautet

$$\vec{M} = \frac{\mathrm{d}\vec{L}}{\mathrm{d}t} = \dot{\vec{L}}$$

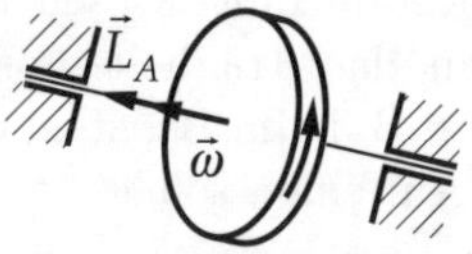

3 Kreisel

Bei einem um eine feste Achse A rotierenden Körper kann der Drehimpulsvektor $\vec{L}$ nur seinen Betrag, nicht aber seine Richtung ändern. Es werden in diesem Fall nur axiale Drehmomente wirksam, während senkrecht zur Achse wirkende Drehmomente von den Lagerungen der Achse aufgenommen werden.
Ein **Kreisel** ist ein rotierender Körper, dessen Achse so gelagert ist, daß sie beliebige Richtungen im Raum annehmen kann (kardanisches Gehänge).

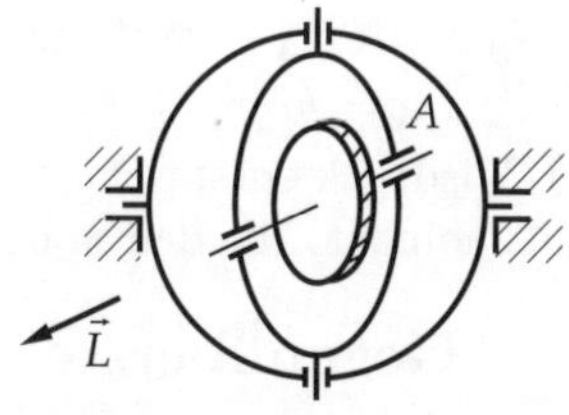

Wenn auf einen Kreisel ein Drehmoment mit einer Komponente senkrecht zur Rotationsachse wirkt, ändert sich die Richtung des Drehimpulsvektors und damit auch die Lage der Rotationsachse. Es entsteht eine Präzessionsbewegung. Der Ablauf der **Präzessionsbewegung** ist im allgemeinen kompliziert. Nur in einigen Sonderfällen läuft die Rotationsachse des Kreisels mit einer konstanten Präzessionsfrequenz ω_P um eine raumfeste Präzessionsachse. Das ist der Fall

a) beim schnellaufenden Kreisel: Hier kann der auf die Präzessionsbewegung entfallende Anteil des Drehimpulses gegenüber dem auf die Rotationsbewegung entfallenden Anteil vernachlässigt werden. Das ist bei dem unter dem Einfluß der Schwerkraft stehenden Kreisel so, dessen Rotationsachse auffälligerweise nicht der Gewichtskraft $\vec{F}_G$ folgt, sondern dem Drehmoment folgend in horizontaler Richtung ausweicht.

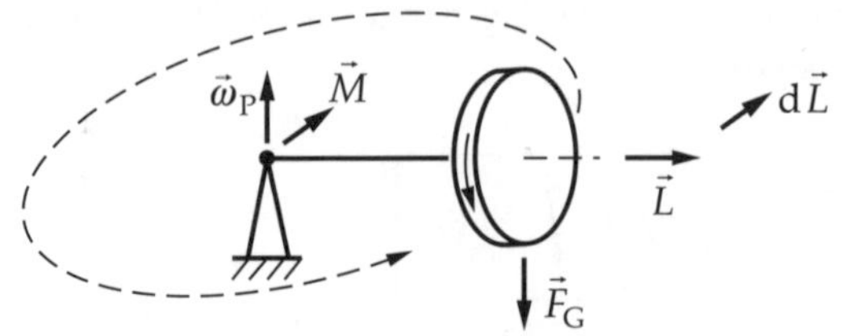

b) bei der erzwungenen Präzessionsbewegung, bei der die Rotationsachse des Kreisels nur einen Freiheitsgrad hat (Kreisel unter Zwang): Wegen $\vec{M} = \dot{\vec{L}}$ muß es ein Zwangs-Drehmoment geben, das diese Präzessionsbewegung bewirkt (z. B. Kollergang; vgl. Aufgabe M 8.17).

4 Drehimpulserhaltungssatz

Wirkt kein Drehmoment einer äußeren Kraft ($M_A = 0$), so bleibt der Drehimpuls konstant ($\dot{L}_A = 0$ bzw. $L_A = \text{const}$). Das trifft auch für ein System von mehreren starren Körpern zu. Es gilt der Erhaltungssatz des Drehimpulses, kurz **Drehimpulssatz**:

$$\sum_k L_{Ak} = \sum_k J_{Ak}\omega_k = \text{const}, \quad \text{wenn} \quad \sum_k M_{Ak} = 0$$

Es muß an dieser Stelle darauf hingewiesen werden, daß der Begriff „starrer Körper" nicht mehr zutrifft, wenn das Trägheitsmoment eines Drehkörpers von seiner Gestaltsänderung abhängt (z. B. beim Beenden der Pirouette eines Eiskunstläufers durch Ausstrecken der Arme). Auf einen solchen Sachverhalt kann aber der Drehimpulssatz angewendet werden.

Der Drehimpuls des rotierenden starren Körpers läßt sich auch als Summe der Drehimpulse seiner auf einer Kreisbahn umlaufenden Massenelemente verstehen. Für eine einzelne Punktmasse m, die im Abstand r um eine feste Achse rotiert, ergibt sich aus $L_A = J_A\omega$ mit $J_A = mr^2$ die Beziehung

$$L_A = mvr$$

Dieser Ausdruck entspricht der in Kapitel M6 eingeführten Definition des Drehimpulses (Impulsmoment) für den Sonderfall, daß $\vec{v}$ senkrecht auf $\vec{r}$ steht.

5 Gegenüberstellung Translation – Rotation

Translation in x Richtung	Rotation um eine Achse A
$x = x(t)$	$\varphi = \varphi(t)$
$v_x = \dot{x}$	$\omega = \dot{\varphi}$
$a_x = \dot{v}_x = \ddot{x}$	$\alpha = \dot{\omega} = \ddot{\varphi}$
$x = \frac{a_x}{2}t^2 + v_{x0}t + x_0$	$\varphi = \frac{\alpha}{2}t^2 + \omega_0 t + \varphi_0$

Translation in x Richtung	Rotation um eine Achse A
m	J_A
F_x	M_A
$F_x = ma_x$	$M_A = J_A\alpha$
$E_\mathrm{k} = \frac{m}{2}v_x^2$	$E_\mathrm{k} = \frac{J_A}{2}\omega^2$
$W = \int F_x\,\mathrm{d}x$	$W = \int M_A\,\mathrm{d}\varphi$
$P = F_x v_x$	$P = M_A\omega$
$p_x = mv_x$	$L_A = J_A\omega$
$p_x - p_{x0} = \int F_x\,\mathrm{d}t$	$L_A - L_{A0} = \int M_A\,\mathrm{d}t$
Impulssatz: $F_x = 0 \quad p_x = \mathrm{const}$	Drehimpulssatz: $M_A = 0 \quad L_A = \mathrm{const}$
Federkraft $F_x = -kx$ mit Federkonstante k	Torsionsmoment $M_A = -D\varphi$ mit Richtmoment D
Federenergie $E_\mathrm{p} = \frac{k}{2}x^2$	Torsionsenergie $E_\mathrm{p} = \frac{D}{2}\varphi^2$
Federschwingung $T = 2\pi\sqrt{\frac{m}{k}}$	Torsionsschwingung $T = 2\pi\sqrt{\frac{J_A}{D}}$

6 Physikalisches Pendel

Führt ein starrer Körper unter dem Einfluß der Schwerkraft um eine feste Achse Schwingungen aus, so ist er ein **physikalisches Pendel**.

Seine Schwingungsdauer ist

$$T = 2\pi\sqrt{\frac{J_A}{mgs}} = 2\pi\sqrt{\frac{l^*}{g}}$$

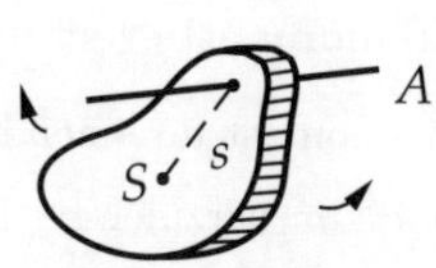

mit $l^* = J_A/(ms)$ als **reduzierte Pendellänge**. l^* ist die Länge eines mathematischen Pendels, das die gleiche Schwingungsdauer wie das physikalische Pendel hat.

KONTROLLFRAGEN

M 8-1
Wie groß sind die Drehmomente M_1 bis M_4 für die Kräfte $\vec{F}_1$ bis $\vec{F}_4$ in der Skizze?

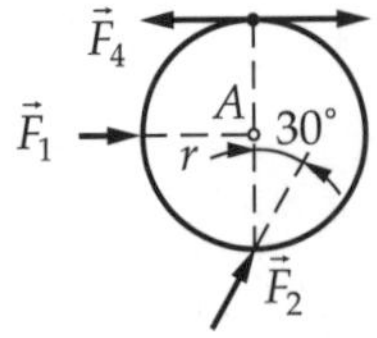

Geben Sie zusätzlich den Richtungssinn der einzelnen Drehmomente mit Hilfe der Symbole ⊙ und ⊗ an! (M stets in bezug auf Achse A.)

M 8-2
In welcher Weise darf die Lage des Angriffspunktes einer Kraft am starren Körper verändert werden, ohne daß sich dabei das Drehmoment ändert?

M 8-3
Geben Sie die Formel für die Berechnung des Trägheitsmomentes J_A einer Punktmasse m an, die im Abstand r um eine Achse rotiert!

M 8-4
Warum wird das Trägheitsmoment eines dünnen Reifens oder eines dünnwandigen Hohlzylinders um seine Symmetrieachse nach der gleichen Formel wie unter M 8-3 berechnet?

M 8-5
Welche Bedingungen müssen zwei verschiedene Drehachsen eines Körpers erfüllen, damit für die zugehörigen Trägheitsmomente der Satz von STEINER angewendet werden kann?

M 8-6
Was muß ein Eiskunstläufer tun, damit er bei einer Pirouette seine Winkelgeschwindigkeit erhöht? Wie ist die Zunahme der Winkelgeschwindigkeit zu erklären? Muß der Eiskunstläufer bei diesem Vorgang mechanische Arbeit verrichten? (Die Reibung zwischen dem Eis und den Schlittschuhen wird außer Betracht gelassen.)

M 8-7
Die meisten Hubschrauber haben eine große Tragluftschraube mit vertikaler Drehachse und eine kleine Heckluftschraube mit horizontaler Drehachse. Welchen Zweck erfüllt diese Heckluftschraube?

M 8-8
Eine Punktmasse (m), die sich im (kürzesten) Abstand r an einem Bezugspunkt A mit der Geschwindigkeit v vorbei bewegt, hat das Impulsmoment $L_A = mrv$. Zeigen Sie, daß dieser Ausdruck sowohl aus $L_A = J_A\omega$ als auch aus $\vec{L}_A = \vec{r} \times m\vec{v}$ folgt!

M 8-9
Ein rotationssymmetrischer Körper rollt eine geneigte Ebene herab. Skizzieren Sie alle auf den Körper wirkenden Kräfte!

BEISPIELE

1. Trägheitsmomentberechnung

Das Trägheitsmoment für einen homogenen Vollzylinder (Radius r_0, Masse m) ist aus der Formel $J_A = \int r^2\, \mathrm{d}m$ herzuleiten. Die Drehachse A fällt mit der Symmetrieachse S zusammen.

Lösung

$$J_A = \int r^2\, \mathrm{d}m \quad \text{mit} \quad \mathrm{d}m = \varrho\, \mathrm{d}V \qquad (*)$$

Es muß zuerst ein geeignetes Volumenelement $\mathrm{d}V$ gefunden werden, das bei der Integration den gesamten Körper erfaßt. In diesem Fall ist das Volumenelement ein dünner Hohlzylinder mit der Dicke $\mathrm{d}r$ und der Mantelfläche $A(r) = 2\pi r h$, wobei r alle Werte zwischen 0 und r_0 annehmen kann:

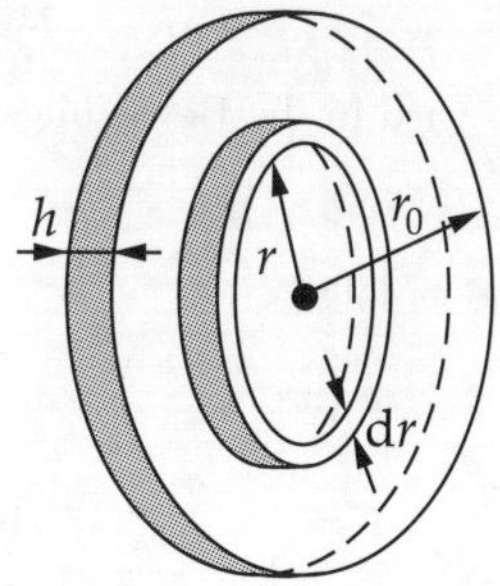

$$\mathrm{d}V = A(r)\,\mathrm{d}r = 2\pi r h\,\mathrm{d}r$$

(Das gleiche Volumenelement gewinnt man aus $V(r) = \pi r^2 h$ durch Differentiation: $\mathrm{d}V/\mathrm{d}r = 2\pi r h$. Auch kann man bilden $\mathrm{d}V(r) = \pi(r + \mathrm{d}r)^2 h - \pi r^2 h = \pi h[2r\,\mathrm{d}r + (\mathrm{d}r)^2]$, wobei $(\mathrm{d}r)^2 \ll 2r\,\mathrm{d}r$.) Somit wird (∗), wenn $\mathrm{d}m = \varrho \cdot 2\pi r h\,\mathrm{d}r$ ist,

$$J_A = J_S = 2\pi h \varrho \int_0^{r_0} r^3\,\mathrm{d}r = \frac{2\pi \varrho h r_0^4}{4}$$

Andererseits ist $m = \pi r_0^2 h \varrho$ die Masse des gesamten Drehkörpers. Demnach können wir einfacher schreiben:

$$\underline{J_S = \frac{m}{2} r_0^2}$$

2. Verknüpfung von Translation und Rotation

Ein Jo-Jo-Spiel besteht aus einer Rolle mit der Masse m und dem Trägheitsmoment J_S, auf die ein Faden der Länge l aufgewickelt ist. Der Trommeldurchmesser ist r.

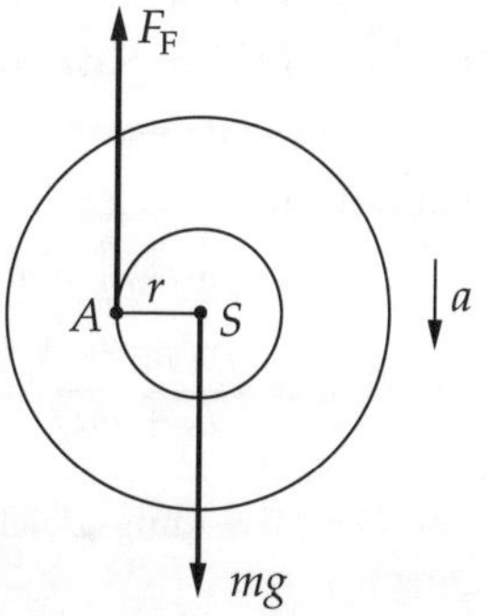

a) Mit welcher Beschleunigung a bewegt sich die Rolle nach dem Loslassen nach unten?
b) Wie groß ist die Fadenkraft F_F?
c) Welche Sinkgeschwindigkeit v_1 hat die Rolle, wenn der Faden vollständig abgewickelt ist?

$m = 135$ g $r = 12{,}5$ mm $l = 83$ cm $J_S = 140\ \mathrm{g \cdot cm^2}$

Lösung

a) Die Translationsbeschleunigung a der Rolle erhält man aus der Bewegungsgleichung

$$ma = F$$

F ist die Summe aller am Körper angreifenden Kräfte (unabhängig von deren Angriffspunkten); das sind hier die Gewichtskraft mg der Rolle und die (vorläufig unbekannte) Fadenkraft F_F:

$$ma = mg - F_\mathrm{F}$$

Gleichzeitig mit der Translation führt die Rolle eine Rotation aus. Da sich von der Rolle in der Zeit t die Länge s des Fadens abwickelt, um die der Schwerpunkt sinkt, gilt

$$s = r\varphi$$

Daraus folgt

$$\ddot{s} = r\ddot{\varphi} \quad \text{oder} \quad a = r\alpha$$

Die Bewegungsgleichung der Rotation

$$J_A \alpha = M_A$$

kann für eine beliebige Lage der Achse aufgestellt werden.
Schwerpunktachse S:

$$J_S \alpha = M_S$$

Zu M_S liefert nur F_F einen Beitrag: $M_S = F_F r$. Somit wird

$$J_S \alpha = F_F r \qquad F_F = \frac{J_S a}{r^2}$$

F_F wird in die Bewegungsgleichung der Translation eingesetzt,

$$ma = mg - \frac{J_S}{r^2} a$$

und es folgt

$$a\left(m + \frac{J_S}{r^2}\right) = mg$$

$$\underline{a = \frac{g}{1 + \dfrac{J_S}{mr^2}}} = \underline{\underline{5,90\ \text{m/s}^2}}$$

Momentane Drehachse A:

$$J_A \alpha = M_A$$

Dieser Ansatz liefert das gleiche Ergebnis wie oben, ohne daß die Bewegungsgleichung der Translation benutzt werden muß, da in M_A nur die bekannte Gewichtskraft der Rolle eingeht:

$$J_A \alpha = mgr$$

J_A kann mit dem Satz von STEINER durch J_S ersetzt werden,

$$J_A = J_S + mr^2$$

und es folgt

$$(J_S + mr^2)\frac{a}{r} = mgr$$

$$a = g\frac{mr^2}{J_S + mr^2} = \frac{g}{1 + \dfrac{J_S}{mr^2}}$$

b) Aus der Bewegungsgleichung der Translation folgt bei nunmehr bekannter Beschleunigung a

$$F_F = m(g - a)$$

$$F_F = mg\left(1 - \frac{1}{1 + \dfrac{J_S}{mr^2}}\right)$$

$$\underline{F_F = \frac{mg}{1 + \dfrac{mr^2}{J_S}}} = \underline{\underline{0,528\ \text{N}}}$$

c) Wegen der konstanten Beschleunigung a werden der zurückgelegte Weg s und die Geschwindigkeit v der Rolle mit Hilfe der Gesetze der gleichmäßig beschleunigten Bewegung ermittelt:

$$s = \frac{a}{2}t^2 + v_0 t + s_0$$

$$v = at + v_0$$

Unter Berücksichtigung von $v_0 = 0$ und $s_0 = 0$ gilt zur Zeit t_1, zu der das Band vollständig abgewickelt ist ($s = l$),

$$l = \frac{a}{2}t_1^2$$

$$v_1 = at_1$$

t_1 wird eliminiert:

$$t_1 = \sqrt{\frac{2l}{a}} \qquad v_1 = \sqrt{2al}$$

$$v_1 = \sqrt{\frac{2gl}{1 + \frac{J_S}{mr^2}}} = \underline{\underline{3,13\ \mathrm{m/s}}}$$

Die Geschwindigkeit v_1 kann auch mit Hilfe des Energieerhaltungssatzes berechnet werden. Im Startpunkt ist nur die potentielle Energie

$$E_\mathrm{p}(0) = mgl$$

vorhanden, die nach Abwickeln des Bandes vollständig in kinetische Energie umgesetzt wird:

$$E_\mathrm{k}(1) = E_\mathrm{p}(0)$$

Je nach der gewählten Beschreibung der Bewegung setzt sich die Energie unterschiedlich zusammen: Translation und zusätzliche Rotation um die Schwerpunktachse S ergibt

$$E_\mathrm{k}(1) = \frac{m}{2}v_1^2 + \frac{J_S}{2}\omega_1^2$$

und mit der Abrollbedingung $\omega_1 = \frac{v_1}{r}$

$$E_\mathrm{k}(1) = \frac{m}{2}v_1^2\left(1 + \frac{J_S}{mr^2}\right)$$

(Das gleiche Ergebnis für die kinetische Energie erhalten wir, wenn nur die Rotation um die momentane Drehachse A betrachtet wird. Dann ist

$$E_\mathrm{k}(1) = \frac{J_A}{2}\omega_1^2$$

wobei nach dem Satz von STEINER $J_A = J_S + mr^2$ und ebenfalls $\omega_1 = \frac{v_1}{r}$ einzusetzen sind.)
Der Energiesatz lautet somit

$$\frac{m}{2}v_1^2\left(1 + \frac{J_S}{mr^2}\right) = mgl$$

Für die Geschwindigkeit erhalten wir daraus

$$v_1 = \sqrt{\frac{2gl}{1 + \frac{J_S}{mr^2}}}$$

3. Präzession des Kreisels

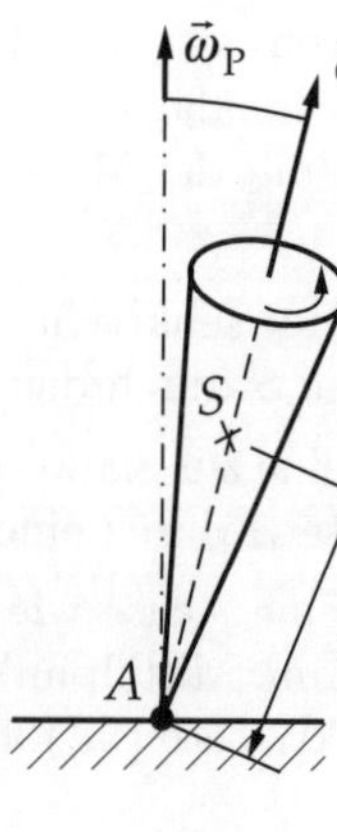

Ein schnellaufender Kreisel (Masse m, Trägheitsmoment J_S, Winkelgeschwindigkeit ω), dessen Figurenachse schräg zur Vertikalen steht, läuft mit der Präzessionsfrequenz ω_P um die Vertikale.
Der Abstand des Stützpunktes A von Schwerpunkt S des Kreisels ist s. (Der Beitrag der Präzession zum Gesamtdrehimpuls kann vernachlässigt werden, da $\omega_\mathrm{P} \ll \omega$ ist.)

Wie groß ist ω_P?

$\omega = 600\ \mathrm{s}^{-1}$ $\quad m = 6,50\ \mathrm{kg}$
$J_S = 6,50 \cdot 10^{-2}\ \mathrm{kg \cdot m^2}$ $\quad s = 300\ \mathrm{mm}$

Lösung

Da die Figurenachse des Kreisels nicht mit der Vertikalen zusammenfällt, wird ein Drehmoment $\vec{M}$ um den Stützpunkt A wirksam, das den Drehimpuls $\vec{L}$ ändert:

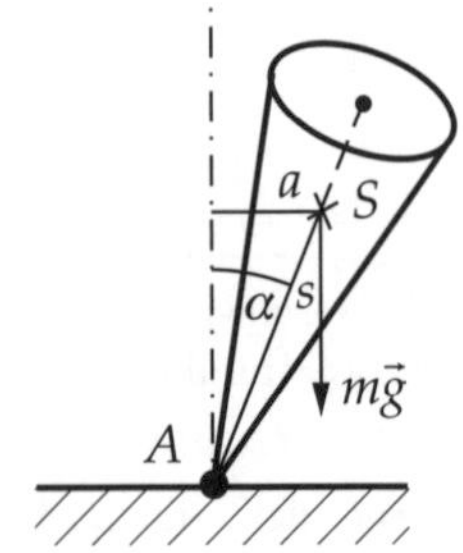

$$\vec{M} = \frac{d\vec{L}}{dt}$$

($\vec{M}$ zeigt in die Zeichenebene hinein.) Hierbei ist der Betrag des Drehmoments

$$M = mga = mgs \sin\alpha$$

Der Vektor der Drehimpulsänderung $d\vec{L}$ hat die Richtung des Vektors $\vec{M}$ und liegt in einer horizontalen Ebene. In dieser Ebene gilt der Zusammenhang

$$dL = (L \sin\alpha)\, d\varphi_P$$

Damit ist

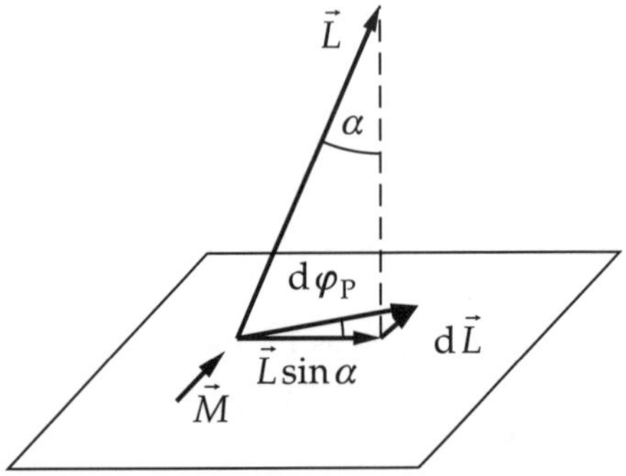

$$mgs \sin\alpha = L \sin\alpha \frac{d\varphi_P}{dt}$$

Mit $\dfrac{d\varphi_P}{dt} = \omega_P$ und $L = J_S\omega$ erhalten wir

$$mgs = J_S \omega \omega_P$$

$$\underline{\omega_P = \frac{mgs}{J_S\omega}} = \underline{\underline{0{,}49\ \text{s}^{-1}}}$$

Diskussion

Es ist bemerkenswert, daß der Neigungswinkel α des Kreisels gegenüber der Vertikalen keinen Einfluß auf die Präzessionsfrequenz hat.

Das Ergebnis ist nur näherungsweise richtig, da die Präzessionsfrequenz ω_P selbst einen Beitrag zum momentanen Gesamtdrehimpuls liefert. Dieser Beitrag ist aber geringfügig, da ω_P tatsächlich nur 1/1200 von ω beträgt.

AUFGABEN

M 8.1

Wie groß ist das Trägheitsmoment einer gleichmäßig dicken, homogenen Kreisscheibe mit der Masse m und dem Radius r_0

a) um eine senkrecht zur Scheibe stehende Achse S durch den Schwerpunkt?

b) um eine zur Schwerpunktachse parallele Achse A durch einen Randpunkt?

c) um eine Achse wie in b), wenn zusätzlich im Mittelpunkt der Scheibe eine Punktmasse (m') angebracht wird?

d) Wie groß ist die Schwingungsdauer T im Falle c), wenn der Drehkörper in einer vertikalen Ebene um die Achse A schwingt?

$m = 1{,}0$ kg $\quad m' = 0{,}50$ kg $\quad r_0 = 10$ cm

M 8.2

Ein homogener dünner Stab von überall gleichem Querschnitt und der Länge l wird als Pendel benutzt. Wie groß ist die Schwingungsdauer T um eine horizontale Achse, die ein Viertel der Länge l vom

Stabende entfernt ist? (Das Trägheitsmoment des Stabes ist herzuleiten.)

$l = 1{,}00$ m

M 8.3

Das Perpendikel einer Uhr besteht aus einem dünnen Stab der Länge l und der Masse m_1 und aus einer zylindrischen Scheibe mit dem Radius r und der Masse m_2. Welche Schwingungsdauer T hat das Perpendikel?

$l = 186$ mm $\quad r = 64$ mm
$m_1 = 112$ g $\quad m_2 = 507$ g

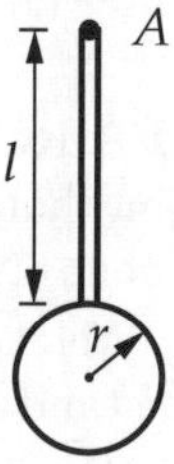

M 8.4

Bei einem Schwungrad (Radius r, Drehfrequenz f_0, Masse m) befindet sich die Masse im wesentlichen auf dem Radkranz.

a) Welches konstante Bremsmoment M_A muß aufgebracht werden, um das Schwungrad bis zur Zeit t_1 zum Stillstand zu bringen?
b) Berechnen Sie die Anzahl N der Umdrehungen, die das Rad während des Bremsvorganges macht!

$r = 1{,}00$ m $\quad f_0 = 60\ \text{min}^{-1} \quad m = 1{,}0$ t
$t_1 = 60$ s

M 8.5

Ein Drehkörper (Trägheitsmoment J_A) rotiert um eine feste Achse A mit der Winkelgeschwindigkeit ω_0. In der Zeit von t_0 bis t_1 wird ein Drehmoment $M_A = M_0\,\text{e}^{-ct}$ wirksam. Auf welchen Wert ω_1 erhöht sich dabei die Winkelgeschwindigkeit?

$t_0 = 0 \quad \omega_0 = 20\ \text{s}^{-1} \quad t_1 = 15$ s
$M_0 = 520\ \text{N}\cdot\text{m} \quad c = 1{,}6\cdot 10^{-2}\ \text{s}^{-1}$
$J_A = 122\ \text{kg}\cdot\text{m}^2$

M 8.6

Zwei Schwungräder mit den Trägheitsmomenten J_1 und J_2 drehen sich mit den Winkelgeschwindigkeiten ω_1 und ω_2, wobei $\omega_1 \neq \omega_2$ ist. Durch eine Reibkupplung kommen sie auf eine gemeinsame Winkelgeschwindigkeit ω'.

a) Wie groß ist diese Winkelgeschwindigkeit ω'?
b) Wie ändert sich dabei die kinetische Energie des Systems?
c) Wie müßte das Verhältnis $\omega_1 : \omega_2$ sein, wenn nach der Kupplung Stillstand eintreten soll? (Was sagt das Ergebnis über den Drehsinn der Schwungräder vor dem Kupplungsvorgang in diesem Fall aus?)
d) Wie groß ist im Fall c) die in Wärme umgewandelte Energie?

M 8.7

Ein Stab (Länge l) ist an einem Ende um eine horizontale Achse drehbar gelagert. Er wird zunächst in waagerechter Lage gehalten. Welche maximale Geschwindigkeit v erreicht sein freies Ende nach dem Loslassen?

$l = 1{,}0$ m

M 8.8

Ein dünnwandiger Hohlzylinder und ein Vollzylinder aus verschiedenem Material und von verschiedenen Abmessungen rollen mit der Geschwindigkeit v_0 auf einer horizontalen Ebene. Anschließend rollen sie einen Hang hinauf. In welchen Höhen h_1 und h_2 über der Ebene kommen sie zur Ruhe?

$v_0 = 2{,}0$ m/s

M 8.9

Ein Schöpfgefäß (Masse m) für einen Brunnen hängt an einem Seil, das um die Welle (Radius r) eines Handrades gewickelt ist. Das gesamte Wellrad hat das

Trägheitsmoment J_S.

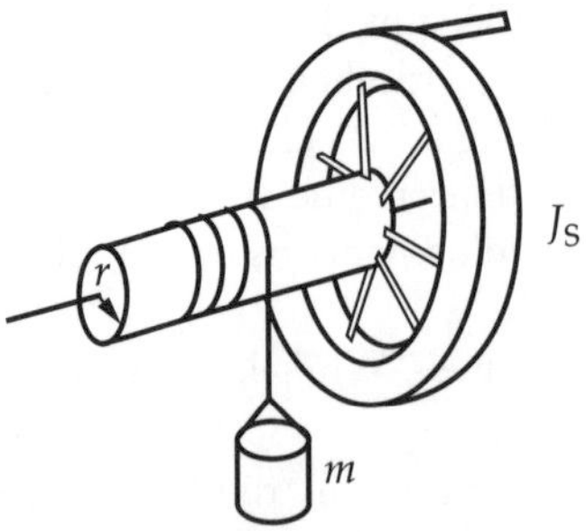

Die Kurbel am Handrad wird losgelassen. Welche Geschwindigkeit v hat das Gefäß erreicht, wenn es sich um die Strecke l abwärts bewegt hat? (Auftretende Reibungseinflüsse und die Seilmasse sollen unberücksichtigt bleiben.)

$l = 10,5$ m $\quad J_S = 0,92$ kg · m^2
$m = 5,2$ kg $\quad r = 11$ cm

M 8.10

Ein Wagen der Masse m hat vier Räder. Jedes Rad hat das Trägheitsmoment J_S und den Radius r. Der Wagen rollt aus der Ruhelage einen Hang der Höhe h hinab. Berechnen Sie die Geschwindigkeit v_1, die er am Ende des Hanges erreicht hat!

$m = 700$ kg $\quad J_S = 0,50$ kg · m^2
$r = 0,25$ m $\quad h = 5,0$ m

M 8.11

Ein Spielzeugauto (Gesamtmasse m) mit Schwungrad (Trägheitsmoment J_1) wird mit der Hand geschoben, so daß das Fahrzeug die Geschwindigkeit v erhält. Das Übersetzungsverhältnis von den Rädern zum Schwungrad ist 1 : 10. Die vier Räder (Radius r_2) haben je das Trägheitsmoment J_2. Wie groß ist die mittlere Reibungskraft F_R, wenn das Auto nach dem Loslassen noch die Strecke s rollt? (Trägheitsmomente der Zahnräder vernachlässigen.)

$m = 120$ g $\quad J_1 = 2,5 \cdot 10^{-5}$ kg · m^2
$J_2 = 2,0 \cdot 10^{-6}$ kg · m^2 $\quad r_2 = 1,5$ cm
$s = 4,0$ m $\quad v = 0,5$ m/s

M 8.12

Auf eine beim Eishockey verwendete Scheibe (m, J_S) wirkt während der Zeit Δt eine Kraft F, deren Wirkungslinie vom Schwerpunkt den horizontalen Abstand r hat. Mit welcher Geschwindigkeit v und Drehfrequenz f bewegt sich die Scheibe nach dem Stoß? (Reibungseinflüsse werden vernachlässigt.)

$m = 165$ g $\quad J_S = 1,20$ kg · cm^2
$F = 11,0$ N $\quad \Delta t = 0,100$ s
$r = 2,60$ cm

M 8.13

Eine homogene Kugel rollt eine geneigte Ebene (Neigungswinkel α) hinab.

a) Welche Zeit t_1 benötigt sie vom Stillstand aus für die Strecke s_1?
b) Welche Geschwindigkeit v_1 hat der Schwerpunkt zur Zeit t_1?

$\alpha = 20°$ $\quad s_1 = 1,0$ m

M 8.14

Der beladene Förderkorb eines Bauaufzugs hat die Masse m, die am Korb befestigte Rolle die Masse m_1, das Trägheitsmoment J_{S1} und den Radius r_1. Die Seiltrommel hat das Trägheitsmoment J_{S2} und den Radius r_2. Der Antriebsmotor überträgt auf die Trommel das Drehmoment M_A. Berechnen Sie die Beschleunigung a, mit der der Korb aufwärts bewegt wird!

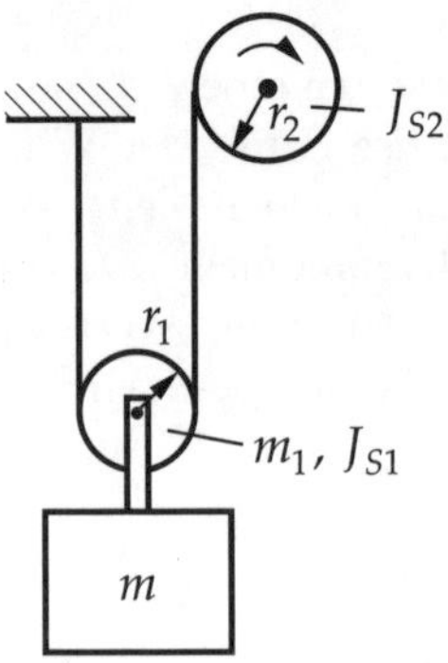

M 8.15

Ein homogener Vollzylinder (Eichenholz) hat die Masse m_Z und den Radius r_0. Er ist um die Zylinderachse drehbar gelagert. In den ruhenden Zylinder dringt das Geschoß m_G einer Pistole ein. Die Geschoßbahn verläuft senkrecht zur Achse und hat den Abstand r_1 von ihr. Das Geschoß bleibt im Abstand r_2 von der Achse stecken. Nach dem Einschuß dreht sich das System mit der Drehfrequenz f. Berechnen Sie die Geschwindigkeit v, die das Geschoß unmittelbar vor dem Eindringen hatte!

$m_Z = 600$ g $\quad m_G = 5{,}0$ g $\quad r_0 = 50$ mm
$r_1 = 30$ mm $\quad r_2 = 35$ mm $\quad f = 2{,}5\ \mathrm{s}^{-1}$

M 8.16

Ein Kreisel ist bezüglich des Drehpunktes A im Gleichgewicht mit einem Gegengewicht. Der Kreisel hat die Drehfrequenz f. Wird ein Zusatzgewicht der Masse m in der Entfernung l von Drehpunkt a angehängt, so stellt sich eine Präzessionsfrequenz f_P ein. ω_P ist nach oben gerichtet.

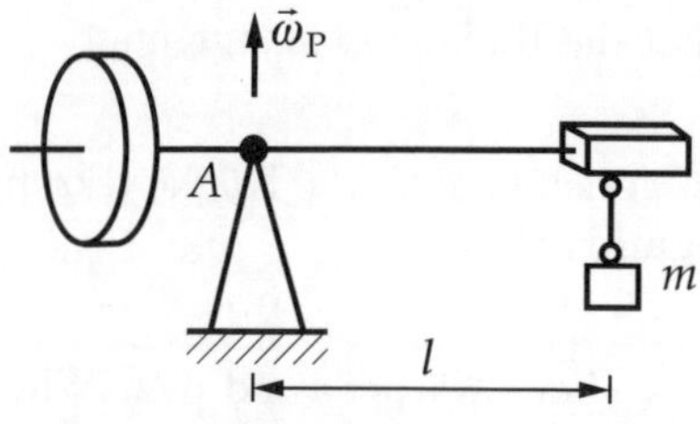

a) Welche Richtung hat der Drehimpulsvektor des Kreisels?

b) Wie groß ist das Trägheitsmoment J_S des Kreisels?

$l = 20{,}0$ cm $\quad f = 200\ \mathrm{s}^{-1}$
$f_P = 0{,}100\ \mathrm{s}^{-1}$ $\quad m = 50{,}0$ g

M 8.17

Ein Kollergang besteht aus zwei gleichen (zylindrischen) Mahlsteinen, von denen einer (Radius r_0 und Masse m) betrachtet wird. Er rollt in einer horizontalen Ebene auf einem Kreis vom Radius r. Die Winkelgeschwindigkeit um die Kreisbahnachse ist ω. Die Achse des Mahlsteines ist an der Kreisbahnachse (Punkt A) befestigt.

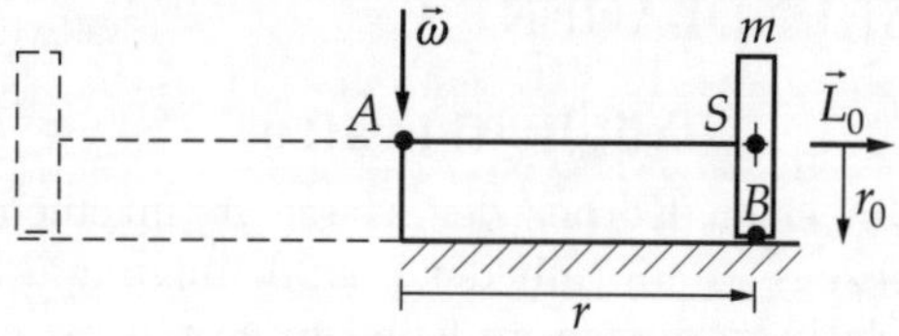

a) Wie groß sind Winkelgeschwindigkeit ω_0 und Drehimpuls L_0 des Mahlsteines bezüglich seiner Zylinderachse A-S?

b) Welches Drehmoment M ist erforderlich, um die durch den Umlauf des Kollerganges auf der Kreisbahn bedingte Änderung seines Drehimpulsvektors L_0 hervorzurufen.

c) Welche Auflagekraft F entsteht im Punkt B während des Umlaufs?

$r = 1{,}20$ m $\quad m = 320$ kg $\quad r_0 = 0{,}40$ m
$\omega = 6{,}12\ \mathrm{s}^{-1}$

(ω wird durch einen Motor über die vertikale Achse, die durch den Punkt A geht, erzeugt.)

M 8.18

Motorwelle und Propeller eines einmotorigen Sportflugzeuges stellen einen Kreisel (Trägheitsmoment J_S) dar. Beim Fliegen eines Loopings (Krümmungsradius r) muß der Pilot im Steigflug, bei dem der Propeller die Drehfrequenz f und das Flugzeug die Geschwindigkeit v hat, mit Hilfe des Seitenruders ein Drehmoment erzeugen, damit er in der vertikalen Bahnebene bleibt.

a) Nach welcher Seite muß der Pilot gegensteuern, wenn der Winkelgeschwindigkeitsvektor ω des Propellers in Flugrichtung zeigt?

b) Wie groß ist das erforderliche Drehmoment M, damit das Flugzeug nicht seitlich abgelenkt wird?

$J_S = 4{,}90\ \mathrm{kg \cdot m^2}$ $\quad f = 2\,100\ \mathrm{min}^{-1}$
$v = 210$ km/h $\quad r = 180$ m

M 9 Beschleunigtes Bezugssystem

GRUNDLAGEN

1 Trägheitskräfte

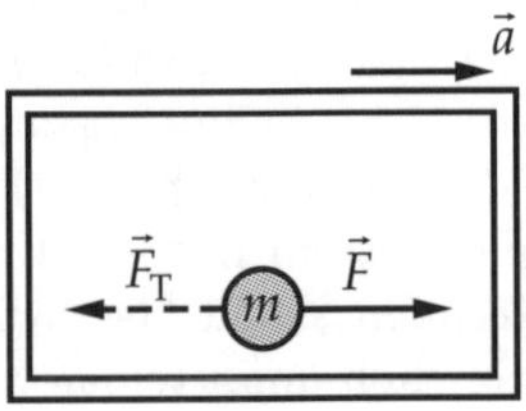

Um einen Körper der Masse m in einem beschleunigten Bezugssystem (mit der Beschleunigung $\vec{a}$ bewegte Kabine) relativ zu diesem im Ruhe zu halten, ist die Kraft

$$\vec{F} = m\vec{a}$$

erforderlich. Ein mitbeschleunigter Beobachter deutet das so, als sei $\vec{F}$ notwendig, um das für die relative Ruhe in seinem System erforderliche Kräftegleichgewicht herzustellen:

$$\vec{F} + \vec{F}_T = 0$$

das heißt, er stellt die Existenz einer Trägheitskraft $\vec{F}_T$ im beschleunigten Bezugssystem fest:

$$\vec{F}_T = -m\vec{a}$$

Da jede Kreisbewegung (auch die mit konstanter Winkelgeschwindigkeit) eine beschleunigte Bewegung ist, treten im rotierenden Bezugssystem Trägheitskräfte auf. Hierzu werden im folgenden die Trägheitskräfte *Zentrifugalkraft* und *Coriolis-Kraft* betrachtet.

2 Zentrifugalkraft

Ein im rotierenden Bezugssystem ruhender Körper hat die Radialbeschleunigung

$$a_r = -\omega^2 r$$

Das Vorzeichen sagt aus, daß sie zur Drehachse hin gerichtet ist. Als Trägheitskraft tritt die von der Drehachse weg gerichtete **Zentrifugalkraft** auf:

$$F_Z = m\omega^2 r$$

Ihre Vektordarstellung ergibt sich aus dem Ortsvektor $\vec{r}$ des Körpers und dem Winkelgeschwindigkeitsvektor $\vec{\omega}$, der die Rotation des Bezugssystems beschreibt, in der Gestalt

$$\vec{F}_Z = m(\vec{\omega} \times \vec{r}) \times \vec{\omega}$$

Hierbei liegt der Ursprung des Ortsvektors auf der Drehachse.

3 Coriolis-Kraft

Das Auftreten einer weiteren Trägheitskraft im rotierenden Bezugssystem soll an einem Beispiel erläutert werden: Im Mittelpunkt einer mit konstanter Winkelgeschwindigkeit $\vec{\omega}$ rotierenden Scheibe befindet sich ein Beobachter B_1. Er stößt dort eine Kugel in Richtung eines am Scheibenrand markierten Punktes A an, der sich in diesem Moment an einem äußeren Beobachter B_2 vorbei bewegt. Die Berührung zwischen Kugel und Drehscheibe sei reibungsfrei; daher bewegt sich die Kugel kräftefrei, und der Beobachter

B_2 sieht die Kugel geradlinig auf sich zukommen. Während der Bewegung der Kugel dreht sich die Scheibe unter der Kugel hinweg. Die Kugel erreicht den Scheibenrand am Punkt A' auf der Scheibe, der inzwischen am Beobachter B_2 angelangt ist. Der auf der Drehscheibe mitrotierende Beobachter B_1 sieht, daß die Kugel eine nach rechts gekrümmte Bahn B_1A' beschreibt, und schließt daraus auf eine Kraft senkrecht zur Bewegungsrichtung der Kugel. Diese Trägheitskraft heißt **Coriolis-Kraft** F_C. Es gilt

$$\vec{F}_C = 2m(\vec{v} \times \vec{\omega})$$

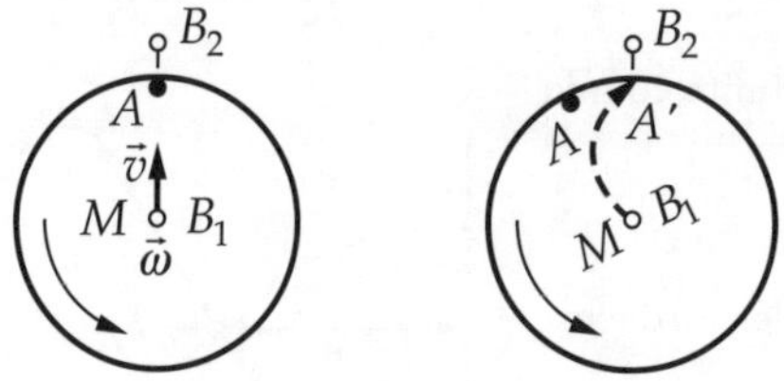

KONTROLLFRAGEN

M 9-1
Warum hebt bei hoher Startbeschleunigung das Vorderrad eines Motorrades von der Fahrbahn ab?

M 9-2
Erläutern Sie, wie aus der Formel $\vec{F}_Z = m(\vec{\omega} \times \vec{r}) \times \vec{\omega}$ Betrag und Richtung des Vektors $\vec{F}_Z$ zustande kommen!

M 9-3
Unter welchen Umständen treten im Inneren eines fahrenden Straßenbahnwagens Coriolis-Kräfte auf? Wie zeigen sich diese?

M 9-4
Untersuchen Sie, in welcher Richtung der Wind auf der Nordhalbkugel bzw. der Südhalbkugel der Erde durch die Coriolis-Kraft abgelenkt wird!

M 9-5
Welche Arbeit muß der im System (ω) mitrotierende Beobachter aufwenden, wenn er einen Körper (m) aus dem Abstand r von der Drehachse bis an diese auf einer Schiene heranzieht?

M 9-6
Welche unterschiedlichen Bewegungen registrieren ein im rotierenden System (ω = const) befindlicher Beobachter und ein außenstehender Beobachter, wenn im rotierenden System eine Punktmasse im Abstand r in tangentialer Richtung, aber entgegengesetzt der Drehung mit $v' = \omega r$ gestartet wird (z. B. Kugel auf einer Drehscheibe; reibungsfrei)? Suchen Sie zuerst nach den Ursachen der unterschiedlichen Bewegungsformen!

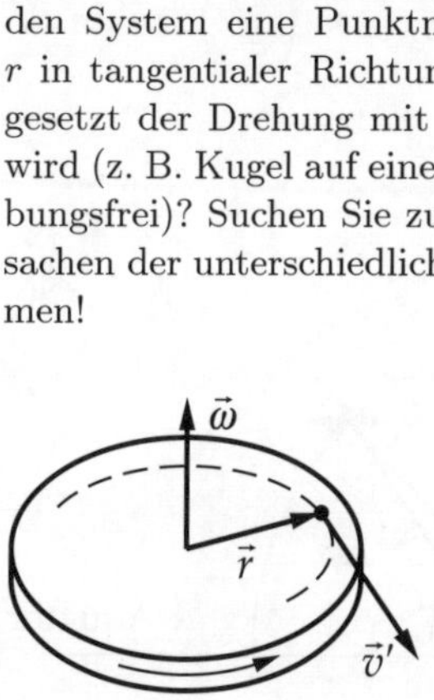

BEISPIELE

1. Zentrifugalkraft auf der Erde

Ein Körper befinde sich an einem Punkt der Erdoberfläche mit der nördlichen Breite φ in Ruhe.

a) Welche Kräfte wirken auf ihn? Die Antwort ist vom Standpunkt des mitrotierenden Beobachters zu geben.

b) Vergleichen Sie die auftretenden Kräfte nach Betrag und Richtung!

Die Dauer einer Erdumdrehung ist $\mathrm{d}^* = 86164$ s (Sterntag). $\varphi = 50°$

Lösung

a) Die Gravitationskraft $F(r_\mathrm{E})$ ist zum Erdmittelpunkt gerichtet:

$$F(r_\mathrm{E}) = -G\frac{m_\mathrm{E} m}{r_\mathrm{E}^2}$$

Die Zentrifugalkraft ist senkrecht von der Erdachse weg gerichtet. Ihr Betrag ist

$$F_\mathrm{Z} = m\omega^2 r, \quad \text{wobei } r = r_\mathrm{E}\cos\varphi$$

Die Resultierende aus beiden Kräften ist die Gewichtskraft F_G. Durch diese sind die Lotrichtung, die Tangentialebene an den Meeresspiegel des Erdkörpers sowie die Fallbeschleunigung $g = F_\mathrm{G}/m$ bestimmt.

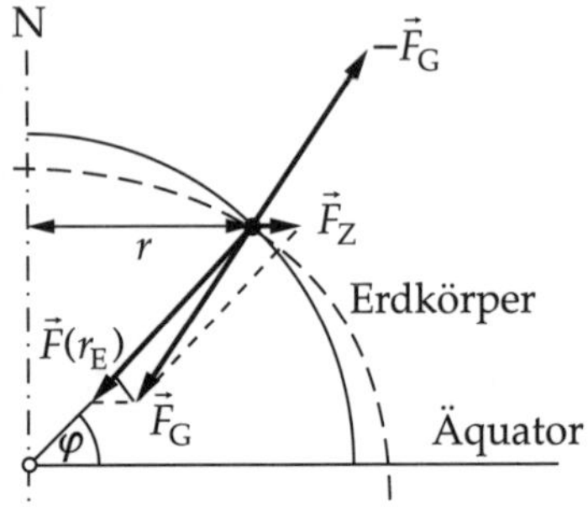

Damit der Körper nicht fällt, muß die Gewichtskraft durch eine von der Unterlage auf den Körper wirkende Gegenkraft kompensiert sein.

b) Gravitationskraftvektor und Gewichtskraftvektor unterscheiden sich infolge des Zentrifugalkraftvektors geringfügig. Der Unterschied verschwindet an den Polen der Erde. Am Äquator ist der Betragsunterschied maximal und der Richtungsunterschied Null. In mittleren Breiten ist der Richtungsunterschied merklich:

$$F_\mathrm{Z} = m\omega^2 r = m\left(\frac{2\pi}{\mathrm{d}^*}\right)^2 r_\mathrm{E}\cos\varphi$$

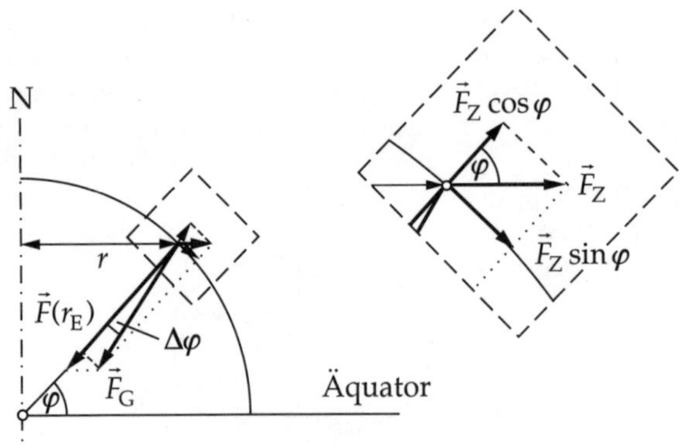

Die F_Z-Komponente entgegen der Richtung der Gravitationskraft ($F_\mathrm{Z}\cos\varphi$) ergibt den Unterschied der Beträge, und die F_Z-Komponente senkrecht dazu ($F_\mathrm{Z}\sin\varphi$) ergibt den Unterschied der Richtungen des Gravitationskraftvektors und des Gewichtskraftvektors:

$$F_\mathrm{Z}\cos\varphi = m\left(\frac{2\pi}{\mathrm{d}^*}\right)^2 r_\mathrm{E}\cos^2\varphi = mg\left(\frac{2\pi}{\mathrm{d}^*}\right)^2 \frac{r_\mathrm{E}}{g}\cos^2\varphi$$

$$\underline{F_Z \cos\varphi = mg \cdot 1{,}43 \cdot 10^{-3}}$$

$$F_Z \sin\varphi = F_Z \cos\varphi \tan\varphi = mg \cdot 1{,}70 \cdot 10^{-3}$$

$$\underline{\Delta\varphi \approx \sin\Delta\varphi = \frac{F_Z \sin\varphi}{mg}} = \underline{\underline{1{,}70 \cdot 10^{-3} = 0{,}097°}}$$

Aus den errechneten Beträgen zeigt sich, daß die Zentrifugalkraft auf der rotierenden Erde nur eine untergeordnete Rolle spielt. Sie ist jedoch die Ursache für die Abweichung der Erdgestalt von der Kugelform.

2. Coriolis-Kraft

Auf einer Scheibe, die mit der Winkelgeschwindigkeit $\omega = \text{const}$ rotiert, wird eine Punktmasse (m) mit der Geschwindigkeit v auf einer radialen Schiene zur Drehachse hin bewegt. Zeigen Sie, daß bei dieser erzwungenen Verkleinerung des Drehimpulses der Punktmasse eine Kraft senkrecht zur Bahn auftritt, die sich als Coriolis-Kraft erweist!

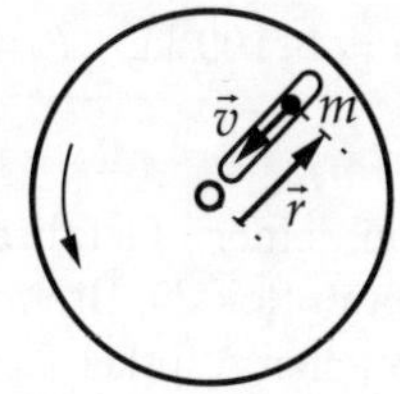

Lösung

Die Punktmasse hat den Drehimpuls

$$L = J\omega \text{ mit } J = mr^2$$

Daher ist

$$L = L(r) = m\omega r^2$$

Infolge der Radialbewegung der Punktmasse wird L verkleinert. Es ist

$$\frac{\mathrm{d}L}{\mathrm{d}t} = m\omega \frac{\mathrm{d}}{\mathrm{d}t} r^2 = m\omega 2r \frac{\mathrm{d}r}{\mathrm{d}t}, \text{ wobei } \mathrm{d}r < 0 \text{ ist.}$$

Wegen der grundlegenden Beziehung

$$\vec{M} = \dot{\vec{L}}$$

erfordert die Verkleinerung des Drehimpulses L ($\dot{L} < 0$) ein Drehmoment

$$\vec{M} = \vec{r} \times \vec{F}_t$$

bei dem die Kraft $\vec{F}_t$ die Umlaufbewegung der Punktmasse abbremst. Ihr Betrag ergibt sich aus $M = rF_t \sin 90°$ zu

$$F_t = \frac{M}{r} = \frac{\dot{L}}{r} = 2m\omega v \text{ mit } v = \frac{\mathrm{d}r}{\mathrm{d}t}$$

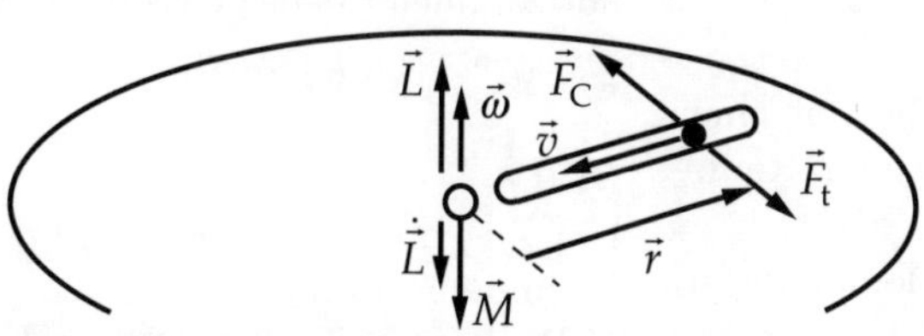

Aus der Skizze ergibt sich die Vektorschreibweise

$$\vec{F}_t = 2m\vec{\omega} \times \vec{v}$$

Mit der Gegenkraft

$$-\vec{F}_t = 2m\vec{v} \times \vec{\omega} = \vec{F}_C$$

wirkt die Punktmasse auf die Schiene senkrecht zur Radialbewegung. $\vec{F}_C$ ist die Coriolis-Kraft.

AUFGABEN

M 9.1

In einer Aufzugskabine hängt ein Wägestück der Masse m an einem Federkraftmesser. Dieser zeigt die Kraft F an. Auf welche Beschleunigung a_z (z-Koordinate nach oben) schließt der mitfahrende Beobachter?

$m = 0,100$ kg $F = 1,19$ N

M 9.2

Bei einer Gefahrenbremsung hat eine Dampflok die Bremsbeschleunigung a. Um welchen Winkel α gegenüber der Waagerechten würde sich der Wasserspiegel im Tender einstellen, wenn diese Beschleunigung längere Zeit anhielte?

$a = -2,4 \text{ m/s}^2$

M 9.3

Ein Zug hat die Beschleunigung a. Ein Reisender will diese mit Hilfe einer glatten Fläche (Bucheinband) und eines runden Bleistiftes messen, indem er die Fläche so neigt, daß der horizontal darauf gelegte Bleistift in Ruhe verharrt. Welcher Zusammenhang besteht zwischen Beschleunigung und Neigungswinkel β? (Skizze anfertigen!)

M 9.4

Wie groß ist die Kraft F, die auf einen Astronauten der Masse m in einem Raumschiff wirkt,

a) beim Start mit der Beschleunigung a_1 an der Erdoberfläche,

b) nach Brennschluß der Triebwerke im Abstand r vom Erdmittelpunkt bei radialer Bewegungsrichtung,

c) auf einer Kreisbahn im Abstand r um die Erde,

d) am gravitationsfreien Ort zwischen Erde und Mond bei abgeschalteten Triebwerken,

e) am gleichen Ort, wenn die Triebwerke die Beschleunigung a_2 erzeugen?

Die Vorzeichen der Beschleunigung a des Raumschiffes und der Kraft F werden auf die vom Erdmittelpunkt weg gerichtete Koordinate r bezogen.

M 9.5

Bei einem Kettenkarussell bewegen sich die Personen auf einer Kreisbahn mit dem Radius r und der Umlaufzeit T. Welchen Winkel α bilden die Ketten mit der Vertikalen?

$r = 8,2$ m $T = 6,5$ s

M 9.6

Ein Eisenbahnzug (Gesamtmasse m) fährt mit der konstanten Geschwindigkeit v von Norden nach Süden über den nördlichen 60. Breitengrad. Man bestimme die auf die Schienen wirkende Coriolis-Kraft F_C!

$m = 2,0 \cdot 10^3$ t $v = 90$ km/h

M 9.7

In der Randzone einer Zyklone tritt bei der geografischen Breite φ eine Windgeschwindigkeit v auf. Wie groß ist der Krümmungsradius r der Bahn der in der horizontalen Ebene bewegten Luftmassen?

$\varphi = 67°$ $v = 68$ km/h

M 9.8

Ein Zug durchfährt eine Kurve mit dem Krümmungsradius r.

a) Berechnen Sie den Betrag F_1 der maximalen Trägheitskraft, die auf einen Fahrgast der Masse m wirkt, wenn der Zug mit der konstanten Bahnbeschleunigung a_s bis zur Geschwindigkeit v_1 beschleunigt wird!

b) Welchen Winkel α_1 bildet die Trägheitskraft aus Aufgabenteil a) mit der Fahrtrichtung?

c) Welchen Wert F_2 nimmt die Trägheitskraft an, wenn der Zug in der Kurve mit der konstanten Geschwindigkeit v_1 fährt und der Fahrgast mit der Geschwindigkeit u im Zug in Fahrtrichtung geradeaus läuft?

d) Wie groß ist die Trägheitskraft F_3, wenn der Fahrgast mit der Geschwindigkeit u entgegen der Fahrtrichtung geradeaus läuft?

$r = 700$ m $\quad m = 75$ kg $\quad a_s = 0,12$ m/s^2
$v_1 = 60$ km/h $\quad u = 5,0$ km/h

M 9.9
Am Äquator läßt man einen Stein aus der Höhe z_0 frei zur Erde fallen. In welchem Abstand x_1 vom Lot trifft der Stein auf die Erdoberfläche? (Die x-Achse ist in Richtung Osten orientiert.)

$z_0 = 100$ m

M 9.10
Ein Stein wird am Äquator senkrecht nach oben geworfen und erreicht die maximale Höhe z_1. In welchem Abstand x_2 vom Abschußort trifft er wieder auf die Erdoberfläche auf? (Die x-Achse ist in Richtung Osten orientiert.)

$z_1 = 100$ m

M 9.11
Ein Körper der Masse m trifft bei der geografischen Breite φ mit der Geschwindigkeit v senkrecht auf die Erdoberfläche auf.

a) Geben Sie die Koordinaten der Zentrifugalkraft $\vec{F}_Z$ und der Coriolis-Kraft $\vec{F}_C$ in einem Koordinatensystem an, dessen x-Achse nach Osten und dessen z-Achse nach oben zeigt!

b) Wie groß sind die Beträge F_Z und F_C, bezogen auf die Gewichtskraft F_G des Körpers?

$\varphi = 53°$ $\quad v = 215$ km/h $\quad m = 10$ kg

M 9.12
Ein Fadenpendel (Masse der Pendelkugel m, Pendellänge l) wird um den Winkel β ausgelenkt und dann losgelassen. Der Versuch (Foucaultsches Pendel) findet an einem Ort der geografischen Breite φ statt. Man berechne

a) die Coriolis-Kraft F_C beim Durchgang durch die Ruhelage,

b) den Krümmungsradius r des Bahngrundrisses am Ort der Ruhelage,

c) die Dauer T einer vollen Drehung der Pendelebene in bezug auf die Umgebung!

$l = 14,7$ m $\quad \beta = 3,8°$
$\varphi = 51°$ nördl. Breite $\quad m = 24$ kg

M10 Spezielle Relativitätstheorie

GRUNDLAGEN

1 Lichtgeschwindigkeit und Relativitätsprinzip

Ausgangspunkt der speziellen Relativitätstheorie ist der experimentelle Befund, daß in jedem *Inertialsystem* der gleiche Wert der **Lichtgeschwindigkeit** (im Vakuum) festgestellt wird, unabhängig davon, ob sich die Lichtquelle innerhalb des Systems bewegt oder ruht.

Es gilt

$$c = 2{,}997\,924\,58 \cdot 10^8 \text{ m/s}$$

Außerdem erfordert die Erfahrung die Gültigkeit des **Relativitätsprinzips**, demzufolge es keine Möglichkeit gibt, unter allen Inertialsystemen eines herauszufinden, das absolut ruht. Nur die Relativgeschwindigkeit verschiedener Inertialsysteme hat physikalische Bedeutung.

2 Lorentz-Transformation

Die gleichzeitige Gültigkeit des Relativitätsprinzips und des Prinzips der konstanten Lichtgeschwindigkeit vereinbart sich nicht mit der klassischen Koordinatentransformation (Galilei-Transformation), die beim Übergang von einem Inertialsystem in ein anderes angewendet wird. An ihre Stelle muß die Lorentz-Transformation treten:

Wenn sich gegenüber einem Inertialsystem Σ, in dem die Koordinaten x, y und z sowie die Zeit t gelten, ein anderes Inertialsystem Σ' in x-Richtung mit der Geschwindigkeit v bewegt, dann sind den Koordinaten des Systems Σ' folgende Koordinaten des Systems Σ zuzuordnen:

$$x = \frac{x' + vt'}{\sqrt{1 - \left(\frac{v}{c}\right)^2}} \qquad t = \frac{t' + \frac{v}{c^2}x'}{\sqrt{1 - \left(\frac{v}{c}\right)^2}}$$

$$y = y'$$

$$z = z'$$

Dabei ist vorausgesetzt, daß zur Zeit $t = 0$ die Koordinatenachsen beider Systeme zusammenfallen.

Gleichzeitigkeit von Ereignissen

Die Lorentz-Transformation wird auf „Ereignisse“ angewendet. Ein Ereignis ist durch die Zeit t und seinen Ort x in einem bestimmten Inertialsystem gekennzeichnet. Dabei ist vorausgesetzt, daß innerhalb eines Inertialsystems überall die gleiche Zeit gilt, daß also auch der Begriff der Gleichzeitigkeit zwischen Ereignissen, die an verschiedenen Orten stattfinden, angewendet werden kann.

Aus der Gültigkeit der Lorentz-Transformation folgt, daß Ereignisse, die in einem Inertialsystem Σ an verschiedenen Orten gleichzeitig stattfinden, in keinem anderen, relativ zu Σ bewegten Inertialsystem Σ' gleichzeitig sein können.

Aus der Lorentz-Transformation lassen sich unmittelbar weitere Folgerungen ableiten:

Längenkontraktion

Ein Körper, der im System Σ' ruht und dort die Länge $\Delta x'$ hat, erscheint dem Beobachter im System Σ auf den Wert Δx verkürzt:

$$\Delta x = \Delta x' \sqrt{1 - \left(\frac{v}{c}\right)^2}$$

Zeitdilatation

Ein Zeitintervall, das im System Σ' die Dauer $\Delta t'$ hat, erscheint dem Beobachter im System Σ auf den Wert Δx gedehnt:

$$\Delta t = \frac{\Delta t'}{\sqrt{1 - \left(\frac{v}{c}\right)^2}}$$

Additionstheorem der Geschwindigkeiten

Bewegt sich ein Körper im Inertialsystem Σ' mit der Geschwindigkeit u'_x, dann hat er im System Σ die Geschwindigkeit

$$u_x = \frac{u'_x + v}{1 + \frac{u'_x v}{c^2}}$$

3 Relativistische Dynamik

Die physikalischen Größen und Gleichungen der Dynamik erfahren durch die Relativitätstheorie gegenüber der klassischen Physik grundlegende Veränderungen.

Die träge **Masse** eines Körpers ist keine Konstante mehr, sondern hängt von seiner Geschwindigkeit v im Bezugssystem des Beobachters ab:

$$m = \frac{m_0}{\sqrt{1 - \left(\frac{v}{c}\right)^2}}$$

m_0 ist die sogenannte **Ruhemasse**, die der Beobachter feststellt, wenn der Körper in seinem System die Geschwindigkeit Null hat. Das **Newtonsche Grundgesetz** der Mechanik muß mit der veränderlichen Masse in der verallgemeinerten Form

$$\vec{F} = \frac{\mathrm{d}}{\mathrm{d}t}(m\vec{v}) = \frac{\mathrm{d}\vec{p}}{\mathrm{d}t}$$

geschrieben werden, die die Gleichung $\vec{F} = m\vec{a}$ für den Grenzfall konstanter Masse in sich einschließt. In seiner verallgemeinerten Form gibt das Grundgesetz den Tatbestand wieder, daß bei ständig wirkender Kraft auch nach beliebig langer Zeit keine höhere Geschwindigkeit als die Lichtgeschwindigkeit erreicht werden kann.

4 Energie

Als wichtiges Ergebnis der Relativitätstheorie drückt die Einsteinsche Formel für die **Energie** E eines Körpers aus, daß Energie- und Massenerhaltungssatz ein und dasselbe sind:

$$E = mc^2$$

Mit jedem Energiebetrag ist eine äquivalente Masse verbunden und umgekehrt. Bei einem mit der Geschwindigkeit $v < c$ bewegten Körper von endlicher Ruhemasse ist für m die relativistische Massenformel einzusetzen. Er hat auch bei $v = 0$ eine von Null verschiedene **Ruheenergie**:

$$E_0 = m_0 c^2$$

Seine **kinetische Energie** ist die Differenz zwischen der Energie E und der Ruheenergie E_0:

$$E_k = (m - m_0)c^2$$

Für die Abhängigkeit der Energie E eines Körpers von seinem Impuls p findet man aus den bereits bekannten Beziehungen folgenden, häufig benutzten Zusammenhang:

$$E = c\sqrt{(m_0 c)^2 + p^2}$$

KONTROLLFRAGEN

M 10-1
Leiten Sie die Umkehrung der Lorentzschen Transformationsformeln mit Hilfe des Relativitätsprinzips ohne Rechnung ab!

M 10-2
Leiten sie die Umkehrung der Lorentzschen Transformationsformeln mathematisch her!

M 10-3
Welche Geschwindigkeit u_x eines Körpers im System Σ ergibt sich aus dem relativistischen Additionsgesetz, wenn entweder seine Geschwindigkeit u'_x im System Σ' oder die Geschwindigkeit v des Systems Σ' gegenüber Σ gleich der Lichtgeschwindigkeit c ist?

M 10-4
Zeigen Sie, daß die Galilei-Transformation als Spezialfall in der Lorentz-Transformation enthalten ist!

M 10-5
Ist es möglich, aus der Einsteinschen Beziehung $E = mc^2$ zu folgern, daß sich Masse in Energie umwandeln läßt?

M 10-6
Zeigen Sie, daß die klassische Formel für die kinetische Energie, $E_k = \frac{m}{2}v^2$, für kleine Geschwindigkeiten $v \ll c$ aus der Energie-Masse-Beziehung hervorgeht! Benutzen Sie dazu die Näherungsformel

$$\frac{1}{\sqrt{1-x}} \approx 1 + \frac{x}{2}$$

M 10-7
Leiten Sie den Energie-Impuls-Zusammenhang $E = c\sqrt{(m_0 c)^2 + p^2}$ her!

BEISPIELE

1. Lorentz-Transformation

Ein Flugzeug startet mit einer Atomuhr an Bord, die beim Start mit einer auf dem Flugplatz verbleibenden Atomuhr genau zeitgleich gestellt worden ist. Nach einer kurzen Beschleunigungsphase, die in der Zeitbilanz unberücksichtigt bleiben soll, fliegt das Flugzeug mit konstanter Geschwindigkeit v. Ein auf dem Flugplatz zurückbleibender Beobachter befindet sich im Koordinatenursprung des Inertialsystems Σ, während sich der Pilot ständig im Koordinatenursprung des Inertialsystems Σ' befindet.

Klären Sie mit Hilfe der Lorentz-Transformation folgende Fragen:

a) Der Beobachter gibt zur Zeit t_1 ein Signal ab (Ereignis 1). An welcher Stelle x_0 befindet sich das Flugzeug zu dieser Zeit im System Σ?

b) Zu welcher Zeit t'_1 und an welchem Ort x'_1 findet das Ereignis 1 im System Σ' des Piloten statt?

c) Der Pilot gibt zur Zeit $t'_2 = t'_1$ ein Signal ab (Ereignis 2). Was sagt der Beobachter über Ort x_2 und Zeit t_2 von Ereignis 2 in seinem System Σ aus?

d) Das Flugzeug soll landen, wenn in seinem System Σ' Ereignis 1 stattfindet. Was sagen Beobachter und Pilot nach der Landung über Ort und Zeit der Landung aus?

e) Der Beobachter startet zur Zeit t_1 mit einem zweiten Flugzeug, um dem ersten Flugzeug mit gleicher Geschwindigkeit v hinterherzufliegen. Er nimmt seine Uhr mit. Welche Aussagen treffen Beobachter und Pilot nach dem Start des zweiten Flugzeuges über Ort und Zeit des Starts?

Rechnen Sie die Aufgabe mit den hypothetischen Werten $v = 0{,}9$ c und $t_1 = 1$ ms und prüfen Sie am Schluß nach, ob die Genauigkeit der Atomuhren ausreicht, auch bei realistisch angenommenen Werten von $v = 3\,600$ km/h und $t_1 = 1\,000$ s die relativistischen Effekte nachzuweisen! (Beachten Sie dabei die Definition der SI-Einheit Sekunde!)

Lösung

a) $x_0 = vt_1 = \underline{\underline{270 \text{ km}}}$

b) Auf das Ereignis 1 ist die Lorentz-Transformation (wie sie im Grundlagenteil dargestellt ist) in der Umkehrung anzuwenden (siehe Kontrollfragen M 10-1 und M 10-2).
Damit gilt

$$x'_1 = \frac{x_1 - vt_1}{\gamma} \qquad t'_1 = \frac{t_1 - \frac{v}{c^2}x_1}{\gamma}$$

mit

$$\gamma = \sqrt{1 - \left(\frac{v}{c}\right)^2}$$

Im System Σ findet das Ereignis 1 zur Zeit t_1 am Ort $x_1 = 0$ statt. Im System Σ' findet man dagegen

$$\underline{x'_1 = -\frac{v}{\gamma}t_1} = \underline{\underline{-619 \text{ km}}}$$

$$\underline{t'_1 = \frac{t_1}{\gamma}} = \underline{\underline{2{,}29 \text{ ms}}}$$

c) Ereignis 2 findet im System Σ' zur Zeit $t'_2 = t'_1/\gamma$ am Ort $x'_2 = 0$ statt. (Man beachte: Daß Ereignis 1 und 2 im System Σ' gleichzeitig stattfinden, bedeutet nicht, daß der Pilot beide Ereignisse auch zur gleichen Zeit wahrnimmt. Das Signal von Ereignis 1, das am Ort $x'_1 \neq 0$ stattfindet, trifft beim Piloten wegen der endlichen Signalgeschwindigkeit, mit der sich das Licht innerhalb seines Systems ausbreitet, erst später ein.) Für die Transformation ins System Σ gilt

$$x_2 = \frac{x'_2 + vt'_2}{\gamma} \qquad t_2 = \frac{t'_2 + \frac{v}{c^2}x'_2}{\gamma}$$

Ereignis 2 findet demzufolge im System Σ zur Zeit

$$t_2 = \frac{t'_2}{\gamma} = \underline{\frac{t_1}{\gamma^2}} = \underline{\underline{5{,}26 \text{ ms}}}$$

und am Ort

$$x_2 = \frac{v}{\gamma}t'_2 = \underline{\frac{vt_1}{\gamma^2}} = \underline{\underline{1\,421 \text{ km}}}$$

statt.

d) Die Landung des Flugzeugs findet, im System Σ' beschrieben, zur Zeit t'_1 am Ort $x' = 0$ statt; sie entspricht damit dem Ereignis 2. Im System Σ befindet sich deshalb das Flugzeug nach der Landung an der Stelle x_2, jedoch bringt der Pilot seine Uhr mit, die weiterhin die „Eigenzeit" t'_1 anzeigt. Ergebnis: Die Uhr des Piloten zeigt $t'_2 = 2,29$ ms, während die Uhr des Beobachters bereit auf $t_2 = 5,26$ ms vorgerückt ist (Zeitdilatation). Im System Σ des Beobachters hat das Flugzeug die Strecke $x_2 = 1421$ km zurückgelegt, während dem Piloten diese Strecke vor der Landung in seinem System Σ' auf 619 km verkürzt erschienen ist (Längenkontraktion).

e) Der Start des Beobachters zur Zeit t_1 am Ort $x_1 = 0$ entspricht dem Ereignis 1. Nach dem Start zeigt die Uhr des Beobachters unverändert die Eigenzeit $t_1 = 1$ ms, während die Uhr des Piloten bereits $t'_1 = 2,29$ ms anzeigt. In seinem neuen System Σ' befindet sich der Beobachter nunmehr 619 km hinter dem Flugzeug, während er vor dem Start die Entfernung mit $x_0 = 270$ km angegeben hat.

Diskussion

Die Lösung der Aufgabe zeigt, in welcher Weise sich das sogenannte „Zwillingsparadoxon" aufklären läßt, das lange Zeit Gegenstand von Diskussionen unter den Physikern gewesen ist. Dabei geht es um die Frage, ob derjenige Zwilling, der nach einer Reise mit hoher Geschwindigkeit an seinen Ausgangsort zurückkehrt, weniger gealtert ist als sein zurückgebliebener Bruder. Die Antwort kann auf Grund der speziellen Relativitätstheorie gegeben werden und lautet „ja". Daß beide Zwillinge dabei offensichtlich nicht gleichberechtigt sind, steht nicht im Widerspruch zum Relativitätsprinzip. Solange sich beide in verschiedenen Inertialsystemen befinden, ist die Gleichberechtigung wirklich vorhanden. Jeder der Zwillinge ordnet ein Ereignis, das bei dem anderen stattfindet, einem späteren Zeitpunkt zu als dieser selbst. Das ist nur dadurch zu erklären, daß der Begriff der Gleichzeitigkeit von Ereignissen zwischen zueinander bewegten Inertialsystemen nicht angewendet werden kann: Während für den Piloten in unserer Aufgabe Ereignis 1 und Ereignis 2 in seinem System gleichzeitig stattfinden, ist für den Beobachter Ereignis 1 früher und Ereignis 2 später. Die Gleichberechtigung zwischen Pilot und Beobachter wird durch den Übergang des einen in das Inertialsystem des anderen aufgehoben, danach erst ist der Begriff der Gleichzeitigkeit für beide untereinander wieder anwendbar. Indem der „landende" Zwilling die Uhr mit seiner Eigenzeit behält, entscheidet sich, daß er weniger gealtert ist. Der Effekt ist im übrigen experimentell bestätigt, z. B. durch das Verhalten der μ-Mesonen (Aufgabe M 10.3).

Bei dem für ein Flugzeug realistisch angenommenen Wert von $v = 3\,600$ km/h ist die Zeitdifferenz der Uhren sehr klein. Man findet

$$\begin{aligned} t_1 &= 1\,000 \text{ s} & x_0 &= 1\,000 \text{ km} \\ t'_1 = t'_2 &= 1\,000 \text{ s} + 5,6 \text{ ns} & -x'_1 &= 1\,000 \text{ km} + 5,6\ \mu\text{m} \\ t_2 &= 1\,000 \text{ s} + 11,1 \text{ ns} & x_2 &= 1\,000 \text{ km} + 11,1\ \mu\text{m} \end{aligned}$$

Die Zeitdifferenz der beiden Uhren beträgt nach der Landung $\Delta t = t_2 - t'_2 = 5,5$ ns; bei einer Gesamtzeit von $t = 1\,000$ s wäre dazu eine relative Genauigkeit der Zeitmessung von $\Delta t/t = 5 \cdot 10^{-12}$ erforderlich. Die Ganggenauigkeit von Atomuhren kann aus der Definition der Sekunde als die Dauer von 9 192 631 770 Perioden einer bestimmten Schwingung des Caesium-133-Atoms abgeschätzt werden; sie beträgt rund 10^{-11} und reicht also noch nicht aus, um bei einem Flugzeug relativistische Zeitveränderungen festzustellen.

2. Relativistische Elektronengeschwindigkeit

In einem Teilchenbeschleuniger werden Elektronen durch eine Spannung U beschleunigt. Die dabei an einem Elektron verrichtete Beschleunigungsarbeit ist eU.

a) Die Geschwindigkeit der Elektronen ist klassisch zu berechnen!

b) Die Geschwindigkeit der Elektronen ist relativistisch zu berechnen!

$U_1 = 1{,}00$ kV $\quad U_2 = 10{,}0$ MV

Lösung

a) Die im elektrischen Feld zugeführte Arbeit ist gleich der Erhöhung der kinetischen Energie der Elektronen. Da die Elektronen anfangs geruht haben, gilt:

$$eU = E_\mathrm{k}$$

Bei klassischer Rechnung ist

$$E_\mathrm{k} = \frac{m_\mathrm{e}}{2}v^2$$

und man findet durch Einsetzen und Umstellen für v

$$v = \sqrt{\frac{2eU}{m_\mathrm{e}}}$$

b) Bei relativistischer Rechnung ist die kinetische Energie die Differenz von Gesamtenergie und Ruheenergie:

$$E_\mathrm{k} = mc^2 - m_\mathrm{e}c^2$$

Die Masse m des bewegten Elektrons wird auf seine Ruhemasse m_e zurückgeführt:

$$m = \frac{m_\mathrm{e}}{\sqrt{1-\left(\frac{v}{c}\right)^2}}$$

Daraus folgt

$$eU = m_\mathrm{e}c^2\left(\frac{1}{\sqrt{1-\left(\frac{v}{c}\right)^2}} - 1\right)$$

Man stellt nach v um:

$$\frac{1}{\sqrt{1-\left(\frac{v}{c}\right)^2}} = 1 + \frac{eU}{m_\mathrm{e}c^2}$$

$$1-\left(\frac{v}{c}\right)^2 = \frac{1}{\left(1+\frac{eU}{m_\mathrm{e}c^2}\right)^2},$$

$$v = c\sqrt{1-\frac{1}{\left(1+\frac{eU}{m_\mathrm{e}c^2}\right)^2}}$$

Mit $U_1 = 1{,}00$ kV findet man

klassisch $\quad v_1 = 18\,800$ km/s und

relativistisch $\quad v_1 = 18\,800$ km/s,

d. h., bei dieser Energie machen sich relativistische Effekte nicht bemerkbar, die klassische Rechnung ist hinreichend genau.

Mit $U_2 = 10{,}0$ MV dagegen ergibt sich

klassisch $\quad v_2 = 1\,880\,000$ km/s $= 6{,}25\,c$ und

relativistisch $\quad v_2 = 299\,000$ km/s $= 0{,}998\,8\,c$.

Der klassisch berechnete Wert ist völlig falsch; eine Geschwindigkeit $v > c$ ist nicht möglich. Der richtige, relativistisch berechnete Wert unterscheidet sich bei dieser Energie kaum noch von der Lichtgeschwindigkeit c.

AUFGABEN

M 10.1

Ein auf der Sonne befindlicher Beobachter würde infolge der Bewegung der Erde eine Verkürzung des Erddurchmessers feststellen. Wie groß ist diese Verkürzung Δl?

Bahngeschwindigkeit der Erde:
$v = 30$ km/s

Näherungsformel: $\sqrt{1-x} \approx 1 - \frac{x}{2}$

M 10.2

Von den Zwillingen A und B unternimmt B im Alter von $t_0 = 22$ Jahren eine Weltraumreise mit der Geschwindigkeit $v = 0,980c$ zu einem Stern, der $s = 32$ Lichtjahre von der Erde entfernt ist, während A auf der Erde zurückbleibt. Welches Alter t_A und t_B haben die Zwillinge unmittelbar nach der Rückkehr? (Die Beschleunigungsphasen werden nicht berücksichtigt.)

M 10.3

Ein ruhendes μ-Meson hat die mittlere Lebensdauer $\tau = 2,2$ μs. Durch die Höhenstrahlung werden in $h = 10$ km Höhe über der Erdoberfläche μ-Mesonen erzeugt, die die Geschwindigkeit $v = 0,9995c$ besitzen. Kann ein μ-Meson, das nach der mittleren Lebensdauer zerfällt, die Erdoberfläche erreichen? Beantworten Sie die Frage über zwei verschiedene Lösungswege:

a) Berechnung der mittleren Lebensdauer t des Mesons und des damit zurückgelegten Weges s im System der Erde.

b) Berechnung der Entfernung h' des Entstehungsortes von der Erdoberfläche im System des Mesons.

M 10.4

Auf ein Teilchen der Ruhemasse m_0 wirkt eine konstante Kraft F. Wie groß ist seine Beschleunigung a, wenn es die Geschwindigkeit $v = \frac{c}{2}$ erreicht hat?

M 10.5

Begründung des Additionstheorems der Geschwindigkeiten: Ein Körper bewegt sich in einem Koordinatensystem, das die Geschwindigkeit v besitzt, nach der Ort-Zeit-Funktion $x' = u'_x t$.

a) Welche Ort-Zeit-Funktion $x(t)$ hat er im ruhenden Koordinatensystem, wenn zur Zeit $t = 0$ die Nullpunkte der Ortskoordinaten beider Systeme zusammenfallen? (Man gehe bei der Lösung von der Lorentz-Transformation aus!)

b) An welchen Stellen x_1 und x'_1 befindet sich der ruhende Körper in beiden Systemen, wenn im ruhenden System die Zeit t_1 vergangen ist?

c) Zu welcher Zeit t'_1 hat der Körper im bewegten System den Ort x'_1 erreicht?

$v = 0,900\,c \quad u'_x = 0,700\,c \quad t_1 = 1,000$ μs

M 10.6

Begründung der Längenkontraktion:
Der Nullpunkt eines mit der Geschwindigkeit v bewegten Maßstabes befindet sich zur Zeit $t_0 = 0$ im Ursprung $x_0 = 0$ eines ruhenden Koordinatensystems. Das Ende des Maßstabes hat auf diesem selbst die Koordinate x'_1.

a) Zu welchen Zeiten t'_0 und t'_1 finden zwei Ereignisse im System des Maßstabes statt, die ein Beobachter vom ruhenden System aus am Anfang und am Ende des Maßstabes gleichzeitig zur Zeit $t_0 = 0$ beobachtet?

b) An welcher Stelle x_1 im ruhenden System befindet sich das Ende des Maßstabes zur Zeit $t_0 = 0$?

c) An welcher Stelle x'_2 des Maßstabes befindet sich für einen mitbewegten Beobachter der Punkt x_2 des ruhenden Koordinatensystems, wenn der Stabanfang mit dem Koordinatenursprung des ruhenden Systems zusammenfällt?

M 10.7

Zur Zeit $t = 0$ Uhr Erdzeit passiert ein Raumschiff die Erde mit der Geschwindigkeit $v = 0,800\,c$. Im Raumschiff werden die Uhren dabei auf $t' = 0$ Uhr gestellt. Zur Zeit $t'_1 = 0.45$ Uhr (Raumschiffzeit) erreicht das Raumschiff eine Weltraumstation, die von der Erde den festen Abstand s (in Erdkoordinaten) hat und deren Uhren Erdzeit anzeigen. Beim Passieren der Station sendet das Raumschiff ein Funksignal zur Erde, das von der Erde unverzüglich beantwortet wird.

a) Welche Zeit t_1 zeigen die Uhren der Raumstation beim Passieren des Raumschiffs an?

b) Wie groß ist die Entfernung s der Raumstation von der Erde?

c) Zu welcher Zeit t_2 (Erdzeit) kommt das Funksignal auf der Erde an?

d) Zu welcher Zeit t'_3 (Raumschiffzeit) wird im Raumschiff die Antwort von der Erde empfangen?

M 10.8

Doppler-Effekt beim Licht:

Ein an einem Beobachter mit der Geschwindigkeit v vorbeifliegendes Atom emittiert Licht. In dem Inertialsystem Σ', in dem das Atom bei $x' = 0$ ruht, hat die Frequenz des Lichts den Wert f_0. Der Beobachter ruht im Inertialsystem Σ bei $x = 0$. Die Begegnung findet zur Zeit $t' = t = 0$ statt. Es sei angenommen, daß sich im Augenblick der Begegnung das strahlende Atom gerade in einem Schwingungsmaximum befindet.

a) Zu welchen Zeiten t'_1 bzw. t_1 und an welchen Orten x'_1 bzw. x_1 wird in beiden Systemen das nächste Schwingungsmaximum festgestellt?

b) Zu welcher Zeit $\bar{t}_1$ trifft der Wellenberg, der von diesem Schwingungsmaximum ausgeht, beim Beobachter ein?

c) Welche Frequenz f des Lichtes stellt der Beobachter in seinem System Σ fest, wenn sich das Atom von ihm entfernt?

d) Wiederholen Sie die Überlegungen für das letzte Schwingungsmaximum vor der Begegnung! Welche Frequenz des Lichtes stellt demnach der Beobachter fest, wenn sich das Atom ihm nähert?

M 10.9

Ein Teilchen der Ladung Q und der Ruhemasse m_0 wird in einem konstanten elektrischen Feld der Feldstärke E_x beschleunigt. Wie groß ist die Geschwindigkeit v_{x1} des Teilchens nach der Zeit t_1, wenn es zur Zeit $t_0 = 0$ in Ruhe war? Rechnen Sie

a) klassisch und

b) relativistisch!

M 10.10

Ein Elektron ist in einem Elektronenmikroskop mit der Spannung U zwischen Katode und Anode beschleunigt worden und durchläuft hinter der letzten Linse bis zum Leuchtschirm die Strecke l mit konstanter Geschwindigkeit.

a) Welche Zeit t braucht das Elektron zum Durchlaufen der Strecke l?

b) Wie groß ist die Entfernung zwischen Linse und Leuchtschirm in einem Inertialsystem, in dem das Elektron ruht?

$U = 150$ kV $l = 30,0$ cm

M 10.11

In einem Beschleuniger werden Elementarteilchen auf die Geschwindigkeit $v = (3/4)c$ gebracht. Um wieviel Prozent vergrößert sich ihre Masse?

M 10.12

Ein Elektron hat den Impuls p.

a) Wie groß ist seine Energie E?

b) Wie groß ist seine kinetische Energie E_k?

$p = 1,58 \cdot 10^{-22}$ kg $\cdot$ m/s

M11 Äußere Reibung

GRUNDLAGEN

1 Haftreibung

Um einen Körper, der mit der Normalkraft F_n gegen seine Unterlage gedrückt wird, auf dieser Unterlage zu verschieben, muß die tangential angreifende Kraft F den Schwellwert $\mu_0 F_n$ überschreiten. Kleinere Kräfte werden durch die **Haftreibungskraft** F_R ausgeglichen. Somit gilt

$$\vec{F}_R = -\vec{F}$$
$$F_R \leqq \mu_0 F_n$$

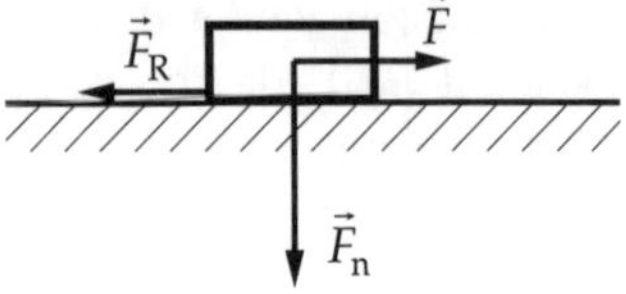

μ_0 ist die Haftreibungszahl.

2 Gleitreibung

Gleitet ein Körper auf seiner Unterlage, dann erfährt er entgegen seiner Bewegungsrichtung eine **Gleitreibungskraft** vom Betrag

$$F_R = \mu F_n$$

Die Gleitreibungszahl μ ist stets kleiner als die Haftreibungszahl μ_0.

3 Rollreibung

Beim Rollen eines Rades muß eine durch die Verformung der Unterlage erzeugte Widerstandskraft überwunden werden. Die Rollreibungskraft hängt vom Radius r des Rades ab.

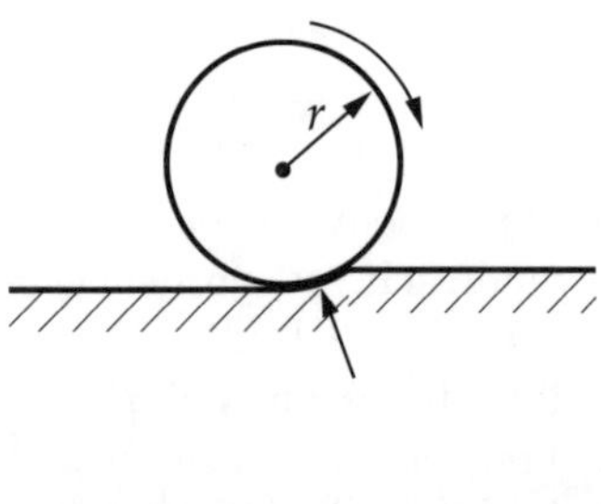

$$F_R = \frac{\mu'}{r} F_n$$

μ' ist der Rollreibungskoeffizient.

KONTROLLFRAGEN

M 11-1
Ein Körper der Masse m liegt auf einer horizontalen Unterlage. Die Haftreibungszahl ist μ_0. Wie groß ist die Haftreibungskraft F_R?

M 11-2
Wie kann man durch Verändern des Neigungswinkels α einer Ebene gegenüber der Horizontalen die Haftreibungszahl μ_0 für einen darauf liegenden Körper bestimmen?

M 11-3
Warum kann bei glatter Fahrbahn ein Kraftfahrzeug durch sogenanntes „Intervallbremsen“, d. h. durch Bremsen mit kurzzeitigen Unterbrechungen, einen kürzeren Anhalteweg erreichen als durch Vollbremsen?

M 11-4
Warum haben Ackerschlepper besonders große Antriebsräder?

BEISPIELE

1. Anstellwinkel der Leiter

Eine Leiter lehnt unter dem Winkel φ an einer glatten Wand (reibungsfrei). Die Haftreibungszahl am Boden ist μ_0. Wie groß darf der Winkel φ höchstens sein, damit man sicher hinaufsteigen kann?

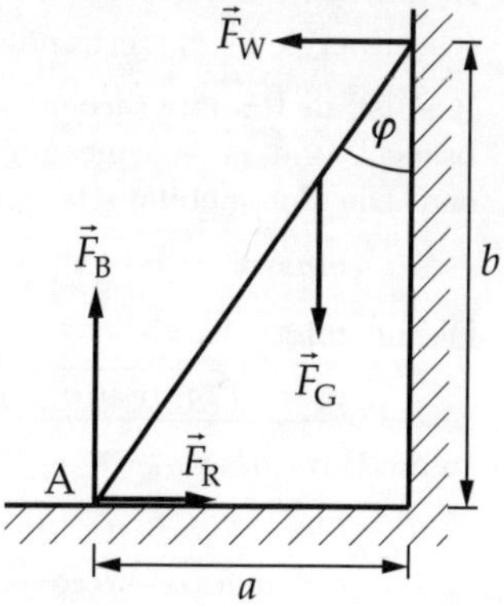

Lösung

Die Leiter steht fest (haftet am Boden), wenn Kräfte- und Drehmomentengleichgewicht herrschen. Kräftegleichgewicht ergibt sich, wenn die Stützkraft am Boden gleich der Gewichtskraft ist, also

$$F_B = F_G$$

und die Haftreibungskraft gleich der Stützkraft an der Wand, also

$$F_R = F_W$$

Für die Haftreibungskraft $F_R \leqq \mu_0 F_B$ kann man damit auch schreiben:

$$F_R \leqq \mu_0 F_G$$

Für das Drehmomentengleichgewicht wird als Bezugspunkt der Stützpunkt A der Leiter am Boden gewählt. Drehmomentengleichgewicht ergibt sich, wenn das durch die Gewichtskraft erzeugte Drehmoment durch das von der Wandkraft hervorgerufene Drehmoment ausgeglichen wird. Beim Hochsteigen der Person auf der Leiter nimmt das Drehmoment der Gewichtskraft zu und wird maximal, wenn die Person oben auf der Leiter steht. Dieser Fall muß betrachtet werden. Die Wandkraft wird dann ebenfalls maximal. Das Drehmoment dieser Wandkraft kompensiert das von der Gewichtskraft erzeugte Drehmoment. Da die Wandkraft gleich der Haftreibungskraft ist, ist also für den Fall, daß die Person oben auf der Leiter steht, am Bodenstützpunkt die größte Haftreibungskraft erforderlich. Das Drehmomentengleichgewicht für diesen ungünstigsten Fall lautet

$$F_W b = F_G a$$

Mit $\tan\varphi = \dfrac{a}{b}$ ergibt sich

$$F_G \tan\varphi = F_W$$

Daraus folgt

$$F_G \tan\varphi \leqq \mu_0 F_G$$

oder

$$\underline{\tan\varphi \leqq \mu_0}$$

2. Reibungsarbeit

Ein Körper der Masse m gleitet auf einer unter dem Winkel α geneigten Ebene eine Strecke s_1 abwärts und kommt auf einer anschließenden waagerechten Strecke zur Ruhe. Die Gleitreibungszahl ist μ.

a) Wie groß ist die Geschwindigkeit v_1 des Körpers am Ende der geneigten Ebene?

b) In welcher Zeit t_1 gleitet der Körper die geneigte Ebene hinab?

c) Nach welcher Strecke s_2 kommt der Körper auf der Waagerechten zur Ruhe?

$m = 10$ kg $\quad \alpha = 30°$ $\quad s_1 = 2{,}5$ m $\quad \mu = 0{,}2$

Lösung

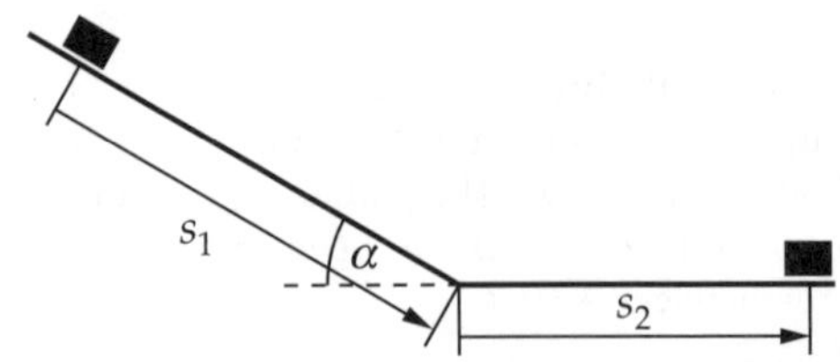

a) Die potentielle Energie des Körpers nimmt um den Betrag $mgs_1 \sin\alpha$ ab. Ein Teil davon ist am Ende der geneigten Ebene in kinetische Energie $\frac{m}{2}v_1^2$ verwandelt worden. Der Rest ist als Reibungsarbeit $\mu mgs_1 \cos\alpha$ verbraucht und in Wärme umgewandelt worden. Die Energiebilanz lautet

$$mgs_1 \sin\alpha = \frac{m}{2}v_1^2 + \mu mgs_1 \cos\alpha$$

Daraus folgt

$$\underline{v_1 = \sqrt{2gs_1(\sin\alpha - \mu\cos\alpha)}} = \underline{\underline{4,0 \text{ m/s}}}$$

b) In die Bewegungsgleichung sind die Hangabtriebskraft und die Reibungskraft einzusetzen:

$$ma = mg\sin\alpha - \mu mg\cos\alpha$$

$$a = g(\sin\alpha - \mu\cos\alpha)$$

Mit $v_0 = 0$ erhält man durch Integration über die Zeit

$$v = g(\sin\alpha - \mu\cos\alpha)t$$

$$t_1 = \frac{v_1}{g(\sin\alpha - \mu\cos\alpha)}$$

Mit dem Ergebnis des Teiles a) ergibt sich

$$\underline{t_1 = \sqrt{\frac{2s_1}{g(\sin\alpha - \mu\cos\alpha)}}} = \underline{\underline{1,2 \text{ s}}}$$

c) Der Körper kommt zur Ruhe, wenn die gesamte kinetische Energie durch die Reibungsarbeit in Wärmeenergie umgewandelt wurde:

$$\frac{m}{2}v_1^2 = \mu mgs_2, \quad \text{d. h.} \quad s_2 = \frac{v_1^2}{2\mu g}$$

Verwendet man auch hier das Ergebnis des Aufgabenteils a), so folgt das Ergebnis

$$\underline{s_2 = \frac{s_1(\sin\alpha - \mu\cos\alpha)}{\mu}} = \underline{\underline{4,1 \text{ m}}}$$

AUFGABEN

M 11.1

Welche Leistung P muß ein Skilift aufbringen, um N Personen der mittleren Masse m an einem Hang vom Neigungswinkel α mit der Geschwindigkeit v hinaufzuschleppen (Gleitreibungszahl μ)?

$N = 30 \quad m = 75$ kg $\quad \alpha = 14°$
$\mu = 0,08 \quad v = 1,2$ m/s

M 11.2

Um einen Einachsanhänger der Masse m auf ebener Straße mit der konstanten Geschwindigkeit v_0 zu ziehen, ist die Leistung P erforderlich. Der Durchmesser der Räder ist d. (Die Reibung in den Radlagern und der Luftwiderstand sollen unberücksichtigt bleiben.) Berechnen Sie den Koeffizienten μ' der Rollreibung!

$m = 250$ kg $\quad v_0 = 40$ km/h
$P = 1,0$ kW $\quad d = 0,60$ m

M 11.3

Ein Körper legt infolge eines Stoßes auf einer rauhen Fläche die Strecke s_1 in der

Zeit t_1 zurück und steht dann still. Wie groß ist die Reibungszahl μ?

$s_1 = 24,5$ m $\quad t_1 = 5,0$ s

M 11.4

Ein zylindrischer Topf (Radius r) ist mit einem Blatt Papier bedeckt, das auf einer Seite mit dem Topfrand abschließt. Über der Topfmitte liegt darauf eine Münze. Mit welcher konstanten Geschwindigkeit v_0

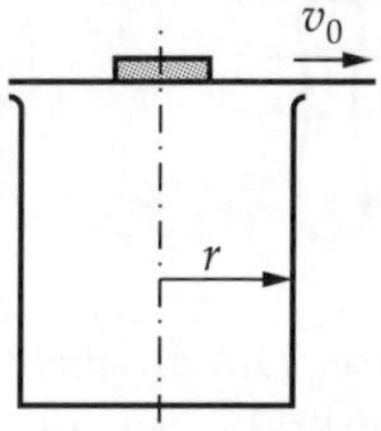

muß man das Papier wegziehen, damit die Münze (Durchmesser vernachlässigen) gerade noch in den Topf fällt? Die Gleitreibungszahl ist μ.

$\mu = 0,15 \quad r = 15$ cm

M 11.5

Ein Traktor zieht eine glatte Steinplatte der Masse m auf einer horizontalen Ebene die Strecke s entlang. Gleitreibungszahl μ.

a) Welchen Winkel α_0 muß das Zugseil mit der Ebene bilden, damit die Seilkraft möglichst gering wird?

b) Welche Arbeit W' verrichtet der Traktor auf dem gesamten Weg?

$m = 3000$ kg $\quad s = 300$ m $\quad \mu = 0,6$

M 11.6

Bei der Bewegung einer Bohnerbürste der Masse m bildet der Stiel mit dem Fußboden den Winkel α. Die Gleitreibungszahl ist μ. Mit welcher Normalkraft F_n wird die Bohnerbürste auf den Fußboden gedrückt, wenn

a) am Stiel gezogen wird,

b) am Stiel geschoben wird?

$m = 3,0$ kg $\quad \alpha = 30°$ $\quad \mu = 0,15$

M 11.7

Ein PKW durchfährt eine Kurve (Krümmungsradius r) mit der Geschwindigkeit v.

a) Die Kurve sei nicht überhöht. Wie groß muß die Haftreibungszahl μ_0 mindestens sein, damit das Fahrzeug nicht ins Rutschen kommt?

b) Um welchen Winkel α gegenüber der Horizontalen muß die Straße überhöht werden, damit bei vorgegebener Geschwindigkeit die Resultierende der Kräfte senkrecht auf der Fahrbahn steht?

$r = 240$ m $\quad v = 72$ km/h

M 11.8

Welche größte Steigung (Steigungswinkel α) kann ein PKW mit konstanter Geschwindigkeit überwinden, wenn

a) die Hinterachse,

b) die Vorderachse

angetrieben wird und die Haftreibungszahl μ_0 gegeben ist? Der Achsabstand ist l. Der Schwerpunkt befindet sich in der Mitte zwischen beiden Achsen in der Höhe h über der Fahrbahn.

$h = 0,70$ m $\quad l = 2,20$ m $\quad \mu_0 = 0,40$

M 11.9

Eine Kugel (Radius r_1) wird am oberen Ende einer geneigten Ebene (Neigungswinkel α, Länge l) freigelassen und rollt, nachdem sie das untere Ende erreicht hat, auf einer horizontalen Ebene aus.

a) Welche Strecke s_1 legt sie auf der horizontalen Ebene noch zurück, wenn der Rollreibungskoeffizient auf ihrem gesamten Weg den gleichen Wert μ' hat?

b) Welche Strecke s_2 legt eine Kugel vom doppelten Radius $r_2 = 2r_1$ zurück?

$\alpha = 30° \quad \mu' = 8,0 \cdot 10^{-4}$ m $\quad r_1 = 10$ mm
$l = 1,00$ m

M 11.10

Gegeben sind drei Körper mit den Massen m_1, m_2 und m_3, die durch ein masseloses Seil miteinander verbunden sind. Der Neigungswinkel der Ebene ist α. Die Umlenkrollen für das Seil haben den Radius r und das Trägheitsmoment J. Für die Reibung zwischen den Körpern und der Unterlage sind die Haftreibungszahl μ_0 und die Gleitreibungszahl μ bekannt.

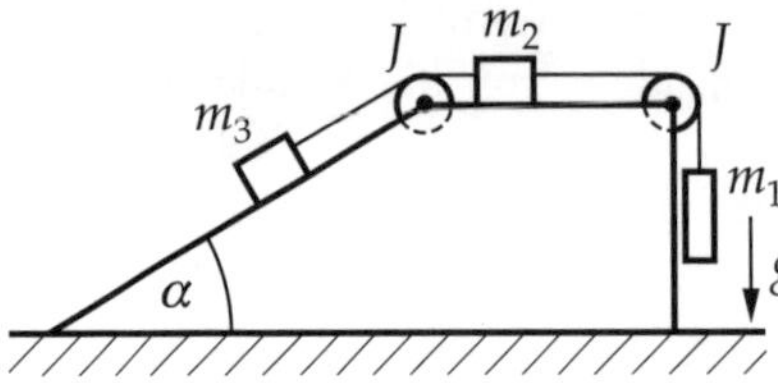

a) Kommen die Körper aus dem Zustand der Ruhe von selbst ins Gleiten?
b) Wie groß ist die Beschleunigung a im Zustand des Gleitens?
c) Wie groß sind die Seilkräfte F_{12} am Körper 1, F_{21} und F_{23} am Körper 2 und F_{32} am Körper 3 im Zustand des Gleitens?

$\mu_0 = 0,205$ $m_1 = 250$ g $J = 200\ \text{g} \cdot \text{cm}^2$
$\mu = 0,100$ $m_2 = 250$ g $r = 2,0$ cm
$m_3 = 300$ g $h = 120$ cm $\alpha = 30°$

M 11.11

Zum Transportieren von großen Steinen wird eine Greifzange verwendet (siehe Skizze). Wie groß muß das Verhältnis a/h mindestens sein, damit der Stein nicht herausrutscht?
Haftreibungszahl $\mu_0 = 0,6$

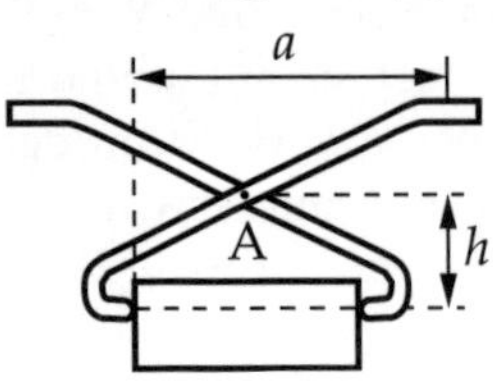

M 11.12

Auf die bewegliche Backe einer selbsthemmenden Schraubzwinge wirken die in der

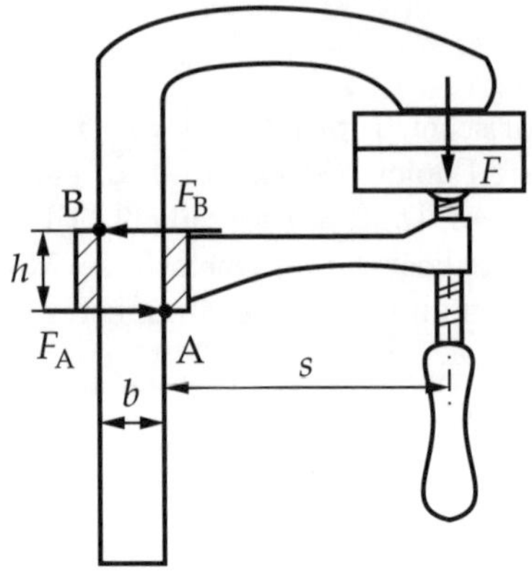

Skizze dargestellten Kräfte. Durch (nicht dargestellte) Haftreibungskräfte in den Punkten A und B wird das Öffnen der Zwinge verhindert. Wie groß muß die Haftreibungszahl μ_0 mindestens sein, damit die Zwinge funktionstüchtig ist?

$s = 80$ mm $b = 20$ mm $h = 12$ mm

M 11.13

Auf einer geneigten Ebene (Neigungswinkel α) befindet sich eine Kugel (Radius r, Haftreibungszahl μ_0, Rollreibungskoeffizient μ').

a) Welchen Wert α_1 muß der Neigungswinkel mindestens haben, damit die Kugel zu rollen beginnt?
b) Welchen Wert α_2 darf der Neigungswinkel höchstens haben, damit die Kugel nicht gleitet?

$\mu' = 1,35 \cdot 10^{-4}$ m $\mu_0 = 0,320$
$r = 5,0$ mm

M12 Verformung fester Körper

GRUNDLAGEN

1 Elastische Spannungen

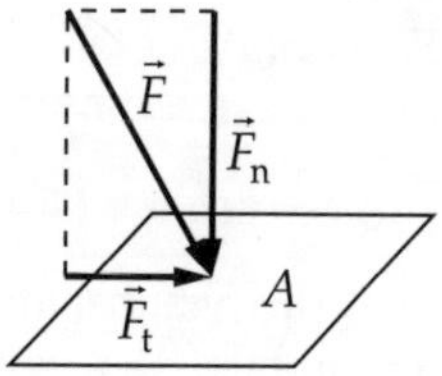

Für Kräfte, die über die Oberfläche auf einen Körper einwirken, wird das Verhältnis $\frac{\text{Kraft}}{\text{Fläche}}$ als **Spannung** σ eingeführt:

$$\sigma = \frac{F}{A}$$

Eine Kraft $\vec{F}$ beliebiger Richtung läßt sich stets in eine Normalkomponente $\vec{F}_n$ und eine Tangentialkomponente $\vec{F}_t$ bezüglich der Körperoberfläche zerlegen. Dementsprechend werden

$$\text{Normalspannung } \sigma = \frac{F_n}{A} \text{ und Tangentialspannung } \tau = \frac{F_t}{A}$$

unterschieden.

2 Hookesches Gesetz

Infolge der wirkenden Spannungen treten Verformungen auf. Bei geringen Spannungen gilt das Hookesche Gesetz:

> Die elastischen Spannungen und Verformungen sind einander proportional.

Es wird davon ausgegangen, daß der Körper bei allen auftretenden Verformungen im Gleichgewichtszustand bleibt. Die Kräfte sowie auch die Drehmomente sind insgesamt Null; der Körper hat keine Beschleunigung.

Es gibt drei elementare Fälle der Anwendung des Hookeschen Gesetzes:

Dehnung

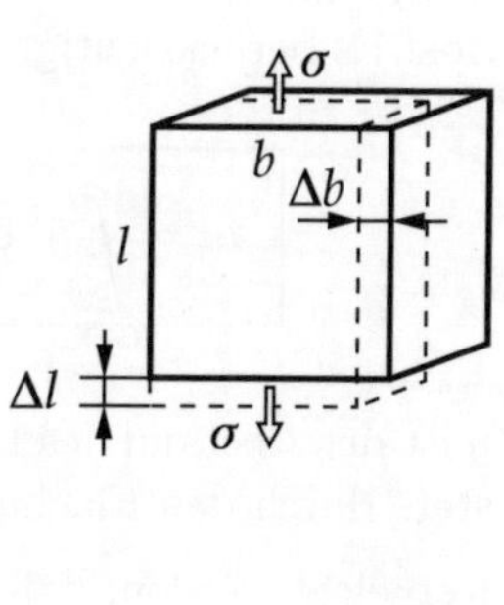

$$\frac{\Delta l}{l} = \frac{\sigma}{E}$$

σ ist die Zugspannung, E der Elastizitätsmodul. Bei der Dehnung tritt gleichzeitig eine **Querkontraktion** auf.

$$\frac{\Delta b}{b} = -\mu \frac{\Delta l}{l}$$

μ ist die Poissonsche Zahl.

Kompression

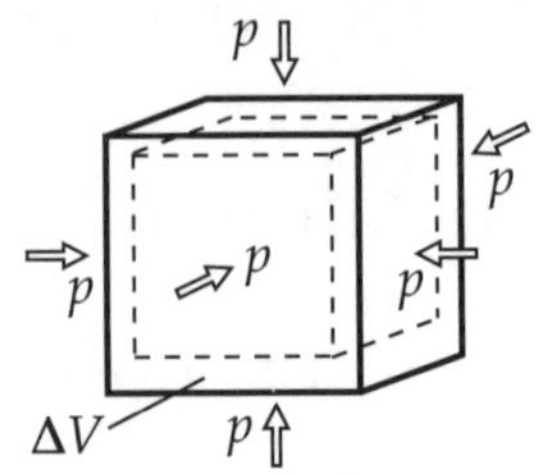

$$\frac{\Delta V}{V} = -\frac{p}{K}$$

p ist der Druck $= \dfrac{\text{Druckkraft}}{\text{Druckfläche}}$,
K der Kompressionsmodul.

Scherung

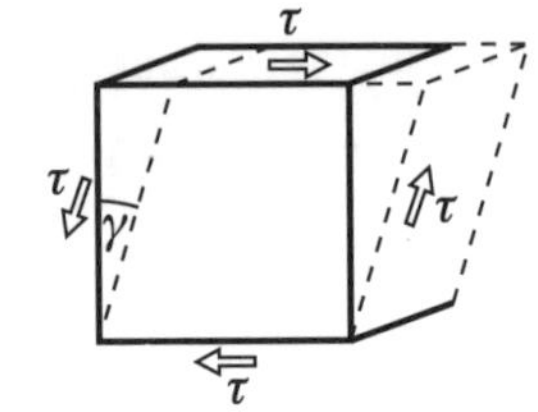

$$\gamma = \frac{\tau}{G}$$

τ ist die Schubspannung, G der Schubmodul (auch: Torsionsmodul). Bei isotropen Stoffen sind die Materialeigenschaften bereits durch zwei der elastischen Konstanten vollständig bestimmt, und es bestehen folgende Zusammenhänge:

$$\frac{1}{K} = \frac{3(1-2\mu)}{E} \qquad \frac{1}{G} = \frac{2(1+\mu)}{E} \qquad 0 < \mu < \frac{1}{2}$$

3 Biegung

Die Biegung als Gestaltsänderung eines Körpers endlicher Ausdehnung läßt sich auf die Dehnung seiner Volumenelemente zurückführen. Als Verformungsgröße wird der Biegungspfeil δ betrachtet. Für den einseitig eingespannten Stab gilt

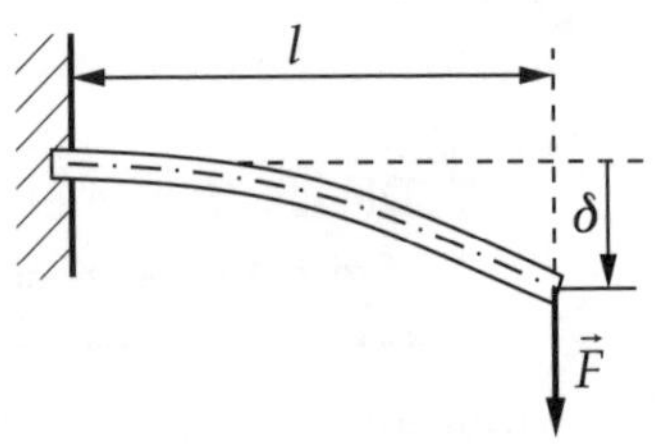

$$\delta = \frac{1}{3}\frac{l^3}{EJ_\mathrm{F}}F$$

Die Verformung ist der verformenden Kraft proportional. J_F ist das **Flächenmoment 2. Grades**. Es berücksichtigt die Gestalt des Querschnittes des Stabes.

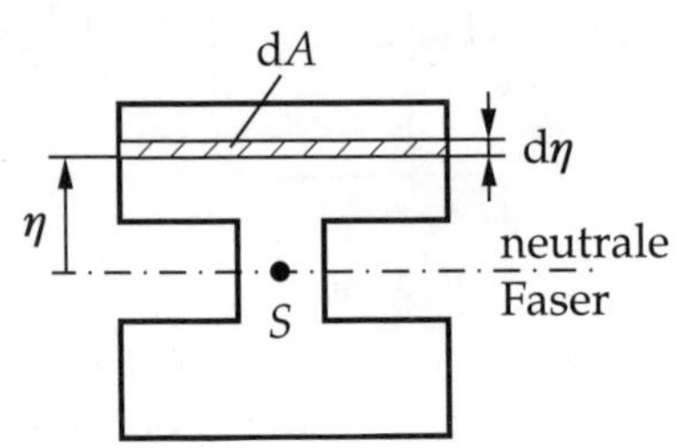

$$J_\mathrm{F} = \int \eta^2 \,\mathrm{d}A$$

η ist der Abstand des Flächenelements von der neutralen Faser. Die neutrale Faser geht stets durch den Flächenschwerpunkt S, denn der Nullpunkt der η-Koordinate muß so festgelegt werden, daß $\int \eta \,\mathrm{d}A = 0$ gilt.

4 Drillung

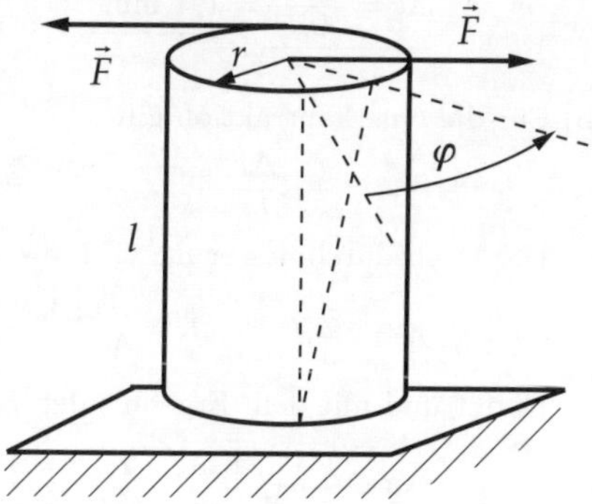

Die Drillung (Torsion) als Gestaltsänderung eines Körpers endlicher Ausdehnung läßt sich auf die Scherung seiner Volumenelemente zurückführen. Als Verformungsgröße wird der **Drillwinkel** φ betrachtet. Für einen *zylindrischen Stab* gilt

$$\varphi = \frac{2l}{\pi r^4 G} M_A$$

Die Verformung ist dem verformenden Drehmoment M_A proportional. Der Proportionalitätsfaktor stellt das **Richtmoment** D dar.

$$M_A = D\varphi \qquad D = \frac{\pi}{2} G \frac{r^4}{l}$$

KONTROLLFRAGEN

M 12-1
Ein langes Brett liegt an seinen Enden auf zwei Stützen. Warum biegt es sich, hochkant gestellt, weniger durch als flach aufliegend?

M 12-2
Wie kann man experimentell die Zerreißfestigkeit σ_B (auch Bruchspannung genannt) eines Materials ermitteln?

M 12-3
Welche elastische Konstante tritt in der Beziehung zwischen Verformung und verformendem Drehmoment bei der Spiralfeder (Unruhfeder oder Aufziehfeder einer Uhr) auf?

M 12-4
Bei der Übertragung von Leistungen tordieren Wellen (Transmissionswellen, Kardanwellen oder Halbachsen bei Kraftfahrzeugen, Schiffsschraubenwellen, ...). Welcher Zusammenhang besteht zwischen der zu übertragenden Leistung P bei einer bestimmten Kreisfrequenz ω und dem Torsionswinkel (Drillwinkel) φ?

BEISPIELE

1. Dehnung eines Drahtes

Ein Wolframdraht (Länge l_0 und Querschnittsfläche A_0 im unbelasteten Zustand) wird durch die Kraft F gedehnt.

a) Um welche Strecke Δl verlängert sich der Draht?

b) Um welche Wert Δd ändert sich der Durchmesser des Drahtes?

c) Wie groß ist die relative Volumenänderung $\frac{\Delta V}{V}$ infolge der Belastung?

$E = 355$ GPa $\quad \mu = 0,17 \quad l_0 = 1,00$ m $\quad A_0 = 1,00\ \text{mm}^2 \quad F = 400$ N

Lösung

a) Für die Längenänderung gilt das Hookesche Gesetz

$$\frac{\Delta l}{l_0} = \frac{\sigma}{E} \quad \text{mit} \quad \sigma = \frac{F}{A_0}$$

Daraus folgt

$$\underline{\Delta l = \frac{l_0 F}{A_0 E}} = \underline{\underline{1,1 \text{ mm}}}$$

b) Für die Querkontraktion gilt

$$\frac{\Delta d}{d_0} = -\mu \frac{\Delta l}{l_0}$$

Der Drahtdurchmesser d_0 wird aus dem Querschnitt A_0 berechnet:

$$A_0 = \frac{\pi}{4} d_0^2 \qquad d_0 = \sqrt{\frac{4A_0}{\pi}}$$

Damit und mit dem Ergebnis der Teilaufgabe a) erhalten wir

$$\underline{\Delta d} = -\mu \sqrt{\frac{4A_0}{\pi}} \cdot \frac{F}{A_0 E} = \underline{-\frac{2\mu F}{\sqrt{\pi A_0} E}} = \underline{\underline{-0,22 \text{ µm}}}$$

c) Die Volumenänderung

$$\Delta V = V - V_0$$

ergibt sich aus Δl und Δd.

Mit

$$V_0 = \frac{\pi}{4} d_0^2 l_0$$

und

$$V = \frac{\pi}{4}(d_0 + \Delta d)^2 (l_0 + \Delta l) = \frac{\pi}{4}(d_0^2 + 2d_0 \Delta d + \Delta d^2)(l_0 + \Delta l)$$

wird

$$\Delta V = \frac{\pi}{4}(d_0^2 l_0 + d_0^2 \Delta l + 2d_0 l_0 \Delta d + 2d_0 \Delta d \Delta l + l_0 \Delta d^2 + \Delta d^2 \Delta l) - \frac{\pi}{4} d_0^2 l_0$$

Alle Glieder, die Δd und/oder Δl mehr als einmal als Faktor enthalten, dürfen als klein vernachlässigt werden. Somit ist

$$\Delta V = \frac{\pi}{4}(d_0^2 \Delta l + 2d_0 l_0 \Delta d)$$

und

$$\frac{\Delta V}{V_0} = \frac{\Delta l}{l_0} + 2\frac{\Delta d}{d_0}$$

Für $\frac{\Delta d}{d_0}$ kann aber $-\mu \frac{\Delta l}{l_0}$ geschrieben werden (Querkontraktion):

$$\frac{\Delta V}{V_0} = (1 - 2\mu)\frac{\Delta l}{l_0}$$

Mit dem Ergebnis unter a) wird schließlich

$$\underline{\frac{\Delta V}{V_0} = (1 - 2\mu)\frac{F}{A_0 E}} = \underline{\underline{+7,4 \cdot 10^{-4}}}$$

2. Biegung eines Profilstabes

Ein Stab mit U-förmigem Querschnitt (Länge l, Elastizitätsmodul E) ist einseitig horizontal eingespannt und am freien Ende durch einen angehängten Körper (Masse m) belastet. Um welche Strecke Δs senkt sich das Stabende infolge der Belastung?

Profilquerschnitt:

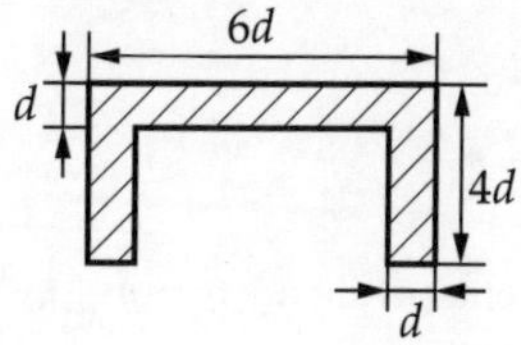

Lösung
δ ist der Biegungspfeil:

$$\delta = \frac{l_1^3 F}{3EJ_F} \quad \text{mit} \quad F = mg$$

J_F muß berechnet werden, wobei zuerst die Lage der neutralen Faser zu ermitteln ist. Dazu wird die Koordinate y_S des Flächenschwerpunktes der Stabquerschnittsfläche in einem Koordinatensystem mit frei gewähltem Nullpunkt bestimmt. Da der Nullpunkt der Koordinate η bei $y = y_S$ liegt, gilt

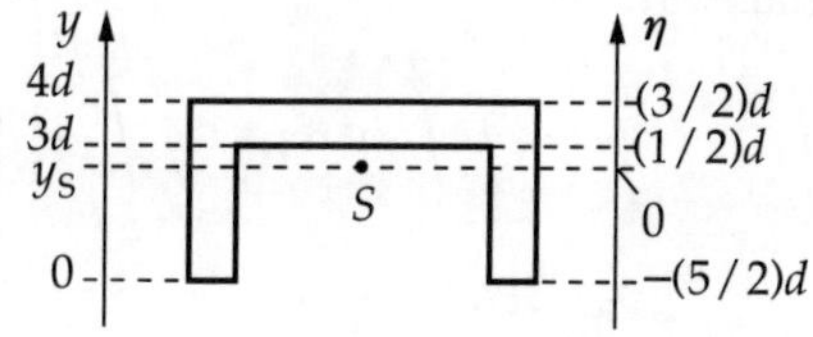

$$\eta = y - y_S$$

Aus der Bedingung $\int \eta \, \mathrm{d}A = 0$ folgt

$$\int y \, \mathrm{d}A - y_S \int \mathrm{d}A = 0$$

$$y_S = \frac{\int y \, \mathrm{d}A}{\int \mathrm{d}A}$$

Die Integrale des Zählers und des Nenners werden einzeln berechnet. $\int \mathrm{d}A$ ist die Querschnittsfläche A_1 des Stabes. Für $\mathrm{d}A$ gilt

$$\mathrm{d}A = 2d \, \mathrm{d}y \text{ im Bereich } 0 \leqq y \leqq 3d$$

und

$$\mathrm{d}A = 6d \, \mathrm{d}y \text{ im Bereich } 3d \leqq y \leqq 4d$$

Über beide Bereiche muß einzeln integriert werden:

$$\int y \, \mathrm{d}A = \int_0^{3d} y \cdot 2d \, \mathrm{d}y + \int_{3d}^{4d} y \cdot 6d \, \mathrm{d}y = 2d \left[\frac{y^2}{2}\right]_0^{3d} + 6d \left[\frac{y^2}{2}\right]_{3d}^{4d}$$

$$= d(3d)^2 + 3d[(4d)^2 - (3d)^2]$$

$$\int y \, \mathrm{d}A = 30d^3$$

A_1 kann durch Zerlegung der Querschnittsfläche in rechteckige Teilflächen oder auch durch Integration gefunden werden. Letzteres wird hier vorgeführt:

$$A_1 = 2 \int_0^{3d} d \, \mathrm{d}y + \int_{3d}^{4d} 6d \, \mathrm{d}y = 12d^2$$

Somit wird

$$y_S = \frac{30d^3}{12d^2} = \frac{5}{2}d$$

Das Flächenmoment ist

$$J_F = \int \eta^2 \, dA$$

In der η-Koordinate verschieben sich die Bereichsgrenzen entsprechend $\eta = y - y_S$. Es ist

$$dA = 2d \, d\eta \text{ im Bereich } -\frac{5}{2}d \leqq \eta \leqq +\frac{1}{2}d$$

und

$$dA = 6d \, d\eta \text{ im Bereich } +\frac{1}{2}d \leqq \eta \leqq +\frac{3}{2}d$$

Damit wird

$$J_F = 2d \int_{-\frac{5}{2}d}^{+\frac{1}{2}d} \eta^2 \, d\eta + 6d \int_{+\frac{1}{2}d}^{+\frac{3}{2}d} \eta^2 \, d\eta = 2d \left[\frac{\eta^3}{3}\right]_{-\frac{5}{2}d}^{\frac{1}{2}d} + 6d \left[\frac{\eta^3}{3}\right]_{\frac{1}{2}d}^{\frac{3}{2}d}$$

$$J_F = 17d^4$$

und für den Biegungspfeil erhalten wir

$$\underline{\delta = \frac{l_1^3 mg}{51Ed^4}}$$

AUFGABEN

M 12.1

Ein Stahlband der Länge l, der Breite b und der Dicke d wird um Δl elastisch gedehnt. Der Elastizitätsmodul des Materials ist E, der Schubmodul G. Berechnen Sie

a) die für diese Dehnung erforderliche Kraft F!

b) die dabei auftretende Querkontraktion Δb!

$l = 1\,000$ mm $\quad \Delta l = 1,0$ mm
$b = 20$ mm $\quad d = 0,20$ mm
$E = 210$ GPa $\quad G = 83$ GPa

M 12.2

An einem Stahlseil (Länge l_0, Querschnittsfläche A, Dichte ϱ, Elastizitätsmodul E) hängt ein Körper der Masse m. Um welchen Betrag Δl ist das Seil gedehnt? Die Dehnung des Seiles infolge seiner Eigenmasse ist zu berücksichtigen.

$l_0 = 30,0$ m $\quad A = 2,0$ cm^2
$\varrho = 7,85$ g/cm^3 $\quad E = 220$ GPa
$m = 60,0$ kg

M 12.3

Ein Keilriemen mit trapezförmigem Querschnitt besteht aus einem Material, das die Zerreißfestigkeit σ_Z hat. Die parallelen Seiten des Querschnitts sind a und b, ihr Abstand h. Der Riemen läuft über eine Riemenscheibe mit dem Durchmesser d, die sich mit der Drehfrequenz f dreht. Welche Leistung P kann maximal übertragen werden, wenn der Sicherheitsfaktor N eingehalten werden soll?

$\sigma_Z = 50$ MPa $\quad a = 10$ mm $\quad b = 6,0$ mm
$h = 7,0$ mm $\quad d = 150$ mm $\quad f = 20$ s^{-1}
$N = 4$

M 12.4

Ein Aluminiumstab (Länge l, Dichte ϱ_A) rotiert um seine Mittelsenkrechte. Bei welcher Drehfrequenz f zerreißt der Stab?

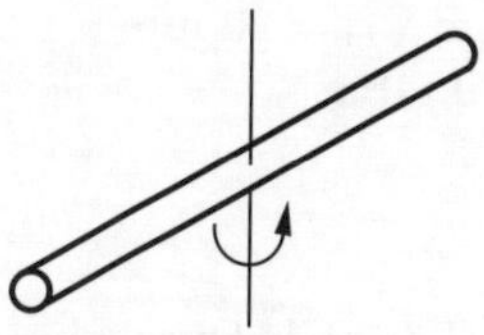

Zerreißfestigkeit von Aluminium:
$\varrho_B = 290$ MPa

M 12.5

Eine Kiste mit einem empfindlichen Gerät wird beim Transport auf vier Gummiwürfeln der Kantenlängen l gelagert. Gerät und Verpackung haben zusammen die Masse m. Um welche Strecke s bewegt sich die Kiste mit dem Gerät gegenüber der Ladefläche in horizontaler Richtung, wenn das Fahrzeug beim Bremsen die Verzögerung a hat?

$m = 450$ kg $\quad a = 1,2$ m/s^2 $\quad l = 60$ mm
Schubmodul von Gummi: $G = 3,1$ MPa

M 12.6

Pro Meter Meerestiefe nimmt der Druck um 10 kPa zu. Wie groß sind Kompression $\frac{\Delta V}{V}$ und Volumenänderung ΔV einer Stahlkugel des Volumens $V = 1$ l in der größten Meerestiefe $H = 11500$ m?

$E = 210$ GPa $\quad G = 83$ GPa

M 12.7

Gold hat den Elastizitätsmodul $E = 81$ GPa und den Torsionsmodul $G = 28$ GPa. Berechnen Sie den Kompressionsmodul K und die Poissonsche Zahl μ!

M 12.8

Ein einseitig eingespannter horizontaler Stab mit der freien Länge l hat auf Grund einer am freien Stabende angreifenden Gewichtskraft F den Biegungspfeil δ_0. Berechnen Sie den Biegungspfeil δ_1 für den Fall, daß derselbe Stab auf zwei Stützen mit dem Abstand l horizontal aufliegt und in der Mitte durch F belastet ist!

M 12.9

Ein Brett mit der Breite b und der Dicke $d = b/10$ wird an den Enden auf zwei Stützen a) flach, b) hochkant gelegt und in der Mitte durch eine Gewichtskraft F belastet. Wie groß ist das Verhältnis der Durchbiegungen $\delta_a : \delta_b$?

M 12.10

a) Ein Stahlstab wird in waagerechter Lage einseitig fest eingespannt. Sein freies Ende hat die Länge l. Der Stab hat rechteckigen Querschnitt (s. Skizze a). Berechnen Sie den Biegungspfeil δ für den Fall, daß am freien Ende des Stabes die Gewichtskraft F eines angehängten Körpers wirkt!

b) Welchen Wert hat der Biegungspfeil δ für einen gleich langen Doppel-T-Träger mit gleich großem Querschnitt (s. Skizze b) aus gleichem Material bei gleicher Belastung?

(Der Einfluß der Eigengewichtskraft des Stabes bzw. des Trägers auf die Biegung ist zu vernachlässigen.)

$l = 600$ mm $\quad F = 300$ N $\quad E = 210$ GPa
$b = 30$ mm

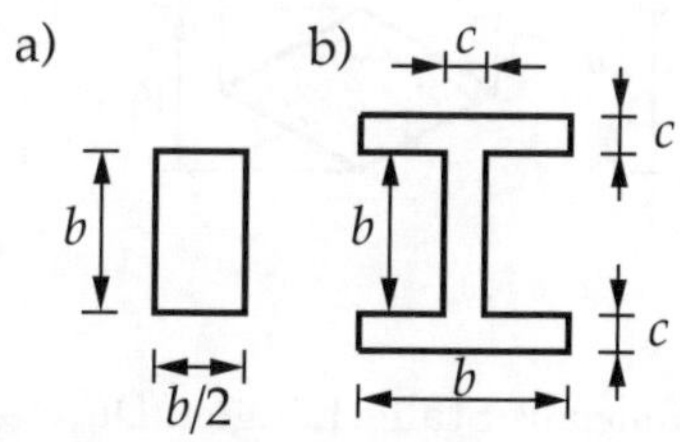

M 12.11

Ein Stück Profilrohr mit rechteckigem Querschnitt (Wanddicke d) wird zwischen zwei um die Strecke l_0 voneinander entfernten Stützpunkten horizontal

a) lose aufgelegt,

b) fest eingespannt

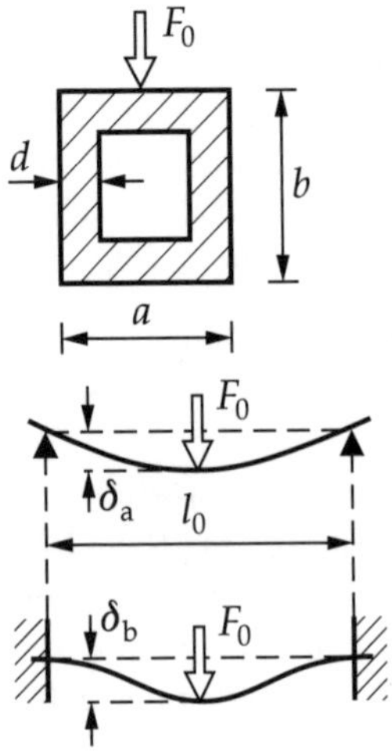

und in der Mitte durch eine Kraft F_0 belastet. Wie groß ist die Durchbiegung δ in beiden Fällen?

$E = 219$ GPa $a = 40$ mm $l_0 = 2,35$ m
$b = 60$ mm $F_0 = 1,65$ kN $d = 1,5$ mm

M 12.12

Berechnen Sie das Flächenmoment J_F für
a) ein T-Profil
b) ein rhombisches Profil
gemäß Skizze jeweils für eine horizontal liegende neutrale Faser!

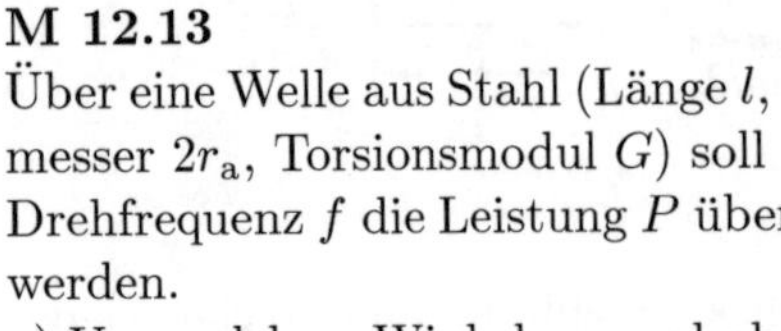

M 12.13

Über eine Welle aus Stahl (Länge l, Durchmesser $2r_a$, Torsionsmodul G) soll bei der Drehfrequenz f die Leistung P übertragen werden.

a) Um welchen Winkel α verdrehen sich die Endflächen gegeneinander?
b) Um welchen Winkel α' werden die Endflächen gegeneinander verdreht, wenn die Welle hohl ist (Innendurchmesser $2r_i$)?

$l = 20$ m $r_a = 40$ mm $r_i = 20$ mm
$P = 150$ kW $G = 79$ GPa
$f = 900\ \text{min}^{-1}$

M 12.14

Ein Stab aus Stahl (Länge l, Durchmesser d, Torsionsmodul G) ist an einem Ende fest eingespannt. Am anderen Ende befindet sich eine Mutter, die sich mit einem Schraubenschlüssel der Länge r_S lösen läßt, wenn mindestens die Kraft F an dessen Ende angreift.

a) Um welchen Winkel φ verdrillt sich der Stab, bevor sich die Mutter löst?
b) Berechnen Sie den Weg s, den das Ende des Schlüssels, an dem die Kraft angreift, dabei zurücklegt!

$l = 50$ cm $d = 1,0$ cm $r_S = 15$ cm
$F = 100$ N $G = 83$ GPa

M 12.15

An einem Messingdraht (Durchmesser d_0, Länge l_0) wird eine zylindrische Messingscheibe (Durchmesser d, Höhe h) als Torsionsschwinger angehängt. Beim Aufhängen wird der Draht um die Länge Δl gedehnt. Die Schwingungsdauer T des Torsionsschwingers wird gemessen. Wie groß sind der Elastizitätsmodul E, der Torsionsmodul G und der Kompressionsmodul K von Messing? (Eigenmasse des Drahtes vernachlässigen.)

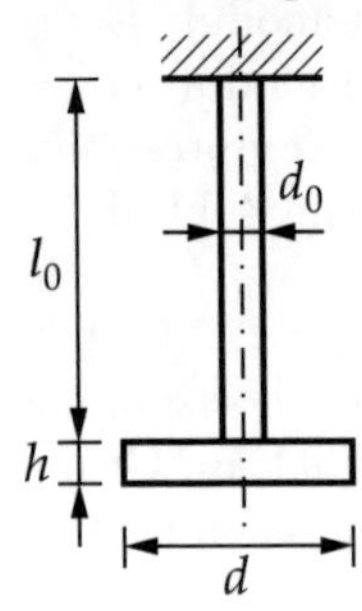

Dichte des Messings: $\varrho = 8,30\ \text{g/cm}^3$
$l_0 = 1,25$ m $h = 20,0$ mm
$\Delta l = 0,50$ mm $d_0 = 0,80$ mm
$d = 128$ mm $T = 11,3$ s

M13 Ruhende Flüssigkeiten und Gase

GRUNDLAGEN

1 Druck

Eine Kraft F erzeugt über den Kolben mit dem Querschnitt A den Druck

$$p = \frac{F}{A}$$

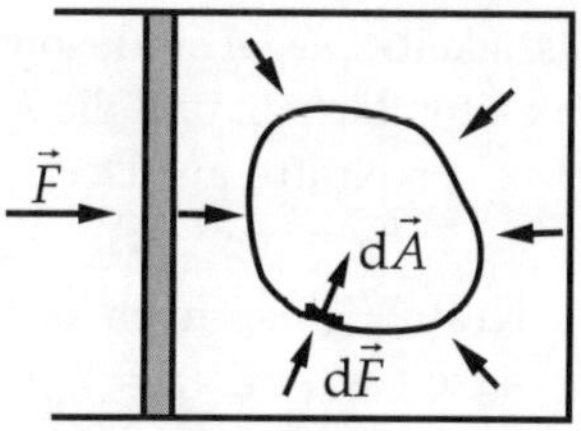

Der Druck wirkt allseitig in der Flüssigkeit (bzw. im Gas), d. h., auf ein beliebiges Flächenelement $\mathrm{d}A$ eines Körpers in der Flüssigkeit erzeugt der Druck p die Druckkraft $\mathrm{d}\vec{F} = p\,\mathrm{d}\vec{A}$. ($\mathrm{d}\vec{A}$ hat die Richtung der Flächennormalen.)

2 Schweredruck

Steht die *Flüssigkeit* unter dem Einfluß der Schwerkraft, dann entsteht durch die Gewichtskraft G der Flüssigkeitssäule über dem Flächenstück A ein Druck

$$p = \frac{G}{A} = \frac{mg}{A} = \frac{\varrho A h g}{A}$$

$$p = \varrho g h$$

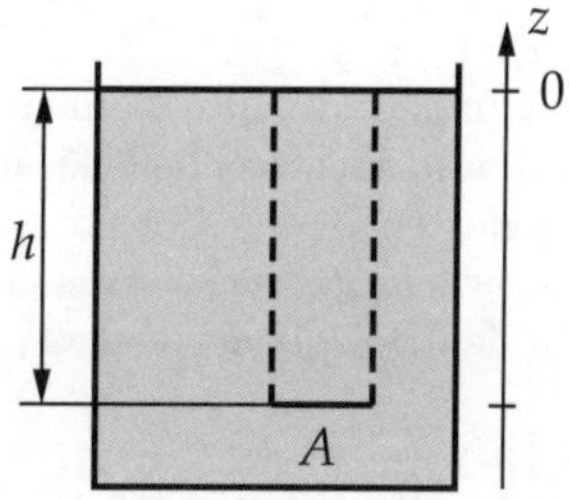

Dieser Druck wird **Schweredruck** genannt. Er wächst linear mit der Tiefe, d. h., innerhalb der Flüssigkeit tritt ein Druckgefälle auf. Führt man eine Koordinatenachse z mit dem Nullpunkt an der Wasseroberfläche ein, dann erhält man in der Tiefe $z < 0$ für den Schweredruck

$$p = -\varrho g z$$

Auch in *Gasen* tritt ein Schweredruck auf. Da Gase aber zusammengedrückt werden können, ist die Dichte von der Höhe abhängig. So nimmt der Luftdruck mit wachsender Höhe z nach einer Exponentialfunktion ab:

$$p = p_0\,\mathrm{e}^{-\frac{\varrho_0 g z}{p_0}} \qquad \text{(barometrische Höhenformel)}$$

Dabei bedeuten p_0 und ϱ_0 den Druck bzw. die Dichte des Gases in der Höhe $z = 0$ (z. B. Meeresspiegelhöhe). In der Formel wird vorausgesetzt, daß die Temperatur unabhängig von der Höhe ist.

3 Auftrieb

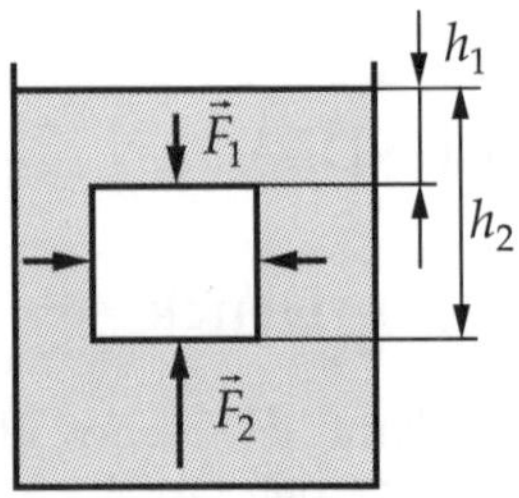

Befindet sich ein Körper in einer Flüssigkeit oder in einem Gas unter dem Einfluß des Schweredrucks, so entsteht durch das Druckgefälle eine resultierende Kraft auf den Körper. Diese Kraft heißt **Auftriebskraft** und ist gleich der Gewichtskraft der verdrängten Flüssigkeitsmenge (Archimedisches Prinzip). Taucht man z.B einen Zylinder in eine Flüssigkeit so ein, daß Grund- und Deckfläche parallel zum Flüssigkeitsspiegel sind, so kompensieren sich die Kräfte an den Seitenflächen, und die Auftriebskraft ergibt sich als Differenz der Kräfte auf Deck- und Bodenfläche:

$$F_\mathrm{A} = F_2 - F_1 = (p_2 - p_1)A$$

Die Kraft F_A ist nach oben gerichtet und greift am Schwerpunkt der verdrängten Flüssigkeit an. Mit $p = \varrho g h$ folgt weiter

$$F_\mathrm{A} = \varrho g A(h_2 - h_1) = \varrho g V$$

$$\boxed{F_\mathrm{A} = m_\mathrm{Fl} g}$$

KONTROLLFRAGEN

M 13-1
Ein Quader aus Holz (Auflagefläche gut poliert) wird dicht schließend auf den ebenen und glatten Boden eines mit Wasser gefüllten Beckens gedrückt. Was geschieht, wenn man den Holzquader losläßt?

M 13-2
Erläutern Sie die Wirkungsweise eines Quersilberbarometers!

M 13-3
Kann man mit einer Saugpumpe Wasser aus einem Brunnen 15 m hochpumpen?

M 13-4
Unter welchen Bedingungen schwimmt, schwebt, sinkt oder steigt ein Körper in einer Flüssigkeit?

M 13-5
In einem randvoll mit Wasser gefüllten Glas schwimmen Eisstücke. Läuft beim Schmelzen des Eises Wasser über?

M 13-6
Bei einem Schiffshebewerk wird ein Trog, der vor dem Schließen der Trogtore den Wasserstand des Unterwassers hat, um die Höhe h angehoben. Das Heben des wassergefüllten Troges erfordert die Arbeit W. Um welchen Wert ΔW vergrößert sich die Hubarbeit, wenn sich ein Schiff der Masse m im Trog befindet?

M 13-7
Auf dem Fensterbrett eines D-Zug-Wagens liegt eine Wasserwaage, die Luftblase kann sich parallel zur Fahrtrichtung bewegen. In welche Richtung bewegt sich die Luftblase, wenn der Zug bremst?

BEISPIELE

1. Wägekorrektur

Eine Kugel mit dem Durchmesser d_K wird mit einer Balkenwaage und Messingwägestücken (Dichte ϱ_M) gewogen. Es wird dabei für die Kugel in Luft (Dichte ϱ_L) die Masse m_M festgestellt. Der Auftriebsfehler bei der Wägung soll korrigiert werden. Welche Masse m_K hat die Kugel tatsächlich?

$d_K = 20,0$ cm $\quad \varrho_M = 8,7$ g/cm^3 $\quad \varrho_L = 1,3 \cdot 10^{-3}$ g/cm^3 $\quad m_M = 800$ g

Lösung

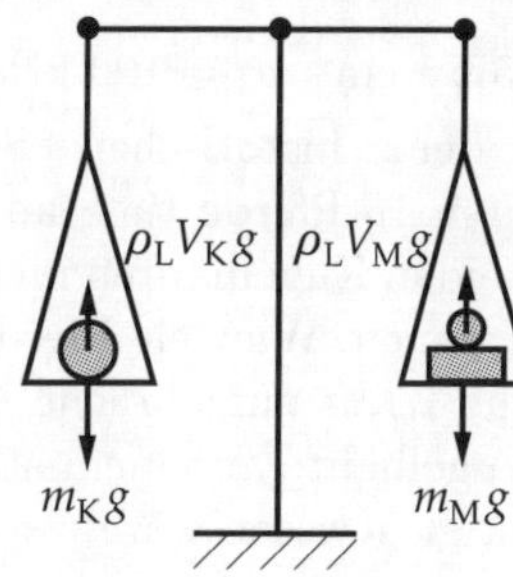

Beim Wägen wird die Masse der Kugel durch Vergleich mit den Massen der Messingwägestücke bestimmt. Kugel und Messingwägestücke haben unterschiedliche Dichten und damit verschiedene Volumina. Sie erfahren daher in Luft einen ungleichen Auftrieb. Will man eine große Genauigkeit erreichen, dann muß man den Einfluß des Auftriebes berücksichtigen (Korrektur des Auftriebfehlers). Bei gleich langen Hebelarmen ist die Balkenwaage im Gleichgewicht, wenn gilt

$$m_K g - \varrho_L V_K g = m_M g - \varrho_L V_M g$$

Die Differenz der beiden Auftriebskräfte ist der Fehler beim Wägen in der Luft:

$$m_K = m_M + \varrho_L (V_K - V_M)$$

Mit $V_K = \frac{\pi}{6} d_K^3$ und $V_M = \frac{m_M}{\varrho_M}$ folgt weiter

$$\underline{m_K = m_M + \varrho_L \left(\frac{\pi}{6} d_K^3 - \frac{m_M}{\varrho_M} \right)} = \underline{\underline{805 \text{ g}}}$$

2. Belastung einer Staumauer

Mit welcher Kraft drückt Wasser in horizontaler Richtung gegen eine Staumauer, wenn die Wasserstandshöhe h über die gesamte Länge l konstant ist?

$h = 6,0$ m $\quad l = 30$ m

Lösung

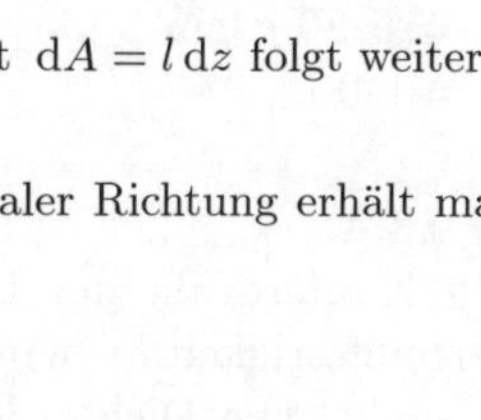

Die Kraft des Wassers in horizontaler Richtung gegen die Staumauer ist von Höhe z abhängig:

$$dF_W = p(z)\, dA$$

Dabei ist

$$p(z) = \varrho_W g (h - z)$$

der Schweredruck in der Tiefe $(h - z)$ unter dem Wasserspiegel. Mit $dA = l\, dz$ folgt weiter

$$dF_W = \varrho_W g (h - z) l\, dz$$

Die auf die gesamte Mauer wirkende Kraft des Wassers in horizontaler Richtung erhält man durch Integration:

$$F_W = \int_0^h \varrho_W g l (h - z)\, dz = \varrho_W g l \left[hz - \frac{z^2}{2} \right]_0^h$$

$$\underline{F_W = \frac{\varrho_W}{2} g l h^2} = \underline{\underline{5,3 \text{ MN}}}$$

AUFGABEN

M 13.1

Die Magdeburger Halbkugeln hatten den Durchmesser d.

a) Welche Kraft F wäre beim Luftdruck p_a erforderlich, um beide Halbkugeln zu trennen?

$d = 57,5$ cm $\quad p_a = 100$ kPa

b) Bei dem historischen Schauversuch konnten 16 Pferde (je 8 an einer Seite) die beiden Kugelhälften nicht voneinander trennen. Wieviele Pferde hätten die gleiche Kraft aufgebracht, wenn die eine Kugelhälfte an einem starken Baum befestigt gewesen wäre?

M 13.2

Der Schließgummi eines Konservenglases hat den Außendurchmesser d_a und den Innendurchmesser d_i. Welche Druckkraft F verschließt den Deckel des Konservenglases, wenn innen der Dampfdruck p_i des Wassers und außen der Luftdruck p_a wirkt?

$d_a = 11,4$ cm $\quad d_i = 10,0$ cm $\quad p_i = 2$ kPa
$p_a = 100$ kPa.

M 13.3

Wie groß ist die Kraft F, die erforderlich ist, um ein Holzstück der Masse m in Quecksilber unterzutauchen?

$\varrho_H = 0,80\ \text{g/cm}^3 \quad \varrho_{Hg} = 13,6\ \text{g/cm}^3$
$m = 1,0$ kg

M 13.4

Ein Kupferdraht der Dichte ϱ_K und der Zerreißfestigkeit σ_B wird lotrecht ins Meer versenkt. Die Dichte des Meerwassers ist ϱ_W. Welche Länge l darf der Kupferdraht höchstens haben, wenn er nicht reißen soll?

$\varrho_K = 8,93\ \text{g/cm}^3 \quad \sigma_B = 2,9 \cdot 10^2$ MPa
$\varrho_W = 1,03\ \text{g/cm}^3$

M 13.5

Ein dünnwandiges Rohr (Durchmesser d_1) wird senkrecht in Wasser (ϱ_W) eingetaucht. Es ist am unteren Ende durch eine zylindrische Scheibe (Dichte ϱ, Dicke s, Durchmesser d_2) verschlossen. Die Scheibe wird nur durch das Wasser gegen das Rohrende gedrückt. Bis zu welcher Tiefe h (Scheibendicke einbezogen) muß das Rohr ins Wasser eintauchen, damit sich die Scheibe nicht löst?

$d_1 = 90$ mm $\quad \varrho_W = 1,00\ \text{g/cm}^3$
$\varrho = 7,8\ \text{g/cm}^3 \quad s = 5,0$ mm
$d_2 = 100$ mm

M 13.6

Um festzustellen, ob ein Gegenstand aus reinem Gold (Dichte ϱ_G) ist, wird die Gewichtskraft in Luft F_{GL} und in Wasser F_{GW} festgestellt. Welches Verhältnis F_{GL}/F_{GW} muß sich bei reinem Gold ergeben?

$\varrho_G = 19,3\ \text{g/cm}^3 \quad \varrho_W = 1,00\ \text{g/cm}^3$

M 13.7

Ein Vergaserschwimmer ist ein geschlossener Zylinder aus dünnem Messingblech (Dichte ϱ_1) mit dem Durchmesser d und der Höhe h. Er soll mit einem Viertel seiner Höhe aus dem Benzin (Dichte ϱ_2) herausragen. Berechnen Sie die erforderliche Dicke s des Messingblechs! (Vereinfachte Volumenberechnung wegen $s \ll d$ möglich; Gewichtskraft der eingeschlossenen Luft vernachlässigbar)

$\varrho_1 = 8,3\text{g/cm}^3 \quad d = 40$ mm
$\varrho_2 = 0,75\text{g/cm}^3 \quad h = 30$ mm

M 13.8

Eine Schwimmweste (Masse m_1) soll so aufgepumpt werden, daß eine Person (Masse m_2, Dichte ϱ_2) mit dem Bruchteil

η ihres Volumens aus dem Wasser (Dichte ϱ_W) herausragt. Berechnen Sie das Volumen V_1, auf das die Schwimmweste aufgeblasen werden muß! (Die Masse der Luft in der Schwimmweste, die vollständig eintaucht, bleibt unberücksichtigt.)

$m_1 = 1,0$ kg $\quad m_2 = 80$ kg $\quad \eta = 0,1$
$\varrho_2 = 1,05$ g/cm^3 $\quad \varrho_W = 1,00$ g/cm^3

M 13.9

Ein zum Aufstieg vorbereiteter Wetterballon hat die Gesamtmasse m (mit dem eingeschlossenen Gas) und das Volumen V. Infolge des Windes stellt sich das Halteseil unter einem Winkel α_0 gegenüber der Vertikalen ein. Wie groß ist die Seilkraft F?

Dichte der Luft: $\varrho_L = 1,29$ kg/m^3

$V = 74$ m^3 $\quad m = 31$ kg $\quad \alpha_0 = 24°$

M 13.10

Ein Maschinenteil aus Gußbronze hat in Luft die Gewichtskraft F_G, in Benzin (Dichte ϱ_B) getaucht die Gewichtskraft F'_G. Wie hoch sind die Masseanteile w_{Cu} an Kupfer (Dichte ϱ_{Cu}) und w_{Sn} an Zinn (Dichte ϱ_{Sn}) in dieser Legierung?

$F_G = 46,0$ N $\quad F'_G = 42,0$ N
$\varrho_B = 0,75$ g/cm^3 $\quad \varrho_{Cu} = 8,9$ g/cm^3
$\varrho_{Sn} = 7,2$ g/cm^3

M 13.11

Ein Körper wird mit einer Balkenwaage einmal in Luft (Dichte ϱ_L) und einmal in Wasser (Dichte ϱ_W) gewogen. Dabei werden Wägestücke aus Messing (Dichte ϱ_M) mit den Massen m_L und m_W aufgelegt. Wie groß ist die wirkliche Masse m des Körpers?

$\varrho_L = 1,29$ kg/m^3 $\quad \varrho_M = 8\,710$ kg/m^3
$\varrho_W = 993$ kg/m^3 $\quad m_L = 32,165$ g
$m_W = 12,311$ g

M 13.12

Bei konstanter Temperatur werden in Meereshöhe der Luftdruck p_0 und die Luftdichte ϱ_0 gemessen. In welcher Höhe h_1 herrscht der Druck $p_0/2$?

$p_0 = 101,3$ kPa $\quad \varrho_0 = 1,293$ kg/m^3

M 13.13

Welcher Druck p_1 herrscht am Boden eines Bohrlochs der Tiefe z_1, das so belüftet ist, daß die Temperatur unabhängig von z ist? An der Erdoberfläche ($z_0 = 0$) herrscht der Druck p_0; die Dichte der Luft ist ϱ_0.

$z_1 = -2\,000$ m $\quad p_0 = 98,0$ kPa
$\varrho_0 = 1,186$ kg/m^3

M 13.14

Ein Zeppelin besitzt Gaskammern mit einem konstanten Volumen V, die mit Helium (Dichte ϱ_{He}) gefüllt sind. Die festen Teile des Zeppelins haben die Gesamtmasse m; ihr Volumen kann vernachlässigt werden. Die Luft hat am Startort den Druck p_0 und die Dichte ϱ_0. Welche Steighöhe h erreicht der Zeppelin unter der Bedingung konstanter Temperatur $\left(\frac{\varrho}{p} = \text{const}\right)$?

$m = 16,5 \cdot 10^3$ kg $\quad p_0 = 100$ kPa
$\varrho_0 = 1,29$ kg/m^3 $\quad V = 25\,000$ m^3
$\varrho_{He} = 0,179$ kg/m^3

M14 Strömung der idealen Flüssigkeit

GRUNDLAGEN

1 Ideale Flüssigkeit

Zur vereinfachten Beschreibung der Strömung von Flüssigkeiten und Gasen wird das Modell der idealen Flüssigkeit benutzt. Dabei setzt man voraus, daß

a) keine Reibungskräfte auftreten,
b) die Flüssigkeit inkompressibel ist.

Reale Flüssigkeiten und Gase verhalten sich bei der Strömung in vielen Fällen annähernd wie eine ideale Flüssigkeit. Gase können nur dann näherungsweise als inkompressibel angesehen werden, wenn die strömungsbedingten Druckunterschiede gegenüber dem Absolutwert des statistischen Drucks klein sind.

2 Kontinuitätsgleichung

Auf Grund der Inkompressibilität strömt bei der idealen Flüssigkeit an jeder Stelle durch den Querschnitt einer Stromröhre (beispielsweise eines Rohres) das gleiche Volumen in der gleichen Zeit. Es gilt die Kontinuitätsgleichung

$$I = \frac{\mathrm{d}V}{\mathrm{d}t} = Av = \text{const}$$

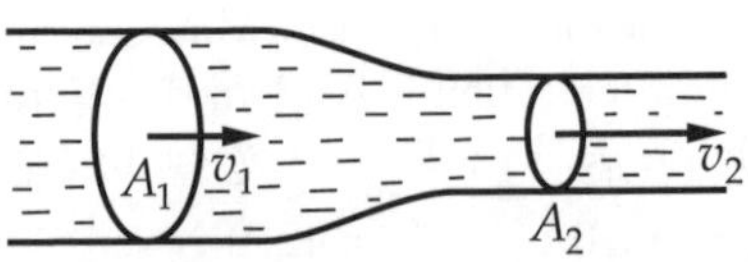

I ist die Stromstärke, A die Querschnittsfläche der Röhre und v die Strömungsgeschwindigkeit.
Auf zwei verschiedene Stellen der Röhre angewendet, bekommt die Kontinuitätsgleichung die Gestalt

$$A_1 v_1 = A_2 v_2$$

3 Mechanische Arbeit der Flüssigkeiten und Gase

In der Hydro- und Aerodynamik wird die mechanische Arbeit W zweckmäßig durch die Größen Druck p und Volumen V dargestellt:

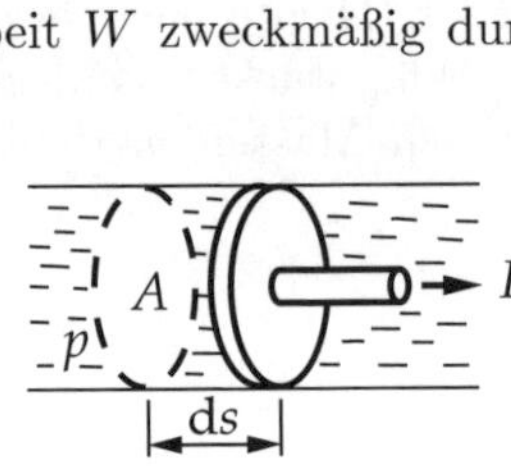

Aus $W = \int F_s \,\mathrm{d}s$ erhält man mit $F_s = pA$ zunächst $W = \int pA\,\mathrm{d}s$. Da aber $A\,\mathrm{d}s = \mathrm{d}V$ ist, wird

$$W = \int p\,\mathrm{d}V$$

W ist die Arbeit, die die Flüssigkeit oder das Gas über den Kolben nach außen abgibt; $W' = -W$ ist umgekehrt die von außen zugeführte Arbeit.

4 Bernoullische Gleichung

Da in der idealen Flüssigkeit keine Reibungskräfte auftreten, kann eine Energiebilanz aufgestellt werden, die nach Division durch das Flüssigkeitsvolumen zur Bernoullischen Gleichung führt. Auf zwei verschiedene Stellen einer Stromröhre angewendet, lautet sie

$$p_1 + \varrho g z_1 + \frac{\varrho}{2} v_1^2 = p_2 + \varrho g z_2 + \frac{\varrho}{2} v_2^2$$

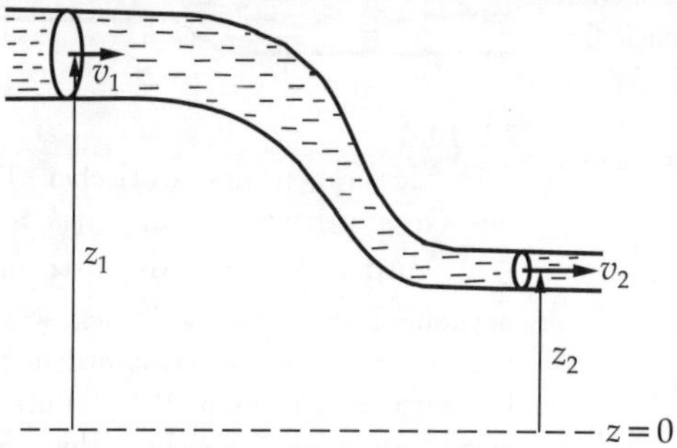

Hierin bezeichnet p den **statischen Druck** an der untersuchten Stelle der Stromröhre und z die **Höhe** derselben Stelle (potentielle Energie) über einem beliebig festgelegten Nullniveau. ϱ ist die Dichte der Flüssigkeit. $\varrho g(z_1 - z_2)$ ist die Differenz des **Schweredruckes**, die nur bei Höhenunterschieden der Stromröhren auftritt.

Die Bernoullische Gleichung drückt aus, daß p, z und v als veränderliche Größen innerhalb einer Stromröhre miteinander zusammenhängen. Sie kann auch wie folgt formuliert werden:

$$p + \varrho g z + \frac{\varrho}{2} v^2 = p_0 = \text{const}$$

Der statische Druck p ist mit einem Manometer meßbar. Die Glieder $\varrho g z$, $\frac{\varrho}{2} v^2$ und p_0 haben zwar die Dimension eines Druckes, was auch in der Bezeichnung **Staudruck** für $\frac{\varrho}{2} v^2$ und **Gesamtdruck** für p_0 seinen Ausdruck findet, stellen aber trotzdem selbst keinen meßbaren Druck dar. Jede Druckmessung in der strömenden Flüssigkeit muß den statischen Druck p ergeben, der allerdings bei geeignet gewählten Meßbedingungen Rückschlüsse auf den Staudruck und den Gesamtdruck zuläßt.

KONTROLLFRAGEN

M 14-1
Zeigen Sie, daß $I = Av$ gilt!

M 14-2
Analog dem Vorgang einer Flüssigkeitsströmung in einem Rohr sind die Begriffe zur Beschreibung des elektrischen Stromes und des Wärmestromes gewählt. Vervollständigen Sie die angegebene Tabelle!

Flüssigkeitsströmung	Elektrischer Strom	Wärmestrom
Volumen V		
Stromstärke $I = \frac{dV}{dt}$		

M 14-3
Wie vereinfacht sich die Bernoullische Gleichung für ein horizontal liegendes Rohr (oder für ein Rohr mit vernachlässigbarer Höhendifferenz)?

M 14-4
Beweisen Sie mit Hilfe der Bernoullischen Gleichung, daß für den Schweredruck im abgebildeten Gefäß die Beziehung $\Delta p = p_1 - p_2 = \varrho g h$ gilt!

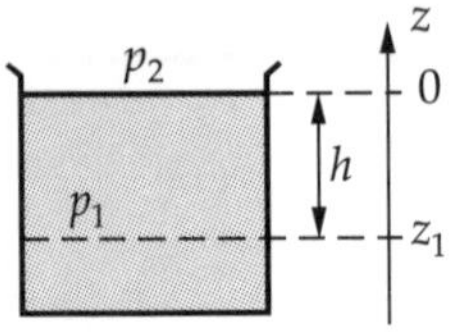

M 14-5
Es gibt zahlreiche technische Vorrichtungen, die darauf beruhen, daß eine Querschnittsverengung eine Erhöhung der Geschwindigkeit bewirkt (Kontinuitätsgleichung) und die Zunahme der Geschwindigkeit zu einer Abnahme des statischen Druckes führt (Bernoullische Gleichung). Nennen Sie einige Beispiele!

M 14-6
Durch ein horizontal liegendes Rohr mit den Querschnitten A_1 und A_2 strömt eine Flüssigkeit der Dichte ϱ. Wie hängt die Differenz der statischen Drücke $(p_2 - p_1)$ mit der Höhendifferenz Δh zusammen?

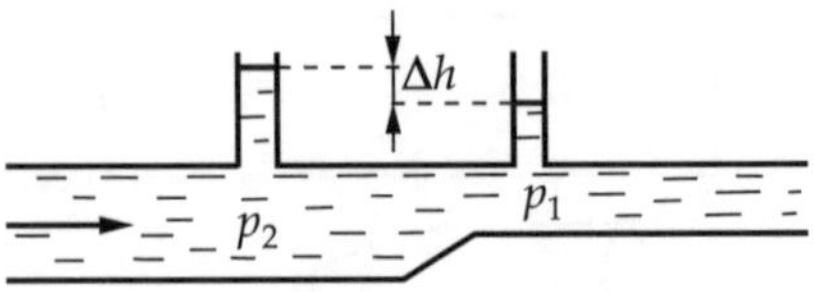

M 14-7
Für Messungen des statischen Drucks p, des Gesamtdrucks p_0 und des Staudrucks $\frac{\varrho}{2}v^2$ wurden spezielle Meßinstrumente entwickelt. Der statische Druck wird mit einer Drucksonde, der Gesamtdruck mit dem Pitot-Rohr gemessen. Wie müßte ein Meßgerät aussehen, welches den Staudruck mißt?

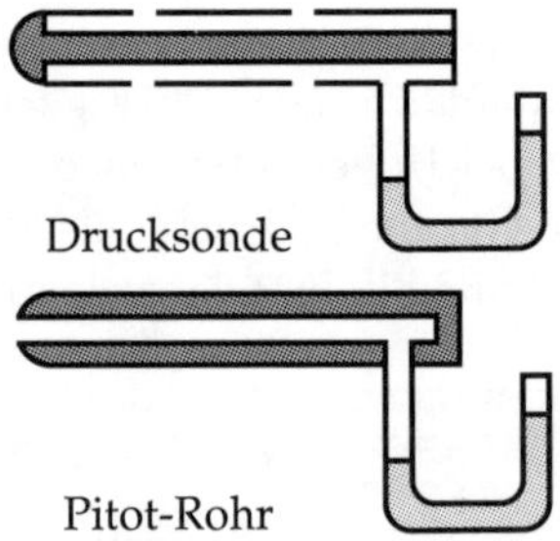

BEISPIELE

1. Venturi-Düse

Durch eine Rohrleitung mit der Querschnittsfläche A_1 strömt Luft (Dichte ϱ_1) mit der Stromstärke I. In der Rohrleitung befindet sich eine Verengung mit der Querschnittsfläche A_2 (Venturi-Rohr).

a) Mit welcher Geschwindigkeit v_1 strömt die Luft durch das Rohr?

b) Welche Höhendifferenz Δh zeigt der Wasserspiegel des angeschlossenen Manometers an?

$A_1 = 100\ \text{cm}^2 \quad A_2 = 20\ \text{cm}^2 \quad I = 2{,}0\ \text{m}^3/\text{min} \quad \varrho_\text{L} = 1{,}3\ \text{kg/m}^3$

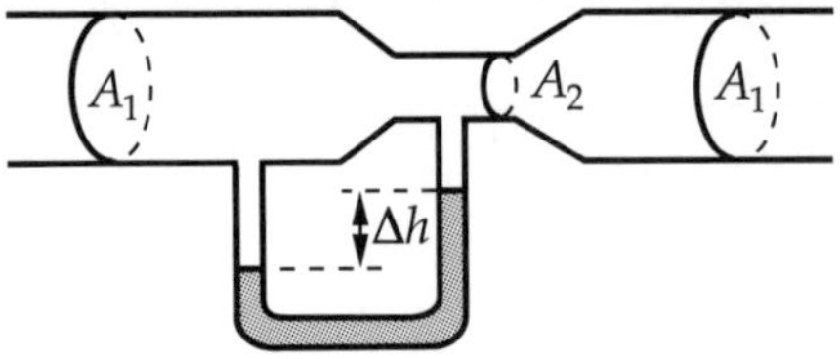

Lösung

a) Die Geschwindigkeit v_1 ergibt sich aus der Kontinuitätsgleichung:

$$\underline{v_1 = \frac{I}{A_1} = \underline{3,3\,\text{m/s}}}$$

b) Einen Ansatz für die Höhendifferenz Δh erhält man aus der Gleichung

$$\Delta p = \varrho_{\text{W}} g \Delta h: \quad \Delta h = \frac{\Delta p}{\varrho_{\text{W}} g} \tag{1}$$

Die Bernoullische Gleichung liefert eine Formel für die Druckdifferenz Δp:

$$p_1 + \frac{\varrho_{\text{L}}}{2} v_1^2 = p_2 + \frac{\varrho_{\text{L}}}{2} v_2^2$$

oder

$$\Delta p = p_1 - p_2 = \frac{\varrho_{\text{L}}}{2}\left(v_2^2 - v_1^2\right) \tag{2}$$

Die beiden Geschwindigkeiten v_1 und v_2 werden mit Hilfe der Kontinuitätsgleichung bestimmt:

$$v_1 = \frac{I}{A_1} \text{ und } v_2 = \frac{I}{A_2}$$

Setzt man diese beiden Gleichungen in (2) ein, so erhält man

$$\Delta p = p_1 - p_2 = \frac{\varrho_{\text{L}} I^2}{2}\left(\frac{1}{A_2^2} - \frac{1}{A_1^2}\right)$$

oder

$$\Delta p = \frac{\varrho_{\text{L}} I^2}{2A_1^2 A_2^2}\left(A_1^2 - A_2^2\right) \tag{3}$$

(3) in (1) ergibt die gesuchte Höhendifferenz Δh:

$$\underline{\Delta h = \frac{\varrho_{\text{L}} I^2 \left(A_1^2 - A_2^2\right)}{2\varrho_{\text{W}} g A_1^2 A_2^2}}$$

Mit $\varrho_{\text{W}} = 1,0 \cdot 10^3$ kg/m³ und den gegebenen Größen findet man

$$\underline{\underline{\Delta h = 1,8 \text{ cm}}}$$

2. Strömung mit Höhenunterschied

Das Ende des Saugrohres einer Wasserpumpe mit dem Durchmesser d_1 taucht in ein wassergefülltes Vorratsbecken ein. Der Durchmesser des Rohres am Pumpenanschluß sei d_2. Das Wasser wird auf die Höhe h_2 gepumpt und strömt mit der Geschwindigkeit v_2 in die Saugpumpe. Wie groß ist der Druck p_2 beim Eintritt des Wassers in die Pumpe?

$d_1 = 20,0$ cm $\quad d_2 = 10,0$ cm $\quad h_2 = 300$ cm
$v_2 = 4,00$ m/s $\quad p_{\text{L}} = 101$ kPa (äußerer Luftdruck)

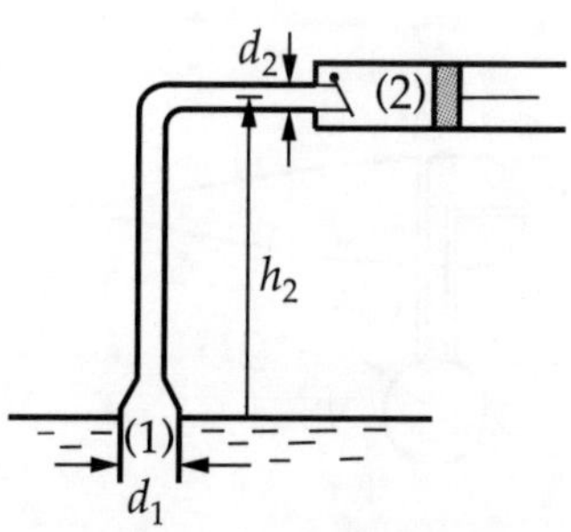

Lösung

Bezeichnet man die Stelle am Wasserspiegel mit (1), die Anschlußstelle des Rohres an die Pumpe mit (2), so ergibt sich die Bernoullische Gleichung in der Form

$$p_{\text{L}} + \frac{\varrho}{2} v_1^2 = p_2 + \varrho g h_2 + \frac{\varrho}{2} v_2^2$$

oder

$$p_2 = p_{\text{L}} - \varrho g h_2 - \frac{\varrho}{2}(v_2^2 - v_1^2)$$

Die Geschwindigkeit v_1 folgt aus der Kontinuitätsgleichung:

$$v_1 A_1 = v_2 A_2 \text{ liefert mit } A = \frac{\pi}{4} d^2 : \quad v_1 = v_2 \left(\frac{d_2}{d_1}\right)^2$$

Man erhält somit den gesuchten Druck

$$p_2 = p_\mathrm{L} - \varrho g h_2 - \frac{\varrho}{2} v_2^2 \left[1 - \left(\frac{d_2}{d_1}\right)\right]^4$$

$$\underline{\underline{p_2 = 64,1 \text{ kPa}}}$$

AUFGABEN

M 14.1

Durch eine Düse strömt Luft der Stromstärke I. Man berechne die Differenz der statischen Drücke Δp zwischen dem weiten und dem engen Querschnitt (Durchmesser d_1 und d_2).

$\varrho_\mathrm{L} = 1,30 \text{ kg/m}^3$ $\quad I = 8,0 \text{ l/s}$
$d_1 = 100 \text{ mm}$ $\quad d_2 = 50 \text{ mm}$

M 14.2

Die Geschwindigkeit von Flugzeugen wird mit dem Prandtlschen Staurohr gemessen. Das Meßinstrument zeigt eine der Geschwindigkeit entsprechende Druckdifferenz an. Welche Geschwindigkeit v hat das Flugzeug bei einer Druckdifferenz Δp?

$\Delta p = 4,48 \text{ kPa}$
Luftdichte $\varrho = 1,29 \text{ kg/m}^3$

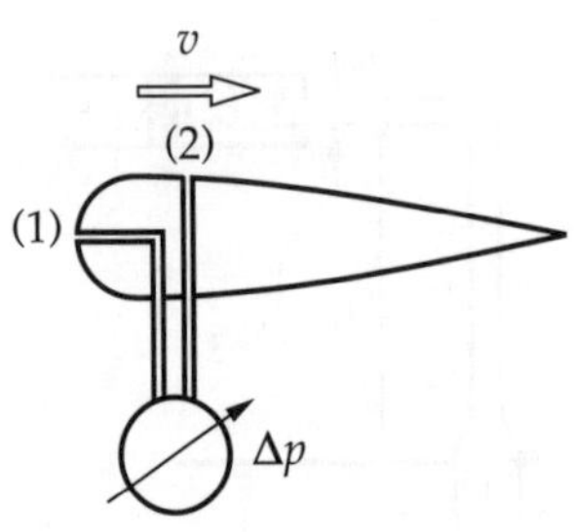

M 14.3

Eine Wasserstrahlpumpe hat vor der Rohrverengung die Querschnittsfläche A_1. An dieser Stelle fließt Wasser mit der Geschwindigkeit v_1 bei einem Druck p_1. Im Rezipienten wird der Druck p_R erzeugt. Welche Austrittsgeschwindigkeit v_2 hat das Wasser, und wie groß ist die Querschnittsfläche A_2 der Rohrverengung?

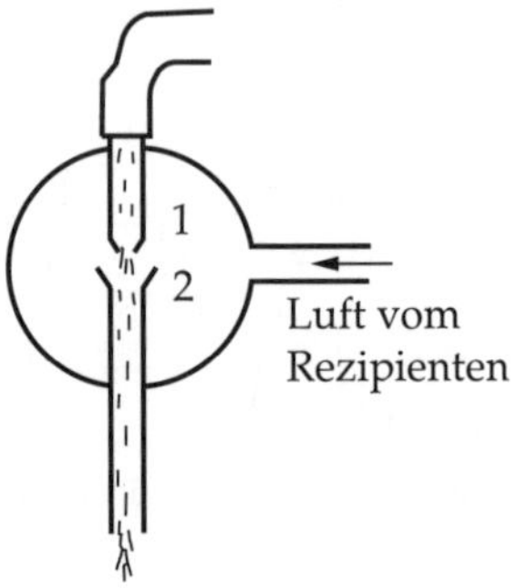

$A_1 = 1,4 \text{ cm}^2$ $\quad v_1 = 4,5 \text{ m/s}$
$p_\mathrm{R} = 2,0 \text{ kPa}$ $\quad p_1 = 310 \text{ kPa}$

M 14.4

In das strömende Wasser eines Mühlgrabens wird ein gekrümmtes Rohr zum Teil eingetaucht. Im Rohr wird die Wasseroberfläche um die Höhe Δh angehoben. Wie groß ist die Strömungsgeschwindigkeit v?

$\Delta h = 5,0 \text{ cm}$

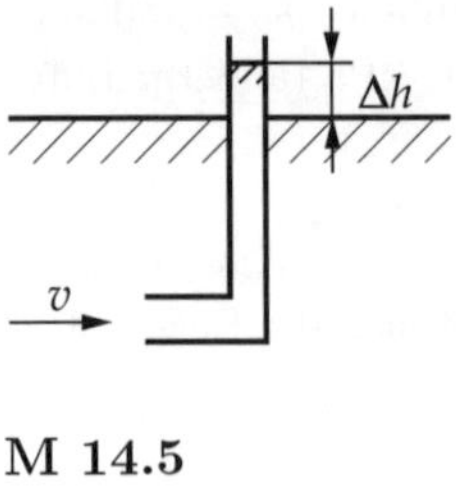

M 14.5

In einem Feuerwehrschlauch mit dem Innendurchmesser d_1 herrscht ein Überdruck

Δp. Die Strahldüse hat den Innendurchmesser d_0.

a) Mit welcher Geschwindigkeit v_0 tritt der Löschwasserstrahl aus der Düse?

b) Welche Wasserstromstärke I ergießt sich über die Flammen?

$d_1 = 100$ mm $\quad d_0 = 25$ mm
$\Delta p = 400$ kPa

M 14.6

Mit einem Saugheber wird destilliertes Wasser abgefüllt. Der Wasserspiegel liegt um h_1 höher als die Ausflußöffnung. Mit welcher Geschwindigkeit v_0 fließt das Wasser aus?

$h_1 = 1,0$ m

M 14.7

Gegeben ist das dargestellte Rohrleitungssystem. Der Wasserspiegel bleibt in der Höhe h_0 (sehr großes Reservoir).

a) Wie groß sind die Geschwindigkeiten v_1 und v_2 des Wassers an den Stellen (1) und (2)?

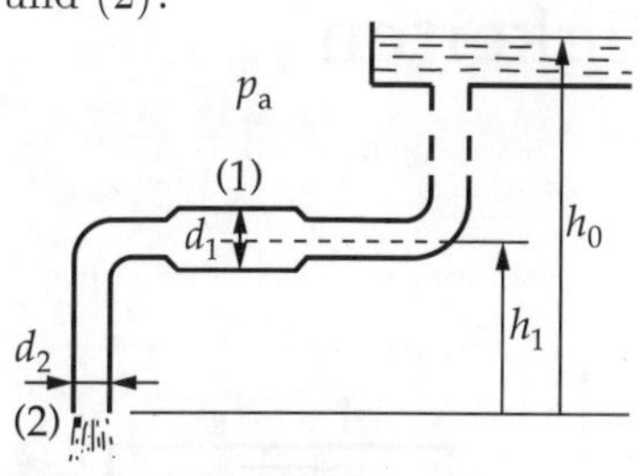

b) Welchen Betrag hat die Stromstärke I im Rohrleitungssystem?

c) Man berechne den statischen Druck p_1 und den Staudruck $p_{1\text{Stau}}$ an der Stelle (1).

$h_0 = 40,0$ m $\quad h_1 = 10,0$ m
$d_1 = 400$ mm $\quad d_2 = 20,0$ mm
Normaler Luftdruck $p_a = 101,3$ kPa

M 14.8

In einem Trichter wird die Höhe h_1 der Flüssigkeit über der Ausflußöffnung durch vorsichtiges Nachgießen konstantgehalten. Die Ausflußöffnung hat den Durchmesser d_0, der klein gegenüber dem Durchmesser d_1 in Höhe des Flüssigkeitsspiegels sein soll.

a) Welche Zeit t ist erforderlich, um eine Flasche vom Volumen V mit dem Trichter zu füllen?

b) Welchen Durchmesser d_2 hat der Flüssigkeitsstrahl in der Tiefe h_2 unter der Ausflußöffnung des Trichters?

$d_0 = 6,0$ mm $\quad h_1 = 115$ mm
$h_2 = -240$ mm $\quad V = 1,00$ l

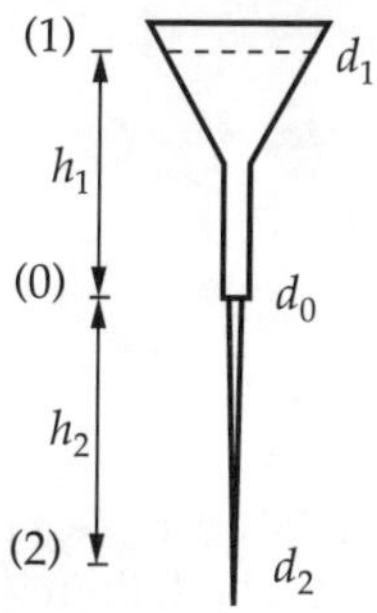

M 14.9

An eine in der Höhe $h = 0$ horizontal liegende Hauptwasserleitung, in der der Gesamtdruck den Wert p_0 hat, ist eine Steigleitung angeschlossen. In den Höhen h_1 und h_2 befinden sich Ausflüsse mit dem gleichen Querschnitt. Berechnen Sie das Verhältnis I_1/I_2 der Stromstärken des ausfließenden Wassers, wenn jeweils nur einer der beiden Ausflüsse geöffnet ist!

$p_0 = 320$ kPa $\quad p_a = 100$ kPa $\quad h_1 = 10$ m
$h_2 = 20$ m

M 14.10

Ein Tragflügel wird im Windkanal einem Luftstrom der Geschwindigkeit v_0 ausgesetzt. Welche Geschwindigkeit v herrscht an einer Stelle des Profils, an der man den Unterdruck Δp gegenüber einer Stelle in der ungestörten Strömung feststellt?

Dichte der Luft: $\varrho = 1,20$ kg/m^3
$v_0 = 40$ m/s $\quad \Delta p = -3,12$ kPa

M 14.11
Ein zylindrisches Gefäß (Durchmesser d_1) ist mit einem Gas unbekannter Dichte ϱ gefüllt und umgekehrt in Wasser (Dichte ϱ_W) eingetaucht, so daß der Flüssigkeitsspiegel im Inneren des Gefäßes um die Höhe h unter der Wasseroberfläche liegt. Durch ein kleines rundes Loch (Durchmesser d_0) im Gefäßboden entweicht der Gasstrom I. Wie groß ist ϱ?

$d_0 = 520\ \mu m \quad d_1 \gg d_0 \quad I = 14,9\ cm^3/s$
$h = 235$ mm

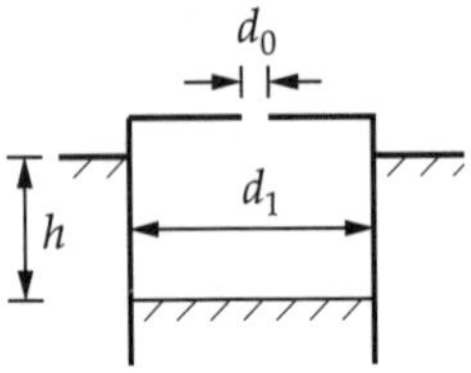

M 14.12
In einem Stausee steht der Wasserspiegel in der Höhe h über der Einlauföffnung der Turbine. Der Wasserzufluß hat die Stromstärke I. Es wird angenommen, daß an der Einlauföffnung der gleiche Druck wie an der Auslauföffnung herrscht (normaler Luftdruck p_a). Die Querschnittsfläche A_2 der Auslauföffnung ist größer als die Querschnittsfläche A_1 der Einlauföffnung.

a) Welche Leistung P_0 kann das Wasser höchstens abgeben?
b) Welche Fläche A_1 muß die Einlauföffnung der Turbine haben?
c) Welchen Wirkungsgrad $\eta = P/P_0$ hat die Turbine bestenfalls?

$h = 30$ m $\quad I = 12\ m^3/s \quad A_2 = 2,0\ m^2$

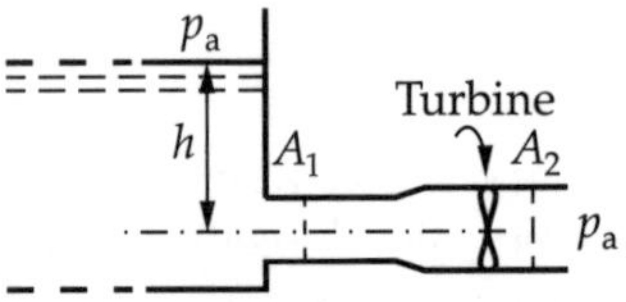

M15 Strömung realer Flüssigkeiten

GRUNDLAGEN

1 Gesetz von Newton

Gleiten die Flüssigkeitsschichten einer *laminaren Strömung* mit unterschiedlicher Geschwindigkeit aneinander vorbei, dann entsteht infolge der Viskosität (Zähigkeit) eine Reibungskraft F_R, die die Relativbewegung der Schichten zu hemmen versucht.

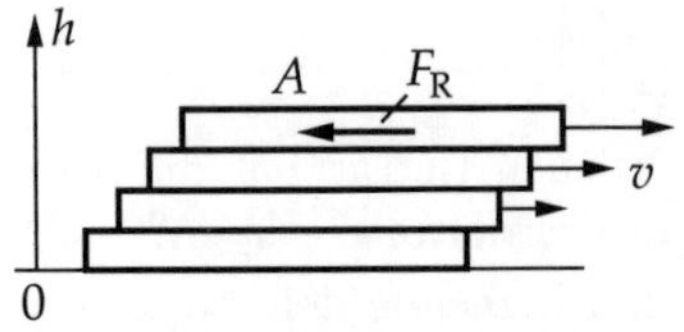

Diese Erscheinung wird **innere Reibung** genannt. Die Reibungskraft zwischen zwei aneinandergrenzenden Flüssigkeitsschichten ergibt sich aus dem Gesetz von NEWTON:

$$F_R = \eta A \frac{dv}{dh}$$

Dabei bedeutet dv/dh das Geschwindigkeitsgefälle senkrecht zur Strömungsrichtung, d. h., dv ist der differentielle Geschwindigkeitsunterschied benachbarter Schichten und h die Koordinate senkrecht zu den Flüssigkeitsschichten. A ist die Fläche der aneinander vorbeigleitenden Schichten und η die dynamische Viskosität, eine Materialeigenschaft der Flüssigkeit.

2 Spezielle Reibungsgesetze

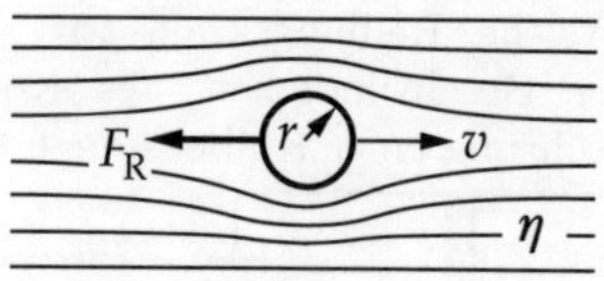

Für besonders geformte Begrenzungsflächen der Flüssigkeit ergeben sich aus dem Gesetz von NEWTON spezielle Reibungsgesetze: Das **Stokessche Gesetz**

$$F_{\mathrm{R}} = 6\pi\eta r v$$

gilt für die Bewegung einer Kugel mit dem Radius r und der Geschwindigkeit v in einer unendlich ausgedehnten Flüssigkeit. Das **Hagen-Poiseuillesche Gesetz**

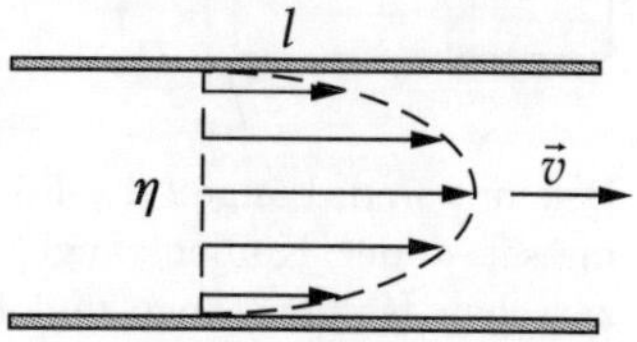

$$F_{\mathrm{R}} = 8\pi\eta l\overline{v}$$

gilt für die Reibungskraft F_{R}, die bei einer Strömung durch ein Rohr der Länge l auf eine Rohrwand übertragen wird. Die Geschwindigkeit v ist vom Abstand zur Rohrachse abhängig und an der Rohrwand gleich Null (parabelförmiges Geschwindigkeitsprofil). Deshalb ist eine mittlere Geschwindigkeit $\overline{v}$ angegeben, die sich aus der Stromstärke $I = \mathrm{d}V/\mathrm{d}t$ und der Querschnittsfläche A des Rohres ergibt: $\overline{v} = I/A$.

3 Widerstandsgesetz

Für den Strömungswiderstand, den ein beliebig geformter Körper in einer *turbulenten Strömung* erfährt, kann ein Widerstandsgesetz in der Form

$$F_{\mathrm{R}} = c\frac{\varrho}{2}v^2 A$$

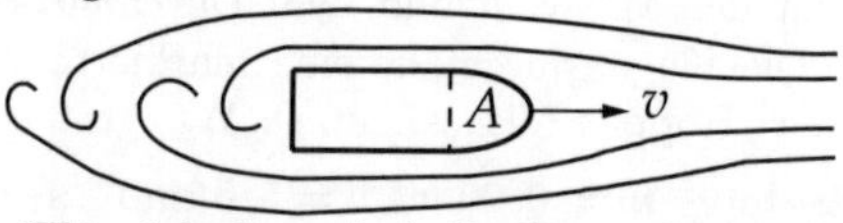

aufgestellt werden. ϱ ist die Dichte der Flüssigkeit und A die Querschnittsfläche, die ein Körper der Strömung darbietet. Den dimensionslosen Proportionalitätsfaktor c, der vor allem die geometrische Gestalt des Körpers berücksichtigt, nennt man **Widerstandsbeiwert**. Häufig ist der Widerstandsbeiwert eine Konstante. Genauer betrachtet hängt er von der **Reynoldsschen Zahl**

$$Re = \frac{\varrho l v}{\eta}$$

ab: $c = c(Re)$.

In die dimensionslose Größe Re geht außer ϱ, v und η eine charakteristische Länge l des Körpers ein. Oberhalb einer kritischen Reynoldsschen Zahl ist die laminare Strömung instabil und kann in eine turbulente Strömung übergehen.

KONTROLLFRAGEN

M 15-1
Welchen Sinn hat das Schmieren oder Ölen von Lagern?

M 15-2
Die allgemeine Formel für die Reibungskraft hat die Form
$F_{\mathrm{R}} = r_0 + r_1 v + r_2 v^2 + \ldots$
Nennen Sie Beispiele für die Fälle
a) nur $r_0 \neq 0$,
b) nur $r_1 \neq 0$,
c) nur $r_2 \neq 0$!

M 15-3
Welche Reibungskraft tritt bei maximaler Geschwindigkeit des Kolbens in der Führung einer Kolbenstange auf?

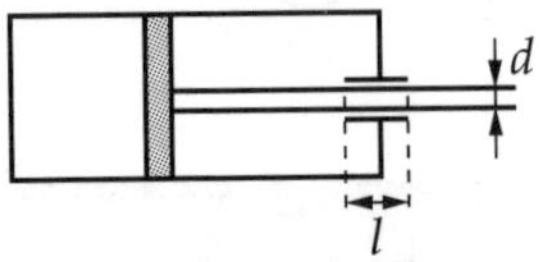

Bekannt sind: Länge l der Führung, Durchmesser d der Kolbenstange, Spaltbreite b zwischen Kolbenstange und Führung, maximale Geschwindigkeit v und dynamische Viskosität η des Öles.

M 15-4
Bei der Strömung durch ein Rohr vom Radius r_0 wird die Reibungskraft durch einen Druckunterschied Δp zwischen beiden Rohrenden überwunden. Welcher Zusammenhang zwischen der Stromstärke I und Δp besteht auf Grund des Hagen-Poiseuilleschen Gesetzes?

M 15-5
Im Windkanal wird das Modell eines Stromlinienkörpers im zehnfach verkleinerten Maßstab geprüft. Dabei wird eine kritische Geschwindigkeit v_1 für den Übergang zur turbulenten Strömung festgestellt. Wie groß ist unter sonst vergleichbaren Bedingungen die kritische Geschwindigkeit v_0 für das Original?

BEISPIEL

Viskositätsbestimmung

Zur Messung der dynamischen Viskosität η von Öl mit der Dichte $\eta_{\text{Öl}}$ läßt man eine kleine Metallkugel mit der Masse m und dem Durchmesser d unter dem Einfluß der Schwerkraft in Öl sinken. Die Kugel durchfällt eine markierte Strecke s_1 in der Zeit t_1 mit konstanter Geschwindigkeit (Höppler-Viskosimeter). Wie groß ist die dynamische Viskosität η?

$\varrho_{\text{Öl}} = 0,91\ \text{kg/dm}^3$ $\quad m = 0,20$ g $\quad d = 5,0$ mm $\quad s_1 = 25$ cm $\quad t_1 = 12$ s

Lösung

Da die Gewichtskraft F_G der Kugel größer als die Auftriebskraft F_A ist, sinkt die Kugel zunächst beschleunigt. Mit zunehmender Geschwindigkeit wird die Reibungskraft $F_R = 6\pi\eta\frac{d}{2}v$ größer. Nach kurzer Zeit stellt sich Kräftegleichgewicht ein:

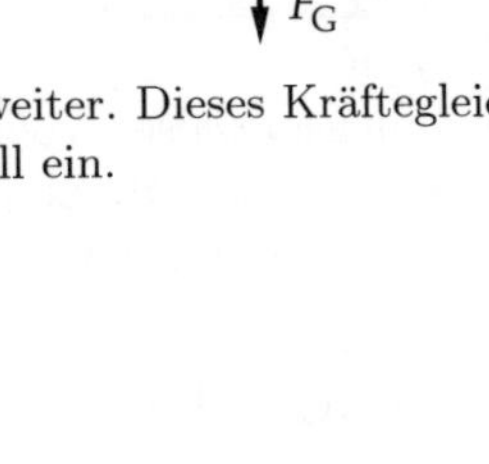

$$F_G = F_A + F_R \qquad \text{oder}$$
$$mg = m_{\text{Öl}}g + 3\pi\varrho d v_1$$

Die Kugel bewegt sich nun mit konstanter Geschwindigkeit v_1 weiter. Dieses Kräftegleichgewicht stellt sich in Flüssigkeiten mit hoher Viskosität sehr schnell ein.

Mit $m_{\text{Öl}} = \varrho_{\text{Öl}}\frac{\pi}{6}d^3$ und $v_1 = \frac{s_1}{t_1}$ folgt weiter

$$mg = \varrho_{\text{Öl}} \cdot \frac{\pi}{6}d^3 g + 3\pi\eta d\frac{s_1}{t_1}$$

Durch Umformung erhält man die gesuchte Größe:

$$\eta = \left(\frac{m}{\pi d} - \frac{\varrho_{\text{Öl}} \cdot d^2}{6}\right)\frac{g t_1}{3 s_1}$$

$$\eta = \left(\frac{2 \cdot 10^{-4}\ \text{kg}}{\pi \cdot 5 \cdot 10^{-3}\ \text{m}} - \frac{0,91 \cdot 10^3\ \text{kg} \cdot 25 \cdot 10^{-6}\ \text{m}^2}{6\ \text{m}^3}\right)\frac{9,8\ \text{m} \cdot 12 s}{\text{s}^2 \cdot 3 \cdot 0,25\ \text{m}}$$

$$\underline{\underline{\eta = 1,4\ \text{Pa} \cdot \text{s}}}$$

AUFGABEN

M 15.1

Ein zylindrischer Metallkörper mit dem Durchmesser d und der Länge l rotiert mit der Drehfrequenz f in einem Gleitlager (Hohlzylinder). Der Spalt zwischen den beiden zylindrischen Körpern hat die Breite b und ist vollständig mit Öl der dynamischen Viskosität η gefüllt. Im Spalt wird ein lineares Gleichgewichtsgefälle vorausgesetzt. Welches Drehmoment M ist erforderlich, um die Rotation aufrechtzuerhalten?

$d = 2,0$ cm $\quad l = 10,0$ cm $\quad f = 10\ \mathrm{s}^{-1}$
$b = 200\ \mu\mathrm{m} \quad \eta = 0,098\ \mathrm{Pa \cdot s}$

M 15.2

Eine Stahlkugel (Radius r, Dichte ϱ_1) wird in einem mit Öl (Dichte ϱ_2, dynamische Viskosität η) gefüllten Standzylinder fallen gelassen.

a) Welche Endgeschwindigkeit v_E erreicht die Kugel?
b) Wie groß ist die Endgeschwindigkeit v'_E bei doppeltem Radius?
c) Man leite die Geschwindigkeit-Zeit-Funktion für den Fall her, daß die Kugel zur Zeit $t_0 = 0$ die Bewegung im Öl mit der Geschwindigkeit $v_0 = 0$ beginnt!

$r = 1,00$ mm $\quad \varrho_1 = 8\,300\ \mathrm{kg/m^3}$
$\varrho_2 = 800\ \mathrm{kg/m^3} \quad \eta = 1,50\ \mathrm{Pa \cdot s}$

M 15.3

Wasser fließt seitlich aus einem sehr hohen Gefäß. Die Höhe h der Wassersäule über der Ausflußöffnung ist bekannt.

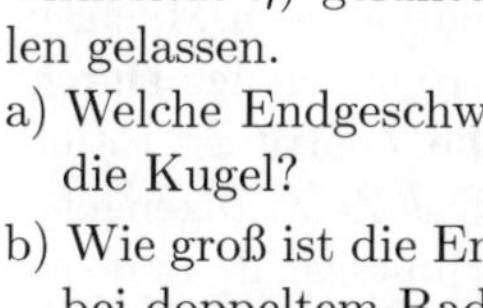

Welche Ausflußgeschwindigkeit v hat das Wasser, wenn es

a) die Öffnung A verläßt,
b) erst noch das Rohr der Länge l und der lichten Weite d durchfließen muß?

Das Wasser hat die dynamische Viskosität η.

$h = 60,0$ cm $\quad l = 120$ cm $\quad d = 2,0$ mm
$\eta = 1,065\ \mathrm{mPa \cdot s}$

M 15.4

Im Innern einer gefüllten Injektionsspritze wird mit dem Kolben der Druck p_1 erzeugt. An der Kanülenspitze ist der Druck in der ausströmenden Injektionsflüssigkeit (Dichte ϱ, Zähigkeit η) gleich dem Druck p_2 im Blut. Wie groß ist die Strömungsgeschwindigkeit v_2 in der Kanüle, die die Länge l und den Innendurchmesser d hat? Die Kolbengeschwindigkeit v_1 ist gegenüber v_2 zu vernachlässigen.

$\eta = 1,08\ \mathrm{mPa \cdot s} \quad \varrho = 1\,030\ \mathrm{kg/m^3}$
$p_1 = 105,9$ kPa $\quad p_2 = 103,8$ kPa
$l = 8,0$ cm $\quad d = 0,5$ mm

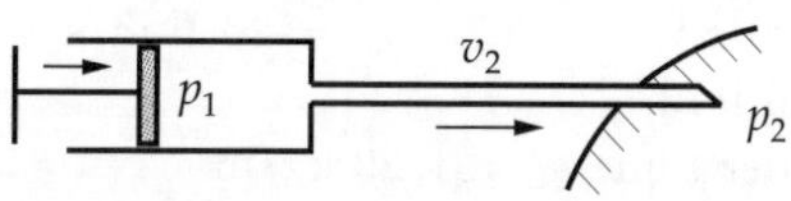

M 15.5

Ein Skiläufer (Masse m) fährt einen um den Winkel α geneigten Hang hinab. Die Gleitreibungszahl ist μ. Der Luftwiderstand ist proportional v^2; bei der Geschwindigkeit v_0 sei er $F_{\mathrm{L}0}$. Welche Höchstgeschwindigkeit v_E erreicht der Skiläufer?

$m = 90$ kg $\quad \alpha = 30° \quad \mu = 0,10$
$v_0 = 1,0$ m/s $\quad F_{\mathrm{L}0} = 0,402$ N

M 15.6

a) Welche maximale Fallgeschwindigkeit v_1 erreicht ein Fallschirmspringer (Masse m_1, Widerstandsbeiwert c; Schirm noch nicht geöffnet), der der Strömung die Querschnittsfläche A_1 darbietet? Die Dichte der Luft ist ϱ.

b) Welche Geschwindigkeit v_2 erreicht dagegen ein Käfer, dessen lineare Abmessungen nur 1/500 derer des Fallschirmspringers betragen? Es wird vorausgesetzt, daß Dichte und Widerstandsbeiwert von Mensch und Käfer gleich sind.

c) Aus welcher Höhe h_2 müßte ein Mensch abspringen, um die Geschwindigkeit v_2 zu erreichen?

$m_1 = 85$ kg $A_1 = 0,90$ m^2
$\varrho = 1,29$ kg/m^3 $c = 0,38$

M 15.7

Ein Fahrzeug (Querschnittsfläche A, Widerstandsbeiwert c) bewegt sich mit der Geschwindigkeit v_F auf horizontaler, gerader Straße. Es herrscht Seitenwind rechtwinklig zur Straße. Die Windgeschwindigkeit sei v_W. Die Querschnittsfläche und der Widerstandsbeiwert seien unabhängig von der Anströmrichtung. Welche Motorleistung P ist allein erforderlich, um den Luftwiderstand zu überwinden? (Von anderen Reibungseinflüssen wird abgesehen.)

$A = 4,00$ m^2 $c = 1,0$ $v_F = 20,0$ m/s
$v_W = 10,0$ m/s
Dichte der Luft: $\varrho_L = 1,29$ kg/m^3

M 15.8

Durch ein gegenüber der Horizontalen um den Winkel α geneigtes Glasrohr vom Innendurchmesser d_0 fließt Wasser aus einem großen Gefäß, in welchem der Wasserspiegel unmittelbar über dem Rohrausfluß liegt, so daß die Strömung allein durch das Gefälle des Rohres zustande kommt.

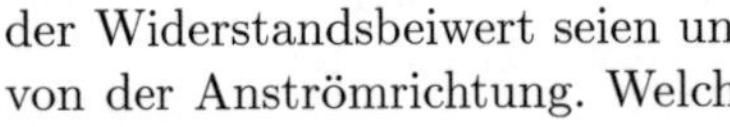

a) Welche Stromstärke I_0 tritt bei laminarer Strömung durch das Rohr?

b) Prüfen Sie nach, ob die kritische Reynoldssche Zahl Re_{kr} für den Übergang zur turbulenten Strömung erreicht wird? (Beim Rohr ist in Re für die charakteristische Länge der Durchmesser d_0 einzusetzen.)

$d_0 = 10$ mm $\alpha = 0,5°$
$\eta = 1,12$ mPa · s $Re_{kr} = 2\,400$

M 15.9

Ein Feuerwehrschlauch hat den Innendurchmesser d_0.

a) Welche Löschwasserstromstärke I_0 könnte bereitgestellt werden, wenn die Strömung laminar sein soll? (In der Reynoldsschen Zahl ist für die charakteristische Länge der Durchmesser d_0 zu verwenden; die kritische Reynoldssche Zahl ist Re_{kr}; die dynamische Viskosität des Wassers ist η.)

b) Die Löschwasserstromstärke soll I_1 betragen. Welchen Wert hat die Reynoldssche Zahl Re in diesem Fall?

$d_0 = 100$ mm $\eta = 1,15$ mPa · s
$I_1 = 25$ l/s $Re_{kr} = 2\,400$

M 15.10

In einer Zentrifuge befindet sich Milch, in der die kleinsten Fetttröpfchen den Durchmesser d besitzen. Die Zentrifuge rotiert mit der Drehzahl f. Das Zentrifugengefäß hat den inneren Durchmesser d_1 und den äußeren Durchmesser d_2.

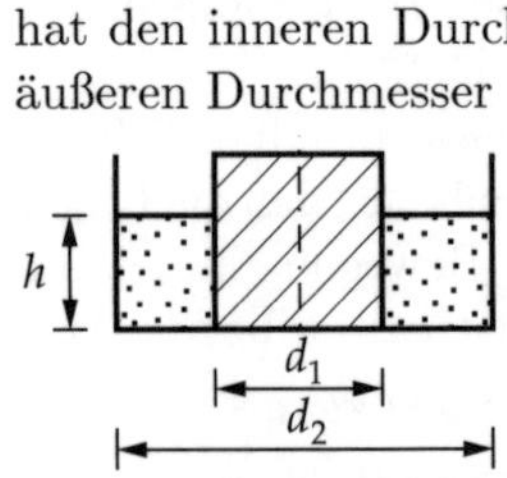

a) Wie lange dauert es, bis das Fett in der Zentrifuge vollständig abgetrennt worden ist?

b) Wie lange würde der gleiche Vorgang bei alleiniger Einwirkung der Schwerkraft dauern, wenn die Füllhöhe h des Gefäßes $h = (d_2 - d_1)/2$ beträgt?

Dichte des Fetts: $\varrho_1 = 0,921$ g/cm^3
Dichte der wäßrigen Lösung:
$\varrho_2 = 1,030$ g/cm^3
Viskosität der wäßrigen Lösung:
$\eta = 1,11$ mPa · s
$d = 2,5$ µm $d_1 = 80$ mm $d_2 = 310$ mm
$f = 120$ s^{-1}

W Schwingungen und Wellen

W 1 Harmonische Schwingungen

GRUNDLAGEN

1 Ort-Zeit-Funktion

Eine Bewegung mit der Ort-Zeit-Funktion

$$\boxed{x(t) = x_\mathrm{m} \cos(\omega_0 t + \alpha)}$$

heißt **harmonische Schwingung**. x_m ist die maximale Auslenkung (Amplitude). Es gilt $\omega_0 = 2\pi f = 2\pi/T$ mit Kreisfrequenz ω_0, Frequenz f und Periodendauer T. $\omega_0 t = \varphi(t)$ ist ein zeitabhängiger Winkel im Argument der trigonometrischen Funktion, α ein konstanter Winkel, der Nullphasenwinkel. Dieser berücksichtigt die zeitliche Verschiebung Δt des Maximums der Kosinusfunktion gegenüber dem Zeitnullpunkt.

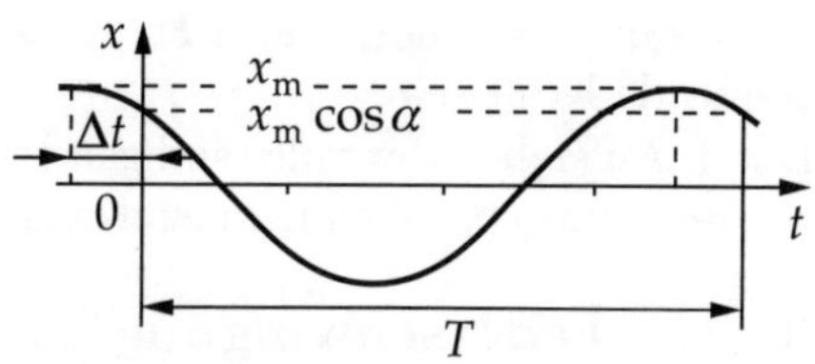

Die Konstanten x_m und α werden aus den Anfangsbedingungen gewonnen. Falls $\alpha = -\pi/2$ ist, kann die Kosinusfunktion durch eine Sinusfunktion ersetzt werden.

Aus der Ort-Zeit-Funktion (skizziert für $\alpha = 0$)

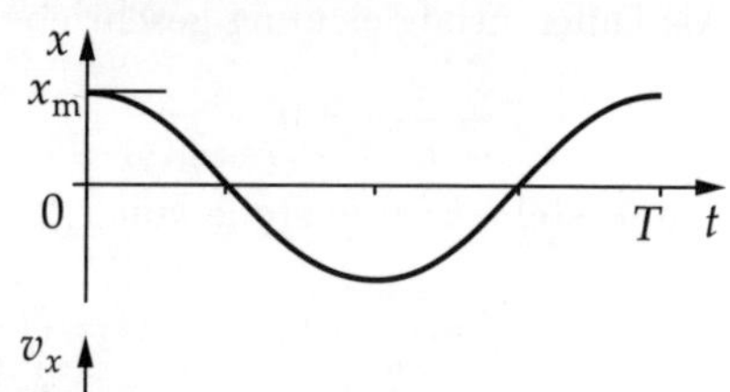

erhält man durch zeitliche Ableitung die Geschwindigkeit-Zeit-Funktion

$$v_x = -x_\mathrm{m}\omega_0 \sin(\omega_0 t + \alpha)$$

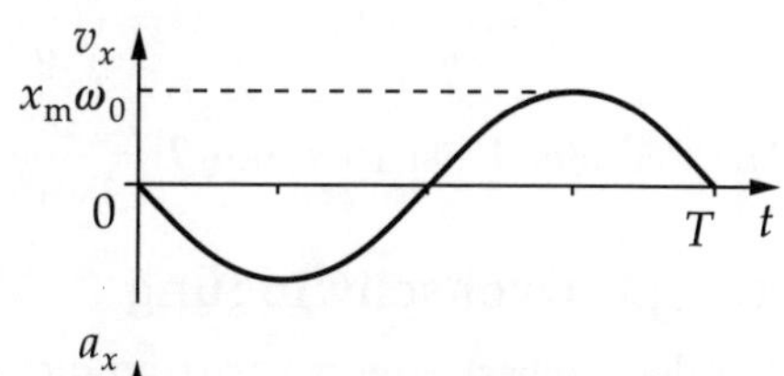

und weiter die Beschleunigung-Zeit-Funktion

$$a_x = -x_\mathrm{m}\omega_0^2 \cos(\omega_0 t + \alpha)$$

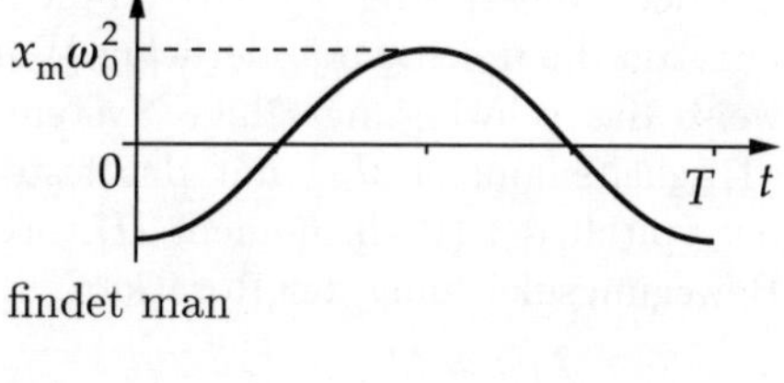

Vergleicht man die Funktionen für x und a_x, so findet man

$$a_x = -\omega_0^2 x$$

Drückt man a_x als zweite Ableitung des Ortes nach der Zeit aus, so entsteht die **Differentialgleichung der harmonischen Schwingung**:

$$\ddot{x} + \omega_0^2 x = 0$$

Die Ort-Zeit-Funktion der harmonischen Schwingung ist die allgemeine Lösung dieser Differentialgleichung.

2 Bewegungsgleichung für harmonische Schwingungen

Jede zeitlich veränderliche physikalische Größe, für die eine Differentialgleichung gilt, deren äußere Form mit der Differentialgleichung der harmonischen Schwingung übereinstimmt, führt eine harmonische Schwingung aus. An der Stelle des Ortes x können auch andere physikalische Größen stehen: der Winkel φ bei Drehschwingungen, der Strom I oder die Spannung U bei elektromagnetischen Schwingungen usw. ω_0^2 wird dann durch andere Konstanten zum Ausdruck gebracht. Bei mechanischen Schwingungen entsteht die Differentialgleichung aus der Bewegungsgleichung. Dabei muß wegen $F_x = +ma_x = -m\omega_0^2 x$, also $F_x \sim -x$, die Kraft F_x eine abstandsproportionale, rücktreibende Kraft sein.

Durch Aufstellen der vollständigen Bewegungsgleichung findet man bei jedem konkreten Bewegungsproblem heraus, wie ω_0 mit den gegebenen Konstanten zusammenhängt.

3 Federschwingung

Bewegt sich eine Punktmasse unter dem Einfluß einer Federkraft $F_x = -kx$, so lautet die Bewegungsgleichung

$$ma_x = -kx$$

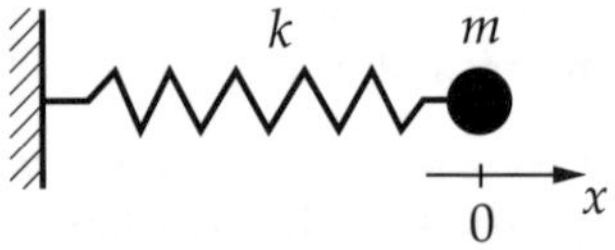

Als Differentialgleichung geschrieben, erhält sie die Form

$$\ddot{x} + \frac{k}{m}x = 0$$

Damit steht k/m anstelle von ω_0^2:

$$\omega_0^2 = \frac{k}{m} \quad \text{bzw.} \quad \omega_0 = \sqrt{\frac{k}{m}}$$

Die Periodendauer ist somit $T = \dfrac{2\pi}{\omega_0} = 2\pi\sqrt{\dfrac{m}{k}}$

4 Drehschwingung

Bei der Drehschwingung tritt an die Stelle der veränderlichen Ortskoordinate ein veränderlicher Winkel φ. Besteht beispielsweise das schwingungsfähige System aus einem Drehkörper (Trägheitsmoment J_A) mit der festen Achse A, der mit einer Spiralfeder (Richtmoment D) verbunden ist, so nimmt die Bewegungsgleichung der Rotation

$$J_A\ddot{\varphi} = M_A$$

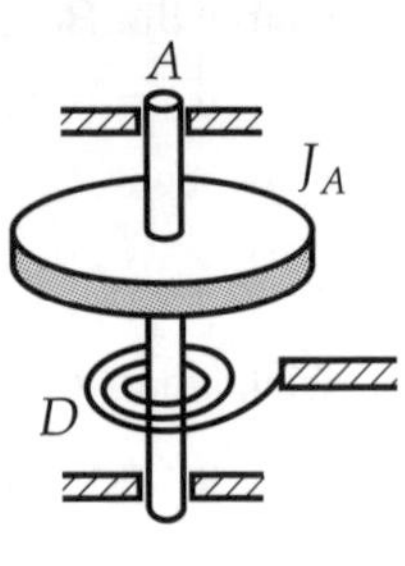

die Gestalt

$$J_A\ddot{\varphi} = -D\varphi \quad \text{bzw.} \quad \ddot{\varphi} + \frac{D}{J_A}\varphi = 0$$

an. Es ist also $\omega_0 = \sqrt{\frac{D}{J_A}}$ bzw. $T = 2\pi\sqrt{\frac{J_A}{D}}$.

Die Lösung der Differentialgleichung ist die Winkel-Zeit-Funktion

$$\varphi = \varphi_m \cos(\omega_0 t + \alpha)$$

KONTROLLFRAGEN

W 1-1
Ein Maximum der Elongation einer harmonischen Schwingung $x = x_m \cos(\omega_0 t + \alpha)$ liege um Δt vor dem Zeitnullpunkt. Berechnen Sie den Nullphasenwinkel α!

W 1-2
Zeigen Sie, daß die beiden Ort-Zeit-Funktionen

$x(t) = x_m \cos(\omega_0 t + \alpha)$ und

$x(t) = x_m \sin(\omega_0 t + \alpha)$

Lösungen der Differentialgleichung $\ddot{x} + \omega_0^2 x = 0$ sind!

W 1-3
Was gehört zu einem schwingungsfähigen mechanischen System?

W 1-4
Weshalb treten in der Ort-Zeit-Funktion der harmonischen Schwingung zwei Integrationskonstanten auf? Welche physikalische Bedeutung haben diese Konstanten?

W 1-5
Welchen Wert hat der Nullphasenwinkel α, wenn die Beziehung $x(t) = x_m \cos(\omega_0 t + \alpha) = x_m \sin \omega_0 t$ gilt?

W 1-6
Stellen Sie für den Federschwinger in einem Diagramm die potentielle Energie über der Zeit dar!

W 1-7
Wie lauten die Differentialgleichung der harmonischen Schwingung und die Strom-Zeit-Funktion in einem elektrischen Schwingkreis?

BEISPIELE

1. Federschwingung

Ein Körper (Masse m) durchfällt die Höhe h und trifft zur Zeit $t = 0$ am Ort z_0 auf eine senkrecht stehende Schraubenfeder (Federkonstante k). Nach dem Auftreffen bleibt der Körper mit der Feder verbunden, so daß eine harmonische Schwingung entsteht. Der Koordinatenursprung $z = 0$ soll in die Ruhelage der Schwingung gelegt werden. Die Masse der Feder bleibt unberücksichtigt.

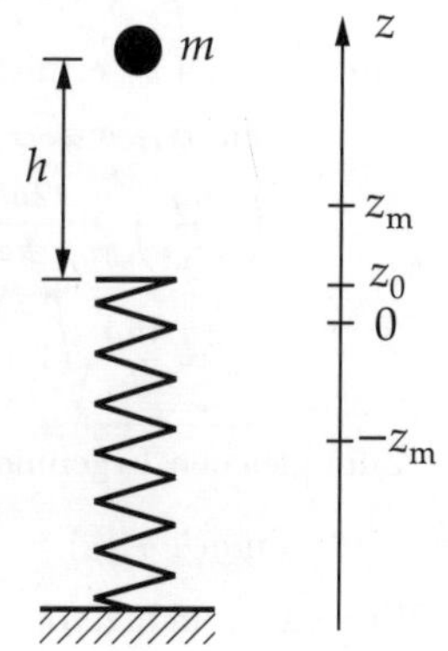

a) Bestimmen Sie den Anfangsort z_0 und die Anfangsgeschwindigkeit v_{z0} der harmonischen Schwingung!
b) Bestimmen Sie für diese Schwingung die in der Ort-Zeit-Funktion $z(t)$ enthaltenen unbekannten Größen!
c) Welche maximale Geschwindigkeit v_{zm} tritt bei dieser Schwingung auf?

$m = 50{,}0$ g $\quad k = 20{,}0$ N/m $\quad h = 200$ mm

Lösung

a) Befindet sich das obere Ende der Feder bei z_0, so ist die Feder entspannt. Deshalb gilt für die Federkraft

$$F_z = -k(z - z_0)$$

Die Ruhelage $z = 0$ ist dort, wo Gewichtskraft F_G und Federkraft F_z im Gleichgewicht sind:

$$F_z(0) - mg = 0$$

Mit

$$F_z(0) = kz_0$$

folgt

$$kz_0 = mg$$

$$\underline{z_0 = \frac{mg}{k}} = \underline{\underline{2,45\ \text{cm}}}$$

Die Anfangsgeschwindigkeit v_{z0} dieser Schwingung liefert der Energiesatz, angewendet auf den freien Fall:

$$mgh = \frac{m}{2}v_{z0}^2$$

$$\underline{v_{z0} = -\sqrt{2gh}} = \underline{\underline{-1,98\ \text{m/s}}}$$ (Vorzeichen mit Rücksicht auf die positive z-Richtung).

b) Die Ort-Zeit-Funktion der harmonischen Schwingung lautet

$$z(t) = z_m \cos(\omega_0 t + \alpha) \tag{1}$$

wobei $\omega_0 = \sqrt{\frac{k}{m}}$ die Kreisfrequenz der Federschwingung ist. Die beiden Unbekannten, die Amplitude z_m und der Nullphasenwinkel α, müssen aus den Anfangsbedingungen bestimmt werden. Die notwendige zweite Gleichung wird aus (1) durch Differenzieren nach der Zeit gewonnen:

$$v_z(t) = -z_m\omega_0 \sin(\omega_0 t + \alpha) \tag{2}$$

Zur Zeit $t = 0$ wird (1)

$$z_0 = \frac{mg}{k} = z_m \cos\alpha \tag{3}$$

und (2)

$$v_{z0} = -\sqrt{2gh} = -z_m\sqrt{\frac{k}{m}} \sin\alpha \tag{4}$$

Zunächst soll z_m ermittelt werden. Dazu ist α zu eliminieren. Das gelingt mit der Beziehung

$$\sin^2\alpha + \cos^2\alpha = 1:$$

$$\left(\frac{mg}{kz_m}\right)^2 + \frac{2ghm}{kz_m^2} = 1$$

$$\underline{z_m = \frac{mg}{k}\sqrt{1 + \frac{2hk}{mg}}} = \underline{\underline{10,2\ \text{cm}}}$$

Zum gleichen Ergebnis gelangt man auch mit dem Energiesatz:

$$mg(h + z_0) = -mgz_m + \frac{k}{2}(z_0 + z_m)^2$$

Zur Bestimmung von α muß z_m eliminiert werden. Das gelingt am einfachsten, wenn man

(4) durch (3) dividiert:

$$\frac{\sin\alpha}{\cos\alpha} = \tan\alpha = \frac{k\sqrt{2gh}}{mg\sqrt{k/m}} = \sqrt{\frac{2hk}{mg}}$$

$$\alpha = \arctan\sqrt{\frac{2kh}{mg}} = \underline{\underline{76,1^\circ}}$$

c) Die Geschwindigkeitsamplitude oder maximale Geschwindigkeit ist der Funktion (2) zu entnehmen:

$$v_z = -\underbrace{z_\mathrm{m}\omega_0}_{v_{z\mathrm{m}}}\sin(\omega_0 t + \alpha)$$

$$v_{z\mathrm{m}} = z_\mathrm{m}\omega_0 = \frac{mg}{k}\sqrt{1 + \frac{2hk}{mg}}\sqrt{\frac{k}{m}}$$

$$v_{z\mathrm{m}} = g\sqrt{\frac{m}{k} + \frac{2h}{g}} = \underline{\underline{2,04\ \mathrm{m/s}}}$$

2. Physikalisches Pendel

Eine dünne Stange der Länge l und der Masse m kann sich um die durch ihren oberen Endpunkt A gehende horizontale Achse drehen. Sie wird um den Winkel φ_0 aus der Vertikalen ausgelenkt und zum Zeitpunkt $t_0 = 0$ losgelassen. Wie lautet die Funktion $\varphi = \varphi(t)$ für die Bewegung der Stange? Wie groß ist die Periodendauer T?

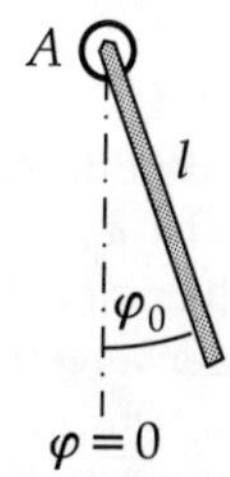

$l = 60$ cm $\quad \varphi_0 = 0,01$ rad

Lösung

Auf die Stange wirkt infolge der Gewichtskraft das Drehmoment

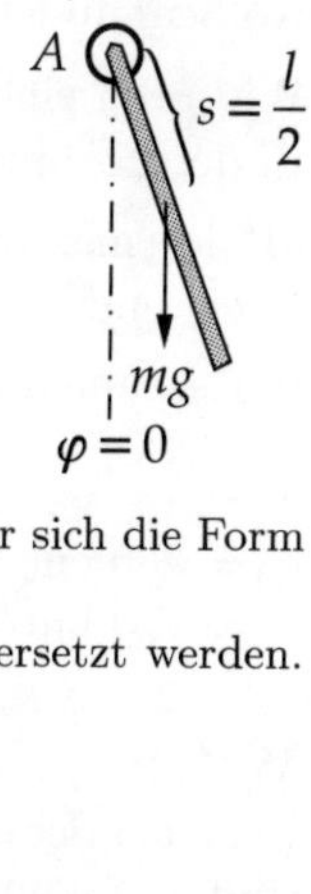

$$M_A = -mgs\sin\varphi \quad \text{mit } s = \frac{l}{2}$$

Dieses verursacht entsprechend der Bewegungsgleichung

$$M_A = J_A\ddot{\varphi}$$

die Winkelbeschleunigung $\ddot{\varphi}$ zur Ruhelage der Stange hin.

Es gilt nun, die Bewegungsgleichung so umzuformen, daß einerseits die gegebenen Größen in ihr enthalten sind und andererseits die Form der Differentialgleichung der harmonischen Schwingung $\ddot{\varphi} + \omega_0^2\varphi = 0$ erkennbar ist, aus der sich die Form der gesuchten Lösungsfunktion $\varphi = \varphi(t)$ ergibt.

Mit Hilfe des Satzes von STEINER kann J_A durch den Ausdruck $(J_S + ms^2)$ ersetzt werden. Hierin ist $J_S = ml^2/12$ und $s = l/2$. Daher folgt

$$J_A = \frac{ml^2}{3}$$

Die Bewegungsgleichung lautet demnach konkret für das vorliegende Problem

$$-mg\frac{l}{2}\sin\varphi = \frac{ml^2}{3}\ddot{\varphi}$$

Unter Beachtung der auftretenden Auslenkungen $\varphi(t) \leqq \varphi_0 \ll 1$ gilt $\sin\varphi \approx \varphi$ und damit für die Bewegungsgleichung

$$-mg\frac{l}{2}\varphi = \frac{ml^2}{3}\ddot{\varphi} \quad \text{oder} \quad \ddot{\varphi} + \frac{3g}{2l}\varphi = 0$$

Sie hat somit die Form $\ddot{\varphi} + \omega_0^2 \varphi = 0$. Wir können daher die Lösungsfunktion angeben. Es ist

$$\varphi(t) = \varphi_m \cos(\omega_0 t + \alpha) \quad \text{mit} \quad \omega_0^2 = \frac{3g}{2l}$$

Die Konstanten φ_m und α in der Lösungsfunktion ergeben sich aus der Bedingung der Aufgabenstellung $\varphi(t_0) = \varphi_0$ mit $t_0 = 0$. Es ist

$$\varphi_0 = \varphi_m \cos\alpha$$

Da φ_0 die maximale Auslenkung ist, muß auch der Kosinus maximal, d. h. sein Argument gleich Null sein. Daraus ergibt sich $\alpha = 0$. Die Funktion $\varphi(t)$ lautet daher endgültig

$$\underline{\varphi(t) = \varphi_0 \cos\omega_0 t}$$

wobei

$$\underline{\omega_0 = \sqrt{\frac{3g}{2l}}}$$

ist. Für die Periodendauer gilt

$$\underline{T = 2\pi\sqrt{\frac{2l}{3g}}} = \underline{\underline{1,27\ \text{s}}}$$

AUFGABEN

W 1.1

Der Raddurchmesser einer Dampflokomotive ist d_0. Es wird angenommen, daß der Kolben der Dampfmaschine, durch den die Räder angetrieben werden, eine harmonische Schwingung ausführt. Der maximale Kolbenhub ist h.

Wie groß sind bei einer Geschwindigkeit v_0 der Lokomotive

a) die maximale Kolbengeschwindigkeit v_m und

b) die maximale Kolbenbeschleunigung a_m?

$d_0 = 230$ cm $\quad h = 64,0$ cm
$v_0 = 120$ km/h

W 1.2

Bei einer Schwingung der Kreisfrequenz ω_0 sind zum Zeitpunkt $t_0 = 0$ die Elongation x_0 und die Geschwindigkeit v_{x0} gemessen worden. Welche Werte haben der Nullphasenwinkel α und die Amplitude x_m?

$\omega_0 = 90\ \text{s}^{-1} \quad x_0 = 2,00$ cm
$v_{x0} = 3,00$ m/s

W 1.3

Ein Schüttelsieb führt in senkrechter Richtung harmonische Schwingungen mit der Amplitude x_m aus. Wie groß muß die Frequenz f mindestens sein, damit Steine, die auf dem Sieb liegen, sich von diesem lösen?

$x_m = 50$ mm

W 1.4

Eine Tellerfederwaage hat bei der maximalen Belastung mit der Masse m_0 die Auslenkung x_0. Die Waagschale hat die Masse m_1. Es wird ein Körper der Masse $m_2 < m_0$ auf die leere Schale gelegt.

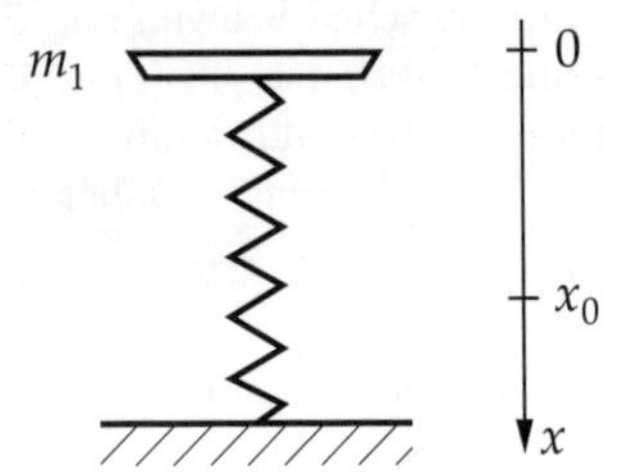

a) Bis zu welcher Stelle x_1 wird die Waage ausgelenkt?

b) Bis zu welcher Auslenkung x_2 muß man die Waage niederdrücken, wenn sich nach dem Loslassen der Körper während der anschließenden Bewegung gerade noch nicht von der Waagschale ablösen soll?

$m_0 = 10$ kg $m_1 = 200$ g $m_2 = 900$ g
$x_0 = 50$ mm

W 1.5

Eine Last der Masse m hängt an der Laufkatze eines Kranes und wird mit der Geschwindigkeit v_0 horizontal bewegt. Der Schwerpunktabstand der Last vom Anhängepunkt ist l. Beim plötzlichen Stoppen der Laufkatze beginnt die Last zu schwingen.

a) Wie groß ist die größte Beanspruchung (Kraft F_m) des Seiles?

b) Mit welcher Amplitude x_m schwingt die Last?

$m = 10$ t $v_0 = 1{,}0$ m/s $l = 5{,}0$ m

W 1.6

Durch Anhängen einer Last der Masse m_1 an einen Kranhaken der Masse m_0 dehnt sich das Seil um die Strecke Δl. Mit welcher Frequenz f kann die Last vertikale Schwingungen ausführen? Die Masse des Seiles und Reibungseinflüsse werden nicht berücksichtigt.

$m_1 = 1050$ kg $m_0 = 60$ kg
$\Delta l = 32$ mm

W 1.7

Zur Bestimmung des Trägheitsmomentes J_1 eines Körpers wird ein Drehtisch mit Drillachse verwendet. Zunächst werden die Periodendauer T_0 der Schwingung des Drehtisches allein und das Richtmoment D bestimmt. Nach Auflegen des Körpers und Justieren seiner Achse in bezug auf die des Drehtisches wird die Periodendauer T_1 bestimmt. Berechnen Sie J_1 aus den Meßgrößen!

$T_0 = 0{,}444$ s $D = 2{,}00$ N · m/rad
$T_1 = 1{,}539$ s

W 1.8

Die Bewegung eines Fadenpendels (mathematisches Pendel) der Länge l soll durch den Auslenkwinkel φ beschrieben werden.

a) Wie groß ist der Betrag F_s der Kraft in Bahnrichtung bei einem beliebigen Winkel φ?

b) Wie lautet die Differentialgleichung der Schwingung, wenn man große Ausschläge zuläßt?

c) Unter welcher Bedingung geht die Differentialgleichung in b) in die Differentialgleichung der harmonischen Schwingung des Pendels über? Wie lautet diese?

d) Bestimmen Sie aus der Differentialgleichung der harmonischen Schwingung die Kreisfrequenz ω_0!

W 1.9

In einem U-Rohr aus Glas befindet sich Quecksilber. Infolge eines Überdrucks auf der verschlossenen Seite ist die Flüssigkeit auf beiden Seiten um den Betrag x_m von der Ruhelage $x = 0$ entfernt. Zur Zeit $t = 0$ wird der Verschluß geöffnet, und die Quecksilbersäule (Länge l) beginnt zu schwingen.

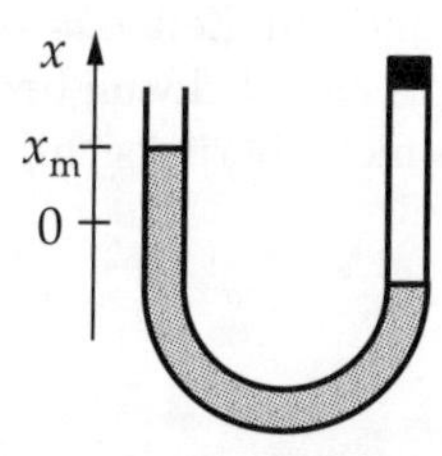

a) Stellen Sie die Bewegungsgleichung auf und leiten Sie daraus die Formel für die Schwingungsdauer T der Quecksilbersäule ab!

b) Welche maximale Geschwindigkeit $v_{x\mathrm{m}}$ hat die Säule?

c) Wie groß ist die Beschleunigung a_{x0} zur Zeit $t = 0$?

d) Wie groß ist die Beschleunigung a_{x1} zur Zeit $t = T/4$?

$l = 34{,}2$ cm $x_{\mathrm{m}} = 3{,}5$ cm

W 1.10

Ein dünner Stab (Masse m, Länge l) ist um die Achse A drehbar gelagert und kann unter dem Einfluß der Feder (k) Drehschwingungen ausführen.

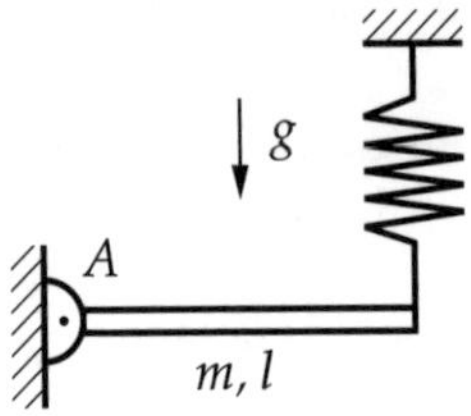

Für kleine Ausschläge ist

a) die Bewegungsgleichung der Schwingung unter Verwendung des Auslenkwinkels φ aufzustellen,

b) eine Beziehung für die Periodendauer T herzuleiten!

W 1.11

Ein einseitig eingespannter Stahlträger senkt sich infolge der Belastung mit einem Körper der Masse m_1 am freien Ende von $y = 0$ auf $y = y_1$. Wird ein zweiter Körper (Masse m_2) am Ort y_1 auf den ersten Körper gebracht und zur Zeit $t = 0$ freigelassen, so beginnt eine Schwingbewegung. (Trägermasse nicht berücksichtigen.)

a) An welchem Ort y_2 befindet sich die Gleichgewichtslage der Schwingung?

b) Wie groß ist die Amplitude y_{m} der Schwingung?

c) Wo liegt der untere Umkehrpunkt y_3?

d) Welchen Wert hat die Kreisfrequenz ω_0?

e) An welchem Ort y_4 befinden sich die Körper (m_1 und m_2) zur Zeit t_4?

f) Welche Geschwindigkeit v_{y4} haben die Körper zur Zeit t_4?

$m_1 = 20{,}5$ kg $m_2 = 15{,}3$ kg
$y_1 = 9{,}5$ cm $t_4 = 3{,}0$ s

W 1.12

Man bestimme die Frequenz f des skizzierten Systems für kleine Ausschläge. Es werde angenommen, daß die Schwingungen in der Zeichenebene stattfinden.

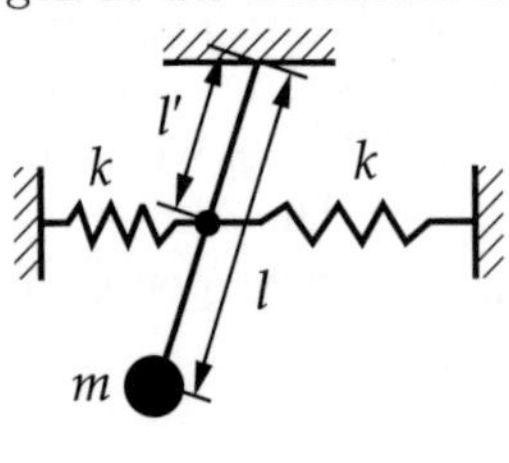

W 2 Gedämpfte Schwingungen

GRUNDLAGEN

1 Bewegungsgleichung für lineare Schwingungen

Tritt bei einer anfangs harmonischen Schwingung zusätzlich Reibung auf, dann geht diese in eine **gedämpfte Schwingung** über. In der Bewegungsgleichung muß dabei außer der rücktreibenden Kraft noch eine Reibungskraft berücksichtigt werden, die in vielen Fällen (innere Reibung im umgebenden Medium des schwingenden Körpers) der Geschwindigkeit proportional und dieser stets entgegen gerichtet ist.

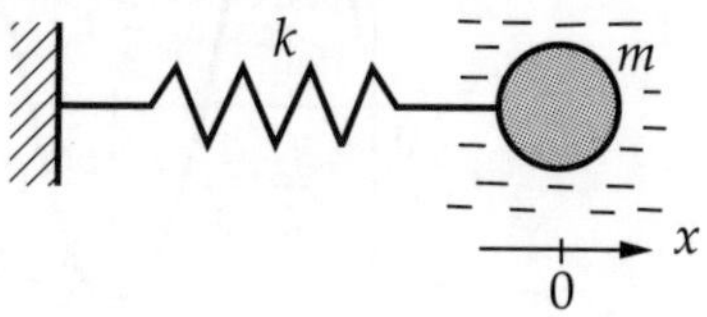

Die Bewegungsgleichung eines gedämpften Federschwingers lautet in diesem Fall

$$ma_x = -kx - rv_x$$

r ist eine Reibungskonstante. Die Ort-Zeit-Funktion $x(t)$ der gedämpften Schwingung ist dementsprechend die Lösung der Differentialgleichung

$$\ddot{x} + \frac{r}{m}\dot{x} + \frac{k}{m}x = 0$$

in der die Konstanten m, r und k durch die experimentelle Anordnung festgelegt sind. Sie hat die Form

$$x(t) = x_\mathrm{A}\,\mathrm{e}^{-\delta t}\cos(\omega t + \alpha)$$

und stellt eine Schwingung der Kreisfrequenz ω mit exponentiell abnehmender Amplitude dar. Die Richtigkeit dieser Lösung bestätigt man durch Einsetzen in die Differentialgleichung. Dabei stellt sich heraus, daß die Kreisfrequenz ω und die **Abklingkonstante** δ durch m, r und k festgelegt sind:

$$\delta = \frac{r}{2m} \quad \text{und} \quad \omega = \sqrt{\frac{k}{m} - \left(\frac{r}{2m}\right)^2}$$

Die Konstanten x_A und α in der Ort-Zeit-Funktion werden aus den Anfangsbedingungen der Bewegung bestimmt. Sie treten in der Bewegungsgleichung nicht auf.
Ersetzt man die Konstanten m, r und k in der Bewegungsgleichung durch ω und δ, so erhält man eine verallgemeinerte **Schwingungsdifferentialgleichung**, die für viele Vorgänge angewendet werden kann, bei denen in der Natur gedämpfte Schwingung auftreten (z. B. elektrischer Schwingkreis). Sie lautet

$$\boxed{\ddot{x} + 2\delta\dot{x} + \omega_0^2 x = 0}$$

wobei x gegebenenfalls durch eine andere, dem Sachverhalt entsprechende physikalische Größe ersetzt wird (z. B. Winkel φ bei der Drehschwingung) und ω_0 die Kreisfrequenz der ungedämpften Schwingung bedeutet: ω_0 ist mit ω und δ durch die Beziehung

$$\omega^2 = \omega_0^2 - \delta^2$$

verknüpft.

2 Ort-Zeit-Funktion

Die Ort-Zeit-Funktion der gedämpften Schwingung, die mit einer speziellen Anfangsphase z. B. die Gestalt

$$x = x_{\mathrm{A}}\,\mathrm{e}^{-\delta t} \sin \omega t$$

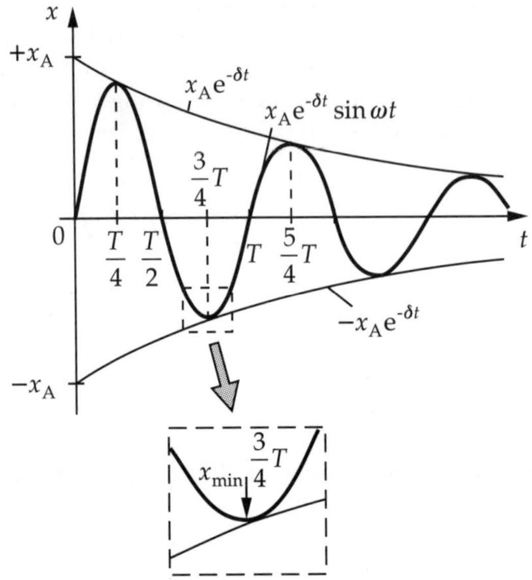

annehmen kann, hat folgende Eigenschaften: Der Funktionsverlauf wird durch zwei exponentielle Abklingfunktionen

$$x = \pm x_{\mathrm{A}}\,\mathrm{e}^{-\delta t}$$

eingehüllt. Nullstellen und Berührungsstellen folgen in gleichen Zeitabständen $T/4$ aufeinander. Die Schwingungsmaxima bzw. -minima fallen nicht mit den Berührungsstellen zusammen. Das Verhältnis zweier beliebiger, im Zeitabstand T voneinander auftretender Elongationen (z. B. Maxima in zwei aufeinanderfolgenden Perioden) ist konstant:

$$\frac{x(t+T)}{x(t)} = \mathrm{e}^{-\delta T}$$

Für den Zeitabstand nT gilt entsprechend

$$\frac{x(t+nT)}{x(t)} = \frac{x_{i+n}}{x_i} = \mathrm{e}^{-n\delta T}$$

Das Produkt

$$\Lambda = \delta T = \ln \frac{x_i}{x_{i+1}}$$

heißt **logarithmisches Dekrement** der Schwingung.

KONTROLLFRAGEN

W 2-1
Zeigen Sie, daß für die gedämpfte Schwingung $x = x_A \, e^{-\delta t} \cos \omega t$ die Beziehung $x(t+T) = x(t) \, e^{-\delta T}$ erfüllt ist!

W 2-2
Wie kann man durch Beobachten der Ort-Zeit-Funktion einer gedämpften Schwingung die Abklingkonstante δ bestimmen?

W 2-3
Welche Formen der gedämpften Schwingung ergeben sich für die Fälle: a) $\delta < \omega_0$; b) $\delta = \omega_0$; c) $\delta > \omega_0$?

W 2-4
Ein Federschwinger wird durch die Gleitreibung zwischen der schwingenden Punktmasse und ihrer horizontalen Unterlage gedämpft. Gilt für die Bewegung die Ort-Zeit-Funktion
$x(t) = x_A \, e^{-\delta t} \cos(\omega t + \alpha)$?

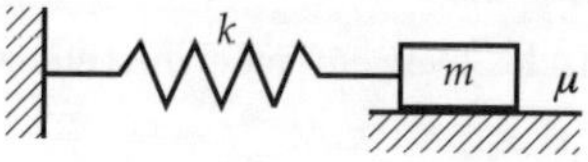

W 2-5
Die Differentialgleichung für die Stromstärke im elektrischen Schwingkreis lautet

$$L \frac{d^2 I}{dt^2} + R \frac{dI}{dt} + \frac{1}{C} I = 0$$

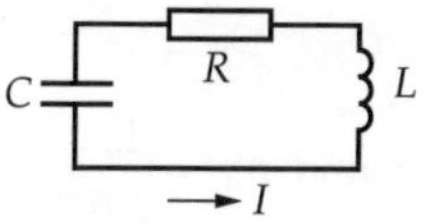

Wie groß sind die Kreisfrequenz ω und die Abklingkonstante δ der gedämpften Schwingung?

BEISPIELE

1. Abklingvorgang

Bei einer gedämpften Schwingung wird das Maximum der Elongation am Ende der 10. Periode zu x_{10} und am Ende der 15. Periode zu x_{15} auf der gleichen Seite der Auslenkung ermittelt.

a) Wie groß ist das Verhältnis zweier aufeinanderfolgender Maximalausschläge x_i / x_{i+1}?

b) Man berechne das logarithmische Dekrement Λ!

c) Am Ende welcher Periode n_h ist die maximale Elongation auf die Hälfte der maximalen Anfangselongation x_0 abgeklungen?

d) Wie groß ist die Abklingkonstante δ, wenn das Abklingen von x_{10} auf x_{15} in der Zeit Δt erfolgt?

e) Es soll die Kreisfrequenz ω_0 der ungedämpften Schwingung berechnet und mit der Kreisfrequenz ω der gedämpften Schwingung verglichen werden.

$x_{10} = 264$ mm $\quad x_{15} = 220$ mm $\quad \Delta t = 2{,}5$ s

Lösung

a) Für das Verhältnis zweier aufeinanderfolgender maximaler Ausschläge auf der gleichen Seite gilt

$$\frac{x_i}{x_{i+1}} = e^{\delta T}$$

Gegeben sind aber x_{10} und x_{15}, und damit ist das Verhältnis

$$\frac{x_{10}}{x_{15}} = e^{5\delta T}$$

bekannt. Potenziert man die erste Gleichung mit 5, so kann aus beiden durch Eliminieren von $e^{5\delta t}$ die Beziehung

$$\frac{x_{10}}{x_{15}} = \left(\frac{x_i}{x_{i+1}}\right)^5$$

gewonnen werden. Folglich ist

$$\underline{\frac{x_i}{x_{i+1}} = \sqrt[5]{\frac{x_{10}}{x_{15}}}} = \underline{\underline{1,04}}$$

b) Das logarithmische Dekrement ermitteln wir aus $\frac{x_{10}}{x_{15}} = \mathrm{e}^{5\delta T}$: Es ist

$$5\delta T = \ln \frac{x_{10}}{x_{15}}$$

also

$$\underline{\Lambda = \delta T = \frac{1}{5} \ln \frac{x_{10}}{x_{15}}} = \underline{\underline{0,036}}$$

c) Für das Abklingen der Schwingung auf den halben Wert der maximalen Anfangsauslenkung gilt

$$\frac{x_0}{x_0/2} = \mathrm{e}^{n_\mathrm{h} \Lambda}$$

Damit wird $n_\mathrm{h}\Lambda = \ln 2$ und $n_\mathrm{h} = \frac{\ln 2}{\Lambda} = 19,3$, d. h.; die Forderung der Aufgabe ist am besten für

$$\underline{\underline{n_\mathrm{h} = 19}}$$

erfüllt, aber exakt nicht erfüllbar.

d) Zunächst ist $T = \Delta t/5 = 0,5$ s. Damit wird

$$\underline{\delta = \Lambda/T} = \underline{\underline{0,072\ \mathrm{s}^{-1}}}$$

e) Es ist $\omega^2 = \omega_0^2 - \delta^2$. Daraus folgt

$$\omega_0 = \sqrt{\omega^2 + \delta^2} = \sqrt{\left(\frac{2\pi}{T}\right)^2 + \delta^2}$$

Da hier $2\pi/T \gg \delta$ ist, ergibt sich

$$\underline{\omega_0 \approx \omega = \frac{2\pi}{T}} = \underline{\underline{12,6\ \mathrm{s}^{-1}}}$$

Es handelt sich um eine schwach gedämpfte Schwingung.

2. Konstanten der Schwingungsgleichung

Zeigen Sie durch Rechnung, daß die Beziehungen

$$\delta = \frac{r}{2m} \quad \text{und} \quad \omega = \sqrt{\omega_0^2 - \delta^2} = \sqrt{\frac{k}{m} - \left(\frac{r}{2m}\right)^2} > 0$$

aus der Differentialgleichung für die gedämpfte Federschwingung

$$m\ddot{x} + r\dot{x} + kx = 0$$

zu gewinnen sind!

Lösung

In der Differentialgleichung $m\ddot{x} + r\dot{x} + kx = 0$ sind enthalten

$$x = x_\mathrm{A}\, \mathrm{e}^{-\delta t} \cos(\omega t + \alpha)$$

$$\dot{x} = x_\mathrm{A} \left[-\delta\, \mathrm{e}^{-\delta t} \cos(\omega t + \alpha) - \omega\, \mathrm{e}^{-\delta t} \sin(\omega t + \alpha)\right]$$

$$\ddot{x} = x_\mathrm{A} \left[\delta^2\, \mathrm{e}^{-\delta t} \cos(\omega t + \alpha) + 2\omega\delta\, \mathrm{e}^{-\delta t} \sin(\omega t + \alpha) - \omega^2\, \mathrm{e}^{-\delta t} \cos(\omega t + \alpha)\right]$$

Da die Summe der Glieder gleich Null sein muß, gilt nach Kürzen des Faktors $x_A\,e^{-\delta t}$ und Ausklammern der harmonischen Funktionen $\cos(\omega t+\alpha)$ und $\sin(\omega t+\alpha)$

$$[k - r\delta + m(\delta^2 - \omega^2)]\cos(\omega t+\alpha) + [-r\omega + 2m\omega\delta]\sin(\omega t+\alpha) = 0$$

Da diese Gleichung für alle Zeiten t zu gelten hat, müssen die Koeffizienten der harmonischen Funktionen (in den eckigen Klammern) einzeln verschwinden. Also ist

$$k - r\delta + m(\delta^2 - \omega^2) = 0 \quad \text{und} \quad -r + 2m\delta = 0$$

Aus der zweiten Gleichung folgt sofort $\delta = r/(2m)$: das wird in die erste Gleichung eingesetzt. Dadurch gewinnt man $\omega^2 = k/m - [r/(2m)]^2$ Die gesuchten Beziehungen lauten:

$$\underline{\delta = \frac{r}{2m}} \quad \text{und} \quad \underline{\omega = \sqrt{\frac{k}{m} - \left(\frac{r}{2m}\right)^2}}$$

Ergänzende Bemerkung: Falls die Abklingkonstante so groß ist, daß der Radikand in der Formel für ω gleich oder kleiner Null wird, führt das System keine Schwingungen aus. Vielmehr bewegt es sich nach einer anfänglichen Auslenkung monoton zur Ruhelage hin. Diese Bewegung heißt **aperiodischer Grenzfall** für $\delta = \omega_0$ und **Kriechfall** für $\delta > \omega_0$.

AUFGABEN

W 2.1

Eine Kugel der Masse m führt, an einer Feder der Federkonstanten k hängend, in einem Ölbad gedämpfte Schwingungen aus. Für die Reibungskraft gilt $F_{Rx} = -rv_x$. Die Trägheit der Flüssigkeit wird nicht berücksichtigt. Die Ort-Zeit-Funktion dieser schwach gedämpften Schwingung ist

$$x = x_A\,e^{-\delta t}\sin(\omega t+\alpha)$$

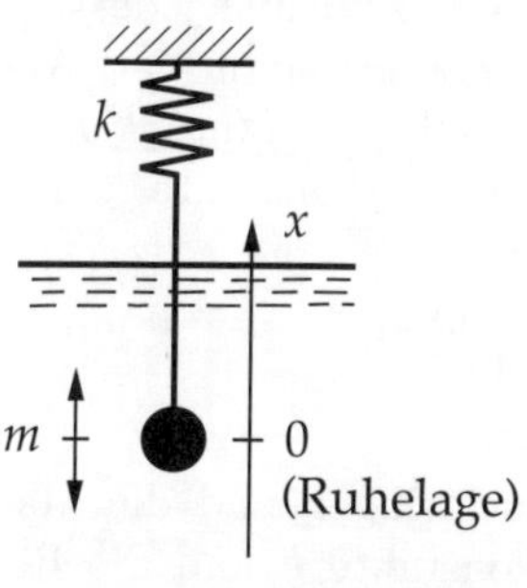

a) Man stelle die Bewegungsgleichung auf!

b) Man bestimme die Kreisfrequenz ω und die Abklingkonstante δ!

c) Welche Werte haben die Konstanten x_A und α, wenn die Bewegung zur Zeit $t = 0$ bei $x = 0$ mit der Geschwindigkeit $v_{x0} > 0$ beginnt? Stellen Sie mit diesen Werten die Ort-Zeit-Funktion in möglichst übersichtlicher Form dar!

d) Zu welchen Zeitpunkten $t_n (n = 0, 1, 2, \ldots)$ treten Maxima der Elongation auf? (Man mache sich ihre Lage im $x(t)$-Diagramm klar.)

e) Wie groß ist das Verhältnis zweier aufeinanderfolgender Maximalausschläge x_{n+1}/x_n?

f) Welche dynamische Viskosität η besitzt das Öl? Die Dichte ϱ_K der Kugel ist bekannt.

g) Wie groß müßte die Federkonstante k' sein, damit sich die Kugel im aperiodischen Grenzfall bewegt?

$m = 250$ g $\quad k = 50$ N/m $\quad r = 377$ g/s
$v_{x0} = 112$ cm/s $\quad \varrho_K = 2{,}7$ g/cm^3

W 2.2

Eine Last hängt an einem Kran und führt gedämpfte Schwingungen aus. Nach 10 Schwingungen ist die Amplitude x_{10}. Nach weiteren 5 Schwingungen ist sie auf x_{15} abgeklungen. Der Abstand des Lastschwerpunktes vom Aufhängepunkt am Kran ist l.

a) Mit welcher Amplitude x_0 hat die Schwingung begonnen?
b) Nach insgesamt wieviel Schwingungen (n) ist die Amplitude kleiner als $\tilde{x}$ geworden?
c) Man schätze die Zeit t_n ab, die es insgesamt dauert, bis die Amplitude x_n erreicht wird! (Hinweis: $\omega \approx \omega_0$.)
d) Man berechne die Abklingkonstante δ für $\omega \approx \omega_0$!

$x_{10} = 46,0$ cm $\quad x_{15} = 37,6$ cm
$l = 5,00$ m $\quad \tilde{x} = 10$ cm

W 2.3
Eine Quecksilbersäule (Länge l, Viskosität η, Dichte ϱ) schwingt in einem U-Rohr aus Glas (Innendurchmesser d).

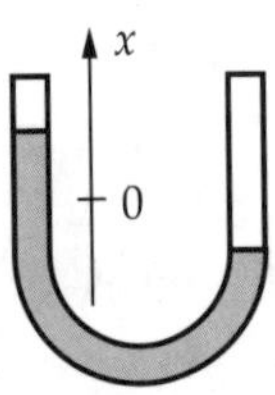

a) Stellen Sie aus der Bewegungsgleichung die Schwingungsdifferentialgleichung auf!
b) Bestimmen Sie die Abklingkonstante δ, die Kreisfrequenz ω und das logarithmische Dekrement Λ!
c) In welcher Zeit t_H ist die Amplitudenfunktion auf die Hälfte abgeklungen, und wieviele Schwingungen (Anzahl N) finden innerhalb der Zeit t_H statt?

$\eta = 15,7 \cdot 10^{-4}$ Pa · s
$\varrho = 13,6 \cdot 10^3$ kg/m^3
$d = 5,0$ mm $\quad l = 40,0$ cm

W 2.4
Eine dünne Halbschale (Wanddicke d, Dichte ϱ) führt in einem Hohlzylinder nach einer maximalen Auslenkung φ_m gedämpfte Schwingungen aus. Der Spalt zwischen Hohlzylinder und Halbschale hat die Breite b, das Öl die Viskosität η. Im Spalt ist ein lineares Geschwindigkeitsgefälle vorauszusetzen.

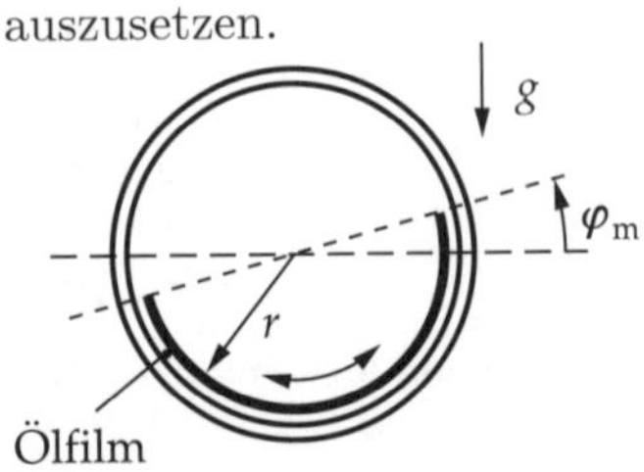

a) Man stelle aus der Bewegungsgleichung die Schwingungsdifferentialgleichung für kleine Auslenkwinkel φ auf!
b) Man bestimme die Abklingkonstante δ!
c) Wie groß muß der Radius r der Halbschale gewählt werden, damit sich der aperiodische Grenzfall einstellt?

$d = 3,00$ mm $\quad \varrho = 8,3$ g/cm^3
$b = 200$ µm $\quad \eta = 0,10$ Pa · s $\quad \varphi_m \ll 1$

W 2.5
Federn und Stoßdämpfer eines kleinen LKW werden so berechnet, daß sich die Karosserie bei voller Zuladung (Masse m) um eine vorgegebene Strecke s senkt und daß die Räder (Radmasse m_R) bei Stößen im aperiodischen Grenzfall schwingen. Es soll vorausgesetzt werden, daß alle vier Räder gleich belastet sind und jedes Rad einzeln gefedert und gedämpft ist. Wie groß müssen die Federkonstante k einer Feder und die Reibungskonstante r eines Stoßdämpfers sein?

$m = 1,8$ t $\quad m_R = 40$ kg $\quad s = 100$ mm

W 2.6
Bei einem Federschwinger sind die Masse m, die Federkonstante k und die Reibungskonstante r bekannt. Zur Zeit $t = 0$ beträgt die Elongation $x(0) = x_0$.
a) Wie groß sind die Schwingungsdauer T und das logarithmische Dekrement Λ?
b) Berechnen Sie die Elongationen $x(T)$ und $x(2T)$!

$m = 30$ g $\quad k = 1,5$ N/m
$r = 0,12$ N · s/m $\quad x_0 = 35$ mm

W 2.7

Ein Körper (Masse m) führt an einer Feder (Federkonstante k) gedämpfte Schwingungen aus. Die Reibungskonstante des Dämpfers ist r.

a) In welcher Zeit t_n finden n volle Schwingungen statt?

b) Auf welchen Bruchteil der Anfangsamplitude x_0 verringert sich dabei die Amplitude der Schwingung?

$m = 10$ kg $\quad k = 2,5$ kN/m
$r = 4,6$ N · s/m $\quad n = 25$

W 2.8

Bei einem an einer Feder schwingenden Körper der Masse m werden das Verhältnis zweier aufeinanderfolgender Amplituden $\frac{x_{n+1}}{x_n}$ und die Schwingungsdauer T gemessen. Berechnen Sie daraus die Federkonstante k und die Reibungskonstante r des schwingenden Systems!

$m = 2,0$ kg $\quad \frac{x_{n+1}}{x_n} = \frac{2}{3} \quad T = 0,60$ s

W 2.9

An einer Schwingtür, die in bezug auf ihre vertikale Drehachse das Trägheitsmoment J besitzt und von einer Feder mit dem Richtmoment D zur Ruhelage zurückgezogen wird, ist ein Öldämpfer (Reibungskonstante r_0) angebracht, der im Abstand l von der Türachse mit einer tangentialen Kraft $F_\mathrm{R} = r_0 v$ angreift.

a) Geben Sie die Bewegungsgleichung an!

b) Wie groß muß die Abklingkonstante δ_0 der Tür sein, damit sich die Tür nach dem Öffnen so schnell wie möglich von selbst schließt, ohne sich über die Ruhelage hinauszubewegen?

c) Durch Ölverlust verringert sich die Reibungskonstante r des Öldämpfers auf $\eta = 80$ % des Sollwertes r_0. Mit welcher Periodendauer T und welchem Amplitudenverhältnis $\frac{\varphi_{n+1}}{\varphi_n}$ pendelt jetzt die Tür?

$J = 15,0$ kg · m^2 $\quad D = 60$ N · m

W 2.10

Bei einer gedämpften elektrischen Schwingung werden die Maximalwerte der Spannung nach 11 Schwingungen (U_{11}) und nach 15 Schwingungen (U_{15}) aus dem Oszillogramm bestimmt. Die Periodendauer der gedämpften Schwingung ist T.

a) Mit welchem Maximalwert U_0 hat die Schwingung begonnen?

b) Wie groß wäre die Periodendauer T_0 nach Beseitigen des Dämpfungswiderstandes?

$U_{11} = 32,5$ mV $\quad U_{15} = 1,16$ mV
$T = 125$ µs

W 3 Erzwungene Schwingungen

GRUNDLAGEN

1 Allgemeine Form der Differentialgleichung, stationäre Lösung

Wird einem gedämpften, schwingungsfähigen System periodisch Energie zugeführt, so führt es erzwungene Schwingungen aus. Die Energiezufuhr erfolgt durch eine Kraft (Erreger), die im einfachsten Fall eine harmonische Funktion der Zeit ist, z. B. $F_x = F_\mathrm{m} \cos \omega t$. Das führt in der verallgemeinerten Schwingungsdifferentialgleichung, die bei der gedämpften Schwingung eingeführt wurde, zu einem zeitabhängigen Zusatzglied:

$$\ddot{x} + 2\delta\dot{x} + \omega_0^2 x = \frac{F_\text{m}}{m}\cos\omega t$$

Die Ort-Zeit-Funktion der erzwungenen Schwingung

$$x(t) = x_\text{m}\cos(\omega t - \alpha)$$

ist die Lösung der Differentialgleichung für denjenigen Schwingungszustand, der sich nach Abklingen des Einflusses der Anfangsbedingungen einstellt. Das System schwingt in diesem eingeschwungenen Zustand, der auch als **stationärer Schwingungszustand** bezeichnet wird, mit der Kreisfrequenz ω des Erregers. Durch Einsetzen der Ort-Zeit-Funktion in die Differentialgleichung findet man für die Phasendifferenz α der Resonatorschwingung gegenüber der Erregerschwingung und für die Amplitude x_m:

$$\tan\alpha = \frac{2\omega\delta}{\omega_0^2 - \omega^2}$$

$$x_\text{m} = \frac{F_\text{m}/m}{\sqrt{(\omega_0^2 - \omega^2)^2 + (2\omega\delta)^2}}$$

2 Frequenzgang für Phase und Amplitude

Die Phasendifferenz α und die Amplitude x_m hängen von der Erregerfrequenz ω ab. Stellt man die Funktion $\alpha(\omega)$ und $x_\text{m}(\omega)$ grafisch dar, so beeinflußt die Abklingkonstante δ als Parameter die Kurvenform. Hier ist zunächst nur $\alpha(\omega)$ wiedergegeben.

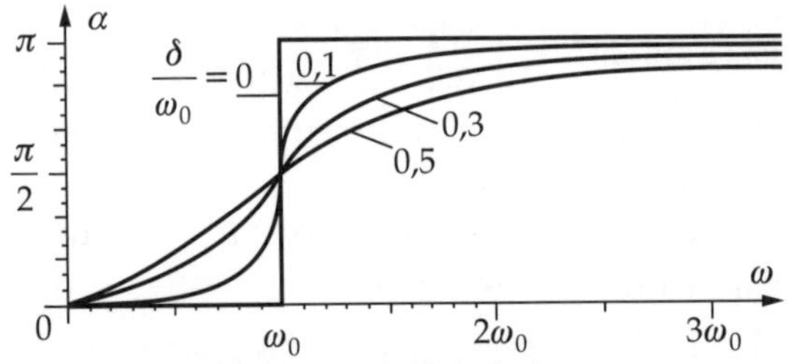

Der Verlauf der Funktion $x_\text{m}(\omega)$ hängt davon ab, auf welche Weise die erregende Kraft $F_\text{m}\cos\omega t$ erzeugt wird. Dabei können zwei grundsätzlich verschiedene Fälle auftreten, die am Beispiel des Federschwingers näher erläutert werden sollen.

3 Äußere Erregung

Bei einem gedämpften Federschwinger wird das freie Ende der Feder nach der harmonischen Funktion

$$\xi(t) = \xi_\text{m}\cos\omega t$$

zwangsweise bewegt.

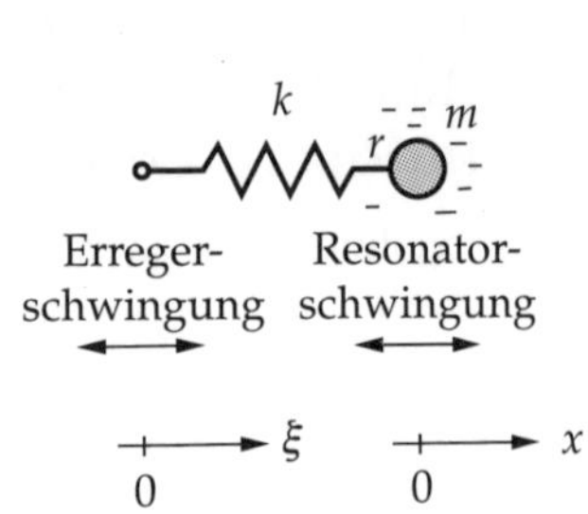

Die Feder sei entspannt, wenn zugleich $\xi = 0$ und $x = 0$ ist. Die Federkraft ist daher

$$F_x = -k(x - \xi)$$

Damit erhält die Bewegungsgleichung die Gestalt

$$ma_x = -k(x - \xi) - rv_x \quad \text{bzw.} \quad \ddot{x} + \frac{r}{m}\dot{x} + \frac{k}{m}x = \frac{k}{m}\xi_\mathrm{m}\cos\omega t$$

Der in der Amplitudenfunktion $x_\mathrm{m}(\omega)$ auftretende Faktor F_m/m wird durch Vergleich mit der verallgemeinerten Schwingungsdifferentialgleichung gefunden. Er ist nicht von ω abhängig:

$$\frac{F_\mathrm{m}}{m} = \frac{k}{m}\xi_\mathrm{m} = \omega_0^2\xi_\mathrm{m}$$

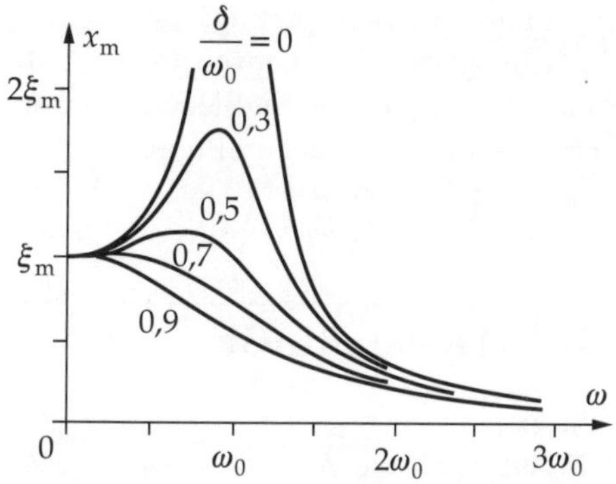

Die Funktion $x_\mathrm{m}(\omega)$ nimmt dabei bei $\omega = 0$ den Wert $x_\mathrm{m} = \xi_\mathrm{m}$ an. Sie hat ein Maximum bei der **Resonanzfrequenz** $\omega_\mathrm{R} < \omega_0$, das um so größer ist, je geringer die Dämpfung ist.
Bei sehr hohen Frequenzen ($\omega \to \infty$) bleibt der Resonator in Ruhe: $x_\mathrm{m} = 0$. Ist keine Dämpfung wirksam ($\delta = 0$), so wächst die Amplitude für $\omega = \omega_0$ über alle Grenzen; d. h., es gibt keine stationäre Schwingung. Dieser Fall wird als **Resonanzkatastrophe** bezeichnet. Auch bei praktisch vorkommenden Systemen, die niemals völlig dämpfungsfrei sind, kann die Amplitude im Resonanzfall so groß werden, daß das System zerstört wird.

4 Innere Erregung

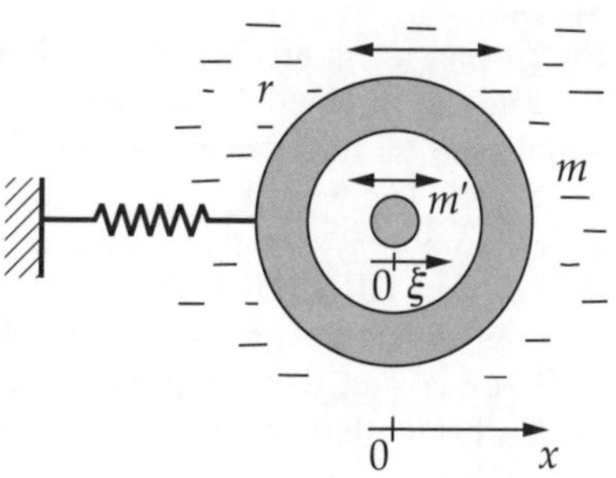

Die Masse m des gedämpften Federschwingers enthält eine Teilmasse m', die gegenüber der Rumpfmasse $(m - m')$ nach der harmonischen Funktion

$$\xi(t) = \xi_\mathrm{m}\cos\omega t$$

zwangsweise bewegt wird. (Eine solche innere Erregung tritt z. B. bei rotierenden Maschinenteilen auf, die eine Unwucht besitzen.) Die Rumpfmasse selbst folgt der Funktion $x(t)$.

Die äußeren Kräfte (Federkraft und Reibungskraft) bestimmen die Beschleunigung beider Teilmassen zusammen. Dabei hat die Rumpfmasse $(m - m')$ die Beschleunigung $\ddot{x}$ und die Teilmasse m' die Beschleunigung $(\ddot{x} + \ddot{\xi})$.
Es gilt

$$(m - m')\ddot{x} + m'(\ddot{x} + \ddot{\xi}) = -kx - r\dot{x}$$

Daraus folgt

$$\ddot{x} + \frac{r}{m}\dot{x} + \frac{k}{m}x = \frac{m'}{m}\omega^2\xi_\mathrm{m}\cos\omega t$$

Der Faktor F_m/m in der Amplitudenfunktion $x_m(\omega)$ ist hier von ω abhängig:

$$\frac{F_m}{m} = \frac{m'}{m}\omega^2\xi_m$$

Die Funktion $x_m(\omega)$ hat bei sehr kleinen Erregerfrequenzen ($\omega \to 0$) den Wert $x_m = 0$. Die Resonanzerscheinung ist der bei äußerer Erregung ähnlich, jedoch liegt die Resonanzfrequenz ω_R oberhalb der Eigenfrequenz ω_0 der ungedämpften Schwingung: $\omega_R > \omega_0$. Bei sehr großen Frequenzen ($\omega \to \infty$) nähert sich x_m einem endlichen Grenzwert, der nicht von ω_0 und δ abhängt:

$$x_m = \frac{m'}{m}\xi_m$$

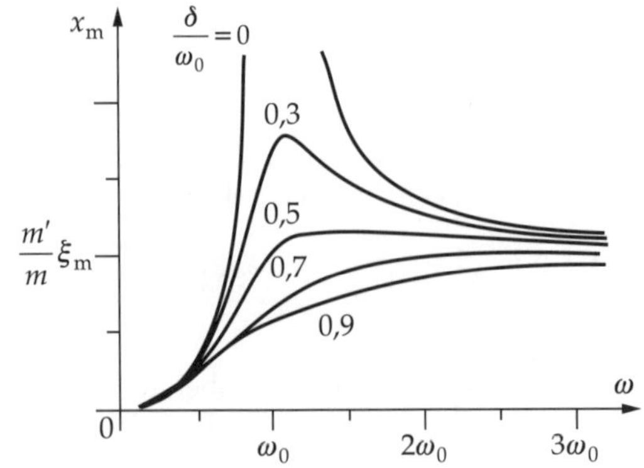

KONTROLLFRAGEN

W 3-1
Erläutern Sie die Wirkungsweise eines Zungenfrequenzmessers als Beispiel für ein mechanisches System, das durch periodische Zufuhr von Energie zu erzwungenen Schwingungen erregt wird!

W 3-2
Ein Körper hängt an einer Feder, deren oberes Ende nach einer Sinusfunktion mit der Amplitude ξ_m und der Kreisfrequenz ω bewegt wird. Die Schwingung des Resonators ist gedämpft ($\delta = 0,3\,\omega_0$). Entnehmen Sie den in den GRUNDLAGEN dargestellten Diagrammen, wie groß etwa die Phasendifferenz α und das Amplitudenverhältnis x_m/ξ_m bei der Kreisfrequenz $\omega = 2\,\omega_0$ sind!

W 3-3
Weisen Sie nach, daß bei äußerer Erregung für sehr kleine Frequenzen und beliebige Dämpfungen die Resonatoramplitude mit der Erregeramplitude übereinstimmt! Geben Sie dafür eine anschauliche Erklärung!

W 3-4
Weisen Sie nach, daß bei äußerer Erregung und bei beliebiger Dämpfung die Resonatoramplitude verschwindet, wenn die Erregerfrequenz sehr groß wird! Geben Sie dafür eine anschauliche Erklärung!

W 3-5
Weisen Sie nach, daß bei innerer Erregung die Resonatoramplitude einen endlichen Wert annimmt, wenn die Erregerfrequenz sehr groß wird! Berechnen Sie diesen Wert! Erklären Sie ihn anschaulich!

W 3-6
Diskutieren Sie, welche Werte die Amplitude x_m und die Phasendifferenz α bei einer erzwungenen Schwingung ohne Dämpfung ($\delta = 0$) annehmen! Gehen Sie dazu von der Schwingungsdifferentialgleichung aus und benutzen Sie den Lösungssatz $x = \pm x_m \cos \omega t$! Beachten Sie, daß eine Amplitude (x_m) definitionsgemäß stets positiv ist.

BEISPIELE

1. Äußere Erregung

Bei einem schwingungsfähigen System seien m, k und r gegeben. Es wird von außen erregt, wobei ξ_m konstruktiv festgelegt ist.

a) Berechnen Sie die Resonanzfrequenz ω_R!

b) Berechnen Sie das Verhältnis Resonanzamplitude $x_\mathrm{m}(\omega_\mathrm{R})$ zu Erregeramplitude ξ_m!

c) Welche Frequenzänderung erfährt der im Resonanzfall schwingende Resonator, wenn er nach Abschalten des Erregers freie Schwingungen ausführt?

Lösung

a) Im Resonanzfall ($\omega = \omega_\mathrm{R}$) liegt das Maximum der Kurve $x_\mathrm{m}(\omega)$ vor. Es ergibt sich aus dem Minimum des Radikanden in der Formel für x_m:

$$\frac{\mathrm{d}}{\mathrm{d}\omega}[(\omega_0^2 - \omega^2)^2 + 4\delta^2\omega^2] = 2(\omega_0^2 - \omega^2)(-1)2\omega + 4\delta^2 \cdot 2\omega = 0$$

Division durch 4ω ergibt

$$-\omega_0^2 + \omega^2 + 2\delta^2 = 0$$

Daraus folgt

$$\omega_\mathrm{R} = \sqrt{\omega_0^2 - 2\delta^2}$$

Da m, r und k gegeben sind, werden die Beziehungen $\omega_0^2 = \dfrac{k}{m}$ und $\delta = \dfrac{r}{2m}$ verwendet. Es entsteht

$$\underline{\omega_\mathrm{R} = \sqrt{\frac{k}{m} - \frac{r^2}{2m^2}}}$$

b) Für den Fall der äußeren Erregung gilt $\dfrac{F_\mathrm{m}}{m} = \dfrac{k\xi_\mathrm{m}}{m} = \omega_0^2\xi_\mathrm{m}$. Daher ist

$$\frac{x_\mathrm{m}(\omega_\mathrm{R})}{\xi_\mathrm{m}} = \frac{\omega_0^2}{\sqrt{(\omega_0^2 - \omega_\mathrm{R}^2)^2 + 4\omega_\mathrm{R}^2\delta^2}}$$

Mit Benutzung der Beziehung $\omega_\mathrm{R}^2 = \omega_0^2 - 2\delta^2$ wird zunächst der Radikand vereinfacht, wobei sich der Ausdruck $4\omega_0^2\delta^2 - 4\delta^4$ ergibt. Dadurch entsteht

$$\underline{\frac{x_\mathrm{m}(\omega_\mathrm{R})}{\xi_\mathrm{m}} = \frac{1}{\dfrac{2\delta}{\omega_0}\sqrt{1 - \dfrac{\delta^2}{\omega_0^2}}} = \frac{1}{\dfrac{r}{m}\sqrt{\dfrac{m}{k}}\sqrt{1 - \dfrac{r^2}{4km}}}}$$

c) Die freie Schwingung des Systems hat die Frequenz

$$\omega_\mathrm{f} = \sqrt{\omega_0^2 - \delta^2}$$

Sie ist größer als die Resonanzfrequenz $\omega_\mathrm{R} = \sqrt{\omega_0^2 - 2\delta^2}$. Die gesuchte Frequenzänderung ist daher

$$\underline{\Delta\omega = \omega_\mathrm{f} - \omega_\mathrm{R}}$$

2. Innere Erregung

Ein Elektromotor der Masse m ist am Ende eines fest in der Wand eingelassenen horizontalen Trägers der Länge l montiert. Die Drehzahl des Motors ist f. Der Massenmittelpunkt des Ankers (m_2) liegt im Abstand ε von der Drehachse. Welches Flächenmoment J_F muß der Träger mindestens haben, wenn die Amplitude der erzwungenen Schwingung bei vernachlässigbarer

Dämpfung den Wert x_m nicht übersteigen soll? (Die Masse des Trägers wird nicht berücksichtigt.)

$m = 1\,200$ kg $l = 1{,}5$ m $f = 1\,500\ \text{min}^{-1}$ $m_2 = 200$ kg $\varepsilon = 1{,}0$ mm $x_m = 0{,}5$ mm
E-Modul des Trägermaterials $E = 200$ GPa

Lösung

Das mit dem Motorgehäuse (Masse $m_1 = m - m_2$) fest verbundene Trägerende kann in vertikaler Richtung schwingen. Dabei verformt sich der Träger elastisch. Aus der Formel für den Biegungspfeil dieses „einseitig eingespannten Balkens" (hier in x-Richtung)

$$x = \frac{l^3}{3EJ_F} F_x \quad \text{mit} \quad F_x = kx$$

ergibt sich die Federkonstante des Systems

$$k = 3EJ_F/l^3$$

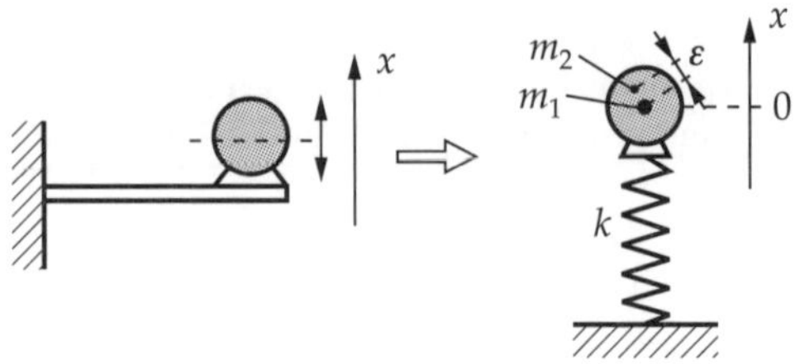

Die Bewegung des Trägerendes ist eine erzwungene Schwingung mit innerer Erregung. Die kinematischen Beziehungen und das Aufstellen der Bewegungsgleichung können aus den GRUNDLAGEN übernommen werden. Die Dämpfung ist zu vernachlässigen. Daher lautet die Bewegungsgleichung

$$\ddot{x} + \frac{k}{m}x = \frac{m_2}{m}\omega^2 \varepsilon \cos \omega t = \frac{F_m}{m} \cos \omega t$$

Für die Amplitude x_m ergibt sich mit der Beziehung $\omega_0^2 = \dfrac{k}{m} = \dfrac{3EJ_F}{ml^3}$ und mit $\delta = 0$:

$$x_m = \frac{F_m/m}{|\omega_0^2 - \omega^2|} = \frac{\varepsilon m_2 \omega^2}{m|\omega_0^2 - \omega^2|} = \frac{\varepsilon m_2 \omega^2}{\left|\dfrac{3EJ_F}{l^3} - m\omega^2\right|}$$

Da der zulässige Höchstwert ($x_m = 0{,}5$ mm) der Schwingungsamplitude größer als $\varepsilon m_2/m = 0{,}17$ mm ist, gibt es zwei verschiedene Erregerfrequenzen, bei denen dieser Wert erreicht wird. Jedoch kann nur die Frequenz $\omega < \omega_0$ verwendet werden. Die Verwendung von $\omega > \omega_0$ würde beim Anlaufen oder beim Abschalten des Motors eine Überschreitung der Amplitudenwerte ergeben. Das muß unbedingt vermieden werden. Damit können in der Formel für x_m die Betragsstriche weggelassen werden:

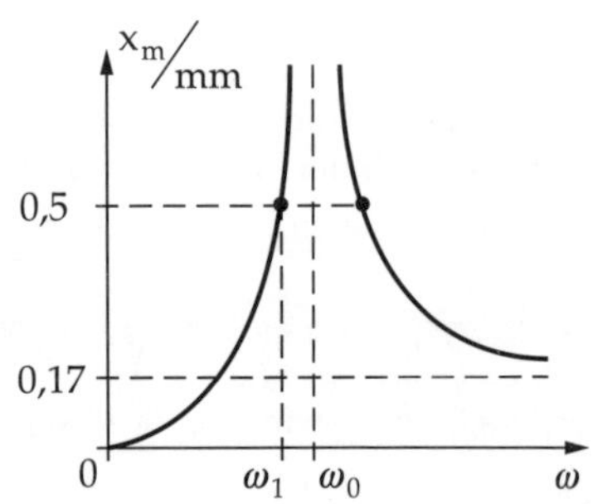

$$x_m = \frac{\varepsilon}{\dfrac{3EJ_F}{m_2 l^3 \omega^2} - \dfrac{m}{m_2}}$$

Aus dieser Formel kann J_F so bestimmt werden, daß bei der vorgeschriebenen Betriebsfrequenz ω die Amplitude x_m den vorgeschriebenen Wert besitzt. Es ist

$$\frac{3EJ_F}{m_2 l^3 \omega^2} - \frac{m}{m_2} = \frac{\varepsilon}{x_m}$$

$$J_F = \frac{m_2 l^3 \omega^2}{3E}\left(\frac{\varepsilon}{x_m} + \frac{m}{m_2}\right)$$

$$\underline{J_F = \frac{4\pi^2 f^2 l^3}{3E}\left(m + m_2 \frac{\varepsilon}{x_m}\right)} = \underline{\underline{2{,}2 \cdot 10^{-4}\ \text{m}^4}}$$

AUFGABEN

W 3.1

Eine Stanze mit der maximalen Hubfrequenz f soll auf vier federnden Puffern erschütterungsarm aufgestellt werden. Die Gesamtmasse der Stanze ist m, der Stempel hat die Masse m' und die Hubhöhe h. Die Dämpfung ist vernachlässigbar gering.

a) Wie groß muß die Federkonstante k jeder Feder (Puffer) mindestens sein, damit die Arbeitsfrequenz f nicht $\frac{2}{3}$ der Resonanzfrequenz f_0 überschreitet?

b) Um welche Strecke x_0 werden die Federn im Ruhezustand der Stanze zusammengedrückt?

c) Wie groß ist die Schwingungsamplitude x_m der gesamten Stanze?

(Es sei näherungsweise vorausgesetzt, daß der Stempel eine harmonische Schwingung ausführt.)

$f = 3,0\ \mathrm{s}^{-1}$ $h = 100$ mm $m = 750$ kg
$m' = 12,5$ kg

W 3.2

Am Ende der Blattfeder eines Zungenfrequenzmessers befindet sich ein Körper der Masse m. Das System hat die Eigenfrequenz ω_0 und die Abklingkonstante δ. Auf den Körper wirkt die Kraft $F = F_m \cos \omega t$. Zu berechnen sind

a) die Resonanzkreisfrequenz ω_R,

b) die Resonanzamplitude x_{mR},

c) die Phasenverschiebung α_R zwischen Erreger und Resonator im Resonanzfall,

d) die Kreisfrequenz ω_1, bei der die Geschwindigkeitsamplitude ihr Maximum v_{xm1} erreicht,

e) v_{xm1} selbst und

f) die Halbwertszeit t_H der gedämpften Schwingung des Resonators nach Abschalten der Erregung.

$m = 50$ g $F_m = 0,10$ N $\omega_0 = 10\ \mathrm{s}^{-1}$
$\delta = 2,0\ \mathrm{s}^{-1}$

W 3.3

Ein mathematisches Pendel der Länge l wird zu erzwungenen Schwingungen angeregt, indem der Aufhängepunkt in horizontaler Richtung mit der Amplitude ξ_m und der Periodendauer T harmonisch bewegt wird. Reibungseinflüsse machen sich nicht bemerkbar.

a) Stellen Sie die Bewegungsgleichung des Pendels für kleine Amplituden x_m auf!

b) Mit welcher Amplitude x_m schwingt das Pendel?

c) Ermitteln Sie die Phasendifferenz α zwischen Pendelschwingung und Erregerschwingung aus dem $\alpha(\omega)$-Diagramm!

$\xi_m = 3,0$ mm $l = 120$ cm $T = 2,00$ s

W 3.4

Auf einer Fernverkehrsstraße folgen mehrere Bodenwellen der Höhe h im gleichen Abstand l aufeinander. Ein PKW der Masse m (Radmassen nicht enthalten) befährt die Strecke. Die Gesamtfederkonstante seiner Federn ist k, die Reibungskonstante seiner Stoßdämpfer r.

a) Bei welcher Geschwindigkeit v sind die vertikalen Schwingungen des PKW am stärksten?

b) Auf welchen Wert x_m kann die Schwingungsamplitude anwachsen?

$l = 11$ m $h = 5$ cm $k = 1,3 \cdot 10^5$ N/m
$r = 2,8 \cdot 10^3$ kg/s $m = 980$ kg

W 3.5

Auf eine Maschine der Masse m_1 wird bei der Drehfrequenz f durch die Unwucht des Rotors eine Erregerkraft $F = F_m \cos \omega t$ in vertikaler Richtung übertragen. Die Maschine steht auf einer Fundamentplatte, die auf einer Schicht Gummischrot elastisch gelagert ist (Dämpfung vernachlässigt). Die Kraft auf das Gebäude soll nur den Bruchteil η der Erregerkraft betragen. Berechnen Sie für diesen Fall

a) die Schwingungsamplitude x_{m} des Systems,
b) die erforderliche Masse m_2 der Fundamentplatte!

$m_1 = 1,5$ t $F_{\mathrm{m}} = 800$ N $f = 40\ \mathrm{s}^{-1}$
$\eta = 5,0$ % $k = 128$ kN/cm („Federkonstante" des Gummischrots)

W 3.6
Unter Resonanzüberhöhung versteht man das Verhältnis der Resonanzamplitude x_{mR} eines Oszillators zur Amplitude ξ_{m} der Erregerschwingung. Ein Federschwinger mit der Eigenkreisfrequenz ω_0 wird durch äußere Erregung zu erzwungenen Schwingungen veranlaßt.

a) Unterhalb welchen Wertes muß die Abklingkonstante δ liegen, wenn es Erregerfrequenzen geben soll, für die $x_{\mathrm{m}}/\xi_{\mathrm{m}} > 1$ gilt?
b) Geben Sie die Resonanzüberhöhung $x_{\mathrm{mR}}/\xi_{\mathrm{m}}$ als Funktion von $\dfrac{\delta}{\omega_0}$ an und stellen Sie sie grafisch dar!

W 3.7
Ein Elektromotor der Masse m ist auf Silentblöcken gelagert, die die Federkonstante k und die Reibungskonstante r besitzen. Der Schwerpunkt des Ankers (Masse m') liegt um ε außerhalb der Achse. Der Motor läuft mit der Drehzahl f.

a) Wie groß sind x_{m} und α der Schwingung des Motors?
b) Welche mittlere Leistung $\overline{P} = \dfrac{P_{\mathrm{m}}}{2}$ wird in den Silentblöcken in Wärme umgesetzt?

$\varepsilon = 0,15$ mm $m' = 6,5$ kg $m = 24$ kg
$f = 1\,500\ \mathrm{min}^{-1}$ $r = 850$ kg/s
$k = 48$ N/mm

W 3.8
Ein Meßgerät der Masse m ist über eine Feder (Federkonstante k) erschütterungsarm mit einer Maschine verbunden, die im Frequenzbereich 1…50 Hz mit der größten Auslenkung ξ_{m} schwingt.

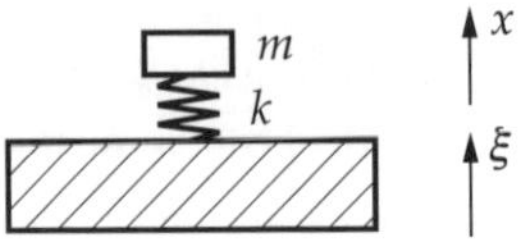

a) Bei welcher Frequenz f_1 tritt die größte Beschleunigungsamplitude $a_{x\mathrm{m}1}$ des Meßgerätes auf?
b) Wie groß ist $a_{x\mathrm{m}1}$?

$m = 500$ g $k = 200$ N/m $\delta = 5,0\ \mathrm{s}^{-1}$
$\xi_{\mathrm{m}} = 1,2$ mm

W 3.9
Beim Anfahren einer Maschine führt der Fußboden des Maschinengebäudes vertikale Schwingungen mit zunehmender Frequenz aus. Für ein Meßgerät (Masse m), das hohe Schwingungsfrequenzen nicht verträgt, ist die kritische Kreisfrequenz ω_{k}. Das Gerät ist federnd gelagert und gedämpft. Die Feder ist so ausgewählt, daß die Eigenkreisfrequenz ω_0 für Meßgerät und Feder $\varepsilon = 10$ % von ω_{k} beträgt.

a) Welche Federkonstante k hat die Aufhängung des Meßinstruments?
b) Welchen Wert muß die Abklingkonstante δ haben, damit die Schwingungsamplitude x_{m} des Meßinstruments bei ω_0 gerade so groß wie die Amplitude ξ_{m} der Erregerschwingung ist?
c) Bei welcher Kreisfrequenz ω_{M} ist das Amplitudenverhältnis $x_{\mathrm{m}}/\xi_{\mathrm{m}}$ am größten?
d) Welchen Wert hat $x_{\mathrm{m}}/\xi_{\mathrm{m}}$ bei ω_{M} und bei ω_{k}?

$m = 100$ g $\omega_{\mathrm{k}} = 200\ \mathrm{s}^{-1}$

W 3.10

Eine Brücke wird modellmäßig als ein Träger auf zwei Stützen betrachtet. Die Eigenmasse ist m_0. Unter dem Einfluß der maximalen Verkehrslast (m_V) biegt sich die Brücke in der Mitte zwischen den beiden Stützpfeilern um die Strecke s durch. Eine Marschkolonne marschiert im Gleichschritt mit der Schrittfrequenz f über die Brücke. Die Amplitude der periodischen Kraft je Person sei F. Insgesamt befinden sich gleichzeitig N Personen der mittleren Masse m_P auf der Brücke. Vereinfachend soll angenommen werden, daß die tatsächliche Biegeschwingung der Brücke durch die Schwingung einer gedachten Punktmasse in der Brückenmitte ersetzt ist, wobei nur die Hälfte der über die Brücke verteilten Massen und Kräfte in Rechnung gestellt wird.

a) Welche fiktive Federkonstante k hat die Brücke?

b) Wie groß ist die Eigenfrequenz f_0 der mit der Marschkolonne belasteten Brücke?

c) Auf welche Schwingungsamplitude x_m kann sich die Brücke bei vernachlässigbarer Dämpfung aufschaukeln?

$m_0 = 550$ t $s = 25$ mm $f = 1,8$ Hz
$F = 150$ N $N = 120$ $m_P = 75$ kg
$m_V = 170$ t

W4 Wellenausbreitung

GRUNDLAGEN

1 Eindimensionale mechanische Wellen

Das einfachste eindimensionale Modell eines Mediums, in dem sich mechanische Wellen ausbreiten können, ist eine Kette von Punktmassen, die auf der x-Achse in gleichen Abständen angeordnet sind und von denen jede harmonische Schwingungen senkrecht zur x-Richtung ausführen kann. Zwischen den Punktmassen wirken elastische Kopplungen. Dadurch wird die Schwingung jeweils von dem einen auf das benachbarte Teilchen übertragen, und es entsteht eine Welle.

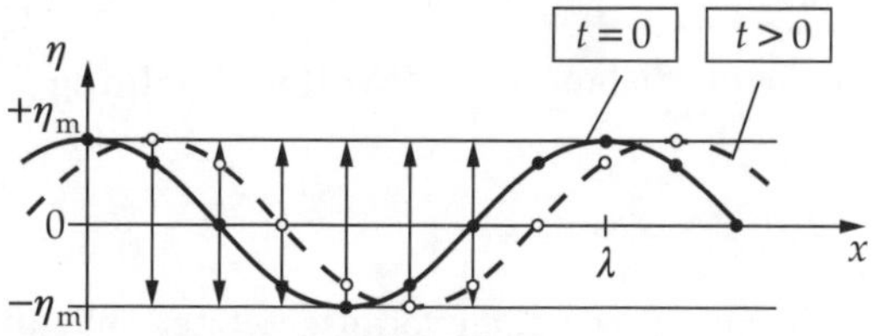

Bei der harmonischen Welle sind die Amplituden (η_m) aller Teilchen und die Phasendifferenzen zwischen benachbarten Teilchen gleich. Eine bestimmte Schwingungsphase eines Teilchens tritt nacheinander beim Nachbarteilchen und bei allen weiter folgenden Teilchen auf, so daß man ein Fortschreiten der Welle beobachtet. Im Bild ist das angedeutet.

Zur Beschreibung der Welle dienen die **Periodendauer** T der Schwingung des Einzelteilchens und die **Wellenlänge** λ.

Daraus werden abgeleitet die **Kreisfrequenz** $\omega = \dfrac{2\pi}{T}$ und die **Wellenzahl** $k = \dfrac{2\pi}{\lambda}$.

In der Zeit T, in der ein Teilchen eine volle Schwingung ausführt, ist die Welle gerade um die Wellenlänge λ weitergerückt. Daraus ergibt sich die **Phasengeschwindigkeit** der Welle

$$c = \frac{\lambda}{T} = \frac{\omega}{k}$$

2 Wellenfunktion, Wellengleichung

Eine Gleichung, die eine Welle mathematisch beschreiben soll, muß die Schwingungen aller beteiligten Punktmassen erfassen. Zur Kennzeichnung einer bestimmten Punktmasse benutzt man den Ort ihrer Ruhelage, d. h. im eindimensionalen Fall ihre x-Koordinate. Die Elongation senkrecht zur x-Richtung muß von der y-Koordinate der Ruhelage unterschieden werden, weil diese bei der Behandlung mehrdimensionaler Wellenfelder benötigt wird. Deshalb wird die Elongation in dieser Richtung mit η bezeichnet.

Stellt man die Elongation η der Welle zu jeder Zeit für jedes Teilchen dar, dann ist η eine Funktion der beiden Veränderlichen t und x. Für die allgemeine eindimensionale harmonische Welle gilt, wie auch für die ebene harmonische Welle, die **Wellenfunktion**

$$\eta(t, x) = \eta_\mathrm{m} \cos(\omega t \mp kx + \alpha)$$

Sie enthält den Nullphasenwinkel α, der durch die Anfangsbedingungen bestimmt wird. Man kann dieselbe Welle auch mit der Sinusfunktion und entsprechend verändertem Nullphasenwinkel darstellen. Das negative Vorzeichen von kx gilt für eine Welle, die sich in positiver x-Richtung ausbreitet, das positive für eine mit entgegengesetzter Ausbreitungsrichtung. Differenziert man die Funktion $\eta(t, x)$ nach einer der beiden Variablen und betrachtet die andere dabei als konstant, so heißt die betreffende Ableitung *partiell* (Symbol ∂ statt d). Zweimalige partielle Differentiation der Wellenfunktion nach t ergibt

$$\frac{\partial^2 \eta}{\partial t^2} = -\omega^2 \eta \qquad \text{und nach } x \qquad \frac{\partial^2 \eta}{\partial x^2} = -k^2 \eta$$

Mit $\dfrac{\omega}{k} = c$ entsteht aus diesen beiden Gleichungen die **Wellengleichung**

$$\frac{1}{c^2} \frac{\partial^2 \eta}{\partial t^2} = \frac{\partial^2 \eta}{\partial x^2}$$

Das ist eine partielle Differentialgleichung. Die oben vorausgesetzte Wellenfunktion ist nur eine unter vielen Lösungen der Wellengleichung.

3 Stehende Wellen

Überlagern sich zwei Wellen gleicher Frequenz und gleicher Amplitude, die sich in entgegengesetzten Richtungen ausbreiten, so entsteht eine stehende Welle. Das wird zum Beispiel realisiert, wenn eine entgegen der x-Richtung einlaufende Welle η_e bei $x = 0$ reflektiert wird und die reflektierte Welle η_r sich mit der einlaufenden überlagert. Es gilt dann

$$\eta_\mathrm{e} = \eta_\mathrm{m} \cos(\omega t + kx) \qquad \text{und} \qquad \eta_\mathrm{r} = \eta_\mathrm{m} \cos(\omega t - kx + \alpha_0)$$

α_0 berücksichtigt einen bei der Reflexion auftretenden Phasensprung. Für die resultierende Welle gilt auf Grund des Superpositionsprinzips

$$\eta = \eta_e + \eta_r$$

Mit dem Additionstheorem für $\cos\alpha + \cos\beta$ erhält man

$$\eta(t,x) = 2\eta_m \cos\left(kx - \frac{\alpha_0}{2}\right)\cos\left(\omega t + \frac{\alpha_0}{2}\right)$$

Die so entstandene Wellenfunktion stellt keine fortlaufende Welle, sondern eine Schwingung mit ortsabhängiger Amplitude dar. Stellen, an denen die Amplitude ständig Null ist, heißen **Schwingungsknoten** (in der Skizze mit K bezeichnet), Stellen maximaler Amplitude dagegen **Schwingungsbäuche** (in der Skizze mit B bezeichnet).

Schreibt man diese Wellenfunktion in der Form

$$\eta = A(x)\cos\left(\omega t + \frac{\alpha_0}{2}\right)$$

so ist $A(x) = 2\eta_m \cos\left(kx - \frac{\alpha_0}{2}\right)$ die ortsabhängige Amplitude der stehenden Welle.

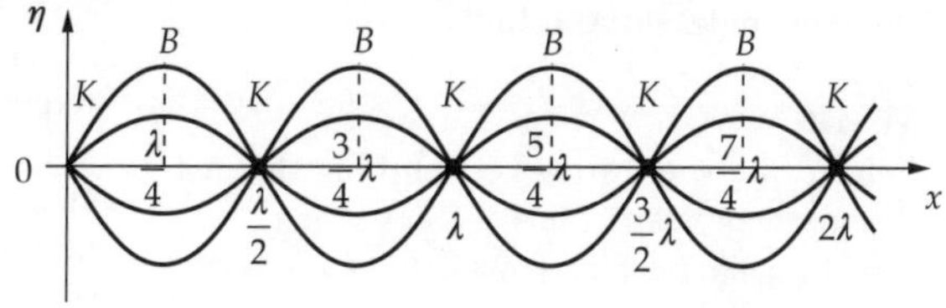

Findet die **Reflexion am losen Ende** (bzw. am dünneren Medium) statt, so ist dort die Amplitude maximal. An der Reflexionsstelle $x = 0$ gilt damit $\cos\left(-\frac{\alpha_0}{2}\right) = 1$, d. h., $\alpha_0 = 0$; es tritt kein Phasensprung auf.

Bei der **Reflexion am festen Ende** (bzw. am dichteren Medium) ist an der Reflexionsstelle $x = 0$ die Amplitude gleich Null (Seil eingespannt).

Es gilt

$$\cos\left(-\frac{\alpha_0}{2}\right) = \cos\frac{\alpha_0}{2} = 0$$

d. h., der Phasensprung beträgt hier $\alpha_0 = \pi$.

KONTROLLFRAGEN

W 4-1

Während sich Wellen im Wasser ausbreiten, wird ein auf dem Wasser schwimmender Körper sowohl gesenkt und gehoben als auch hin- und herbewegt. Die Wellen laufen unter ihm hinweg. Erklären Sie diese Erscheinung!

W 4-2

Zeichnen Sie in das zu $t = 0$ gehörige $\eta(x)$-Diagramm an den markierten Stellen die augenblickliche Schwingungsrichtung ein!

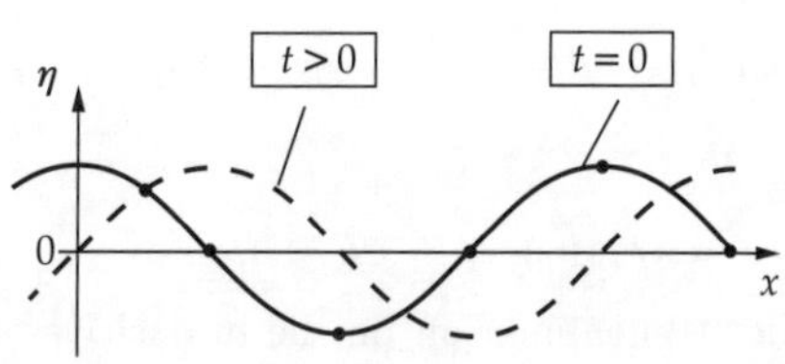

W 4-3

Wie kann man die Wellenfunktion $\eta = \eta_m \cos\left(\omega t - kx + \frac{\pi}{2}\right)$ ohne Nullphasenwinkel darstellen?

W 4-4
Für eine Welle, die durch die Funktion $\eta = \eta_m \cos(\omega t - kx)$ beschrieben wird, sind folgende Darstellungen anzufertigen:
a) das Momentbild der Welle für $t = 0$,
b) das Ort-Zeit-Diagramm der Schwingung bei $x = 0$,
c) das Ort-Zeit-Diagramm für die Ausbreitung des Wellenberges.

W 4-5
Zeigen Sie, daß die Wellenfunktion
$\eta(t, x) = \eta_m \cos(\omega t - kx + \alpha_0)$
die Wellengleichung erfüllt!

W 4-6
Zeigen Sie, wie durch Verwendung des Additionstheorems für $\cos\alpha + \cos\beta$ aus
$\eta = \eta_m[\cos(\omega t + kx) + \cos(\omega t - kx + \alpha_0)]$
der Ausdruck
$$\eta = 2\eta_m \cos\left(kx - \frac{\alpha_0}{2}\right)\cos\left(\omega t + \frac{\alpha_0}{2}\right)$$
entsteht!

W 4-7
Wie sieht die spezielle, in den GRUNDLAGEN beschriebene Wellenfunktion
$$\eta(t, x) = 2\eta_m \cos\left(kx - \frac{\alpha_0}{2}\right)\cos\left(\omega t + \frac{\alpha_0}{2}\right)$$
aus, wenn die Reflexion
a) am losen Ende (bzw. am dünneren Medium),
b) am festen Ende (bzw. am dichteren Medium)
stattfindet?

W 4-8
Auf einem Seil breitet sich eine Welle der Frequenz f mit der Phasengeschwindigkeit c aus. Sie wird an einem Seilende, das an einem dünnen Faden befestigt ist und dadurch frei ausschwingen kann, reflektiert. In welchen Abständen vom reflektierenden Ende liegen die nächsten drei Knoten?

BEISPIELE

1. Fortschreitende Seilwelle

Über ein Seil laufen Wellen in positiver x-Richtung mit der Phasengeschwindigkeit c. Die Periodendauer der Teilchenschwingung ist T, ihre Amplitude ist η_m. Zur Zeit $t_0 = 0$ befindet sich bei x_0 gerade ein Wellenberg.

a) Berechnen Sie die Wellenlänge λ!
b) Stellen Sie die Funktion $\eta(t, x)$ für diese Welle auf!
c) Zeichnen Sie die Momentbilder der Welle $\eta(x)$ für t_1 und t_2!
d) Stellen Sie die Funktion $\eta_1(t)$ an der Stelle x_1 dar!

$$c = 0,80\ \text{m/s} \quad T = 0,50\ \text{s} \quad \eta_m = 8,0\ \text{cm} \quad x_0 = \frac{3}{4}\lambda \quad t_1 = \frac{T}{2} \quad t_2 = \frac{3}{4}T \quad x_1 = \frac{\lambda}{4}$$

Lösung

a) Aus $c = \lambda/T$ folgt $\underline{\lambda = cT} = \underline{\underline{0,40\ \text{m}}}$

b) In der Wellenfunktion für die in positiver x-Richtung fortschreitende Welle $\eta(t, x) = \eta_m \cos(\omega t - kx + \alpha)$ ist α zu bestimmen.

Die Aussage, daß sich ein Wellenberg zur Zeit $t_0 = 0$ bei $x_0 = \frac{3}{4}\lambda$ befindet, läßt sich durch
$$\eta\left(0, \frac{3}{4}\lambda\right) = \eta_m$$
ausdrücken.

Setzt man in die Wellenfunktion für t und x die Werte $t_0 = 0$ und $x_0 = \frac{3}{4}\lambda$ ein, so folgt

$$\eta\left(0, \frac{3}{4}\lambda\right) = \eta_{\mathrm{m}} \cos\left(-k\frac{3}{4}\lambda + \alpha\right)$$
$$= \eta_{\mathrm{m}} \cos\left(-\frac{2\pi}{\lambda}\frac{3}{4}\lambda + \alpha\right)$$
$$= \eta_{\mathrm{m}} \cos\left(\alpha - \frac{3}{2}\pi\right) = \eta_{\mathrm{m}}$$

Daraus folgt

$$\cos\left(\alpha - \frac{3}{2}\pi\right) = 1$$
$$\alpha - \frac{3}{2}\pi = 0$$
$$\underline{\alpha = \frac{3}{2}\pi}$$

Die damit bestimmte Wellenfunktion

$$\eta(t, x) = \eta_{\mathrm{m}} \cos\left(\omega t - kx + \frac{3}{2}\pi\right)$$

läßt sich noch so umformen, daß explizit kein Nullphasenwinkel auftritt. Wegen

$$\cos\left(\varphi + \frac{3}{2}\pi\right) = \sin\varphi$$

kann man auch schreiben

$$\eta(t, x) = \eta_{\mathrm{m}} \sin(\omega t - kx)$$

ω und k sind durch die Größen T und λ zu ersetzen:

$$\underline{\eta(t, x) = \eta_{\mathrm{m}} \sin 2\pi\left(\frac{t}{T} - \frac{x}{\lambda}\right)}$$

c) Das zum Zeitpunkt t_1 beobachtete Momentbild der Welle $\eta_1(x)$ folgt aus der in b) aufgestellten Wellenfunktion durch Einsetzen von $t_1 = \frac{T}{2}$ für t:

$$\eta_1(x) = \eta(t_1, x)$$
$$= \eta_{\mathrm{m}} \sin 2\pi\left(\frac{1}{2} - \frac{x}{\lambda}\right)$$
$$= \eta_{\mathrm{m}} \sin\left(\pi - 2\pi\frac{x}{\lambda}\right)$$

Wegen $\sin(\pi - \varphi) = -\sin(\varphi - \pi) = \sin\varphi$ läßt sich dieses Ergebnis auch folgendermaßen schreiben:

$$\underline{\eta_1(x) = \eta_{\mathrm{m}} \sin 2\pi\frac{x}{\lambda}}$$

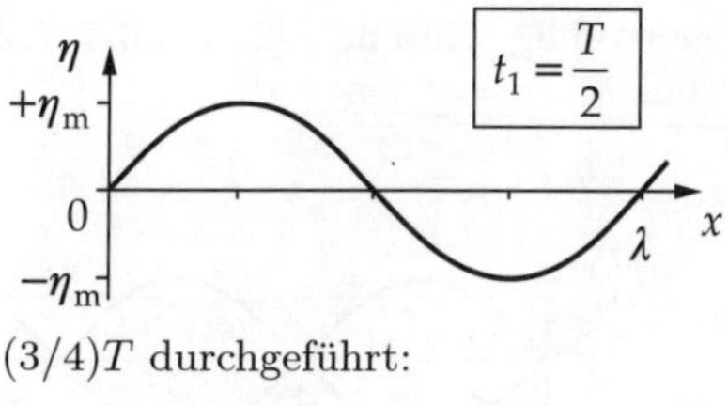

Entsprechende Überlegungen werden für $t_2 = (3/4)T$ durchgeführt:

$$\eta_2(x) = \eta_{\mathrm{m}} \sin\left(\frac{3}{2}\pi - 2\pi\frac{x}{\lambda}\right)$$

mit $\sin\left(\frac{3}{2}\pi - \varphi\right) = -\sin\left(\varphi - \frac{3}{2}\pi\right) = -\cos\varphi$ folgt

$$\underline{\eta_2(x) = -\eta_m \cos 2\pi \frac{x}{\lambda}}$$

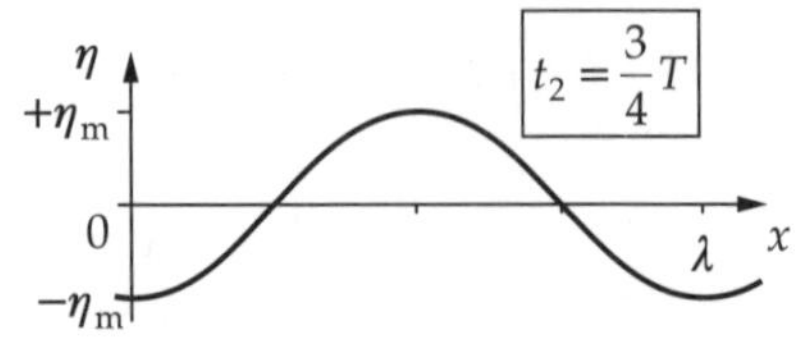

d) Für den Ort $x_1 = \frac{\lambda}{4}$ wird die Wellenfunktion mit $\eta_1(t)$ bezeichnet. Sie lautet

$$\begin{aligned}\eta_1(t) &= \eta(t, x_1)\\ &= \eta_m \sin 2\pi \left(\frac{t}{T} - \frac{1}{4}\right)\\ &= \eta_m \sin\left(\frac{2\pi t}{T} - \frac{\pi}{2}\right)\end{aligned}$$

Wegen $\sin\left(\varphi - \frac{\pi}{2}\right) = -\cos\varphi$ ist die folgende Darstellung möglich:

$$\underline{\eta_1(t) = -\eta_m \cos \frac{2\pi t}{T}}$$

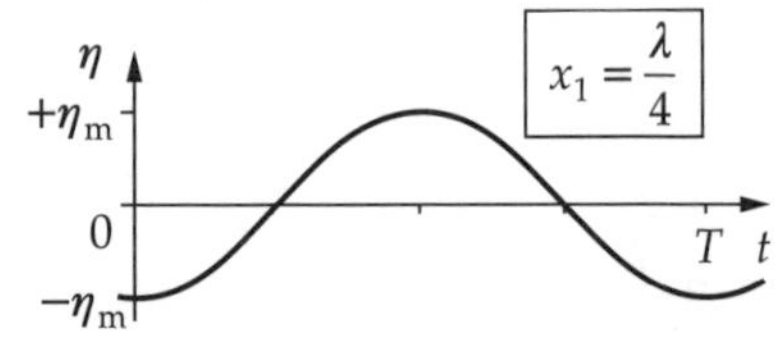

2. Stehende Seilwelle

Ein Seil ist an einem Ende ($x = 0$) fest eingespannt und wird am anderen Ende ($x = l$) zu einer harmonischen Schwingung erregt, für die $\eta = \eta_0 \sin 2\pi f t$ gilt. Die Ausbreitungsgeschwindigkeit der Welle ist c.

a) An welchen Stellen x_i befinden sich die Schwingungsknoten der stehenden Welle?

b) Stellen Sie die Wellenfunktion $\eta(t, x)$ für die stehende Welle auf!

$l = 49$ cm $\quad f = 10\ \text{s}^{-1} \quad c = 2{,}4$ m/s $\quad \eta_0 = 1{,}6$ mm

Lösung

a) Der erste Knoten befindet sich am fest eingespannten Ende, die weiteren folgen in Abständen von $\frac{\lambda}{2}$:

$$x_i = i\frac{\lambda}{2} \quad \text{mit} \quad \lambda = \frac{c}{f} = 24 \text{ cm}$$

Aus der Bedingung $x_i < l$ folgt der höchste Wert für i:

$$i\frac{\lambda}{2} < l \qquad i < \frac{2l}{\lambda} = 4{,}08$$

Da i ganzzahlig sein muß, gilt $i = 0, 1, 2, 3, 4$ und $\underline{\underline{x_0 = 0}}$, $\underline{\underline{x_1 = 12 \text{ cm}}}$, $\underline{\underline{x_2 = 24 \text{ cm}}}$, $\underline{\underline{x_3 = 36 \text{ cm}}}$, $\underline{\underline{x_4 = 48 \text{ cm}}}$

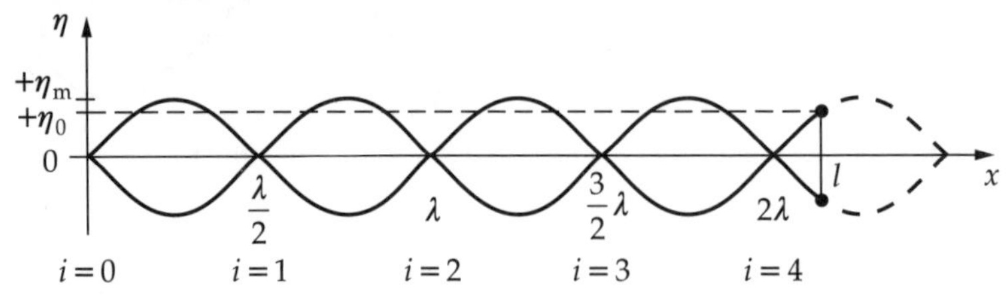

b) Die stehende Welle ist eine Schwingung mit ortsabhängiger Amplitude. Aus der Erregerschwingung

$$\eta(t, l) = \eta_0 \sin 2\pi f t$$

läßt sich ableiten, daß die Wellenfunktion die Form

$$\eta(t, x) = A(x) \sin 2\pi f t$$

hat. Die Amplitudenfunktion $A(x)$ muß die Randbedingungen $A(0) = 0$ und $A(l) = \eta_0$ erfüllen. Die Bedingung $A(0)$ wird durch die Sinusfunktion erfüllt:

$$A(x) = \eta_m \sin 2\pi \frac{x}{\lambda}$$

η_m folgt aus $A(l) = \eta_0$:

$$\eta_0 = \eta_m \sin 2\pi \frac{l}{\lambda}$$

$$\eta_m = \frac{\eta_0}{\sin 2\pi \frac{l}{\lambda}} \qquad \eta_m = 6,2 \text{ mm}$$

(Bemerkung: Mit den gegebenen Werten von $\frac{l}{\lambda}$ ist η_m positiv. Bei anderen Werten von $\frac{l}{\lambda}$ kann η_m auch negativ werden. In diesem Fall ist der Betrag von η_m als Amplitude zu betrachten.) Mit dem Ausdruck für η_m erhält man die Wellenfunktion

$$\eta(t, x) = \frac{\eta_0}{\sin 2\pi \frac{l}{\lambda}} \sin 2\pi \frac{x}{\lambda} \sin 2\pi f t$$

Diskussion: In Abhängigkeit von $\frac{l}{\lambda}$ ist η_0 der kleinste Wert, den die Amplitude η_m annehmen kann. Je dichter sich die Erregerstelle an einem Schwingungsknoten befindet, desto größer wird η_m. Für den Grenzfall, daß die Erregerstelle auf einen Schwingungsknoten fällt, kann sich keine stehende Welle ausbilden, denn η_m müßte dabei über alle Grenzen wachsen: Es liegt Resonanz vor. (Bei der beiderseits fest eingespannten Saite, wo l ein Vielfaches von $\frac{\lambda}{2}$ ist, liegt ein solcher Resonanzfall vor. Einmal angeregt, schwingt sie bei fehlender Dämpfung mit konstanter Amplitude.)

AUFGABEN

W 4.1

Auf einem Seil werden Wellen erzeugt, indem dieses an der Stelle $x = 0$ mit einer Schwingung der Frequenz f und der Amplitude η_m erregt wird. Die Wellenlänge beträgt λ. Zur Zeit $t = 0$ befindet sich bei $x = 0$ gerade ein Wellental.

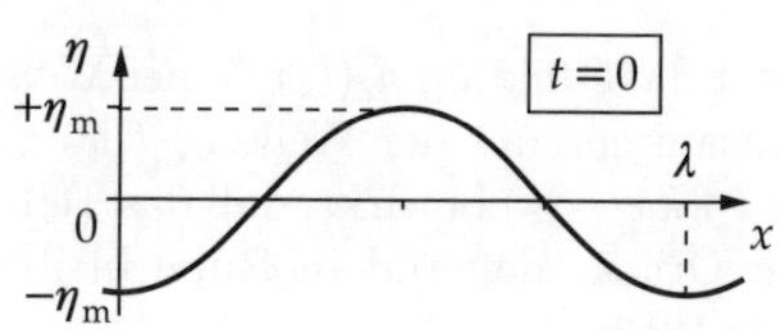

a) Wie lautet die Ort-Zeit-Funktion $\eta(t)$ eines Seilteilchens, das sich am Ort $x = 0$ befindet?

b) Welche Maximalgeschwindigkeit v_m erreicht dieses Teilchen?

c) Man berechne η_1, v_1 und a_1 für t_1!

d) Wie lautet die Funktion $\eta(t, x)$ für die gesamte Welle?

e) Wie groß ist die Elongation η in den folgenden fünf Fällen?

1. $t = 0 \quad x = 0$

2. $t = 0 \quad x = \dfrac{\lambda}{2}$
3. $t = \dfrac{T}{4} \quad x = 0$
4. $t = \dfrac{T}{4} \quad x = \dfrac{\lambda}{4}$
5. $t = \dfrac{T}{4} \quad x = \dfrac{3}{4}\lambda$

Skizzieren Sie die beiden Momentbilder der Welle und kennzeichnen Sie die fünf Werte für η!

f) Welche Phasengeschwindigkeit c hat die Welle?

$f = 4,0$ Hz $\quad \eta_{\mathrm{m}} = 6,0$ cm $\quad \lambda = 32$ cm
$t_1 = 2,2$ s

W 4.2

Eine Seilwelle mit der Wellenlänge λ, der Frequenz f und der Amplitude η_{m} läuft in positiver x-Richtung. Zur Zeit t_1 befindet sich bei x_1 ein Wellental. Stellen Sie die Funktion $\eta(t,x)$ für diese Welle auf!

Gegeben: λ, f, η_{m}, $t_1 = \dfrac{T}{2}$, $x_1 = \dfrac{3}{4}\lambda$

W 4.3

Eine Seilwelle läuft in negativer x-Richtung. An der Stelle x_1 verläuft die Schwingung des Seiles nach der Funktion $\eta(t, x_1) = \eta_{\mathrm{m}} \sin \omega t$. Ermitteln Sie die Funktion $\eta(t,x)$ für das ganze Seil!

Gegeben: λ, f, η_{m}, $x_1 = \dfrac{\lambda}{2}$

W 4.4

Auf einem Seil breitet sich eine Welle in positiver x-Richtung aus. Das Teilchen an der Stelle x_1 schwingt nach der Ort-Zeit-Funktion $\eta(t, x_1) = \eta_{\mathrm{m}} \sin \omega t$. Ermitteln Sie die Ort-Zeit-Funktion für die Teilchenschwingung an der Stelle x_0!

Gegeben: f, η_{m}, $x_0 = 0$, $x_1 = \dfrac{\lambda}{4}$

W 4.5

Zwei Wellen $\eta_1 = \eta_{\mathrm{m}} \cos(\omega t - kx)$ und $\eta_2 = \eta_{\mathrm{m}} \cos(\omega t - kx + \alpha)$ überlagern sich.

a) Stellen Sie die Wellenfunktion der resultierenden Welle $\eta(t,x)$ auf!

b) Geben Sie die Amplitude A der resultierenden Welle an!

c) Zeichnen Sie das Momentbild der resultierenden Welle für $t = 0$!

Gegeben: ω, k, η_{m}, $\alpha = \pi/2$

Lösungshilfe:

$$\cos\alpha + \cos\beta = 2\cos\frac{\alpha+\beta}{2}\cos\frac{\alpha-\beta}{2}$$

W 4.6

Für eine Welle gilt

$$\eta(t,x) = \eta_{\mathrm{m}} \sin 2\pi \left(\frac{t}{T} - \frac{x}{\lambda}\right)$$

Nach welcher Ort-Zeit-Funktion $x(t)$ breitet sich die Bewegungsphase aus, in der sich das Teilchen an der Stelle x_0 zur Zeit t_0 befindet?

Gegeben: λ, T, $x_0 = \dfrac{\lambda}{2}$, $t_0 = \dfrac{T}{4}$

W 4.7

Für eine Welle gilt

$\eta(t,x) = \eta_{\mathrm{m}} \cos(\omega t + kx + \alpha)$

a) Wie groß ist die Ausbreitungsgeschwindigkeit c der Welle?

b) Wie groß ist die Wellenlänge λ?

c) Wie lautet die Ort-Zeit-Funktion $\eta(t)$ der Schwingung eines Teilchens am Ort x_1?

d) Wie groß ist die Elongation η_1 des Teilchens (am Ort x_1) zur Zeit t_1?

$\omega = 10\pi$ s^{-1} $\quad k = \pi$ m^{-1} $\quad \alpha = 70°$
$t_1 = 0,25$ s $\quad x_1 = 0,800$ m $\quad \eta_{\mathrm{m}} = 53$ mm

W 4.8

Wie lautet die Funktion $\eta_2(t,x)$ einer Welle, die zusammen mit der Welle $\eta_1(t,x) = \eta_{\mathrm{m}} \cos(\omega t + kx + \alpha_1)$ bewirkt, daß das Teilchen am Ort x_1 dauernd in Ruhe bleibt (stehende Welle)?

$\omega = 10\pi\ \text{s}^{-1}$ $k = \pi\ \text{m}^{-1}$ $\alpha_1 = 70°$
$x_1 = 0{,}800$ m

W 4.9

Eine Welle (λ, f, η_m) kommt aus großer Entfernung und schreitet in positiver x-Richtung fort. Zur Zeit $t = 0$ passiert ein Wellenberg den Ort $x = 0$. Die Welle wird an einem festen Hindernis bei $x_1 > 0$ reflektiert. Dadurch bildet sich ein stehende Welle.

a) Wo liegen die Knoten und Bäuche?

b) Stellen Sie die Wellenfunktionen $\eta(t, x)$ für diese stehende Welle durch Überlagerung der Wellenfunktionen von einlaufender und reflektierender Welle auf!

c) Wie groß ist die Amplitude η_B der Schwingungsbäuche?

$\lambda = 28$ cm $\eta_\text{m} = 5{,}0$ cm $x_1 = 60$ cm

Lösungshilfe:

$$\cos\alpha - \cos\beta = -2\sin\frac{\alpha+\beta}{2}\sin\frac{\alpha-\beta}{2}$$

W 4.10

Eine Saite der Länge l ist an einem Ende fest eingespannt und wird am anderen Ende zu Schwingungen der Frequenz f und der Amplitude η_m angeregt. Die Ausbreitungsgeschwindigkeit der Wellen auf der Saite ist c. Berechnen Sie die Amplitude η_B im Schwingungsbauch!

$l = 190$ cm $f = 50$ Hz $\eta_\text{m} = 0{,}65$ mm
$c = 90$ m/s

W 4.11

Eine Schallwelle der Frequenz f_1 breitet sich in Luft geradlinig aus:

$$\xi_1 = \xi_\text{m}\cos 2\pi\left(f_1 t - \frac{x}{\lambda_1}\right)$$

In gleicher Ausbreitungsrichtung überlagert sich ihr eine zweite Schallwelle mit geringfügig höherer Frequenz $f_2 = f_1 + \Delta f$, aber mit gleicher Amplitude:

$$\xi_2 = \xi_\text{m}\cos 2\pi\left(f_2 t - \frac{x}{\lambda_2}\right)$$

Die Schallgeschwindigkeit ist c.

a) Welche resultierende Wellenfunktion $\xi(t, x) = \xi_1 + \xi_2$ ergibt sich? (Man benutze das Additionstheorem für $\cos\alpha + \cos\beta$!)

b) Skizzieren Sie das Momentbild der resultierenden Welle ξ zur Zeit $t = 0$ und berechnen Sie die in dieser Darstellung auftretenden charakteristischen Wellenlängen λ_a (der resultierenden Welle) und λ_b (der Amplitudenfunktion)!

c) Was für einen Ton (Frequenz f_a) hört der Beobachter, der sich beispielsweise bei $x = 0$ befindet?

d) Wie groß ist die Periodendauer τ des An- und Abschwellens (Schwebung)? Hinweis: $\tau = \dfrac{T_\text{b}}{2}$

$f_1 = 677$ Hz $\Delta f = 6{,}8$ Hz $c = 340$ m/s

Lösungshilfe:

$$\cos\alpha + \cos\beta = 2\cos\frac{\alpha+\beta}{2}\cos\frac{\alpha-\beta}{2}$$

W 5 Schallwellen

GRUNDLAGEN

1 Schallausbreitung

Schallwellen treten in elastischen Medien auf. Das von ihnen betroffene Gebiet heißt Schallfeld. Die Ausbreitungsgeschwindigkeit c der **Schallwellen** hängt allein von den elastischen Eigenschaften und der Dichte ϱ des Mediums ab.

In Gasen und in Flüssigkeiten breiten sich die Schallwellen nur als Longitudinalwellen aus; in festen Körpern sind dagegen auch Transversalwellen möglich. Für die **Ausbreitungsgeschwindigkeit** gilt

in Gasen

$$c = \sqrt{\varkappa \frac{p}{\varrho}} = \sqrt{\varkappa R' T}$$

(p mittlerer Druck, T Temperatur, $\varkappa$ Adiabatenexponent, R' Gaskonstante)

in Flüssigkeiten

$$c = \sqrt{\frac{K}{\varrho}}$$

(K Kompressionsmodul)

für Longitudinalwellen in dünnen Stäben

$$c = \sqrt{\frac{E}{\varrho}}$$

(E Elastizitätsmodul)

für Transversalwellen in Festkörpern

$$c = \sqrt{\frac{G}{\varrho}}$$

(G Torsionsmodul)

auf einer gespannten Saite

$$c = \sqrt{\frac{\sigma}{\varrho}}$$

(σ Zugspannung)

Die Elongation einer Schallwelle wird durch die Wellenfunktion

$$\xi(t, x) = \xi_{\mathrm{m}} \cos(\omega t - kx + \alpha)$$

beschrieben und heißt **Schallausschlag**.

Die Geschwindigkeit

$$v = \frac{\partial \xi}{\partial t}$$

der schwingenden Masseneelemente heißt **Schallschnelle**.

Bei der Ausbreitung von longitudinalen Schallwellen treten Dichte- und Druckschwankungen auf. Für diese gilt

$$\Delta \varrho = -\varrho \frac{\partial \xi}{\partial x}$$

und

$$\Delta p_{\mathrm{W}} = \varrho c \frac{\partial \xi}{\partial t}$$

Δp_{W} heißt Schallwechseldruck oder einfach **Schalldruck**.
Der Schalldruck hat die Eigenschaft, allseitig zu wirken. Sein zeitlicher bzw. räumlicher Mittelwert ist Null.
Daneben tritt der **Schallstrahlungsdruck** auf, der nur in Ausbreitungsrichtung der Schallwelle wirksam ist:

$$\Delta p_{\mathrm{S}} = \varrho \left(\frac{\partial \xi}{\partial t} \right)^2$$

Der Mittelwert $\overline{\Delta p_{\mathrm{S}}}$ des Schallstrahlungsdruckes ist von Null verschieden und gleich der mittleren **Energiedichte** $\overline{w}$ des Schallfeldes:

$$\overline{\Delta p_{\mathrm{S}}} = \overline{w} = \frac{\varrho}{2} v_{\mathrm{m}}^2$$

v_{m} ist dabei der Maximalwert der Schallschnelle.
Die mittlere Energiestromdichte $\overline{I}$ bei der Schallausbreitung ergibt sich als Produkt aus der Energiedichte und der Ausbreitungsgeschwindigkeit und wird auch als **Intensität** oder **Schallstärke** bezeichnet.

$$\overline{I} = \frac{1}{2} \varrho c v_{\mathrm{m}}^2$$

Die mittlere **Schalleistung** $\overline{P}_{\mathrm{S}}$ einer Schallquelle ist der gesamte Energiestrom, der von ihr ausgeht. Sie ergibt sich als Produkt der Schallstärke mit der Senderfläche A_{S}:

$$\overline{P}_{\mathrm{S}} = \overline{I} A_{\mathrm{S}}$$

2 Das Ohr als Schallempfänger

Ein Mensch mit normalem Gehör kann Schall im Frequenzbereich von etwa 16 Hz bis 20 kHz wahrnehmen. Für die Wahrnehmung von **Normalschall** ($f_0 = 1$ kHz) liegt die **Hörschwelle** bei der Intensität $\overline{I}_0 = 10^{-12}$ W/m^2. Da nach dem Weber-Fechnerschen Gesetz die Empfindungsstärke mit dem Logarithmus der Reizstärke wächst, ist es üblich, statt der Intensität (Schallstärke) ihren Logarithmus zu verwenden, der **Schallpegel** (Symbol L) genannt wird. Zur Kennzeichnung dieser an sich dimensionslosen Größe wird die Bezeichnung **Dezibel** (dB) benutzt:

$$L = 10 \lg \frac{\overline{I}}{\overline{I}_0} \text{ dB}$$

Der Schallpegel ist eine bei jeder beliebigen Frequenz objektiv meßbare physikalische Größe, die sich direkt in Intensitäten umrechnen läßt. Der Wert $\overline{I}_0$ ist dabei willkürlich festgelegt. Da die Empfindlichkeit des menschlichen Gehörs jedoch stark von der Frequenz abhängt, kennzeichnet der Schallpegel die Empfindungsstärke nur bei der Frequenz $f_0 = 1$ kHz. Um die subjektiv empfundene **Lautstärke** L_{N} von Schall einer Frequenz $f \neq f_0$ zu ermitteln, wird diejenige Schallstärke $\overline{I'}$ von Normalschall ($f_0 = 1$ kHz) gemessen, die beim Hörer die gleiche Empfindungsstärke hervorruft wie der tatsächlich

Isophonendiagramm

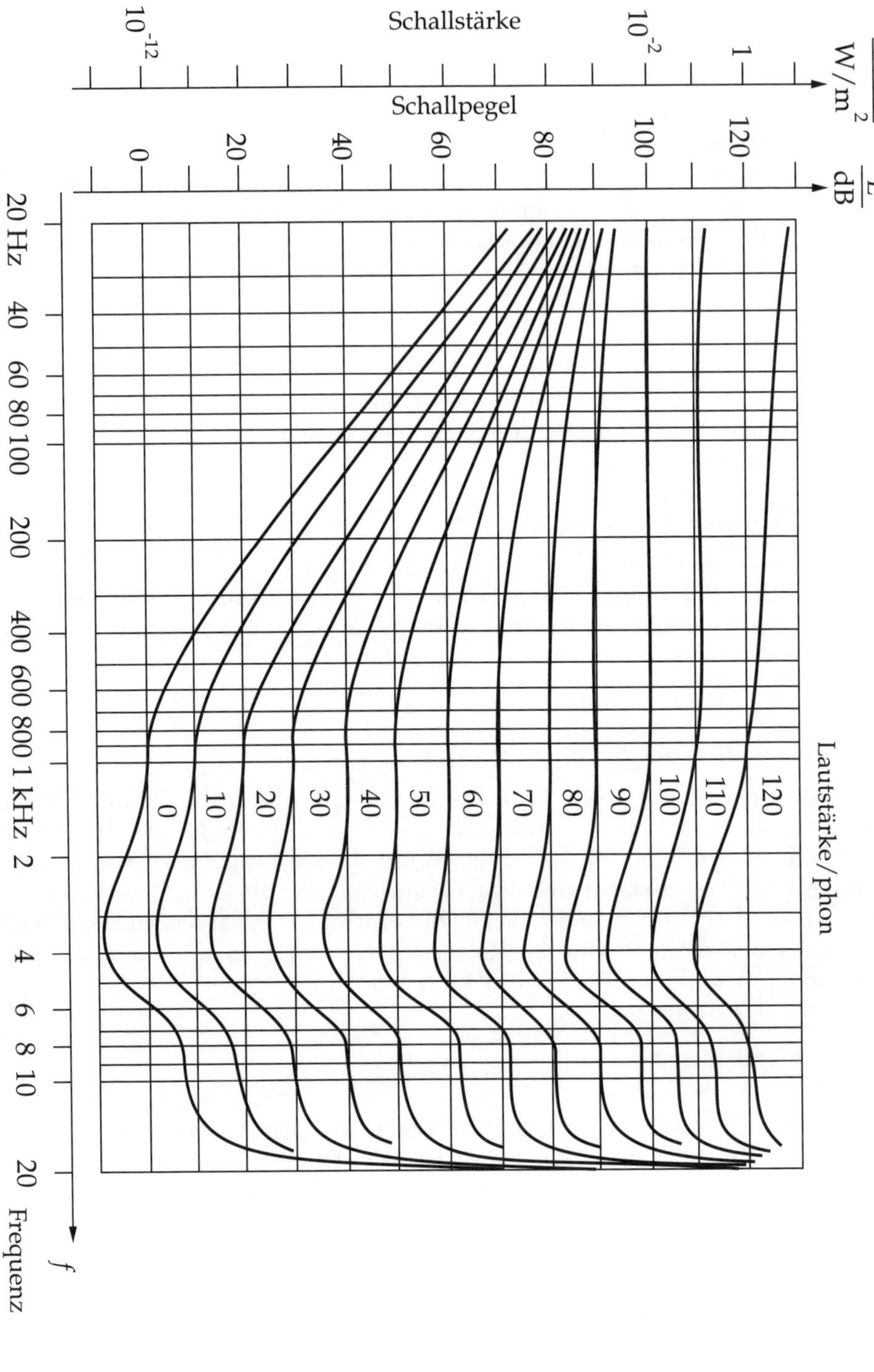

empfangene Schall. (Die Schallstärke $\overline{I}$ ist also von $\overline{I'}$ verschieden.) Es wird nunmehr festgelegt:

$$L_\mathrm{N} = 10 \lg \frac{\overline{I}'}{\overline{I}_0} \text{ phon}$$

Da zur Festlegung der Lautstärke das Gehör benutzt wird, weist die Bezeichnung **Phon** im Gegensatz zum Dezibel auf den subjektiv-physiologischen Charakter dieser Größe hin. Durch Untersuchungen an vielen Personen wurde die Funktion $L_\mathrm{N}(\overline{I}, f)$ gefunden, die in Form von Kurven gleicher Lautstärke (Isophonen) im $\overline{I}(f)$-Diagramm dargestellt wird.

Die obere Begrenzungskurve (120 phon) ist die Schmerzgrenze, die untere (0 phon) die Hörschwelle. Nur bei $f_0 = 1$ kHz stimmen die Zahlenwerte von L und L_N überein. Die Kurven können zur Umrechnung von Schallpegeln in Lautstärke benutzt werden.

3 Doppler-Effekt

Gegenüber dem Ausbreitungsmedium pflanzt sich der Schall mit konstanter Geschwindigkeit c fort. Bewegt sich die Schallquelle selbst mit der Geschwindigkeit v relativ zum Ausbreitungsmedium, dann wird das Schallfeld deformiert. Dabei unterscheiden sich die Fälle $v < c$, $v = c$ und $v > c$ wesentlich.

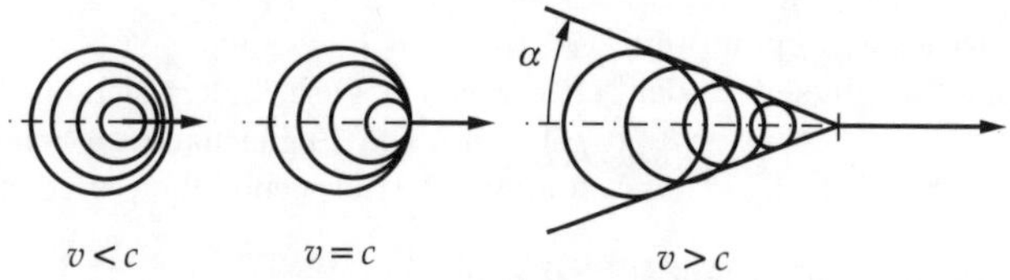

Bei $v < c$ verringert sich die Wellenlänge vor der Quelle, sie vergrößert sich hinter der Quelle. In der Beziehung

$$\lambda' = \lambda \left(1 \mp \frac{v}{c}\right)$$

gilt das Minuszeichen für die Wellenlänge vor der Quelle. Ein ruhender Beobachter hört demzufolge vor der Quelle einen Ton erhöhter Frequenz (f'), während sich hinter der Quelle die empfangene Frequenz verringert. Diese Erscheinung heißt **Doppler-Effekt**. Die Formel

$$f' = \frac{f}{1 - \dfrac{v}{c}}$$

gilt sowohl vor als auch hinter der Quelle, wenn man bei Annäherung der Quelle an den Beobachter das Vorzeichen für v positiv festlegt.

Eine Doppler-Verschiebung der Frequenz wird auch dann beobachtet, wenn die Quelle ruht und sich der Beobachter mit der Geschwindigkeit v' gegenüber dem Medium bewegt. In diesem Fall gilt

$$f' = f\left(1 + \frac{v'}{c}\right)$$

wobei v' auch hier bei Annäherung des Beobachters an die Quelle positiv gezählt wird. Bewegen sich Quelle und Beobachter gleichzeitig, so können beide Formeln für die Frequenzänderung zusammengefaßt werden:

$$f' = f \frac{\left(1 + \frac{v'}{c}\right)}{\left(1 - \frac{v}{c}\right)}$$

Gilt für die Geschwindigkeit einer bewegten Schallquelle $v = c$, so gibt es vor der Quelle keine Schallausbreitung. Bei $v > c$ entsteht der sogenannte **Mach-Kegel**, den die Schallquelle mitführt. Außerhalb des Mach-Kegels wird kein Schall empfangen. Auf dem Kegelmantel bildet sich eine Kopfwelle, in der der Schallausschlag einen Spitzenwert annimmt (Knall). Für den Öffnungswinkel α gilt

$$\sin\alpha = \frac{c}{v}$$

KONTROLLFRAGEN

W 5-1
Weicht die Schallgeschwindigkeit in einem auf verminderten Druck ausgepumpten Gefäß von der Schallgeschwindigkeit in der umgebenden Luft ab?

W 5-2
Welcher Zusammenhang besteht zwischen der Schallgeschwindigkeit für Transversalwellen auf einer gespannten Saite und der Frequenz, mit der die Saite bei gegebener Länge schwingt?

W 5-3
Eine Schallwelle breitet sich kugelsymmetrisch im Raum aus. Wie ändert sich ihre Intensität in Abhängigkeit vom Abstand zum Kugelmittelpunkt?

W 5-4
Schätzen Sie ab, welche obere Grenze die Schallstärke $\overline{I}$ in Luft nicht überschreiten kann! (Gehen Sie davon aus, daß in Gasen der Druck nicht negativ werden kann.)

W 5-5
Um welchen Wert ändert sich der Schallpegel, wenn von 10 gleichartigen Schallquellen 9 außer Betrieb genommen werden?

W 5-6
Welche Intensität hat ein Ton von 50 Hz und 0 phon?

W 5-7
Welche Frequenz f' empfängt ein Beobachter, der sich einer die Frequenz f ausstrahlenden Schallquelle mit der Geschwindigkeit $v' = c$ nähert? Welche Frequenz empfängt er dagegen, wenn sich die Schallquelle mit $v = c$ auf ihn zu bewegt?

W 5-8
Warum darf ein Flugzeug nicht über längere Zeit mit genau Schallgeschwindigkeit fliegen?

BEISPIELE

1. Veränderliche Schallfeldgrößen

Eine ebene Schallwelle der Frequenz f breitet sich in Luft aus. Für den Schallausschlag gilt die Funktion $\xi = \xi_{\mathrm{m}} \cos(\omega t - kx)$. Stellen Sie den Schallausschlag, die Schallschnelle, die

Dichteänderung, den Schalldruck und den Schallstrahlungsdruck zur Zeit $t = 0$ im Bereich $x = 0$ bis $x = 3$ m grafisch dar!

Berechnen Sie die Amplituden aller veränderlichen Größen!

$f = 170$ Hz $\quad \xi_m = 7{,}0\ \mu$m $\quad c = 340$ m/s $\quad \varrho = 1{,}29$ kg/m^3

Lösung

Aus dem Schallausschlag

$$\xi(x,t) = \xi_m \cos(\omega t - kx)$$

leiten sich die Funktionen der übrigen veränderlichen Größen des Schallfeldes ab:

$$v(x,t) = \frac{\partial \xi}{\partial t} = -\omega \xi_m \sin(\omega t - kx)$$

$$\Delta\varrho(x,t) = -\varrho \frac{\partial \xi}{\partial x} = -\varrho k \xi_m \sin(\omega t - kx)$$

$$\Delta p_W(x,t) = \varrho c \frac{\partial \xi}{\partial t} = -\varrho c \omega \xi_m \sin(\omega t - kx)$$

$$\Delta p_S(x,t) = \varrho \left(\frac{\partial \xi}{\partial t}\right)^2 = \varrho \omega^2 \xi_m^2 \sin^2(\omega t - kx)$$

Um die gesuchten Ortsfunktionen zu erhalten, ist nur noch $t = 0$ zu setzen. Beim Schallstrahlungsdruck wird zur Umformung außerdem die goniometrische Formel $\sin^2 \varphi = \frac{1}{2}(1 - \cos 2\varphi)$ benutzt. Damit findet man:

$$\xi(x,0) = \xi_m \cos kx$$

$$v(x,0) = \omega \xi_m \sin kx$$

$$\Delta\varrho(x,0) = \varrho k \xi_m \sin kx$$

$$\Delta p_W(x,0) = \varrho c \omega \xi_m \sin kx$$

$$\Delta p_S(x,0) = \frac{1}{2} \varrho \omega^2 \xi_m^2 (1 - \cos 2kx)$$

Zur grafischen Darstellung wird die Wellenlänge benötigt:

$$\lambda = \frac{c}{f} = 2{,}00 \text{ m}$$

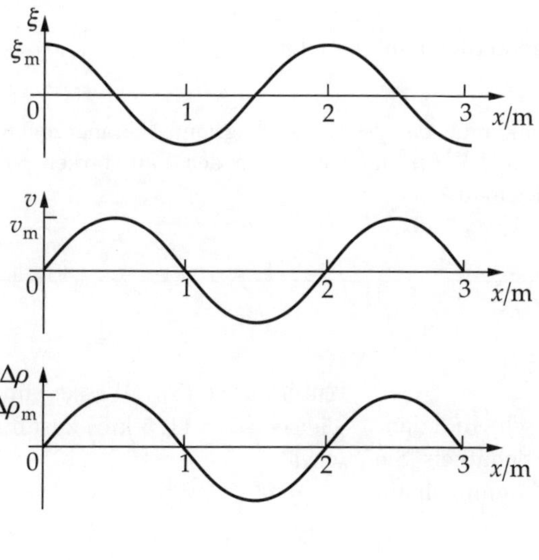

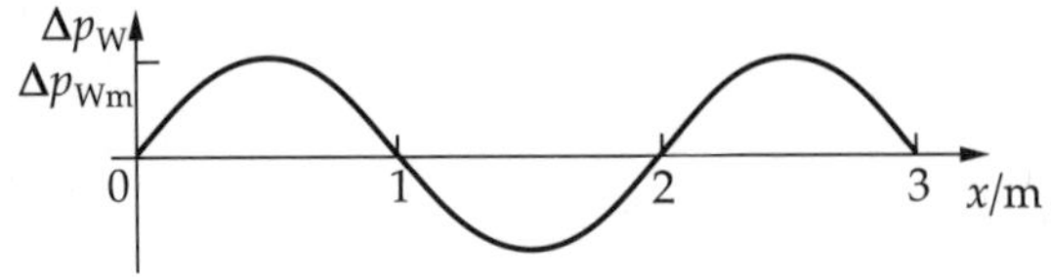

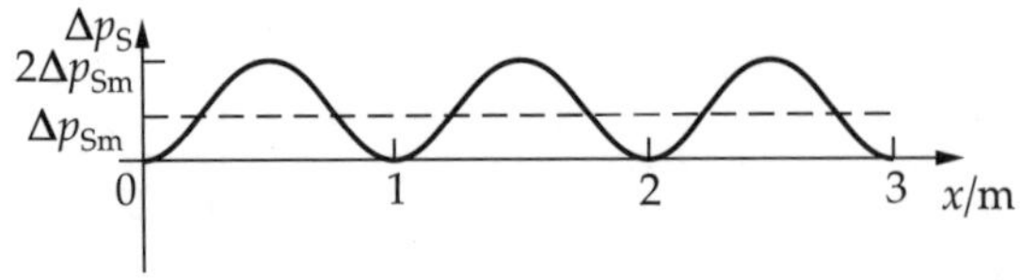

Die Diagramme zeigen, daß sich Schallschnelle, Dichte und Schalldruck gleichphasig ändern. Der Schallstrahlungsdruck ändert sich mit der doppelten Frequenz. Er ist stets positiv, und sein Mittelwert stimmt mit seiner Amplitude überein.

Die Amplituden werden unter Benutzung der Zusammenhänge $\omega = 2\pi f$ und $k = \dfrac{\omega}{c}$ aus den gegebenen Größen ermittelt:

$$v_m = \omega\xi_m = \underline{2\pi f \xi_m} = \underline{\underline{7,5 \text{ mm/s}}}$$

$$\Delta\varrho_m = \varrho k \xi_m = \underline{2\pi f \frac{\varrho}{c} \xi_m} = \underline{\underline{28 \ \frac{\text{mg}}{\text{m}^3}}}$$

$$\Delta p_{Wm} = \varrho c \omega \xi_m = \underline{2\pi f \varrho c \xi_m} = \underline{\underline{3,3 \text{ Pa}}}$$

$$\Delta p_{Sm} = \frac{1}{2}\varrho\omega^2\xi_m^2 = \underline{2\pi^2 f^2 \varrho \xi_m^2} = \underline{\underline{3,6 \cdot 10^{-5} \text{ Pa}}}$$

2. Schallpegel und Lautstärke

Ein Hörer empfängt Schall der Frequenz f und der Schallstärke $\overline{I}$. Wie groß sind der Schallpegel L und die Lautstärke L_N?

$f = 200$ Hz $\quad \overline{I} = 3,0 \cdot 10^{-9}$ W/m^2

Lösung

Der Schallpegel ergibt sich aus der Formel

$$L = 10 \lg \frac{\overline{I}}{\overline{I}_0} \text{ dB}$$

wobei $\overline{I}_0 = 10^{-12}$ W/m^2 gesetzt werden muß. Es folgt

$$\underline{\underline{L = 34,8 \text{ dB}}}$$

Um die Lautstärke zu ermitteln, muß das Isophonendiagramm herangezogen werden. Der Punkt $f = 200$ Hz; $\overline{I} = 3,0 \cdot 10^{-9}$ W/m^2 liegt zwischen den Lautstärken 10 phon und 20 phon. Durch Interpolation findet man

$$\underline{\underline{L_N = 12 \text{ phon}}}$$

AUFGABEN

W 5.1

In Wasser wird die Schallgeschwindigkeit $c = 1\,480$ m/s gemessen. Schätzen Sie ab, um welches Volumen ΔV demnach ein Kubikmeter (V_0) Wasser am Grunde der Tiefsee ($h = 11,5$ km) zusammengedrückt wird?

W 5.2

Beim Kundtschen Rohr wird ein Messingstab durch Reiben zu Longitudinalschwingungen (Grundschwingung) angeregt. Die Schwingungen werden mit einer Membran auf die in einem Glasrohr eingeschlossene Luftsäule übertragen, deren Länge veränderlich ist. Im Inneren des Glasrohres läßt sich die stehende Schallwelle mit Korkpulver sichtbar machen.

a) Mit welcher Grundfrequenz f_0 schwingt der Metallstab, der die Länge l_0 hat und an einem Ende fest eingespannt ist?

b) Wie lang (l_2) müßte eine gespannte Stahlsaite sein, um mit der gleichen Frequenz zu schwingen, wenn deren Spannung σ nur den Bruchteil η der Zerreißspannung σ_Z betragen darf?

c) Wie groß ist die Schallgeschwindigkeit c in der Luft im Glasrohr, wenn bei der Rohrlänge l_1 n Schwingungsbäuche auftreten? (Auch an der Membran befindet sich ein Schwingungsknoten in unmittelbarer Nähe.)

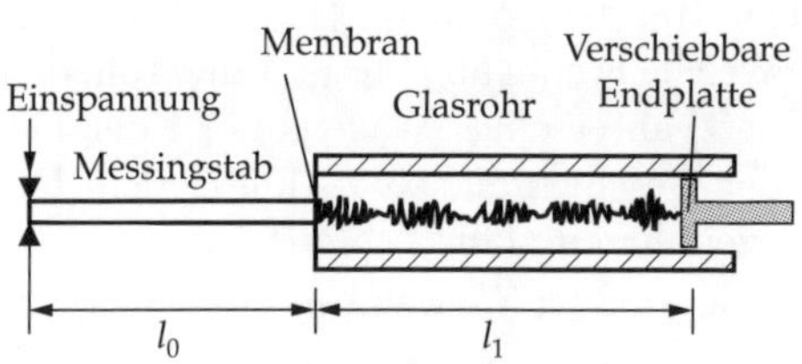

Messing: $E = 1,03 \cdot 10^{11}$ N/m^2
$\varrho_M = 8\,300$ kg/m^3
Stahl: $\sigma_B = 1,8 \cdot 10^9$ N/m^2
$\varrho_S = 7\,850$ kg/m^3
$l_0 = 0,25$ m $\quad l_1 = 1,07$ m $\quad n = 22$
$\eta = 50$ %

W 5.3

Der Tonumfang eines Klaviers beträgt 7 Oktaven. Für den höchsten Ton beträgt die Saitenlänge l_0, für den tiefsten l_1.

a) In welchem Verhältnis σ_1/σ_0 müßten die Zugspannungen dieser Saiten stehen, wenn beide aus Stahl sind?

b) Die Saite des tiefen Tons ist mit Kupferdraht umwickelt, der zwar die Masse, aber nicht die Zugspannung beeinflußt. In welchem Verhältnis m_K/m_S müßte die Kupfermasse zur Stahlmasse stehen, wenn die Zugspannung genau so groß wie bei der Saite des höchsten Tons werden soll?

$l_0 = 5,5$ cm $\quad l_1 = 150$ cm
Oktave $\widehat{=}$ Frequenzverhältnis 1 : 2

W 5.4

Eine Schallwelle hat in der Luft (Dichte ϱ) die Schallgeschwindigkeit c, die Frequenz f und die Intensität $\overline{I}$. Wie groß sind die Amplituden von

a) Schallschnelle (v_m),
b) Schallausschlag (ξ_m),
c) Dichteänderung ($\Delta\varrho_m$),
d) Schalldruck (Δp_{W_m}) und
e) der Mittelwert des Schallstrahlungsdrucks ($\overline{\Delta p_S}$)?

$f = 2\,500$ Hz $\quad \varrho = 1,205$ kg/m^3
$\overline{I} = 0,500$ W/m^2 $\quad c = 344$ m/s

W 5.5

Mit einem Schallradiometer wird der Schallstrahlungsdruck $\overline{\Delta p_S}$ einer Schallwelle gemessen. Die Lufttemperatur beträgt T_0. Wie groß sind die Intensität $\overline{I}$ und der Schallpegel L der Schallwelle?

Luft: $R' = 287$ W · s/(kg · K) $\quad \varkappa = 1,40$
$\overline{\Delta p_S} = 2,15$ mPa $\quad T_0 = 295$ K

W 5.6

Wie groß ist die in einem Zimmer (Grundfläche A, Höhe h) vorhandene Schallenergie E_S, wenn der Schallpegel den Wert L hat?

$A = 25$ m^2 $\quad h = 2,8$ m $\quad L = 52$ dB
$c = 340$ m/s

W 5.7

Ein Ultraschallstrahl verläuft im Wasser senkrecht nach oben und wird an der

Wasseroberfläche nahezu vollständig reflektiert. Dabei entsteht eine Fontäne der Höhe h. Welche Intensität $\overline{I}$ hat der einfallende Strahl? (Man beachte, daß sich der Schallstrahlungsdruck von einfallendem und reflektiertem Strahl addieren.)

$c = 1\,480$ m/s $h = 10$ cm

W 5.8

Welche Leistung P muß eine „punktförmige" Schallquelle in der Entfernung l_0 vom Hörer mindestens haben, damit sie noch wahrgenommen werden kann

a) bei $f_1 = 40$ Hz
b) bei $f_2 = 4$ kHz?

$l_0 = 10$ m

W 5.9

Wie groß ist das Maximum ξ_m des Schallausschlages an der Hörschwelle bei

a) $f_1 = 30$ Hz,
b) $f_2 = 4$ kHz,
c) $f_3 = 15$ kHz?

$\varrho = 1{,}29$ kg/m^3 $c = 340$ m/s

W 5.10

Ein Lautsprecher hat die Nennleistung P. Bei einer Diskothek im Freien wird diese Leistung bei einer Frequenz f voll ausgenutzt.

a) Wie groß sind die Schallstärke $\overline{I}_1$ und die Lautstärke L_{N1} in der Entfernung l_1?
b) In welcher Entfernung l_2 verringert sich die Lautstärke auf L_{N2}?

Der Lautsprecher soll näherungsweise als Punktquelle angesehen werden, die in alle Richtungen des vorderen Halbraumes gleichmäßig, in den hinteren Halbraum gar nicht abstrahlt.

$P = 80$ W $f = 400$ Hz $l_1 = 3$ m
$L_{N2} = 80$ phon

W 5.11

In einem Arbeitsraum befinden sich folgende Schallquellen mit bekanntem Schallpegel: eine Schreibmaschine (L_1), zwei Sprechende (jeweils L_2), der Straßenlärm durch ein offenes Fenster (L_3).

a) Wie groß sind die Gesamtwerte von Schallstärke ($\overline{I}$) und Schallpegel (L)?
b) Wie groß ist die Lautstärke L_N, wenn eine mittlere Frequenz f angenommen wird?

$L_1 = 68$ dB $L_2 = 60$ dB $L_3 = 57$ dB
$f = 250$ Hz

W 5.12

Ein an der Autobahn stehender Verkehrspolizist nimmt bei einem vorbeifahrenden PKW eine Tonhöhenänderung von genau einer großen Terz ($f_2/f_1 = 4 : 5$) wahr. Auf welche Fahrtgeschwindigkeit v kann er schließen?

$c = 340$ m/s

W 5.13

Die Sirene eines Polizeifahrzeuges, das mit der Geschwindigkeit v_1 fährt, erzeugt einen Ton der Frequenz f.

a) Welche Frequenz f' besitzt der Ton, den der Fahrer eines Wagens hört, der mit der Geschwindigkeit v_2 hinter dem Polizeifahrzeug fährt?
b) Wie groß ist f', wenn $v_1 = v_2$?

$f = 2\,500$ Hz $v_1 = 75$ km/h
$v_2 = 30$ km/h $c = 335$ m/s

W 5.14

Ein Beobachter verfolgt den Flug eines Überschallflugzeuges. Er hört den Knall um die Zeit t_1 später, als sich das Flugzeug genau über ihm befunden hat. Dabei sieht er das Flugzeug unter dem Winkel γ über dem Horizont.

a) Mit welcher Geschwindigkeit v fliegt das Flugzeug?
b) In welcher Höhe fliegt das Flugzeug?

$t_1 = 25$ s $\gamma = 35°$ $c = 340$ m/s

T Thermodynamik

T1 Kalorimetrie, thermische Ausdehnung

GRUNDLAGEN

1 Temperatur

In der Thermodynamik wird die Temperatur T als Basisgröße eingeführt. Die Maßeinheit der Temperatur ist Kelvin:

$$[T] = \text{K}$$

1 K ist der 273,16te Teil der thermodynamischen Temperatur des Tripelpunktes von Wasser.

Die Differenz einer Temperatur T und der Temperatur $T_0 = 273{,}15$ K (Eispunkt des Wassers) wird als Celsius-Temperatur ϑ bezeichnet:

$$\vartheta = T - T_0$$

und in Grad Celsius (°C) angegeben. Die Einheit der Temperatur ist jedoch grundsätzlich das Kelvin. Deshalb werden auch die Differenzen von Celsius-Temperaturen in Kelvin angegeben. Zur Temperaturmessung wird oft die thermische Ausdehnung der Körper benutzt.

2 Thermische Ausdehnung

Für die Längenausdehnung fester Körper gilt näherungsweise in einem begrenzten Temperaturbereich

$$\Delta l = l - l_0 = l_0 \alpha \vartheta$$

oder

$$l = l_0(1 + \alpha\vartheta)$$

l_0 ist die Länge des Körpers bei 0 °C, l seine Länge bei Temperatur ϑ. Der stoffabhängige Proportionalitätsfaktor α wird **linearer Ausdehnungskoeffizient** genannt. Für die Volumenausdehnung von Festkörpern, Flüssigkeiten und Gasen bei konstantem Druck gilt

$$V = V_0(1 + \gamma\vartheta)$$

Zwischen dem **Volumenausdehnungskoeffizienten** γ und dem Längenausdehnungskoeffizienten α gilt näherungsweise der Zusammenhang

$$\gamma = 3\alpha$$

3 Wärmebilanz

Zwei sich berührende Körper verschiedener Temperatur nehmen, wenn sie nicht von der Umgebung beeinflußt werden, nach hinreichend langer Zeit die gleiche Temperatur an (thermometrisches Grundgesetz). Während des Temperaturausgleichs wird die vom wärmeren Körper abgegebene Wärme Q vom kälteren Körper aufgenommen. Das gilt auch für beliebig viele Körper. Daraus folgt die Wärmebilanz

$$\sum Q_{\mathrm{auf}} = \sum Q_{\mathrm{ab}}$$

Die **Wärme** Q ist eine Energiegröße; ihre Einheit ist Joule:

$$[Q] = \mathrm{J} = \mathrm{N} \cdot \mathrm{m} = \mathrm{W} \cdot \mathrm{s}$$

Für die Erwärmung oder Abkühlung eines Körpers der Masse m und der **spezifischen Wärmekapazität** c gilt

$$Q = mc\Delta T$$

Die Größe $C = mc$ heißt Wärmekapazität des Körpers.
Eine Phasenumwandlung erfolgt bei konstanter Temperatur. Dabei wird Umwandlungswärme verbraucht bzw. frei:

$$Q = mq$$

q ist die spezifische Umwandlungswärme.

KONTROLLFRAGEN

T 1-1
Welche physikalischen Größen kann man zur Temperaturmessung benutzen? Nennen Sie das entsprechende Thermometer!

T 1-2
Wasser von $\vartheta_1 = 17$ °C erwärmt sich um $\Delta T = 5$ K. Schreiben Sie ausführlich auf, wie die Temperatur ϑ_2 berechnet wird! Wie groß ist T_2?

T 1-3
Würde sich die Volumenausdehnung des Wassers zur Temperaturmessung eignen? Begründen Sie Ihre Antwort!

T 1-4
Ein Würfel der Kantenlänge l_0 erwärmt sich von 0 °C auf eine Temperatur ϑ. Zeigen Sie an diesem Vorgang, daß $\gamma = 3\alpha$ gilt !

T 1-5
Was ist ein Kalorimeter?

T 1-6
Zur Bestimmung der Wärmekapazität eines Kalorimeters gießt man heißes Wasser in ein Kalorimeter mit kaltem Wasser und beobachtet den Temperaturausgleich.
a) Wie lautet die Wärmebilanz?
b) Welche Größen müssen bekannt sein?
c) Welche Größen müssen gemessen werden?

BEISPIELE

1. Linearer Wärmeausdehnungskoeffizient
Die Länge eines Stabes sei linear von der Temperatur abhängig.

a) Die Länge werde bei ϑ_0 und ϑ_1 gemessen, wobei die Werte l_0 und l_1 festgestellt werden. Berechnen Sie den Ausdehnungskoeffizienten α!

$\vartheta_0 = 0\ °\text{C} \qquad \vartheta_1 > \vartheta_0 \qquad l_1 = l_0 + \Delta l$

b) Wie muß der Ausdehnungskoeffizient α des Stabes berechnet werden, wenn die Längen l_1 und l_2 bei den Temperaturen ϑ_1 und ϑ_2 gemessen wurden?

$\vartheta_1 > 0\ °\text{C} \qquad \vartheta_2 > \vartheta_1$

Lösung

a) Aus $l_1 = l_0(1 + \alpha\vartheta_1)$ folgt $l_1 - l_0 = l_0\alpha\vartheta_1$ und

$$\underline{\alpha = \frac{l_1 - l_0}{l_0\vartheta_1}}$$

b) In den beiden Gleichungen $l_1 = l_0(1 + \alpha\vartheta_1)$ und $l_2 = l_0(1 + \alpha\vartheta_2)$ sind l_0 und α unbekannt. Durch Division der Gleichungen wird l_0 eliminiert und α berechnet:

$$\frac{l_2}{l_1} = \frac{1 + \alpha\vartheta_2}{1 + \alpha\vartheta_1} \qquad l_2 - l_1 = \alpha(\vartheta_2 l_1 - \vartheta_1 l_2)$$

Das ergibt

$$\underline{\alpha = \frac{l_2 - l_1}{\vartheta_2 l_1 - \vartheta_1 l_2}}$$

Werden in dieser Formel alle Indizes um 1 vermindert, so entsteht die Lösung des Teiles a) der Aufgabe ($\vartheta_0 = 0\ °\text{C}$).

2. Erwärmung beim Spanen

Beim Drehen eines Werkstückes aus Stahl (ϱ, c, r, ϑ_1) wird ein Span vom Querschnitt A abgehoben. Aus der Anlauffarbe Blau kann man die Temperatur ϑ_2 des Spanes abschätzen. Berechnen Sie das Drehmoment M des Motors der Drehmaschine unter der Voraussetzung, daß die entstehende Wärme im wesentlichen vom Span aufgenommen wird!

$\varrho = 7{,}8\ \text{g/cm}^3 \quad c = 440\ \text{J/(kg}\cdot\text{K)} \quad r = 3{,}0\ \text{cm}$
$\vartheta_1 = 20\ °\text{C} \quad \vartheta_2 = 300\ °\text{C} \quad A = 8{,}0\ \text{mm}^2$

Lösung

Die Leistung des Motors $P = M\omega$ wird über Verformungsarbeit an dem Werkstück in einen Wärmestrom Q/t umgesetzt, der in den Drehspan (Länge l) fließt:

$$P = \frac{Q}{t}$$

Mit $Q = mc\Delta T$ und $m = \varrho Al$ folgt weiter

$$P = \frac{\varrho Alc\Delta T}{t}, \text{ wobei } \Delta T = \vartheta_2 - \vartheta_1 \text{ ist.}$$

Die Länge l des in der Zeit t entstehenden Spanes hängt von der Schnittgeschwindigkeit v ab:

$$l = vt = \omega rt$$

Aus $P = M\omega$ und den letzten beiden Gleichungen erhält man das gesuchte Drehmoment

$$\underline{M = \varrho Arc\Delta T = \varrho Arc(\vartheta_2 - \vartheta_1)} = \underline{\underline{2 \cdot 10^2\ \text{N}\cdot\text{m}}}$$

3. Kalorimeter

In einem Kalorimeter (C), das mit Wasser (m_W, ϑ_W) gefüllt ist, gießt man flüssiges Blei (m_B, c_Bfl, ϑ_B). Welche Ausgleichtemperatur ϑ_A stellt sich ein?

Die Ausgleichtemperatur ϑ_A liegt unterhalb der Siedetemperatur ϑ_S des Wassers: $\vartheta_\text{A} < \vartheta_\text{S}$. Weiter sind bekannt: Schmelztemperatur des Bleis ϑ_BS, spezifische Wärmekapazität des festen Bleis c_B und spezifische Schmelzwärme des Bleis q_B.

Lösung

Die vom Blei abgegebene Wärmemenge wird vom Wasser und dem Kalorimeter aufgenommen:

$$\sum Q_{\mathrm{ab}} = \sum Q_{\mathrm{auf}}$$

Die abgegebene Wärmemenge besteht aus drei Anteilen:

– Abkühlen des flüssigen Bleis auf die Schmelztemperatur

$$Q_1 = m_{\mathrm{B}} c_{\mathrm{Bfl}} (\vartheta_{\mathrm{B}} - \vartheta_{\mathrm{BS}})$$

– Erstarren des flüssigen Bleis

$$Q_2 = m_{\mathrm{B}} q_{\mathrm{B}}$$

– Abkühlung des festen Bleis auf die Ausgleichtemperatur ϑ_{A}

$$Q_3 = m_{\mathrm{B}} c_{\mathrm{B}} (\vartheta_{\mathrm{BS}} - \vartheta_{\mathrm{A}})$$

Die aufgenommene Wärmemenge besteht aus zwei Anteilen:

– Erwärmung des Wassers auf die Ausgleichtemperatur ϑ_{A}

$$Q_4 = m_{\mathrm{W}} c_{\mathrm{W}} (\vartheta_{\mathrm{A}} - \vartheta_{\mathrm{W}})$$

– Erwärmen des Kalorimeters auf die Ausgleichtemperatur ϑ_A

$$Q_5 = C(\vartheta_{\mathrm{A}} - \vartheta_{\mathrm{W}})$$

Damit erhält man folgende Wärmebilanz:

$$m_{\mathrm{B}} c_{\mathrm{Bfl}} (\vartheta_{\mathrm{B}} - \vartheta_{\mathrm{BS}}) + m_{\mathrm{B}} q_{\mathrm{B}} + m_{\mathrm{B}} c_{\mathrm{B}} (\vartheta_{\mathrm{BS}} - \vartheta_{\mathrm{A}}) = (m_{\mathrm{W}} c_{\mathrm{W}} + C)(\vartheta_{\mathrm{A}} - \vartheta_{\mathrm{W}})$$

Für die Ausgleichtemperatur ϑ_{A} ergibt sich

$$\underline{\vartheta_{\mathrm{A}} = \frac{m_{\mathrm{B}} c_{\mathrm{Bfl}} (\vartheta_{\mathrm{B}} - \vartheta_{\mathrm{BS}}) + m_{\mathrm{B}} q_{\mathrm{B}} + m_{\mathrm{B}} c_{\mathrm{B}} \vartheta_{\mathrm{BS}} + (m_{\mathrm{W}} c_{\mathrm{W}} + C)\vartheta_{\mathrm{W}}}{m_{\mathrm{B}} c_{\mathrm{B}} + m_{\mathrm{W}} c_{\mathrm{W}} + C}}$$

AUFGABEN

T 1.1

Ein beiderseits fest eingespannter Stahlstab (Querschnittsfläche A, Elastizitätsmodul E) kühlt sich um die Temperaturdifferenz ΔT ab.

a) Welche Zugkraft F entsteht?

b) Zerreißt der Stab? (Ist die Zugspannung σ größer als die Zerreißspannung σ_{B}?)

$A = 1{,}0\ \mathrm{cm}^2 \quad \Delta T = 80\ \mathrm{K}$

$\alpha = 11 \cdot 10^{-6}\ \mathrm{K}^{-1}$

$E = 21{,}5 \cdot 10^4\ \mathrm{MPa} \quad \sigma_{\mathrm{B}} = 1{,}0 \cdot 10^3\ \mathrm{MPa}$

T 1.2

Ein dünnwandiger Stahlring (Elastizitätsmodul E, Zerreißfestigkeit σ_{B}, linearer Ausdehnungskoeffizient α) soll auf eine Welle vom Durchmesser d aufgeschrumpft werden. Dabei soll die im Ring auftretende Spannung $\sigma = 0{,}3\,\sigma_{\mathrm{B}}$ betragen.

a) Wie groß ist der Innendurchmesser d_0 des kalten Ringes vor dem Aufschrumpfen?

b) Wie groß muß die Temperaturdifferenz ΔT zwischen Ring und Welle mindestens sein, damit der Ring sich aufschrumpfen läßt?

Der Ring ist wie ein Stab zu behandeln.

$E = 2{,}2 \cdot 10^5\ \mathrm{MPa} \quad \sigma_{\mathrm{B}} = 687\ \mathrm{MPa}$

$\alpha = 12 \cdot 10^{-6}\ \mathrm{K}^{-1} \quad d = 40{,}0\ \mathrm{mm}$

T 1.3

Ein Quecksilberbarometer ist bei $\vartheta_0 = 0\ °\mathrm{C}$ geeicht. Bei der Temperatur ϑ_1 wird der Luftdruck p_1' abgelesen. Bestimmen Sie den wirklichen Wert des Luftdrucks p_1, der sich bei Berücksichtigung der Dichteänderung des Quecksilbers ergibt!

Volumenausdehnungskoeffizient des Quecksilbers: $\gamma = 181 \cdot 10^{-6}\ \mathrm{K}^{-1}$

$p_1' = 1\,024{,}7\ \mathrm{hPa} \quad \vartheta_1 = 28{,}5\ °\mathrm{C}$

T 1.4

Eis der Masse m und der Temperatur ϑ_A soll so viel Wärme zugeführt werden, daß es zunächst schmilzt und anschließend die Hälfte des Wassers verdampft. Welche Wärme Q muß zugeführt werden?

$m = 2,0$ kg $\quad \vartheta_A = -8$ °C
$c_E = 2,09$ kJ/(kg · K)
$q_f = 332$ kJ/kg $\quad q_d = 2,26$ MJ/kg
$c_W = 4,19$ kJ/(kg · K)

T 1.5

Eis (m_E) wird in siedendes Wasser (m_W) gebracht. Die Mischungstemperatur ist ϑ_M. Als Kalorimeter dient ein Thermosgefäß, dessen Wärmekapazität zu vernachlässigen ist. Welche Temperatur ϑ_E hatte das Eis?

$m_E = 100$ g $\quad m_W = 500$ g $\quad \vartheta_M = 69$ °C
$c_E = 2,09$ kJ/(kg · K) $\quad q_f = 332$ kJ/kg
$c_W = 4,19$ kJ/(kg · K)

T 1.6

Ein auf die Temperatur ϑ_A erwärmter Aluminiumquader mit der Dichte ϱ_A und den Kantenlängen l, b, h wird in Wasser (m_W, ϑ_W) gebracht. Es stellt sich eine Ausgleichtemperatur ϑ_E ein. Das Kalorimeter hat die Wärmekapazität C. Wie groß ist die spezifische Wärmekapazität c_A des Aluminiums?

$\vartheta_A = 100$ °C $\quad \varrho_A = 2,72$ g/cm^3
$l = 5,0$ cm $\quad b = 4,0$ cm $\quad h = 2,0$ cm
$m_W = 200$ g $\quad \vartheta_W = 17,0$ °C
$\vartheta_E = 24,1$ °C $\quad C = 209$ J/K
$c_W = 4,19$ kJ/(kg · K)

T 1.7

In ein Gefäß (C) mit Wasser (m_W, ϑ_W) bringt man eine Eisenkugel (m_E, c_E). Dabei verdampft Wasser der Masse m_D. Welche Temperatur ϑ_E hatte die Eisenkugel?

$C = 209$ J/K $\quad m_W = 100$ g
$\vartheta_W = 95$ °C $\quad m_E = 35$ g
$m_D = 3,0$ g $\quad c_E = 465$ J/(kg · K)
$q_d = 2,26$ MJ/kg $\quad c_W = 4,19$ kJ/(kg·K)

T 1.8

In einem Kalorimeter vernachlässigbarer Wärmekapazität befindet sich Eis der Masse m_1 im Temperaturgleichgewicht mit Wasser der Masse m_2. Eine Wassermasse m_3 von Siedetemperatur ϑ_S wird zugegeben. Welcher Gleichgewichtszustand (gekennzeichnet durch die Temperatur ϑ', die im Kalorimeter vorhandene Wassermenge m_W und die Eismasse m_E) stellt sich ein, wenn m_3

a) als Wasser,
b) als Dampf

zugegeben wird?

$m_1 = 200$ g $\quad m_2 = 300$ g $\quad m_3 = 100$ g
$c_W = 4,19$ kJ/(kg · K) $\quad q_f = 332$ kJ/kg
$q_d = 2,26$ MJ/kg

T 1.9

In einem Destillationsapparat tritt Wasserdampf mit der Siedetemperatur ϑ_S in die Kühlschlange ein. Die Kühlung erfolgt durch Wasser, das mit der Temperatur ϑ_1 in den Kühlmantel einströmt und ihn mit der Temperatur ϑ_2 verläßt. Der kondensierte Wasserdampf verläßt den Kühler mit der Temperatur ϑ_K.

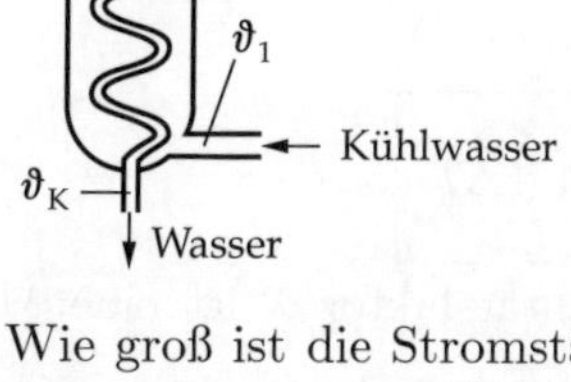

Wie groß ist die Stromstärke I des Kühlwassers, wenn stündlich die Wassermenge der Masse m_K kondensiert?

$m_K = 5,0$ kg $\quad \vartheta_S = 100$ °C $\quad \vartheta_1 = 10$ °C
$q_d = 2,26$ MJ/kg $\quad \vartheta_K = 30$ °C
$\vartheta_2 = 60$ °C $\quad c_W = 4,19$ kJ/(kg · K)

T 1.10

Wasser (m, ϑ_A) wird in einem Kalorimeter (C) mit einem Tauchsieder (Leistungsaufnahme P) erwärmt.

a) Nach welcher Zeit t_1 ist die Siedetemperatur ϑ_S erreicht?

b) Es wurde vergessen, den Tauchsieder abzuschalten. Befindet sich noch Wasser im Kalorimeter, wenn das erst nach der Zeit t_2 (nach dem Einschalten) bemerkt wird?

$m = 500$ g $\quad \vartheta_A = 16$ °C $\quad C = 480$ J/K
$P = 600$ W $\quad \vartheta_S = 100$ °C
$q_d = 2,26$ MJ/kg
$c_W = 4,19$ kJ/(kg · K) $\quad t_2 = 25$ min

T 1.11

Ein Quecksilber- und ein Wasserstrahl strömen beide mit der gleichen Geschwindigkeit v aus einem waagerecht liegenden Rohr und durchfallen beide die gleiche Höhe h. Um welchen Faktor erwärmt sich dabei die eine Flüssigkeit mehr als die andere?

$c_Q = 138$ J/(kg · K)
$c_W = 4,19$ kJ/(kg · K)

T 2 Wärmeausbreitung

GRUNDLAGEN

1 Wärmestrom

Überall dort, wo ein Temperaturgefälle vorhanden ist, erfolgt ein Wärmetransport von der höheren zur tieferen Temperatur. Die auf die Zeit bezogene transportierte Wärme nennt man den Wärmestrom $\dot{Q} = \mathrm{d}Q/\mathrm{d}t$. Die Wärmeausbreitung kann durch Leitung, Konvektion und Strahlung erfolgen. Im Vakuum ist nur Wärmeausbreitung durch Strahlung möglich. Im folgenden wird lediglich die Wärmeausbreitung in Substanzen betrachtet.

2 Wärmeleitung

Fließt ein Wärmestrom durch einen Körper, so spricht man von Wärmeleitung. Dabei ist der Wärmestrom $\dot{Q}$ der Temperaturdifferenz ΔT stets proportional. Für den Wärmestrom durch einen Körper mit dem Querschnitt A und der Dicke (Länge) l gilt

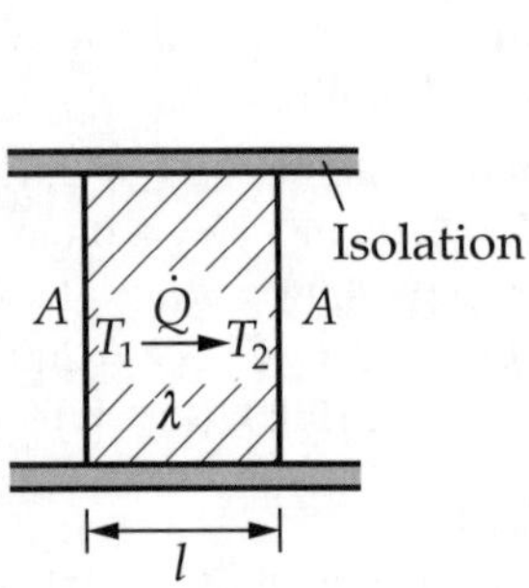

$$\dot{Q} = \lambda \frac{A}{l} \Delta T$$

Der Proportionalitätsfaktor λ ist eine Materialkonstante, **Wärmeleitfähigkeit** genannt.

3 Wärmeübergang

Grenzen zwei Körper unmittelbar aneinander, so wird beim Wärmetransport an der Übergangsstelle eine Temperaturdifferenz beobachtet. Diese Erscheinung nennt man Wärmeübergang.

Am Wärmeübergang können Wärmeleitung, Wärmestrahlung und Konvektion beteiligt sein; das hängt im einzelnen vom Aggregatzustand der aneinandergrenzenden Körper und von der Beschaffenheit der Grenzflächen ab. Die Annahme des Temperatursprunges ΔT im Bereich verschwindend kleiner Dicke stellt nur eine näherungsweise Beschreibung der verwickelten Zusammenhänge dar. Für den Wärmestrom gilt

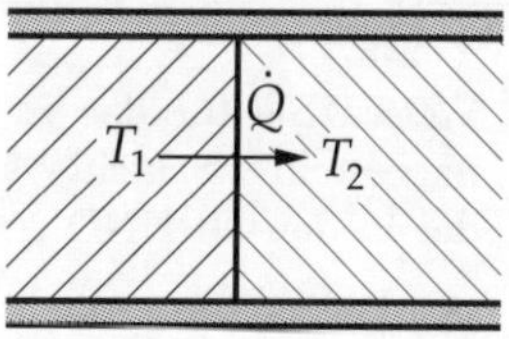

$$\dot{Q} = \alpha A \Delta T$$

Die als Proportionalitätsfaktor eingeführt Größe α ist charakteristisch für den Wärmeübergang an dieser Übergangsstelle und heißt **Wärmeübergangskoeffizient**.

4 Wärmedurchgang

Beim Wärmetransport durch eine Wand mit mehreren Schichten gilt die Beziehung

$$\dot{Q} = k A \Delta T$$

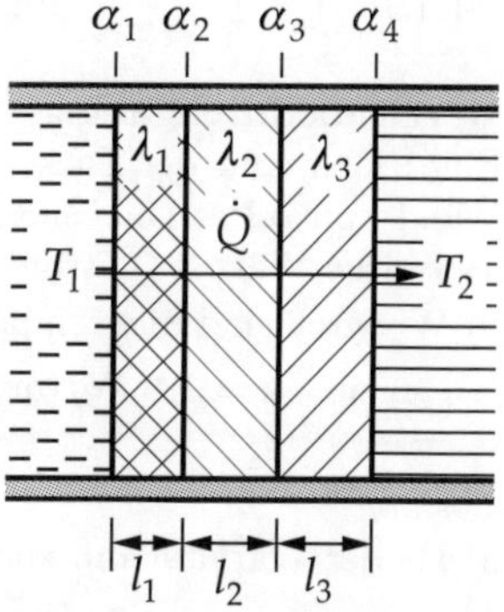

Der Proportionalitätsfaktor k wird **Wärmedurchgangskoeffizient** der Wand genannt. Er läßt sich auf die Wärmeleitfähigkeiten(λ_i) und die Wärmeübergangskoeffizienten (α_j) der einzelnen Schichten zurückführen. Es gilt

$$\frac{1}{k} = \sum \frac{l_i}{\lambda_i} + \sum \frac{1}{\alpha_j}$$

KONTROLLFRAGEN

T 2-1
In welchen Maßeinheiten werden die Konstanten λ, α und k angegeben?

T 2-2
Unter welchen Bedingungen folgen aus der Gleichung $\dot{Q} = kA\Delta T$ die Gleichungen für die Wärmeleitung und den Wärmeübergang?

T 2-3
Unter welchen Bedingungen bezeichnet man den Wärmedurchgang als stationär? Wie kann man im stationären Fall die Wärme Q bei Wärmeleitung, Wärmeübergang und Wärmedurchgang berechnen?

T 2-4
Skizzieren Sie den Temperaturverlauf $T(x)$ in einer zweischichtigen, ebenen Wand bei stationärem Wärmestrom! Die Nebenbedingungen sind:
$\alpha_1 > \alpha_3$, $\alpha_2 = \infty$, $\lambda_1 > \lambda_2$,
$T = T_1 =$ const links der Wand,
$T = T_2 =$ const rechts der Wand.

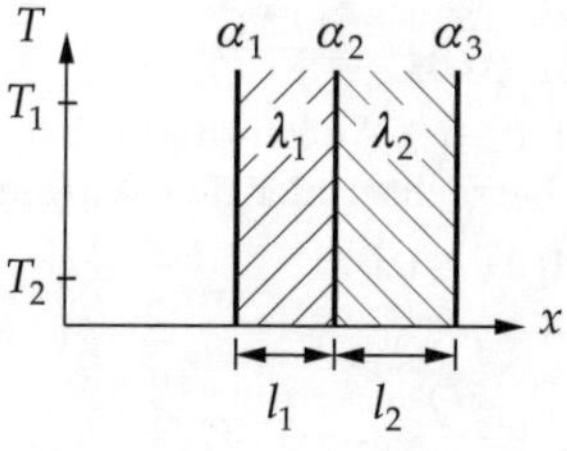

T 2-5
Weisen Sie für das in Kontrollfrage T 2-4 dargestellte Schichtsystem die Richtigkeit der in den GRUNDLAGEN (4.) angegebenen Formel für $\frac{1}{k}$ nach! Hinweis: Führen Sie zusätzlich zu den beiden angegebenen Temperaturen T_1 und T_2 die Zwischentemperaturen T_a, T_b, T_c und T_d an den einzelnen Schichtgrenzen ein und beachten Sie, daß durch alle Schichten und Grenzflächen der Wärmestrom gleichbleiben muß.

T 2-6
Die Begriffe zur Beschreibung eines Wärmestroms in Metallstäben und eines elektrischen Stromes in metallischen Leitern sind analog gewählt. Vervollständigen Sie die folgende Tabelle!

Elektrischer Strom	Wärmeleitung
Ladung Q	
Spannung U	
Stromstärke $I = \varkappa \frac{A}{l} U$	
El. Widerstand $R = \frac{1}{\varkappa} \frac{l}{A}$	

$\varkappa = \frac{1}{\varrho}$ ist die elektrische Leitfähigkeit.

BEISPIELE

1. Wärmedurchgang

Eine Hauswand der Dicke l hat die Wärmeleitfähigkeit λ. Der Wärmeübergangskoeffizient Wand-Luft sei α. Die Innentemperatur ist ϑ_1, die Außentemperatur ϑ_4.

a) Welche Wärme Q strömt in der Zeit t durch die Fläche A von innen nach außen?

b) Wie groß sind die Temperaturen ϑ_2 an der Innenwand und ϑ_3 an der Außenwand?

$l = 30$ cm $\quad \lambda = 3,8$ W/(m · K) $\quad \alpha = 84$ W/(m^2 · K) $\quad t = 24$ h $\quad A = 50$ m^2 $\quad \vartheta_1 = 20$ °C $\quad \vartheta_4 = -10$ °C

Lösung

a) Da der Wärmestrom konstant ist, kann man für die Gleichung schreiben:

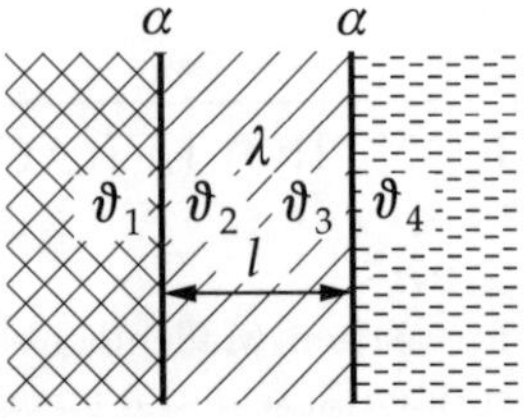

$$Q = kA\Delta Tt$$

Der Wärmedurchgangskoeffizient k ergibt sich zu

$$\frac{1}{k} = \frac{2}{\alpha} + \frac{l}{\lambda} \quad \text{oder} \quad k = \frac{\alpha\lambda}{2\lambda + \alpha l}$$

Damit erhält man

$$\underline{Q = \frac{\alpha\lambda A t}{2\lambda + \alpha l}(\vartheta_1 - \vartheta_4)} = \underline{\underline{1,26 \text{ GJ}}}$$

b) Die Temperatur der Innenwand ϑ_2 ergibt sich aus dem Ansatz für den Wärmeübergang aus dem Innenraum an die Innenwand:

$$\dot{Q} = \alpha A(\vartheta_1 - \vartheta_2)$$

Mit $\dot{Q} = \text{const}$ folgt $Q = \alpha A(\vartheta_1 - \vartheta_2)t$ oder

$$\underline{\vartheta_2 = \vartheta_1 - \frac{Q}{\alpha A t}} = \underline{\underline{17 \text{ °C}}}$$

Die Temperatur ϑ_3 der Außenwand erhält man mit der gleichen Überlegung, die vorher zu ϑ_2 führte. Man betrachtet hier den Wärmeübergang von der Außenwand an die Umgebung:

$$Q = \alpha A(\vartheta_3 - \vartheta_4)t$$

Daraus folgt

$$\underline{\vartheta_3 = \vartheta_4 + \frac{Q}{\alpha A t}} = \underline{\underline{-7 \text{ °C}}}$$

2. Abkühlungsvorgang

Ein Körper der Masse m, der spezifischen Wärmekapazität c, der Oberfläche A und der Temperatur ϑ_K wird in eine Umgebung mit der konstanten Temperatur ϑ_U gebracht. Der Wärmeübergangskoeffizient sei α, und es gilt $\vartheta_K > \vartheta_U$.

a) Leiten Sie die Temperatur-Zeit-Funktion $\vartheta = \vartheta(t)$ des sich abkühlenden Körpers her!

b) Geben Sie den Verlauf der unter a) erhaltenen Funktion in einem Diagramm an!

(Keine Wärmestrahlung, keine Temperaturunterschiede im Körper.)

Lösung

a) Da die Temperatur des Körpers höher als die der Umgebung ist, wird Wärme durch die Grenzschicht (A, α) an die Umgebung abgeleitet. Für den Wärmestrom gilt

$$\frac{dQ}{dt} = \alpha A(\vartheta - \vartheta_U)$$

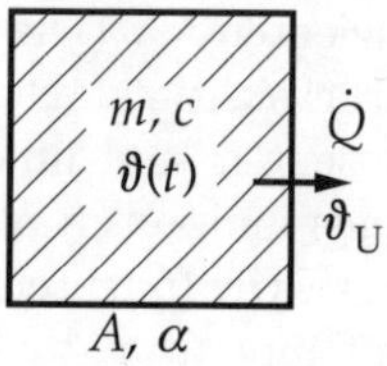

Der Körper kühlt sich ab. Seine Temperatur ist daher eine Funktion der Zeit $\vartheta = \vartheta(t)$. Der Körper gibt in der Zeit dt die Wärmemenge $dQ = -mc\,d\vartheta$ an die Umgebung ab. Durch das Vorzeichen wird berücksichtigt, daß die Temperatur abnimmt ($d\vartheta < 0$, $dQ > 0$). Setzt man die letzte Beziehung für dQ in die erste Gleichung ein, so erhält man

$$-mc\,d\vartheta = \alpha A(\vartheta - \vartheta_U)\,dt$$

Man formt nun so um, daß die Variable ϑ mit dem Differential $d\vartheta$ auf der einen Seite und das Differential dt auf der anderen Seite stehen (Trennung der Variablen):

$$\frac{d\vartheta}{\vartheta - \vartheta_U} = -\frac{\alpha A}{mc}\,dt$$

Integriert man beide Seiten der Gleichung und setzt als untere Grenzen die Anfangswerte ($\vartheta = \vartheta_K$ und $t = 0$) und als obere Grenzen die zusammengehörigen Werte der Variablen ϑ und t ein, so ergibt sich

$$\int_{\vartheta_K}^{\vartheta} \frac{d\vartheta}{\vartheta - \vartheta_U} = -\frac{\alpha A}{mc}\int_0^t dt$$

Man erhält weiter

$$\ln\frac{\vartheta - \vartheta_U}{\vartheta_K - \vartheta_U} = -\frac{\alpha A}{mc}t \quad \text{und damit} \quad \frac{\vartheta - \vartheta_U}{\vartheta_K - \vartheta_U} = e^{-\frac{\alpha A}{mc}t}$$

Daraus folgt die gesuchte Abkühlungsfunktion

$$\underline{\vartheta(t) = \vartheta_U + (\vartheta_K - \vartheta_U)\,e^{-\frac{\alpha A}{mc}t}}$$

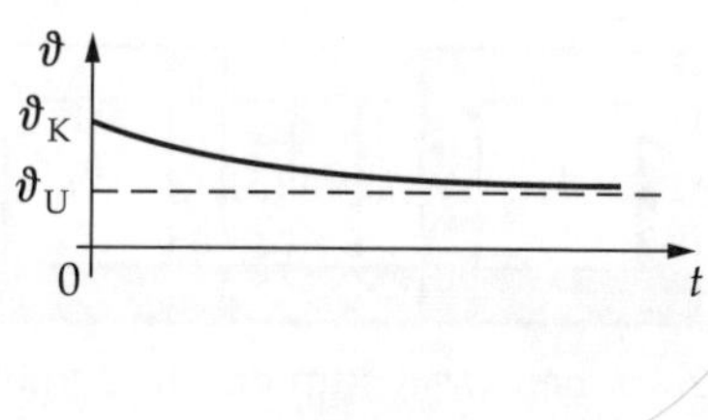

Die Temperatur eines sich abkühlenden Körpers wird durch eine Exponentialfunktion der Zeit beschrieben. Derartige exponentielle Abklingvorgänge treten z. B. auch bei der Entladung eines Kondensators und beim Zerfall radioaktiver Stoffe auf.

b) Mit der in a) erhaltenen Abkühlungsfunktion gilt für $t = 0$: $\vartheta = \vartheta_K$ und für $t \to \infty$: $\vartheta = \vartheta_U$.

AUFGABEN

T 2.1

Ein Verbundfenster der Fläche A besteht aus zwei Glasscheiben der Dicke d_1, zwischen denen sich eine Luftschicht befindet. Das Glas hat die Wärmeleitfähigkeit λ_1, die Luftschicht den Wärmedurchgangskoeffizienten k_2. (Die Konvektion ist damit berücksichtigt.) Die Wärmeübergangskoeffizienten sind innen α_i (Zimmerluft ruhend) und außen α_a (Außenluft leicht bewegt). Die Innentemperatur ist ϑ_i, die Außentemperatur ϑ_a.

a) Berechnen Sie die Heizleistung P, die erforderlich ist, um den Energieverlust, den der Wärmestrom durch das Fenster verursacht, zu ersetzen!

b) Welchen Wert P' nimmt die erforderliche Heizleistung an, wenn das Fenster nur eine Scheibe der Dicke d_3 hat?

$A = 2,0\ \mathrm{m}^2 \quad d_1 = 3,5\ \mathrm{mm}$
$d_3 = 5,4\ \mathrm{mm} \quad \lambda_1 = 0,85\ \mathrm{W/(m \cdot K)}$
$k_2 = 5,9\ \mathrm{W/(m^2 \cdot K)}$
$\alpha_\mathrm{i} = 12,5\ \mathrm{W/(m^2 \cdot K)}$
$\alpha_\mathrm{a} = 25\ \mathrm{W/(m^2 \cdot K)}$
$\vartheta_\mathrm{i} = 22\ °\mathrm{C} \quad \vartheta_\mathrm{a} = -10\ °\mathrm{C}$

T 2.2

Zur Messung der Wärmeleitfähigkeit λ_1 einer Keramikplatte wird folgende Anordnung benutzt:

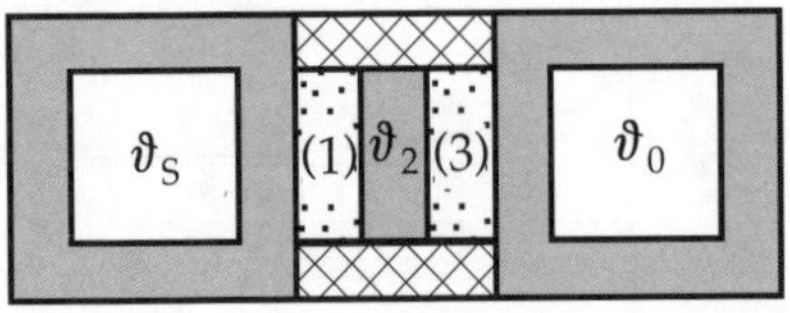

Zwischen zwei kupfernen Behältern, von denen der eine mit siedendem Wasser (ϑ_S), der andere mit Wasser und Eisstückchen (ϑ_0) gefüllt ist, befindet sich ein seitlich durch Glaswolle von der Umgebung isolierter Wärmeleiter, der aus drei Schichten gleicher Querschnittsfläche A aufgebaut ist. Diese Schichten sind die zu untersuchende Keramikplatte (Dicke d_1), ein Kupferblech, dessen Temperatur ϑ_2 mit einem Meßfühler bestimmt werden kann, sowie eine Porzellanplatte (Dicke d_3) von bekannter Wärmeleitfähigkeit λ_3.

a) Bestimmen Sie λ_1 unter Vernachlässigung der Temperaturdifferenzen, die im Kupfer an den Übergangsstellen Wasser-Kupfer auftreten!

b) Das Kupferblech zwischen Keramikplatte und Porzellanplatte hat die Dicke d_2. Wie groß ist die Meßunsicherheit von ϑ_2, die durch die in a) vernachlässigte Temperaturdifferenz $\Delta\vartheta$ im Kupferblech verursacht wird?

$d_1 = 20\ \mathrm{mm} \quad d_2 = 2,0\ \mathrm{mm} \quad d_3 = 12\ \mathrm{mm}$
$\lambda_2 = 384\ \mathrm{W/(m \cdot K)} \quad \lambda_3 = 1,44\ \mathrm{W/(m \cdot K)}$
$\alpha = 5,5\ \mathrm{kW/(m^2 \cdot K)} \quad \vartheta_\mathrm{S} = 100\ °\mathrm{C}$
$\vartheta_0 = 0\ °\mathrm{C} \quad \vartheta_2 = 24,3\ °\mathrm{C}$

T 2.3

Eine Schaufensterscheibe hat die Dicke d. Die Wärmeleitfähigkeit des Glases ist λ, die Wärmeübergangskoeffizienten sind innen α_i (Luft ruhend) und außen α_a (Luft leicht bewegt). Im Innenraum wird die Temperatur ϑ_i konstantgehalten. Unterhalb welcher Außentemperatur ϑ_a können sich an der Innenseite der Scheibe Eisblumen bilden?

$d = 13\ \mathrm{mm} \quad \vartheta_\mathrm{i} = 14\ °\mathrm{C}$
$\lambda = 0,85\ \mathrm{W/(m \cdot K)}$
$\alpha_\mathrm{i} = 12,5\ \mathrm{W/(m^2 \cdot K)} \quad \alpha_\mathrm{a} = 25\ \mathrm{W/(m^2 \cdot K)}$

T 2.4

Die Flammengase am Kessel einer Etagenheizung haben die Temperatur ϑ_1. Die Wärme gelangt in das Wasser (spezifische Wärmekapazität c_W) durch die Kesseloberfläche A. Die Dicke der Kesselwand ist d, die Rücklauftemperatur des Wassers ϑ_2. Das Wasser wird mit der Stromstärke

I durch den Kessel befördert. Wie groß ist die Vorlauftemperatur ϑ_3, mit der das Wasser den Kessel verläßt?

Stahl: $\lambda = 58$ W/(m · K)
Flammengase/Stahl: $\alpha_1 = 19$ W/(m^2 · K)
Stahl/Wasser: $\alpha_2 = 4,7$ W/(m^2 · K)
$\vartheta_1 = 300$ °C $\quad \vartheta_2 = 60$ °C $\quad I = 6,4$ l/min
$d = 3,0$ mm $\quad A = 1,0$ m^2

T 2.5

Ziegelmauerwerk hat die Wärmeleitfähigkeit λ_1, die spezifische Wärmekapazität c_1 und die Dichte ϱ_1.

a) Berechnen Sie den Wärmestrom $\dot{Q}_1$ durch die Ziegelmauer der Dicke d_1 bei der Innentemperatur ϑ_i und der Außentemperatur ϑ_a1 für $A = 1,00$ m^2 Wandfläche! (Der Wärmeübergang soll außer Betracht bleiben.)

b) Über Nacht tritt ein Temperatursturz von ϑ_a1 auf ϑ_a2 auf. Welche Wärme Q_W gibt das Wandstück auf Grund seiner Wärmekapazität bis zur Einstellung des neuen stationären Temperaturverlaufs ab, wenn die Innentemperatur konstantgehalten wird? Für welche Zeit t_1 könnte mit dieser Wärme die Erhöhung des Wärmestroms gedeckt werden?

c) Welche Zeiten t_2 und t_3 ergeben sich für eine Wand aus Gassilikatbeton (ϱ_2, λ_2, c_2) und eine mit Schaumpolystyrol (ϱ_3, λ_3 und c_3) isolierte Wand von jeweils gleichem Wärmedurchgangskoeffizienten?

Materialwerte:
Ziegelmauer $\varrho_1 = 1800$ kg/m^3
$\lambda_1 = 0,81$ W/(m · K)
$c_1 = 0,26$ Wh/(kg · K)
Gasbetonmauer $\varrho_2 = 500$ kg/m^3
$\lambda_2 = 0,22$ W/(m · K)
$c_2 = 0,29$ Wh/(kg · K)
Polystyrolschaumstoff $\varrho_3 = 15$ kg/m^3
$\lambda_3 = 0,025$ W/(m · K)
$c_3 = 0,41$ Wh/(kg · K)

$d_1 = 36$ cm $\quad \vartheta_\mathrm{i} = 20$ °C $\quad \vartheta_\mathrm{a1} = +5$ °C
$\vartheta_\mathrm{a2} = -10$ °C

T 2.6

Ein Wasserspeicher hat die Oberfläche A. Scinc Wand besteht aus Eisenblech der Dicke l_1, Glaswolle der Dicke l_2 und Eisenblech der Dicke l_3. Die Wand wird als eben angesehen. Der Speicher enthält Wasser der Temperatur ϑ_i. Die Außentemperatur sei ϑ_a.

a) Man skizziere den Temperaturverlauf $\vartheta(l)$ von innen nach außen!

b) Wie groß ist der Wärmedurchgangskoeffizient k?

c) Welche Wärme Q_1 muß der Heizkörper im Speicher in der Zeit t_1 an das Wasser abgeben, damit die Temperatur konstant bleibt? Welcher Heizleistung P entspricht das?

d) Welche Temperatur ϑ_W wird man an der Außenwand des Speichers messen?

$A = 1,2$ m^2 $\quad l_1 = 3,0$ mm $\quad l_2 = 50$ mm
$l_3 = 1,0$ mm $\quad \vartheta_\mathrm{i} = 95$ °C $\quad \vartheta_\mathrm{a} = 15$ °C
$t_1 = 1$ h

Wärmeleitfähigkeit für Eisen:
$\lambda_1 = 58$ W/(m · K)
Wärmeleitfähigkeit für Glaswolle:
$\lambda_2 = 0,048$ W/(m · K)
Wärmeübergangskoeffizient
Wasser/Eisen: $\alpha_\mathrm{i} = 6$ kW/(m^2 · K)
Wärmeübergangskoeffizient
Glaswolle/Eisen: $\alpha_\mathrm{m} = 150$ W/(m^2 · K)
Wärmeübergangskoeffizient
Eisen/Luft: $\alpha_\mathrm{a} = 30$ W/(m^2 · K)

T 2.7

Der in Aufgabe T 2.6 beschriebene Wasserspeicher faßt Wasser der Masse m.

a) Berechnen Sie, nach welcher Funktion die Wassertemperatur ϑ mit der Zeit t abnimmt, wenn die Heizung abgeschaltet wird! Die Anfangstemperatur des Wassers sei ϑ_i; die Außentemperatur ϑ_a sei konstant.

b) Die Genauigkeit der Messung der Wassertemperatur sei so, daß Unterschiede der Größe ΔT nicht mehr festgestellt werden können. Nach welcher Zeit t_1 wird man daher sagen können, daß die Wassertemperatur von ihrem Anfangswert ϑ_i auf die Außentemperatur ϑ_a abgesunken ist?

$m = 100$ kg $\vartheta_i = 95$ °C $\vartheta_a = 15$ °C
$\Delta T = 0,5$ K $c_W = 4,19$ kJ/(kg · K)

T 2.8
Eine Eiskugel mit dem Radius r_A, die gleichmäßig die Temperatur ϑ_0 angenommen hat, befindet sich in der Umgebung mit der konstanten Temperatur ϑ_U. Nach welcher Zeit t_1 ist die Hälfte des Eises geschmolzen? Es wird angenommen, daß das Schmelzwasser sofort wegfließt.

$r_A = 20$ cm $\vartheta_0 = 0$ °C $\vartheta_U = 10$ °C
Wärmeübergangskoeffizient:
$\alpha = 11,6$ W/(m^2 · K)
Dichte des Eises: $\varrho = 0,92$ kg/dm^3
spezifische Schmelzwärme des Eises:
$q_f = 332$ kJ/kg

T 3 Zustandsänderungen – Erster Hauptsatz der Thermodynamik

GRUNDLAGEN

1 Zustandsgleichungen

Der Zustand eines beliebigen Stoffes wird durch **Zustandsgrößen** beschrieben. Wichtige Zustandsgrößen sind (bei konstanter Masse) die Temperatur T, der Druck p, das Volumen V und die innere Energie U.
Bei reinen Stoffen wird der Zustand bereits durch zwei Zustandsgrößen eindeutig gekennzeichnet. Alle weiteren Zustandsgrößen sind damit ebenfalls festgelegt und lassen sich durch Zustandsgleichungen aus den beiden vorgegebenen Zustandsgrößen bestimmen. Für die vier oben angegebenen Zustandsgrößen gibt es demzufolge zwei Zustandsgleichungen. Für das **ideale Gas**, das im folgenden ausschließlich betrachtet wird, sind es

$$pV = mR'T$$ die **thermische Zustandsgleichung** und

$$U = mc_V T$$ die **kalorische Zustandsgleichung**.

Die Größe m ist die Masse des Gases, c_V die spezifische Wärmekapazität, die bei konstantem Volumen festgestellt wird. R' ist die **massenbezogene Gaskonstante** für ein bestimmtes Gas mit der relativen Molekülmasse M_r:

$$R' = \frac{8\,314,51 \text{ J}}{M_r \text{ kg} \cdot \text{K}}$$

Die thermische Zustandsgleichung kann wegen $\varrho = \dfrac{m}{V}$ die Form

$$p = \varrho R'T$$

haben. Soll die thermische Zustandsgleichung die **molare Gaskonstante**

$$R = 8\,314,51 \text{ J/(kmol} \cdot \text{K)}$$

enthalten, so gilt

$$pV = \nu RT$$

wobei $\nu = \dfrac{m}{M_\mathrm{r} \text{ kg}}$ kmol die Stoffmenge ist.

2 Zustandsänderungen

Eine Zustandsgleichung gibt den Zusammenhang zwischen den Zustandsgrößen in jedem beliebigen Gleichgewichtszustand an. Sie bleibt also auch bei solchen Zustandsänderungen gültig, die eine Folge von Gleichgewichtszuständen durchlaufen. Diese Zustandsänderungen heißen **quasistatische Prozesse**. Bei ihnen sind die Zustandsgrößen zugleich **Zustandsvariable**. Um quasistatische Prozesse in der Praxis zu realisieren, müssen in vielen Fällen die Zustandsänderungen sehr langsam ablaufen. In einem **Zustandsdiagramm** ist jeder Gleichgewichtszustand als Punkt markiert. Zustandsänderungen als Übergänge zwischen verschiedenen Punkten lassen sich als Kurven darstellen.
Eine Zustandsänderung muß demzufolge als funktionaler Zusammenhang zwischen zwei Zustandsvariablen gegeben sein. Die thermische Zustandsgleichung stellt dagegen einen funktionalen Zusammenhang zwischen den drei Zustandsgrößen p, V und T dar ($pV/T = \text{const}$), von denen zwei frei gewählt werden können. Um zu einer bestimmten Zustandsänderung zu gelangen, ist also die Festlegung einer Nebenbedingung erforderlich. Die wichtigsten Nebenbedingungen sind:

Nebenbedingung	Name der Zustandsänderung	Funktionaler Zusammenhang der Zustandsvariablen	Name der Gleichung
$V = \text{const}$	isochor	$\dfrac{p}{T} = \text{const}$	Gay-Lussacsche Gesetze
$p = \text{const}$	isobar	$\dfrac{V}{T} = \text{const}$	
$T = \text{const}$	isotherm	$pV = \text{const}$	Boyle-Mariottesches Gesetz
$Q = 0$	adiabatisch	$pV^\varkappa = \text{const}$ $\left(\varkappa = \dfrac{c_p}{c_V} > 1\right)$	Poissonsche Gleichung
$\dfrac{Q}{W} = \text{const}$	polytrop	$pV^n = \text{const}$ $(1 < n < \varkappa)$	

Die Formulierung der Nebenbedingungen $Q = 0$ (kein Wärmeaustausch mit der Umgebung) für den adiabatischen Prozeß läßt keinen direkten Schluß auf den Zusammenhang zwischen den Zustandsvariablen zu. (Eine Herleitung ist nur über den ersten Hauptsatz der Thermodynamik möglich.) Gleiches gilt für den polytropen Prozeß, bei dem die während der Prozeßführung zugeführte Wärme Q und die abgegebene Arbeit W in einem festen Verhältnis stehen. Jede der genannten Zustandsänderungen führt auf einen anderen Kurvenverlauf im $p(V)$-Diagramm.

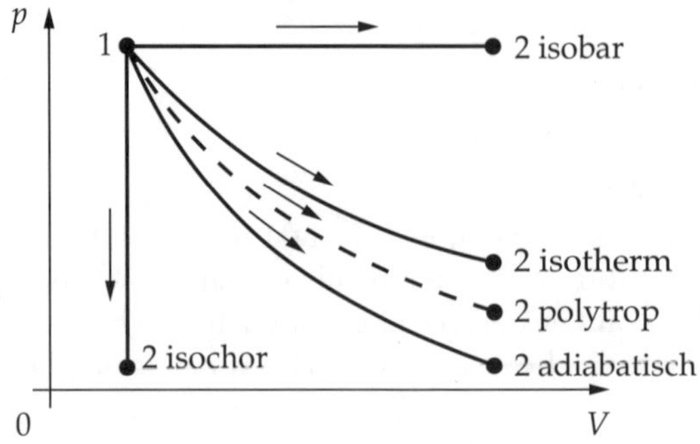

3 Mechanische Arbeit des Gases

Wenn sich das Volumen eines Gases verändert, verrichtet das Gas zwischen den Zuständen *1* und *2* die mechanische Arbeit

$$W = \int_{V_1}^{V_2} p\,\mathrm{d}V$$

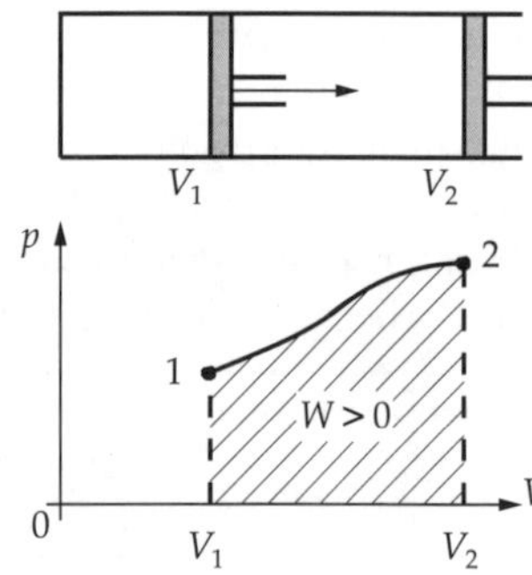

Dabei ist die Arbeit des Gases positiv ($W > 0$), wenn sich das Volumen vergrößert ($V_2 > V_1$).
Diese Arbeit wird im $p(V)$-Diagramm durch die Fläche unter dem Kurvenverlauf dargestellt. Im gezeichneten Fall ist $W > 0$ (Expansion). Wird V_2 kleiner als V_1, so ergibt sich $W < 0$ (Kompression).

4 Erster Hauptsatz der Thermodynamik

Der erste Hauptsatz der Thermodynamik ist eine Form des Satzes von der Erhaltung der Energie. Er geht davon aus, daß Wärme eine Energieform ist, und lautet

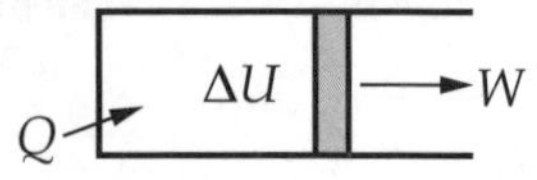

$$Q = \Delta U + W$$

In Worten: Die zugeführte Wärme Q wird verwendet, um die innere Energie U zu erhöhen und mechanische Arbeit W zu verrichten.
Soll anstelle der vom Gas abgegebenen Arbeit W die von außen zugeführte mechanische Arbeit $W' = -W$ eingeführt werden, so erhält der erste Hauptsatz die Form

$$\Delta U = Q + W'$$

(Die Erhöhung der inneren Energie ist gleich der Summe aus zugeführter Wärme und zugeführter mechanischer Arbeit.)

Der erste Hauptsatz ist das Ergebnis der Erfahrung, daß es keine Maschine geben kann, die mehr Energie abgibt, als sie aufnimmt. Eine solche Maschine bezeichnet man als **Perpetuum mobile erster Art**.

5 Kreisprozeß

Wird nach mehreren Zustandsänderungen eines Stoffes wieder der Ausgangszustand erreicht, so liegt ein Kreisprozeß vor. Jede Zustandsgröße nimmt bei der Rückkehr des Stoffes in den Ausgangszustand wieder den Ausgangswert an.

Das gilt z. B. auch für die innere Energie, d. h., ihre Änderung ist Null: $\Delta U = 0$. Deshalb lautet der erste Hauptsatz für einen Kreisprozeß $Q = W$. Ob das Gas bei einem Kreisprozeß mechanische Arbeit abgibt oder aufnimmt, hängt vom Umlaufsinn ab:

Weg 1: $W > 0$ (Fläche rechts des Weges),
Weg 2: $W < 0$ (Fläche links des Weges).

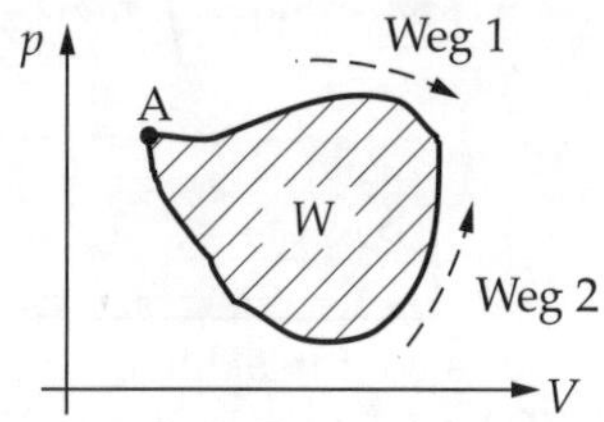

Entsprechendes gilt auch für die dem Gas zugeführte Wärme:
Weg 1: $Q > 0$, *Weg 2*: $Q < 0$.

Wärme und Arbeit sind keine Zustandsgrößen, sondern **Prozeßgrößen**.

6 Enthalpie und Entropie

Außer p, V, T und U sind alle allein aus diesen Zustandsgrößen gebildeten Funktionen ebenfalls Zustandsgrößen: so z. B. die **Enthalpie** H, die durch die Definition

$$H = U + pV$$

bestimmt ist.

Auf andere Weise wird die Zustandsgröße **Entropie** S definiert. Die Änderung der Entropie beim Übergang von einem Anfangszustand *1* zu einem Endzustand *2* berechnet sich nach

$$S_2 - S_1 = \int_1^2 \frac{\mathrm{d}Q}{T}$$

Daß S eine Zustandsgröße ist, folgt daraus, daß das Ergebnis des Integrals nicht von dem bei der Prozeßführung durchlaufenen Weg abhängt. Um ΔS berechnen zu können, ist es erforderlich, eine lückenlose Kette von Zwischenzuständen zwischen Anfangs- und Endzustand zu kennen, d. h., man muß bei der Entropieberechnung einen quasistatischen Prozeß zugrunde legen. Eine weitere Besonderheit der Entropie ist, daß zunächst nur ihre Änderung, nicht aber ihr Absolutwert berechnet werden kann.

Bei einem adiabatischen Prozeß ändert sich wegen $\mathrm{d}Q = 0$ die Entropie nicht. Damit kann die adiabatische Zustandsänderung auch als *isentropische* Zustandsänderung bezeichnet werden.

Die Entropieänderung des idealen Gases läßt sich wie folgt berechnen: $\mathrm{d}Q$ kann mit Hilfe des in differentieller Form geschriebenen ersten Hauptsatzes ersetzt werden: $\mathrm{d}Q = \mathrm{d}U + \mathrm{d}W$. Nimmt man die kalorische Zustandsgleichung und die Definition der Ausdehnungsarbeit des Gases zu Hilfe, so entsteht daraus zunächst $\mathrm{d}Q = mc_V\,\mathrm{d}T + p\,\mathrm{d}V$.

Ersetzt man p außerdem noch mittels der thermischen Zustandsgleichung, so findet man schließlich

$$\frac{\mathrm{d}Q}{T} = mc_V \frac{\mathrm{d}T}{T} + mR' \frac{\mathrm{d}V}{V}$$

Dieser Ausdruck läßt sich integrieren:

$$S_2 - S_1 = \int_{T_1}^{T_2} mc_V \frac{\mathrm{d}T}{T} + \int_{V_1}^{V_2} mR' \frac{\mathrm{d}V}{V}$$

$$\boxed{S_2 - S_1 = mc_V \ln \frac{T_2}{T_1} + mR' \ln \frac{V_2}{V_1}}$$

ΔS ist also tatsächlich durch den Anfangszustand (V_1, T_1) und den Endzustand (V_2, T_2) eindeutig bestimmt, wie man es von einer Zustandsgröße erwarten muß.

Die folgende Übersicht soll die Unterscheidung der variablen Größen bei einer beliebigen Zustandsänderung verdeutlichen.

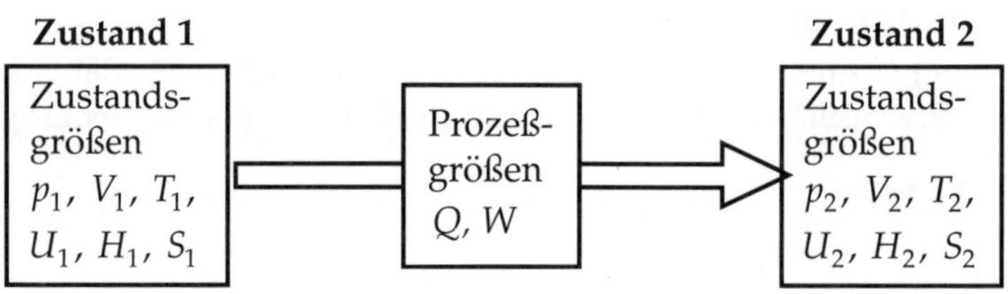

KONTROLLFRAGEN

T 3-1
Was ist ein ideales Gas, und unter welchen Bedingungen können reale Gase als ideales Gas betrachtet werden?

T 3-2
Welche gaskinetische Modellvorstellung existiert von der inneren Energie U eines idealen Gases?

T 3-3
Wieso ist $W = \int p \, \mathrm{d}V = \int F_s \, \mathrm{d}s$?

T 3-4
Welcher Zusammenhang zwischen den Zustandsgrößen p_1, V_1, T_1 des Anfangszustandes und p_2, V_2, T_2 des Endzustandes bei einer beliebigen Zustandsänderung folgt aus der thermischen Zustandsgleichung?

T 3-5
Zustandsgrößen hängen nicht von der Masse des betreffenden Stoffes ab. Das Volumen erfüllt diese Bedingung nur, wenn die Masse des Gases konstant ist. Welche Zustandsgröße müßte anstelle des Volumens eigentlich genannt werden? Wie verhält es sich mit der inneren Energie?

T 3-6
Wie folgen das Boyle-Mariottesche Gesetz und die Gay-Lussacschen Gesetze aus der thermischen Zustandsgleichung?

T 3-7
Gegeben ist ein aufrecht stehender Zylinder, der durch einen beweglichen Kolben abgeschlossen ist. Welche experimentellen Maßnahmen sind erforderlich, um den Zustand des eingeschlossenen Gases isochor, isobar, isotherm und adiabatisch zu ändern? Beachten Sie bei der Antwort sowohl die Maßnahmen zur Erfüllung der Nebenbedingungen als auch die Eingriffe zur Veränderung des Zustandes:

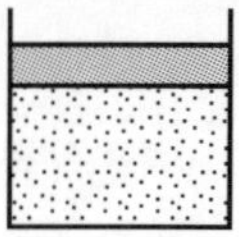

T 3-8
Stellen Sie die isochore, isobare und isotherme Zustandsänderung in einem $p(T)$-Diagramm dar!

T 3-9
Stellen Sie den ersten Hauptsatz in differentieller Form dar! Wie lautet er vereinfacht für den
a) isochoren Prozeß,
b) isothermen Prozeß,
c) adiabatischen Prozeß?

T 3-10
Welche funktionalen Zusammenhänge ergeben sich für den adiabatischen Prozeß aus der Poissonschen Gleichung $pV^{\varkappa} = \text{const}$
a) zwischen p und T und
b) zwischen V und T?

T 3-11
Zeigen Sie, daß $R' = c_p - c_V$ ist, indem Sie den ersten Hauptsatz auf eine isobare Zustandsänderung anwenden!

T 3-12
Leiten Sie aus der differentiellen Form des ersten Hauptsatzes und den Zustandsgleichungen die Poissonsche Gleichung $TV^{\varkappa-1} = \text{const}$ her!

T 3-13
Weisen Sie nach, daß bei einem isobaren Prozeß die zugeführte Wärme gleich der Erhöhung der Enthalpie ist!

BEISPIELE

1. Zustandsänderungen

Ein Zylinder (Z) hat das Volumen V_0, wenn der Kolben (K) von der Arretierung (A) festgehalten wird. Im Zylinder befindet sich Luft (M_r, $\varkappa$) bei Atmosphärendruck p_0 und bei der Temperatur ϑ_0 (Zustand 0).

a) Der Hahn H wird geöffnet und das Gas auf die Temperatur ϑ_1 erwärmt (Zustand 1). Welche Masse m_1 des Gases verbleibt im Zylinder?

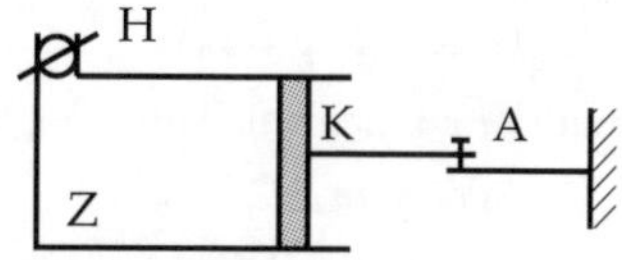

b) Der Hahn wird geschlossen und das Gas auf die ursprüngliche Temperatur ϑ_0 abgekühlt (Zustand 2). Welcher Druck p_2 herrscht im Gas?

c) Die Arretierung A wird gelöst. Der Kolben kann sich reibungsfrei bewegen. Der Druckausgleich wird hergestellt (Zustand 3). Welche Temperatur ϑ_3 hat das Gas unmittelbar nach dem Druckausgleich, wenn kein Wärmeaustausch mit der Umgebung möglich ist?

d) Welche mechanische Arbeit W verrichtet das Restgas (m_1) während des Wärmeausgleichs mit der Umgebung, der nach Erreichen des Zustands 3 noch vor sich geht, bis der Endzustand 4 (Temperaturausgleich) erreicht ist?

$V_0 = 2{,}00$ l $\quad M_r = 29 \quad \varkappa = 1{,}4 \quad p_0 = 101{,}3$ kPa $\quad \vartheta_0 = 20$ °C $\quad \vartheta_1 = 130$ °C

Lösung

Wir stellen zunächst die verschiedenen Zustände zusammen, die das Gas durchläuft (siehe nächste Seite). Mit Hilfe dieser Übersicht werden nun die Teilaufgaben gelöst.

a) **Zustand** *1*: Uns interessiert nur das Gas, das im Zylinder verbleibt. Mit der thermischen Zustandsgleichung können wir unmittelbar die Masse m_1 berechnen:

$$p_0 V_0 = m_1 R' T_1$$

$$\underline{m_1 = \frac{p_0 V_0}{R' T_1}} = \underline{\underline{1{,}75\ \text{g}}}$$

b) **Isochore Zustandsänderung** (*1* → *2*): Zur Berechnung verwenden wir das Gay-Lussacsche Druckgesetz für konstantes Volumen:

$$\frac{p_0}{T_1} = \frac{p_1}{T_2}$$

$$\underline{p_2 = \frac{T_0}{T_1} p_0} = \underline{\underline{73{,}6\ \text{kPa}}}$$

c) **Adiabatische Zustandsänderung** (*2* → *3*): Die Poissonsche Gleichung

$$p_0 V_3^{\varkappa} = p_2 V_0^{\varkappa}$$

enthält die gesuchte Größe T_3 bzw. ϑ_3 nicht. Eine solche Adiabatengleichung, die T enthält, gewinnen wir mit Hilfe der thermischen Zustandsgleichung

$$p_2 V_0 = m_1 R' T_0 \quad \text{oder} \quad V_0 = \frac{m_1 R' T_0}{p_2}$$

$$p_0 V_3 = m_1 R' T_3 \quad \text{oder} \quad V_3 = \frac{m_1 R' T_0}{p_0}$$

Damit erhält man

$$p_0^{1-\varkappa} T_3^{\varkappa} = p_2^{1-\varkappa} T_0^{\varkappa}$$

$$\underline{T_3 = \left(\frac{p_0}{p_2}\right)^{\frac{\varkappa-1}{\varkappa}} T_0} = \underline{\underline{321\ \text{K}}} \qquad \underline{\underline{\vartheta_3 = 48\ {}^\circ\text{C}}}$$

d) **Isobare Zustandsänderung** (*3* → *4*): Die Arbeit berechnet sich gemäß

$$W = \int_{V_3}^{V_4} p \, \mathrm{d}V$$

Wegen $p = \text{const} = p_0$ folgt daraus

$$W = p_0 (V_4 - V_3)$$

V_4 und V_3 können mit Hilfe der thermischen Zustandsgleichung bestimmt werden:

$$p_0 V_4 = m_1 R' T_0$$

$$p_0 V_3 = m_1 R' T_3$$

Damit folgt

$$\underline{W = m_1 R' (T_0 - T_3)} = \underline{\underline{-14\ \text{J}}}$$

Es wird Arbeit am Gas verrichtet; der Atmosphärendruck komprimiert es: $W < 0$.

Zustand 0

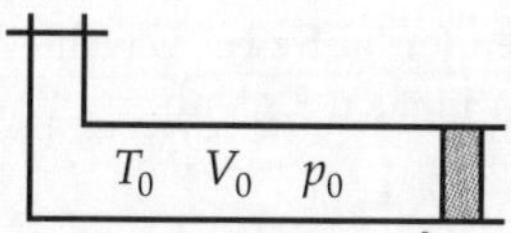

Das Gas hat im geschlossenen Gefäß die Masse m_0.

Der Hahn wird geöffnet. Das Gas wird erwärmt, der Kolben dabei festgehalten.

Ein Teil des Gases entweicht. (Es wird ein "Gleichdruckprozeß" durchgeführt.)

Zustand 1

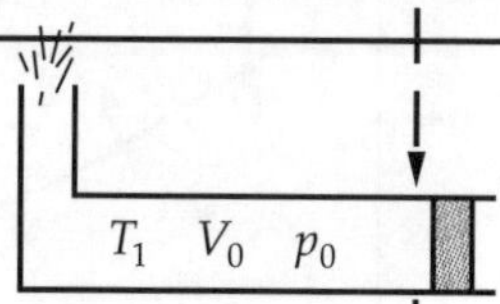

Im Zylinder verbleibt nur das Gas der Masse m_1.
$T_1 > T_0$, $V_1 = V_0$, $p_1 = p_0$

Der Hahn wird geschlossen und das verbleibende Gas abgekühlt.

Es ist eine isochore Zustandsänderung ($V = \text{const} = V_0$), wobei Abgabe der Wärme Q an die Umgebung erfolgt.

Zustand 2

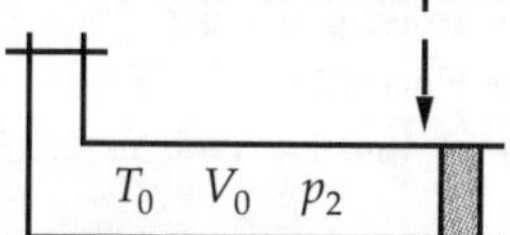

Das Gas ist abgekühlt.
$T_2 = T_0$, $V_2 = V_0$, $p_2 < p_0$

Die Arretierung des Kolbens wird gelöst. Das verbleibende Gas wird infolge höheren Außendruckes komprimiert.

Es erfolgt eine adiabatische Zustandsänderung (ohne Wärmeaustausch: $dQ = 0$); $S = \text{const}$.

Zustand 3

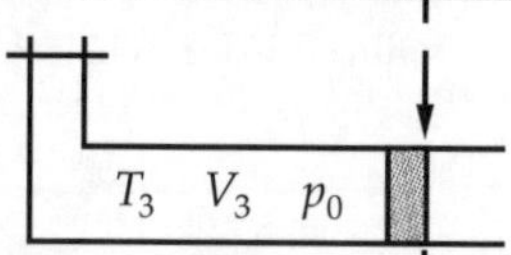

Der Druckausgleich ist erfolgt. Das Gas hat sich beim Komprimieren erwärmt.
$T_3 > T_0$, $V_3 < V_0$, $p_3 = p_0$

Das verbleibende Gasvolumen wird beim Abkühlen weiter verkleinert.

Es erfolgt eine isobare Zustandsänderung unter Abgabe der Wärme Q an die Umgebung.

Zustand 4

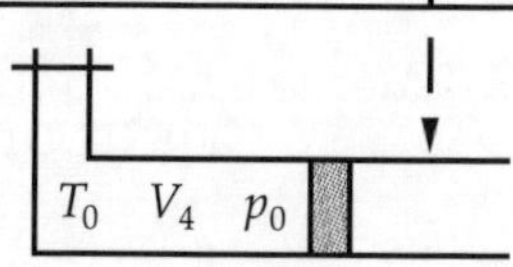

Das Gas hat wieder den Außendruck und die Außentemperatur erreicht.
T_0, $V_4 < V_0$, p_0

2. Zustandsgrößen und Prozeßgrößen

Von einem gleichen Anfangszustand A ausgehend laufen auf zwei verschiedenen Wegen zum gleichen Endzustand C folgende Prozesse mit einem idealen Gas ab:

Weg I (ABC)
Schritt *1* (von A nach B): isotherme Expansion bei der Temperatur T_A
Schritt *2* (von B nach C): isochore Zustandsänderung beim Volumen V_B

Weg II (ADC) Schritt *3* (von A nach D): isochore Zustandsänderung beim Volumen V_A
Schritt *4* (von D nach C): isotherme Expansion bei der Temperatur $T_D < T_A$

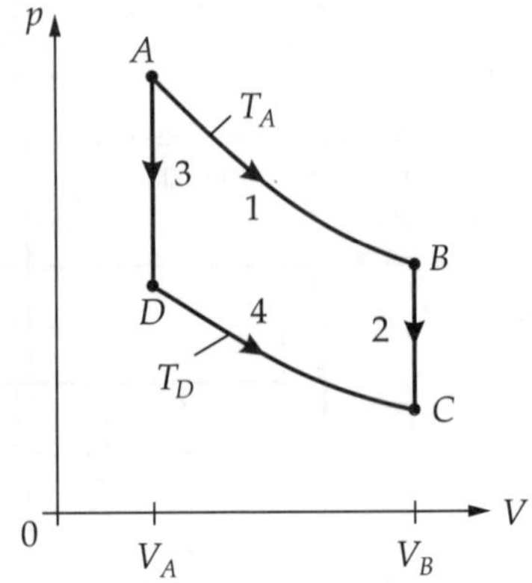

a) Welche mechanischen Arbeiten W_{I} und W_{II} werden auf den Wegen I und II vom Gas verrichtet?
b) Welche Wärmen Q_{I} und Q_{II} werden dabei zugeführt?
c) Wie groß sind die Änderungen ΔU_{I} und ΔU_{II} der inneren Energie?
d) Wie groß sind die Änderungen ΔS_{I} und ΔS_{II} der Entropie?
e) Vergleichen Sie die Ergebnisse der Teilaufgaben a) bis d)! Welche Größen erweisen sich dabei als Zustandsgrößen?
f) In welchem Verhältnis müssen die Volumina V_A, V_B und die Temperaturen T_A, T_D zueinander stehen, wenn die Entropieänderung $\Delta S_{\mathrm{I}} = \Delta S_{\mathrm{II}} = 0$ sein soll?

Gegeben sind die Masse m des Gases, die spezifische Wärmekapazität c_V, die Gaskonstante R' und die Zustandsgrößen V_A, V_B, T_A, T_D.

Lösung

a) Weg I:
Das Gas verrichtet zwischen den Punkten A und C während der Schritte *1* und *2* folgende mechanische Arbeit: $W_{\mathrm{I}} = W_1 + W_2$.
Hierbei ist $W_2 = 0$, da $\mathrm{d}V = 0$. Ferner gilt

$$W_1 = \int_{V_A}^{V_B} p\,\mathrm{d}V \qquad \text{mit } p = mR'T_A/V$$

Daher ist

$$W_1 = mR'T_A \int_{V_A}^{V_B} \frac{\mathrm{d}V}{V} = mR'T_A \ln \frac{V_B}{V_A}$$

Also folgt

$$\underline{W_{\mathrm{I}} = mR'T_A \ln \frac{V_B}{V_A}}$$

Es ist Expansionsarbeit: $W_{\mathrm{I}} > 0$

Weg II:
Das Gas verrichtet zwischen den Punkten A und C während der Schritte *3* und *4* folgende mechanische Arbeit: $W_{\mathrm{II}} = W_3 + W_4$.

Hierbei ist $W_3 = 0$, da $\mathrm{d}V = 0$. Ferner gilt

$$W_4 = \int_{V_D}^{V_C} p\,\mathrm{d}V \qquad \text{mit } p = mR'T_D/V$$

Da $V_D = V_A$ und $V_C = V_B$ ist, wird $W_4 = mR'T_D \ln(V_B/V_A)$.
Also folgt

$$\underline{W_{\mathrm{II}} = mR'T_D \ln \frac{V_B}{V_A}}$$

Es ist ebenfalls Expansionsarbeit. Wir stellen fest, daß $W_{\mathrm{I}} > W_{\mathrm{II}}$ gilt, da $T_A > T_D$ ist.

b) Zur Ermittlung der dem Gas zugeführten oder vom Gas abgeführten Wärmen verwenden wir die Aussagen des 1. Hauptsatzes für die speziellen Prozesse auf den beiden Wegen.

Weg I:

$$Q_{\mathrm{I}} = Q_1 + Q_2 = W_1 + \Delta U_2$$

$$\underline{Q_{\mathrm{I}} = mR'T_A \ln \frac{V_B}{V_A} + mc_V(T_D - T_A)}$$

Weg II:

$$Q_{\mathrm{II}} = Q_3 + Q_4 = \Delta U_3 + W_4$$

$$\underline{Q_{\mathrm{II}} = mc_V(T_D - T_A) + mR'T_D \ln \frac{V_B}{V_A}}$$

Wir erkennen: Die Änderungen der inneren Energie sind in beiden Fällen gleich groß: $\Delta U_2 = \Delta U_3$. Damit ist wegen $T_A > T_D$ auch $Q_{\mathrm{I}} > Q_{\mathrm{II}}$.

c) Bei den isothermen Vorgängen ändert sich die innere Energie nicht: $\Delta U_1 = \Delta U_4 = 0$. Demzufolge gilt

$$\underline{\Delta U_{\mathrm{I}} = \Delta U_2 = mc_V(T_D - T_A)}$$

und

$$\underline{\Delta U_{\mathrm{II}} = \Delta U_3 = mc_V(T_D - T_A)}$$

Wir erkennen: $\Delta U_{\mathrm{I}} = \Delta U_{\mathrm{II}}$

d) für die Berechnung der Entropieänderung gilt allgemein

$$\Delta S = \int \frac{\mathrm{d}Q}{T}$$

Hierbei ist für die isothermen Schritte

$$\mathrm{d}Q = \mathrm{d}W = p\,\mathrm{d}V = mR'T\frac{\mathrm{d}V}{V}$$

und für die isochoren Schritte

$$\mathrm{d}Q = \mathrm{d}U = mc_V\,\mathrm{d}T$$

Also folgt

$$\Delta S_{\mathrm{I}} = \Delta S_1 + \Delta S_2 = \frac{mR'T_A}{T_A}\int_{V_A}^{V_B} \frac{\mathrm{d}V}{V} + mc_V \int_{T_A}^{T_D} \frac{\mathrm{d}T}{T}$$

$$\underline{\Delta S_{\mathrm{I}} = mR' \ln \frac{V_B}{V_A} + mc_V \ln \frac{T_D}{T_A}}$$

und weiter

$$\Delta S_{\mathrm{II}} = \Delta S_3 + \Delta S_4 = mc_V \int_{T_A}^{T_D} \frac{\mathrm{d}T}{T} + \frac{mR'T_D}{T_D}\int_{V_A}^{V_B} \frac{\mathrm{d}V}{V}$$

$$\Delta S_{\text{II}} = mc_V \ln \frac{T_D}{T_A} + mR' \ln \frac{V_B}{V_A}$$

Wir erkennen: $\Delta S_{\text{I}} = \Delta S_{\text{II}}$

e) Die umgewandelten Wärmen und die mechanischen Arbeiten sind vom Weg abhängig, nicht aber die Änderungen der inneren Energie und die der Entropie. U und S sind Zustandsgrößen.

f) In Teilaufgabe d) erkannten wir, daß $\Delta S_{\text{I}} = \Delta S_{\text{II}}$ ist. Wenn wir beide Entropieänderungen gleich Null setzen, muß sich die gesuchte Beziehung ermitteln lassen:

$$\Delta S_{\text{I}} = \Delta S_{\text{II}} = -mc_V \ln \frac{T_A}{T_D} + mR' \ln \frac{V_B}{V_A} = 0$$

$$c_V \ln \frac{T_A}{T_D} = R' \ln \frac{V_B}{V_A} \qquad \left(\frac{T_A}{T_D}\right)^{c_V} = \left(\frac{V_B}{V_A}\right)^{R'}$$

Das ist die gesuchte Beziehung. Was wir da aber gefunden haben, ist eine der Poissonschen Gleichungen. Man erkennt das sofort, wenn man die gefundene Gleichung umformt:

$$\frac{T_A}{T_D} = \left(\frac{V_B}{V_A}\right)^{\frac{R'}{c_V}}$$

Wegen $R' = c_p - c_V$ und $\frac{c_p}{c_V} = \varkappa$ erhalten wir

$$\frac{T_A}{T_D} = \left(\frac{V_B}{V_A}\right)^{\varkappa-1} \qquad \text{bzw.} \qquad T_A V_A^{\varkappa-1} = T_D V_B^{\varkappa-1}$$

Wenn also A und C auf einer Adiabate liegen, ist die Entropieänderung gleich Null; denn die Adiabate ist Isentrope, d. h. Kurve konstanter Entropie.

AUFGABEN

T 3.1

Eine Sauerstoffflasche, die das Volumen V_2 hat, enthält ab Werk eine Füllung (O_2), die bei Atmosphärendruck p_1 das Volumen V_1 einnehmen würde. Die bis auf Atmosphärendruck entleerte Flasche wird bei der Temperatur ϑ_1 neu gefüllt.

a) Wie groß ist die Massenzunahme Δm der Flasche beim Füllen?

b) Welche mechanische Arbeit W' müßte dem Gas zugeführt werden, wenn es isotherm vom Atmosphärendruck auf den Fülldruck komprimiert werden soll?

c) Wo verbleibt die Energie?

$V_1 = 6{,}00\ \text{m}^3 \quad V_2 = 40\ \text{l} \quad \vartheta_1 = 18\ °\text{C}$
$A_r = 16$ (relative Atommasse)
$p_1 = 101$ kPa

T 3.2

In welcher Wassertiefe h eines Sees beträgt das Volumen einer aufsteigenden Luftblase ein Zehntel des Volumens, das sie beim Auftauchen an der Wasseroberfläche hat? (Kleine Luftblasen haben eine geringe Steiggeschwindigkeit und nehmen deshalb die Temperatur des umgebenden Wassers an, die sich mit der Wassertiefe ändert.)

Luftdruck $p_1 = 1\,024$ hPa
Oberflächentemperatur des Sees
$\vartheta_1 = 13\ °\text{C}$
Tiefentemperatur des Sees
$\vartheta_2 = 4\ °\text{C}$

T 3.3

In einem Druckluftbehälter vom Volumen V_1 herrschen der Druck p_1 und die Temperatur ϑ_1. Es wird ein konstanter Luftstrom ($I = V/t$) entnommen. In diesem

Luftstrom ist die Luft auf den Druck p_2 entspannt und hat die Temperatur ϑ_2. Im Behälter bleibt die Temperatur der Luft konstant. Nach welcher Zeit t schaltet der Regler den Kompressor ein, wenn dieser auf den Behälterdruck p_1' eingestellt ist?

$V_1 = 8,0\ \mathrm{m}^3$
$p_1 = 2,5\ \mathrm{MPa}$ $p_2 = 250\ \mathrm{kPa}$
$p_1' = 2,0\ \mathrm{MPa}$ $\vartheta_1 = 20\ °\mathrm{C}$ $\vartheta_2 = 18\ °\mathrm{C}$
$I = 50\ \mathrm{l/min}$

T 3.4

Eine Luftpumpe hat das Maximalvolumen V_1, das sich beim Ansaugen von Luft vom Druck p_1 und der Temperatur ϑ_1 füllt. Beim anschließenden Komprimieren öffnet sich das Ventil, wenn in der Pumpe der Druck den Wert p_2 erreicht hat. (Keine Wärmeabgabe an die Umgebung.)

a) Welches Volumen V_2 hat in diesem Augenblick die eingeschlossene Luft?
b) Wie groß ist dann die Temperatur T_2?
c) Welche Arbeit W' wird dem Gas bis zum Öffnen des Ventils zugeführt?
d) Wie groß ist die Masse m des Gases, das bei N Pumpstößen in den Schlauch befördert wird?
e) Was geschieht mit der von außen zugeführten Energie?

$V_1 = 250\ \mathrm{cm}^3$
$p_1 = 101\ \mathrm{kPa}$ $p_2 = 405\ \mathrm{kPa}$
$\vartheta_1 = 20\ °\mathrm{C}$ $M_\mathrm{r} = 29$ $\varkappa = 1,40$
$N = 50$

T 3.5

Ein Ballon hat eine unelastische, unten offene Hülle vom Volumen V_B und wird bei der Temperatur ϑ_1 und dem Druck p_1 vollständig mit Wasserstoff gefüllt. Infolge der Abnahme des Luftdrucks verliert der Ballon beim Aufstieg Gas, das die Hülle nicht mehr fassen kann. Ballonhülle und Nutzlast haben zusammen die Masse m_N.

a) Wie groß ist die Steigkraft F_1 des Ballons beim Start?
b) In der Maximalhöhe, die der Ballon erreicht, herrscht die Temperatur ϑ_2. Wie groß ist in dieser Höhe der Luftdruck p_2?
c) Wie groß ist die Masse Δm_W des Wasserstoffs, die bis zum Erreichen der Maximalhöhe durch die Öffnung ausgeströmt ist?

$V_\mathrm{B} = 4,8 \cdot 10^3\ \mathrm{m}^3$ $m_\mathrm{N} = 3,0\ \mathrm{t}$
$p_1 = 104\ \mathrm{kPa}$ $\vartheta_1 = 20,0\ °\mathrm{C}$
$\vartheta_2 = -2,0\ °\mathrm{C}$
Dichte bei Normalbedingungen
($p_0 = 101\ \mathrm{kPa}$ $\vartheta_0 = 0\ °\mathrm{C}$):
Wasserstoff: $\varrho_\mathrm{W0} = 0,09\ \mathrm{kg/m}^3$
Luft: $\varrho_\mathrm{L0} = 1,29\ \mathrm{kg/m}^3$

T 3.6

Bei der Reaktion von Calciumcarbonat ($CaCO_3$) mit Salzsäure löst sich dieses unter Entwicklung von Kohlendioxidgas (CO_2) auf. Bei der Temperatur ϑ_1 und dem Druck p_1 wird ein Gasvolumen V_1 gemessen. Welche Masse m_2 an Calciumcarbonat ist umgesetzt worden?

$A_\mathrm{r}(\mathrm{Ca}) = 40,08$ $A_\mathrm{r}(\mathrm{O}) = 16,00$
$A_\mathrm{r}(\mathrm{C}) = 12,01$ $V_1 = 13,25\ \mathrm{l}$
$\vartheta_1 = 23,1\ °\mathrm{C}$ $p_1 = 1045\ \mathrm{hPa}$

T 3.7

Mit einem idealen Gas wird ein Kreisprozeß ausgeführt, der sich aus folgenden Zustandsänderungen zusammensetzt, die in der angegebenen Reihenfolge durchlaufen werden:

1. isobare Ausdehnung,
2. isotherme Zustandsänderung
3. isochore Zustandsänderung.

Stellen Sie den Prozeß im $p(V)$-Diagramm und im $p(T)$-Diagramm dar! Welches Vorzeichen hat die vom Gas abgegebene Arbeit?

T 3.8

Eine polytrope Expansion (Polytropenexponent n, wobei $1 < n < \varkappa$) findet zwischen den Temperaturen T_1 und $T_2 < T_1$ statt.

a) Berechnen Sie das Verhältnis $Q : W$!

b) Berechnen Sie das Verhältnis $\Delta U : W$!

c) Was erhält man unter a) und b) für $n = 1$ und für $n = \varkappa$?

T 3.9

Man leite, ausgehend von der allgemeinen Zustandsgleichung für das ideale Gas, die barometrische Höhenformel $p = p_0\,\mathrm{e}^{-\varrho_0 g h/p_0}$ her! Dabei soll die Temperatur in der Atmosphäre als unabhängig von der Höhe h angenommen werden. p_0 und ϱ_0 sind Druck und Dichte unter Normalbedingungen an der Erdoberfläche.

T 3.10

Einem Gas (Masse m) wird in einem aufrecht stehenden Zylinder mit reibungsfrei beweglichem Kolben (Masse m_K, Querschnittsfläche A) die Wärme Q zugeführt. Dadurch wird der Kolben um die Höhe h gehoben.

a) Um welchen Betrag ΔT steigt die Temperatur des Gases?

b) Wie groß ist die Enthalpieänderung ΔH des Gases?

$m = 2,5$ g $\quad m_K = 0,40$ kg $\quad A = 40$ cm^2
$Q = 126$ J $\quad h = 8,8$ cm
$c_V = 740$ J/(kg $\cdot$ K)
Außendruck: $p_a = 101$ kPa

T 3.11

In einem Kalorimeter befindet sich siedendes Wasser; der Luftdruck ist p_a. Man stellt fest, daß durch Zufuhr der Wärme Q mittels Tauchsieders das Volumen des Wassers im Kalorimeter um ΔV_W abnimmt. Bei der Siedetemperatur ist die Dichte des Wassers ϱ_W und die des Wasserdampfes ϱ_D.

a) Berechnen Sie die Änderung der Enthalpie des Systems (Wasser und Dampf)!

b) Berechnen Sie die Änderung der inneren Energie ΔU des Systems!

c) Berechnen Sie die spezifische Verdampfungswärme q_d!

$p_a = 1\,013$ hPa $\quad Q = 2\,808$ J
$\Delta V_W = 1,300$ cm^3 $\quad \varrho_W = 958$ kg/m^3
$\varrho_D = 0,597\,6$ kg/m^3

T 3.12

Stickstoff der Masse m erfährt

a) eine isochore Zustandsänderung,

b) eine isobare Zustandsänderung.

In beiden Fällen ändert sich seine Temperatur von ϑ_0 auf ϑ_1. Berechnen Sie für jeden der beiden Fälle die Änderung der Entropie ΔS_V und ΔS_p!

$\vartheta_0 = 0$ °C $\quad \vartheta_1 = 30$ °C
$c_V = 741$ J/(kg $\cdot$ K) $\quad m = 2,0$ g
$c_p = 1,04$ kJ/(kg $\cdot$ K)

T 3.13

In einem mit Wasserstoff gefüllten Kinderluftballon vom Volumen V_1 herrschen der Druck p_1 und die Temperatur ϑ_1. Während des Aufstiegs ändern sich die Werte auf ϑ_2 und p_2. Wie haben sich dabei die Enthalpie und die Entropie des Füllgases geändert?

$p_1 = 1\,043$ hPa $\quad p_2 = 962$ hPa
$\vartheta_1 = 24$ °C $\quad \vartheta_2 = 10$ °C
$V_1 = 3,20$ l $\quad \varkappa = 1,40$

T 3.14

a) Wie groß ist die Entropieänderung ΔS_1 einer Wassermasse m, die von Gefriertemperatur T_0 auf Siedetemperatur T_S erwärmt wird?

b) Wie groß ist die gesamte Entropieänderung ΔS_2 beim Mischen zweier gleich großer Wassermassen (je $m/2$), von denen anfangs die eine Gefriertemperatur T_0, die andere Siedetemperatur T_S hatte?

$m = 1,00$ kg $\quad c_W = 4,19$ kJ/(kg $\cdot$ K)

T 4 Carnotscher Kreisprozeß

GRUNDLAGEN

1 Wirkungsgrad einer Wärmekraftmaschine

Der Carnotsche Kreisprozeß ist ein besonders geeignetes Modell, um die technisch wichtige Frage nach der Ausnutzbarkeit der Wärme zur Erzeugung von mechanischer Arbeit (z. B. bei Dampfmaschinen oder bei Verbrennungsmotoren) zu untersuchen und prinzipiell zu beantworten.

Das $p(V)$-Diagramm zeigt die vier Schritte A-B, B-C, C-D und D-A dieses Kreisprozesses. Die Energieumsetzungen ergeben sich nach dem 1. Hauptsatz für die einzelnen Schritte wie folgt:

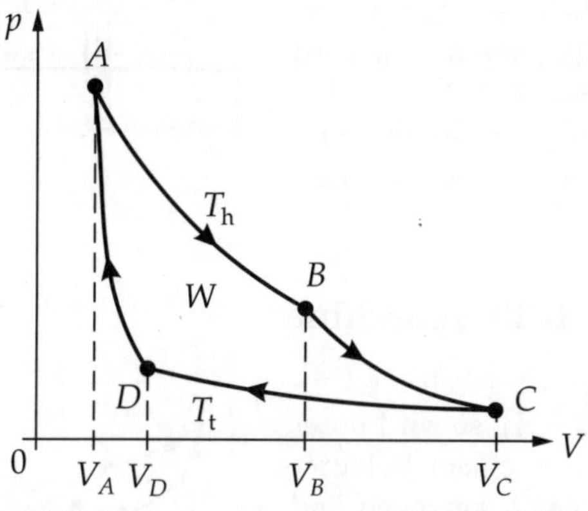

1. Schritt (A-B):
Isotherme Expansion vom Volumen V_A auf das Volumen V_B bei der hohen Temperatur T_h. Das Gas nimmt dabei die Wärme Q_h auf und verrichtet die Arbeit W_1. Es ist

$$W_1 = Q_h > 0$$

2. Schritt (B-C):
Adiabatische Expansion von V_B auf V_C. Die Arbeit ist hierbei

$$W_2 = -\Delta U_2 > 0 \quad \text{mit} \quad \Delta U_2 = U_C - U_B$$

3. Schritt (C-D):
Isotherme Kompression von V_C auf V_D bei der tiefen Temperatur T_t. Dazu muß dem Gas von außen die Arbeit $W_3' = -W_3 > 0$ zugeführt werden. Es ist

$$W_3 = Q_t < 0$$

4. Schritt (D-A):
Adiabatische Kompression von V_D auf V_A. Es ist

$$W_4 = -\Delta U_4 < 0 \quad \text{mit} \quad \Delta U_4 = U_A - U_D$$

Wegen $U_A = U_B$ und $U_C = U_D$ (isotherm) gilt $W_2 + W_4 = 0$. Daher ist die vom Gas insgesamt verrichtete Arbeit

$$W = W_1 + W_3 = Q_h + Q_t = |Q_h| - |Q_t| > 0$$

Der **Wirkungsgrad** (mechanische Nutzenergie/Aufwand an Wärmeenergie) η_C des Carnotschen Prozesses ergibt sich daraus zu

$$\eta_C = \frac{W}{Q_h} = \frac{Q_h + Q_t}{Q_h}$$

Unter Benutzung der Adiabatengleichung und der Zustandsgleichung des idealen Gases folgt daraus:

$$\eta_C = \frac{T_h - T_t}{T_h} < 1$$

Das Ergebnis zeigt, daß bei einer Wärmekraftmaschine bereits ohne Berücksichtigung von Verlusten (wie z. B. durch Reibung oder Abstrahlung) die Wärme prinzipiell nur teilweise in mechanische Arbeit verwandelt werden kann. Der nicht umgewandelte Teil der Wärme wird unvermeidlich der Umgebung (Wärmebehälter niedriger Temperatur) zugeführt. Dieser Sachverhalt kann in einem *Energieflußschema* dargestellt werden (siehe rechts).

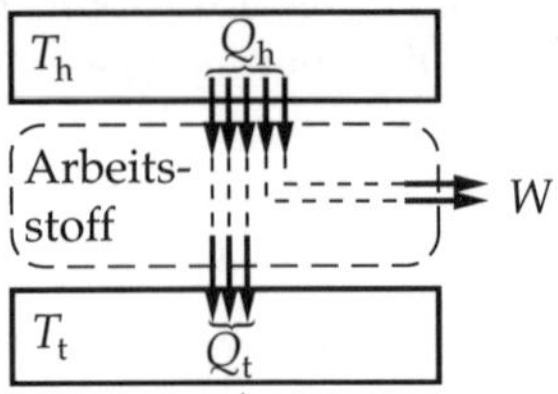

2 Wärmepumpe und Kältemaschine

Wird der Carnotsche Kreisprozeß in umgekehrter Umlaufrichtung geführt ($A - D - C - B - A$), so wird unter Aufwendung von mechanischer Arbeit einem Behälter niedriger Temperatur T_t eine Wärme Q_t entzogen und dafür einem Wärmebehälter hoher Temperatur T_h eine Wärme Q_h zugeführt. Der umgekehrt laufende Carnot-Prozeß repräsentiert das Prinzip der Kältemaschine und zugleich das der Wärmepumpe.

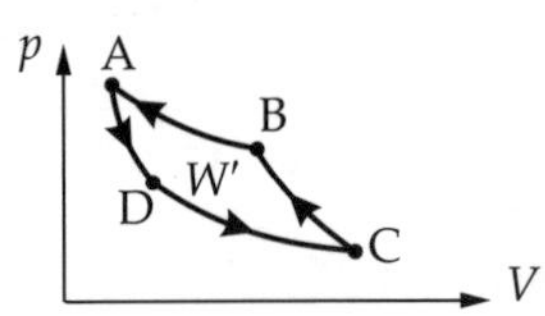

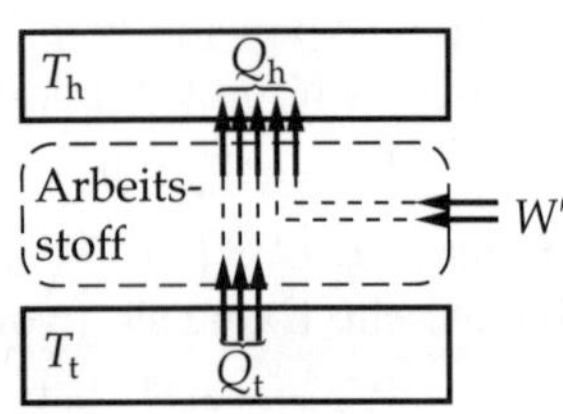

Wird die Wärme Q_h als Nutzenergie betrachtet, so handelt es sich um eine Wärmepumpe. Wird Q_t zur Nutz energie, so liegt eine Kältemaschine vor. Der Energieaufwand ist in beiden Fällen die von außen zugeführte mechanische Arbeit W'. Dementsprechend unterscheidet man zwei sogenannte **Leistungsverhältnisse**:

$$\varepsilon_W = \frac{|Q_h|}{|W'|} = \frac{T_h}{T_h - T_t} > 1$$

Der Begriff Wirkungsgrad wird hier nicht verwendet, weil keine mechanische Energie gewonnen wird.

$$\varepsilon_K = \frac{|Q_t|}{|W'|} = \frac{T_t}{T_h - T_t} \quad \text{(meist} > 1\text{)}$$

KONTROLLFRAGEN

T 4-1
Gibt es einen Prozeß, bei dem Wärme vollständig in mechanische Arbeit umgewandelt wird, d. h., bei dem $Q = W$ gilt?

T 4-2
Wie muß man die Temperatur des Dampfes in einer Dampfmaschine wählen, wenn ihr Wirkungsgrad möglichst hoch werden soll?

T 4-3
Zeigen Sie durch Rechnung, wie aus der Formel für den Wirkungsgrad
$\eta = (Q_h + Q_t)/Q_h$
beim Carnot-Prozeß die Formel
$\eta = (T_h - T_t)/T_h$ entsteht!

T 4-4
Warum ist die Summe der beim zweiten und vierten Schritt des Carnot-Prozesses (adiabatische Expansion und adiabatische Kompression) gewonnenen mechanischen Arbeit gleich Null?

T 4-5
Kann man im Sommer einen Wohnraum kühlen, indem man die Kühlschranktür offenstehen läßt?

T 4-6
Stellen Sie den Carnotschen Kreisprozeß in einem $T(S)$-Diagramm dar! Welche Bedeutung hat die eingeschlossene Fläche?

BEISPIEL

Kältemaschine
Zur Durchführung elektrischer Messungen bei tiefen Temperaturen befindet sich das Meßobjekt in einer vom Kühlmittel umgebenen Meßkammer der Temperatur T_t. Aus der auf der Temperatur T_h befindlichen Umgebung wird der Meßkammer durch Wärmeübertragung (z. B. über Zuleitungen) der Wärmestrom $\dot{Q}$ zugeführt. Außerdem wird in der Meßkammer durch die Messung selbst eine elektrische Leistung P in Joulesche Wärme umgesetzt.

a) Welche Leistung P_K muß der Antriebsmotor einer nach dem Carnot-Prozeß arbeitenden Kältemaschine aufbringen, damit die Temperatur der Meßkammer konstant bleibt? Die Kältemaschine soll dabei die Wärme bei der Temperatur T_h an die Umgebung abgeben.

b) Der Wärmestrom $\dot{Q}$ ist der Temperaturdifferenz $(T_h - T_t)$ proportional. Für das hier verwendete Kühlmittel der Temperatur T_{t1} ist der Wärmestrom $\dot{Q}_1$ durch Messung ermittelt worden. Wie groß ist $\dot{Q}$ bei einer beliebigen Temperatur T_t?

c) Berechnen Sie P_K bei den Temperaturen

$T_{t1} = 252$ K (eutektischer Punkt einer Kältemischung aus Eis und NaCl);

$T_{t2} = 80$ K (normale Siedetemperatur von Stickstoff);

$T_{t3} = 20,4$ K (normale Siedetemperatur von Wasserstoff);

$T_{t4} = 4,2$ K (normale Siedetemperatur von Helium)!

$T_h = 293$ K $\quad P = 3,0$ W $\quad \dot{Q}_1 = 10$ W

Lösung

a) Während des Messens hat die Kältemaschine den Wärmestrom $\dot{Q}_t = \dot{Q} + P$ unter Aufwendung der mechanischen Leistung P_K vom Temperaturniveau T_t (Meßkammer) zum Temperaturniveau T_h (Umgebung) zu transportieren.
Es gilt allgemein

$$\varepsilon_K = \frac{|Q_t|}{|W|} = \frac{|\dot{Q}_t|}{|\dot{W}|} \quad \text{mit} \quad |\dot{Q}_t| = \dot{Q} + P \quad \text{und} \quad |\dot{W}| = P_K$$

$$\varepsilon_K = \frac{\dot{Q} + P}{P_K} = \frac{T_t}{T_h - T_t}$$

$$\underline{P_K = (\dot{Q} + P)\frac{T_h - T_t}{T_t}}$$

b) Die Proportionalität des Wärmestromes zur Temperaturdifferenz kann in der Gleichung

$$\frac{\dot{Q}}{\dot{Q}_1} = \frac{T_h - T_t}{T_h - T_{t1}}$$

formuliert werden. Daraus folgt

$$\underline{\dot{Q} = \dot{Q}_1 \frac{T_h - T_t}{T_h - T_{t1}}}$$

c)

Phys. Größe	Fall 1	Fall 2	Fall 3	Fall 4
$(T_h - T_t)$/Kelvin	41	213	273	289
$\dot{Q}$/ Watt	10	52	66,5	70,5
$(T_h - T_t)/T_t$	0,163	2,66	13,4	68,8
P_K/Watt	2,1	146	931	5 060

Die Ergebnisse zeigen, daß die erforderliche Leistung P_K bei niedrigen Temperaturen stark ansteigt.

AUFGABEN

T 4.1

Zwischen den beiden Wärmespeichern einer Carnot-Maschine (Wirkungsgrad η) besteht die Temperaturdifferenz ΔT. Welche Temperaturen T_h und T_t haben die beiden Wärmespeicher?

$\eta = 30\ \%$ $\quad \Delta T = 140$ K

T 4.2

Welche Mindestleistung P muß aufgewendet werden, damit von einem großen See (Wassertemperatur ϑ_W) ein Wärmestrom $\dot{Q}$ in eine Warmwasser-Heizungsanlage transportiert wird, deren Wassertemperatur ϑ_H sein soll?

$\dot{Q} = 42$ kJ/s $\quad \vartheta_W = 6$ °C $\quad \vartheta_H = 70$ °C

T 4.3

Eine Dampfmaschine arbeitet zwischen den Temperaturen ϑ_2 und ϑ_1. Dem Wärmebehälter mit der Temperatur ϑ_1 entzieht sie je Minute die Wärme Q_1. Welche Wärme Q_2 liefert sie stündlich mindestens an den anderen Wärmebehälter ab?

$\vartheta_2 = 50$ °C $\quad \vartheta_1 = 380$ °C
$Q_1 = 4\,190$ MJ

T 4.4

Einer Maschine, die nach einem Carnot-Prozeß arbeitet, wird bei tiefer Temperatur ϑ_2 eine Wärme $|Q_2|$ zugeführt. Bei hoher Temperatur ϑ_1 wird $|Q_1|$ abgeführt.

a) Zu welchem Zweck kann die Maschine eingesetzt werden?

b) Man berechne die Arbeit W für eine Periode! Wie wird sie im $p(V)$-Diagramm veranschaulicht?

c) Durch welche Beziehung wird der Nutzeffekt der Maschine beschrieben?

d) Wie errechnet sich ϑ_1, wenn ϑ_2, $|Q_1|$ und $|Q_2|$ gegeben sind?

e) Wie groß ist die Masse des Gases, mit dem die Maschine arbeitet? Es ist bekannt, daß sich das Gas bei der tiefen Temperatur von V_a auf V_b ausdehnt.

$\vartheta_2 = 10\ °C$
$|Q_1| = 921\ kJ \quad |Q_2| = 837\ kJ$
$V_a = 100\ l \quad V_b = 200\ l$
Arbeitsstoff: H_2 ($A_r = 1$)

T 4.5

Eine Carnot-Wärmekraftmaschine arbeitet zwischen den Temperaturen T_h und T_t. Während der isothermen Expansion vergrößert sich das Volumen von V_A auf V_B. Der Arbeitsstoff ist Luft der Masse m.

a) Welche Arbeit W gibt die Maschine in einer Periode ab?
b) Welches maximale Volumen V_{max} nimmt das Gas während des Prozesses an?
c) Berechnen Sie das Verhältnis vom größten zum kleinsten Druck (p_{max}/p_{min})!

$T_h = 580\ K \quad T_t = 290\ K \quad V_A = 1{,}13\ l$
$V_B = 11{,}3\ l \quad m = 0{,}100\ kg \quad M_r = 29$
$\varkappa = 1{,}40$

T 4.6

Mit einer nach einem Carnot-Prozeß laufenden Wärmepumpe soll eine Stadtheizungsanlage auf der Temperatur ϑ_1 gehalten werden. Zur Verfügung stehen die elektrische Antriebsleistung P und ein Fluß, durch dessen Profil Wasser der Stromstärke I und der Temperatur ϑ_2 fließt.

a) Welche Wärme $|Q_1|$ wird je Sekunde an die Stadtheizung abgegeben?
b) Um welche Temperaturdifferenz ΔT wird der Fluß abgekühlt?

$\vartheta_1 = 80\ °C \quad P = 30\ MW \quad \vartheta_2 = 5{,}0\ °C$
$I = 400\ m^3/s \quad c_W = 4{,}19\ kJ/(kg \cdot K)$

T 4.7

Eine Kältemaschine wird von einem Motor der Leistung P angetrieben. Das Kältegefäß besitzt die Temperatur ϑ_2, das Kühlgefäß die Temperatur ϑ_1. Wie groß ist die Masse m des Eises der Temperatur ϑ_2, das die Maschine stündlich aus Wasser der Temperatur ϑ_3 liefert, wenn man voraussetzt, daß sie nach einem Carnot-Prozeß arbeitet?

$P = 10\ kW \quad \vartheta_1 = +30\ °C \quad \vartheta_2 = -18\ °C$
$\vartheta_3 = 20\ °C$
Schmelzwärme des Eises
$q_f = 332\ kJ/kg$
spezifische Wärmekapazität des Eises
$c_E = 2{,}09\ kJ/(kg \cdot K)$
spezifische Wärmekapazität des Wassers
$c_W = 4{,}19\ kJ/(kg \cdot K)$

T 4.8

Ein Kompressorkühlschrank hat einen Motor mit der Leistung P, der periodisch ein- und ausgeschaltet wird. Auf Grund von Reibungs- und Wärmeleitungsverlusten hat die Anlage gegenüber einer idealen Carnotschen Kältemaschine nur den Wirkungsgrad η_V, d. h., für den Kreisprozeß steht nur der Bruchteil η_V der Motorleistung zur Verfügung. Die Oberfläche des Kühlschrankes sei A. Es wird angenommen daß die Wärmeisolation allein durch den eingelegten Schaumstoff bestimmt wird. Zusätzliche Wärmeverluste durch die Türdichtung werden vernachlässigt.

a) Welche Dicke d muß die Schaumstoffisolierung bekommen, damit bei einer Umgebungstemperatur ϑ_a und einer Kühlschrank-Innentemperatur ϑ_i das Verhältnis von Einschaltdauer zu Ausschaltdauer einen vorgeschriebenen Wert τ nicht überschreitet? (Für den Wärmedurchgang ist nur die Wärmeleitung zu berücksichtigen.)
b) Bei welcher Raumtemperatur ϑ'_a müßte der Motor im Dauerbetrieb arbeiten, um die Temperatur ϑ_i aufrechtzuerhalten?

Schaumpolystyrol: $\lambda = 0{,}050\ W/(m \cdot K)$
$\tau = 0{,}20 \quad \eta_V = 0{,}16 \quad \vartheta_i = 4{,}0\ °C$
$\vartheta_a = 22\ °C \quad P = 180\ W \quad A = 2{,}5\ m^2$

T 5 Zweiter Hauptsatz der Thermodynamik

GRUNDLAGEN

1 Irreversible Vorgänge

Der 2. Hauptsatz der Thermodynamik (2. HS) drückt die Erfahrungstatsache aus, daß trotz Gültigkeit des Energieerhaltungssatzes ein Qualitätsunterschied zwischen mechanischer Energie und Wärmeenergie besteht.

Er kann folgendermaßen formuliert werden:

> Es ist unmöglich, eine periodisch arbeitende Maschine zu konstruieren, die mechanische Arbeit verrichtet und dafür aus nur *einem* Wärmereservoir Wärme aufnimmt.

Eine solche Maschine heißt **Perpetuum mobile zweiter Art** (PM II). Dagegen sind in Natur und Technik häufig Vorgänge anzutreffen, deren Umkehrung auf ein PM II führen würde. Solche Vorgänge sind demzufolge nicht umkehrbar, also **irreversibel**. Das soll für einige wichtige irreversible bzw. reversible Vorgänge an Hand des Energieflußschemas erläutert werden:

Bei der **Reibung** wird mechanische Arbeit restlos in Wärme verwandelt. Der Vorgang ist irreversibel,

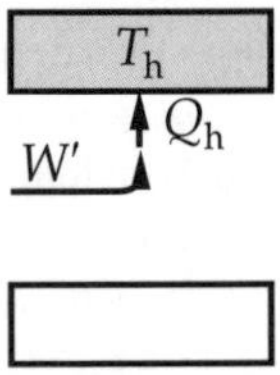

denn seine Umkehrung stellt ein PM II dar, das es nicht geben kann.

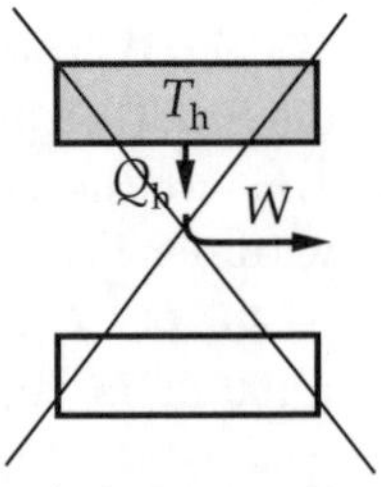

Die nach einem Carnot-Prozeß arbeitende **Wärmekraftmaschine** ist die Idealisierung realer Prozesse. Der Carnot-Prozeß enthält die irreversiblen Anteile realer Prozesse nicht. Bei diesem Prozeß wird zwar Wärme in Arbeit verwandelt, aber es wird auch noch Wärme an die Umgebung mit niedrigerer Temperatur abgeführt. Damit sind die Bedingungen des PM II nicht erfüllt. Der Prozeß ist reversibel.

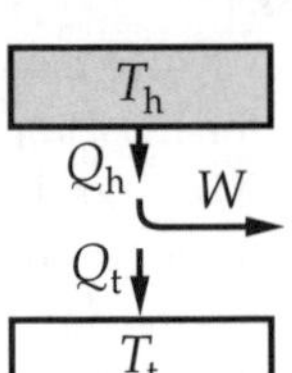

Seine Umkehrung ist eine **Wärmepumpe**, bei der mittels einer zugeführten Arbeit Wärme aus dem kalten Behälter in einen warmen Behälter transportiert wird.

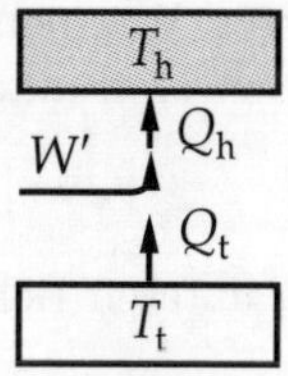

Auch die **Wärmeleitung** ist ein irreversibler Vorgang,

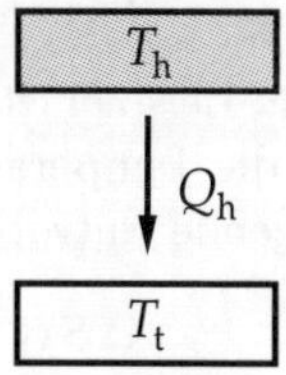

denn die Umkehrung wäre ein Wärmetransport entgegen dem Temperaturgefälle ohne Arbeitsaufwand. Ein solcher Vorgang zusammen mit einer Carnot-Maschine ergibt ein PM II: Würde die in den unteren Behälter abgegebene Verlustwärme ohne Arbeitsaufwand wieder in den oberen Behälter zurücktransportiert, dann arbeitete die Carnot-Maschine nur auf Grund der Wärmeabgabe aus dem Behälter. Das gibt es aber nicht.

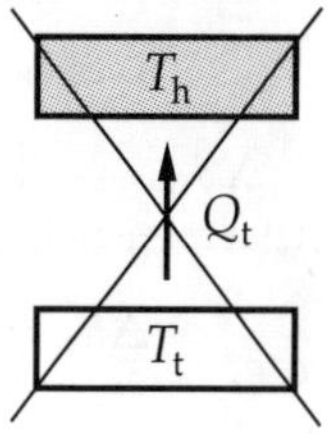

Zusammenfassend wird festgestellt, daß die Umkehrungen irreversibler Vorgänge auf ein PM II führen.

2 Entropieänderungen

Um zu prüfen, ob ein Vorgang reversibel oder irreversibel verläuft, müssen alle dabei auftretenden Veränderungen im **abgeschlossenen System** untersucht werden, in dem der Vorgang stattfindet. Ein Maß für die **Irreversibilität** des Vorganges ist die Änderung der Entropie des abgeschlossenen Systems. Es gilt

für irreversible Vorgänge: $\Delta S > 0$

für reversible Vorgänge: $\Delta S = 0$

Danach kann der 2. Hauptsatz wie folgt formuliert werden:

> In einem abgeschlossenen System kann die Entropie nicht abnehmen.

In der Natur sind reversible Vorgänge wegen der Reibung oder der Wärmeleitung nie ganz exakt zu verwirklichen. An einem realen Prozeß soll das durch Vergleich mit dem Carnotschen Prozeß erläutert werden:
Der Arbeitsstoff (A) – ein ideales Gas – kehrt nach einer Periode in seinen Ausgangszustand zurück, d. h., seine Zustandsgröße Entropie hat wieder den alten Wert:

$$\Delta S_{\mathrm{A}} = 0$$

Daraus kann noch nicht auf einen reversiblen Prozeßverlauf geschlossen werden, denn zum abgeschlossenen System gehören auch die beiden Wärmebehälter. Wenn die isothermen Teilprozesse mit endlicher Geschwindigkeit ablaufen sollen, muß sich infolge der Wärmeleitung die Temperatur des Arbeitsstoffes von der des jeweiligen Wärmebehälters geringfügig unterscheiden. Dabei ist selbstverständlich der Betrag der vom oberen Wärmebehälter abgegebenen Wärme ($Q_{\mathrm{Wh}} < 0$) gleich dem Betrag der vom Arbeitsstoff aufgenommenen. ($Q_{\mathrm{Ah}} > 0$), also

$$|Q_{\mathrm{Wh}}| = |Q_{\mathrm{Ah}}|$$

Am unteren Behälter gilt entsprechend $Q_{\mathrm{Wt}} > 0$ und $Q_{\mathrm{At}} < 0$, wobei wieder

$$|Q_{\mathrm{Wt}}| = |Q_{\mathrm{At}}|$$

Zum Beispiel ist bei der isothermen Expansion die Temperatur T_{Ah} des Gases niedriger als die Temperatur T_{Wh} des oberen Wärmebehälters ($T_{\mathrm{Ah}} < T_{\mathrm{Wh}}$). Damit ergeben sich folgende Entropieänderungen:

$$\Delta S_{\mathrm{Ah}} = \frac{Q_{\mathrm{Ah}}}{T_{\mathrm{Ah}}} > 0 \quad \text{(Entropiezunahme des Arbeitsstoffes)}$$

$$\Delta S_{\mathrm{Wh}} = \frac{Q_{\mathrm{Wh}}}{T_{\mathrm{Wh}}} < 0 \quad \text{(Entropieabnahme des Wärmebehälters)}$$

Da $|\Delta S_{\mathrm{Ah}}| > |\Delta S_{\mathrm{Wh}}|$ ist, kann man eine Aussage über die Entropieänderung dieses isothermen Schrittes machen:

$$\Delta S_{\mathrm{h}} = \Delta S_{\mathrm{Ah}} + \Delta S_{\mathrm{Wh}} > 0$$

Schon allein dieser Teilvorgang ist irreversibel, da die Entropie zunimmt. Das gleiche gilt für den Wärmeübergang vom Gas in den unteren Wärmebehälter.

Das Modell des reversiblen Carnotschen Kreisprozesses darf also nur mit verschwindend kleiner Prozeßgeschwindigkeit, d. h. als quasistatischer Vorgang, in Gedanken „betrieben“ werden.

3 Hinweise zur Berechnung der Entropieänderung

Die Berechnung der Entropieänderung mit Hilfe des Integrals

$$\Delta S = S_2 - S_1 = \int_1^2 \mathrm{d}Q/T$$

ist nur möglich, wenn zwischen Anfangs- und Endzustand alle Zwischenzustände bekannt sind. Bei irreversiblen Prozessen ist das meist nicht der Fall. Trotzdem kann die Entropieänderung berechnet werden. Man kann nämlich einen quasistatischen Ersatzprozeß wählen, da die Entropie eine Zustandsgröße ist und ihre Änderung allein von Anfangs- und Endzustand abhängt.

KONTROLLFRAGEN

T 5-1
Warum ist eine isotherme Expansion kein PM II?

T 5-2
Welche Merkmale haben irreversible Prozesse?

T 5-3
Weisen Sie durch Berechnung der Entropieänderung nach, daß es sich bei dem folgenden um einen irreversiblen Prozeß handelt:
Ein Rührwerk wird durch eine Gewichtskraft angetrieben. Der Körper (m) senkt sich dabei sehr langsam. Die Temperaturerhöhung des Wasserbades kann vernachlässigt werden, weil es sich um eine große Wassermenge handelt.

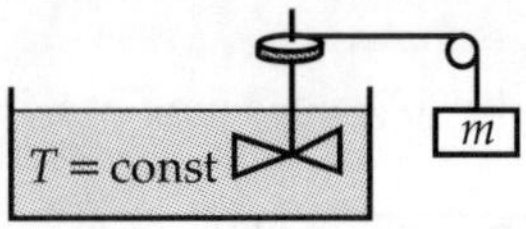

T 5-4
Untersuchen Sie mit Hilfe von Entropieberechnungen, ob die Überführung der Wärme Q zwischen zwei Wasserbehältern der konstanten Temperaturen T_h und $T_t < T_h$ durch Wärmeleitung einen reversiblen oder irreversiblen Prozeß darstellt!

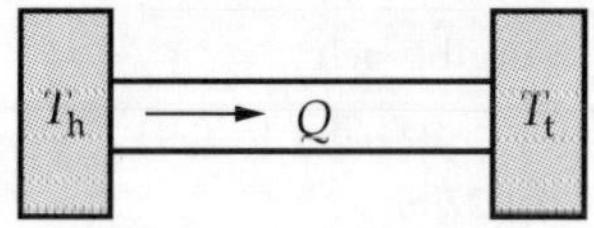

T 5-5
Wenn ein an eine Druckluftflasche angeschlossener Drucklufthammer arbeitet, wird die Umgebung abgekühlt. Warum handelt es sich hierbei nicht um ein PM II?

T 5-6
Die Entropie eines idealen Gases habe im Zustand 0 (T_0, V_0) den Wert S_0. Geben Sie eine Formel für
a) $S(T,V)$, b) $S(T,p)$, und c) $S(p,V)$ an!

BEISPIELE

1. Entropieänderung

In einer verschlossenen Stahlflasche befindet sich ein Gas (gegeben: m, c_V) mit der Temperatur T_1. Die Flasche wird in eine Umgebung mit der verringerten Temperatur $T_2 = 0,8\,T_1$ gebracht.

a) Wie groß ist die Entropieänderung ΔS_G des Gases?

b) Ist der Vorgang reversibel oder nicht?

Lösung

a) Die Entropieänderung ΔS_G des idealen Gases berechnet sich aus seinem Anfangs- und Endzustand nach der Beziehung

$$S_2 - S_1 = mc_V \ln \frac{T_2}{T_1} + mR' \ln \frac{V_2}{V_1}$$

Da das Volumen des Gases unverändert bleibt, gilt

$$\Delta S_G = S_2 - S_1 = mc_V \ln \frac{T_2}{T_1} = mc_V \ln 0,8$$

$$\underline{\Delta S_G = -0,223\,mc_V}$$

Es ist $\Delta S_G < 0$, d. h., die Entropie des Gases nimmt ab.

b) Um die Reversibilität des Vorganges zu beurteilen, muß ein abgeschlossenes System untersucht werden. Dazu gehört außer dem Gas die Umgebung, die bei konstanter Temperatur T_2 eine Wärme Q vom Gas aufnimmt. Infolgedessen nimmt die Entropie der Umgebung um

$$\Delta S_U = \frac{Q}{T_2}$$

zu. Die Wärme Q ist gleich der vom Gas bei konstantem Volumen abgegebenen Wärme, d. h., es gilt

$$Q = mc_V(T_1 - T_2)$$

Für die Entropieänderung des Gesamtsystems folgt damit

$$\Delta S = \Delta S_G + \Delta S_U$$

$$\Delta S = mc_V \left(\ln \frac{T_2}{T_1} + \frac{T_1 - T_2}{T_2} \right)$$

Mit $T_2/T_1 = 0,8$ ergibt sich

$$\Delta S = mc_V(-0,223 + 0,250)$$

$$\Delta S = +0,027\, mc_V$$

Damit ist gezeigt, daß die Entropie des Gesamtsystems zunimmt, d. h. der Prozeß **irreversibel** ist.

2. Prüfung auf Reversibilität

Man untersuche mit Hilfe der Entropieberechnungen, ob es sich bei den folgenden um reversible oder irreversible Prozesse handelt:

a) isotherme Expansion eines Gases bei der Temperatur T von V_1 auf V_2, wenn der Zylinder von einem Wärmebad der gleichen Temperatur T umgeben ist.

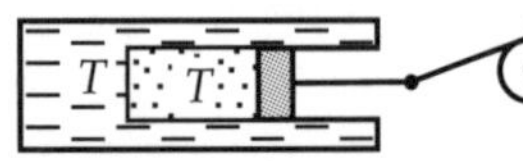

b) Expansion eines idealen Gases in das Vakuum, wenn das Gefäß wärmeisoliert ist. Anfangsvolumen V_1, Endvolumen V_2 (vgl. Gay-Lussac-Versuch).

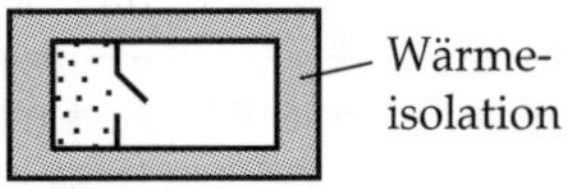

Lösung

a) Da die Temperatur des Gases konstant ist, gilt für die Entropieänderung des Gases

$$\Delta S_G = \frac{Q}{T}$$

Das den Zylinder umgebende Wärmebad ist Bestandteil des abgeschlossenen Systems. Es gibt die Wärme Q an das Gas ab und hat ebenfalls die Temperatur T, so daß seine Entropieänderung

$$\Delta S_U = -\frac{Q}{T}$$

ist.

Die Entropieänderung des abgeschlossenen Systems ist also

$$\Delta S = \Delta S_G + \Delta S_U = 0$$

d. h., der Vorgang ist reversibel.

Anmerkung: Der in den GRUNDLAGEN (2.) diskutierte isotherme Teilschritt verläuft irreversibel, weil Temperaturdifferenzen zwischen Arbeitsstoff und Wärmereservoir auftreten. Diese Temperaturdifferenzen sind in der Praxis unvermeidbar.

b) Die Gasexpansion läuft so ab, daß zwischen dem Anfangszustand (Gas im Volumen V_1) und dem Endzustand (Gas im Volumen V_2) keine Zwischenzustände angegeben werden können, in denen Gleichgewicht herrscht. Zur Berechnung der Entropieänderung des Gases muß man also von dem gegebenen Anfangs- und Endzustand ausgehen. Es gilt

$$\Delta S_G = mc_V \ln \frac{T_2}{T_1} + mR' \ln \frac{V_2}{V_1}$$

Die Formel läßt sich erst auswerten, wenn die Endtemperatur T_2 bestimmt worden ist. Dazu wird der erste Hauptsatz benutzt. Wegen der Isolation kann keine Wärme mit der Umgebung ausgetauscht werden: $Q = 0$. Auch Ausdehnungsarbeit wird nicht verrichtet: $W = 0$. Deshalb kann sich auch die innere Energie nicht ändern: $\Delta U = 0$. Beim idealen Gas ist das auf Grund der kalorischen Zustandsgleichung $U = mc_V T$ gleichbedeutend mit $T_1 = T_2$. Die Entropieänderung des Gases ist damit

$$\Delta S_G = mR' \ln \frac{V_2}{V_1}$$

Wegen $V_2 > V_1$ ist $\Delta S_G > 0$. Das Gas ist (wegen $Q = 0$ und $W = 0$) ein abgeschlossenes System; deshalb darf man aus $\Delta S_G > 0$ auch folgern, daß der Prozeß **irreversibel** ist.

AUFGABEN

T 5.1

Ein Stück Eisen der Masse m und der Temperatur T_1 wird in ein sehr großes Wasserbad der Temperatur $T_2 < T_1$ gebracht. Die Temperatur des Bades ändert sich dabei nicht merklich. Wie groß ist die Entropieänderung ΔS des gesamten Systems, wenn das Eisen die Temperatur des Wasserbades angenommen hat?

$m = 1,00$ kg $T_1 = 573$ K $T_2 = 288$ K
$c_E = 473$ J/(kg · K)

T 5.2

Eine Messingkugel (m_M, c_M, T_M) wird in Wasser (m_W, c_W, T_W) gebracht. Bei völliger Isolierung von der Umgebung stellt sich die Endtemperatur T_E ein. Man zeige, daß dem (nicht reversiblen) Wärmeaustausch eine Zunahme der Entropie ΔS des betrachteten Systems entspricht, und berechne diese!

$m_M = 795$ g $\vartheta_M = 98,2$ °C
$c_M = 0,385$ kJ/(kg · K) $m_W = 412$ g
$\vartheta_W = 18,4$ °C $c_W = 4,19$ kJ/(kg · K)

Die Wärmekapazität des Gefäßes ist zu vernachlässigen.

T 5.3

Ein Dachziegel (Masse m) fällt aus der Höhe h in einen Sandhaufen. Sandhaufen, Dachziegel und Umgebung haben die Temperatur T, die sich auch während des Vorganges nicht merklich ändert. Wie groß ist die Entropieänderung ΔS bei diesem irreversiblen Prozeß?

$m = 1,35$ kg $h = 15$ m $T = 279$ K

T 5.4

Wasser der Masse m_1 und der Temperatur ϑ_1 wird mit Wasser der Masse m_2 und der Temperatur ϑ_2 vermischt. Der Mischvorgang verläuft wärmeisoliert gegenüber der Umgebung. Berechnen Sie die Entropieänderung ΔS, die bis zum Erreichen des Temperaturausgleichs entsteht!

$m_1 = 35$ kg $m_2 = 25$ kg $\vartheta_1 = 80$ °C
$\vartheta_2 = 8,0$ °C $c_W = 4,19$ kJ/(kg · K)

T 5.5

Ein wärmeisolierter Behälter (Wärmekapazität C) enthält Wasser (m, c_W) der Temperatur T_1. Über ein Rührwerk wird ihm die Arbeit W' zugeführt, die zur Erhöhung der inneren Energie beiträgt. Berechnen Sie die dadurch entstehende Entropieänderung ΔS des aus Behälter, Rührwerk und Wasser bestehenden Systems!

$m = 2,8$ kg $c_W = 4,19$ kJ/(kg · K)
$W' = 25$ Wh $T_1 = 293$ K $C = 860$ J/K

T 5.6

Ein ideales Gas (V_1, T_1, p_1) kann in einen evakuierten Raum expandieren, so daß danach sein Volumen $V_2 = 4V_1$ ist (vgl. Gay-Lussac-Versuch). Ein Wärmeaustausch mit der Umgebung erfolgt nicht.

a) Wie groß ist die Entropieänderung $\Delta S = S_2 - S_1$?
b) Ist es ein reversibler oder irreversibler Prozeß?

$V_1 = 0,20$ m³ $T_1 = 290$ K
$p_1 = 102$ kPa

T 5.7

In einem Behälter vom Volumen V_1 befindet sich ein ideales Gas unter dem Druck p_1. Ein zweiter Behälter vom Volumen V_2 enthält das gleiche Gas mit dem Druck p_2. Die Behälter sind durch eine Überströmleitung verbunden, deren Hahn geöffnet wird, so daß sich Druckausgleich einstellt. Die Temperatur vor und nach dem Überströmen ist in beiden Volumen T. Berechnen Sie die Entropieänderung ΔS des Systems!

$V_1 = 2,5\ \mathrm{m}^3 \quad V_2 = 6,0\ \mathrm{m}^3$
$p_1 = 2,1\ \mathrm{kPa} \quad p_2 = 0,3\ \mathrm{kPa}$
$T = 291\ \mathrm{K}$

T 5.8

Zwischen zwei Wärmebehältern, deren Temperaturen T_1 und $T_2 < T_1$ konstant bleiben, befindet sich ein Wärmeleiter (A, l, λ).

a) Berechnen Sie den Wärmestrom $\dot{Q}$ im Wärmeleiter!

b) Welche mechanische Leistung P könnte erzeugt werden, wenn der Wärmeleiter durch eine ideale Wärmekraftmaschine ersetzt würde?

c) Wie ändert sich die Entropie im abgeschlossenen System (beide Wärmebehälter und Wärmeleiter) innerhalb der Zeit t?

d) Geben Sie eine Formel an, die die in c) berechnete Entropieänderung mit der in b) berechneten (nicht realisierten) Nutzleistung P verknüpft!

$T_1 = 380\ \mathrm{K} \quad T_2 = 300\ \mathrm{K} \quad A = 200\ \mathrm{cm}^2$
$l = 10,0\ \mathrm{cm} \quad \lambda = 58\ \mathrm{W/(m \cdot K)}$
$t = 60,0\ \mathrm{min}$

T 5.9

Ein abgeschlossenes thermodynamisches System, das zwei getrennte Luftmengen (Massen m_1 und m_2) enthält, ändert seinen Zustand. Die Anfangswerte von Druck und Temperatur sind p_1, T_1 bzw. p_2, T_2. Im Endzustand haben die beiden (getrennt gebliebenen) Luftmengen die gleichen Werte p' und T' angenommen. Ist die Zustandsänderung des Systems reversibel abgelaufen?

$m_1 = 3,00\ \mathrm{kg} \quad p_1 = 1,25\ \mathrm{MPa}$
$T_1 = 369\ \mathrm{K} \quad m_2 = 5,00\ \mathrm{kg}$
$p_2 = 4,10\ \mathrm{MPa} \quad T_2 = 305\ \mathrm{K}$
$p' = 1,40\ \mathrm{MPa} \quad T' = 329\ \mathrm{K}$
$c_p = \frac{7}{2} R' \quad M_\mathrm{r} = 29$

T 5.10

In einem abgeschlossenen Raum vom Volumen V_0 ist ein Teilvolumen V_1 durch eine feste Wand abgegrenzt. In diesem Teilvolumen befindet sich O_2 bei einem Druck p_1 und der Temperatur ϑ_1, im übrigen Raum befindet sich N_2 bei dem Druck p_2 und der gleichen Temperatur. Wie groß ist die Entropieänderung des Systems, wenn man die Trennwand entfernt? (Man betrachte beide Gase als ideal und rechne für jede Gasart einzeln so, als sei die andere Gasart nicht vorhanden.)

$V_0 = 10,0\ \mathrm{m}^3 \quad V_1 = 1,00\ \mathrm{m}^3$
$p_1 = 980\ \mathrm{kPa} \quad \vartheta_1 = 20\ {}^\circ\mathrm{C}$
$p_2 = 100\ \mathrm{kPa}$

T 6 Gaskinetik

GRUNDLAGEN

1 Mikrophysikalische Betrachtung des Gases

Man kann ein Gas als ein System bewegter elastischer kleiner Teilchen auffassen. Zur Beschreibung seiner Eigenschaften werden dabei folgende physikalische Größen benötigt:

Teilchenzahl	N
Teilchendichte	$n = N/V$
Teilchenmasse	μ
Teilchengeschwindigkeit	v

Diese mikrophysikalischen Größen hängen mit den Zustandsgrößen der Thermodynamik p, T, ϱ und U zusammen.

Die Teilchenmasse μ ergibt sich aus der relativen Molekülmasse M_r mit Hilfe der **Avogadroschen Konstanten** N_A bzw. N'_A:

$$\mu = \frac{M_r \text{ kg/kmol}}{N_A} = \frac{1}{N'_A} \text{ mit } \begin{cases} N_A = 6,022\,137 \cdot 10^{26}/\text{kmol} \\ N'_A = 6,022\,137 \cdot 10^{26}/(M_r \text{ kg}) \end{cases}$$

Zwischen Teilchendichte n und Dichte ϱ besteht der Zusammenhang

$$\boxed{\varrho = \mu n}$$

Befindet sich das Gas in einem Gefäß im thermodynamischen Gleichgewicht, so ist seine Dichte überall gleich. Das bedeutet mikrophysikalisch, daß die Verteilung der Teilchen im Raum im zeitlichen Mittel **homogen** ist. Außerdem ist durch die Teilchengeschwindigkeiten, deren Beträge und Richtungen verschieden sind, im Mittel keine Richtung des Raumes bevorzugt; die Geschwindigkeitsverteilung ist **isotrop**.

2 Maxwellsche Geschwindigkeitsverteilung

Die Verteilung der Teilchengeschwindigkeiten, insbesondere der Geschwindigkeitsbeträge, wird durch deren **relative Häufigkeit** $\mathrm{d}N/N$ im Geschwindigkeitsintervall zwischen v und $v + \mathrm{d}v$ ausgedrückt. Die Summe der relativen Häufigkeiten in allen möglichen Geschwindigkeitsintervallen ergibt für jeden Zeitpunkt den Wert 1:

$$\int \frac{\mathrm{d}N}{N_0} = \frac{1}{N_0} \int \mathrm{d}N = \frac{N_0}{N_0} = 1 \quad (N_0 \text{ ist Gesamtzahl der Teilchen})$$

Bezieht man die relative Häufigkeit auf die Intervallbreite $\mathrm{d}v$, so erhält man die relative **Häufigkeitsdichte** w. Die Häufigkeitsdichte w hängt nicht von $\mathrm{d}v$, wohl aber von v, d. h. von der Lage des Intervalls im Wertebereich der Geschwindigkeitsbeträge, ab:

$$w(v) = \frac{\mathrm{d}N/N}{\mathrm{d}v}$$

Aus der Summe der relativen Häufigkeiten folgt die sogenannte Normierungsbedingung für die Funktion $w(v)$:

$$\int_0^\infty w(v)\,\mathrm{d}v = 1$$

Der Zusammenhang zwischen $w(v)$ und v ist damit aber nicht festgelegt. Er wird durch die Maxwellsche Geschwindigkeitsverteilung geliefert und lautet:

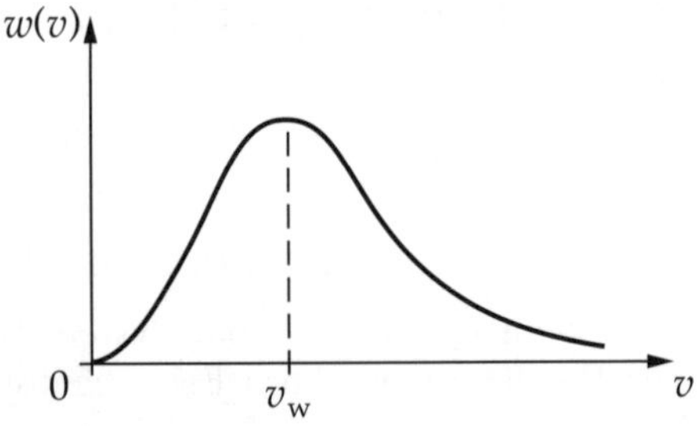

$$\frac{\mathrm{d}N/N}{\mathrm{d}v} = w(v) = \sqrt{\frac{8\mu}{\pi kT}} \cdot \frac{\mu v^2}{2kT} \cdot \mathrm{e}^{-\frac{\mu v^2}{2kT}}$$

Die Verteilungsfunktion $w(v)$ besitzt bei der **wahrscheinlichsten Geschwindigkeit** v_w ein Maximum. Es gilt

$$v_\mathrm{w} = \sqrt{2kT/\mu}$$

k ist die **Boltzmann-Konstante**, eine universelle Konstante:

$$k = 1{,}380\,66 \cdot 10^{-23}\ \mathrm{J/K}$$

3 Teilchenströme und mittlere Geschwindigkeit

Auf ein Flächenstück A der Gefäßwand trifft im Mittel ein Teilchenstrom

$$\mathrm{d}N/\,\mathrm{d}t = n\overline{v}A/4$$

der aus dem Halbraum vor der Fläche stammt. $\overline{v}$ ist die **mittlere Geschwindigkeit**. Diese ergibt sich aus der relativen Häufigkeitsdichte durch Integration über alle Geschwindigkeiten:

$$\overline{v} = \int_0^\infty w(v)v\,\mathrm{d}v$$

Für die Maxwellsche Geschwindigkeitsverteilung hat sie den Wert

$$\overline{v} = \sqrt{\frac{8kT}{\pi\mu}}$$

Ist A ein Flächenstück innerhalb des Gasraumes, so heben sich die Teilchenströme aus den beiden Halbräumen wegen der Isotropie gegenseitig auf. Fehlt das Stück A in der Gefäßwand, so tritt der Teilchenstrom aus. Ist jenseits Vakuum, so fliegen die Teilchen geradlinig weiter in einer Raumwinkelverteilung wie beim Anflug.
Bezeichnungen:

Volumendurchsatz, Saugvermögen	$\dot{V}$
Teilchenstromstärke	$\dot{N} = n\dot{V}$
Massenstrom	$\dot{m} = \mu\dot{N}$

4 Druck, Temperatur und mittleres Geschwindigkeitsquadrat

Der Druck p ergibt sich aus den Kraftstößen der elastisch an der Wand reflektierten Teilchen. Er ist gleich der Summe der Kraftstöße, bezogen auf die Zeit, in der sie erfolgen, und bezogen auf die Fläche, die von den Teilchen getroffen wird. Er erscheint konstant, wenn Bezugszeit und Bezugsfläche so groß sind, daß sehr viele Teilchen auftreffen. Eine Berechnung liefert für den Druck

$$p = \frac{1}{3}\mu n \overline{v^2}$$

Der Mittelwert $\overline{v^2}$ der Geschwindigkeitsquadrate folgt aus der relativen Häufigkeitsdichte $w(v)$:

$$\overline{v^2} = \int_0^\infty w(v) v^2 \,\mathrm{d}v$$

Setzt man für $w(v)$ die Maxwell-Verteilung ein, so ergibt sich

$$\overline{v^2} = 3\frac{kT}{\mu}$$

Mit diesem Ausdruck erhält man für den Druck

$$p = nkT$$

Dies ist die thermische Zustandsgleichung $p = \varrho R'T$ des idealen Gases, in der die Dichte ϱ und die Gaskonstante R' durch mikrophysikalische Größen ausgedrückt sind:

$$\varrho = \mu n$$

$$R' = \frac{k}{\mu}$$

5 Gleichverteilungssatz der inneren Energie

Die Beziehung zwischen $\overline{v^2}$ und T erlaubt, den Mittelwert der kinetischen Energie der Translation eines Teilchens durch die Temperatur auszudrücken. Es ist

$$\overline{E_\mathrm{k}} = \frac{1}{2}\mu\overline{v^2} = \frac{3}{2}kT$$

Für die Geschwindigkeitskomponenten gilt nach dem Satz des Pythagoras

$$\overline{v^2} = \overline{v_x^2} + \overline{v_y^2} + \overline{v_z^2}$$

Ferner ist wegen der Isotropie

$$\overline{v_x^2} = \overline{v_y^2} = \overline{v_z^2}$$

daher ist

$$\frac{1}{2}\mu\overline{v_x^2} = \frac{1}{2}\mu\overline{v_y^2} = \frac{1}{2}\mu\overline{v_z^2} = \frac{1}{2}kT$$

der Energiebetrag, der im Mittel auf einen Freiheitsgrad der Teilchenbewegung entfällt. Dies ist ein Beispiel für den **Gleichverteilungssatz** der klassischen Statistik, der besagt:

> Auf jeden Freiheitsgrad der Bewegung eines Teilchens entfällt die mittlere kinetische Energie $kT/2$.

Dieser Energiebetrag ist unabhängig von der Masse des Teilchens und von der Art des Gases.
Bei mehratomigen Gasen tritt neben der kinetischen Energie der Translation auch die Rotationsenergie auf. In diesem Fall ist die Zahl der Freiheitsgrade $f > 3$. Für die innere Energie U des Gases ergibt sich damit

$$U = N\frac{f}{2}kT$$

Das ist die **kalorische Zustandsgleichung** $U = mc_VT$ des idealen Gases. Der Vergleich liefert mit $m = N\mu$ für die spezifische Wärmekapazität c_V die mikrophysikalische Beschreibung:

$$c_V = \frac{f}{2}\frac{k}{\mu} = \frac{f}{2}R'$$

6 Mittlere Stoßfrequenz und mittlere freie Weglänge

Da die Teilchen endliche Ausdehnung haben, müssen sie gelegentlich zusammenstoßen. Die mittlere Stoßfrequenz f_S ergibt sich aus der mittleren Stoßzahl auf einem Wege, dividiert durch die Flugzeit für diesen Weg. Ein Stoß kommt zustande, wenn der Mittelpunkt des einen Teilchens im **gaskinetischen Wirkungsquerschnitt** A_0 des anderen liegt.
Aus diesem Modell ergibt sich für die mittlere Stoßfrequenz:

$$f_S = n \cdot \sqrt{2}\,\overline{v} \cdot A_0$$

Hierbei ist $\sqrt{2}\,\overline{v}$ die mittlere Relativgeschwindigkeit der Teilchen, wenn ihre mittlere Geschwindigkeit gleich $\overline{v}$ ist. Dividiert man die mittlere Geschwindigkeit durch die Stoßfrequenz, so ergibt sich die mittlere freie Weglänge Λ, d. h. der Mittelwert der Wegstrecken, die ein Teilchen zwischen zwei Zusammenstößen geradlinig zurücklegt:

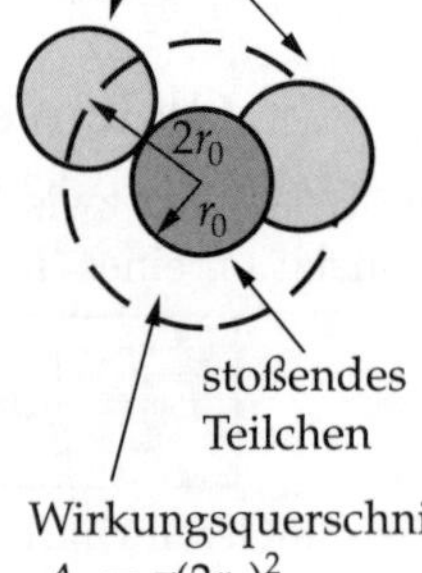

$$\Lambda = \frac{\overline{v}}{f_S}$$

Für kugelförmige Teilchen vom Radius r_0 gilt $A_0 = \pi(2r_0)^2$. Daraus folgt

$$\Lambda = \frac{1}{4\sqrt{2}\pi r_0^2 n}$$

Die mittlere freie Weglänge kann zur Charakterisierung des Vakuums benutzt werden.

KONTROLLFRAGEN

T 6-1
Leiten Sie die Formel für die wahrscheinlichste Geschwindigkeit v_w mit Hilfe der Maxwellschen Geschwindigkeitsverteilung her!

T 6-2
Leiten Sie mit Hilfe der Maxwellschen Geschwindigkeitsverteilung die Formel für die mittlere Geschwindigkeit $\overline{v}$ her!

T 6-3
Zeichnen Sie in eine grafische Darstellung der Maxwellschen Geschwindigkeitsverteilung folgende Geschwindigkeiten ein:
a) die wahrscheinlichste Geschwindigkeit v_w,
b) die mittlere Geschwindigkeit $\overline{v}$,
c) die Wurzel aus dem Mittelwert der Geschwindigkeitsquadrate $\sqrt{\overline{v^2}}$!

T 6-4
Erläutern Sie die Entstehung der Brownschen Bewegung!

T 6-5
Stellen Sie die Formeln zusammen, mit denen die Zustandsgrößen p, ϱ, $u = U/m$ und T auf die mikrophysikalischen Größen n, $\overline{v^2}$ und μ zurückgeführt werden!

T 6-6
Welcher Zusammenhang ergibt sich beim idealen Gas auf Grund des Gleichverteilungssatzes zwischen c_V und R'?

BEISPIELE

1. Maxwellsche Geschwindigkeitsverteilung

Skizzieren Sie in einem $w(v)$-Diagramm die Maxwellschen Verteilungskurven für Stickstoff bei den Temperaturen T_1 und T_2! Abszisse und Ordinate sind mit geeigneten Skalen zu versehen. Die Maxima der Kurven sind an den zu berechnenden Orten einzuzeichnen.

$T_1 = 300$ K $\quad T_2 = 1\,200$ K

Lösung

Bei der wahrscheinlichsten Geschwindigkeit $v_w = \sqrt{2R'T}$ hat die Funktion $w(v)$ ihr Maximum. Der Wert ist

$$w(v_w) = \frac{1}{e}\sqrt{\frac{8\mu}{\pi kT}} = \frac{1}{e}\sqrt{\frac{8}{\pi R'T}} = \frac{1}{e}\sqrt{\frac{16}{\pi v_w^2}} = \frac{4}{\sqrt{\pi}\, e v_w}$$

Man findet bei

$$T_1 = 300 \text{ K} \qquad v_{w1} = \sqrt{2 \cdot \frac{8\,314 \text{ J}}{28 \text{ kg} \cdot \text{K}} \cdot 300 \text{ K}} = 422 \text{ m/s}$$

$$w(v_{w1}) = w_1 = 1,97 \cdot 10^{-3} \text{ s/m}$$

$$T_2 = 1\,200 \text{ K} \quad v_{w2} = 2v_{w1} = 844 \text{ m/s}$$

$$w(v_{w2}) = w_2 = \frac{1}{2}w_1 = 0,98 \cdot 10^{-3} \text{ s/m}$$

Diesen Werten entsprechend werden die Skalen des $w(v)$-Diagramms gezeichnet.

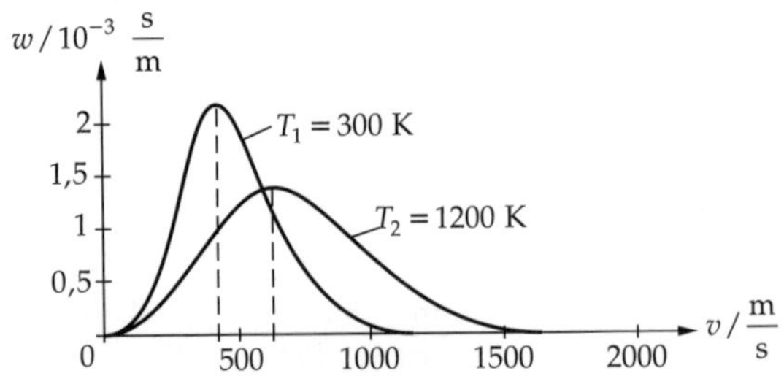

Folgende zusätzliche Überlegungen können für die Skizze des Kurvenverlaufs benutzt werden:

1. Für sehr kleine Geschwindigkeiten ($v \ll v_\text{w}$) hat die Exponentialfunktion nahezu den Wert 1. Dann gilt $w(v) \sim v^2$.
2. Die Fläche unter der Kurve stellt das Integral $\int_0^\infty w(v)\,\mathrm{d}v$ dar. Dieses hat unabhängig von T den Wert 1.

Diskussion

Das Maximum verschiebt sich mit steigenden Temperaturen zu größeren Geschwindigkeiten; die Kurve wird flacher und breiter. Bei höheren Temperaturen tritt die wahrscheinlichste Geschwindigkeit v_w nicht mehr so stark hervor; es treten mehr Moleküle mit relativ hohen Geschwindigkeiten auf.

2. Teilchenstrom

In einem Ofen befindet sich Silber bei der Temperatur T und beim Dampfdruck p. Aus einer Öffnung der Ofenwand (Fläche A) tritt ein Atomstrahl ins Vakuum zum Bedampfen von Gegenständen.

a) Wie groß ist die Teilchenstromstärke $\dot{N}$ in der Öffnung?

b) Wie groß sind der Massenstrom $\dot{m}$ und der Volumendurchsatz $\dot{V}$?

$T = 1\,315$ K $\quad p = 1,33$ Pa $\quad A = 1,00\ \text{mm}^2 \quad$ Silber: $A_\text{r} = 108$

Lösung

a) Es ist $\dot{N} = An\overline{v}/4$. Hier sind n und $\overline{v}$ durch gegebene Größen zu ersetzen. Dazu stehen folgende Beziehungen zur Verfügung:

$$\overline{v} = \sqrt{8R'T/\pi} \qquad n = \varrho/\mu$$

Die Dichte ϱ ist in der Zustandsgleichung des idealen Gases enthalten: $p = \varrho R'T = \varrho kT/\mu$; daher $n = \varrho/\mu = p/(kT)$. Damit folgt

$$\dot{N} = \frac{A}{4} n\overline{v} = \frac{A}{4}\frac{p}{kT}\sqrt{\frac{8}{\pi}R'T} = Ap\sqrt{\frac{1}{2\pi k\mu T}}$$

mit $\mu = 1/N'_\text{A}$ daher

$$\underline{\dot{N} = Ap\sqrt{\frac{N'_\text{A}}{2\pi kT}}}$$

$$\dot{N} = 1,00\ \text{mm}^2 \cdot 1,33\ \text{Pa} \cdot \sqrt{\frac{6,02 \cdot 10^{26}\ \text{K}}{108\ \text{kg} \cdot 6,28 \cdot 1,38 \cdot 10^{-23}\ \text{J} \cdot 1\,315\ \text{K}}}$$

$$\underline{\underline{\dot{N} = 9,30 \cdot 10^{15}\ \text{s}^{-1}}}$$

b) Für den Massenstrom gilt $\dot{m} = \mu\dot{N}$.

$$\underline{\underline{\dot{m} = \frac{\dot{N}}{N'_\text{A}} = 1,67 \cdot 10^{-9}\ \text{kg/s}}}$$

Aus $n = \mathrm{d}N/\mathrm{d}V$ oder $\mathrm{d}V = \mathrm{d}N/n$ folgt der Volumendurchsatz $\dot{V} = \dfrac{\dot{N}}{n}$. Hierin sind $\dot{N}$ und n aus dem Teil a) der Aufgabe bekannt. Man erhält mit $\dot{N} = Ap\sqrt{N'_\mathrm{A}(2\pi kT)}$ und $n = p/(kT)$ für den Volumendurchsatz

$$\underline{\dot{V} = A\sqrt{N'_\mathrm{A}\frac{kT}{2\pi}} = A\sqrt{\frac{R'T}{2\pi}}}$$

$$\dot{V} = 1,00 \cdot 10^{-6}\ \mathrm{m}^2 \cdot \sqrt{\frac{8\,314\ \mathrm{J} \cdot 1\,315\ \mathrm{K}}{108\ \mathrm{kg} \cdot \mathrm{K} \cdot 2\pi}} = \underline{\underline{126\ \mathrm{cm}^3/\mathrm{s}}}$$

AUFGABEN

T 6.1

Stickstoff hat die Temperatur ϑ.

a) Man schätze ab, wie hoch der Anteil der Moleküle mit Geschwindigkeiten zwischen v_1 und v_2 ist!

b) Wieviel Moleküle N^* sind das für die Stoffmenge $\nu = 1$ kmol?

$\vartheta = 0\ °\mathrm{C}$ $v_1 = 250\ \mathrm{m/s}$ $v_2 = 260\ \mathrm{m/s}$
Stickstoff: $M_\mathrm{r} = 28$

T 6.2

Bei welcher Geschwindigkeit der Gasteilchen liegt das Maximum der Geschwindigkeitsverteilung für Wasserstoff ($M_\mathrm{r} = 2$), Helium ($A_\mathrm{r} = 4$) und Stickstoff ($M_\mathrm{r} = 28$) bei $\vartheta = 100\ °\mathrm{C}$?

T 6.3

Sauerstoff habe die Temperatur T_1 bzw. T_2.

a) Berechnen Sie die wahrscheinlichsten Geschwindigkeiten $v_{\mathrm{w}1}$ bzw. $v_{\mathrm{w}2}$ bei den angegebenen Temperaturen! Die Formel für v_w ist aus der Maxwellschen Geschwindigkeitsverteilung herzuleiten!

b) Berechnen Sie die zugehörigen Werte der Verteilungsfunktion $w(v_{\mathrm{w}1})$ bzw. $w(v_{\mathrm{w}2})$!

c) Skizzieren Sie die Kurven der Häufigkeitsverteilungen $w(v)$ für die beiden Temperaturen T_1 und T_2!

$T_1 = 300\ \mathrm{K}$ $T_2 = 700\ \mathrm{K}$
Sauerstoff: $M_\mathrm{r} = 32$

T 6.4

Einer abgeschlossenen Gasmenge Argon (m, A_r) wird bei konstantem Volumen die Wärme Q zugeführt.

a) Berechnen Sie die Änderung der kinetischen Energie $\Delta\overline{E}_\mathrm{k}$, die im Mittel auf ein Argonatom entfällt!

b) Welche Temperaturänderung ΔT erfährt das Gas?

c) Wie groß ist der Adiabatenexponent $\varkappa$ für Argon?

$m = 100\ \mathrm{g}$ $A_\mathrm{r} = 40$ $Q = 4,19\ \mathrm{kJ}$

T 6.5

Ein Gefäß mit Luft wird bei der Temperatur ϑ ausgepumpt.

a) Wie groß ist die mittlere freie Weglänge bei p_1, p_2, p_3?

b) Wie groß ist die Zahl der Zusammenstöße N_Z eines Moleküls in der Zeit Δt?

Luft: $M_\mathrm{r} = 29$
Molekülradius $r_0 = 1,88 \cdot 10^{-8}$ cm
$\vartheta = 20\ °\mathrm{C}$
$p_1 = 100\ \mathrm{kPa}$ (normaler Luftdruck)
$p_2 = 100\ \mathrm{Pa}$ (Leuchtstoffröhre)
$p_3 = 0,10\ \mathrm{Pa}$ (Elektronenröhre)
$\Delta t = 1,0\ \mathrm{s}$

T 6.6

Für Luft mit dem Volumen V, der Temperatur T und dem Druck p schätze man ab

a) die Summe s der Wegstrecken, die von allen Molekülen in der Zeit t zurückgelegt werden,
b) die Zeit t_L, die Licht benötigen würde, um im Vakuum die Strecke s zurückzulegen,
c) die Zahl N_z der Zusammenstöße zwischen den Molekülen in der Zeit t!

$V = 1\ mm^3$ $T = 300$ K $p = 0,1$ MPa
$t = 1$ s $M_r = 29$
Moleküle kugelförmig mit Radius
$r_0 = 2 \cdot 10^{-10}$ m

T 6.7

In einem Hochvakuumgefäß vom Durchmesser d mit Neon-Restgasatmosphäre soll die mittlere freie Weglänge Λ der Gasatome die Gefäßabmessungen überschreiten. Unterhalb welchen Drucks p ist diese Bedingung erfüllt? Die Temperatur des Gefäßes ist T.

$d = 50$ cm $T = 300$ K
Radius des Neonatoms: $r_0 = 0,14$ nm

T 6.8

In einem idealen Gas sind die mittlere kinetische Energie $\overline{E_k}$ der Teilchen und die Teilchendichte n bekannt. Welcher Druck p herrscht in diesem Gas?

$n = 3,45 \cdot 10^{27}\ m^{-3}$ $\overline{E_k} = 7,62 \cdot 10^{-21}$ J

T 6.9

Durch ein Leck in einer Ultrahochvakuumapparatur dringt bei der Temperatur T ein Gasstrom der Stärke I_V ein.

a) Wie groß ist die Teilchenstromstärke $\dot{N}$?
b) Wie groß ist der Massenstrom $\dot{m}$, wenn das eindringende Gas Stickstoff ist?
c) Welche elektrische Stromstärke I würde ein Strom einwertiger Ionen haben, der die gleiche Teilchenstromstärke aufweist?
d) In welcher Zeit t würde ein Luftvolumen V (unter Normaldruck p_a) in die Apparatur eindringen, wenn die Vakuumpumpe im Inneren den Druck p_1 konstant hält?

$T = 293$ K $I_v = p\dot{V} = 1,0 \cdot 10^{-7}$ Pa · l/s
Stickstoff: $M_r = 28$ $V = 1,0\ cm^3$
$p_a = 101$ kPa $p_1 = 0,10$ Pa

T 6.10

Unter dem Saugvermögen einer Hochvakuumpumpe versteht man das Gasvolumen, das die Pumpe je Zeiteinheit abzusaugen vermag. Wie groß kann das Saugvermögen S einer Pumpe mit einer kreisförmigen Ansaugöffnung vom Durchmesser d für Stickstoff der Temperatur T höchstens sein, wenn man annimmt, daß keine Rückströmung auftritt? (Im Hochvakuumbereich gilt $\Lambda \gg d$.)

$d = 65$ cm $T = 293$ K
Stickstoff: $M_r = 28$

T 6.11

Ein Argonatom nimmt auf einer Oberfläche die Fläche A_0 ein. Nach welcher Zeit t bedeckt sich eine anfangs reine Metalloberfläche im Ultrahochvakuum beim Druck p mit einer monoatomaren Argonschicht, wenn alle auftretenden Argonatome adsorbiert werden? Die Ultrahochvakuumapparatur hat die Temperatur T.

$A_0 = 1,44 \cdot 10^{-19}\ m^2$ $p = 1,0 \cdot 10^{-7}$ Pa
$T = 293$ K Argon: $A_r = 39,9$

T 6.12

Geben Sie auf Grund der Modellvorstellung der Gaskinetik eine Beziehung zwischen dem Adiabatenexponent $\varkappa$ und dem Freiheitsgrad f eines Gasmoleküls an! (Gehen Sie dabei von den verschiedenen Darstellungen der inneren Energie aus.) Was erhalten Sie

a) für einatomige
b) zweiatomige
c) dreiatomige

Gase?

Hinweis: Bei dreiatomigen Gasen Anordnung der Atome nicht auf einer Geraden.

E Elektrizität und Magnetismus

E 1 Gleichstromkreis

GRUNDLAGEN

1 Elektrische Größen

In der Elektrizitätslehre ist als Basisgröße die **elektrische Stromstärke** I mit der Basiseinheit Ampere eingeführt.

$$[I] = A$$

Der elektrische Strom ist die Bewegung einer elektrischen **Ladung** Q.

$$\boxed{I = \frac{\mathrm{d}Q}{\mathrm{d}t}}$$

Die Ladung hat die Einheit Coulomb.

$$[Q] = \mathrm{C} = \mathrm{A} \cdot \mathrm{s}$$

Die vom Strom aufgebrachte **Leistung** P hängt von der **Spannung** U am Verbraucher ab.

$$\boxed{P = UI}$$

Daraus ergibt sich die Einheit der Spannung, das Volt.

$$[U] = \frac{\mathrm{W}}{\mathrm{A}} = \mathrm{V}$$

Spannung und Stromstärke sind bei metallischen und verschiedenen anderen elektrischen Leitern einander proportional (Ohmsches Gesetz).

$$\boxed{U = IR}$$

Der Proportionalitätsfaktor ist der **elektrische Widerstand** R. Die Einheit des Widerstandes ist das Ohm.

$$[R] = \frac{\mathrm{V}}{\mathrm{A}} = \Omega$$

Der Widerstand eines Leiters vom Querschnitt A und der Länge l ergibt sich als

$$R = \varrho \frac{l}{A}$$

Der spezifische Widerstand ϱ ist eine Materialkonstante.

2 Kirchhoffsche Gesetze

Ein System von elektrischen Stromkreisen wird Netzwerk genannt. Punkte, in denen mehrere Zweige eines Netzwerkes zusammenlaufen, heißen Knotenpunkte. Ein beliebiger geschlossener Stromkreis innerhalb eines Netzwerkes wird als Masche bezeichnet. Für die Ströme und Spannungen in einem Netzwerk gelten die Kirchhoffschen Gesetze:

a) *Knotenpunktsatz*

In einem Knotenpunkt ist die Summe der zufließenden Ströme gleich der Summe der abfließenden Ströme. Versieht man die Ströme mit einem Vorzeichen, so kann man auch schreiben: In einem Knoten ist die Summe aller zu- und abfließenden Ströme gleich Null.

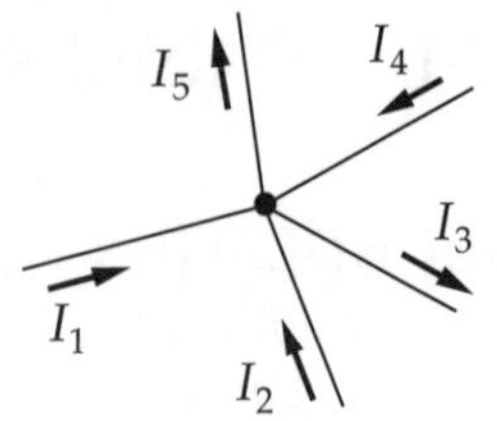

$$\sum I_{\mathrm{k}} = 0$$

Für die Ströme im Bild gilt $I_1 + I_2 - I_3 + I_4 - I_5 = 0$.

b) *Maschensatz*

In einer Masche ist die Summe der Urspannungen gleich der Summe der Spannungen an den Widerständen.

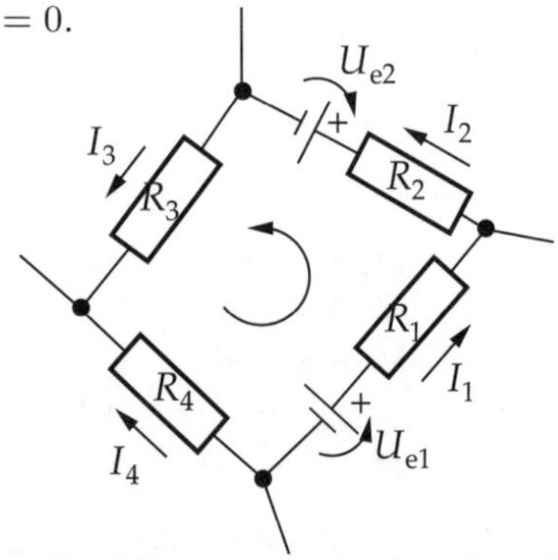

$$\sum U_{em} = \sum I_k R_k$$

Die positive Zählrichtung der Urspannungen gibt man innerhalb der Spannungsquelle stets vom Minuspol zum Pluspol an. Nach der willkürlichen Festlegung eines positiven Umlaufsinnes (im Bild entgegen dem Uhrzeigersinn) wird beim Aufstellen des Maschensatzes das Vorzeichen der Ströme und Urspannungen in bezug auf diesen Umlaufsinn bestimmt. Für das Bild gilt also

$$U_{\mathrm{e1}} - U_{\mathrm{e}_2} = I_1 R_1 + I_2 R_2 + I_3 R_3 - I_4 R_4$$

3 Abgeleitete Regeln

Aus den Kirchhoffschen Gesetzen leiten sich spezielle Regeln für zusammen geschaltete Widerstände ab:

Reihenschaltung

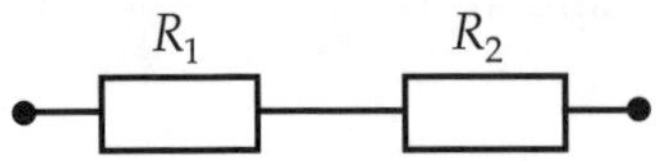

Kein Knotenpunkt zwischen R_1 und R_2.

Parallelschaltung

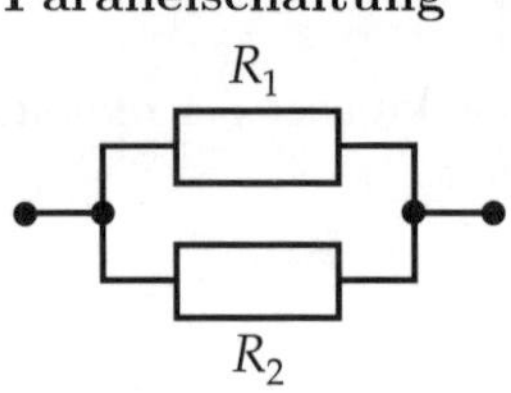

R_1 und R_2 an beiden Enden direkt verbunden.

Reihenschaltung	**Parallelschaltung**
Durch beide Widerstände fließt stets der gleiche Strom.	An beiden Widerständen liegt stets die gleiche Spannung.
Gesamtwiderstand	Gesamtwiderstand
$R = R_1 + R_2$	$\frac{1}{R} = \frac{1}{R_1} + \frac{1}{R_2}$
Spannungsteilerregel	Stromteilerregel
$\frac{U_1}{U_2} = \frac{R_1}{R_2}$	$\frac{I_1}{I_2} = \frac{R_2}{R_1}$
Verallgemeinerung:	Verallgemeinerung:
$U_k \sim R_k$	$I_k \sim 1/R_k$

4 Spannungsquellen

Jede Spannungsquelle ist durch ihre Urspannung U_e und ihren Innenwiderstand R_i gekennzeichnet. Bei Stromfluß fällt über dem Innenwiderstand die Spannung IR_i ab. An den Klemmen der Spannungsquelle steht daher nicht mehr der volle Betrag der Urspannung U_e zur Verfügung, sondern nur die Klemmenspannung U_K.

$$U_\mathrm{K} = U_\mathrm{e} - IR_\mathrm{i}$$

Mit der Spannungsteilerregel erhält man

$$U_\mathrm{K} = U_\mathrm{e}\frac{R_\mathrm{a}}{R_\mathrm{i} + R_\mathrm{a}}$$

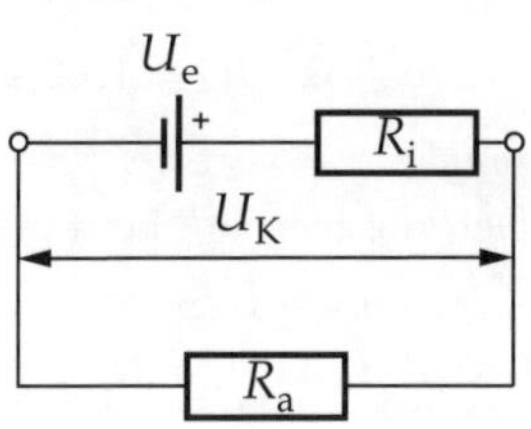

Grenzfälle:

a) *Leerlauf*: $R_\mathrm{a} \to \infty$; $I = 0$; $U_\mathrm{K} = U_\mathrm{e} = U_\mathrm{L}$ (Leerlaufspannung);

b) *Kurzschluß*: $R_\mathrm{a} \to 0$; $U_\mathrm{K} = 0$; $I = \frac{U_\mathrm{e}}{R_\mathrm{i}} = I_\mathrm{K}$ (Kurzschlußstrom).

KONTROLLFRAGEN

E 1-1
Wie ist das Ampere definiert?

E 1-2
Eine Spannungsquelle ist an einen Widerstand angeschlossen. In welcher Richtung fließt der Strom
a) außerhalb,
b) innerhalb
der Spannungsquelle?
c) In welcher Richtung bewegen sich die Leitungselektronen im Widerstand?

E 1-3
Eine Spannungsquelle mit einer Urspannung U_e und einem Innenwiderstand R_i wird
a) im Leerlauf,
b) im Kurzschluß
betrieben. Zeichnen Sie für beide Fälle die zugehörige Schaltung!

E 1-4
Welche Spannung ist für den angegebenen Widerstand höchstens zulässig?

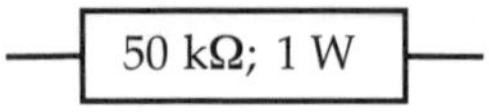

E 1-5
Warum verwendet man für Energiefernübertragung Hochspannung?

E 1-6
Zeigen Sie, daß aus den Kirchhoffschen Gesetzen die Strom- und Spannungsteilerregel folgen!

E 1-7
Warum sinkt bei starker Belastung des elektrischen Netzes die Klemmenspannung U_K merklich ab, obwohl die Urspannung U_e des Generators gleichbleibt?

BEISPIELE

1. Belastungsabhängigkeit der Klemmenspannung

Mit einem Spannungsmesser (Innenwiderstand R_1) mißt man an einer Anodenbatterie die Spannung U_1. Mit einem zweiten Spannungsmesser (Innenwiderstand R_2) wird an der gleichen Anodenbatterie eine Spannung U_2 gemessen.

a) Welchen Innenwiderstand R_i hat die Anodenbatterie?
b) Wie groß ist die Urspannung U_e der Anodenbatterie?
c) Bei welchem Außenwiderstand R_a kann die Batterie die größte elektrische Leistung abgeben?

$R_1 = 5{,}00\ \mathrm{k\Omega} \quad R_2 = 1{,}00\ \mathrm{k\Omega} \quad U_1 = 105\ \mathrm{V} \quad U_2 = 100\ \mathrm{V}$

Lösung

a) Der Maschensatz lautet für die beiden Fälle der Messung

$$U_e = U_1 + R_i I_1 \quad \text{bzw.}$$
$$U_e = U_2 + R_i I_2$$

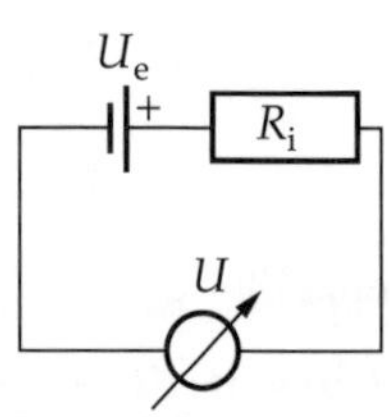

Die beiden Ströme I_1 und I_2 ergeben sich mit den Innenwiderständen R_1 und R_2 der beiden Spannungsmesser zu

$$I_1 = \frac{U_1}{R_1} \quad \text{und} \quad I_2 = \frac{U_2}{R_2}$$

Damit erhält man das Gleichungssystem für die beiden gesuchten Größen U_e und R_i:

$$U_e = U_1 + R_i \frac{U_1}{R_1}$$
$$U_e = U_2 + R_i \frac{U_2}{R_2}$$

U_e läßt sich durch Gleichsetzen eliminieren:

$$U_1 + R_i \frac{U_1}{R_1} = U_2 + R_i \frac{U_2}{R_2}$$

Daraus folgt

$$R_i = \frac{U_1 - U_2}{\frac{U_2}{R_2} - \frac{U_1}{R_1}} = \frac{R_1 R_2 (U_1 - U_2)}{U_2 R_1 - U_1 R_2} = \underline{\underline{63{,}3\ \Omega}}$$

b) Die Urspannung U_e erhält man durch Einsetzen der gefundenen Beziehung für R_i in eine der oberen Gleichungen, z. B.:

$$U_e = U_1 \left(1 + \frac{R_i}{R_1}\right)$$

$$U_e = U_1 \left(1 + \frac{R_2(U_1 - U_2)}{U_2 R_1 - U_1 R_2}\right)$$

$$U_e = \frac{U_1 U_2 (R_1 - R_2)}{U_2 R_1 - U_1 R_2} = \underline{\underline{106{,}3\ \mathrm{V}}}$$

c) Für die Leistung am Außenwiderstand R_a gilt $P = I^2 R_a$. Mit dem Gesamtstrom

$$I = \frac{U_e}{R_i + R_a}$$

ergibt sich

$$P = U_e^2 \frac{R_a}{(R_i + R_a)^2}$$

Bei konstantem Innenwiderstand R_i und konstanter Spannung U_e ist die Leistung P nur vom Außenwiderstand R_a abhängig: $P = P(R_a)$. Die Ermittlung des Widerstandes R_a, der die höchste Leistung ermöglicht, führt auf die Lösung eines Extremwertproblems:

$$\frac{\mathrm{d}P}{\mathrm{d}R_a} = 0$$

$$\frac{\mathrm{d}P}{\mathrm{d}R_a} = U_e^2 \frac{(R_i + R_a)^2 - 2(R_i + R_a)R_a}{(R_i + R_a)^4} = 0$$

Der Quotient verschwindet, wenn der Zähler Null ist, was für

$$\underline{\underline{R_a = R_i}}$$

zutrifft. (Der Fall $R_a = R_i$ heißt Anpassung.)

2. Netzwerk mit mehreren Spannungsquellen

In der angegebenen Schaltung sind die Urspannungen U_{e1} und U_{e2} sowie die Widerstände R_1, R_2, R_3 und R_4 bekannt. Welche Stromstärke I_3 hat der Strom, der durch den Widerstand R_3 fließt?

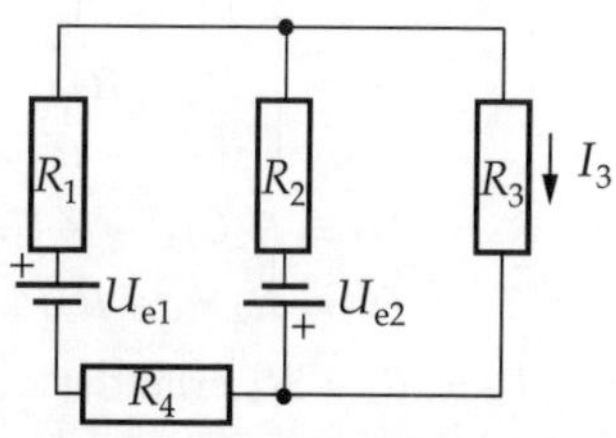

Lösung

Da die Widerstände R_1 und R_4 im gleichen Zweig liegen, können sie durch einen Widerstand R_5 ersetzt werden:

$$R_5 = R_1 + R_4$$

Der positive Umlaufsinn der beiden Maschen und die positive Stromrichtung in den einzelnen Zweigen werden willkürlich festgelegt. Die Spannungspfeile an den Spannungsquellen sind, wie in den GRUNDLAGEN (2.) vereinbart, eingetragen worden.

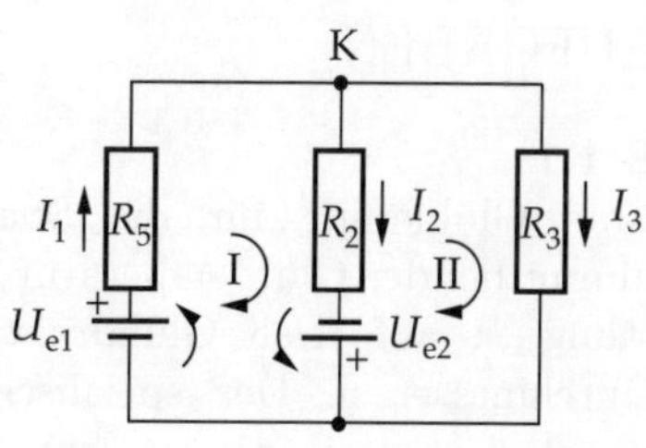

Die Kirchhoffschen Gesetze ergeben:

Knotenpunkt K: $I_1 = I_2 + I_3$

Masche I: $I_1 R_5 + I_2 R_2 = U_{e1} + U_{e2}$

Masche II: $I_3 R_3 - I_2 R_2 = -U_{e2}$

Die Addition der Maschensätze liefert

$$I_3R_3 + I_1R_5 = U_{e1}$$

Diese Gleichung und der Maschensatz II werden nach I_1 und I_2 umgestellt, um anschließend I_1 und I_2 aus dem Knotenpunktsatz zu eliminieren:

$$I_1 = \frac{U_{e1} - I_3R_3}{R_5}$$

$$I_2 = \frac{U_{e2} + I_3R_3}{R_2}$$

$$\frac{U_{e1} - I_3R_3}{R_5} = \frac{U_{e2} + I_3R_3}{R_2} + I_3$$

$$I_3\left(1 + \frac{R_3}{R_2} + \frac{R_3}{R_5}\right) = \frac{U_{e1}}{R_5} - \frac{U_{e2}}{R_2}$$

$$I_3 = \frac{\dfrac{U_{e1}}{R_5} - \dfrac{U_{e2}}{R_2}}{1 + \dfrac{R_3}{R_2} + \dfrac{R_3}{R_5}} \qquad \text{mit} \qquad R_5 = R_1 + R_4$$

Für Leser, die das Rechnen mit Determinanten beherrschen, ist auch folgender Lösungsweg möglich: Es liegt ein Gleichungssystem für drei Variable I_1, I_2 und I_3 vor. I_3 ist zu berechnen:

$$\begin{aligned} I_1 \quad -I_2 \quad -I_3 &= 0 \\ I_1R_5 + I_2R_2 \qquad &= U_{e1} + U_{e2} \\ -I_2R_2 + I_3R_3 &= -U_{e2} \end{aligned}$$

Die Stromstärke I_3 ergibt sich aus

$$I_3 = \frac{D_3}{D}$$

mit

$$D_3 = \begin{vmatrix} 1 & -1 & 0 \\ R_5 & R_2 & (U_{e1} + U_{e2}) \\ 0 & -R_2 & -U_{e2} \end{vmatrix}$$

und

$$D = \begin{vmatrix} 1 & -1 & -1 \\ R_5 & R_2 & 0 \\ 0 & -R_2 & R_3 \end{vmatrix}$$

$$D_3 = R_2U_{e1} - R_5U_{e2}$$

$$D = R_2R_3 + R_2R_5 + R_3R_5$$

Mit $R_5 = R_1 + R_4$ erhalten wir somit das gleiche Ergebnis für I_3 wie oben.

AUFGABEN

E 1.1

Eine Glühlampe für die Spannung U nimmt bei der Glühtemperatur T die Leistung P auf. Der Glühdraht hat den Durchmesser d. Der spezifische Widerstand ϱ ist proportional der Temperatur und hat bei der Temperatur T_0 den Wert ϱ_0.

a) Gesucht ist die Drahtlänge l.

b) Welche Stromstärke I_0 tritt unmittelbar nach dem Einschalten auf?

$U = 220$ V $T = 2\,500$ K $P = 60$ W
$d = 25$ µm $T_0 = 291$ K
$\varrho_0 = 5,3 \cdot 10^{-8}\ \Omega \cdot \text{m}$

E 1.2

Mit einem Tauchsieder (Spannung U) wird Wasser (Masse m, spezifische Wärmekapazität c_W) bei dem Wirkungsgrad η in der Zeit t von der Temperatur ϑ_1 auf die Temperatur ϑ_2 erwärmt. Welchen Widerstand R hat das System der Heizdrähte?

$U = 220$ V $c_W = 4,19$ kJ/(kg · K)
$m = 3,0$ kg $\eta = 0,80$ $t = 15$ min
$\vartheta_1 = 10$ °C $\vartheta_2 = 100$ °C

E 1.3

Bei einem Generator wird die Drehzahl so erhöht, daß die Stromstärke in der Zeit t_1 von Null auf I_1 nach der Funktion $I(t) = kt^2$ anwächst. (k ist eine Konstante.) Wieviel Elektronen (Anzahl N) passieren in dieser Zeit den angeschlossenen Außenwiderstand?

$I_1 = 6,0$ A $t_1 = 8,0$ s

E 1.4

Gegeben ist eine Schaltung von fünf Widerständen.

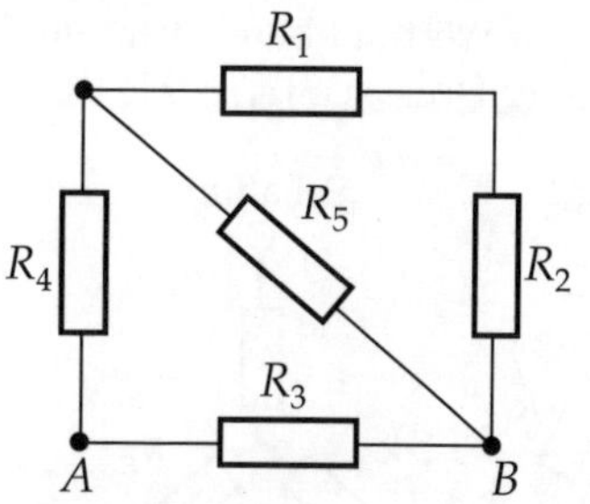

a) Welchen Gesamtwiderstand R hat die Schaltung zwischen den Punkten A und B?

b) Welche Spannung U liegt zwischen den Punkten A und B, wenn an A und B eine Spannungsquelle mit der Urspannung U_e und dem Innenwiderstand R_i angeschlossen wird?

c) Welche Stromstärke I_4 hat der Strom, der durch den Widerstand R_4 fließt?

$R_1 = 200\ \Omega$ $R_2 = 100\ \Omega$ $R_3 = 100\ \Omega$
$R_4 = 50\ \Omega$ $R_5 = 200\ \Omega$ $U_e = 6,0$ V
$R_i = 10\ \Omega$

E 1.5

Beim Anlassen eines PKW-Motors sinkt die Klemmenspannung der Batterie auf den Wert U_1. Durch den Anlasser fließt dabei der Strom I. Ohne Belastung hat die Batterie die Spannung U_0.

a) Welchen Innenwiderstand R_i hat die Batterie?

b) Welchen Widerstand R_A hat der Anlasser?

c) Bei starker Abkühlung der Batterie (strenger Frost) erhöht sich der Innenwiderstand, so daß $R_i = R_A$ werden kann. Wie groß ist dann noch die Klemmenspannung U_2 beim Anlassen?

$U_1 = 9,8$ V $U_0 = 12,8$ V $I = 170$ A

E 1.6

a) An eine Spannungsquelle mit der Urspannung U_e wird ein Bügeleisen angeschlossen, dessen Kenndaten (Spannung U, Leistung P_B) angegeben sind. Welche Spannung U_1 liegt am Bügeleisen an? (Die Spannungsquelle hat den Innenwiderstand R_i.)

b) Ein Tauchsieder (Kenndaten: Spannung U, Leistung P_T) wird parallel zum Bügeleisen hinzugeschaltet. Welche Spannung U_2 liegt über beiden Geräten an?

Der Widerstand der Geräte sei temperaturunabhängig.

$U_e = 220$ V $U = 220$ V $P_B = 500$ W
$R_i = 10\ \Omega$ $P_T = 1\,000$ W

E 1.7

Eine Glühlampe (Spannung U_L, Leistung P_L) soll mit Hilfe eines Vorwiderstandes an eine Netzspannung $U_N > U_L$ angeschlossen werden.

a) Man bestimme die zulässige Stromstärke I!

b) Welcher Widerstand R_V muß vorgeschaltet werden?

c) Welche Leistung P_V wird im Vorwiderstand verbraucht?

d) Wie groß ist die im Vorwiderstand je Sekunde entstehende Wärme Q_V?

e) Der Strom soll mit einem Strommesser (Vollausschlag $I_A < I$, Innenwiderstand R_A) gemessen werden. Wie groß darf der dem Meßinstrument parallel zu schaltende Widerstand R_p höchstens sein?

$U_L = 24$ V $P_L = 30$ W $U_N = 220$ V
$I_A = 100$ mA $R_A = 5,00\ \Omega$

E 1.8

Ein Gleichstrommeßwerk mit dem Meßbereich I_0 und dem Widerstand R_0 soll

a) als Strommesser für die Meßbereiche I_1, I_2 und I_3,

b) als Spannungsmesser für die Meßbereiche U_1, U_2, U_3 eingerichtet werden.

Wie ist das schaltungsmäßig auszuführen? Wie groß muß in jedem einzelnen Fall der Widerstand R des gesamten Meßsystems sein, und welche Werte haben die zusätzlichen Widerstände?

$I_0 = 2$ mA $R_0 = 100,0\ \Omega$
$I_1 = 100$ mA $I_2 = 1,0$ A $I_3 = 10$ A
$U_1 = 2,0$ V $U_2 = 10$ V $U_3 = 50$ V

E 1.9

An einem Verbraucher (Widerstand R) sollen Strom und Spannung gleichzeitig gemessen werden. Dazu stehen ein Voltmeter mit dem Widerstand R_V und ein Amperemeter mit dem Widerstand R_A zur Verfügung. Für die Messung kann zwischen den beiden Schaltungen 1 und 2 gewählt werden:

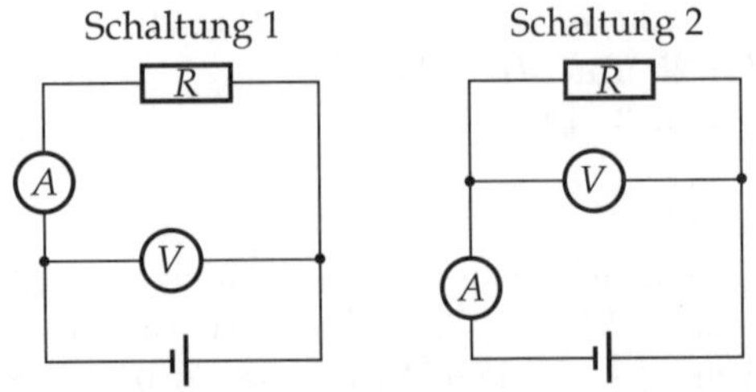

a) Welche Größe wird jeweils fehlerhaft gemessen?

b) Vergleichen Sie die relativen Fehler $\left(\frac{\Delta U}{U}\right.$ bzw. $\left.\frac{\Delta I}{I}\right)$ der Meßgrößen und entscheiden Sie danach, welche Schaltung günstiger ist!

$R = 100\ \Omega$ $R_A = 0,1\ \Omega$ $R_V = 5$ kΩ

E 1.10

Die Widerstände R_1, R_2, R_3 in der Schaltung 1 sind bekannt.

a) Berechnen Sie die Widerstände R_{AB}, R_{AC}, R_{BC} zwischen den jeweiligen Eckpunkten des Dreiecks!

b) Wie groß müssen die Widerstände R_A, R_B, R_C in der Schaltung 2 sein, damit R_{AB}, R_{AC}, R_{BC} mit den unter a) gefundenen Werten übereinstimmen? (Umwandlung Dreieck-Stern)

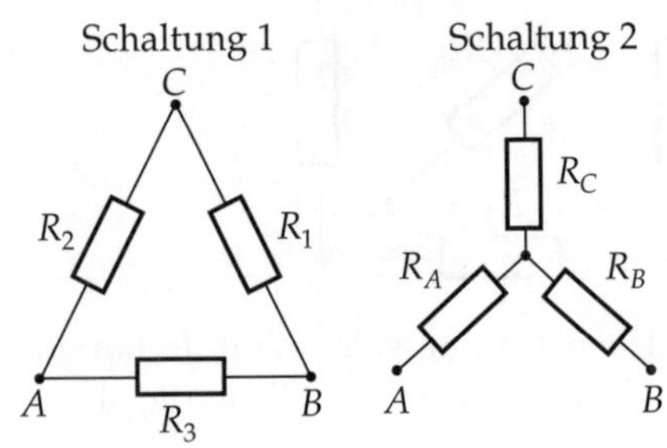

E 1.11

Zwei Batterien mit den Urspannungen U_{e1} und U_{e2} sowie mit den Innenwiderständen R_{i1} und R_{i2} werden parallel geschaltet.

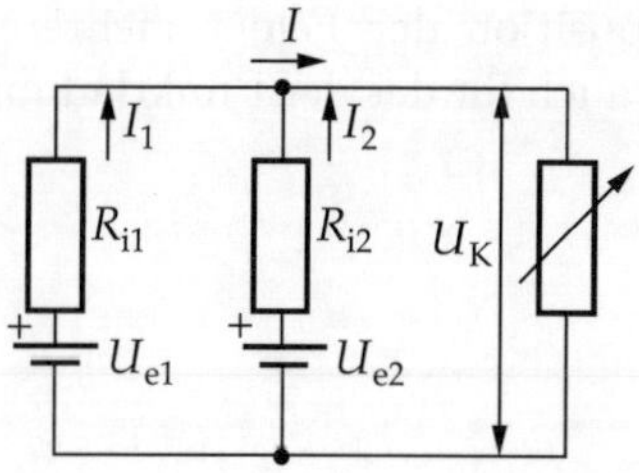

a) Wie groß sind im Leerlauf die Stromstärken I_1 und I_2 sowie die Klemmenspannung U_K?

b) Berechnen Sie für den Belastungsfall die Einzelströme I_1 und I_2 sowie die Klemmenspannung U_K, wenn ein Strom mit der Stromstärke I durch den Außenwiderstand fließt!

$U_{e1} = 110$ V $U_{e2} = 100$ V $R_{i1} = 100\ \Omega$
$R_{i2} = 200\ \Omega$ $I = 200$ mA

E 1.12

Gegeben ist eine Schaltung mit den Widerständen R_1, R_2 und R_3. Weiter sind die Stromstärken I_I und I_{II} bekannt.

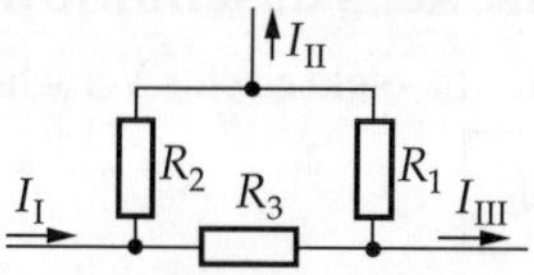

Berechnen Sie die Stromstärken I_1 bis I_3 in den Widerständen R_1 bis R_3 sowie die Stromstärke I_{III}!

$R_1 = 2,0\ \Omega$ $R_2 = 6,0\ \Omega$ $R_3 = 8,0\ \Omega$
$I_I = 10,0$ A $I_{II} = 2,0$ A

E 2 Elektrisches Feld

GRUNDLAGEN

1 Elektrische Feldstärke

Eine elektrische Punktladung Q_1 übt auf eine andere Q_2 eine Kraft $\vec{F}$ aus, für die das Coulombsche Gesetz gilt:

$$\vec{F} = \frac{1}{4\pi\varepsilon_0} \frac{Q_1 Q_2}{r^2}\,\vec{e}_r$$

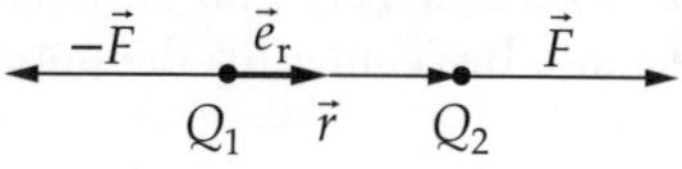

$\varepsilon = 8,854\,187\,817 \cdot 10^{-12} \dfrac{\mathrm{A \cdot s}}{\mathrm{V \cdot m}}$ ist die elektrische Feldkonstante.

Entsprechend dem Gegenwirkungsprinzip greift die Kraft an den beiden Punktladungen mit gleichem Betrag und entgegengesetzter Richtung an.

Betrachtet man im Coulombschen Gesetz die Kraft $\vec{F}$ als Produkt aus zwei Faktoren, in dem die Ladung Q_2 den einen Faktor und alle anderen Größen den zweiten Faktor darstellen,

$$\vec{F} = Q_2 \frac{Q_1}{4\pi\varepsilon_0 r^2}\,\vec{e}_r$$

so ist dieser zweite Faktor eine Funktion des Ortes, die außer durch den Ort nur durch die Ladung Q_1 bestimmt wird. Er wird als elektrische Feldstärke $\vec{E}$ bezeichnet:

$$\vec{E} = \frac{Q_1}{4\pi\varepsilon_0 r^2}\,\vec{e}_r$$

Q_1 ist die felderzeugende Ladung.

Beliebige elektrische Felder entstehen durch die Superposition der Felder mehrerer Punktladungen. Allgemein gilt für jedes elektrische Feld – auch für das der Punktladung (vgl. oben mit $Q_2 = Q$):

$$\vec{F} = Q\vec{E}$$

2 Elektrische Verschiebung

Das Produkt $\varepsilon_0 \vec{E}$ heißt elektrische Verschiebung:

$$\vec{D} = \varepsilon_0 \vec{E}$$

Für das Feld der Punktladung ist dann

$$D = \frac{Q}{4\pi r^2} \qquad \text{oder} \qquad Q = D(4\pi r^2) = DA$$

A ist die Oberfläche einer Kugel mit dem Radius r, die den Ort der Ladung zum Zentrum hat. Da die Ladung Q eine Konstante ist, muß auch das Produkt DA konstant sein. Für beliebig geformte geschlossene Flächen um eine Ladung Q führt das zu der Verallgemeinerung

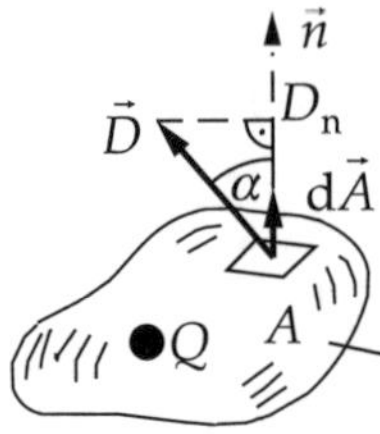

$$\oint \vec{D}\,\mathrm{d}\vec{A} = \oint D_\mathrm{n}\,\mathrm{d}A = Q$$

$D_\mathrm{n} = D \cos\alpha$

3 Elektrisches Potential

Die elektrische Feldkraft ist eine Potentialkraft. Setzt man sie in die aus der Mechanik bekannte Beziehung für die potentielle Energie ein, so ergibt sich aus

$$E_{\mathrm{p}2} - E_{\mathrm{p}1} = -\int_{s_1}^{s_2} F_s\,\mathrm{d}s \qquad F_s = QE_s$$

$$E_{\mathrm{p}2} - E_{\mathrm{p}1} = -Q\int_{s_1}^{s_2} E_s\,\mathrm{d}s$$

Die auf die Ladung Q bezogene potentielle Energie wird elektrisches Potential genannt:

$$\varphi_2 - \varphi_1 = -\int_{s_1}^{s_2} E_s\,\mathrm{d}s$$

$\Delta\varphi = \varphi_2 - \varphi_1$ ist die Potentialdifferenz zwischen s_1 und s_2. Der Betrag der Potentialdifferenz ist die elektrische Spannung

$$U = \left|\int \vec{E}\,\mathrm{d}\vec{r}\right| = \left|\int E_s\,\mathrm{d}s\right| \qquad |\mathrm{d}\vec{r}| = \mathrm{d}s$$

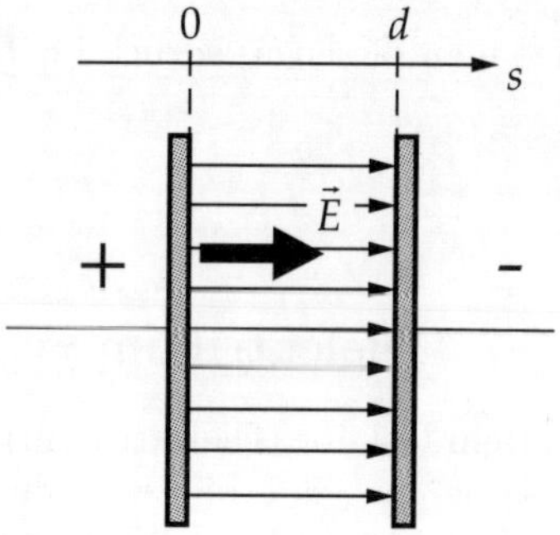

Mit Hilfe der letzten Gleichung soll die Feldstärke in einem Plattenkondensator berechnet werden. Aus der Tatsache, daß die Feldlinien senkrecht aus der Leiteroberfläche austreten und die Kondensatorplatten eben sind, folgt, daß das elektrische Feld im Plattenkondensator homogen ist. Das bedeutet, daß die Feldstärke überall gleich ist und die Feldlinien parallel verlaufen. Wählt man nun den Integrationsweg entlang einer Feldlinie, so gilt

$$E_s = E = \text{const}$$

Gemäß der Skizze werden $s_1 = 0$ und $s_2 = d$. Daraus folgt

$$U = E \int_0^d \mathrm{d}s = Ed$$

$$E = \frac{U}{d}$$

4 Kapazität

Legt man zwischen zwei gegeneinander isolierte elektrische Leiter (Kondensator) eine elektrische Spannung U, so laden sich beide so auf, daß der eine die Ladung $+Q$ und der andere die Ladung $-Q$ trägt. Der Quotient aus Ladung und Spannung wird Kapazität genannt.

$$C = \frac{Q}{U}$$

Die Einheit der Kapazität heißt Farad:

$$[C] = \frac{[Q]}{[U]} = \frac{\mathrm{A \cdot s}}{\mathrm{V}} = \mathrm{F}$$

Zur Berechnung der Kapazität einer bestimmten Anordnung zweier Leiter benötigt man die Gleichungen

$$Q = \oint D_\mathrm{n}\,\mathrm{d}A \qquad D = \varepsilon_0 E \qquad U = \left| \int E_s\,\mathrm{d}s \right|$$

Für die spezielle Form des Plattenkondensators folgt aus

$$Q = \oint D_\mathrm{n}\,\mathrm{d}A \quad \text{wegen} \quad D_\mathrm{n} = D = \text{const} \quad Q = DA$$

Setzt man für D den Ausdruck $\varepsilon_0 E$ ein, so erhält man

$$Q = \varepsilon_0 EA \quad \text{bzw.} \quad E = \frac{Q}{\varepsilon_0 A}$$

Aus $U = \int_0^d E_s\,\mathrm{d}s$ ergibt sich wegen $E_s = E = \text{const}$

$$U = \frac{Q}{\varepsilon_0 A} d$$

Setzt man diesen Ausdruck für U in $C = \frac{Q}{U}$ ein, so ergibt sich

$$C = \frac{\varepsilon_0 A}{d}$$

5 Dielektrikum

Füllt ein Isolator (Dielektrikum) den gesamten Raum zwischen den Leitern eines Kondensators aus, so erhöht sich dessen Kapazität um den Faktor ε_r. Dieser Faktor heißt Dielektrizitätszahl oder relative Dielektrizitätskonstante und ist materialspezifisch. Bezeichnet man die Kapazität des gefüllten Kondensators mit C und die eines Kondensators, zwischen dessen Platten Vakuum ist, mit C_0, so gilt

$$C = \varepsilon_r C_0$$

Der gefüllte Kondensator nimmt also bei der gleichen Spannung eine um den Faktor ε_r größere Ladung auf. Wird beim Füllen eines Kondensators mit einem Dielektrikum die Spannung U konstant gehalten, so bleibt wegen $U = \left|\int E_s \, \mathrm{d}s\right|$ auch die Feldstärke konstant. Entsprechend der um den Faktor ε_r erhöhten Kapazität nimmt dabei die Ladung um den gleichen Faktor zu. Wegen $\oint D_n \, \mathrm{d}A = Q$ wächst dann die elektrische Verschiebung ebenfalls um den Faktor ε_r. Für den Zusammenhang zwischen elektrischer Verschiebung und elektrischer Feldstärke folgt daraus

$$\vec{D} = \varepsilon_r \varepsilon_0 \vec{E}$$

KONTROLLFRAGEN

E 2-1
Begründen Sie, warum die elektrischen Feldlinien senkrecht zur Leiteroberfläche aus einem geladenen elektrischen Leiter austreten!

E 2-2
Leiten Sie die Formel für das Potential $\varphi(r)$ einer Punktladung Q her und skizzieren Sie das $\varphi(r)$-Diagramm!

E 2-3
Begründen Sie die Formeln für die Berechnung der Gesamtkapazität
a) $C = C_1 + C_2$ bei Parallelschaltung und
b) $\frac{1}{C} = \frac{1}{C_1} + \frac{1}{C_2}$ bei Reihenschaltung zweier Kondensatoren!

E 2-4
Ein Plattenkondensator ist mit einem Dielektrikum (ε_r) gefüllt und an die Spannungsquelle (U_1) angeschlossen. Wie ändern sich die Ladung und die Spannung beim Entfernen des Dielektrikums, wenn man
a) die Spannungsquelle vorher abklemmt,
b) den Kondensator an der Spannungsquelle angeschlossen läßt?

E 2-5
Warum muß man bei Leitern, die Hochspannung führen, scharfe Ecken vermeiden?

BEISPIELE

1. Elektronenbewegung im Plattenkondensator

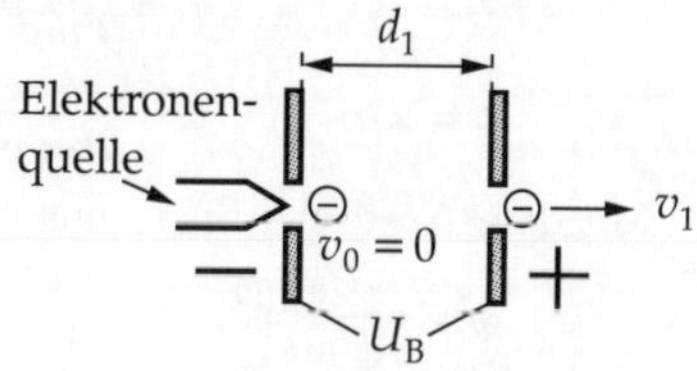

a) Elektronen werden in einem Plattenkondensator von der Geschwindigkeit $v_0 = 0$ auf die Geschwindigkeit v_1 beschleunigt. An den Platten (Abstand d_1) liegt die Spannung U_B an. Wie groß ist v_1?

b) Die Elektronen treten nun mit der Geschwindigkeit v_1 unter den im Bild dargestellten Bedingungen in einen zweiten Plattenkondensator ein. Unter welchem Wert U muß die Kondensatorspannung bleiben, damit die Elektronen nicht auf die positive Platte (Abstand d) treffen?

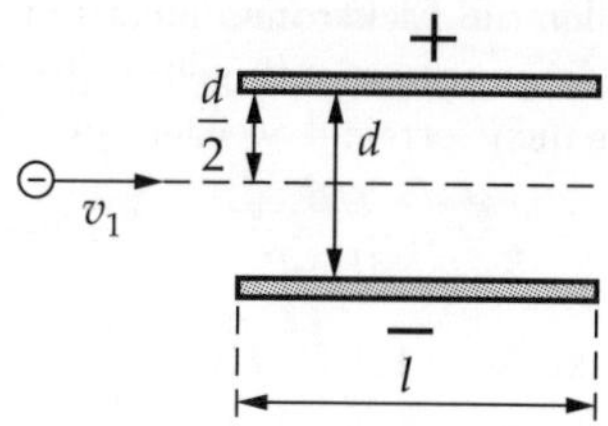

c) Untersuchen Sie, ob die Schwerkraft einen spürbaren Einfluß auf das Ergebnis hat!

$U_B = 120$ V $\quad \frac{e}{m} = 1,76 \cdot 10^{11}$ C/kg $\quad d = 1,5$ cm $\quad l = 6,0$ cm

Lösung

a) Auf ein Elektron wirkt die Kraft

$$F = eE_B \quad \text{mit} \quad E_B = \frac{U_B}{d_1}$$

als Kondensatorfeldstärke.
Diese Kraft F verrichtet die Beschleunigungsarbeit, die in kinetische Energie übergeführt wird:

$$Fd_1 = \frac{m}{2}v_1^2$$

$$eE_Bd_1 = \frac{m}{2}v_1^2$$

$$eU_B = \frac{m}{2}v_1^2$$

$$v_1 = \sqrt{2\frac{e}{m}U_B} = \underline{\underline{6,5 \cdot 10^6 \text{ m/s}}}$$

Dieses Ergebnis gilt nicht nur für das homogene Feld des Plattenkondensators, sondern für jedes beliebige elektrische Feld, in dem vorher ruhende Elektronen die Spannung U_B durchlaufen.

b) Im Kondensator gilt für die auf das Elektron wirkenden Kräfte:

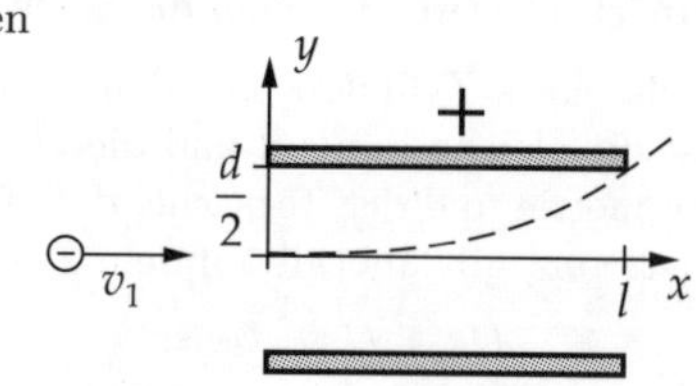

$$F_x = 0 \qquad F_y = eE$$

$$F_x = ma_x \qquad F_y = ma_y$$

$$a_x = 0 \qquad a_y = \frac{eE}{m} = \frac{eU}{md}$$

Setzt man diese Beschleunigungen in die Gleichungen

$$x = \frac{a_x}{2}t^2 + v_{x0}t + x_0 \quad \text{bzw.} \quad y = \frac{a_y}{2}t^2 + v_{y0}t + y_0$$

zusammen mit den Anfangsbedingungen

$$v_{x0} = v_1 \quad x_0 = 0 \quad \text{und} \quad v_{y0} = 0 \quad y_0 = 0$$

ein, so folgt

$$x = v_1 t \qquad y = \frac{1}{2}\frac{eU}{md}t^2$$

$$t = x/v_1 \qquad y = \frac{eU}{2mdv_1^2}x^2$$

Mit dem Ausdruck für v_1 aus dem Lösungsteil a) ergibt sich

$$y = \frac{U}{4U_{\mathrm{B}}d}x^2$$

Sollen die Elektronen nicht auf die positive Kondensatorplatte treffen, so muß für $x = l$ die Bedingung $y < d/2$ gelten. Es wird hier mit $y = d/2$ gerechnet, also mit dem Grenzwert, der nicht erreicht werden darf. Mit diesem erhält man die gesuchte Spannung U:

$$\frac{d}{2} = \frac{Ul^2}{4U_{\mathrm{B}}d} \qquad \underline{U = 2U_{\mathrm{B}}\frac{d^2}{l^2}} = \underline{\underline{15\ \mathrm{V}}}$$

c) Elektrische Kraft: $F_{\mathrm{el}} = \dfrac{eU}{d}$

Schwerkraft: $F_{\mathrm{G}} = mg$

$$\underline{\frac{F_{\mathrm{el}}}{F_{\mathrm{G}}} = \frac{eU}{mgd}} = \underline{\underline{1{,}8 \cdot 10^{13}}}$$

Die Schwerkraft hat also keinen spürbaren Einfluß.

2. Kapazität des Zylinderkondensators

Es ist die Kapazität eines Zylinderkondensators zu berechnen, der die Länge l hat. Die beiden koaxialen Zylinder haben die Radien r_1 und r_2.

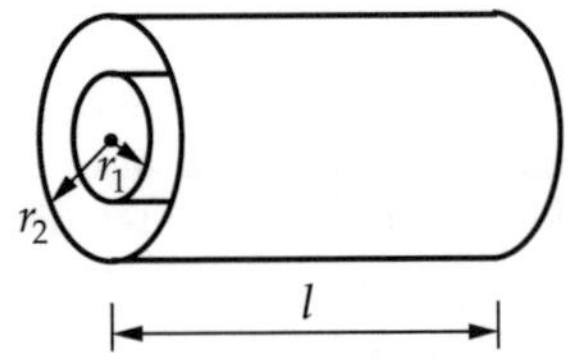

Lösung

Ausgangspunkt ist die allgemeine Definition der Kapazität eines beliebigen Kondensators:

$$C = \frac{Q}{U}$$

Der Weg zum Ziel führt über die Verknüpfungen

zwischen Q und D: $\quad Q = \oint D_{\mathrm{n}}\,\mathrm{d}A$

zwischen D und E: $\quad D = \varepsilon_0 E$

zwischen E und U: $\quad U = \int E_s\,\mathrm{d}s$

Zunächst verwendet man die Gleichung $Q = \oint D_{\mathrm{n}}\,\mathrm{d}A$. Als Integrationsfläche wird die Oberfläche eines Zylinders mit dem Radius r gewählt, für den $r_1 < r < r_2$ gilt. Dieser Zylinder hat die gleiche Länge l und die gleiche Achse wie der Kondensator. Auf Grund der Zylindersymmetrie und der Tatsache, daß die Feldlinien stets senkrecht zur Oberfläche aus dem Leiter austreten, gilt überall auf dem Zylindermantel

$$D_{\mathrm{n}} = D = \text{ const}$$

Auf den Kreisflächen des Zylinders ist $D_{\mathrm{n}} = 0$, weil durch sie keine Feldlinien hindurchtreten. Diese Flächen liefern also keinen Beitrag zum Integral. Somit wird

$$Q = D\oint \mathrm{d}A = D \cdot 2\pi r l$$

Mit $D = \varepsilon_0 E$ folgt $Q = \varepsilon_0 E \cdot 2\pi r l$ und $E = \dfrac{Q}{2\pi\varepsilon_0 l r}$.

Weiter gilt für die Spannung zwischen zylindrischen Leitern

$$U = \int_{r_1}^{r_2} E \, \mathrm{d}r = \frac{Q}{2\pi\varepsilon_0 l} \int_{r_1}^{r_2} \frac{\mathrm{d}r}{r} = \frac{Q}{2\pi\varepsilon_0 l} \ln \frac{r_2}{r_1}$$

Setzt man diesen Ausdruck in $C = \dfrac{Q}{U}$ ein, so ergibt sich

$$C = \frac{2\pi\varepsilon_0 l}{\ln(r_2/r_1)}$$

AUFGABEN

E 2.1

Zwei Punktladungen Q_1 und Q_2 befinden sich auf der x-Achse bei x_1 und x_2.

a) Eine dritte Punktladung Q_3 hat von der Ladung Q_1 und von der Ladung Q_2 den gleichen Abstand r. Wie groß ist die auf die Ladung Q_3 wirkende Kraft F, wenn $Q_2 = -Q_1$ ist?

b) Wie groß ist die Kraft F, wenn $Q_2 = Q_1$ ist?

c) Die Ladung Q_3 befinde sich auf der x-Achse. Man skizziere den Verlauf der Kraft $F_x(x)$ auf die Ladung Q_3 für die unter a) und b) gegebenen Ladungen Q_1 und Q_2!

$x_1 = 0 \quad x_2 = 3{,}0$ cm $\quad Q_1 = 6{,}0 \cdot 10^{-8}$ C
$Q_3 = 5{,}0 \cdot 10^{-8}$ C $\quad r = 2{,}5$ cm

E 2.2

Zwei kleine Kugeln, die beide die gleiche Masse m haben, sind an Seidenfäden der Länge l im gleichen Punkt aufgehängt. Beide tragen die gleiche positive Ladung Q. Ihre Mittelpunkte haben infolge der Abstoßung den Abstand d. Berechnen Sie die Ladung Q!

$m = 1{,}0$ g $\quad l = 30$ cm $\quad d = 1{,}0$ cm

E 2.3

Im Hochspannungsprüffeld wird eine Metallkugel vom Radius r_0 fortschreitend aufgeladen. Beim Erreichen der Spannung U_0 gibt es einen elektrischen Überschlag. (Die Kugel hat einen großen Abstand von der geerdeten Umgebung.)

a) Welche Ladung Q hat sich unmittelbar vor Beginn des Überschlags auf der Kugel befunden?

b) Wie groß ist die Durchbruchsfeldstärke E_D der Luft?

$r_0 = 25$ cm $\quad U_0 = 450$ kV

E 2.4

Der auf die Spannung U_0 aufgeladene Kondensator der Kapazität C wird über den Widerstand R entladen.

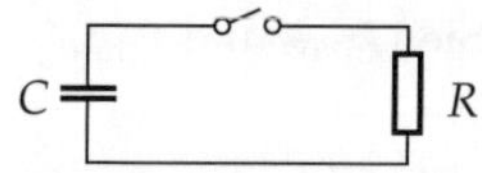

Welche Zeit t_1 dauert es, bis die Kondensatorspannung auf die Hälfte abgesunken ist?

$C = 10\ \mu$F $\quad R = 1{,}0$ MΩ

E 2.5

Zwei Kondensatoren (C_1 und C_2) werden auf die Spannungen U_1 und U_2 aufgeladen und danach in Reihe geschaltet, wobei der Pluspol des einen an den Minuspol des anderen geklemmt wird.

a) Welche Spannung U besteht zwischen den freien Klemmen der Reihenschaltung?

b) Welche Ladungen Q_1 und Q_2 tragen die Kondensatoren?

c) Wie groß sind die Spannungen U_1' und U_2', wenn die Klemmen kurzgeschlossen werden?

d) Welche Ladungen Q_1' und Q_2' tragen nun die Kondensatoren?

$C_1 = 2,0\ \mu F$ $C_2 = 5,0\ \mu F$ $U_1 = 100\ V$
$U_2 = 200\ V$

E 2.6
Gegeben sind 6 Kondensatoren der gleichen Kapazität C_0.

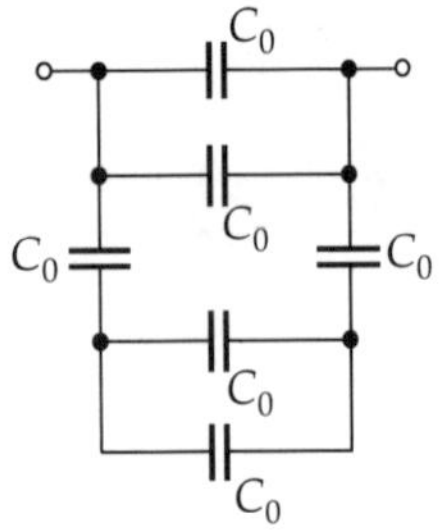

a) Welche Gesamtkapazität C hat die angegebene Schaltung?
b) Durch welche Schaltungen kann man mit den sechs Kondensatoren die größte und die kleinste Gesamtkapazität erreichen? Berechnen Sie C_{max} und C_{min}!

$C_0 = 1\ \mu F$

E 2.7
Um Ladungen mit einem Elektrometer zu messen, das in Volt kalibriert ist, wird es zuerst auf die Spannung U_1 geladen. Schaltet man eine bekannte Kapazität C_0 parallel, so liest man U_2 ab.
a) Wie groß ist die Kapazität C_1 des Elektrometers?
b) Die zu messende Ladung Q_0 allein bringt das Elektrometer auf den Anzeigewert U_3. Wie groß ist Q_0?

$U_1 = 3,5\ V$ $C_0 = 3,5\ pF$ $U_2 = 1,6\ V$
$U_3 = 5,3\ V$

E 2.8
Ein Elektronenstrahl dringt durch eine Öffnung in der positiven Platte bei $x = 0$, $y = 0$ in das homogene Feld eines Kondensators unter dem Winkel α_0 gegen die Platten ein. Die Elektronengeschwindigkeit ist v_0, die Kondensatorspannung U, der Plattenabstand d.
a) Was für eine Bahn beschreibt er? Stellen Sie die Gleichung der Bahnkurve $y = f(x)$ auf!
b) Seine größte Entfernung von der positiven Platte beträgt $y = \frac{d}{3}$. Welcher Wert ergibt sich für die spezifische Ladung $\frac{e}{m}$?
c) Wie groß muß die Beschleunigungsspannung U_B der Elektronen sein, wenn der Strahl die negative Platte gerade noch erreichen soll?

$\alpha_0 = 45°$ $v_0 = 8,4 \cdot 10^6\ m/s$ $U = 300\ V$

E 2.9
Zwischen zwei horizontal liegenden Kondensatorplatten, die den Abstand l voneinander haben, befindet sich ein Öltröpfchen (Dichte ϱ_1, Durchmesser d). Bei der angelegten Spannung U schwebt das Tröpfchen. Zwischen den Platten befindet sich Luft (Dichte ϱ_2). Wieviel Elementarladungen (Anzahl N) sitzen auf dem Tröpfchen?

$l = 8,0\ mm$ $d = 1,2\ \mu m$
$\varrho_1 = 0,86\ g/cm^3$ $\varrho_2 = 1,3\ kg/m^3$
$U = 127\ V$

E 2.10
Eine kleine, positiv geladene Kugel (Masse m, Ladung Q) befindet sich im Vakuum zwischen den waagerecht angeordneten Platten eines Plattenkondensators (Plattenabstand d). Berechnen Sie die Kondensatorspannung U für den Fall, daß sich die Kugel in der Zeit t_1 von der unteren (positiven) Platte zur oberen (negativen) Platte bewegt. Anfangsgeschwindigkeit $v_0 = 0$.

$m = 4,0\ g$ $Q = 5,0 \cdot 10^{-6}\ C$ $d = 10\ cm$
$t_1 = 1,0\ s$

E 2.11

Ein Plattenkondensator, in dem sich zunächst Luft befindet, hat die Kapazität C_0.

a) Welchen Wert C nimmt seine Kapazität an, wenn zwei Drittel seines Innenraumes durch ein Stück dielektrischen Materials (ε_r) ausgefüllt werden?

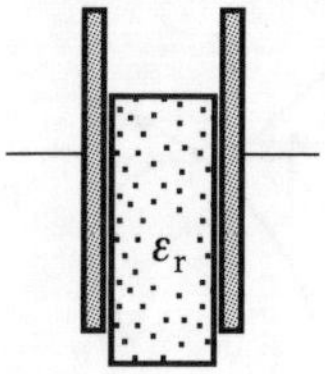

Der Kondensator wird vor dem Einbringen des Dielektrikums an eine Spannungsquelle (U_0) angeschlossen. Wie groß sind die Spannung U und die Ladung Q nach Einbringen des Dielektrikums, wenn

b) die Spannungsquelle am Kondensator angeschlossen bleibt und

c) die Spannungsquelle vor dem Einbringen des Dielektrikums wieder entfernt wird?

E 2.12

Ein Luftkondensator hat den Plattenabstand d und die Kapazität C_0. Zwischen die Kondensatorplatten schiebt man parallel zu diesen eine genügend große Porzellanplatte (Dielektrizitätszahl ε_r, Dicke $a < d$) ein. Welche Kapazität C hat er nun?

$d = 10$ mm $\quad a = 4{,}0$ mm $\quad C_0 = 10$ pF

$\varepsilon_r = 6$

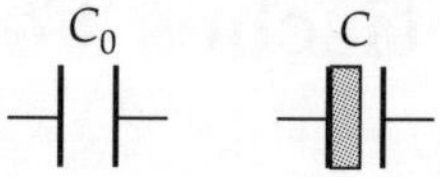

E 2.13

Zwischen den lotrecht aufgestellten Platten eines Plattenkondensators (Spannung U, Plattenabstand d_1) hängt eine kleine geladene Kugel (Masse m, Ladung Q') an einem gut isolierenden Seidenfaden.

a) Berechnen Sie die Auslenkung α_1 des Pendels!

b) Berechnen Sie die Auslenkung α_2, wenn eine Porzellanplatte (Dielektrizitätszahl ε_r, Dicke $d_2 < d_1$) parallel zu den Kondensatorplatten eingeschoben wird!

$d_1 = 10$ cm $\quad d_2 = 4{,}0$ cm $\quad \varepsilon_r = 6$

$Q' = 4{,}0$ µC $\quad m = 4{,}0$ g $\quad U = 100$ V

E 2.14

Ein Zählrohr für Teilchenstrahlung besteht aus einem Draht und einem dazu koaxialen zylindrischen Mantel. Zwischen beiden liegt die Spannung U (Potentialdifferenz). Um welchen Faktor f steigt die auf ein geladenes Teilchen wirkende Kraft auf dem Weg vom Zylindermantel (Radius r_a) bis

a) zum Draht (Radius r_i),

b) zur Mitte zwischen Mantel und Draht?

c) Drücken Sie die elektrische Feldstärke $E(r)$ mit Hilfe der Parameter U, r_a und r_i aus!

$r_a = 12$ mm $\quad r_i = 30$ µm

E 3 Magnetisches Feld

GRUNDLAGEN

1 Magnetische Feldstärke

Jeder elektrische Strom ruft ein Magnetfeld hervor. Der Zusammenhang zwischen elektrischer Stromstärke I und **magnetischer Feldstärke** $\vec{H}$ wird durch das **Durchflutungsgesetz** dargestellt:

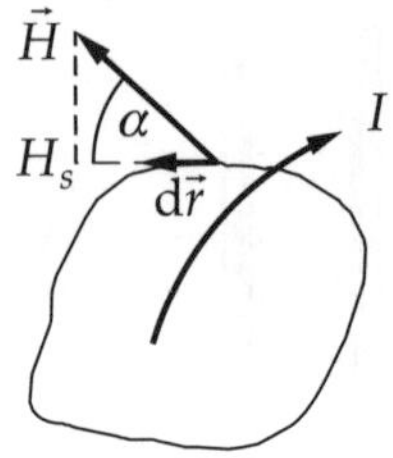

$$I = \oint \vec{H}\,\mathrm{d}\vec{r} = \oint H_s\,\mathrm{d}s \qquad |\mathrm{d}\vec{r}| = \mathrm{d}s$$

$$H_s = H\cos\alpha$$

In Worten: Das Wegintegral der magnetischen Feldstärke $\vec{H}$ über einen geschlossenen Weg ist gleich der von dem Integrationsweg umschlossenen elektrischen Stromstärke I. Der Richtungssinn von magnetischer Feldstärke und elektrischer Stromstärke ist durch die Rechtsschraubenregel festgelegt.

Mit dem Durchflutungsgesetz kann man die magnetische Feldstärke spezieller Leiteranordnungen berechnen:

In einer **langen Spule** entsteht ein homogenes Magnetfeld in Richtung der Spulenachse. Die magnetische Feldstärke hat den Betrag

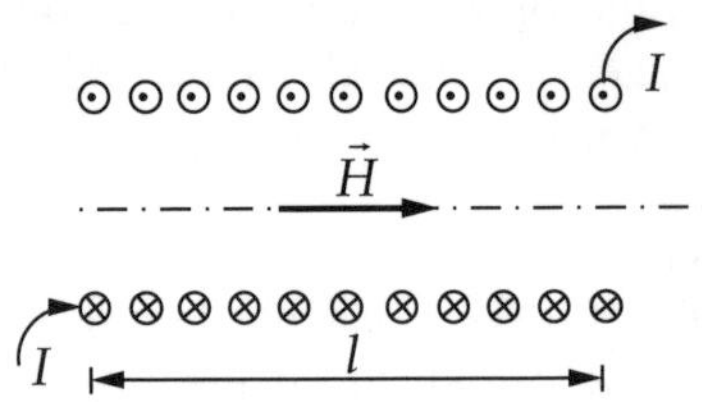

$$H = N\frac{I}{l}$$

N Windungszahl der Spule
l Länge der Spule

Bei einem **geraden, stromdurchflossenen Leiter** hängt der Betrag der magnetischen Feldstärke vom Abstand r von der Leiterachse ab:

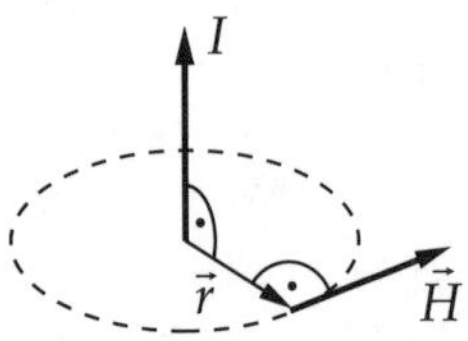

$$H = \frac{I}{2\pi r}$$

Die Richtungsbeziehungen zwischen $\vec{H}$, $\vec{r}$ und I sind im Bild dargestellt.

Die Einheit der magnetischen Feldstärke ist $[H] = \dfrac{\mathrm{A}}{\mathrm{m}}$.

2 Lorentz-Kraft

Bewegte elektrische Ladungen erfahren im Magnetfeld eine Kraft, die von der Ladung, der Teilchengeschwindigkeit und der Stärke des Magnetfeldes abhängt.

In der Formel für die Lorentz-Kraft

$$\vec{F} = Q\vec{v} \times \vec{B}$$

tritt als Feldgröße die **magnetische Flußdichte** $\vec{B}$ auf. An Stelle einer mit der Geschwindigkeit $\vec{v}$ bewegten Ladung Q kann auch ein von der Stromstärke I durchflossenes Leiterstück der Länge l betrachtet werden.
Die Lorentz-Kraft ist dann

$$\vec{F} = I\vec{l} \times \vec{B}$$

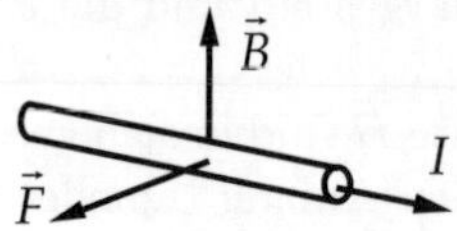

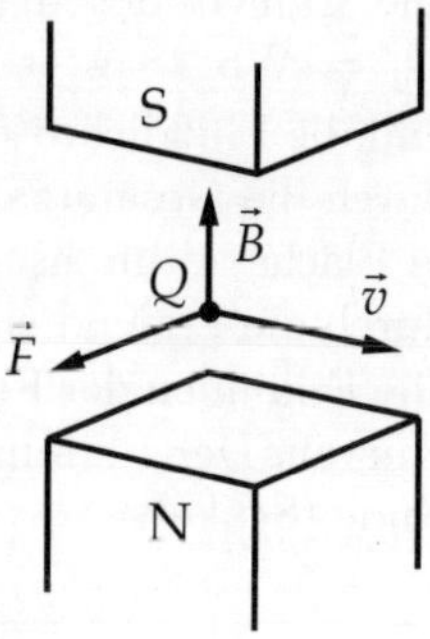

Einen wichtigen Sonderfall der Lorentz-Kraft auf einen geraden stromdurchflossenen Leiter erhält man, wenn das Magnetfeld ebenfalls mit einem dazu parallelen geraden stromdurchflossenen Leiter erzeugt wird. Bei gleicher Stromrichtung ziehen sich die Leiter mit der Kraft

$$F = \frac{\mu_0 l}{2\pi r} I_1 I_2$$

an.
l ist die Länge des Leiterabschnitts (als Abschnitt eines unendlich langen dünnen Leiters), auf den die Kraft ausgeübt wird.
Die Anordnung dient der Definition der Basiseinheit Ampere. Dabei wird die magnetische Feldkonstante μ_0 wie folgt festgelegt:

$$\mu_0 = 4\pi \cdot 10^{-7}\ \mathrm{N/A^2} = 4\pi \cdot 10^{-7}\ \mathrm{H/m}$$

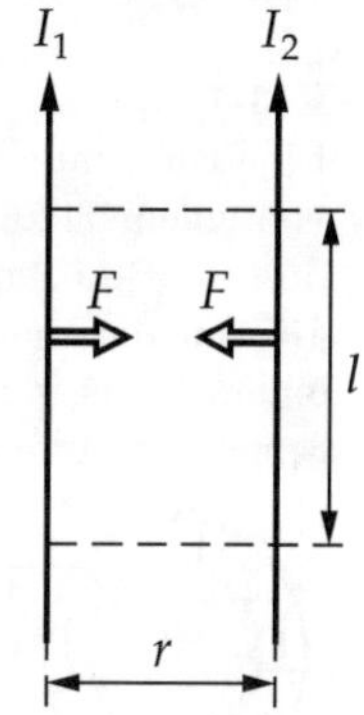

3 Magnetische Flußdichte

Die magnetische Flußdichte $\vec{B}$ unterscheidet sich von der magnetischen Feldstärke $\vec{H}$ durch einen konstanten Faktor, der sich aus zwei Anteilen zusammensetzt:

$$\vec{B} = \mu_\mathrm{r}\mu_0\vec{H}$$

μ_0 ist die magnetische Feldkonstante. μ_r ist ein dimensionsloser Zahlenfaktor, der vom Material abhängt und Permeabilitätszahl oder relative Permeabilität genannt wird. Im Vakuum ist $\mu_\mathrm{r} = 1$ festgelegt; für ferromagnetische Stoffe liegen typische Werte in der Größenordnung 10^3.
Die Maßeinheit der Flußdichte ist das Tesla: $[B] = \mathrm{T} = \mathrm{V \cdot s/m^2}$.

4 Magnetischer Fluß

Aus der Flußdichte $\vec{B}$ erhält man den **magnetischen Fluß** Φ, der die Fläche A durchsetzt, über die Integration

$$\Phi = \int \vec{B}\,\mathrm{d}\vec{A} = \int B_\mathrm{n}\,\mathrm{d}A$$

$$B_\mathrm{n} = B\cos\alpha$$

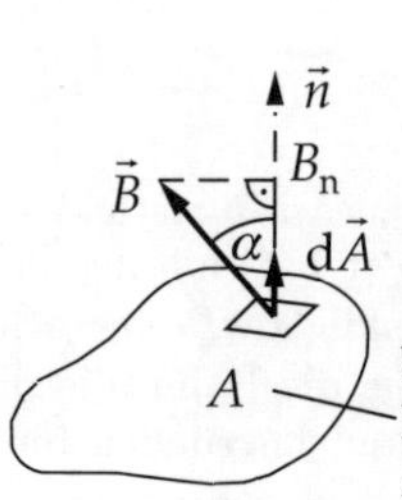

Die Einheit des magnetischen Flusses ist das Weber: $[\Phi] = \text{Wb} = \text{V} \cdot \text{s}$. Veranschaulicht man den Fluß Φ und die Flußdichte $\vec{B}$ durch Feldlinien, so wird der Fluß durch die Gesamtzahl der Feldlinien, die die betrachtete Fläche A durchsetzen, dargestellt und die Flußdichte durch die Liniendichte.

Die Feldlinien der Flußdichte $\vec{B}$ sind in sich geschlossene Kurven. Der Fluß hat keinen Anfang (Quelle) und kein Ende (Senke).

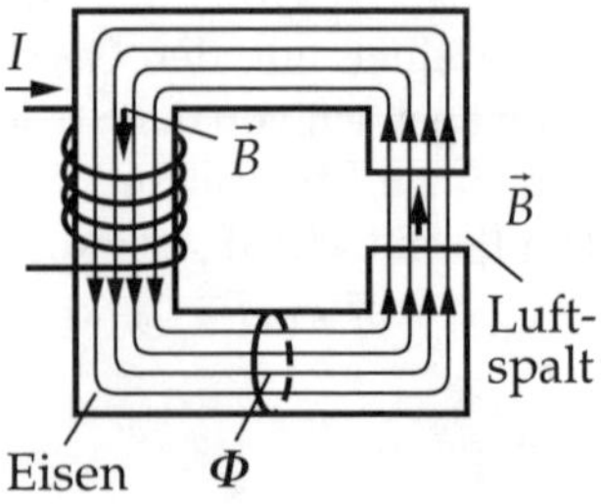

KONTROLLFRAGEN

E 3-1
Eine Ringspule hat N Windungen und wird von einem Strom der Stromstärke I durchflossen. Berechnen Sie aus den gegebenen Größen die magnetische Feldstärke H auf einem Kreis vom Radius r im Inneren der Spule mit Hilfe des Durchflutungsgesetzes!

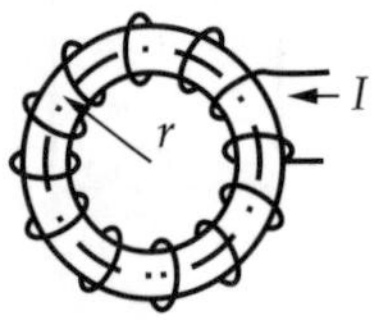

E 3-2
Leiten Sie aus der allgemeinen Beziehung für die Lorentz-Kraft eine Formel für die Kraft her, die zwei parallele, von den Strömen mit den Stromstärken I_1 und I_2 durchflossene Leiterstücke der Länge l im Abstand r aufeinander ausüben!

E 3-3
Ein Ladungsträger (Q, m) wird in eine lange, gerade, stromdurchflossene Spule in Richtung der Spulenachse mit der Geschwindigkeit $\vec{v}$ eingeschossen. Geben Sie die Gestalt der Bahn an! Begründen Sie Ihre Antwort!

E 3-4
In ein homogenes Magnetfeld $(\vec{B})$ werden Ladungsträger (Q, m) mit der Geschwindigkeit $\vec{v}$ rechtwinklig zu $\vec{B}$ eingeschossen.
Beschreiben Sie die Bahn, die die Teilchen durchlaufen, und begründen Sie Ihre Antwort! Wie unterscheidet sich die Bahn eines negativ geladenen Teilchens von der eines positiv geladenen?

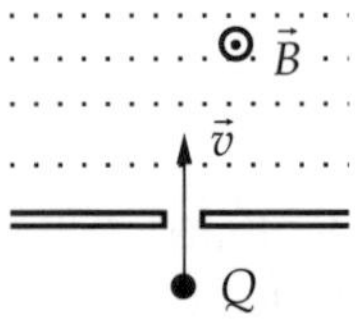

E 3-5
Ein positiv geladenes Teilchen (Q, m) tritt mit der Geschwindigkeit $\vec{v}$ rechtwinklig zu $\vec{B}$ in ein homogenes Magnetfeld ein. Bestimmen Sie den Krümmungsradius r der Kreisbahn und die Zeit T für einen vollen Umlauf!

E 3-6
Ein Elektron tritt unter einem spitzen Winkel gegen die Feldrichtung mit der Geschwindigkeit $\vec{v}$ in ein magnetisches Feld $(\vec{B})$ ein. Beschreiben Sie die Bahn des Elektrons im Magnetfeld und begründen Sie den Verlauf der Bahn!

E 3-7
Der magnetische Fluß Φ durchsetzt eine Grenzfläche zwischen Eisen $(\mu_r > 1)$ und Luft $(\mu_r = 1)$, wobei $\vec{B}$ senkrecht auf der Grenzfläche steht. Skizzieren Sie in Eisen und Luft

a) die Feldlinien der magnetischen Flußdichte,
b) die Feldlinien der magnetischen Feldstärke!

BEISPIELE

1. Magnetische Feldstärke

Eine Ringspule mit Eisenkern hat N Windungen und den mittleren Ringradius r; die Permeabilitätszahl des Kerns ist μ_r. Der Eisenkern hat einen Luftspalt der Breite d.

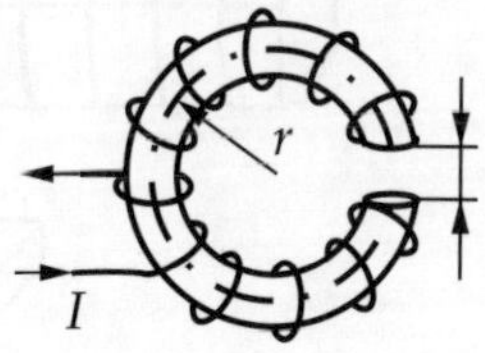

Berechnen Sie die magnetische Feldstärke im Eisen (H_E) und im Luftspalt (H_L) für die Spulenstromstärke I!

$N = 600 \quad r = 35$ mm $\quad \mu_r = 500 \quad d = 1,5$ mm $\quad I = 4,0$ A

Lösung

Die Verknüpfung zwischen Strom und Magnetfeld wird durch das Durchflutungsgesetz dargestellt. Integriert man über den geschlossenen Kreis durch den Eisenkern und über den Luftspalt, so hat das Integral den Wert NI, weil N Windungen umschlossen werden:

$$NI = \oint H_s \, \mathrm{d}s$$

Da die Feldstärke auf dem Integrationsweg im gesamten Eisenkern den gleichen Betrag H_E und im Luftspalt den Betrag H_L hat, gilt

$$\oint H_s \, \mathrm{d}s = H_E(2\pi r - d) + H_L d$$

Damit lautet das Durchflutungsgesetz

$$NI = H_E(2\pi r - d) + H_L d$$

Infolge der Quellenfreiheit des Flusses Φ hat dieser im Eisen und im Luftspalt den gleichen Wert. Da der Querschnitt, den der Fluß durchsetzt, in Eisenkern und Luftspalt als gleich angenommen wird, muß auch die Flußdichte in Eisen und Luftspalt den gleichen Wert haben:

$$B_L = B_E$$

$$\mu_0 H_L = \mu_r \mu_0 H_E$$

$$H_L = \mu_r H_E$$

Damit folgt aus dem Durchflutungsgesetz:

$$NI = H_E(2\pi r - d) + \mu_r H_E d$$

$$\underline{H_E = \frac{NI}{2\pi r + (\mu_r - 1)d}} = \underline{\underline{2,48 \cdot 10^3 \text{ A/m}}}$$

$$\underline{H_L = \frac{\mu_r NI}{2\pi r + (\mu_r - 1)d}} = \underline{\underline{1,24 \cdot 10^6 \text{ A/m}}}$$

2. Ablenkung von Elektronen im Magnetfeld

Beim Schneiden und Fräsen mit einem Elektronenstrahl soll das Strahlenbündel mit Hilfe eines zeitlich veränderlichen Magnetfeldes über das Material geführt werden. Der Elektronenstrahl geht senkrecht zu den Feldlinien durch ein homogenes Magnetfeld zwischen den Polen eines Elektromagneten.

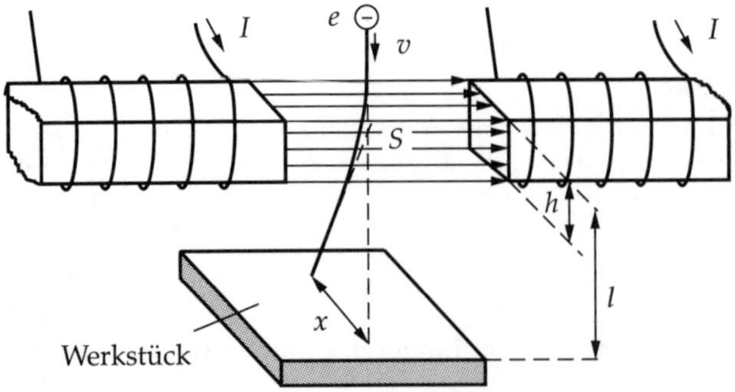

a) Um welche Strecke x wird der Strahl abgelenkt, wenn der Spulenstrom eingeschaltet wird? Der Spulenstrom erzeugt die magnetische Flußdichte B. Die Beschleunigungsspannung der Elektronen ist U_B. Es ist mit der für kleine Ablenkungen zulässigen Näherung zu rechnen, d. h., der Schnittpunkt S zwischen der rückwärtigen Verlängerung des abgelenkten Strahls und der Verlängerung des ankommenden Strahls wird um die Strecke $h/2$ vom Eintritt in das Magnetfeld entfernt angenommen.

b) Welche Länge l haben die Schlitze, die gefräst werden können, wenn die Spulen von einem Wechselstrom durchflossen werden, dessen Stromstärke I_eff den gleichen Wert hat wie die Stromstärke I des Gleichstromes, der die Flußdichte B erzeugt?

$h = 20$ mm $\quad l = 30$ mm $\quad B = 10$ mT $\quad U_\mathrm{B} = 50$ kV

Lösung

a) Da der Elektronenstrahl senkrecht zur Feldrichtung in das Magnetfeld eintritt, durchläuft er im Magnetfeld ein Kreisbogenstück. Nach Verlassen des Magnetfeldes verläuft der Strahl wieder geradlinig. Sowohl einlaufender als auch auslaufender Strahl haben Tangentenrichtung zu dem Kreisbogenstück. Deshalb sind der Zentriwinkel α des Kreisbogenstückes und der Ablenkwinkel des Strahles gleich.

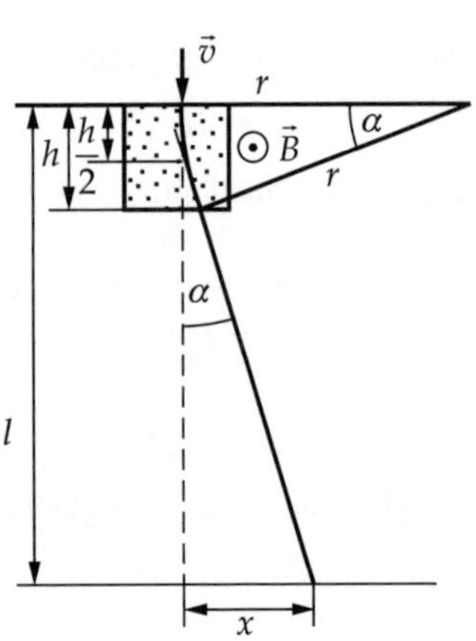

Aus dem Bild lassen sich folgende, unter der Voraussetzung $\alpha \ll 1$ näherungsweise geltende Beziehungen entnehmen:

$$\alpha \approx \frac{h}{r} \qquad \alpha \approx \frac{x}{l - \dfrac{h}{2}}$$

Daraus folgt die Proportion

$$\frac{x}{l - \dfrac{h}{2}} = \frac{h}{r}$$

Der Krümmungsradius ergibt sich aus der Bedingung, daß die Lorentz-Kraft die Radialkraft ist:

$$\frac{mv^2}{r} = evB$$

$$\frac{1}{r} = \frac{eB}{mv}$$

Setzt man den Ausdruck für $\frac{1}{r}$ in die vorher aufgestellte Proportion ein, so erhält man

$$x = h\left(l - \frac{h}{2}\right)\frac{eB}{mv}$$

Die Elektronengeschwindigkeit v liefert der Energiesatz:

$$eU_{\mathrm{D}} = \frac{m}{2}v^2 \qquad v = \sqrt{2\frac{e}{m}U_{\mathrm{B}}}$$

Damit folgt

$$\underline{x = h\left(l - \frac{h}{2}\right)\frac{\sqrt{\frac{e}{m}}B}{\sqrt{2U_{\mathrm{B}}}}} = \underline{\underline{5,3\ \mathrm{mm}}}$$

b) Wegen

$$I_{\max} = I_{\mathrm{eff}}\sqrt{2} \text{ und } B \sim I \text{ sowie } x \sim B \text{ wird } x \sim I$$

und es gilt

$$x_{\max} = x\sqrt{2}$$

Da aber während der negativen Halbphase der Strahl um die gleiche Strecke in entgegengesetzter Richtung abgelenkt wird, ist

$$\underline{l = 2x_{\max} = 2\sqrt{2}x} = \underline{\underline{15,0\ \mathrm{mm}}}$$

AUFGABEN

E 3.1

Einem elektrischen Feld ist ein magnetisches Feld derart überlagert, daß ein mit der Geschwindigkeit v_0 senkrecht zum Magnetfeld eingeschossenes Elektron nicht abgelenkt wird.

a) Welche Winkel bilden die beiden Felder und die Richtung des einfliegenden Elektrons miteinander?

b) Zur Erzeugung des elektrischen Feldes wird an ein Plattenpaar (Plattenabstand d) die Spannung U angelegt. Wie groß muß die magnetische Feldstärke H des homogenen Magnetfeldes sein?

c) Das magnetische Feld soll mit einer langen Spule (Windungszahl N, Länge l) erzeugt werden. Welche Stromstärke I braucht man?

d) Was geschieht, wenn Elektronen mit anderen Geschwindigkeiten ($v > v_0$ bzw. $v < v_0$) eingeschossen werden?

$d = 10$ mm $\quad U = 1,0$ kV

$v_0 = 1,00 \cdot 10^7$ m/s $\quad n = \frac{N}{l} = 4\ \mathrm{cm}^{-1}$

E 3.2

Ein Eisenjoch mit einem Luftspalt der Spaltbreite s ist mit N Windungen Kupferdraht umwickelt. (Abmessungen dem Bild entnehmen.)

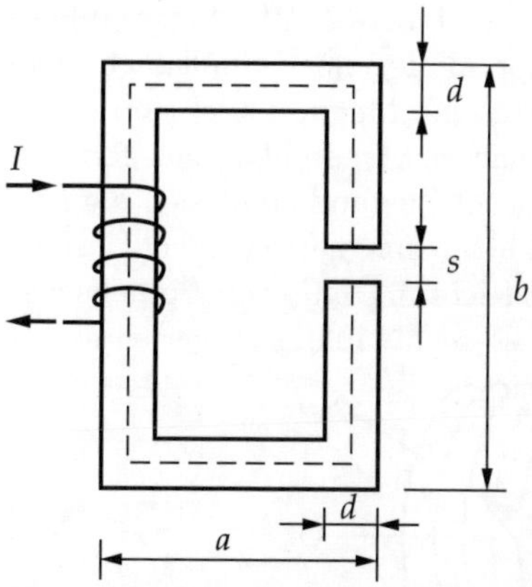

Wie groß muß die Stromstärke I in der Spule sein, wenn die magnetische Flußdichte B erreicht werden soll?

$B = 1,5$ T $\mu_r = 477$ $s = 1,00$ mm
$a = 60$ mm $N = 500$ $b = 90$ mm
$d = 15$ mm

E 3.3
Eine Kupferscheibe (Radius r_0) kann um die Achse A rotieren und berührt dabei die Quecksilberoberfläche im Punkt P. Quecksilber und Achse sind mit einer Spannungsquelle verbunden, so daß ein Strom (I) durch die Scheibe fließen kann.

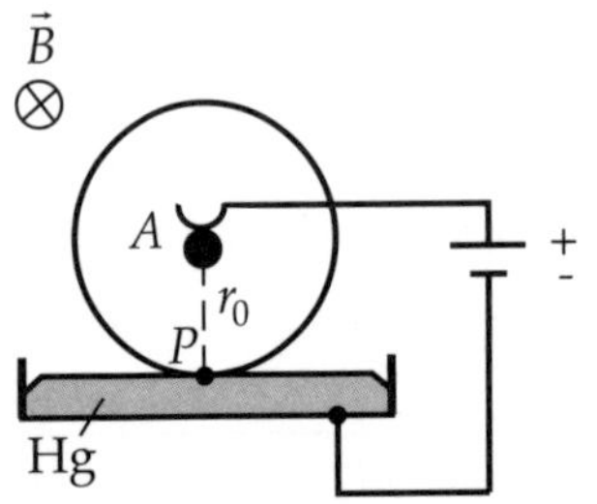

a) Durch welches Drehmoment M wird die Rotation der Scheibe verursacht, wenn ein homogenes Feld (B) die Scheibe senkrecht durchdringt?
b) Welche Drehrichtung hat die Scheibe?

E 3.4
Ein historisches Strommeßgerät ist die Tangentenbussole. Sie besteht aus einer langen Spule (Länge l, Windungszahl N) mit horizontal liegender Spulenachse, in deren Mitte eine Magnetnadel (mit vertikaler Drehachse A) drehbar gelagert ist. Im stromlosen Zustand stellt sich die Magnetnadel im erdmagnetischen Feld auf die Nord-Süd-Richtung ein. Die Spulenachse wird danach rechtwinklig ausgerichtet.

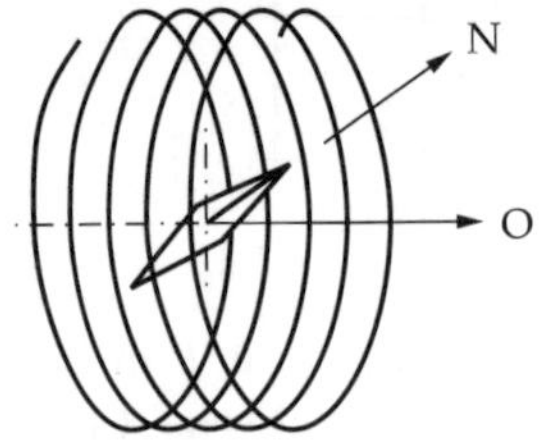

a) Die Tangentenbussole wird mit einem Strom von bekannter Stromstärke I_0 kalibriert. Dabei wird die Magnetnadel um den Winkel φ_0 aus der N-S-Richtung herausgedreht. Welchen Wert H_0 hat die Horizontalkomponente des erdmagnetischen Feldes?
b) Welche kleinste Stromstärke I_1 und größte Stromstärke I_2 können mit dem Gerät gemessen werden, wenn sich Winkelunterschiede von $\Delta\varphi = 1°$ gerade noch ablesen lassen?

$l = 30$ cm $N = 600$ $I_0 = 3,60$ mA
$\varphi_0 = 26°$

E 3.5
Bei einem Elektromotor mit Trommelanker umschließen die Polschuhe den zylindrischen Kern des Ankers fast vollständig. Die Ankerwicklung besteht aus N Kupferstäben der Länge l, die in axialer Richtung auf dem Zylindermantel (Durchmesser d) angebracht sind.

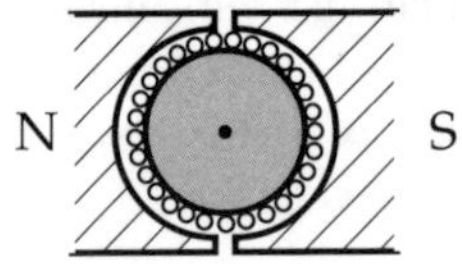

Es wird näherungsweise angenommen, daß alle Stäbe, die von der gleichen Stromstärke I durchflossen werden, in dem magnetischen Radialfeld die gleiche Feldstärke H vorfinden. Ein Kommutator sorgt für das Umkehren der Stromrichtung. Welche Leistung P gibt der Motor bei der Drehfrequenz f ab?

$H = 1,00 \cdot 10^6$ A/m $l = 200$ mm
$d = 150$ mm $N = 300$ $I = 20,0$ A
$f = 750\ \text{min}^{-1}$

E 3.6
Bei einem Spiegelgalvanometer fließt der Strom, dessen Stromstärke I zu messen ist, durch eine Rechteckspule (Windungszahl N, Kantenlängen h und b), die sich

um eine vertikale Achse drehen kann.

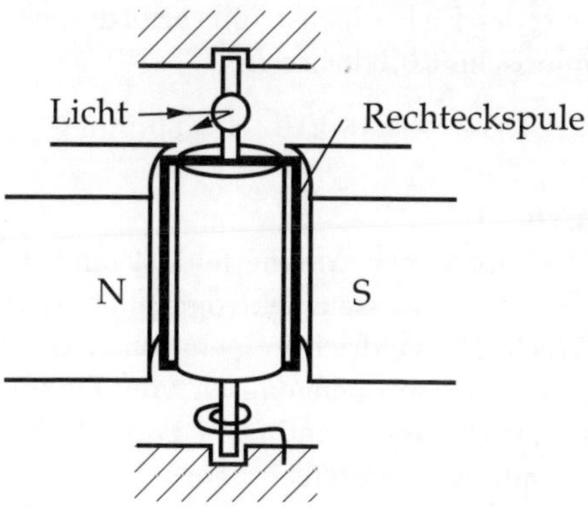

Die vertikalen Seiten (h) der Spule bewegen sich im Spalt zwischen den Polschuhen eines Permanentmagneten und einem zylindrischen Eisenkern in einem konstanten Magnetfeld H (Radialfeld). Eine Torsionsfeder (Richtmoment D) erzeugt ein rücktreibendes Drehmoment. Die bei Stromfluß entstehende Winkelauslenkung aus der Ruhelage wird durch einen Lichtstrahl angezeigt, der über einen kleinen, an der Spulendrehachse befestigten Spiegel auf die in der Entfernung l aufgestellte Skale gelenkt wird. Gesucht ist der Ausschlag x auf dieser Skale bei gegebener Stromstärke $I (x \ll l)$.

$N = 200 \quad h = 2,5$ cm $\quad b = 3,0$ cm
$H = 1,00 \cdot 10^5$ A/m $\quad D = 1,13 \cdot 10^{-4}$ N·m
$l = 1,00$ m $\quad I = 40$ μA

E 3.7

Um bei der Erzeugung eines homogenen Magnetfeldes im Inneren einer Spule das äußere Streufeld stark einzuschränken, verwendet man folgende Anordnung: Zwei zylindrische Luftspulen mit der gleichen Länge l, verschiedenen Durchmessern (d_1, d_2) und verschiedenen Windungszahlen (N_1, N_2) sind koaxial ineinandergeschoben. Beide werden von der gleichen Stromstärke I durchflossen. Das Verhältnis N_2/N_1 der Windungszahlen wird so festgelegt, daß der magnetische Fluß Φ, der das Innere der Spule 1 durchsetzt, vollständig durch den Raum zwischen den beiden Spulen zurückgeführt wird.

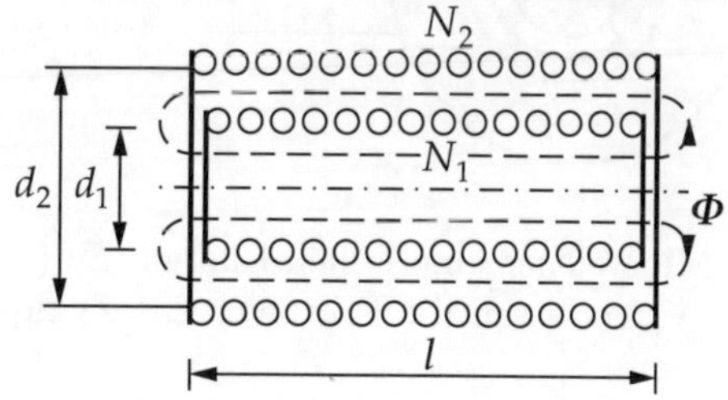

d_1, d_2 und N_1 seien vorgegeben.

a) Wie groß muß N_2 gewählt werden?

b) Welche Stromstärke I ist erforderlich, um in der inneren Spule die magnetische Feldstärke H zu erzeugen?

c) Welche Feldstärke H' herrscht im Raum zwischen beiden Spulen?

d) Wie groß ist der magnetische Fluß Φ?

$l = 300$ mm $\quad d_1 = 80$ mm $\quad d_2 = 100$ mm
$N_1 = 600 \quad H = 2,00 \cdot 10^3$ A/m

E 3.8

In einem Zyklotron werden Protonen beschleunigt. Sie werden dazu in einem homogenen Magnetfeld der Feldstärke H geführt, wobei ihre Bahn dabei innerhalb der beiden „Duanten“ (das sind hohle Elektroden etwa von der Gestalt einer halbierten Cremedose) verläuft, zwischen denen eine hochfrequente Wechselspannung der Amplitude U_m anliegt. Das elektrische Feld baut sich nur im Spalt zwischen den Duanten auf, während das Innere als Faradaykäfig feldfrei bleibt. Eine Protonenquelle Q nahe der Mitte setzt Protonen mit geringer Anfangsgeschwindigkeit frei. Bevor die Protonen das Zyklotron verlassen, haben sie einen Kreisbahndurchmesser d erreicht.

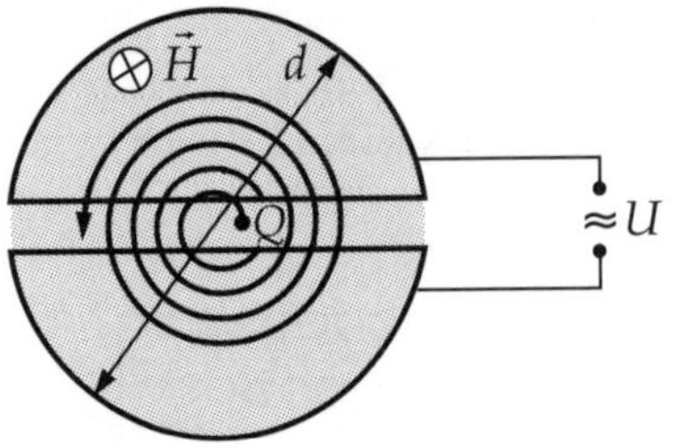

a) Mit welcher kinetischen Energie E_k (in eV) verlassen die Protonen das Zyklotron?

b) Welche Frequenz f muß die Wechselspannung haben?

c) Wie groß ist die Zahl N der Umläufe der Protonen, und welche Zeit t_0 dauert es, bis ein Proton das Zyklotron verläßt?

$H = 0,805 \cdot 10^6$ A/m $\quad d = 100$ cm
$U_m = 10,0$ kV

E 3.9

In einer Fernsehbildröhre muß der Elektronenstrahl den Winkel 2α überstreichen. Die Beschleunigungsspannung des Strahles ist U. Das Magnetfeld steht senkrecht auf der Strahlrichtung. Es wird angenommen, daß es homogen ist und nur innerhalb eines Gebietes von kreisförmigem Querschnitt (Durchmesser d) existiert.

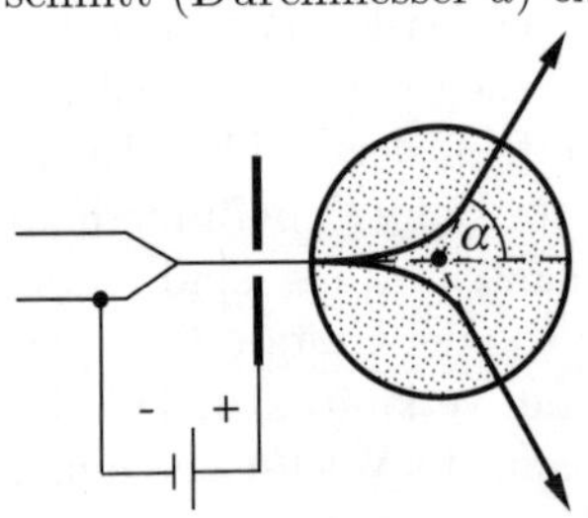

Berechnen Sie die für die maximale Ablenkung α des Elektronenstrahls erforderliche magnetische Flußdichte B!

$2\alpha = 110°$ $\quad U = 15$ kV $\quad d = 50$ mm

E 3.10

In das homogene Magnetfeld (Flußdichte B) eines Massenspektrographen tritt senkrecht zur Feldrichtung ein Ionenstrahl ein, der ein Isotopengemisch von Zinkionen gleicher Geschwindigkeit v_0 und gleicher Ladung Q enthält.

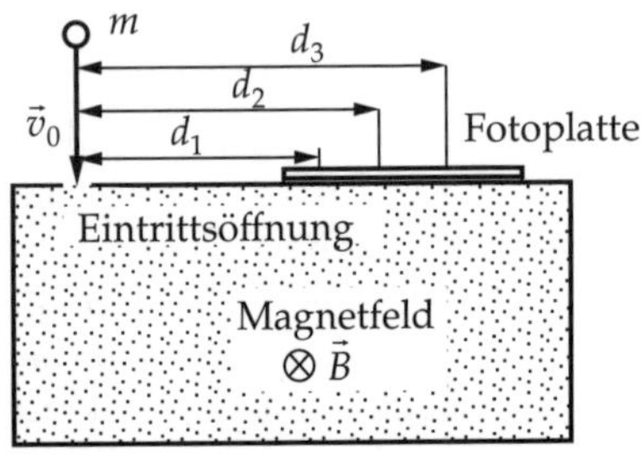

Nachdem die Ionen das Magnetfeld durchlaufen haben, treffen sie auf eine Fotoplatte, die in den Abständen d_1, d_2 und d_3 von der Eintrittsöffnung geschwärzt wird. Berechnen Sie die registrierten Ionenmassen m_1, m_2 und m_3 und deren Massenzahlen A_1, A_2 und A_3!

(Hinweis: A ist der auf ganze Zahlen gerundete Wert des Verhältnisses von m zur atomaren Masseeinheit
$u = 1,66 \cdot 10^{-27}$ kg.)

$B = 1,50$ T $\quad Q = 2e \quad v_0 = 7,22 \cdot 10^5$ m/s
$d_1 = 319$ mm $\quad d_2 = 329$ mm
$d_3 = 339$ mm

E 4 Induktion

GRUNDLAGEN

1 Induktionsgesetz

Ändert sich der magnetische Fluß Φ, der durch eine Leiterschleife tritt, so wird in dieser eine elektrische Spannung U_i induziert:

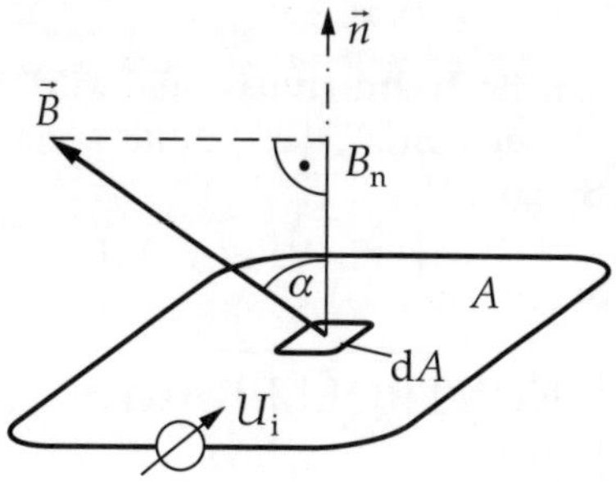

$$U_\mathrm{i} = -\frac{\mathrm{d}\Phi}{\mathrm{d}t}$$

Der magnetische Fluß $\Phi = \int B \cos\alpha \, \mathrm{d}A$ kann sich in Abhängigkeit vom Betrag B der Flußdichte, von der Fläche A der Leiterschleife oder vom Winkel α zwischen Flächennormale $\vec{n}$ und Flußdichte $\vec{B}$ ändern.

Das Minuszeichen im Induktionsgesetz bedeutet, daß der Richtungssinn der Spannung U_i entgegengesetzt dem positiven Umlaufsinn ist, der sich aus der Rechtsschrauben-Regel ergibt. (Man kann sich dementsprechend eine Ersatz-Spannungsquelle im Leiterkreis vorstellen.)

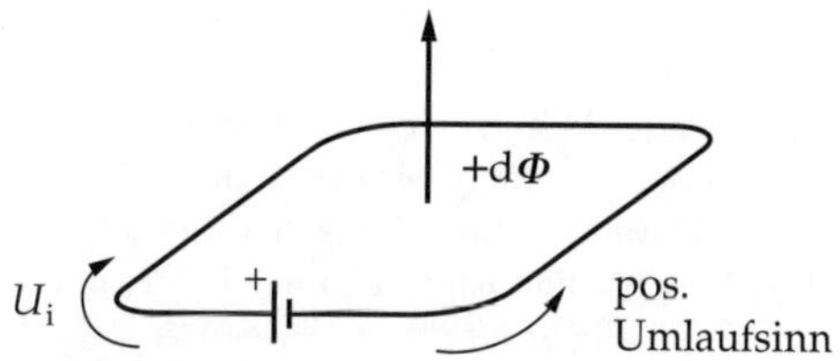

In jedem Falle ist die induzierte Spannung so gerichtet, daß sie ihrer Ursache entgegenwirkt (*Lenzsche Regel*). Durchsetzt der magnetische Fluß $\Phi(t)$ mehrere Windungen (Spule), dann addieren sich die induzierten Spannungen der N Windungen:

$$U_\mathrm{i} = -N\frac{\mathrm{d}\Phi}{\mathrm{d}t}$$

Das Entstehen einer Induktionsspannung kann grundsätzlich auch auf Kräfte, die auf Ladungsträger wirken, zurückgeführt werden. Ändert sich beispielsweise der magnetische Fluß Φ in einer Leiterschleife deshalb, weil sich die Fläche der Leiterschleife ändert, so kann die Entstehung der induzierten Spannung auch als Folge der Lorentz-Kraft auf die Ladungsträger in dem bewegten Leiterstück erklärt werden: $\vec{F} = Q\vec{v} \times \vec{B}$.

Die gleiche Wirkung auf die Ladungsträger hat ein elektrisches Feld, dessen elektrische Feldstärke $\vec{E}_\mathrm{i}$ auf Grund der Beziehung $\vec{F} = Q\vec{E}_\mathrm{i}$ aus der Lorentz-Kraft gewonnen wird:

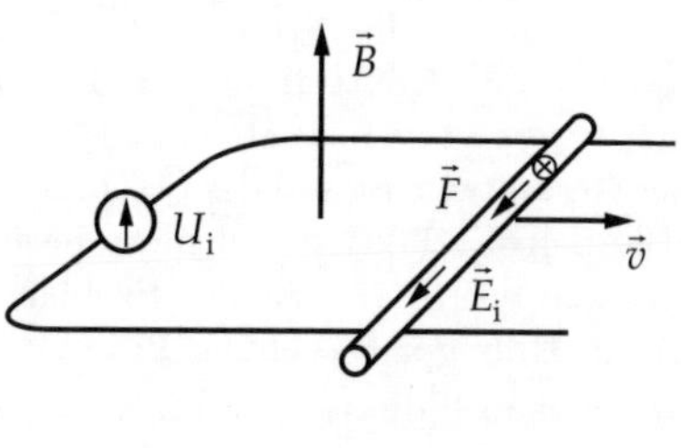

$$\vec{E}_\mathrm{i} = \vec{v} \times \vec{B}$$

Die induzierte Spannung U_i ergibt sich aus der induzierten Feldstärke E_i als Wegintegral über die geschlossene Leiterschleife:

$$U_\mathrm{i} = \int E_{\mathrm{i}s} \, \mathrm{d}s$$

2 Selbstinduktion

Wird die Stromstärke I in einem Leiter vergrößert bzw. vermindert, so ändert sich auch das von diesem elektrischen Strom erzeugte Magnetfeld. Die daraus folgende Änderung des magnetischen Flusses $\mathrm{d}\Phi = L\,\mathrm{d}I$ verursacht in diesem Leiter eine induzierte Spannung U_i, die die entgegengesetzte bzw. gleiche Richtung wie die ursprüngliche Spannung hat:

$$U_\mathrm{i} = -L\frac{\mathrm{d}I}{\mathrm{d}t}$$

L heißt **Induktivität** und wird durch die Abmessungen und die Form des Leiters sowie von dem Stoff, der sich im Magnetfeld befindet, bestimmt. Ihre Einheit ist das Henry; Symbol H.

$$[L] = \mathrm{V\cdot s/A = H}$$

KONTROLLFRAGEN

E 4-1
Was sagt die Lenzsche Regel aus?

E 4-2
Ein gerader Leiter, der sich senkrecht zu den Feldlinien mit der Geschwindigkeit $\vec{v}$ durch ein konstantes und homogenes Magnetfeld ($\vec{B}$) bewegt, hat Kontakt mit einem ruhenden U-förmigen Draht.

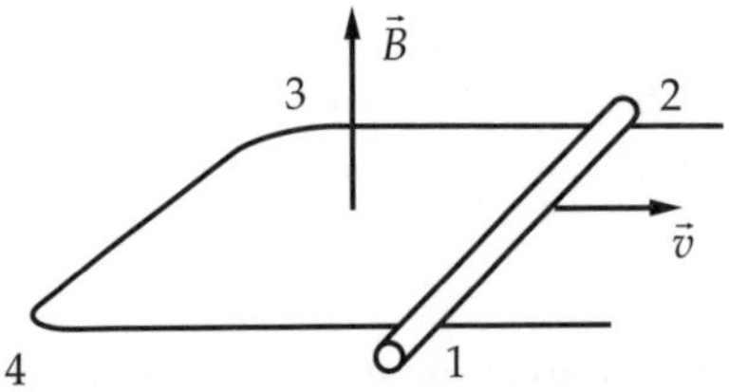

In welcher Richtung fließt der elektrische Strom zwischen den Eckpunkten 3 und 4?

E 4-3
Wie groß ist die Stromstärke I im Leiterkreis der Kontrollfrage E 4-2, wenn l die Länge des bewegten Leiters und R der Gesamtwiderstand des Stromkreises ist? (Die Selbstinduktion soll nicht berücksichtigt werden.) Lösen Sie das Problem
a) mit Hilfe der Beziehung $\vec{E}_\mathrm{i} = \vec{v} \times \vec{B}$,
b) mit dem Induktionsgesetz $U_\mathrm{i} = -\dot{\Phi}$!

E 4-4
Begründen Sie, warum der bewegte Leiter (im Bild zur Frage E 4-2) eine Gegenkraft (Bremskraft) erfährt!

E 4-5
Der bewegliche Leiter (im Bild zur Frage E 4-2) bleibe in Ruhe ($v = 0$). Die magnetische Flußdichte nimmt zeitlich ab. Welchen Umlaufsinn hat der induzierte elektrische Strom?

E 4-6
Welche der Größen, die den magnetischen Fluß durch die Induktionsspule bestimmen, sind
a) beim Transformator,
b) beim Generator
zeitlich veränderlich und damit die Ursache der Induktionsspannung?

E 4-7
In der Metall-Tragfläche eines Flugzeuges wird beim Durchfliegen des Erdmagnetfeldes eine Spannung induziert. Warum kann man im Flugzeug die Induktionsspannung zwischen den Tragflächenenden nicht messen?

BEISPIELE

1. Induktion einer Spule

Eine zylindrische Feldspule (1) mit der Länge l_1 und der Windungszahl N_1 wird von einem Strom mit der Stromstärke I_1 durchflossen. In der Spule (1) befindet sich eine Induktionsspule (2) mit der Windungszahl n_2 und einer Windungsfläche A_2. Im Inneren beider Spulen ist Luft. Man berechne

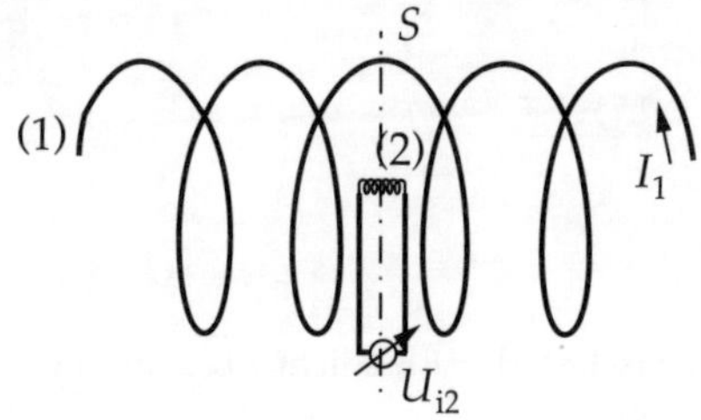

a) den magnetischen Fluß Φ durch die Spule (2), wenn diese ruht und in der Spule (1) die Stromstärke $I_1(t) = I_0 = \text{const}$ ist!

b) die Gegeninduktivität M der Anordnung! M ist definiert durch $U_{i2} = -M(\mathrm{d}I_2/\,\mathrm{d}t)$, wobei hier der Spulenstrom $I_1(t) \neq \text{const}$ zeitlich veränderlich ist.

c) die induzierte Spannung U_{i2} als Funktion der Zeit, wenn infolge einer Kondensatorentladung in der Spule (1) ein Strom der Stärke $I_1(t) = I_0\,\mathrm{e}^{-t/\tau}$ fließt!

d) die induzierte effektive Stromstärke $I_{i2\mathrm{eff}}$, wenn die Spule (2) um die Achse S mit der Drehfrequenz f rotiert! Die Spule (1) wird dabei von der konstanten Stromstärke I_0 durchflossen. Der Gesamtwiderstand des Stromkreises (2) ist R_2.

$l_1 = 50$ cm $\quad N_1 = 250 \quad N_2 = 40 \quad A_2 = 2,0\ \text{cm}^2$
$I_0 = 5,0$ A $\quad \tau = 8,2$ ms $\quad f = 40\ \text{s}^{-1} \quad R_2 = 0,20\ \Omega$

Lösung

a) Die stromdurchflossene Feldspule (1) erzeugt in ihrem Inneren ein konstantes und homogenes Magnetfeld. Die B-Linien durchsetzen jede Windungsfläche der Induktionsspule (2) senkrecht. Der magnetische Fluß durch diese Windungsfläche A_2 ist

$$\Phi_2 = \int B_\mathrm{n}\,\mathrm{d}A = B_\mathrm{n}\int \mathrm{d}A = B_1 A_2$$

wobei $B_1 = \mu_0 H_1$ mit $H_1 = \dfrac{N_1 I_0}{l_1}$

Somit erhalten wir

$$\Phi_2 = \frac{\mu_0 N_1 I_0 A_2}{l_1} = \underline{\underline{6,28\cdot 10^{-7}\ \text{Wb}}}$$

b) Der Gleichung $U_{i2} = -M(\mathrm{d}I_1/\,\mathrm{d}t)$ ist zu entnehmen, daß die Induktionsspannung nur auf Grund einer Stromstärkeänderung entsteht. Alle anderen Größen bleiben konstant. Sie werden zusammengefaßt und als Gegeninduktivität M bezeichnet. Zunächst ist

$$\Phi_2 = \frac{\mu_0 N_1 A_2}{l_1} I_1(t)$$

Die Änderung des Flusses erzeugt in jeder der N_2 Windungen der Induktionsspule die Spannung $-\,\mathrm{d}\Phi_2/\,\mathrm{d}t$. (Man kann sich eine Reihenschaltung von Ersatz-Spannungsquellen vorstellen.) Insgesamt ergibt sich

$$U_{i2} = -N_2\frac{\mathrm{d}\Phi_2}{\mathrm{d}t} = -\frac{\mu_0 N_1 N_2 A_2}{l_1}\frac{\mathrm{d}I_1}{\mathrm{d}t}$$

Ein Vergleich mit der Festlegung $U_{i2} = -M(\mathrm{d}I_1/\mathrm{d}t)$ liefert die Gegeninduktivität

$$M = \frac{\mu_0 N_1 N_2 A_2}{l_1} = 5{,}02\ \mu\mathrm{H}$$

c) Hier wird der Fluß infolge einer Stromstärkeminderung zeitlich geändert. Der Lösung der Teilaufgabe b) entnehmen wir

$$U_{i2} = -M\frac{\mathrm{d}I_1}{\mathrm{d}t}$$

Da $I_1(t)$ bekannt ist, erhalten wir

$$U_{i2} = -M\frac{\mathrm{d}}{\mathrm{d}t}I_0\,\mathrm{e}^{-\frac{t}{\tau}} = \frac{MI_0}{\tau}\,\mathrm{e}^{-\frac{t}{\tau}} = U_{i0}\,\mathrm{e}^{-\frac{t}{\tau}}$$

mit der Anfangsspannung

$$U_{i0} = \frac{MI_0}{\tau} = 3{,}06\ \mathrm{mV}$$

d) In diesem Falle ändert sich die Richtung zwischen der Flußdichte $\vec{B}$ und der Flächennormalen $\vec{n}$ periodisch und damit auch B_n und Φ:

$$B_n = B_1\cos\alpha \quad \text{mit} \quad \alpha = \omega t = 2\pi f t$$

$$\Phi_2 = B_n A_2 = \frac{\mu_0 N_1 A_2 I_0}{l_1}\cos\omega t$$

$$U_{i2} = -N_2\frac{\mathrm{d}\Phi_2}{\mathrm{d}t} = MI_0\omega\sin\omega t$$

Das Zwischenergebnis liefert eine Wechselspannung mit der Amplitude

$$U_{i2m} = MI_0\,\omega$$

Der Effektivwert der Spannung ist somit

$$U_{i2\mathrm{eff}} = \frac{U_{i2m}}{\sqrt{2}} = \frac{MI_0\,\omega}{\sqrt{2}}$$

und die Stromstärke in der Induktionsspule

$$I_{i2\mathrm{eff}} = \frac{U_{i2\mathrm{eff}}}{R_2}$$

$$I_{i2\mathrm{eff}} = \frac{2\pi f M I_0}{\sqrt{2}R_2} = 22{,}3\ \mathrm{mA}$$

2. Induktion in einer rotierenden Scheibe

In einem homogenen Magnetfeld (Flußdichte B) rotiert eine Kupferscheibe (Radius r_0) mit der Winkelgeschwindigkeit ω. Wie groß ist die zwischen den Schleifkontakten gemessene induzierte Spannung U_i?

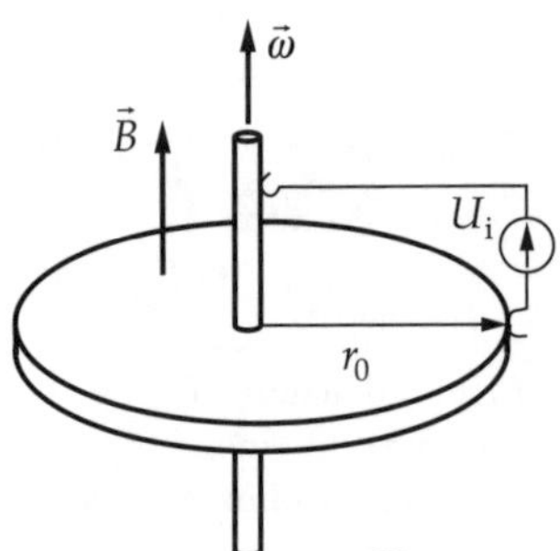

Lösung A

Geht man vom Induktionsgesetz

$$U_i = -\frac{\mathrm{d}\Phi}{\mathrm{d}t}$$

aus, so erklärt sich das Auftreten der induzierten Spannung durch die Änderung der Fläche. Diese Fläche vergrößert sich um den Kreissektor, den der auf der Scheibe mitrotierende Radius r_0 überstreicht. Für eine volle Drehung der Scheibe, die in der Umlaufzeit

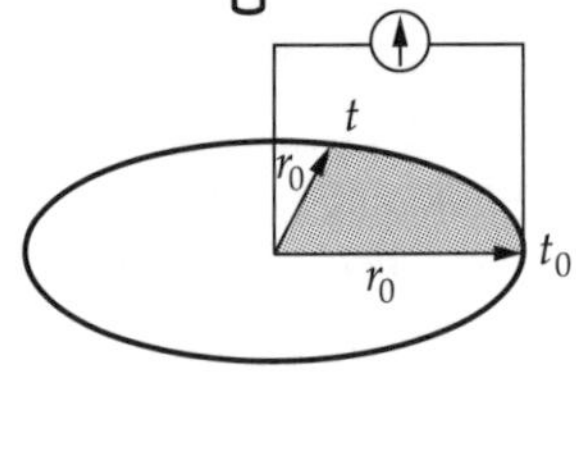

$$T = \frac{2\pi}{\omega}$$

stattfindet, hat die Änderung des magnetischen Flusses den Betrag

$$\Delta\Phi = BA$$

mit $A = \pi r_0^2$ (Kreisfläche). Wegen der konstanten Umlauffrequenz gilt

$$U_\mathrm{i} = \frac{\Delta\Phi}{T} = \frac{B\pi r_0^2\omega}{2\pi}$$ (Das negative Vorzeichen ist in diesem Fall nicht von Interesse.)

$$\underline{U_\mathrm{i} = \frac{B\omega r_0^2}{2}}$$

Lösung B

Die Beziehung für die im bewegten Leiterstück induzierte Feldstärke $\vec{E}_\mathrm{i} = \vec{v} \times \vec{B}$ liefert mit $v = \omega r$ zunächst eine von r abhängige Feldstärke

$$E_\mathrm{i} = B\omega r$$

Mit $U_\mathrm{i} = \int\limits_0^{r_0} E_\mathrm{i}(r)\,\mathrm{d}r$ erhalten wir

$$\underline{U_\mathrm{i} = \frac{B\omega r_0^2}{2}}$$

AUFGABEN

E 4.1

Die beiden Schienen eines Eisenbahngleises mit der Spurweite l seien voneinander isoliert und mit einem Spannungsmesser verbunden. Welche Spannung U_i zeigt das Instrument an, wenn ein Zug mit der Geschwindigkeit v über die Strecke fährt?

B_v ist der Betrag der Vertikalkomponente der magnetischen Flußdichte vom Erdmagnetfeld.

$B_\mathrm{v} = 45\ \mu\mathrm{T}$ $\quad l = 1\,435$ mm
$v = 100$ km/h

E 4.2

Ein Stab der Länge l rotiert mit der Winkelgeschwindigkeit ω um eines seiner Enden in einer Ebene senkrecht zum Magnetfeld (B). Welche Spannung U_i wird zwischen den Stabenden induziert?

E 4.3

Zur Messung der magnetischen Feldstärke H eines statischen Magnetfeldes wird eine Spule der Windungszahl N und der Windungsfläche A aus dem Feld herausgeschleudert. Mit einem im Spulenkreis (Gesamtwiderstand R) liegenden ballistischen Galvanometer wird die hindurchgegangene Ladung Q gemessen. Wie groß ist die magnetische Feldstärke H?

$N = 300$ $\quad A = 1{,}00\ \mathrm{cm}^2$ $\quad R = 500\ \Omega$
$Q = 3{,}77 \cdot 10^{-6}$ C

E 4.4

In einem homogenen Magnetfeld mit der magnetischen Flußdichte B befindet sich eine quadratische Spule der Seitenlänge a und der Windungszahl N. Die Spule dreht sich mit der Frequenz f um eine Achse, die senkrecht zum Feld steht und parallel zu einer Seite des Quadrates durch die Spulenmitte läuft. Welche effektive Stromstärke I_eff fließt in der Spule, die den Widerstand R hat?

$B = 10$ mT $\quad a = 10$ cm $\quad f = 50\ \mathrm{s}^{-1}$
$R = 10\ \Omega$ $\quad N = 100$

E 4.5

Durch eine lange Spule (Länge l, Windungszahl N_1) fließt ein Strom mit der

Stromstärke I_1. In dieser Spule rotiert eine zweite Spule (Windungszahl N_2, Windungsfläche A_2) mit der Drehfrequenz f_2. Berechnen Sie den Maximalwert U_m der entstehenden Wechselspannung!

$l_1 = 20$ cm $N_1 = 2\,000$ $I_1 = 50$ A
$N_2 = 400$ $A_2 = 6{,}0$ cm^2 $f_2 = 100$ s^{-1}

E 4.6

Bei einem Spiegelgalvanometer ist eine rechteckige Spule (Kantenlängen a, b) mit N Windungen Kupferdraht (Gesamtwiderstand R) in einem homogenen Magnetfeld (Flußdichte B) an einem Torsionsfaden aufgehängt. In der Ruhelage steht die Spulennormale senkrecht zur Richtung des Flußdichtevektors $\vec{B}$.

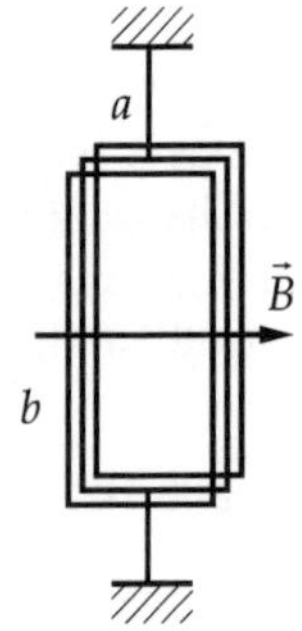

a) Welcher magnetische Fluß Φ durchsetzt die Spule, wenn die Spulennormale um den Winkel φ aus der Ruhelage ausgelenkt ist?
b) Welche induzierte Spannung U_i tritt in der Spule auf, wenn sich diese mit der Winkelgeschwindigkeit $\omega = \dfrac{\mathrm{d}\varphi}{\mathrm{d}t}$ durch die Stellung $\varphi = 0$ bewegt?
c) Wie groß ist dabei die induzierte Stromstärke I, wenn die beiden Anschlüsse der Spule kurzgeschlossen werden?
d) Welches Drehmoment M erfährt die Spule infolge des Induktionsstromes im Magnetfeld?
e) Welche Richtungsbeziehung zwischen $\vec{\omega}$ und $\vec{M}$ besteht auf Grund der Lenzschen Regel?
f) Der Torsionsfaden hat das Richtmoment D, die Spule das Trägheitsmoment J_A. Stellen Sie die Bewegungsgleichung der Spule für kleine Ausschläge φ auf! Welche Art Bewegung findet statt?

E 4.7

An eine Spule der Induktivität L wird eine Wechselspannung $U = U_\mathrm{m} \sin \omega t$ angelegt. Der ohmsche Widerstand im Stromkreis sei vernachlässigbar klein. Welche Stromstärke $I(t)$ fließt?

E 4.8

Zur Messung eines von der Netzspannung (Frequenz f) herrührenden magnetischen Störfeldes befindet sich eine Spule der Windungszahl N und der Windungsfläche A an dem zu untersuchenden Ort. Durch Verändern der Orientierung der Spulenachse im Raum findet man diejenige Richtung heraus, bei der die induzierte Wechselspannung ihren größten Wert U_eff hat. Welchen Wert H_m hat die Amplitude der magnetischen Feldstärke?

$N = 500$ $A = 2{,}0$ cm^2 $U_\mathrm{eff} = 1{,}3$ mV
$f = 50$ Hz

E 4.9

Eine lange Zylinderspule (Windungszahl N, Länge l, Durchmesser d) wird von einem Strom durchflossen.

a) Die Stromstärke ist konstant: $I = I_0$. Berechnen Sie den magnetischen Fluß Φ_0 durch den Spulenquerschnitt!
b) Für die Stromstärke gilt $I = I_\mathrm{m} \cos \omega t$. Berechnen Sie die in der Spule induzierte Spannung $U_\mathrm{i}(t)$! Wie groß ist der Effektivwert U_ieff der Wechselspannung (Frequenz f)?
c) Wie groß ist die Induktivität L der Spule?

$N = 2000$ $I_0 = 125$ mA $I_m = 65$ mA
$f = 50$ Hz $l = 120$ mm $d = 30$ mm

E 4.10

Eine Ringspule hat den mittleren Ringdurchmesser d_1 und N Windungen mit dem Windungsdurchmesser d_2. Der Luftraum im Spuleninnern wird vom magnetischen Fluß Φ durchsetzt.

a) Wie groß ist die magnetische Feldstärke H im Spuleninneren?

b) Wie groß ist die Stromstärke I in der Spule?

c) Welche Gegenspannung U_{ieff} entsteht durch Selbstinduktion, wenn ein Wechselstrom (Stromstärke I_{eff}, Frequenz f) fließt?

$I_{\text{eff}} = 2,5$ A $f = 50$ Hz $N = 450$
$d_1 = 10$ cm $d_2 = 2,0$ cm $\Phi = 2,0$ µWb

E 4.11

Gegeben ist das folgende Leitersystem:

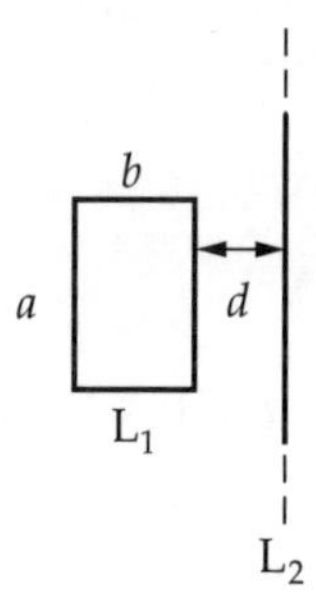

a) Durch den Leiter L_2 fließt ein Strom der Stärke I_2. Wie groß ist der magnetische Fluß Φ_1 durch die Rechteckfläche, die der Leiter L_1 umrandet?

b) Durch L_2 fließt sinusförmiger Wechselstrom (Stromstärke $I_{2\text{eff}}$, Frequenz f). Wie groß ist die induzierte Spannung $U_{1\text{eff}}$ im Leiter L_1?

c) Der Leiter L_1 hat den Widerstand R. Wie groß ist die Stromstärke $I_{1\text{eff}}$?

d) Welche Leistung P wird im Leiter L_1 in Wärme umgesetzt?

e) Woher stammt die verbrauchte Energie?

$I_2 = 10$ A $I_{2\text{eff}} = 10$ A $f = 50$ Hz
$R = 0,10\ \Omega$ $a = 100$ cm $b = 10$ cm
$d = 2,0$ cm

E 4.12

Gegeben ist der folgende Stromkreis:

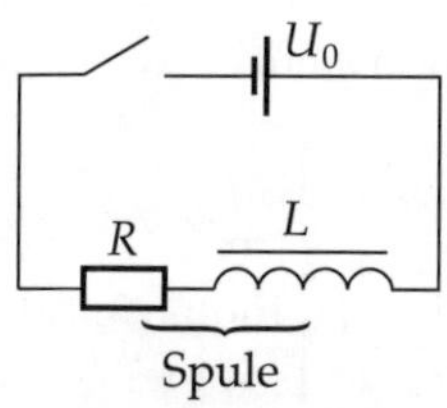

Zum Zeitpunkt $t = 0$ wird der Schalter geschlossen.

a) Wie groß ist der Endwert I_e der Stromstärke?

b) Zu welcher Zeit t_1 ist $I_1 = \frac{3}{4} I_e$?

$U_0 = 200$ V $R = 300\ \Omega$ $L = 100$ H

E 5 Wechselstromkreis

GRUNDLAGEN

1 Stromstärke, Spannung

Im Wechselstromkreis gilt

$$I(t) = I_{\mathrm{m}} \sin \omega t \qquad \text{und} \qquad U(t) = U_{\mathrm{m}} \sin(\omega t + \varphi)$$

Die Spannung ist im allgemeinen gegenüber der Stromstärke phasenverschoben. Dieser Sachverhalt wird durch den Phasenwinkel φ berücksichtigt.
Zur quantitativen Angabe von Wechselstromgrößen werden neben den Maximalwerten (Amplituden) I_{m} bzw. U_{m} vor allem die Effektivwerte

$$I_{\mathrm{eff}} = \frac{I_{\mathrm{m}}}{\sqrt{2}} \qquad \text{bzw.} \qquad U_{\mathrm{eff}} = \frac{U_{\mathrm{m}}}{\sqrt{2}}$$

herangezogen. Der Effektivwert des Wechselstromes ist diejenige Stromstärke, die ein Gleichstrom haben müßte, damit er in einem ohmschen Widerstand die gleiche Leistung wie der Wechselstrom erzeugt. Der Effektivwert der Spannung ist analog definiert.

2 Wechselstromwiderstände

Wechselstromwiderstände sind:

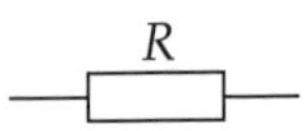

Ohmscher Widerstand (elektrischer Leiter)

Induktivität (Spule)

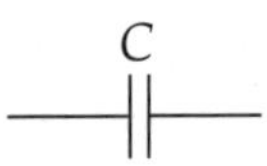

Kapazität (Kondensator)

Zwischen Stromstärke und Spannung bestehen die Beziehungen:

$U_R = RI$	$U_L = L\dfrac{\mathrm{d}I}{\mathrm{d}t}$	$U_C = \dfrac{Q}{C} = \dfrac{1}{C}\displaystyle\int I\,\mathrm{d}t$

Setzt man die Stromstärke-Zeit-Funktion $I = I_{\mathrm{m}} \sin \omega t$ ein, so erhält man:

$U_R = RI_{\mathrm{m}} \sin \omega t$	$U_L = \omega L I_{\mathrm{m}} \cos \omega t$ $U_L = \omega L I_{\mathrm{m}} \sin\left(\omega t + \dfrac{\pi}{2}\right)$	$U_C = -\dfrac{1}{\omega C} I_{\mathrm{m}} \cos \omega t$ $U_C = \dfrac{1}{\omega C} I_{\mathrm{m}} \sin\left(\omega t - \dfrac{\pi}{2}\right)$

Neben dem ohmschen Widerstand, der ein **Wirkwiderstand** ist, existieren noch **Blindwiderstände** (Symbol X). Man gewinnt sie unmittelbar aus diesen Spannungs-Zeit-Funktionen:

Ohmscher Widerstand	Induktiver Widerstand	Kapazitiver Widerstand
R	$X_L = \omega L$	$X_C = \dfrac{1}{\omega C}$
Wirkwiderstand	Blindwiderstände	

Die Spannungs-Zeit-Funktionen liefern aber auch eine Aussage über den Phasenwinkel φ. Dieser wird stets als Phasenverschiebung der Spannung gegenüber der Stromstärke betrachtet.

Am ohmschen Widerstand sind Stromstärke und Spannung in Phase.	Die Spannung über einer Spule eilt um $\pi/2$ gegenüber der Stromstärke voraus.	Die Spannung am Kondensator bleibt gegenüber der Stromstärke um $\pi/2$ zurück.
$\varphi = 0$	$\varphi = +\pi/2$	$\varphi = -\pi/2$

Bei einer Zusammenschaltung von Wirk- und Blindwiderständen ergeben sich Phasenwinkel zwischen $+\pi/2$ und $-\pi/2$.
In einem Wechselstromkreis wird das Amplitudenverhältnis von Gesamtspannung zur Gesamtstromstärke als **Scheinwiderstand** Z bezeichnet.

$$Z = \frac{U_\mathrm{m}}{I_\mathrm{m}} = \frac{U_\mathrm{eff}}{I_\mathrm{eff}}$$

Diese Gleichung stellt das für den Wechselstromkreis erweiterte **Ohmsche Gesetz** dar.

3 Zeigerdiagramm

Die Kirchhoffschen Gesetze gelten auch für den Wechselstromkreis. Um bei der Addition von Strömen bzw. von Spannungen die resultierenden Maximal- oder Effektivwerte zu ermitteln, müssen die Phasenverschiebungen berücksichtigt werden. Das kann mit Hilfe der Zeigerdarstellung geschehen: Die Länge des Zeigers gibt die Amplitude der Wechselstromgröße an, die Richtung des Zeigers den Phasenwinkel. Der Phasenwinkel (von Stromstärke zu Spannung) wird entgegen dem Uhrzeigersinn positiv gezählt.

Mit dieser Festlegung gilt für die drei verschiedenen Widerstände:

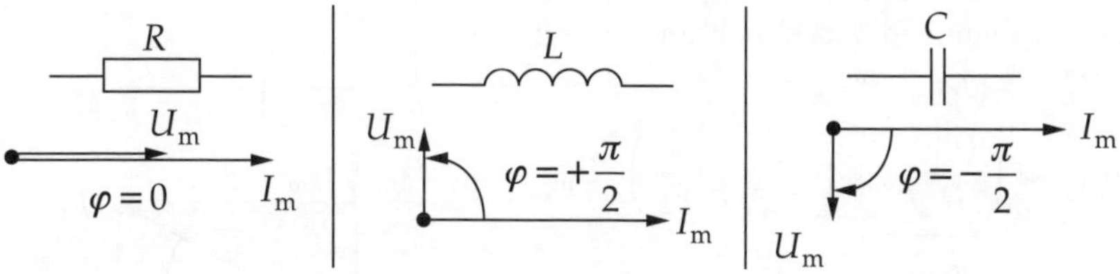

Die Addition der Zeiger wird wie die von Vektoren durchgeführt.

4 Reihenschaltung von *R*, *L* und *C*

Bei der Reihenschaltung fließt durch alle drei Widerstände der gleiche Strom $I(t)$. Die einzelnen Spannungen über diesen Widerständen addieren sich zur Gesamtspannung unter Berücksichtigung der Phasenbeziehung gegenüber der Stromstärke.

Die grafische Darstellung dieses Sachverhaltes ist das Zeigerdiagramm der Spannungsamplituden:

$$U_{\mathrm{m}}^2 = U_{R\mathrm{m}}^2 + (U_{L\mathrm{m}} - U_{C\mathrm{m}})^2$$

$$(ZI_{\mathrm{m}})^2 = (RI_{\mathrm{m}})^2 + \left(\omega L - \frac{1}{\omega C}\right)^2 I_{\mathrm{m}}^2$$

$$Z = \sqrt{R^2 + \left(\omega L - \frac{1}{\omega C}\right)^2}$$

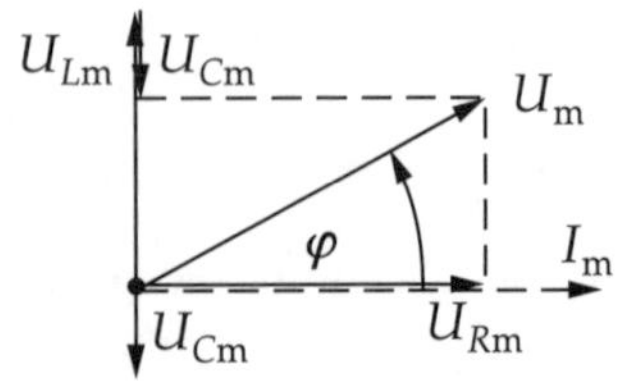

Nach dem Ohmschen Gesetz ist somit

$$I_{\mathrm{m}} = \frac{U_{\mathrm{m}}}{Z} \quad \text{oder} \quad I_{\mathrm{eff}} = \frac{U_{\mathrm{eff}}}{Z}$$

Dem Zeigerdiagramm entnimmt man außerdem den Phasenwinkel φ zwischen den Amplituden der Gesamtspannung U_{m} und der Stromstärke I_{m}:

$$\tan\varphi = \frac{U_{L\mathrm{m}} - U_{C\mathrm{m}}}{U_{R\mathrm{m}}} = \frac{\omega L - \dfrac{1}{\omega C}}{R}$$

Wegen des gleichen Stromes ist es möglich, für eine Reihenschaltung das Zeigerdiagramm der Widerstände sofort zu zeichnen und die Formel für Z und $\tan\varphi$ aus dieser Skizze zu entnehmen.

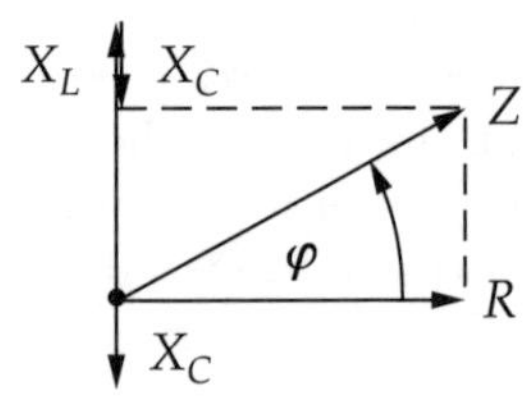

5 Parallelschaltung von *R*, *L* und *C*

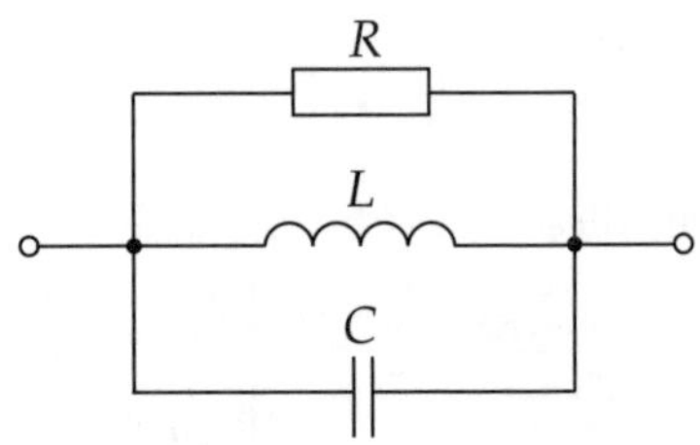

Bei der Parallelschaltung liegt über allen Widerständen die gleiche Spannung $U(t)$. Es addieren sich die Teilstromstärken zur Gesamtstromstärke, wobei die Phasenbeziehungen berücksichtigt werden:

$$I_{\mathrm{m}}^2 = I_{R\mathrm{m}}^2 + (I_{C\mathrm{m}} - I_{L\mathrm{m}})^2$$

$$\left(\frac{U_{\mathrm{m}}}{Z}\right)^2 = \left(\frac{U_{\mathrm{m}}}{R}\right)^2 + \left(\frac{1}{X_C} - \frac{1}{X_L}\right)^2 U_{\mathrm{m}}^2$$

$$\frac{1}{Z} = \sqrt{\frac{1}{R^2} + \left(\omega C - \frac{1}{\omega L}\right)^2}$$

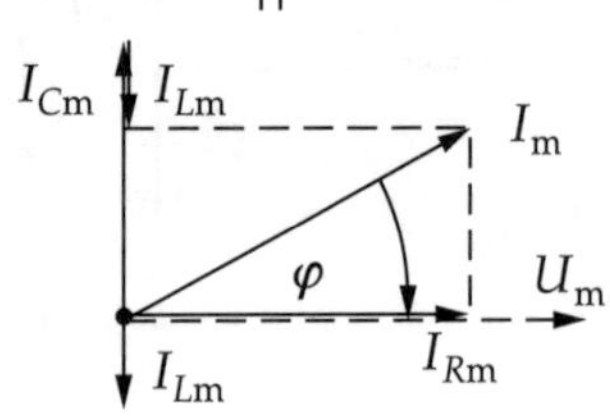

Wegen der Vereinbarung über den positiven Drehsinn des Phasenwinkels gilt in diesem Falle

$$\tan\varphi = -\frac{I_{C\mathrm{m}} - I_{L\mathrm{m}}}{I_{R\mathrm{m}}} = -R\left(\omega C - \frac{1}{\omega L}\right)$$

Da die Spannungen gleich sind, ist es möglich, für eine Parallelschaltung das Zeigerdiagramm der Leitwerte (Kehrwerte der Widerstände) zu zeichnen:

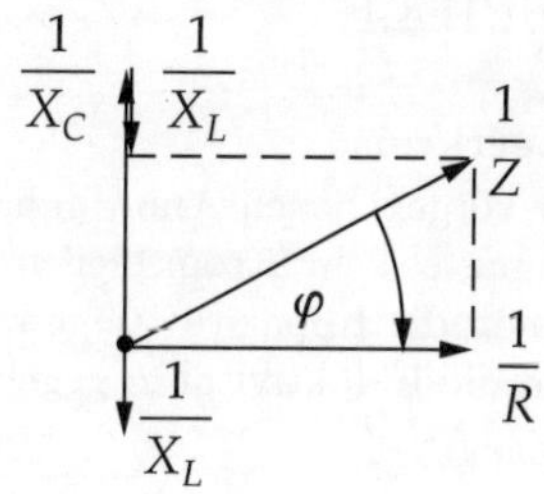

6 Leistung

Berechnet man die Leistung ähnlich wie im Gleichstromkreis mit $P = U_{\text{eff}} I_{\text{eff}}$, so stimmt dieser Wert i. allg. nicht mit der mittleren Leistung überein, die im Wechselstromkreis in Wärme oder mechanische Arbeit überführt wird. Sie heißt deshalb **Scheinleistung**

$$P_S = U_{\text{eff}} I_{\text{eff}}$$

Ist der Phasenwinkel $\varphi \neq 0$, so kann davon nur ein Teil, nämlich die **Wirkleistung**

$$P = U_{\text{eff}} I_{\text{eff}} \cos \varphi$$

in nutzbare Energie umgewandelt werden. $\cos \varphi$ heißt **Leistungsfaktor**. Daneben wird $P_B = U_{\text{eff}} I_{\text{eff}} \sin \varphi$ als **Blindleistung** bezeichnet.

KONTROLLFRAGEN

E 5-1
Welche Spannungsamplitude hat die Netzspannung 220 V?

E 5-2
Weisen Sie nach, daß $I_{\text{eff}} = I_m/\sqrt{2}$ gilt!

E 5-3
Unter welchen Voraussetzungen ist die Scheinleistung gleich der Wirkleistung!

E 5-4
Zeigen Sie, daß $P_S^2 = P^2 + P_B^2$ ist!

E 5-5
Wie kann man die Phasenverschiebung durch eine Spule oder einen Kondensator physikalisch erklären?

E 5-6
Bei welcher Frequenz f ist in der gegebenen Schaltung der Scheinwiderstand gleich dem Wirkwiderstand?

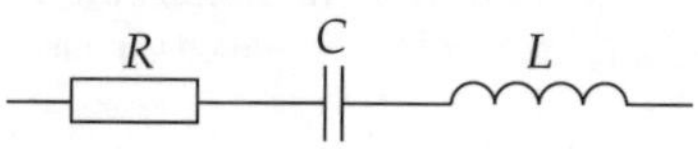

E 5-7
Warum enthält die Gleichung $U_L = L\frac{dI}{dt}$ nicht das negative Vorzeichen des Induktionsgesetzes $U_i = -L\frac{dI}{dt}$

BEISPIELE

1. Sperrkreis

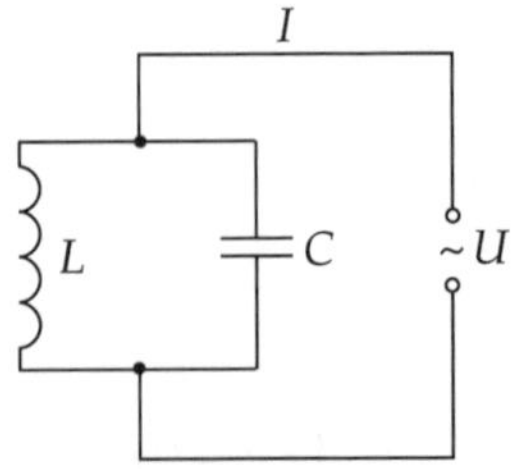

In der vorgegebenen Anordnung soll trotz anliegender Wechselspannung U kein Strom fließen ($I = 0$): Sperrkreis.
Wie muß die Kapazität C gewählt werden, wenn die Frequenz f_0 und die Induktivität L gegeben sind?

Lösung
Es handelt sich um eine Parallelschaltung. Dem Zeigerdiagramm entnimmt man, daß I_{m} (und damit auch I) gleich Null ist, wenn die Stromamplituden $I_{C\mathrm{m}}$ und $I_{L\mathrm{m}}$ den gleichen Betrag haben:

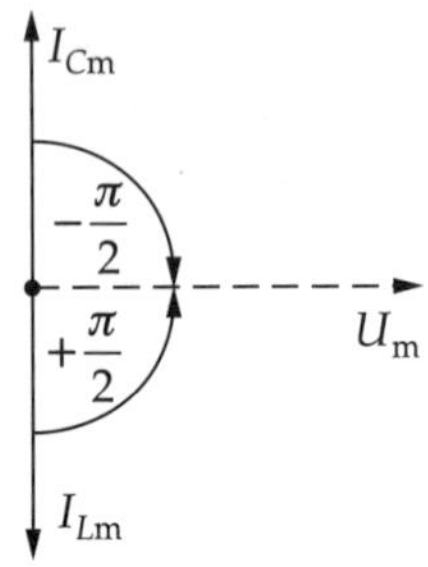

$$I_{L\mathrm{m}} = I_{C\mathrm{m}}$$

Da

$$U_{L\mathrm{m}} = U_{C\mathrm{m}} = U_{\mathrm{m}}$$

ist, gilt

$$\frac{U_{\mathrm{m}}}{X_L} = \frac{U_{\mathrm{m}}}{X_C}$$

Mit $X_L = \omega_0 L$ und $X_C = \dfrac{1}{\omega_0 C}$ erhalten wir

$$\frac{1}{\omega_0 L} = \omega_0 C \qquad (\omega_0 = 2\pi f_0)$$

$$\underline{C = \frac{1}{4\pi^2 f_0^2 L}}$$

2. Reihenschaltung von R, L, C

Ein Kondensator, eine Spule und ein ohmscher Widerstand sind in Reihe geschaltet.

a) Man berechne den Scheinwiderstand Z und den Phasenwinkel φ, wenn $R = 100\ \Omega$, $C = 2{,}00\ \mu\mathrm{F}$, $L = 10{,}0\ \mathrm{mH}$ und $f = 1{,}00\ \mathrm{kHz}$ bekannt sind!

b) Es seien die Kapazität C variabel und der Widerstand $R = 0$. An der Schaltung liege die Spannung U_{eff}, und zwar in Reihe mit R, C und L. Gibt es einen Wert C^*, für den die Spannung an der Spule $U_{L\mathrm{eff}} = 2U_{\mathrm{eff}}$ ist? Berechnen Sie C^*!

Lösung

a)

$$\underline{Z = \sqrt{R^2 + \left(\omega L - \frac{1}{\omega C}\right)^2}} \quad \text{mit} \quad \omega = 2\pi f$$

$$\underline{\underline{Z = 101\ \Omega}}$$

$$\tan\varphi = \frac{\omega L - \frac{1}{\omega C}}{R} = -\frac{17}{100} \quad \underline{\underline{\varphi = -9{,}5^\circ}}$$

b) Da durch die Schaltelemente in jedem Augenblick der gleiche Strom fließt, ist das Verhältnis der Spannungen gleich dem Verhältnis der Widerstände. Die Forderung

$$U_{L\mathrm{eff}} = 2U_{\mathrm{eff}}$$

ist daher gleichbedeutend mit der Forderung

$$X_L = 2Z$$

ausführlich:

$$\omega L = 2\left(\omega L - \frac{1}{\omega C^*}\right)$$

$$C^* = \frac{2}{\omega^2 L} = \underline{\underline{5,1\ \mu F}}$$

AUFGABEN

E 5.1
Man bestimme für die folgende Schaltung

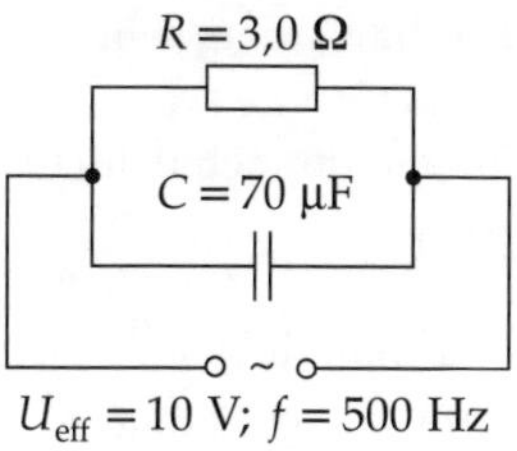

a) den Blindwiderstand X_C,

b) den Scheinwiderstand Z,

c) die Gesamtstromstärke I_{eff},

d) die Teilstromstärken $I_{C\text{eff}}$ und $I_{R\text{eff}}$,

e) den Phasenwinkel φ,

f) die Scheinleistung P_{S},

g) die je Sekunde am ohmschen Widerstand abgegebene Wärme Q,

h) die parallelzuschaltende Induktivität L, die die Phasenverschiebung aufhebt!

E 5.2
Für den dargestellten Wechselstromkreis ist

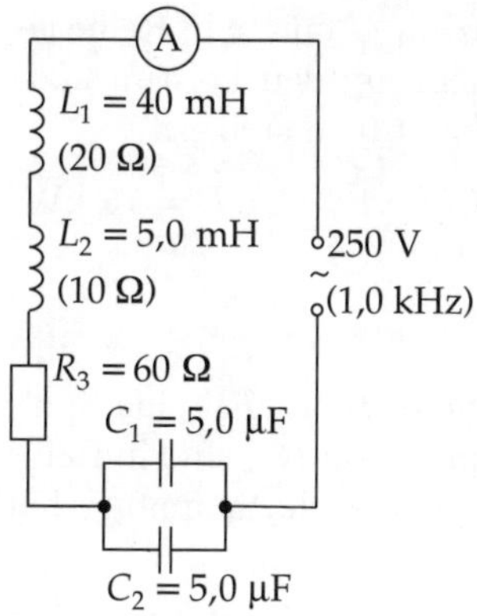

a) die Stromstärke I_{eff}, die durch den Strommesser fließt, zu berechnen! (Der geringe Innenwiderstand des Meßinstruments kann vernachlässigt werden.)

b) Wie groß ist die Wirkleistung P?

c) Welche Wärme Q wird in einer Minute von diesem Stromkreis an die Umgebung abgegeben?

E 5.3
Liegt an einer Drosselspule eine Gleichspannung U, so wird die Stromstärke I festgestellt. Beim Anlegen einer Wechselspannung U_{eff} (Frequenz f) mißt man den Effektivwert I_{eff} der Stromstärke.

a) Wie groß sind Wirkwiderstand R, Scheinwiderstand Z und Blindwiderstand X_{B}?

b) Welche Induktivität L hat die Spule?

c) Wie groß ist der Phasenwinkel φ?

$U_{\text{eff}} = 220$ V $\quad I_{\text{eff}} = 1,82$ A $\quad U = 6,0$ V
$I = 300$ mA $\quad f = 50$ Hz

E 5.4
Eine Glühlampe ($P_1 = 40$ W) mit rein ohmschem Widerstand ist für die Spannung $U_{1\text{eff}} = 110$ V vorgesehen und soll mit Netzspannung $U_{2\text{eff}} = 220$ V bei $f = 50$ Hz betrieben werden.

a) Welche Kapazität C muß der vorzuschaltende Kondensator haben?

b) Wie groß ist die Blindleistung P_{B}?

E 5.5

In einem Stromkreis (sinusförmiger Wechselstrom mit der Frequenz f) sind eine Spule und ein ohmscher Widerstand in Reihe geschaltet. U_{eff}, I_{eff} und P sind bekannt.

a) Berechnen Sie den Leistungsfaktor $\cos\varphi$!

b) Welche Kapazität C müßte in Reihe geschaltet werden, um den Leistungsfaktor auf $\cos\varphi' = 0,9$ zu steigern?

$U_{\text{eff}} = 220$ V $\quad I_{\text{eff}} = 100$ A $\quad P = 15$ kW
$f = 50$ Hz

E 5.6

Ein ohmscher Widerstand (R), eine Spule (L) und ein Kondensator (C) sind in Reihe geschaltet. Die anliegende Spannung hat den Scheitelwert U_{m}.

a) Wie groß ist die Stromstärke I_{eff} im Resonanzfall?

b) Wie groß sind im Resonanzfall die Spannungen $U_{L\text{eff}}$ und $U_{C\text{eff}}$ über der Spule und dem Kondensator?

$R = 20\ \Omega \quad L = 100\ \mu\text{H} \quad C = 2,5$ nF
$U_{\text{m}} = 1,0$ kV

E 5.7

Ein Reihenschwingkreis (R, L, C) wird an einen Sinusgenerator mit abstimmbarer Frequenz f angeschlossen. Der Scheitelwert U_{m} der Wechselspannung ist konstant.

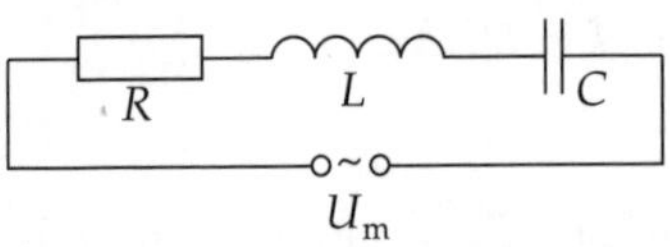

a) Bei welcher Frequenz f_0 tritt Resonanz ein?

b) Wie groß ist im Resonanzfall der Scheitelwert I_{m} der Stromstärke?

c) Welchen Scheitelwert $U_{C\text{m}}$ hat dabei die Spannung am Kondensator?

d) Wie ändert sich I_{m}, wenn der Generator verstimmt wird: $f = kf_0$?

$R = 100\ \Omega \quad L = 0,245$ H $\quad C = 100$ nF
$U_{\text{m}} = 10,0$ V $\quad k = 1,10$ bzw. $k = 0,90$

E 5.8

Ein Hochpaß und ein Tiefpaß bestehen jeweils aus der Zusammenschaltung eines Widerstandes R und einer Kapazität C. Der Spannungsmesser hat einen sehr hohen Widerstand.

a) Berechnen Sie für beide Schaltungen das Verhältnis $\dfrac{U_{\text{eff}}}{U_{0\text{eff}}}$!

b) Skizzieren Sie die Abhängigkeit des Effektivwertes U_{eff} von der Frequenz f!

c) Welche Näherungen der Effektivwerte U_{eff} können für $f \ll \dfrac{1}{RC}$ und $f \gg \dfrac{1}{RC}$ angewendet werden?

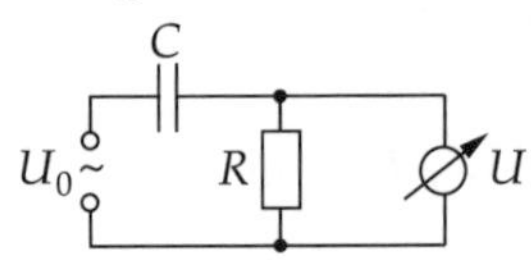

Hochpaß

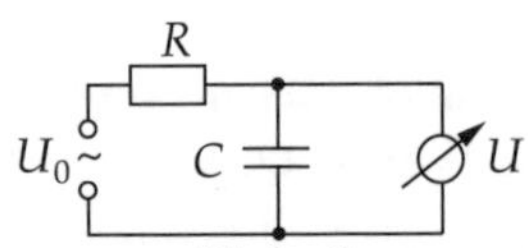

Tiefpaß

E 5.9

An eine Reihenschaltung für R, L und C wird eine Wechselspannung mit konstanter Amplitude U_{m} und veränderlicher Kreisfrequenz ω angelegt. Stellen Sie die Abhängigkeit der Stromamplitude I_{m} und des Phasenwinkels φ von der Kreisfrequenz ω $(0 \leqq \omega \leqq 3\,000\ \text{s}^{-1})$ grafisch dar!

$U_{\text{m}} = 1$ V $\quad R = 1\ \text{k}\Omega \quad L = 1$ H
$C = 1\ \mu$F

O Optik

O 1 Reflexion, Brechung, Dispersion

GRUNDLAGEN

1 Reflexion und Brechung

Im optisch homogenen Medium (Brechzahl $n = \text{const}$) breitet sich das Licht geradlinig aus (Modellvorstellung: Lichtstrahl). Die Brechzahl n stellt das Verhältnis der Vakuumlichtgeschwindigkeit c zur Ausbreitungsgeschwindigkeit c_n des Lichtes im Medium dar:

$$n = \frac{c}{c_n}$$

Trifft ein Lichtstrahl auf die Grenzfläche zwischen zwei Medien mit verschiedenen Brechzahlen n und n', so wird im allgemeinen ein Teil des Lichtes reflektiert, der andere Teil dringt ein und wird gebrochen. Dabei verlaufen reflektierter und gebrochener Strahl in der Einfallsebene des Lichtes, die durch den einfallenden Strahl und das Lot auf die brechende Fläche gebildet wird. Es gilt:

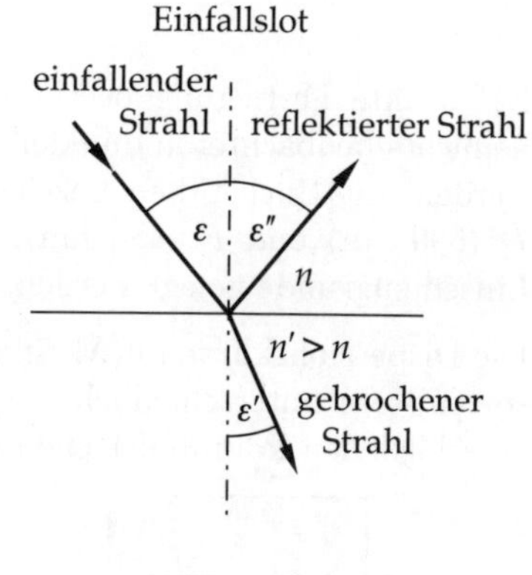

- Der Reflexionswinkel ε'' ist gleich dem Einfallswinkel ε.
- Der Brechungswinkel ε' ergibt sich aus dem Brechungsgesetz von SNELLIUS:

$$n \sin\varepsilon = n' \sin\varepsilon'$$

Beim Übergang des Lichtes vom optisch dichteren ins optisch dünnere Medium ($n' < n$) wird der Lichtstrahl vom Lot weg gebrochen. Für den Grenzwinkel ε_G wird der Brechungswinkel $\varepsilon' = 90°$. Von diesem Grenzwinkel ε_G an kann das Licht nicht mehr austreten, sondern es wird total reflektiert (Reflexionswinkel ε''). Mit $\sin\varepsilon' = 1$ folgt aus dem Brechungsgesetz der Grenzwinkel der **Totalreflexion**:

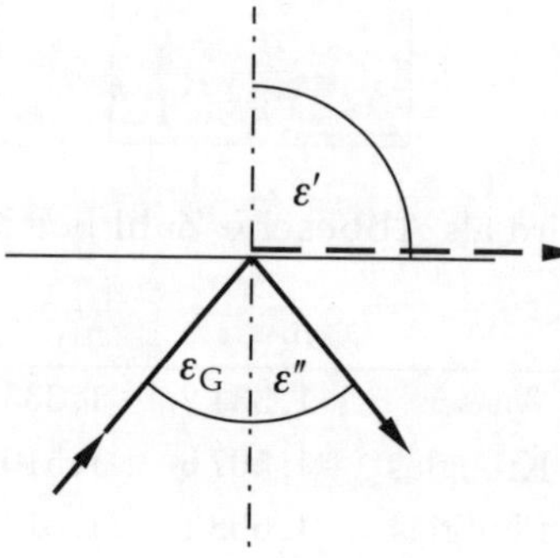

$$\sin\varepsilon_G = \frac{n'}{n}$$

2 Dispersion

Unter Dispersion versteht man die Abhängigkeit der Brechzahl bzw. der Ausbreitungsgeschwindigkeit des Lichtes von der Wellenlänge, die in der Form $n = n(\lambda)$ bzw. $c_n = c_n(\lambda)$ gegeben ist. Nimmt die Ausbreitungsgeschwindigkeit mit wachsender Wellenlänge zu ($\mathrm{d}c_n/\mathrm{d}\lambda > 0$) bzw. die Brechzahl mit wachsender Wellenlänge ab ($\mathrm{d}n/\mathrm{d}\lambda < 0$), dann spricht man von normaler Dispersion, im umgekehrten Fall von anomaler Dispersion.

Infolge der Dispersion wird bei der Brechung in einem Prisma weißes Licht in seine Spektralfarben zerlegt. Diese unterscheiden sich in der Wellenlänge und sind nicht weiter zerlegbar.

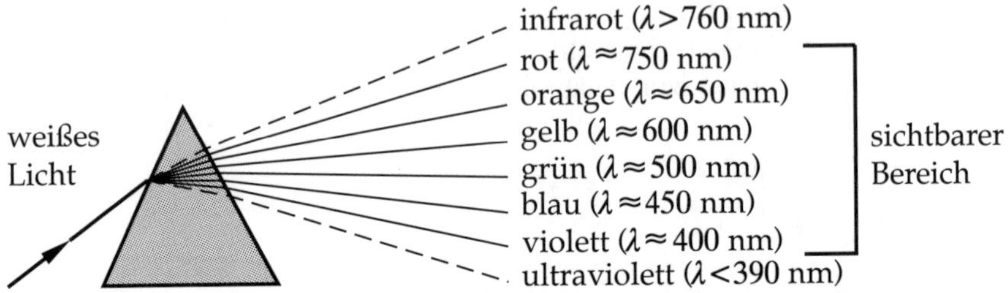

Die exakte Festlegung bestimmter Farben ist mit Hilfe der im Spektrum des Sonnenlichts beobachteten dunklen Linien, der **Fraunhoferschen Linien**, möglich. Diese werden mit Buchstaben bezeichnet. Besonders wichtig sind die Linien C (656 nm), D (590 nm) und F (486 nm), die bei der Berechnung achromatischer Prismen und Linsen zugrunde gelegt werden.

Die Dispersionskurven $n(\lambda)$ sind für die verschiedenen brechenden Medien (z. B. Glassorten) sehr unterschiedlich; sie werden näherungsweise durch die Brechzahlen bei den verschiedenen Fraunhoferschen Linien beschrieben. Die Differenz

$$\vartheta = n_\mathrm{F} - n_\mathrm{C}$$

heißt **mittlere Dispersion**; das Verhältnis

$$\nu = \frac{n_\mathrm{D} - 1}{n_\mathrm{F} - n_\mathrm{C}}$$

wird als **Abbesche Zahl** bezeichnet.

	n_C	n_D	n_F	ϑ	ν
Wasser	1,3312	1,3330	1,3371	0,0059	56,4
Kronglas	1,5076	1,5100	1,5157	0,0081	62,9
Flintglas	1,6081	1,6128	1,6246	0,0165	37,0

KONTROLLFRAGEN

O 1-1
Unter welchem Winkel wird der Lichtzeiger eines Spiegelgalvanometers abgelenkt, wenn sich der Spiegel um den Winkel φ dreht?

O 1-2
In welchen Fällen ändert ein Lichtstrahl beim Durchgang durch die Grenzfläche zwischen zwei verschiedenen Medien seine Richtung nicht?

O 1-3
Begründen Sie mit dem Brechungsgesetz, daß für $\varepsilon \geqq \varepsilon_G$ Totalreflexion stattfindet!

O 1-4
Für welche Brechzahl wirkt ein rechtwinklig gleichschenkliges Prisma totalreflektierend, wenn Licht senkrecht zu den Kathetenflächen einfällt?

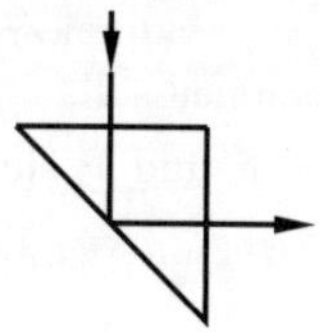

O 1-5
Was ist ein achromatisches Prisma?

BEISPIELE

1. Ablenkwinkel beim Prisma

Ein Prisma mit der Brechzahl n hat einen kleinen brechenden Winkel φ. Ein Lichtstrahl tritt symmetrisch durch das Prisma. Um welchen Winkel δ wird der Lichtstrahl abgelenkt?

Lösung

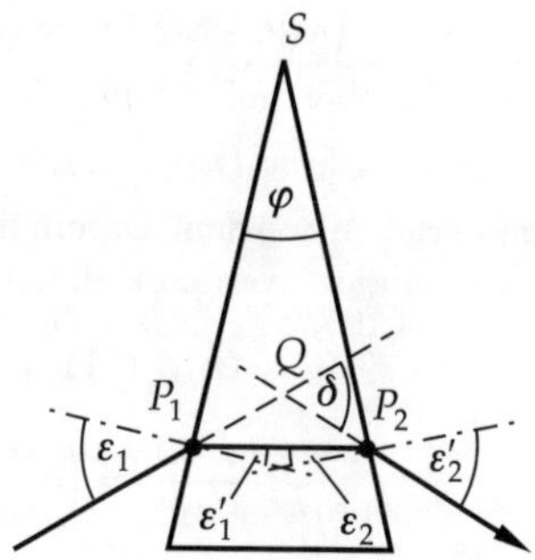

Für die Winkelsumme des Dreiecks P_1QP_2 gilt:

$$(180^\circ - \delta) + (\varepsilon_1 - \varepsilon_1') + (\varepsilon_2' - \varepsilon_2) = 180^\circ$$

Daraus folgt der Ablenkwinkel

$$\delta = (\varepsilon_1 - \varepsilon_1') + (\varepsilon_2' - \varepsilon_2)$$

Da der Lichtstrahl symmetrisch durch das Prisma tritt, gilt:

$$\varepsilon_1 = \varepsilon_2' \text{ und } \varepsilon_1' = \varepsilon_2$$

Damit folgt

$$\delta = 2(\varepsilon_1 - \varepsilon_1')$$

ε_1 erhalten wir aus dem Brechungsgesetz

$$\sin\varepsilon_1 = n \sin\varepsilon_1'$$

Da der brechende Winkel φ klein ist, gilt auch

$$\varepsilon_1, \varepsilon_1', \varepsilon_2, \varepsilon_2' \ll 1$$

so daß das Brechungsgesetz die einfache Form

$$\varepsilon_1 = n\varepsilon_1'$$

annimmt. ε_1' erhält man aus der Winkelsumme im Dreieck P_1P_2S:

$$\varphi + (90^\circ - \varepsilon_1') + (90^\circ - \varepsilon_2) = 180^\circ$$

$$\varphi = \varepsilon_1' + \varepsilon_2 = 2\varepsilon_1'$$

$$\varepsilon_1' = \frac{\varphi}{2}$$

Für den gesamten Ablenkwinkel ergibt sich:

$$\delta = 2(n\varepsilon_1' - \varepsilon_1')$$

$$\underline{\delta = (n-1)\varphi}$$

2. Achromatisches Prisma

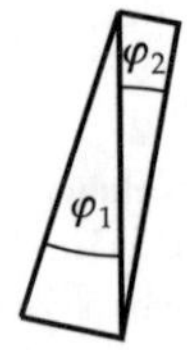

Ein achromatisches Prisma besteht aus einem Kronglasprisma mit dem brechenden Winkel φ_1 und einem Flintglasprisma mit dem brechenden Winkel φ_2. Wie groß müssen φ_1 und φ_2 gewählt werden, wenn der Ablenkwinkel für die D-Linie den Winkel δ_D annehmen soll?

$\delta_D = 2,00°$. Die Werte für n, ϑ und ν sind den GRUNDLAGEN (2.) zu entnehmen.

Lösung

Die Ablenkwinkel des Lichtstrahles einer bestimmten Wellenlänge an den beiden Prismen subtrahieren sich:

$$\delta = \delta_1 - \delta_2$$

Mit $\delta = (n-1)\varphi_1$ (aus Beispiel 1) folgt

$$\delta = (n_1 - 1)\varphi_1 - (n_2 - 1)\varphi_2$$

Für ein achromatisches Prisma soll

$$\delta_F = \delta_C$$

gelten (vgl. Kontrollfrage O 1-5). Daraus folgt

$$(n_{1F} - 1)\varphi_1 - (n_{2F} - 1)\varphi_2 = (n_{1C} - 1)\varphi_1 - (n_{2C} - 1)\varphi_2$$

$$(n_{1F} - n_{1C})\varphi_1 = (n_{2F} - n_{2C})\varphi_2$$

Für den oben gefundenen Ablenkwinkel δ muß nunmehr

$$\delta_D = (n_{1D} - 1)\varphi_1 - (n_{2D} - 1)\varphi_2$$

geschrieben werden. Damit liegt ein Gleichungssystem für φ_1 und φ_2 vor, aus dem zunächst φ_2 eliminiert werden soll:

$$\delta_D = (n_{1D} - 1)\varphi_1 - \frac{(n_{2D} - 1)(n_{1F} - n_{1C})}{n_{2F} - n_{2C}}\varphi_1$$

$$\frac{\delta_D}{n_{1F} - n_{1C}} = \left(\frac{n_{1D} - 1}{n_{1F} - n_{1C}} - \frac{n_{2D} - 1}{n_{2F} - n_{2C}}\right)\varphi_1$$

In diese Gleichung werden $\vartheta = n_F - n_C$ und $\nu = \dfrac{n_D - 1}{n_F - n_C}$ eingeführt:

$$\frac{\delta_D}{\vartheta_1} = (\nu_1 - \nu_2)\varphi_1$$

Nun folgt

$$\underline{\varphi_1 = \frac{\delta_D}{(\nu_1 - \nu_2)\vartheta_1}} = \underline{\underline{9,53°}}$$

Analog gilt

$$\underline{\varphi_2 = \frac{\delta_D}{(\nu_1 - \nu_2)\vartheta_2}} = \underline{\underline{4,68°}}$$

AUFGABEN

O 1.1
Unter welchem Einfallswinkel ε muß ein Lichtstrahl auf eine Wasseroberfläche treffen, damit zwischen gebrochenem und reflektiertem Strahl ein Winkel von $\alpha = 90°$ entsteht?

Wasser: $n' = 1,333$

O 1.2
Die Brechzahl n einer Zuckerlösung soll mit einem Refraktometer bestimmt werden, bei dem sich am Boden eines Gefäßes ein um eine horizontale Achse drehbar gelagerter Spiegel befindet. Es wird derjenige Neigungswinkel α des Spiegels gegenüber der Flüssigkeitsoberfläche ermittelt, bei dem senkrecht zur Oberfläche eintretendes Licht gerade total reflektiert wird. Wie groß ist die Brechzahl n der Zuckerlösung?

$\alpha = 23,0°$

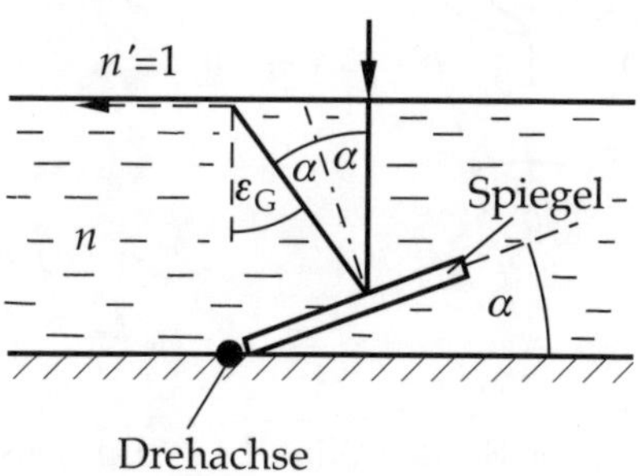

O 1.3
Berechnen Sie die Brechzahl n eines Prismas, das den brechenden Winkel φ hat und bei senkrechtem Eintritt des Lichtes in die Prismenfläche die Ablenkung δ erzeugt!

$\varphi = 40,0° \quad \Delta = 33,5°$

O 1.4
Ein Lichtstrahl fällt unter einem Winkel ε zum Einfallslot auf eine planparallele Glasplatte (Dicke d, Brechzahl n). Berechnen Sie die Parallelverschiebung s des Strahles beim Durchgang durch die Platte!

$\varepsilon = 65,0° \quad d = 45,0$ mm $\quad n = 1,500$

O 1.5
Ein Prisma aus Kronglas hat die Brechzahl n und einen brechenden Winkel φ. Ein Lichtstrahl fällt unter dem Winkel ε_1 gegenüber dem Einfallslot auf die Prismenfläche. Unter welchem Winkel δ wird der Strahl durch die zweimalige Brechung an den Prismenflächen abgelenkt?

$n = 1,500 \quad \varphi = 45,0° \quad \varepsilon_1 = 60,0°$

O 1.6
Alle durch die Stirnfläche einer Lichtleiterfaser eintretenden Strahlen sollen im Lichtleiter durch Totalreflexion fortgeleitet werden. Welche Brechzahl n muß die Lichtleiterfaser mindestens haben?

O 1.7
Aus dünnen Glasplatten wird ein luftgefülltes Prisma gebildet, dessen Hauptschnitt ein gleichseitiges Dreieck ist. Unter Wasser trifft ein parallel zu einer Dreiecksseite ankommender Lichtstrahl auf das Prisma. Wie groß ist der Ablenkwinkel δ des Lichtstrahles? Wird der Strahl zur brechenden Kante K des Prismas hin oder von ihr weg abgelenkt?

Wasser: $n = 1,330$

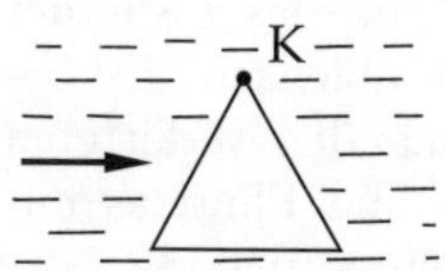

O 1.8
Eine Münze, die auf dem Boden eines Gefäßes liegt, wird senkrecht von oben aus der Höhe h_0 betrachtet. In welchem Verhältnis α_2/α_1 ändert sich der Sehwin-

kel, unter dem der Rand der Münze erscheint, wenn das Gefäß bis zur Höhe h mit Wasser (Brechzahl n) gefüllt wird? Der Winkel α sei so klein, daß $\tan\alpha \approx \sin\alpha \approx \alpha$ gesetzt werden kann.

$h_0 = 60,0$ cm $h = 40,0$ cm $n = 1,33$

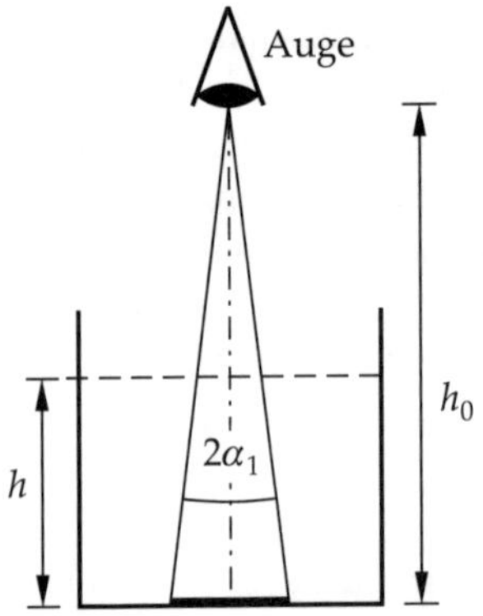

O 1.9

Wie groß muß das Verhältnis φ_1/φ_2 der brechenden Winkel zweier verkitteter Prismen aus Kronglas (1) und Flintglas (2) sein, damit ein achromatisches Prisma entsteht? Die brechenden Winkel sollen so klein sein, daß für den Ablenkwinkel δ am Einzelprisma näherungsweise die Beziehung $\delta = (n-1)\varphi$ (siehe Beispiel 1) gilt.

$n_{1F} = 1,5157$ $n_{1C} = 1,5076$
$n_{2F} = 1,6246$ $n_{2C} = 1,6081$

O 1.10

Ein Geradsichtprisma soll das Licht der Natrium-D-Linie nicht ablenken. Es besteht aus zwei miteinander verkitteten Prismen aus Kronglas und Flintglas mit den brechenden Winkeln φ_1 und φ_2.

a) Wie groß ist der brechende Winkel φ_2 des Flintglasprismas?

b) Wie groß ist die Differenz $\Delta\delta$ der Ablenkwinkel für das Licht der C-Linie und F-Linie?

Für den Ablenkwinkel δ am Einzelprisma soll näherungsweise die Beziehung $\delta = (n-1)\varphi$ gelten (siehe Beispiel 1).

$\varphi_1 = 10,0°$
$n_{1F} = 1,5157$ $n_{1C} = 1,5076$
$n_{2F} = 1,6246$ $n_{2C} = 1,6081$

O 1.11

Ein Lichtstrahl soll in einem kugelförmigen Wassertropfen zweimal gebrochen und einmal reflektiert werden (Regenbogen).

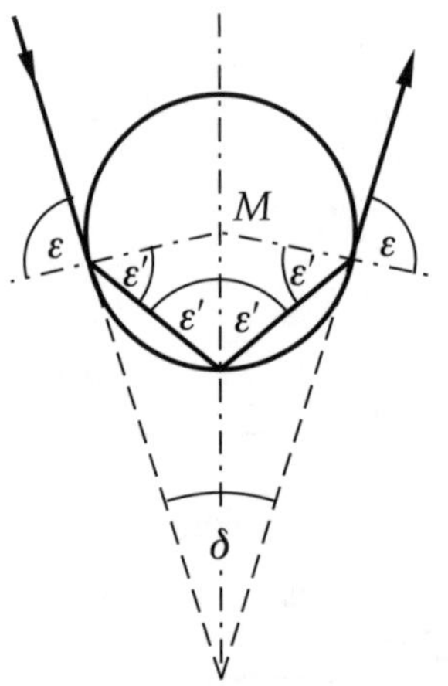

a) Berechnen Sie den Winkel δ (s. Bild) als Funktion des Einfallswinkels ε!

b) Welchen maximalen Wert δ_0 kann der Ablenkwinkel annehmen? Berechnen Sie δ_0 für die Fraunhoferschen Linien C, D und F!

Lösungshilfe: $\dfrac{\mathrm{d}}{\mathrm{d}x}(\arcsin x) = \dfrac{1}{\sqrt{1-x^2}}$

O 2 Dünne Linse

GRUNDLAGEN

1 Abbildungsgleichungen

Bei der optischen Abbildung werden die Lichtstrahlen, die von einem Dingpunkt P ausgehen (Strahlenbündel), wieder in einem Bildpunkt P' vereinigt. Unter der Voraussetzung, daß sich vor und hinter der Linse das gleiche Medium befindet, gelten für die Zuordnung von Ding- und Bildpunkten bei der dünnen Linse die Abbildungsgleichungen

$$\frac{1}{a} + \frac{1}{a'} = \frac{1}{f}$$

$$\frac{y'}{y} = -\frac{a'}{a}$$

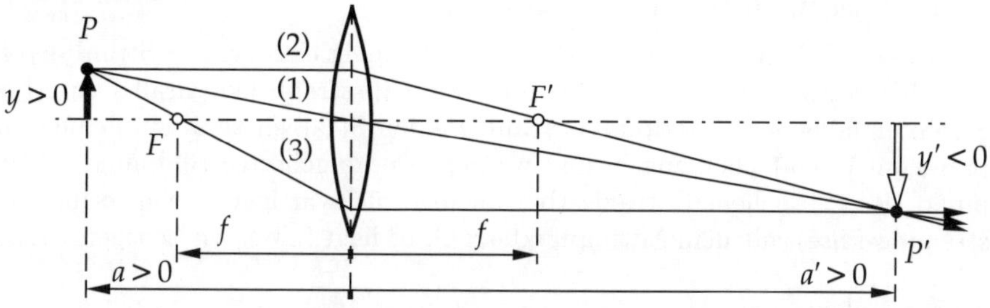

Die Dingweite a ist der Abstand zwischen Dingpunkt und Mittelebene der Linse; y ist der Abstand des Dingpunktes von der optischen Achse. Entsprechend sind die Bildweite a' und der Achsenabstand y' des Bildpunktes festgelegt.
Das Verhältnis

$$\beta = \frac{y'}{y}$$

wird als **Abbildungsmaßstab** bezeichnet.
Als Linseneigenschaft steht in der Abbildungsgleichung die Brennweite f. Diese hängt von den Krümmungsradien r_1 und r_2 der brechenden Flächen und den Brechzahlen n des Linsenmaterials sowie n_0 des umgebenden Mediums ab:

$$\frac{1}{f} = \left(\frac{n}{n_0} - 1\right)\left(\frac{1}{r_1} - \frac{1}{r_2}\right)$$

Die dem Licht zugewandte brechende Fläche erhält stets den Index 1 (siehe nachfolgendes Bild). Entsprechend dem Vorzeichen von f unterscheidet man

	Sammellinse	$f > 0$
und	Zerstreuungslinse	$f < 0$

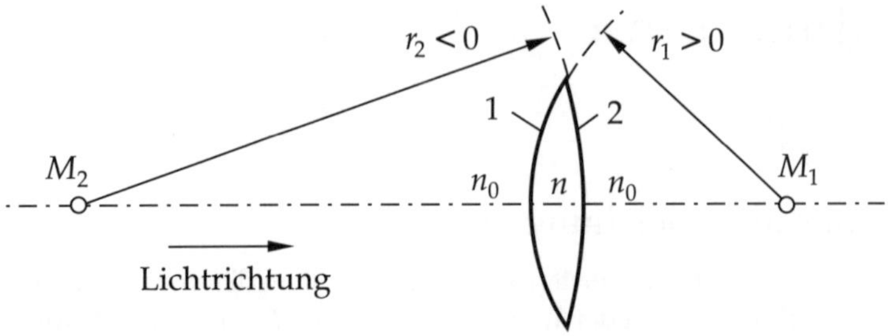

2 Strahlenverlauf

(1) **Mittelpunktstrahlen** (Strahlen durch die Linsenmitte) werden nicht gebrochen.
(2) **Parallelstrahlen** verlaufen nach der Brechung durch den bildseitigen Brennpunkt F'.
(3) **Brennpunktstrahlen** (Strahlen durch den dingseitigen Brennpunkt F) verlaufen nach der Brechung achsenparallel.

Mit diesen Regeln läßt sich auch für einen beliebig einfallenden Strahl der gebrochene Strahl konstruieren. Man benutzt dazu als Hilfsstrahl den parallel zum betrachteten Strahl einfallenden Mittelpunktsstrahl. Beiden Strahlen kann ein gemeinsamer Dingpunkt im Unendlichen zugeordnet werden. Der zugehörige Bildpunkt ist der Schnittpunkt des gebrochenen Strahls (bzw. seiner rückwärtigen Verlängerung bei der Zerstreuungslinse) mit dem Mittelpunktstrahl; er liegt in der bildseitigen Brennebene.

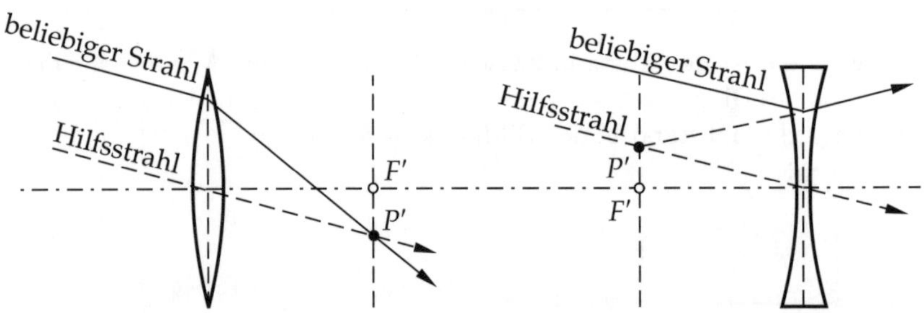

KONTROLLFRAGEN

O 2-1
Unter welchen Voraussetzungen darf eine Linse als dünn bezeichnet werden, und wie wird der Strahlenverlauf innerhalb der dünnen Linse vereinfacht dargestellt?

O 2-2
Was sind Paraxialstrahlen? Warum müssen sie eingeführt werden?

O 2-3
Begründen Sie mit Hilfe der Abbildungsgleichung der dünnen Linse, daß nach der Brechung
a) Parallelstrahlen durch den bildseitigen Brennpunkt und
b) Brennpunktstrahlen achsenparallel verlaufen!

O 2-4
Skizzieren Sie die Lage und Größe des Bildes für einen Gegenstand, der bei
a) $\infty > a_1 > 2f$
b) $a_2 = 2f$
c) $2f > a_3 > f$
d) $f > a_4 > 0$
vor einer Sammellinse steht! Welche Aussagen können über Abbildungsmaßstab und Art des Bildes gemacht werden, und welchen praktischen Anwendungen entsprechen die einzelnen Fälle?

O 2-5
Geben Sie Lage, Art und Größe der Bilder an, die eine Zerstreuungslinse von einem davorgehaltenen Gegenstand erzeugt! Skizzieren Sie dazu den Strahlenverlauf bei der Bildkonstruktion!

O 2-6
Ein Dingpunkt P befindet sich im bildseitigen Brennpunkt F' vor einer Zerstreuungslinse. Wo befindet sich der Bildpunkt P'?

O 2-7
Kann eine Bikonvexlinse als Zerstreuungslinse wirken?

O 2-8
Was ist eine Dioptrie?

BEISPIELE

1. Fotografische Kamera

Mit einer Kleinbildkamera (Objektivbrennweite f) soll ein Leiterplattenentwurf (quadratisches Format der Seitenlänge c) aufgenommen werden. Das Kleinbildformat hat die Seitenlängen l und b und soll maximal ausgenutzt werden ($l > b$).

a) Welche Gegenstandsweite a muß bei der Aufnahme gewählt werden?
b) Gegenüber der Einstellentfernung für Unendlich läßt sich das Objektiv mit einem Schraubtrieb maximal um die Strecke s verschieben. Sind für die Aufnahme zusätzliche Zwischenringe (Distanzringe zwischen Kamera und Objektiv) erforderlich?

$l = 36,0$ mm $\quad b = 24,0$ mm $\quad f = 50,0$ mm $\quad c = 9,6$ cm $\quad s = 7,0$ mm

Lösung

a) Der bei der Aufnahme zu wählende Abbildungsmaßstab β richtet sich nach der kleineren Bildseite b. Für seinen Betrag gilt

$$|\beta| = \frac{b}{c}$$

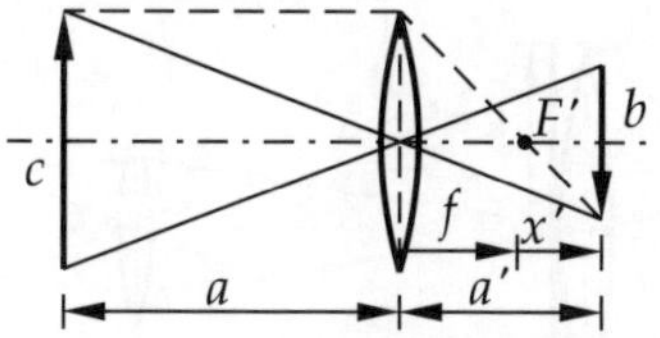

Da mit dem Fotoapparat grundsätzlich reelle und umgekehrte Bilder erzeugt werden, ist β negativ:

$$\beta = -\frac{b}{c}$$

Mit den Abbildungsgleichungen

$$\frac{1}{a} + \frac{1}{a'} = \frac{1}{f} \quad \text{und} \quad \beta = -\frac{a'}{a}$$

findet man a:

$$\frac{a'}{a} = \frac{b}{c} \qquad a' = a\frac{b}{c} \qquad (*)$$

$$\frac{1}{a} + \frac{c}{ab} = \frac{1}{f}$$

$$\underline{a = f\left(1 + \frac{c}{b}\right) = \underline{\underline{250 \text{ mm}}}}$$

b) Bei der Entfernungseinstellung für Unendlich ist die Bildweite gleich f. Die für die Aufnahme zum Scharfstellen erforderliche Verschiebung des Objektivs ist

$$x' = a' - f$$

a' wird mit (∗) und dem Ergebnis der Teilaufgabe a) berechnet:

$$x' = a\frac{b}{c} - f = f\left[\frac{b}{c}\left(1 + \frac{c}{b}\right) - 1\right]$$

$$\underline{x' = f\frac{b}{c} = \underline{\underline{12,5 \text{ mm} > s}}}$$

Für diese Aufnahme genügt der vorhandene Objektivauszug von $s = 7$ mm nicht; es müssen Zwischenringe von einer Gesamtlänge zwischen 5,5 mm und 12,5 mm benutzt werden.

2. Schreibprojektor

Ein Schreibprojektor hat ein Objektiv der Brennweite f_O und eine ausnutzbare Schreibfläche der Kantenlänge l.

a) In welcher Entfernung a' von der Projektionsleinwand muß der Bildwerfer (Mittelebene des Objektivs) aufgestellt werden, wenn deren Höhe h voll ausgenutzt werden soll?

b) Der Abstand zwischen Schreibfläche und Objektiv läßt sich maximal auf die Entfernung a_max einstellen. Wie groß muß der Mindestabstand a'_min des Gerätes zur Projektionsfläche demnach sein?

c) Die Schreibfläche wird aus der Entfernung e von einer Lichtquelle durchstrahlt, deren größte Ausdehnung senkrecht zur optischen Achse d_L ist. Wie groß muß der Objektivdurchmesser d_O mindestens sein, damit alles vom Mittelpunkt der Schreibfläche ausgehende Licht in den Bildpunkt auf der Leinwand gelangt?

d) Damit auch das Licht von den Randpunkten der Schreibfläche durch das Objektiv gelangt, bildet eine unmittelbar vor der Schreibfläche befindliche Kondensorlinse die Lichtquelle auf das Objektiv ab. Welche Brennweite f_K muß der Kondensor haben, wenn er für sehr große Projektionsentfernungen vorgesehen ist?

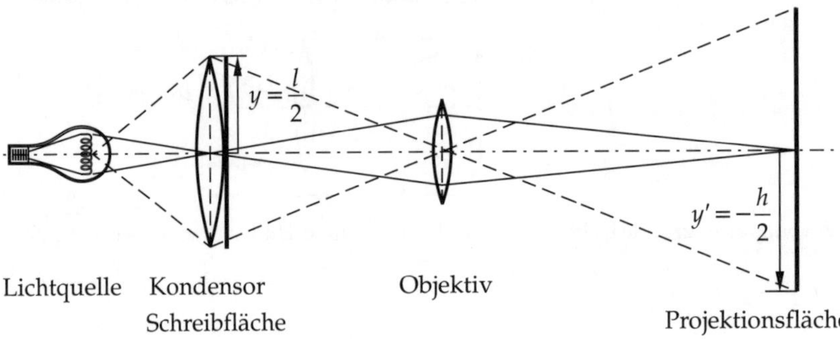

Der im Strahlengang befindliche Spiegel wird hier grundsätzlich außer Betracht gelassen.

$f_\text{O} = 300$ mm $l = 250$ mm $h = 1,50$ m $e = 200$ mm $d_\text{L} = 40$ mm $a_\text{max} = 400$ mm

Lösung

a) Die Kantenlänge der Schreibfläche ist die Dinggröße $2|y| = l$, die Höhe der Projektionswand die Bildgröße $2|y'| = h$. Mit dem negativen Vorzeichen von y' wird berücksichtigt, daß das Bild umgekehrt zum Original liegt. Daraus folgen der Abbildungsmaßstab β und das Verhältnis von Bildweite zu Dingweite:

$$\beta = \frac{y'}{y} = -\frac{h}{l} = -\frac{a'}{a}$$

Bei der Abbildung muß die Abbildungsgleichung erfüllt sein:

$$\frac{1}{a} + \frac{1}{a'} = \frac{1}{f_O}$$

Damit folgt die gesucht Bildweite:

$$\frac{1}{a'}\frac{h}{l} + \frac{1}{a'} = \frac{1}{f_O}$$

$$a' = f_O\left(1 + \frac{h}{l}\right) = \underline{\underline{2,10\ \text{m}}}$$

b) Die maximale Dingweite ist a_{max}. Mit der Abbildungsgleichung findet man daraus die minimale Bildweite a'_{min}:

$$\frac{1}{a'_{\text{min}}} + \frac{1}{a_{\text{max}}} = \frac{1}{f_O}$$

$$a'_{\text{min}} = \frac{a_{\text{max}} f_O}{a_{\text{max}} - f_O} = \underline{\underline{1,20\ \text{m}}}$$

c) Der Öffnungswinkel des Lichtbündels, das von einem Dingpunkt P der Schreibfläche ausgeht, wird durch den Durchmesser d_L der Lichtquelle bestimmt. Damit dieses Bündel nicht durch die Fassung der Objektivlinie beschnitten wird, muß deren Durchmesser die Mindestgröße d_O haben, die man mit Hilfe des Strahlensatzes aus der Figur ableiten kann:

$$\frac{d_O}{d_L} = \frac{a}{e} \qquad d_O = \frac{a}{e} d_L$$

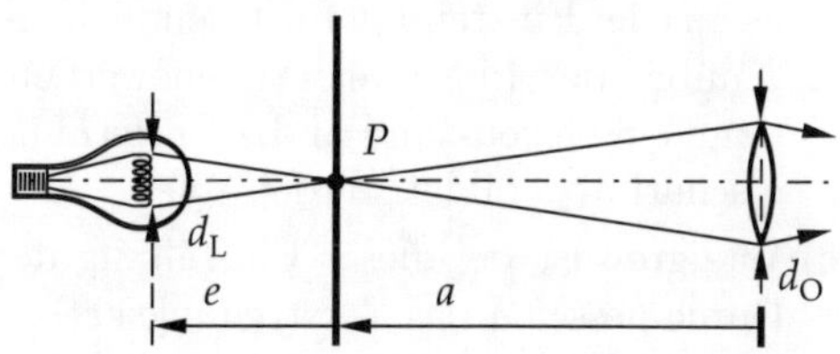

Der benötigte Objektivdurchmesser d_O ist um so größer, je größer die Dingweite ist. Deshalb ist für a die maximale Dingweite a_{max} einzusetzen:

$$d_O = \frac{a_{\text{max}}}{e} d_L = \underline{\underline{80\ \text{mm}}}$$

d) Bei sehr großen Projektionsentfernungen wird die Dingweite a nahezu gleich der Brennweite f_O des Objektivs. Für die Abbildung mit dem Kondensor sind demzufolge als Dingweite a_K die Entfernung e der Lichtquelle von der Schreibfläche und als Bildweite a'_K die Objektivbrennweite f_O einzusetzen:

$$\frac{1}{e} + \frac{1}{f_O} = \frac{1}{f_K}$$

Daraus folgt

$$f_K = \frac{e f_O}{e + f_O} = \underline{\underline{120\ \text{mm}}}$$

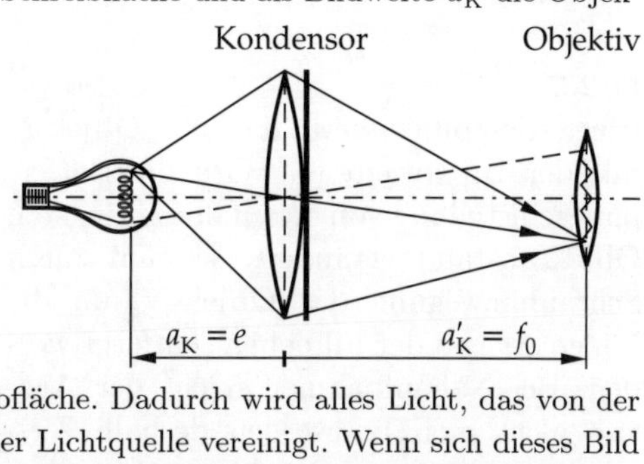

Der Kondensor selbst hat die Größe der Schreibfläche. Dadurch wird alles Licht, das von der Lichtquelle auf die Schreibfläche fällt, im Bild der Lichtquelle vereinigt. Wenn sich dieses Bild am Ort des Objektivs befindet und – wie in Teilaufgabe c) bereits festgelegt – kleiner als die Objektivöffnung ist, gelangt alles Licht von der Schreibfläche auf die Projektionsfläche.

AUFGABEN

O 2.1

In welcher Mindestentfernung a von Objektiv einer Kleinbildkamera (Brennweite f, Filmbildformat mit den Seitenlängen b und c) muß sich eine Person (Körpergröße h) aufstellen, um vollständig abgebildet zu werden?

$f = 50$ mm $h = 1,75$ m $b = 24$ mm
$c = 36$ mm

O 2.2

Bei einem einfachen Fotoapparat wird eine symmetrische, dünne Bikonvexlinse aus Glas der mittleren Brechzahl n verwendet. Die Linse hat den Durchmesser d und die Brennweite f.

a) Welche Krümmungsradien r_1 und r_2 hat die Linse?

b) Um welche Strecke x' muß die Bildebene aus der Einstellung für Unendlich gegenüber der Linse verschoben werden, wenn ein Gegenstand in der Entfernung a scharf abgebildet werden soll?

c) Wie groß ist bei dieser Einstellung der Durchmesser δ des Zerstreuungskreises in der Bildebene für den unendlich fernen Achsenpunkt?

$f = 7,50$ cm $d = 10$ mm $n = 1,510$
$a = 2,0$ m

O 2.3

Eine Kleinbildkamera hat ein Objektiv mit der Brennweite f. Wird die Entfernungseinstellung von ∞ auf den geringsten Objektabstand verändert, so muß durch Schraubbewegung das Objektiv um die Länge Δs von der Filmebene entfernt werden. Bei Nahaufnahmen reicht der Auszug nicht aus. Es werden deshalb Zwischenringe zwischen Objektiv und Kamera gebracht, die eine Auszugsverlängerung s ermöglichen.

a) Leiten Sie eine Formel her, die den Abbildungsmaßstab β in Abhängigkeit von f, s und Δs darstellt!

b) Welcher Abbildungsmaßstab β_1 wird ohne Zwischenring bei maximalem Auszug Δs_1 des Objektivs erreicht?

c) Welche Auszugsverlängerung s_2 (Höhe des Zwischenringes) ist notwendig, wenn bei der Entfernungseinstellung ∞ der Abbildungsmaßstab $\beta_2 = -1$ betragen soll?

d) Welche kürzeste Gegenstandsweite a_3 erhält man mit dem unter Teilaufgabe c) berechneten Zwischenring ($s_3 = s_2$) bei geeigneter Wahl von Δs_3?

$f = 50$ mm $\Delta s_1 = 7,0$ mm.

O 2.4

Ein Brillenglas (Brechzahl n) hat auf der Vorderseite den Krümmungsradius r_1.

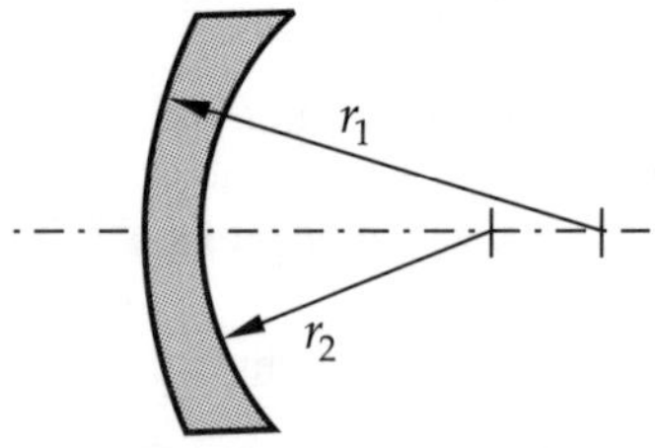

Auf welchen Krümmungsradius r_2 muß die Rückseite geschliffen werden, um die Brechkraft D zu erreichen?

$n = 1,52$ $r_1 = 150$ mm $D = -2,5$ dpt

O 2.5

Mit einem Bildwerfer sollen Kleinbilddiapositive (Seitenlänge b und h) auf einer quadratischen Projektionsfläche der Seitenlänge c vorgeführt werden. Der Bildwerfer steht in der Entfernung l von der Projektionsfläche. Es stehen drei Wechselobjektive mit den Brennweiten f_1, f_2 und f_3 zur Verfügung. Welches dieser Objektive muß benutzt werden, wenn das Bild möglichst groß werden soll?

$b = 36$ mm $h = 24$ mm $c = 3{,}00$ m
$l = 10$ m
$f_1 = 80$ mm $f_2 = 120$ mm
$f_3 = 300$ mm

O 2.6

Vor einer Zerstreuungslinse ist im Abstand a auf der optischen Achse eine punktförmige Lichtquelle aufgestellt. Die Linse hat den Durchmesser d. Auf einem Schirm in der Entfernung e hinter der Linse entsteht ein beleuchteter Kreis vom Durchmesser d_1. Welche Brennweite f hat die Linse?

$a = 90$ mm $d = 20$ mm $e = 350$ mm
$d_1 = 150$ mm

O 2.7

Eine punktförmige Lichtquelle erzeugt auf einem Schirm den Schatten eines Gegenstandes. Abstand Lichtquelle-Gegenstand: d; Abstand Lichtquelle-Schirm: s.

a) Man bestimme den Wert V_0 des Größenverhältnisses von Schatten und Gegenstand!

b) Wie groß ist der Wert V_1 dieses Verhältnisses, wenn hinter dem Gegenstand im Abstand a_1 von der Lichtquelle noch eine Linse der Brennweite f aufgestellt wird?

c) In welchem Abstand a_2 von der Lichtquelle muß die Linse aufgestellt werden, damit dieses Verhältnis bei gegebenen f, s und d einen Extremwert hat? Wie groß ist V_2 in diesem Fall?

$a = 10$ mm $s = 500$ mm $f = 50$ mm
$a_1 = 200$ mm

O 2.8

Ein Lichtstrahl tritt unter dem Neigungswinkel α gegenüber der optischen Achse und im Abstand r_0 von ihr auf eine dünne Sammellinse der Brennweite f.

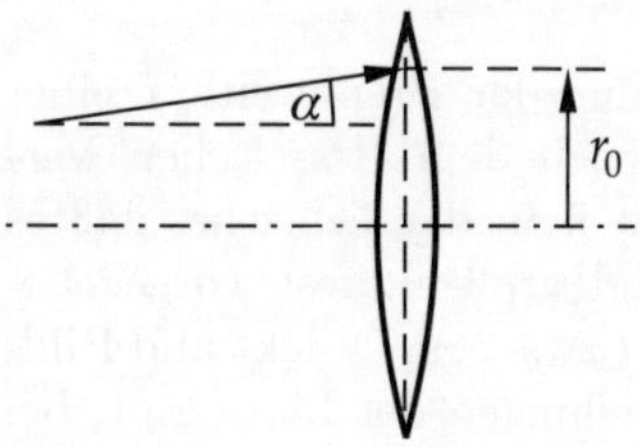

a) Konstruieren Sie den gebrochenen Strahl!

b) Berechnen Sie unter Benutzung der Abbildungsgleichung den Abstand a' von der Linse, in dem der gebrochene Strahl die optische Achse schneidet!

c) Welchen Neigungswinkel α' hat der gebrochene Strahl gegenüber der optischen Achse?

$f = 40$ mm $\alpha = 15°$ $r_0 = 30$ mm.

O 2.9

Auf einer optischen Bank sind eine Lichtquelle und ein Schirm im konstanten Abstand l voneinander aufgestellt. Dazwischen befindet sich eine verschiebbare Sammellinse der Brennweite f.

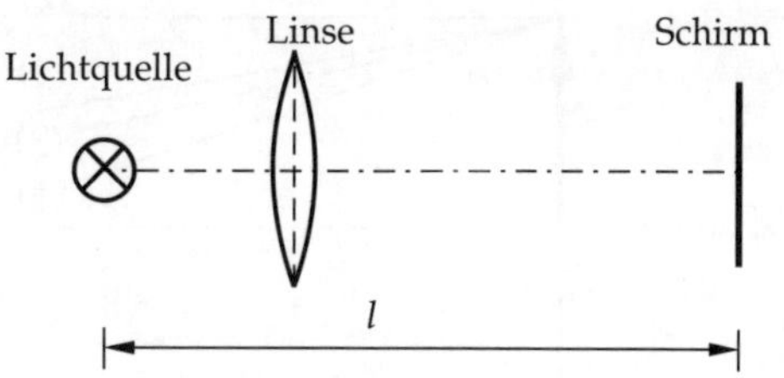

a) Bei welchen Gegenstandsweiten a_1 und a_2 entsteht auf dem Schirm ein scharfes Bild der Lichtquelle?

b) Welche Werte β_1 und β_2 ergeben sich für den Abbildungsmaßstab in beiden Fällen?

c) Wie groß muß bei gegebener Brennweite der Linse der Abstand l mindestens sein, damit überhaupt ein scharfes Bild entstehen kann?

$l = 2\,000$ mm $f = 100$ mm

O 2.10
Zur Bestimmung der Brennweite f einer Sammellinse nach dem Besselschen Verfahren benutzt man die Tatsache, daß es bei hinreichend großem, fest vorgegebenem Abstand l zwischen Objekt und Bildebene zwei Stellungen der Linse gibt, bei denen ein scharfes Bild entsteht. Gemessen wird der Abstand d der beiden Stellungen.

Wie wird f aus l und d berechnet?

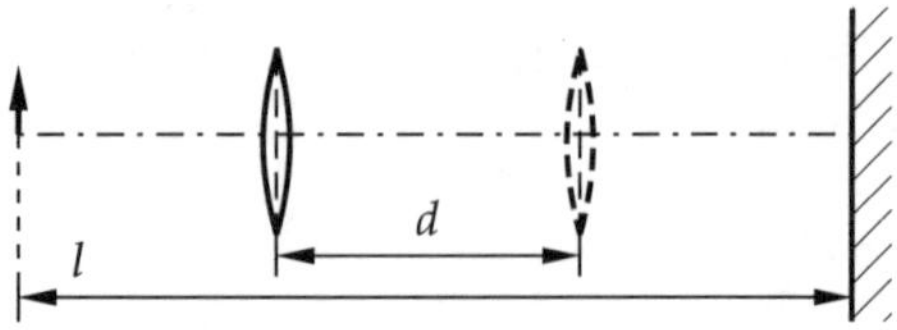

O 3 Spiegel

GRUNDLAGEN

1 Abbildungsgleichungen

Für Hohl- und Wölbspiegel gelten dieselben Abbildungsgleichungen wie für die dünne Linse, das gilt auch für den Abbildungsmaßstab:

$$\frac{1}{a} + \frac{1}{a'} = \frac{1}{f} \quad \text{und} \quad \beta = \frac{y'}{y} = -\frac{a'}{a}$$

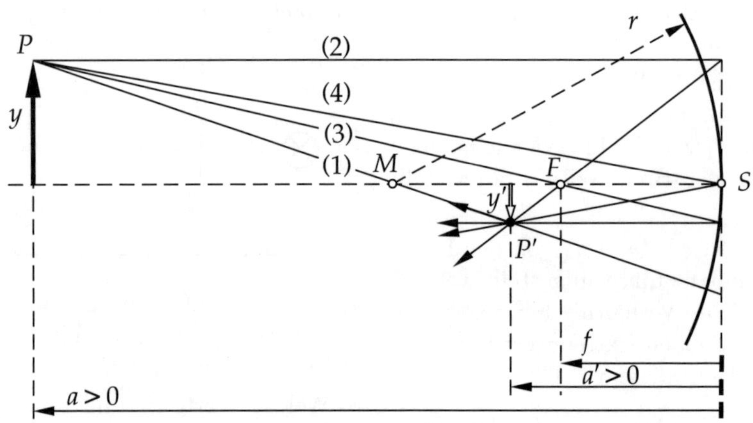

Wegen der Umkehrung der Lichtrichtung bei der Reflexion werden jedoch a und a' von der Scheitelebene des Spiegels aus in der gleichen Richtung positiv gezählt. Dingseitiger und bildseitiger Brennpunkt fallen damit zusammen; F liegt in der Mitte zwischen Scheitelpunkt S und Krümmungsmittelpunkt M. Für die Brennweite f gelten

$$f = \frac{r}{2}$$

$r > 0$ Hohlspiegel
$r < 0$ Wölbspiegel

2 Strahlenverlauf

Ähnlich wie bei der Linse gibt es beim Spiegel ausgezeichnete Strahlen, deren Verlauf bei der Reflexion bekannt ist:

(1) **Strahlen durch den Krümmungsmittelpunkt** werden in sich selbst reflektiert.
(2) **Parallelstrahlen** werden in den Brennpunkt reflektiert.
(3) **Brennpunktstrahlen** verlaufen nach der Reflexion achsenparallel.
(4) **Strahlen durch den Spiegelmittelpunkt** werden unter dem gleichen Winkel zur optischen Achse reflektiert, unter dem sie ankommen.

KONTROLLFRAGEN

O 3-1
Warum legt man bei der Strahlenkonstruktion am Spiegel die Reflexionsstelle in die Scheitelebene?

O 3-2
Warum müssen beim Spiegel nicht wie bei der Linse dingseitiger Brennpunkt F und bildseitiger Brennpunkt F' unterschieden werden?

O 3-3
Skizzieren Sie die Lage und Größe des Bildes für einen Gegenstand, der bei
a) $\infty > a_1 > 2f$
b) $a_2 = 2f$
c) $2f > a_3 > f$
d) $f > a_4 > 0$
vor einem Hohlspiegel steht! Welche Aussagen können über Abbildungsmaßstab und Art des Bildes gemacht werden?

O 3-4
Geben Sie Lage, Art und Größe der Bilder an, die ein Wölbspiegel von einem davorgehaltenen Gegenstand erzeugt! Skizzieren Sie dazu den Strahlenverlauf bei der Bildkonstruktion!

O 3-5
Konstruieren Sie den Verlauf eines beliebig einfallenden Strahles beim Wölbspiegel und begründen Sie Ihr Vorgehen!

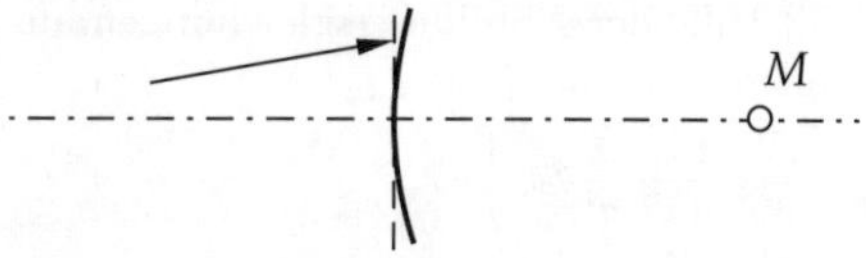

O 3-6
Wie hoch muß ein ebener Spiegel sein, damit sich eine Person aus einer Entfernung e gerade in ihrer ganzen Körpergröße erblickt?

BEISPIEL

Panoramaspiegel

Welche Breite b_0 muß ein Panoramaspiegel in einem Kraftfahrzeug haben, damit der Fahrer eine Straße der Breite b am Wagenheck überblicken kann?

Der Spiegel, der sich in den Abständen e vor dem Auge und l vor dem Wagenheck befindet, hat den Krümmungsradius r. (Auge des Fahrers und Straßenmitte sollen einfachheitshalber auf der optischen Achse des Spiegels liegen.)

$b = 6{,}0$ m $\quad e = 50$ cm $\quad l = 4{,}0$ m $\quad r = 50$ cm

Lösung

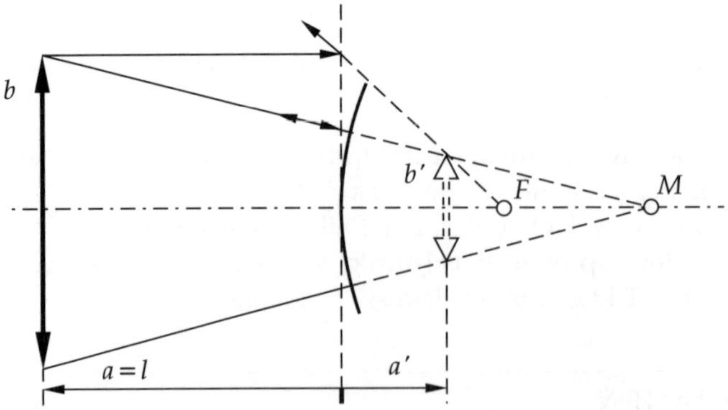

Der Panoramaspiegel ist ein Wölbspiegel. Er entwirft von der Straße ein virtuelles, verkleinertes Bild. Der Straßenabschnitt, der hier überschaut werden soll, hat die Dingweite $a = l$ und die Dinggröße b. Im Bild wird die Bildkonstruktion mit Hilfe eines Parallelstrahles und eines Mittelpunktstrahles gezeigt.

Das Auge A des Fahrers sieht das Bild b' der Straße in einem Sehwinkel, der höchstens so groß sein kann wie der Gesichtsfeldwinkel, der durch den Spiegelrand begrenzt wird. Der Zusammenhang zwischen Spiegelbreite b_0 und der Bildgröße b' läßt sich mit Hilfe des Strahlensatzes der folgenden Skizze entnehmen:

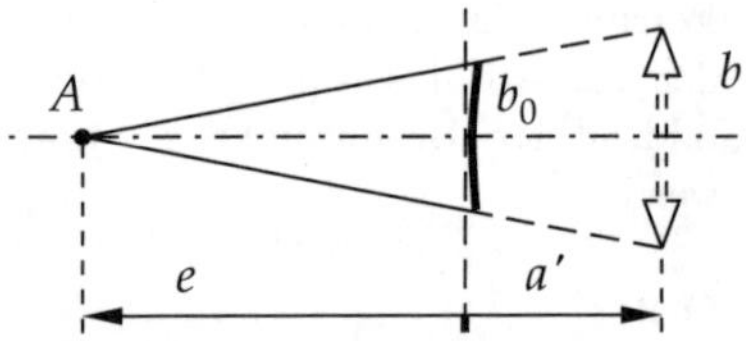

$$\frac{b_0}{b'} = \frac{e}{e + (-a')} \qquad b_0 = b' \frac{e}{e - a'}$$

(Im Ansatz wurde berücksichtigt, daß a' im vorliegenden Fall negativ ist.) Die Größen a' und b' lassen sich mit Hilfe der Abbildungsgleichungen aus a und b berechnen:

$$\frac{1}{a} + \frac{1}{a'} = \frac{1}{f}$$

daraus

$$a' = \frac{af}{a - f}$$

eingesetzt in

$$\frac{y'}{y} = -\frac{a'}{a} \quad \text{mit} \quad \frac{y'}{y} = \frac{b'}{b}$$

ergibt

$$b' = -b\frac{f}{a - f}$$

Es ist nun $f = -\frac{r}{2}$ und $a = l$. Damit folgen

$$a' = -\frac{rl}{2l + r} \quad \text{und} \quad b' = \frac{rb}{2l + r}$$

und schließlich

$$b_0 = \frac{rb}{2l + r} \frac{e}{e + \dfrac{rl}{2l + r}} = \frac{rbe}{e(2l + r) + rl} = \underline{\underline{24 \text{ cm}}}$$

Anmerkung: Zum gleichen Ergebnis gelangt man, wenn mit der Gegenstandsgröße $y = \frac{b}{2}$ und der Bildgröße $y' = \frac{b'}{2}$ gerechnet wird.

AUFGABEN

O 3.1

Vor einem ebenen Spiegel befindet sich im Abstand a ein Gegenstand der Größe y.

a) Führen Sie die Bildkonstruktion durch!

b) Ermitteln Sie die Bildweite a' mit Hilfe der Abbildungsgleichung!

O 3.2

Ein Hohlspiegel soll benutzt werden, um die Wärmestrahlung einer Flamme auf einen kleinen Versuchskörper zu übertragen. Dazu wird die Flamme auf den Körper abgebildet, wobei der Abstand e zwischen beiden einzuhalten ist. In welchen Abständen vom Spiegel müssen Flamme und Körper aufgestellt werden? Der Krümmungsradius des Spiegels ist r.

$e = 90$ mm $r = 120$ mm

O 3.3

Ein Rasierspiegel mit dem Krümmungsradius r soll so benutzt werden, daß das aufrechte, virtuelle Bild in der Entfernung S vor dem Gesicht entsteht.

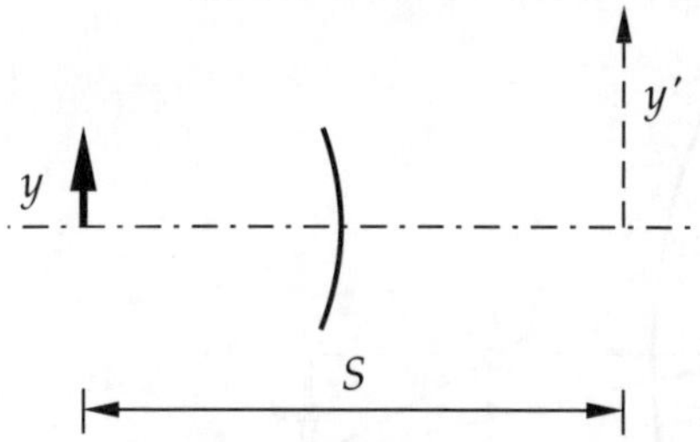

a) In welcher Entfernung a muß sich das Gesicht vor dem Spiegel befinden?

b) Wie groß ist der Abbildungsmaßstab β?

$r = 300$ mm $S = 250$ mm

O 3.4

Eine punktförmige Lichtquelle befindet sich in der Entfernung a vor einem Wölbspiegel (Krümmungsradius r) auf der optischen Achse. Der Spiegel hat den Durchmesser d.

a) Ermitteln Sie den Verlauf eines Randstrahles des reflektierten Lichtbündels (in paraxialer Näherung) durch Strahlenkonstruktion!

b) Berechnen Sie den Öffnungswinkel α' des reflektierten Lichtbündels unter Benutzung der Abbildungsgleichung!

$a = 100$ mm $r = 60$ mm $d = 40$ mm

O 3.5

Ein Wölbspiegel (Kreisfläche) befindet sich in der Entfernung e vor dem Auge des Beobachters.

a) Welchen Krümmungsradius r muß die sphärische Fläche haben, damit für den Beobachter der Öffnungswinkel des rückwärts überblickbaren Gesichtsfeldes doppelt so groß ist wie bei einem ebenen Spiegel der gleichen Größe?

b) Unter welchem Sehwinkel σ sieht der Beobachter einen Gegenstand der Höhe y, der sich in der Entfernung s hinter ihm befindet? (Alle Winkel werden als klein gegen 1 angenommen.)

$e = 1{,}00$ m $s = 9{,}00$ m $y = 2{,}00$ m

O 3.6

Ein Gegenstand nähert sich einem Hohlspiegel von der Gegenstandsweite a_1 auf a_2. Dabei ändert sich die Bildweite um $\Delta a'$.

a) Berechnen Sie die Bildweiten a_1' und a_2'!

b) Welche Brennweite f hat der Hohlspiegel?

c) Deuten Sie die Ergebnisse an Hand einer Strahlenkonstruktion!

$a_1 = 40$ cm $a_2 = 30$ cm
$\Delta a' = a_2' - a_1' = 60$ cm

O 3.7

In einem Spiegelteleskop nach GREGORY stehen sich zwei Hohlspiegel gegenüber.

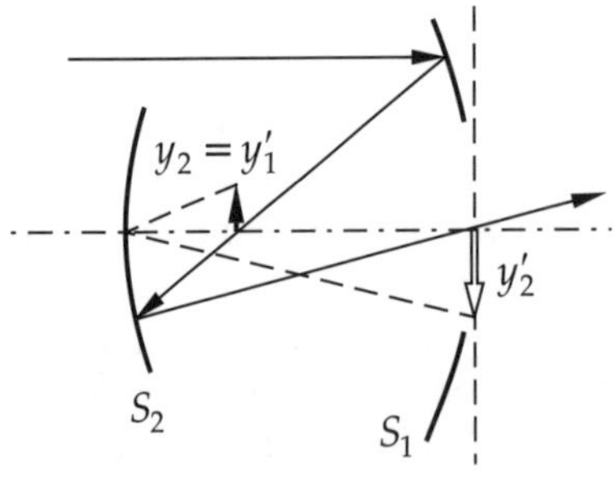

Das Bild y_2', das entsteht, wenn ein unendlich ferner Gegenstand nacheinander an den Spiegeln S_1 und S_2 abgebildet wird, liegt in der Ebene des Spiegels S_1, der für die Beobachtung an dieser Stelle eine Öffnung hat. Die Brennweiten sind f_1 und f_2.

a) In welcher Entfernung a_2' vom Spiegel S_1 muß Spiegel S_2 aufgestellt werden?

b) Wie groß ist der Abbildungsmaßstab β_2 am Spiegel S_2?

$f_1 = 800$ mm $\quad f_2 = 300$ mm

O 4 Dicke Linse, Linsensysteme

GRUNDLAGEN

1 Hauptebenen

Bei einer dicken Linse darf der Abstand der beiden brechenden Flächen nicht mehr vernachlässigt werden, d. h., es ist zu berücksichtigen, daß alle Strahlen zweimal gebrochen werden. Um die Abbildung einfacher zu beschreiben, werden die Hauptebenen H und H' eingeführt. Die bildseitige Hauptebene H' verläuft durch den (scheinbaren) Schnittpunkt eines achsenparallel einfallenden Strahls mit dem zugehörigen gebrochenen Strahl, die dingseitige Hauptebene H entsprechend durch den Schnittpunkt eines achsenparallel gebrochenen Strahls mit dem zugehörigen einfallenden Strahl.

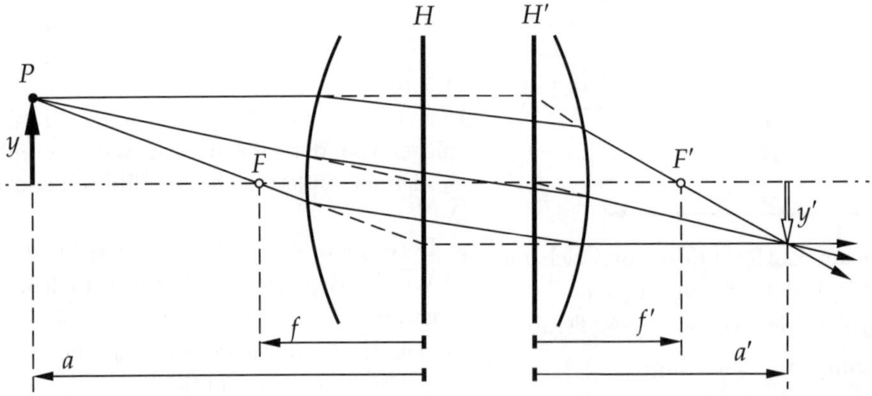

Die Abbildungsgesetze der dünnen Linse lassen sich vollständig auf die dicke Linse anwenden, wenn man die Ding-, Bild- und Brennweiten (entsprechend dem Bild) von den Hauptebenen aus festlegt. Ohne Rücksicht auf die wahren brechenden Flächen werden *alle* Paraxialstrahlen des Dingraumes bis zur dingseitigen Hauptebene H und alle Strahlen des Bildraumes von der bildseitigen Hauptebene H' aus gezeichnet. Der Raum zwischen den beiden Hauptebenen wird so behandelt, als sei er nicht vorhanden.

2 Linsensysteme

Das Verfahren der Strahlenkonstruktion mit Hilfe von Hauptebenen läßt sich auch auf Systeme mit beliebig vielen brechenden Flächen anwenden. Auch in diesem Falle wird jeder Strahl so behandelt, als werde er nur einmal gebrochen. Der wahre Strahlenverlauf stimmt deshalb nur außerhalb des abbildenden Systems mit dem Verlauf des konstruierten Strahls überein.

Das gesamte System kann stets durch eine einzige Gesamtbrennweite charakterisiert werden. Für den Sonderfall zweier dünner Linsen der Brennweiten f_1 und f_2, die im Abstand d voneinander aufgestellt sind, berechnet sich die Gesamtbrennweite f aus

$$\frac{1}{f} = \frac{1}{f_1} + \frac{1}{f_2} - \frac{d}{f_1 f_2}$$

Mit der Gesamtbrennweite f ist die Lage der Brennpunkte des Systems noch nicht bekannt, da dazu erst die Lage der Hauptebenen bekannt sein muß.

KONTROLLFRAGEN

O 4-1
Führen Sie mit Parallelstrahl und Brennpunktstrahl die Bildkonstruktion für folgende vier Fälle durch:

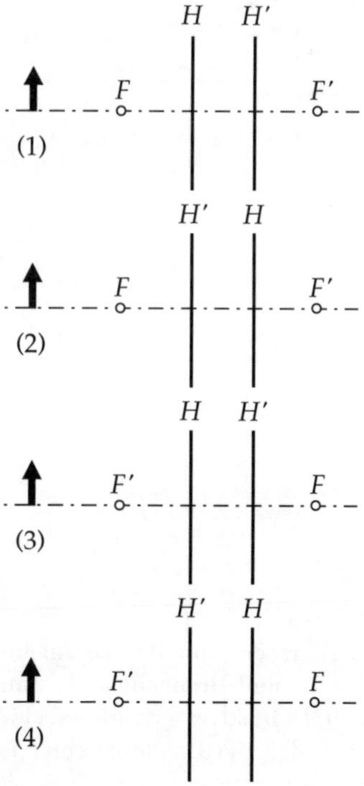

O 4-2
Eine dünne Sammellinse und eine dünne Zerstreuungslinse haben den gleichen Absolutbetrag der Brennweite und berühren sich gegenseitig. Welche Brennweite hat die Kombination?

O 4-3
Zwei dünne Linsen mit den Brennweiten $f_1 > 0$ und $f_2 > 0$ werden so aufgestellt, daß die beiden einander zugekehrten Brennpunkte den Abstand t voneinander haben. Welche Gesamtbrennweite f ergibt sich in den Fällen $t > 0$, $t = 0$ und $t < 0$?

O 4-4
Eine dünne Linse und ein Linsensystem haben die gleiche Brennweite. Welcher Unterschied besteht in der Lage der Hauptebenen?

O 4-5
Unter welchen Bedingungen kann es bei der optischen Abbildung ein „virtuelles Ding" geben?

BEISPIEL

Teleobjektiv

Ein Teleobjektiv besteht aus einer Sammellinse L_1 und einer Zerstreuungslinse L_2, die im Abstand d voneinander angebracht sind.

a) Wie groß ist die Brennweite f des Teleobjektivs?

b) Wie groß ist der Abstand l zwischen der Sammellinse L_1 und dem Brennpunkt F' des Teleobjektivs?

c) Wo befindet sich die bildseitige Hauptebene H' des Linsensystems?

$f_1 = 30$ mm $\quad f_2 = -7{,}5$ mm $\quad d = 24$ mm

Lösung

a)

$$\frac{1}{f} = \frac{1}{f_1} + \frac{1}{f_2} - \frac{d}{f_1 f_2}$$

$$f = \frac{f_1 f_2}{f_1 + f_2 - d} = \underline{\underline{150 \text{ mm}}}$$

b) Den bildseitigen Brennpunkt F' des Teleobjektivs findet man als Bild des unendlich fernen Achsenpunktes. Die Linse L_1 bildet zunächst den unendlich fernen Achsenpunkt in ihrem Brennpunkt F_1' ab. F_1' ist dann für die Linse L_2 der Dingpunkt.

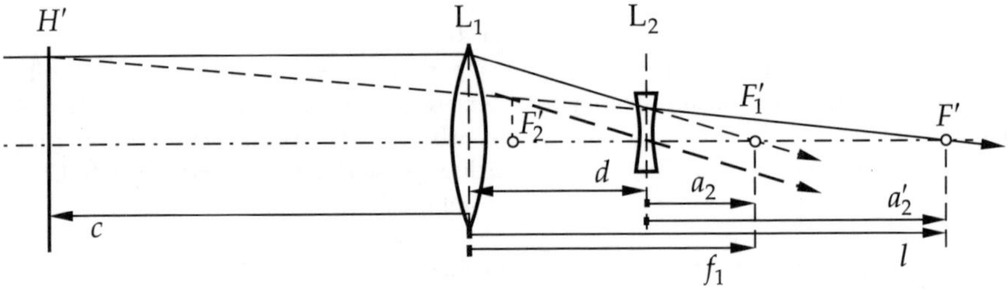

Aus der Skizze liest man ab:

$$l = a_2' + d$$

Aus der Abbildungsgleichung für Linse L_2

$$\frac{1}{a_2} + \frac{1}{a_2'} = \frac{1}{f_2}$$

folgt

$$a_2' = \frac{a_2 f_2}{a_2 - f_2}$$

Aus dem Bild ergibt sich a_2:

$$a_2 = -(f_1 - d) \text{ d. h. } a_2 < 0$$

Damit folgt für l:

$$l = \frac{(d - f_1) f_2}{d - f_1 - f_2} + d = \underline{\underline{54 \text{ mm}}}$$

Bei der Abbildung weit entfernter Gegenstände fällt die Bildebene mit der Brennebene zusammen. Der berechnete Abstand l zwischen erster Linse L_1 und Brennebene ist damit die „Baulänge“ der Kamera. Der wesentliche Vorteil des Teleobjektivs gegenüber einem Fernobjektiv (Einzellinse langer Brennweite) besteht darin, daß die Baulänge (hier l = 54 mm) kleiner als die Brennweite (hier f = 150 mm) ist.

c) Die bildseitige Hauptebene H' liegt vor der Linse L_1, ihr Abstand c ergibt sich aus der Differenz zwischen Brennweite und Baulänge:

$$c = f - l = \frac{d(f_1 - d)}{d - f_1 - f_2} = \underline{\underline{96 \text{ mm}}}$$

AUFGABEN

O 4.1

Eine dicke Linse hat die Brennweite f. Der Abstand der beiden Hauptebenen ist $d < 0$ (H und H' sind vertauscht). Es wird ein Gegenstand der Größe y aus der Dingweite a abgebildet.

a) Konstruieren Sie das Bild!

b) Berechnen Sie a' und y'!

Die dicke Linse soll so durch eine dünne Linse ersetzt werden, daß dabei die Lage und Größe von Ding und Bild nicht verändert werden.

c) Konstruieren Sie aus Ding und Bild die Lage der dünnen Linse und einen ihrer Brennpunkte!

$f = 50$ mm $\quad a = 80$ mm $\quad y = 20$ mm
$d = -40$ mm

O 4.2

Ein Linsensystem besteht aus einer dünnen Sammellinse der Brennweite f_1 und einer dünnen Zerstreuungslinse der Brennweite f_2.

a) Welche Bedingung muß der Abstand d zwischen beiden Linsen erfüllen, damit die Gesamtbrennweite positiv ist?

b) Berechnen Sie d für eine gegebene Systembrennweite f!

$f_1 = 120$ mm $\quad f_2 = -80$ mm
$f = 900$ mm

O 4.3

Zur intensiven Beleuchtung eines Präparates soll eine Anordnung aus drei Linsen L_1 ,L_2 und L_3 verwendet werden, die die gegenseitigen Abstände b und c haben. Auf die Linse L_1 fällt ein achsenparalleles Lichtbündel vom Durchmesser d.

$f_1 = 50$ mm $\quad f_2 = -10$ mm
$f_3 = 10$ mm
$b = 40$ mm $\quad c = 50$ mm $\quad d = 30$ mm

Zeichnen Sie maßstäblich den Verlauf des Lichtbündels! Geben Sie die Lage des bildseitigen Brennpunktes F' und der bildseitigen Hauptebene H' sowie die Systembrennweite f an!

O 4.4

Eine dünne Linse der Brennweite f_1 wird mit einer zweiten der Brennweite f_2 kombiniert. Der Abstand der Mittelebenen der Linsen ist d.

a) Man ermittle die Lage der Brennpunkte F, F' und der Hauptebenen H, H' grafisch, indem man den Verlauf geeigneter Strahlen in einer (dem jeweiligen Zahlenbeispiel entsprechend) maßstäblichen Skizze untersucht!

b) Man berechne die Gesamtbrennweite f der Linsenkombination und vergleiche das Ergebnis mit dem grafisch gewonnenen!

c) Man berechne den Abstand h' der bildseitigen Hauptebene H' von der hinteren Linse L_2! (h' werde in Lichtrichtung positiv gezählt.)

d) Man deute die für h' gewonnene Endformel so um, daß man sie zur Berechnung der Lage der dingseitigen Hauptebene H verwenden kann! (h ist analog h' zu definieren.)

Fall 1) $f_1 = 50$ mm $\quad f_2 = 100$ mm
$d = 30$ mm

Fall 2) $f_1 = 50$ mm $\quad f_2 = -100$ mm
$d = 30$ mm

O 4.5

Gegeben ist ein Linsensystem, bestehend aus den beiden dünnen Linsen L_1 und L_2 mit den Brennweiten $f_1 > 0$ und $f_2 < 0$ im Abstand d.

a) Man zeichne den Strahlengang für einen unendlich fernen Achsenpunkt maßstäblich entsprechend den gegebenen Zahlenwerten!

b) Man berechne die Gesamtbrennweite f des Systems!

c) Man berechne den Abstand l von der Vorderlinse L_1 bis zur Brennebene F' des Systems!

d) Welchen Abstand d_0 muß man den beiden Linsen geben, damit man ein scharfes Sonnenbild von Durchmesser y' erhält? Die Sonne erscheint unter dem Sehwinkel σ.

e) Wie groß ist der Abstand l_0 des Sonnenbildes von der Linse L_1?

$f_1 = 60$ mm $\quad f_2 = -30$ mm $\quad d = 40$ mm
$y' = 50$ mm $\quad \sigma = 32'$

O 4.6

Eine dünne Sammellinse L_1 und eine dünne Zerstreuungslinse L_2 vom gleichen Betrag der Brennweite f_0 werden im Abstand d_0 voneinander aufgestellt.

a) Konstruieren Sie Brennpunkte und Hauptebenen des Systems! (Nehmen Sie für die Skizze $d_0 < f_0$ an.)

b) Wo befinden sich H und H' unabhängig von der Wahl von d_0?

c) Der Abstand l der dingseitigen Hauptebene H des Systems von der Sammellinse L_1 und die Gesamtbrennweite f des Systems sollen vorgegebene Werte haben. Wie groß müssen dazu f_0 und d_0 gewählt werden?

$l = 60$ mm $\quad f = 180$ mm

O 4.7

Eine dicke Linse der Brennweite $f_1 > 0$ und eine dünne Linse der Brennweite $f_2 > 0$ werden hintereinander aufgestellt, so daß die bildseitige Hauptebene H_1' und die Mittelebene der Linse L_2 den Abstand $d > f_1$ haben.

a) Konstruieren Sie den Brennpunkt F' und die bildseitige Hauptebene H' des Gesamtsystems!

b) Leiten Sie unter Benutzung der Strahlenkonstruktion und der Abbildungsgleichung eine Formel zur Berechnung der Gesamtbrechkraft $\frac{1}{f}$ des Systems her und berechnen Sie damit f!

$f_1 = 50$ mm $\quad f_2 = 20$ mm $\quad d = 100$ mm

O 4.8

Eine achromatische Linse soll aus einer symmetrischen Bikonvexlinse der Glassorte 1 und einer mit dieser verkitteten Plankonkavlinse der Glassorte 2 bestehen. Für die Spektrallinie D soll die Brennweite f erreicht werden.

a) Welchen Betrag r müssen die Krümmungsradien der Linse haben?

b) Welche Bedingungen müssen die Dispersionen ϑ_1 und ϑ_2 der beiden Glassorten erfüllen, damit es sich tatsächlich um einen Achromaten handelt?

$n_{1D} = 1{,}5100 \quad n_{2D} = 1{,}6128$
$f = 200$ mm

O 5 Auge, optische Vergrößerung

GRUNDLAGEN

1 Sehwinkel

Das menschliche Auge erzeugt mit Hilfe der Linse ein Bild der betrachteten Gegenstände auf der Netzhaut. Der Abstand a' zwischen Linse und Netzhaut ist konstant; deshalb hängt die Größe y' des Bildes allein vom Sehwinkel σ ab, unter dem das Objekt von der Linse des Auges aus erscheint.
(Im folgenden wird grundsätzlich außer Betracht gelassen, daß der Glaskörper des Auges, der sich zwischen Linse und Netzhaut befindet, eine von 1 verschiedene Brechzahl hat.) Der **Sehwinkel** σ wird durch die Dinggröße y und die Dingweite a bestimmt:

$$\tan\sigma = \frac{y}{a}$$

Bei Paraxialstrahlen (kleiner Sehwinkel) gilt

$$\sigma = \frac{y}{a}$$

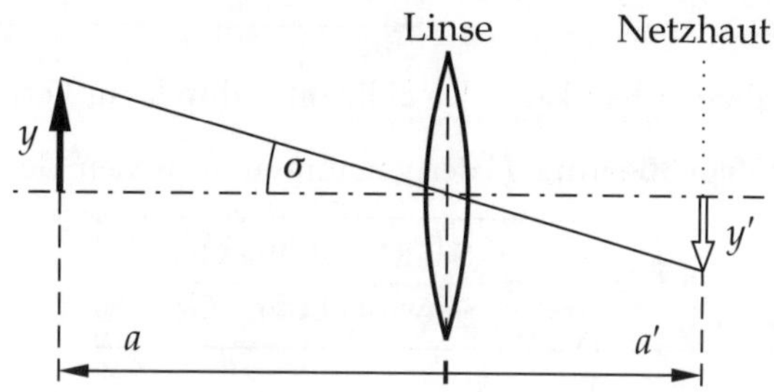

2 Akkommodation, Bezugssehweite

Damit auf der Netzhaut ein scharfes Bild des Gegenstandes entsteht, muß für die Dingweite a und die Bildweite a' die Abbildungsgleichung erfüllt sein. Da beim Auge die Bildweite a' konstant ist, wird die Brennweite f der Linse verändert, wenn Gegenstände unterschiedlicher Entfernung a auf der Netzhaut scharf abgebildet werden sollen. Dieser Vorgang heißt Akkommodation.
Der Akkommodationsbereich des Auges wird durch **Fernpunkt** und **Nahpunkt** begrenzt. Beim normalsichtigen Auge liegt der Fernpunkt im Unendlichen (entspanntes Auge), der Nahpunkt bei etwa 10 cm. Da die Akkommodation auf den Nahpunkt anstrengt, wird als kleinster Betrachtungsabstand die **Bezugssehweite** $S = 25$ cm vereinbart.

3 Vergrößerung

Will man mit bloßem Auge an einem Gegenstand möglichst kleine Einzelheiten erkennen, so muß man wegen der eindeutigen Verknüpfung zwischen Größe y' des Netzhautbildes und Sehwinkel σ den Sehwinkel so groß wie möglich wählen. Bei gegebener Gegenstandsgröße y ist der Sehwinkel jedoch begrenzt, wobei zwei Fälle zu unterscheiden sind:

a) Der Gegenstand ist für den Beobachter erreichbar. Der Sehwinkel ist um so größer, je näher der Beobachter an den Gegenstand herangeht. Der als maximal geltende

Sehwinkel wird bei Betrachtung aus der Bezugssehweite erreicht:

$$\sigma_0 = \frac{y}{S}$$

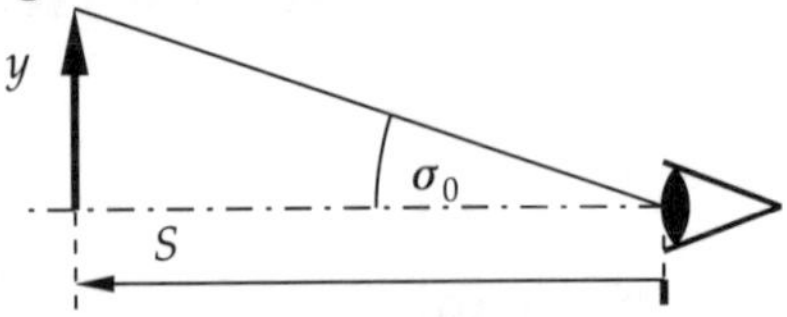

Eine weitere Vergrößerung des Sehwinkels ist z. B. mit Lupe oder Mikroskop möglich.

b) Der Gegenstand befindet sich in sehr großer Entfernung und ist dem Beobachter nicht zugänglich. Der Sehwinkel hat einen festen Wert, auf den die Stellung des Beobachters keinen Einfluß hat.

$$\sigma_0 = \frac{y}{a}$$

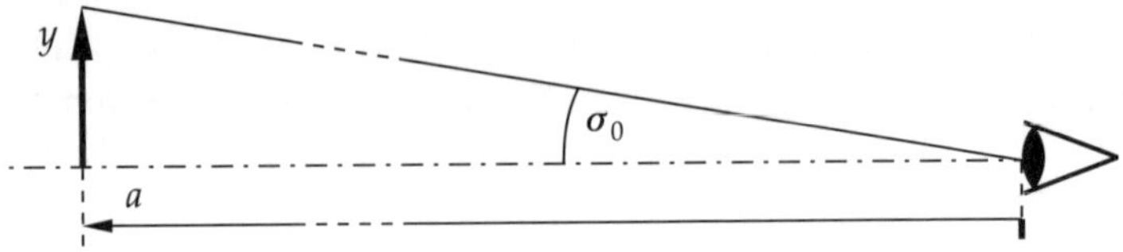

In diesem Fall kann der Sehwinkel durch ein Fernrohr vergrößert werden.

Die **Vergrößerung** Γ der genannten optischen Geräte ist definiert als

$$\Gamma = \frac{\sigma_m}{\sigma_0} = \frac{\text{Sehwinkel mit Gerät}}{\text{Sehwinkel ohne Gerät}}$$

σ_m ist derjenige Sehwinkel, unter dem das vom optischen Gerät erzeugte Bild dem Auge erscheint. σ_0 ist der Bezugssehwinkel der unter den gegebenen Verhältnissen mit bloßem Auge erreicht werden kann.

KONTROLLFRAGEN

O 5-1
Welche wesentlichen Unterschiede bestehen zwischen dem Abbildungsmaßstab β und der Vergrößerung Γ?

O 5-2
Mit einer Sammellinse wird ein umgekehrtes, vergrößertes, reelles Bild eines kleinen Gegenstandes erzeugt, das an Stelle des Gegenstandes selbst aus dem Abstand S betrachtet wird. Welcher Zusammenhang besteht zwischen Vergrößerung Γ und Abbildungsmaßstab β?

O 5-3
In welcher Weise wird im Auge die Brennweite der Linse verändert?

O 5-4
Wodurch sind Kurzsichtigkeit und Weitsichtigkeit beim Auge bedingt, und wie können diese Fehler korrigiert werden?

O 5-5
Welchen Zusammenhang findet man zwischen Sehwinkel σ und der Größe $|y'|$ des Bildes auf der Netzhaut, wenn man die von 1 verschiedene Brechzahl des Glaskörpers dadurch berücksichtigt, daß man sich unmittelbar hinter der Augenlinse eine ebene Grenzfläche zwischen Luft und Glaskörper denkt?

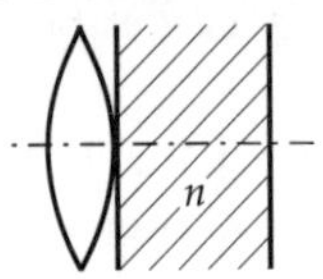

BEISPIELE

1. Einlinsiges Fernrohr

Mit einer Linse der Brennweite f wird ein Bild des Mondes erzeugt, das der Beobachter aus der Bezugssehweite betrachtet. Wie groß sind Abbildungsmaßstab β und Vergrößerung Γ? Der Mond ist von der Erde 384 000 km entfernt.

$f = 500$ mm

Lösung

Für den Abbildungsmaßstab β gilt die Beziehung

$$\beta = -\frac{a'}{a}$$

Da der Mond sehr weit entfernt ist, ist die Bildweite a' gleich der Brennweite f der Linse. Damit folgt

$$\underline{\beta = -\frac{f}{a}} = \underline{\underline{-1,3 \cdot 10^{-9}}}$$

Für die Vergrößerung gilt

$$\Gamma = \frac{\sigma_\mathrm{m}}{\sigma_0}$$

Das reelle Bild (y') kann mit dem Auge aus dem Abstand S betrachtet werden.
Wegen der großen Entfernung des Mondes ist der Sehwinkel σ_0 fest vorgegeben.
Der Sehwinkel σ_m, unter dem das Bild dem Beobachter hinter der Linse erscheint, ergibt sich aus

$$\sigma_\mathrm{m} = \frac{y'}{S}$$

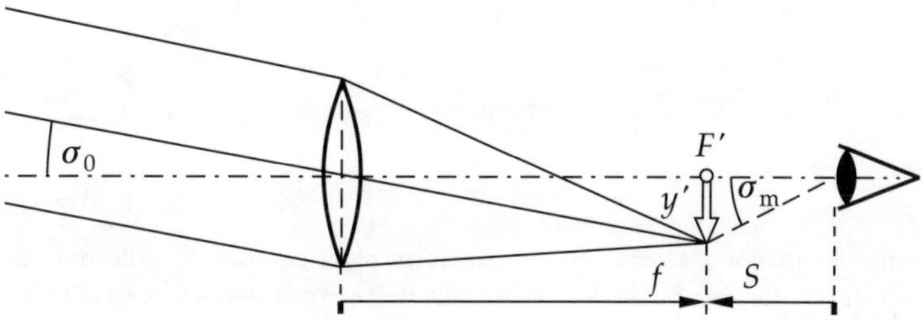

Die Größe y' des Bildes, das die Linse erzeugt, wird von σ_0 bestimmt. Da dieses Bild im Abstand f von der Linse entsteht, gilt

$$y' = \sigma_0 f$$

Daraus folgt für die Vergrößerung

$$\underline{\Gamma = \frac{f}{S}} = \underline{\underline{2}}$$

Es handelt sich hier um ein einlinsiges Fernrohr. Da S als kürzester Beobachtungsabstand gilt, liefert dieses Fernrohr nur dann eine Vergrößerung größer als 1, wenn die Brennweite der Linse größer als S ist.

2. Brillenbestimmung

Ein Kurzsichtiger ist gleichzeitig alterssichtig, so daß sein Fernpunkt im Abstand s_F und sein Nahpunkt im Abstand s_N vor dem Auge liegt. Kann ihm mit einer Bifokalbrille (zwei Linsen mit unterschiedlicher Brennweite) so geholfen werden, daß er Gegenstände in Entfernungen zwischen Bezugssehweite S und Unendlich scharf sehen kann?

$s_\mathrm{F} = 2,0$ m $s_N = 1,0$ m

Lösung

Eine Bifokalbrille hat zwei Bereiche unterschiedlicher Brennweite (Fernbrille und Nahbrille). Die Fernbrille (Brennweite f_{F}) und die Nahbrille (Brennweite f_{N}) werden zunächst einzeln berechnet: Die Fernbrille (eine Zerstreuungslinse) bildet einen unendlich fernen Achsenpunkt auf den Fernpunkt des Patienten ab.

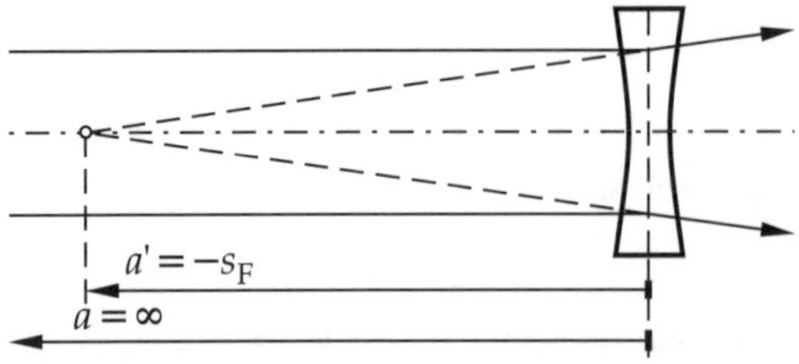

Mit der Abbildungsgleichung

$$\frac{1}{a} + \frac{1}{a'} = \frac{1}{f_{\mathrm{F}}}$$

folgt

$$\underline{f_{\mathrm{F}} = -s_{\mathrm{F}}} = \underline{\underline{-2,0\ \mathrm{m}}}$$

Die Nahbrille (eine Sammellinse) bildet den im Abstand S vor dem Auge liegenden Achsenpunkt auf den Nahpunkt ab. Die Abbildungsgleichung liefert

$$\frac{1}{S} - \frac{1}{s_{\mathrm{N}}} = \frac{1}{f_{\mathrm{N}}}$$

$$\underline{f_{\mathrm{N}} = \frac{S s_{\mathrm{N}}}{s_{\mathrm{N}} - S}} = \underline{\underline{+33\ \mathrm{cm}}}$$

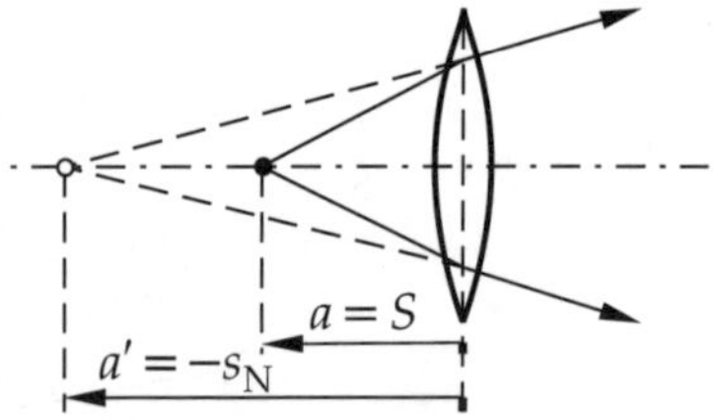

Damit kann der Patient auf die Entfernungen ∞ und S akkommodieren. Gleichzeitig rückt aber durch die Fernbrille der Nahpunkt weiter vom Auge fort (in die Entfernung s'_{N}) und durch die Nahbrille der Fernpunkt näher zum Auge hin (in die Entfernung s''_{F}). Diese neuen Entfernungen müssen berechnet werden, um festzustellen, ob sich die Akkommodationsbereiche bei Verwendung beider Brillen noch überdecken.

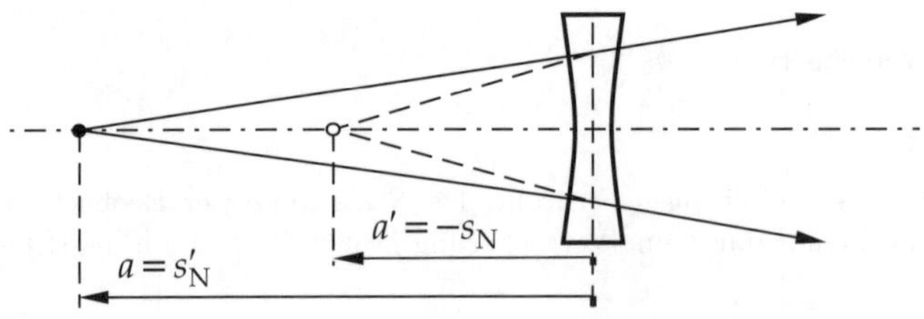

Die Entfernung s'_{N} des Nahpunktes mit der Fernbrille folgt aus der Abbildungsgleichung

$$\frac{1}{s'_{\mathrm{N}}} - \frac{1}{s_{\mathrm{N}}} = \frac{1}{f_{\mathrm{F}}}$$

$$\underline{s'_{\mathrm{N}}} = \frac{s_{\mathrm{N}} f_{\mathrm{F}}}{s_{\mathrm{N}} + f_{\mathrm{F}}} = \underline{\frac{s_{\mathrm{N}} s_{\mathrm{F}}}{s_{\mathrm{F}} - s_{\mathrm{N}}}} = \underline{\underline{2,0\ \mathrm{m}}}$$

Entsprechend gilt für die Entfernung s''_{F} des Fernpunktes mit der Nahbrille:

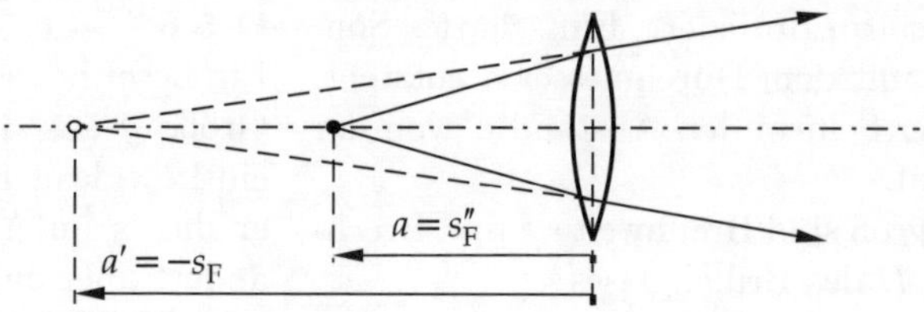

$$\frac{1}{s''_F} - \frac{1}{s_F} = \frac{1}{f_N}$$

$$s''_F = \frac{s_F f_N}{s_F + f_N} = \frac{s_F s_N S}{s_N(s_F + S) - S s_F} = \underline{29 \text{ cm}}$$

Zur Veranschaulichung werden die Akkommodationsbereiche des Patienten mit bloßem Auge sowie mit Fernbrille und Nahbrille grafisch dargestellt:

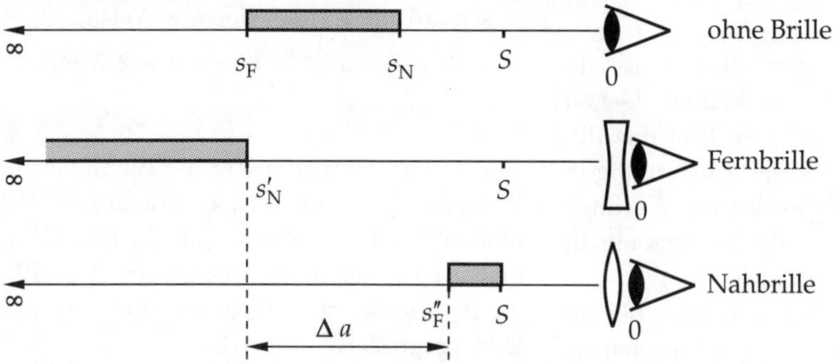

Zwischen 0,29 m und 2,0 m bleibt ein Bereich Δa, auf den der Patient mit Brille nicht akkommodieren kann. Es ist aber möglich, mit der Nahbrille zu lesen und sich mit der Fernbrille im Verkehr sicher zu orientieren. Gegebenenfalls wird er auch seine Brille abnehmen, wenn er sich z. B. mit einer zweiten Person unterhält.

AUFGABEN

O 5.1

Welche Brechkraft D (in dpt) braucht ein Weitsichtiger für seine Brille, wenn der Nahpunkt aus der Entfernung s_N in die Bezugssehweite S verlagert werden soll?

$s_N = 200$ cm

O 5.2

Bei einem alterssichtigen Auge verschiebt ein Brille der Brennweite $f > 0$ den Nahpunkt in die Entfernung s'_N. In welcher Entfernung s_N befindet er sich beim bloßen Auge?

$f = 250$ mm $\quad s'_N = 200$ mm.

O 5.3

Ein Kurzsichtiger kann auf Entfernungen zwischen s_N (Nahpunkt) und s_F (Fernpunkt) akkommodieren. Er braucht eine Brille, die einen unendlich fernen Achsenpunkt in seinen Fernpunkt abbildet.

a) Wie groß ist deren Brennweite f?

b) In welcher Entfernung s'_N befindet sich der Punkt, der auf den Nahpunkt des Auges abgebildet wird?

$s_N = 80$ mm $\quad s_F = 400$ mm

O 5.4

Zur Beobachtung der Sonne wird mit Hilfe eines Brillenglases das Bild der Sonne auf einen Schirm projiziert. Ein scharfes Sonnenbild mit dem Durchmesser d entsteht, wenn der Schirm den Abstand a' von der Linse hat.

a) Wie groß sind Brennweite f und Brechkraft D des Brillenglases?
b) Berechnen Sie den Sehwinkel σ_0, unter dem man die Sonne sieht!
c) Welche Vergrößerung Γ wird bei der Beobachtung auf dem Schirm erreicht?

$d = 18,7$ mm $\quad a' = 2,0$ m

O 5.5

Im Abstand $a > f$ vor einer Linse der Brennweite f steht ein kleiner Gegenstand. Ein Beobachter betrachtet das Bild des Gegenstandes aus der Entfernung S. Berechnen Sie die Vergrößerung Γ, indem Sie bei der Festlegung des Bezugssehwinkels folgende Fälle unterscheiden:

a) Betrachtung des Gegenstandes bei unveränderter Position von Gegenstand und Auge nach Entfernen der Linse.
b) Betrachtung des Gegenstandes aus der Bezugssehweite S!

$a = 60$ mm $\quad f = 50$ mm

O 5.6

Ein Leser betrachtet einen Buchstaben der Größe y aus der Entfernung S. Wenn er ein Leseglas (Brennweite f) benutzt, hält er dieses im Abstand a über der Schrift, ändert aber dabei den Abstand des Auges vom Buch nicht.

a) In welcher Entfernung s vom Auge entsteht das Bild ?
b) Welche Größe y' hat das Bild des Buchstabens?
c) Welche Vergrößerung Γ erzielt der Leser auf diese beschriebene Weise?

$f = 50$ mm $\quad a = 40$ mm $\quad y = 2,5$ mm

O 5.7

Bei einer Sonnenfinsternis benutzt ein Weitsichtiger seine Brille (Brechkraft D), um ein Bild der Sonne auf ein Blatt Papier zu erzeugen. Er betrachtet das Bild im Nahpunkt seines Auges. Sieht er das Bild vergrößert?

(*Hinweis*: Man gehe davon aus, daß die Brille den Nahpunkt des Auges auf die Bezugssehweite korrigiert.)

$D = 1$ dpt

O 6 Optische Geräte

GRUNDLAGEN

1 Lupe

Die Lupe ist eine Sammellinse, die meist unmittelbar vor das Auge gehalten wird. Sie bildet kleine Gegenstände vergrößert ab, die bei Betrachtung mit bloßem Auge aus der Bezugssehweite S einen zu kleinen Sehwinkel ergäben.

Damit die von der Lupe erzeugten Bilder innerhalb des Akkommodationsbereiches des Auges (zwischen ∞ und S) liegen, müssen sich die Gegenstände innerhalb der Brennweite der Lupe befinden. Die Bilder sind dann aufrecht und virtuell.

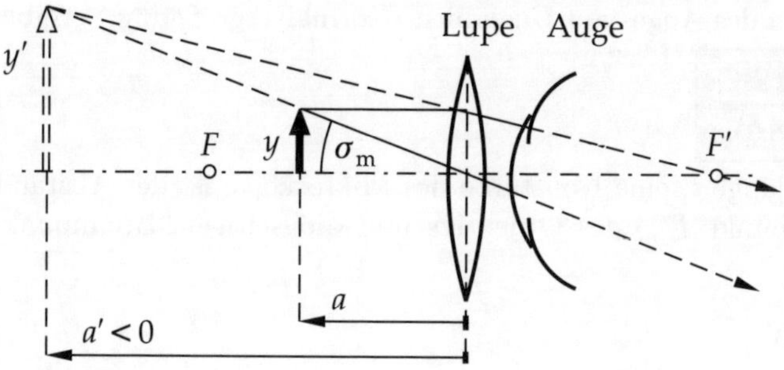

Auge und Lupe befinden sich annähernd am gleichen Ort. Für den Sehwinkel σ_m gilt

$$\sigma_\mathrm{m} = \frac{y'}{|a'|} = \frac{y}{a}$$

Die Vergrößerung der Lupe ergibt sich mit $\sigma_0 = y/S$ als

$$\Gamma = \frac{S}{a}$$

Die Dingweite a kann bei der gleichen Lupe unterschiedlich eingestellt werden, je nachdem, in welcher Entfernung a' man das Bild betrachtet. Die Normalvergrößerung Γ_0 ergibt sich, wenn das Bild im Unendlichen betrachtet wird. In diesem Falle ist $a = f$, und es folgt

$$\Gamma_0 = \frac{S}{f}$$

2 Mikroskop

Um höhere Vergrößerungen zu erzielen, als mit einer Lupe erreicht werden können, wird beim Mikroskop das Objekt mit einem Objektiv und einem Okular zweistufig abgebildet. Das Objektiv erzeugt ein reelles, umgekehrtes, vergrößertes Zwischenbild y'.

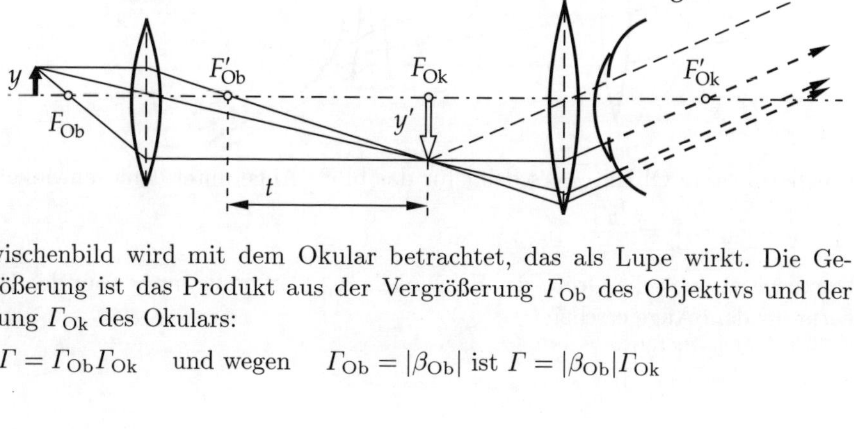

Dieses Zwischenbild wird mit dem Okular betrachtet, das als Lupe wirkt. Die Gesamtvergrößerung ist das Produkt aus der Vergrößerung Γ_Ob des Objektivs und der Vergrößerung Γ_Ok des Okulars:

$$\Gamma = \Gamma_\mathrm{Ob}\Gamma_\mathrm{Ok} \quad \text{und wegen} \quad \Gamma_\mathrm{Ob} = |\beta_\mathrm{Ob}| \text{ ist } \Gamma = |\beta_\mathrm{Ob}|\Gamma_\mathrm{Ok}$$

Bei Akkommodation des Auges auf Unendlich (Normalvergrößerung) ergibt sich

$$\Gamma_0 = \frac{tS}{f_{\mathrm{Ob}} f_{\mathrm{Ok}}}$$

Die optische Tubuslänge t, eine Konstante des Mikroskops, ist der Abstand zwischen bildseitigem Brennpunkt F'_{Ob} des Objektivs und dingseitigem Brennpunkt F_{Ok} des Okulars.

3 Fernrohr

Das Fernrohr bildet Gegenstände vergrößert ab, die vom Beobachter weit entfernt sind. Dazu sind zwei Linsen erforderlich:

Das Objektiv erzeugt ein reelles, umgekehrtes Zwischenbild y' vom Objekt; das Okular wird als Lupe zur Betrachtung dieses Zwischenbildes benutzt.

In der Regel sind die Objekte so weit entfernt, daß das Zwischenbild in der bildseitigen Brennebene entsteht. Wird das Endbild mit entspanntem Auge betrachtet (d. h., es erscheint im Unendlichen), fallen bildseitiger Brennpunkt des Objektivs und dingseitiger Brennpunkt des Okulars zusammen.

Beim Keplerschen Fernrohr ist das Okular eine Sammellinse. Das Endbild erscheint umgekehrt.

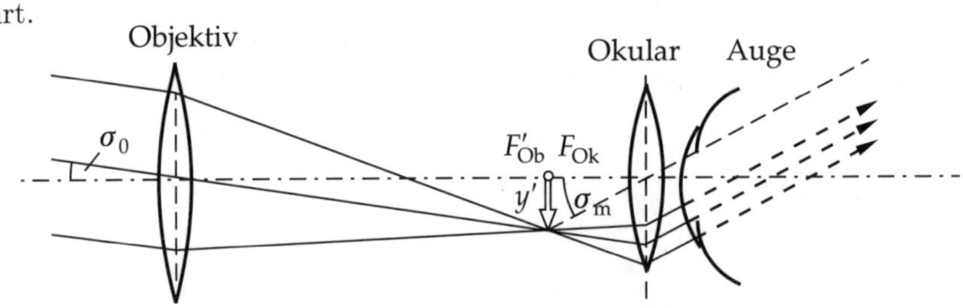

Beim Galileischen Fernrohr wird dagegen als Okular eine Zerstreuungslinse verwendet. Hier erscheint das Endbild aufrecht. Gegenüber dem Keplerschen Fernrohr verkürzt sich die Baulänge.

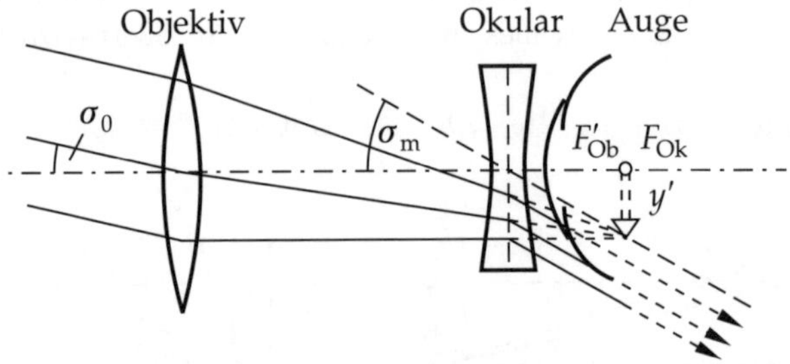

Das betrachtete Objekt y erscheint für das bloße Auge unter dem Sehwinkel σ_0:

$$\sigma_0 = \frac{y}{a} = \frac{|y'|}{f_{\mathrm{Ob}}}$$

Durch y' ist auch die Größe des Sehwinkels σ_{m} bestimmt, unter dem das Endbild im Fernrohr dem Auge erscheint:

$$\sigma_{\mathrm{m}} = \frac{|y'|}{|f_{\mathrm{Ok}}|}$$

Daraus folgt die Normalvergrößerung

$$\Gamma_0 = \frac{f_{Ob}}{|f_{Ok}|}$$

die für Keplersches und Galileisches Fernrohr in gleicher Weise von f_{Ob} und f_{Ok} abhängt.

KONTROLLFRAGEN

O 6-1
Ist es möglich, eine Lupe mit 100facher Vergrößerung zu bauen?

O 6-2
Wie stellt man bei folgenden optischen Einrichtungen das Bild scharf?
a) Auge
b) Fotoapparat
c) Lupe
d) Mikroskop
e) Fernrohr

O 6-3
Weisen Sie nach, daß für den Abbildungsmaßstab des Mikroskopobjektivs (bei Normalvergrößerung) die Beziehung

$\beta_{Ob} = -\dfrac{t}{f_{Ob}}$ gilt!

O 6-4
Skizzieren Sie den Strahlenverlauf beim Galileischen Fernrohr für den Fall, daß das virtuelle Endbild in der Bezugssehweite S betrachtet wird!

O 6-5
Was ist ein teleskopischer Strahlengang?

BEISPIELE

1. Keplersches Fernrohr
Ein Beobachtungsfernrohr dient zur Beobachtung des Leuchtschirms eines Elektronenmikroskops, der sich im Inneren des Vakuumsystems befindet und daher nicht direkt zugänglich ist. Das Einblickfenster ist um die Strecke a vom Leuchtschirm entfernt. Die Länge des (Keplerschen) Fernrohres ist bei Akkommodation des Auges auf Unendlich l (Abstand Objektiv – Okular). Das Okular hat die Normalvergrößerung Γ_2.

a) Welche Brennweite f_1 hat das Objektiv?

b) Wie hoch ist die Fernrohrvergrößerung Γ?

$a = 400$ mm $\quad l = 203$ mm $\quad \Gamma_2 = 12$

Lösung

a)

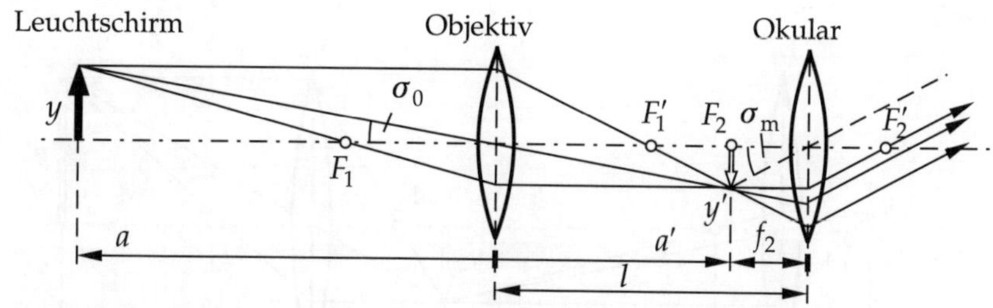

Die Brennweite des Objektivs folgt aus der Abbildungsgleichung

$$\frac{1}{a} + \frac{1}{a'} = \frac{1}{f_1}$$

Es ist

$$f_1 = \frac{aa'}{a + a'}$$

Die Dingweite a ist durch den Abstand zwischen Leuchtschirm und Einblickfenster gegeben. Das Zwischenbild befindet sich bei Akkommodation des Auges auf Unendlich in der dingseitigen Brennebene des Okulars. Für die Bildweite a' gilt demzufolge

$$a' = l - f_2$$

wobei die Brennweite f_2 durch die Okularvergrößerung $\Gamma_2 = \frac{S}{f_2}$ bestimmt ist. Also wird

$$a' = l - \frac{S}{\Gamma_2}$$

Damit folgt für die Objektivbrennweite

$$\underline{f_1 = \frac{a(l\Gamma_2 - S)}{(a + l)\Gamma_2 - S}} = \underline{\underline{125\ \text{mm}}}$$

b) Die Fernrohrvergrößerung Γ wird auf das Verhältnis der Sehwinkel zurückgeführt:

$$\Gamma = \frac{\sigma_\text{m}}{\sigma_0}$$

Hierbei lassen sich σ_0 und σ_m mit der Größe des Zwischenbildes in Zusammenhang bringen: $\sigma_0 = \frac{y'}{a'}$ und $\sigma_\text{m} = \frac{y'}{f_2}$. Daraus folgt

$$\Gamma = \frac{a'}{f_2} = \frac{a'}{S}\Gamma_2$$

$$\underline{\Gamma = \frac{l\Gamma_2}{S} - 1} = \underline{\underline{8{,}7}}$$

2. Mikroskop

Bei einem Mikroskop (Objektivbrennweite f_1, Okularbrennweite f_2, Tubuslänge t) wird das Okular als Projektiv verwendet, um in der Bildweite a_2' (hinter dem Okular) das Objekt auf eine fotografische Platte abzubilden.

a) Führen Sie in einer Skizze die Bildkonstruktion durch!

b) Berechnen Sie die Dingweite a_1!

c) Um welchen Wert Δa_1 muß die Gegenstandsweite verändert werden, wenn vor der fotografischen Aufnahme das Bild im Mikroskop mit entspanntem Auge beobachtet wurde?

d) Wie groß ist der Abbildungsmaßstab β' bei der beschriebenen fotografischen Abbildung? Vergleichen Sie β' mit der Normalvergrößerung des Mikroskops!

$f_1 = 6{,}00$ mm $\quad f_2 = 25{,}0$ mm $\quad t = 160{,}0$ mm $\quad a_2' = 180$ mm

Lösung

a)

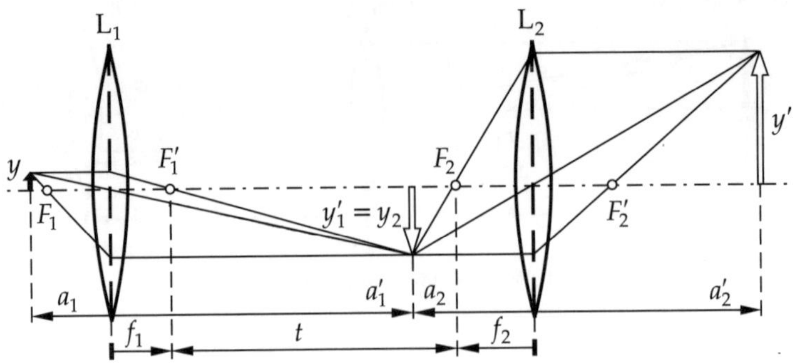

Wenn das Okular ein reelles Bild hinter dem Mikroskop erzeugen soll, muß das Zwischenbild $y_1' = y_2$ vor dem dingseitigen Brennpunkt F_2 des Okulars liegen.

b) Aus der gegebenen Bildweite a_2' am Okular folgt die zugehörige Gegenstandsweite a_2 durch die Abbildungsgleichung:

$$\frac{1}{f_2} = \frac{1}{a_2} + \frac{1}{a_2'}$$

$$\underline{a_2 = \frac{a_2' f_2}{a_2' - f_2}} = \underline{\underline{29,0 \text{ mm}}}$$

Da der Abstand zwischen Objektiv und Okular unveränderlich ist, gilt

$$a_1' + a_2 = f_1 + t + f_2$$

Hieraus folgt die Bildweite a_1' des Zwischenbildes bei der Abbildung durch das Objektiv:

$$\underline{a_1' = f_1 + f_2 + t - a_2} = \underline{\underline{162,0 \text{ mm}}}$$

Die zugehörige Gegenstandsweite ergibt sich aus der Abbildungsgleichung für das Objektiv:

$$\underline{a_1 = \frac{a_1' f_1}{a_1' - f_1}} = \underline{\underline{6,23 \text{ mm}}}$$

c) Um die Dingweite a_{10} bei unendlich weit entferntem Bild zu berechnen, sind die Berechnungen zur Teilfrage b) mit dem Ausgangswert $a_{20}' = \infty$ zu wiederholen. Rechnet man mit einer den Ausgangswerten angepaßten Genauigkeit, so findet man

$$a_{20} = f_2 = 25,0 \text{ mm} \qquad a_{10}' = 166,0 \text{ mm} \qquad a_{10} = 6,23 \text{ mm}$$

Die Größe der Veränderung der Gegenstandsweite $\Delta a_1 = a_1 - a_{10}$ liegt unterhalb der durch $f_1 = 6,00$ mm vorgegebenen Genauigkeitsgrenze von a_1. Trotzdem ist es möglich, die Größe der Differenz Δa_1 genauer zu bestimmen. Da sich a_1' und a_{10}' deutlich unterscheiden, verwenden wir zur Untersuchung nur die letzte der Formeln:

$$a_1 = \frac{a_1' f_1}{a_1' - f_1}$$

Sowohl bei der Berechnung von a_1 als auch bei der Berechnung von a_{10} mit dieser Formel ist der eingesetzte Wert von f_1 mit demselben Fehler behaftet. Deshalb ist der Fehler der Differenz $(a_1 - a_{10})$ geringer als der Fehler von a_1 selbst. Man kann also Δa_1 genauer erhalten, indem man die Stellenzahl von f_1, a_1' bzw. a_{10}' bei der numerischen Rechnung mit dieser Formel erhöht ($f_1 = 6,0000$ mm, $a_1' = 162,00$ mm, $a_{10}' = 166,00$ mm). Auf diese Weise findet man

$$a_1 = 6,2308 \text{ mm} \qquad a_{10} = 6,2250 \text{ mm}$$

Hieraus folgt

$$\underline{\Delta a_1 = 5,8\ \mu\text{m}}$$

Ein anderer, konsequenter Weg zur Berechnung von Δa_1 besteht darin, alle verwendeten Ausgangsformeln zu einer Endformel zusammenzufassen, in der dann Δa_1 direkt durch die gegebenen Größen ausgedrückt ist. Die hierzu notwendigen mathematischen Umformungen sind zwar elementar, aber von ermüdendem Aufwand. Es sei deshalb nur das Ergebnis mitgeteilt:

$$\Delta a_1 = \frac{f_1^2}{t}\left(\frac{f_2^2}{t(a_2' - f_2) - f_2^2}\right) = 5,82\ \mu\text{m}$$

Der für Δa_1 gefundene Wert zeigt in auffälliger Weise, wie empfindlich die Abbildung im Mikroskop von der Entfernungseinstellung abhängt und welche Anforderungen an die Einstelltriebe gestellt werden müssen.

d) Der gesamte Abbildungsmaßstab β bei der Abbildung des Objekts auf die Fotoplatte setzt sich zusammen aus β_1 und β_2:

$$\beta = \beta_1 \beta_2$$

$$\underline{\beta = \frac{a_1'}{a_1}\frac{a_2'}{a_2}} = \underline{\underline{160}}$$

Die Normalvergrößerung des Mikroskops ist

$$\underline{\Gamma_0 = \frac{tS}{f_1 f_2}} = \underline{\underline{267}}$$

AUFGABEN

O 6.1

Bei einer Lupe der Brennweite f wird auf die Bezugssehweite S akkommodiert.

a) Welche Vergrößerung Γ_S erreicht man?

b) Wie groß ist der Abbildungsmaßstab β in diesem Fall?

c) Man vergleiche Γ_S mit der Normalvergrößerung Γ_0!

O 6.2

Eine Lupe (Brennweite f) wird von einem Weitsichtigen (ohne Brille) so benutzt, daß das Bild im Nahpunkt seines Auges, d. h. in der Entfernung s_N vor dem Auge, entsteht. Wie hoch ist die Vergrößerung Γ, wenn man den Bezugssehwinkel

a) eines Normalsichtigen,

b) des Weitsichtigen selbst

zugrunde legt?

$s_N = 80$ cm $\quad f = 35$ mm

O 6.3

Ein Mikroskop besitzt ein Objektiv mit der Aufschrift 40× und ein Okular mit der Aufschrift 15×. (Diese Aufschriften bedeuten die Normalvergrößerungen Γ_1 und Γ_2.) Die Tubuslänge ist t.

a) Wie groß ist die Gesamtvergrößerung Γ_0 des Mikroskops?

b) Welche Brennweiten f_1 und f_2 haben Objektiv und Okular?

c) Welcher Abbildungsmaßstab β_1 liegt bei der Abbildung mit dem Objektiv vor?

$t = 160$ mm

O 6.4

Ein Mikroskop wird als Mikrokamera benutzt. Anstelle des Okulars wird ein Projektiv der Brennweite f_2 verwendet. Der Abstand des Films von Projektiv ist a_2'. Mit dem Objektiv wird der Abbildungsmaßstab β_1 erreicht.

a) Skizzieren Sie den Strahlenverlauf für einen Dingpunkt außerhalb der optischen Achse!

b) Welche Größe y hat ein Objekt, von dem auf dem Film ein Bild in der Größe y' entsteht?

$\beta_1 = -26 \quad f_2 = 25$ mm $\quad a_2' = 194$ mm
$y' = 30$ mm

O 6.5

Ein Strichgitter mit dem Strichabstand d wird durch ein Mikroskop mit entspanntem, normalsichtigem Auge betrachtet und soll dabei so groß wie eine Millimeterskale (Strichabstand e) erscheinen, die aus der Bezugssehweite S betrachtet wird. Das zur Verfügung stehende Objektiv hat die Vergrößerung Γ_1. Welche Brennweite f_2 muß das Okular haben?

$d = 2{,}0$ µm $\quad \Gamma_1 = 45 \quad e = 1$ mm

O 6.6

Das Objektiv eines Mikroskops hat die Brennweite f_1, das Okular die Brennweite f_2. Der Abstand der einander zugekehrten Brennpunkte ist t. Das Bild wird in der Bezugssehweite betrachtet.

a) Man skizziere die Bildkonstruktion!

b) Wie groß ist der Abbildungsmaßstab β_1 des reellen Zwischenbildes?

c) Wie hoch ist die Gesamtvergrößerung Γ des Mikroskops?

$f_1 = 5{,}00$ mm $\quad f_2 = 12{,}00$ mm
$t = 160$ mm

O 6.7

Bei einem Schülermikroskop kann die Tubuslänge um die Strecke Δt verändert werden, so daß die Gesamtvergrößerung zwischen Γ_1 und Γ_2 kontinuierlich einstellbar ist. Die Vergrößerung des Okulars ist Γ_0. (Betrachtung mit entspanntem Auge.)

a) Wie groß ist die Okularbrennweite f_0?

b) Wie groß ist die Objektivbrennweite f_A?

c) Welche Werte t_1 und t_2 der Tubuslänge gehören zu Γ_1 und Γ_2?

$\Delta t = 68$ mm $\quad \Gamma_0 = 6{,}25 \quad \Gamma_1 = 125$
$\Gamma_2 = 225$

O 6.8

Zwei handelsübliche Prismenfeldstecher (als Keplersche Fernrohre anzusehen) haben die Bezeichnungen 8×30 und 7×50. Dabei bedeutet die erste Zahl die Normalvergrößerung Γ_0 und die zweite Zahl den Objektivdurchmesser D_1 in mm.

a) Wie groß ist bei beiden Feldstechern der Durchmesser D_2 des hinter dem Okular austretenden Parallellichtbündels, das von einem unendlich fernen Dingpunkt stammt?

b) Unter welchen Bedingungen bringt der (teurere und schwerere) Feldstecher 7×50 Vorteile im Leistungsvermögen gegenüber dem Feldstecher 8×30?

O 6.9

Ein astronomisches Fernrohr hat die Brennweiten f_1 und f_2. Die Pupille des beobachtenden Auges hat den Durchmesser d.

a) Wie hoch ist die Normalvergrößerung Γ_0?

b) Welchen Durchmesser d_1 muß das Objektiv mindestens haben, damit die Augenpupille das Lichtbündel begrenzt, das von einem unendlich fernen Punkt auf die Netzhaut gelangt?

c) Für Sonnenbeobachtung wird ein Fernrohr häufig so benutzt, daß man das Zwischenbild in der Brennebene des Objektivs mit Hilfe des Okulars auf einen Schirm projiziert, der hinter dem Fernrohr angebracht ist.
Wie groß muß der Abstand e zwischen den einander zugekehrten Brennpunkten von Objektiv und Okular sein, damit das Sonnenbild auf dem Schirm den Durchmesser y_2' besitzt? Der Durchmesser der Sonne erscheint unter dem Öffnungswinkel σ. Man skizziere die Bildentstehung auf dem Schirm!

$f_1 = 1\,200$ mm $\quad f_2 = 30$ mm
$d = 3{,}5$ mm $\quad y_2' = 100$ mm $\quad \sigma = 32'$

O 6.10

Bei einem Keplerschen Fernrohr der Normalvergrößerung Γ_0 ist die Objektivbrennweite f_1.

a) Wie groß ist die Okularbrennweite f_2?

b) Das Okular läßt sich von einer Nullstellung aus, die der Beobachtung weit entfernter Gegenstände mit entspanntem, normalsichtigem Auge entspricht, gegenüber dem Objektiv um $\pm\Delta a'$ verschieben. Wie groß ist der geringste Beobachtungsabstand a_1 mit diesem Fernglas bei entspanntem, normalsichtigem Auge?

c) Träger von Fernbrillen wollen das Fernglas für astronomische Beobachtungen mit entspanntem Auge (ohne Brille) benutzen. Für welchen Bereich der Fehlsichtigkeit – ausgedrückt durch die Brechkraft D ihrer Brillen – ist das möglich? Berechnen Sie D_1 und D_2 für die untere und die obere Grenze!

$f_1 = 200$ mm $\quad \Delta a' = 4,0$ mm $\quad \Gamma_0 = 6$

O 6.11

Bei einem Theaterglas (Galileisches Fernrohr) ist die Normalvergrößerung Γ_0 (für unendlich weit entfernte Objekte) gegeben. Bei der Einstellung auf Unendlich ist der Abstand zwischen Objektiv und Okular gleich l. Dieser Abstand kann beim Einstellen auf näher gelegene Objekte um die Strecke e vergrößert werden.

a) Wie groß sind die Brennweiten f_1 und f_2 von Objektiv und Okular?

b) Wie groß ist der kürzeste Beobachtungsabstand a_1 bei Beobachtung mit entspanntem Auge?

$\Gamma_0 = 3 \quad l = 60$ mm $\quad e = 20$ mm

O 6.12

In einem Opernglas hat das Objektiv die Brennweite f_1 und den Durchmesser d_1, das Okular die Brennweite $f_2 < 0$.

a) Welchen Durchmesser d_2 muß das Okular mindestens haben, damit alles Licht, das von einem Punkt auf der optischen Achse in der Entfernung a_1 ausgeht und vom Objektiv erfaßt wird, auch das Okular passieren kann? Es wird mit entspanntem Auge betrachtet.

b) Um welche Strecke s und in welche Richtung muß das Okular verschoben werden, damit das Fernrohrbild in der Bezugssehweite S erscheint? (Man skizziere die Bildentstehung durch das Okular.)

$f_1 = 12,0$ cm $\quad f_2 = -4,5$ cm
$d_1 = 2,1$ cm $\quad a_1 = 30$ m

O 6.13

Ein Keplersches Fernrohr hat die Objektivbrennweite f_1, die Okularbrennweite f_2 und den Objektivdurchmesser d_1. Der Fixsternhimmel wird mit entspanntem Auge betrachtet.

a) Zeichnen sie qualitativ den Strahlenverlauf unter Benutzung der Randstrahlen, die gerade noch durch das Objektiv gelangen, für einen Fixstern, der sich auf der optischen Achse befindet, und für einen weiteren Fixstern, der außerhalb der optischen Achse liegt!

b) Welchen Durchmesser d_2 hat das Lichtbündel, das von dem auf der optischen Achse liegenden Fixstern kommt, im Okular?

c) In welcher Entfernung a_2' hinter dem Okular fallen die Querschnittsflächen der von den beiden Fixsternen stammenden Lichtbündel zusammen?

d) Durch eine Sammellinse in der Zwischenbildebene (Kollektivlinse genannt) wird erreicht, daß die gemeinsame Querschnittsfläche der von verschiedenen Fixsternen stammenden Lichtbündel ins Okular fällt. Welche Brennweite f_3 hat die Kollektivlinse?

$f_1 = 500$ mm $\quad f_2 = 25,0$ mm
$d_1 = 120$ mm

O 7 Interferenz und Beugung

GRUNDLAGEN

1 Überlagerung von zwei Wellen

Superpositionsprinzip: Treffen an einem Punkt des Raumes zwei Wellenzüge von verschiedenen Quellen zusammen, dann addieren sich Ihre Elongationen. Stimmen dabei die Frequenzen und Wellenlängen beider Wellenzüge überein, dann ist die **Phasendifferenz** $\Delta\varphi$ der eintreffenden Wellenzüge zeitlich konstant, aber von Ort zu Ort verschieden. Die Amplitude der resultierenden Schwingung hängt von $\Delta\varphi$ und damit vom Ort ab; die hierauf beruhenden Erscheinungen werden als **Interferenz** bezeichnet. Es gilt für

$$\Delta\varphi = m \cdot 2\pi \qquad \text{Amplitude maximal}$$

$$\Delta\varphi = \left(m + \frac{1}{2}\right) \cdot 2\pi \qquad \text{Amplitude minimal}$$

mit $m = 0, \pm 1, \pm 2, \ldots$

Im räumlichen Wellenfeld mit zwei punktförmigen Erregern Q_1 und Q_2 hängt $\Delta\varphi$ vom **Gangunterschied** $\Delta s = s_2 - s_1$ zwischen den Erregern und dem Beobachtungspunkt P ab. Schwingen Q_1 und Q_2 in gleicher Phase, dann gilt

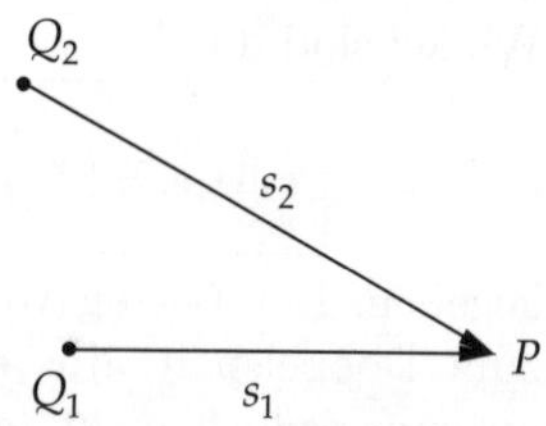

$$\frac{\Delta\varphi}{2\pi} = \frac{\Delta s}{\lambda}$$

Demzufolge tritt die maximale Amplitude bei $\Delta s = m\lambda$ und die minimale Amplitude bei $\Delta s = \left(m + \frac{1}{2}\right)\lambda$ auf.

2 Beugung am Doppelspalt

Nach dem **Huygensschen Prinzip** ist jeder Punkt einer Wellenfront Ausgangspunkt einer **Elementarwelle**, die sich im Raum kugelförmig und in der Ebene kreisförmig ausbreitet.

Trifft eine Welle in einer Ebene auf ein Hindernis mit einem Doppelspalt, bei dem die Breite der Spaltöffnung klein gegenüber der Wellenlänge ist, so breiten sich von den Spaltöffnungen ausgehend hinter dem Hindernis halbkreisförmige Wellen aus und überlagern sich. Der Doppelspalt bildet zwei Erregerzentren. Die von beiden Zentren ausgehenden Wellen erreichen jeden beliebigen Punkt der Ebene hinter dem Hindernis.

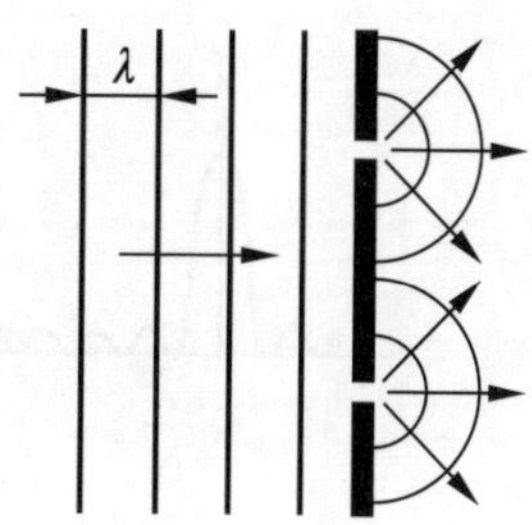

Für einen sehr weit entfernten Beobachtungspunkt P sind die Ausbreitungsrichtungen der interferierenden Wellenzüge, die von den beiden Spalten kommen, nahezu parallel. In diesem Fall hängt der auftretende Gangunterschied Δs allein von der Beobachtungsrichtung ab. Dem Bild entnimmt man

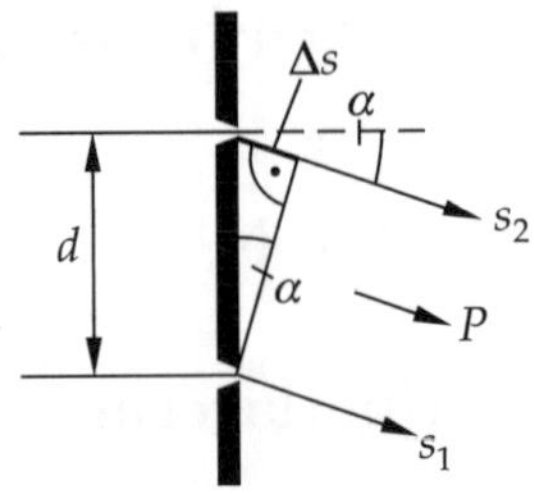

$$\Delta s = d \sin \alpha$$

und erhält damit für

$$d \sin \alpha = \begin{cases} m\lambda & \text{maximale Amplitude (Verstärkung)} \\ \left(m + \frac{1}{2}\right)\lambda & \text{minimale Amplitude (Auslöschung)} \end{cases}$$

3 Beugungsgitter

Ein Beugungsgitter besteht aus N Spalten, die den gleichen Abstand d voneinander haben; d ist die **Gitterkonstante**. In jedem Beobachtungspunkt interferieren damit N Wellenzüge. Die Interferenzerscheinungen entsprechen weitgehend denen am Doppelspalt: Für sehr weit entfernte Beobachtungspunkte treten maximale Amplituden (Beugungsmaxima) bei den gleichen Beobachtungswinkeln (Beugungswinkeln) auf. Diese Winkel sind durch

$$\sin \alpha_{\mathrm{m}} = m\frac{\lambda}{d} \qquad m = 0, \pm 1, \pm 2, \dots$$

gegeben. Der Betrag von m wird als **Beugungsordnung** bezeichnet. Im Gegensatz zum Doppelspalt gibt es zwischen zwei Beugungsmaxima benachbarter Beugungsordnung jedoch nicht nur ein Beugungsminimum, sondern $N - 1$ Beugungsminima. Zwischen diesen liegen $N - 2$ Nebenmaxima geringer Amplitude bzw. Intensität. Die grafische Darstellung der Abhängigkeit der Intensität I der resultierenden Welle in Abhängigkeit vom Gangunterschied Δs zwischen jeweils zwei benachbarten Wellenzügen für $N = 2$ und $N = 6$ zeigt:

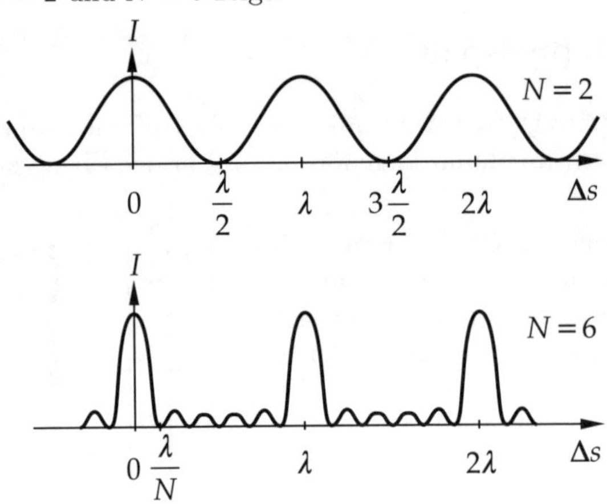

Je größer N ist,

– desto dichter liegt das erste der gleichabständigen Minima neben dem Hauptmaximum $\left(\Delta s = \frac{\lambda}{N}\right)$, d. h., desto schärfer begrenzt ist letzteres,

– desto schwächer werden die Nebenmaxima.

4 Gitterspektralapparat

Da beim Beugungsgitter die Lage der Hauptmaxima von der Wellenlänge λ abhängt, kann in der Lichtoptik das Beugungsgitter zur Wellenlängenmessung bzw. zur Spektralanalyse eingesetzt werden. Dieses geschieht mit dem Gitterspektralapparat. In ihm wird zunächst ein paralleles Lichtbündel erzeugt. Hierzu dienen Kollimatorspalt Ks und Kollimatorlinse Kl.

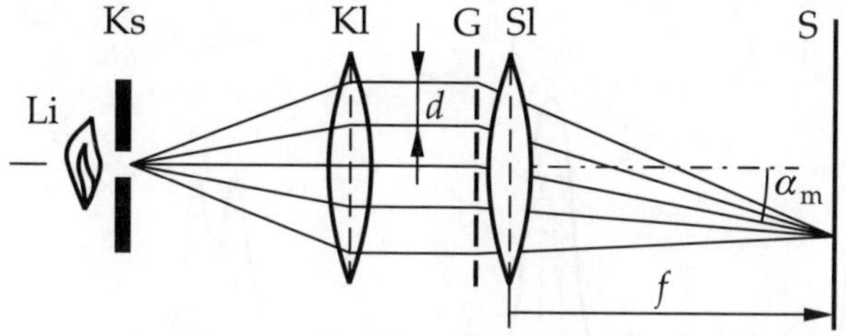

Der Kollimatorspalt befindet sich hinter der Lichtquelle Li (Untersuchungsobjekt) in der Brennebene der Kollimatorlinse und muß so schmal eingestellt werden, daß die Breite der Beugungsmaxima nicht beeinflußt wird. Das parallele Lichtbündel fällt auf das Beugungsgitter G, hinter dem sich eine zweite Sammellinse Sl befindet, die das im Unendlichen entstehende Beugungsbild in ihre bildseitige Brennebene verlagert. Dort kann das Beugungsspektrum auf einem Schirm S oder aber auch durch eine dahinter befindliche Lupe betrachtet werden. Zweite Sammellinse Sl und Lupe (nicht dargestellt) bilden zusammen ein Beobachtungsfernrohr.

Für jede Wellenlänge des Lichtes gibt es eine endliche Anzahl Intensitätsmaxima in der Schirmebene. Ihre gegenseitigen Abstände hängen von der Wellenlänge λ ab, so daß bei höheren Beugungsordnungen Überlappungen der Spektren unterschiedlicher Beugungsordnung auftreten können. Der **überlappungsfreie Wellenlängenbereich** $\Delta\lambda$ zwischen Beugungsspektren benachbarter Beugungsordnungen nimmt mit wachsendem m ab.

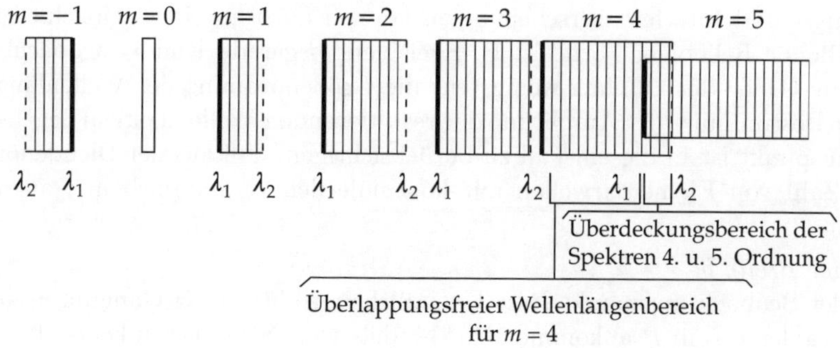

Ist λ die untere Grenze des überlappungsfreien Wellenlängenbereiches (auch Dispersionsgebiet genannt), so gilt

$$\frac{\lambda}{\Delta\lambda} = m$$

Sollen in einem Beugungsspektrum (Beugungsordnung m) die Beugungsmaxima dicht benachbarter Wellenlängen (λ_1 und λ_2) getrennt wahrgenommen werden, so muß die **Wellenlängendifferenz** $\delta\lambda = \lambda_2 - \lambda_1$ mindestens so groß sein, daß das Beugungsmaximum der einen Welle in das nächstgelegene Beugungsminimum der anderen Wellenlänge fällt. Anderenfalls gibt es zwischen beiden Maxima keine ausreichende Intensitätsabnahme im Spektrum, und die beiden Wellenlängen werden nicht aufgelöst.

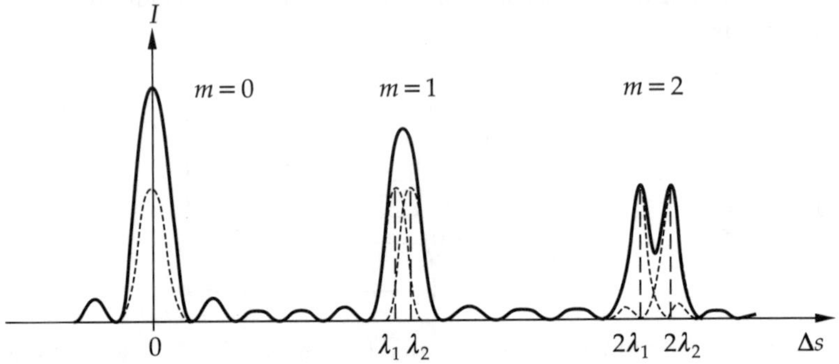

(Im Bild werden die beiden Beugungsmaxima der Wellenlängen λ_1 und λ_2 in der Beugungsordnung $m = 2$ gerade getrennt, in der Beugungsordnung $m = 1$ dagegen noch nicht.)

Ist $\delta\lambda$ die gerade noch aufgelöste Wellenlängendifferenz, so gilt

$$\frac{\lambda}{\delta\lambda} = mN$$

$\frac{\lambda}{\delta\lambda}$ wird als **Auflösungsvermögen des Gitterspektralapparates bezeichnet**. Für λ kann eine mittlere (gerundete) Wellenlänge zwischen λ_1 und λ_2 eingesetzt werden, da normalerweise $\delta\lambda \ll \lambda$ (bzw. $mN \gg 1$) gilt.

5 Beugung an Blenden

Beugungs- und Interferenzerscheinungen können auch an einem einzelnen Spalt oder einer Blende beliebiger Form (z. B. Kreisblende, gerade Kante) beobachtet werden, wenn die Größe der Öffnung wenigstens die Größenordnung der Wellenlänge erreicht. Bei der Bestimmung der Amplitude der resultierenden Welle in einem gegebenen Beobachtungspunkt ist in diesem Fall zu berücksichtigen, daß aus der Blendenöffnung eine große Zahl von Elementarwellen mit kontinuierlich veränderlichem Gangunterschied eintrifft.

Spalt der Breite b

Liegt der Beobachtungspunkt P im Unendlichen, so hängt der Gangunterschied Δs der Randstrahlen des in P ankommenden Bündels vom Neigungswinkel α ab:

$$\Delta s = b \sin \alpha$$

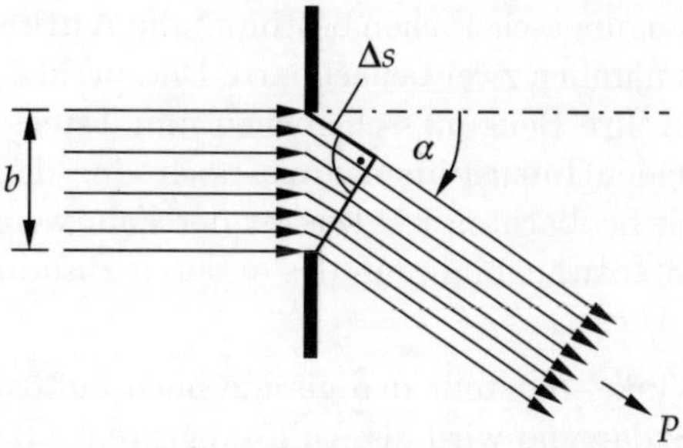

Im Gegensatz zum Doppelspalt, bei dem nur zwei (den Randstrahlen des Spaltes entsprechende) Wellenzüge in P zusammentreffen, ergibt sich hier (beim Spalt) unter Berücksichtigung der zwischen den Randstrahlen liegenden Wellenzüge bei

$$\Delta s = m\lambda \text{ mit } m = \pm 1, \pm 2, \ldots \quad \text{Auslöschung}$$

Damit bildet das bei $m = 0$ auftretende Beugungsmaximum 0-ter Beugung ein divergentes Lichtbündel, das durch die sich anschließenden Minima auf den Öffnungswinkel $2\alpha_0$ begrenzt wird:

$$\sin \alpha_0 = \frac{\lambda}{b}$$

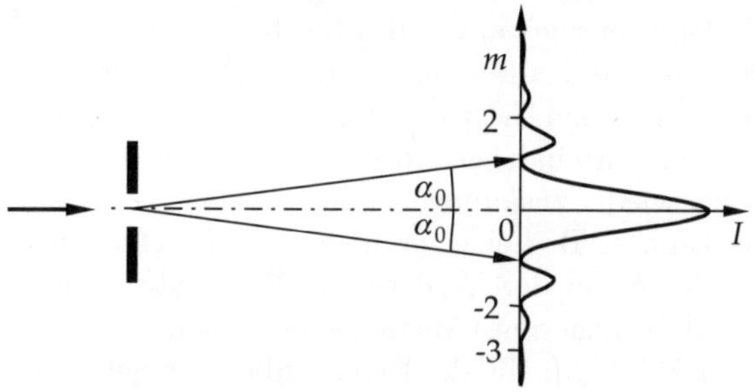

Lochblende vom Radius r

Auch hinter einer rotationssymmetrischen Lochblende entsteht eine Beugungsfigur, bei der die Maxima und Minima konzentrische Ringe sind. Das zentrale Beugungsmaximum (Ordnung 0) bildet ein kegelförmiges Bündel vom halben Öffnungswinkel

$$\sin \alpha_0 = 0,61 \frac{\lambda}{r}$$

Bei einer Linse wirkt die Linsenfassung als Lochblende. Infolgedessen entsteht in der Bildebene anstelle eines Bildpunktes P' ein **Beugungsscheibchen**, dessen Durchmesser δ von α_0 und der Bildweite a' abhängt. (Im Bild liegt der Dingpunkt im Unendlichen, d. h. $a' = f$.) Definiert man δ als den Durchmesser des 1. dunklen Rings der Beugungsfigur, dann gilt für einen unendlich fernen Dingpunkt unter der Voraussetzung $\lambda \ll r$ bzw. $\alpha_0 \ll 1$:

$$\delta = 1,22 \frac{\lambda}{r} f$$

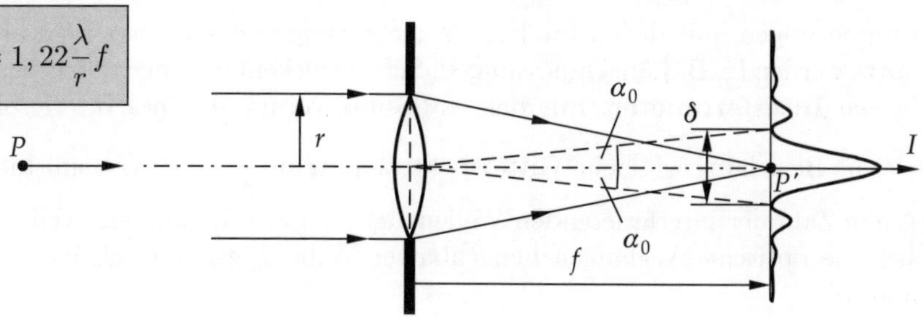

Das Beugungsscheibchen bestimmt die **Auflösungsgrenze** bei allen optischen Geräten. Damit nämlich zwei benachbarte Bildpunkte getrennt wahrgenommen werden können, müssen ihre Beugungsscheibchen mindestens so weit auseinanderliegen, daß zwischen den beiden Intensitätsmaxima noch eine deutlich wahrnehmbare Intensitätsverringerung zu beobachten ist. Das ist der Fall, wenn das Intensitätsmaximum des einen mit dem Intensitätsminimum des anderen zusammenfällt, d. h., wenn ihr Abstand gerade gleich $\delta/2$ ist.

Der Winkel α_0 stellt den gerade noch auflösbaren Winkelabstand benachbarter Bildpunkte dar und wird als Auflösungsgrenze bezeichnet.

Je größer also der Durchmesser $(2r)$ einer Linse ist, desto kleiner ist der Durchmesser δ des Beugungsscheibchens und desto niedriger ist die Auflösungsgrenze der Linse.

6 Interferenz an dünnen Schichten

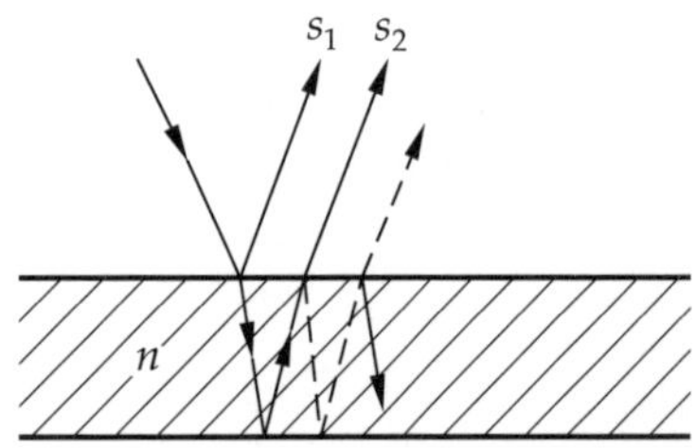

Interferenzerscheinungen des Lichtes treten nicht allein infolge der Beugung auf. Sie können auch entstehen, wenn die von einer Lichtquelle ausgehenden Lichtbündel geteilt und auf verschiedenen Wegen wieder zusammengeführt werden.
Das kann z. B. bei einer mehrfachen Reflexion des Lichtes an der Vorder- und Rückseite einer dünnen Schicht eines Mediums geschehen, dessen Brechzahl n sich von der Brechzahl des umgebenden Mediums unterscheidet.

Bei der Bestimmung des Gangunterschiedes $\Delta s = s_2 - s_1$ zweier benachbarter Wellenzüge muß berücksichtigt werden,

a) daß in einem Medium der Brechzahl n die Wellenlänge λ_n gegenüber der Vakuumwellenlänge λ geringer ist: $\lambda_n = \dfrac{\lambda}{n}$. Man berücksichtigt das, indem man zur Berechnung des Gangunterschiedes anstelle der geometrischen Weglänge l die **optische Weglänge** $s = nl$ benutzt und dafür den Gangunterschied grundsätzlich nur auf die Vakuumwellenlänge λ bezieht,

b) daß bei der Reflexion am Übergang vom optisch dünneren zum optisch dichteren Medium ein zusätzlicher Gangunterschied $\dfrac{\lambda}{2}$ bzw. Phasensprung π auftritt.

Einrichtungen, mit denen Interferenzerscheinungen des Lichtes für Meßzwecke ausgenutzt werden (z. B. Längenmessungen, Schichtdickenmessungen, Brechzahlmessungen), heißen **Interferometer**. Für das Auflösungsvermögen eines Interferometers gilt die gleiche Beziehung wie beim Gitterspektralapparat: $\dfrac{\lambda}{\delta\lambda} = mN$. Beim Interferometer ist N die Zahl der interferierenden Wellenzüge und m die Zahl der Wellenlängen, um die sich die optische Weglängen benachbarter Wellenzüge unterscheiden (Interferenzordnung).

KONTROLLFRAGEN

O 7-1
Wie läßt sich die Ausbildung ebener Wellenfronten in einem Raum ohne Hindernis mit Hilfe des Huygensschen Elementarwellenprinzips erklären?

O 7-2
Mit einem Beugungsgitter soll die Wellenlänge einer monochromatischen Strahlung gemessen werden. Welche Forderung ist an das Gitter zu stellen, damit eine hohe Meßgenauigkeit erreicht wird?

O 7-3
Der überlappungsfreie Wellenlängenbereich in einem Beugungsspektrum m-ter Ordnung gehe von λ_1 bis λ_2. Weisen Sie die Gültigkeit der Formel $\frac{\lambda}{\Delta\lambda} = \frac{\lambda_1}{\lambda_2 - \lambda_1} = m$ nach!

O 7-4
Warum ist die Anzahl der Beugungsordnungen an einem Gitter begrenzt?

O 7-5
Eine ebene Welle fällt unter einem Winkel α_0 auf einen Doppelspalt. Wie wird die Wegdifferenz Δs der beiden Strahlen aus α, α_0 und d (Spaltabstand) berechnet?

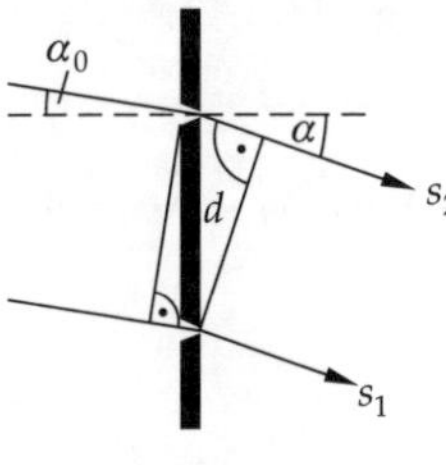

O 7-6
Für welche Werte Δs des Gangunterschiedes zwischen zwei benachbarten Wellenzügen treten bei einem Beugungsgitter
a) Hauptmaxima,
b) Minima
der Intensität auf?
(Benutzen Sie zur Beantwortung der Frage das $I, \Delta s$-Diagramm aus den GRUNDLAGEN (3.))

O 7-7
Von zwei Erregern Q_1 und Q_2 breiten sich Wellen in einer Ebene aus. Auf was für einer Kurve liegen alle Punkte, für die der Gangunterschied Δs den gleichen Wert hat?

O 7-8
Wie entstehen Newtonsche Ringe?

O 7-9
Warum verschwinden bei einer Seifenblase kurz vor dem Zerplatzen an einzelnen Stellen die farbigen Reflexe?

O 7-10
Die Augenpupille hat einen maximalen Durchmesser von $d = 8$ mm; die bildseitige Brennweite des Auges beträgt $f' = 23$ mm. Schätzen Sie den Abstand ab, den die Sehzellen auf der Netzhaut höchstens haben dürfen, damit bei einer Wellenlänge von etwa $\lambda = 400$ nm die Auflösungsgrenze der Augenlinse voll ausgenutzt werden kann!

BEISPIELE

1. Gitterspektralapparat

Das Emissionsspektrum des Zinks enthält zwei charakteristische Linien mit den Wellenlängen λ_1 und λ_2. Diese sollen mit einem Gitterspektralapparat aufgelöst werden, dessen Gitter die Gitterkonstante d hat. Das Licht fällt senkrecht auf das Gitter. Im Spektrum der Lichtquelle sollen außerdem alle Wellenlängen des sichtbaren Bereichs zwischen λ_3 und λ_4 vorkommen.

a) Wie hoch kann man die Beugungsordnung m wählen, wenn die beiden Spektrallinien im überlappungsfreien Gebiet des Spektrums liegen sollen?

b) Wie groß muß die Zahl der Gitterstriche mindestens sein, damit die beiden Linien getrennt werden können?

c) Wie groß muß die Brennweite f der Linse hinter dem Gitter sein, damit der Abstand der beiden Spektrallinien auf dem Beobachtungsschirm den Wert e hat?

$\lambda_1 = 468$ nm $\quad \lambda_2 = 472$ nm $\quad \lambda_3 = 400$ nm $\quad \lambda_4 = 700$ nm $\quad d = 3,00$ µm $\quad e = 2,0$ mm

Lösung

a) Die beiden Spektrallinien erscheinen im Spektrum der Beugungsordnung m im überlappungsfreien Gebiet, wenn

1. die Linie der niedrigen Wellenlänge (λ_1) sich nicht mit der oberen Wellenlängengrenze (λ_4) des Beugungsspektrums der nächstniederen Beugungsordnung ($m-1$) überlappt,
2. die Linie der höheren Wellenlänge (λ_2) sich nicht mit der unteren Wellenlängengrenze (λ_3) des Beugungsspektrums der nächsthöheren Beugungsordnung ($m+1$) überlappt.

Diese beiden Bedingungen sind dann erfüllt, wenn für die Beugungswinkel gilt:

$$\alpha_{m1} > \alpha_{(m-1)4}$$

$$\alpha_{m2} < \alpha_{(m+1)3}$$

Hier bezeichnet α_{mn} die Lage des Beugungsmaximums m-ter Ordnung für Licht der Wellenlänge λ_n. Mit

$$\sin\alpha_m = m\frac{\lambda}{d}$$

folgt daraus

$$m\frac{\lambda_1}{d} > (m-1)\frac{\lambda_4}{d}$$

$$m\frac{\lambda_2}{d} < (m+1)\frac{\lambda_3}{d}$$

Beide Beziehungen werden nach m umgestellt und liefern

$$m(\lambda_4 - \lambda_1) < \lambda_4 \quad m < \frac{\lambda_4}{\lambda_4 - \lambda_1} = 3,02$$

$$m(\lambda_2 - \lambda_3) < \lambda_3 \quad m < \frac{\lambda_3}{\lambda_2 - \lambda_3} = 5,56$$

Es kann gerade noch $\underline{m = 3}$ gewählt werden.

b) Für das Auflösungsvermögen gilt

$$\frac{\lambda}{\delta\lambda} = mN$$

Die Beugungsordnung ist nunmehr mit $m = 3$ vorgegeben. Für $\delta\lambda$ ist $\lambda_2 - \lambda_1 = 4$ nm einzusetzen; für $\lambda = \dfrac{\lambda_1 + \lambda_2}{2} = 470$ nm. Damit folgt

$$\underline{N = \frac{\lambda_1 + \lambda_2}{2m(\lambda_2 - \lambda_1)}} = \underline{\underline{39}}$$

c) Der geforderte Abstand e ergibt sich aus der Entfernung des Schirmes vom Gitter, mit der die Brennweite f der Linse nahezu übereinstimmt. Der Zusammenhang zwischen e und f enthält die Beugungswinkel α_{32} und α_{31}. Es gilt

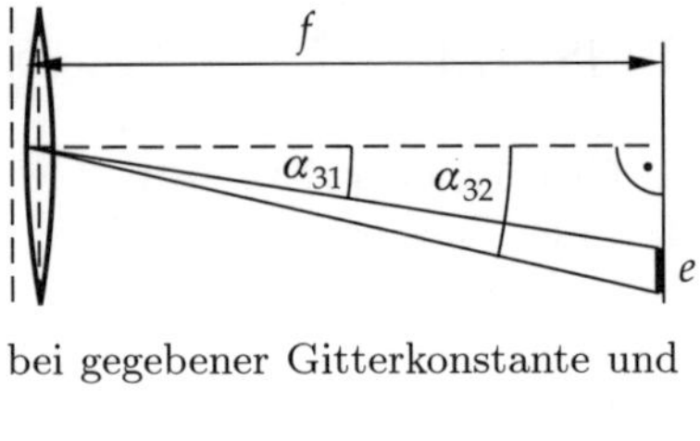

$$e = f(\tan\alpha_{32} - \tan\alpha_{31})$$

Die Beugungswinkel findet man aus den Wellenlängen bei gegebener Gitterkonstante und Ordnung des Spektrums. Es ist für λ_1:

$$\sin\alpha_{31} = \frac{3\lambda_1}{d} = 0,468 \qquad \alpha_{31} = 27,90°$$

und für λ_2:

$$\sin\alpha_{32} = \frac{3\lambda_2}{d} = 0,472 \qquad \alpha_{32} = 28,16^\circ$$

Mit diesen Werten ergibt sich für die gesuchte Brennweite:

$$f = \frac{e}{\tan\alpha_{32} - \tan\alpha_{31}} = \underline{\underline{0,4\ \text{m}}}$$

2. Farben dünner Plättchen

Ein dünnes Glasplättchen (Dicke d, Brechzahl n) wird mit weißem Licht unter dem Einfallswinkel α bestrahlt. Welche Wellenlängen des sichtbaren Bereichs ($\lambda = 400\ldots700$ nm) haben im reflektierten Strahl ein Interferenzmaximum?

$d = 1,00\ \mu\text{m} \quad n = 1,50 \quad \alpha = 75^\circ$

Lösung

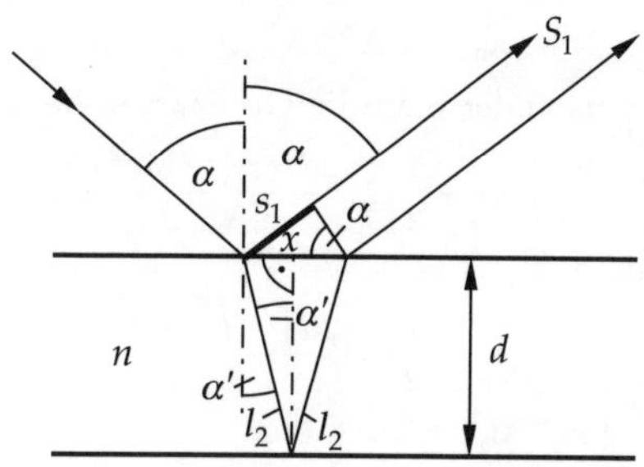

Zuerst muß der optische Wellenlängenunterschied Δs der interferierenden Strahlen berechnet werden. Die geometrischen Verhältnisse lassen sich zu diesem Zweck aus dem Bild ableiten.

Der an der vorderen Glasoberfläche reflektierte Strahl S_1 hat in Luft den geometrischen Weg s_1 zusätzlich zurückzulegen und erfährt außerdem bei der Reflexion (am optisch dichteren Medium) eine Gangverschiebung von $\frac{\lambda}{2}$. Für s_1 gilt

$$\frac{s_1}{x} = \sin\alpha \qquad s_1 = x\sin\alpha$$

Die Strecke x ergibt sich aus dem Verlauf des gebrochenen Strahls, dessen Richtung im Glas durch den Brechungswinkel α' bestimmt ist. Es gilt

$$\frac{\frac{x}{2}}{d} = \tan\alpha' \qquad x = 2d\tan\alpha'$$

α' folgt aus dem Brechungsgesetz:

$$\sin\alpha = n\sin\alpha'$$

Der an der unteren Glasoberfläche reflektierte Strahl S_2 hat im Glas zweimal den zusätzlichen Weg l_2 zurückzulegen. Dem entspricht die optische Weglänge

$$s_2 = 2nl_2$$

Für l_2 gilt ferner

$$\frac{d}{l_2} = \cos\alpha' \quad l_2 = \frac{d}{\cos\alpha'}$$

Der Gangunterschied der beiden Strahlen ist

$$\begin{aligned}\Delta s &= s_2 - s_1 + \frac{\lambda}{2}\\ &= \frac{2nd}{\cos\alpha'} - 2d\tan\alpha'\sin\alpha + \frac{\lambda}{2} && \left(\tan\alpha' = \frac{\sin\alpha'}{\cos\alpha'}\right)\\ &= \frac{2d}{\cos\alpha'}(n - \sin\alpha'\sin\alpha) + \frac{\lambda}{2} && (\sin^2\alpha' + \cos^2\alpha' = 1)\\ &= \frac{2d}{\sqrt{1-\sin^2\alpha'}}\left(n - \frac{\sin^2\alpha}{n}\right) + \frac{\lambda}{2}\end{aligned}$$

$$= 2d\frac{n^2 - \sin^2\alpha}{n\sqrt{1 - \frac{\sin^2\alpha}{n^2}}} + \frac{\lambda}{2}$$

$$= 2d\sqrt{n^2 - \sin^2\alpha} + \frac{\lambda}{2}$$

Ein Interferenzmaximum tritt auf, wenn dieser Gangunterschied ein ganzzahliges Vielfaches der Wellenlänge ist:

$$\Delta s = m\lambda$$

Daraus folgt

$$\left(m - \frac{1}{2}\right)\lambda = 2d\sqrt{n^2 - \sin^2\alpha}$$

In Abhängigkeit von m kann diese Bedingung für verschiedene Werte von λ erfüllt werden. Es interessieren jedoch nur die im sichtbaren Bereich liegenden Wellenlängen:

$$\lambda_{\min} < \lambda < \lambda_{\max}$$

Daraus findet man die Grenzwerte für m:

$$m - \frac{1}{2} \geqq \frac{2d\sqrt{n^2 - \sin^2\alpha}}{\lambda_{\max}} = 3,3$$

und

$$m - \frac{1}{2} \leqq \frac{2d\sqrt{n^2 - \sin^2\alpha}}{\lambda_{\min}} = 5,7$$

$$3,8 \leqq m \leqq 6,2$$

Die Werte für λ ergeben sich aus der Formel

$$\lambda = \frac{2d\sqrt{n^2 - \sin^2\alpha}}{m - \frac{1}{2}}$$

demzufolge mit $m = 4, 5$ und 6.
Die gesuchten Wellenlängen sind $\underline{\underline{\lambda_1 = 656 \text{ nm}}}$, $\underline{\underline{\lambda_2 = 510 \text{ nm}}}$ und $\underline{\underline{\lambda_3 = 417 \text{ nm}}}$.

AUFGABEN

O 7.1

Eine ebene Schallwelle (W) mit der Frequenz f und der Ausbreitungsgeschwindigkeit c trifft auf ein Gitter (G) mit der Gitterkonstanten d.

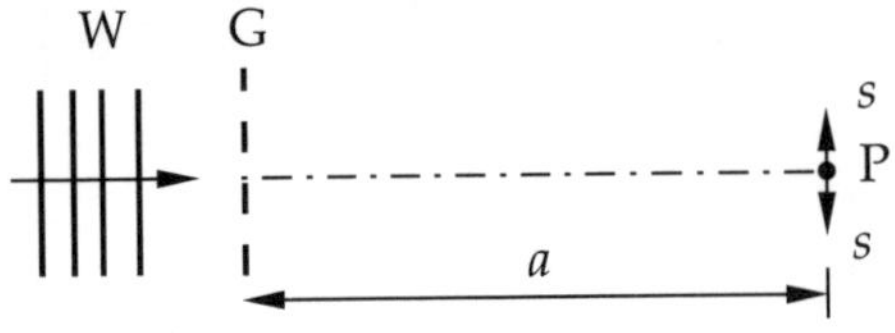

a) Um welche Strecke s muß eine Person (P), die auf das Gitter aus der Entfernung a blickt, nach links oder rechts gehen, damit sie in das erste Beugungsmaximum der Schallstärke gerät?

b) Werden hohe oder tiefe Töne stärker gebeugt? (Begründen!)

$f = 16$ kHz $\quad c = 340$ m/s $\quad d = 60$ mm
$a = 16,0$ m

O 7.2

Zwei im Abstand d voneinander angeordnete Lautsprecher Q_1 und Q_2 strahlen phasengleich einen Meßton ab, den ein Beobachter bei P_0 wahrnimmt. Wenn sich ein

Beobachter von P_0 nach P_1 bewegt, nimmt die Lautstärke ab und erreicht bei P_1 ein Minimum.

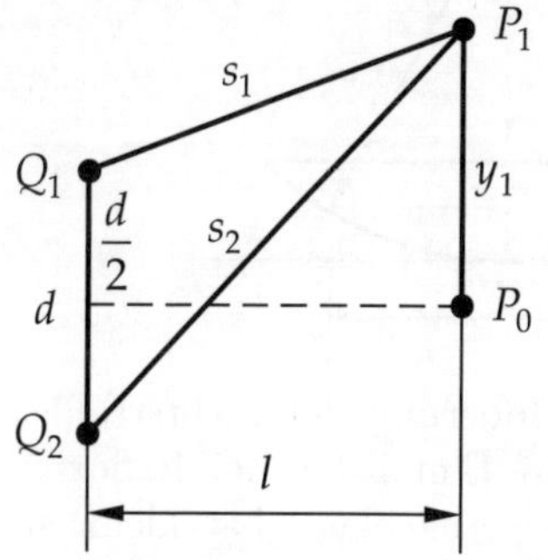

Welche Frequenz f hat der Ton?
Schallgeschwindigkeit: $c = 345$ m/s. Die geometrischen Verhältnisse sind dem Bild zu entnehmen.

$d = 2,50$ m $\quad l = 3,50$ m $\quad y_1 = 1,55$ m

O 7.3

Paralleles Licht der Wellenlänge λ fällt senkrecht auf ein Gitter. Unmittelbar dahinter steht eine Linse der Brennweite f und entwirft in der Brennebene ein Beugungsbild, wobei die Maxima erster Ordnung den Abstand l voneinander haben. Wie groß ist die Gitterkonstante d?

$\lambda = 500$ nm $\quad f = 1,00$ m $\quad l = 60,0$ mm

O 7.4

Welche Breite b muß ein Beugungsgitter der Gitterkonstanten d mindestens haben, wenn es die beiden Natrium-D-Linien im Spektrum erster Ordnung trennen soll?

$\lambda_1 = 589,6$ nm $\quad \lambda_2 = 589,0$ nm
$d = 5,0$ µm

O 7.5

Senkrecht auf ein Beugungsgitter fällt Licht aus dem gesamten sichtbaren Bereich ($\lambda_1 = 400$ nm bis $\lambda_2 = 700$ nm). Welches ist die höchste Beugungsordnung m, in der das Spektrum noch einen überlappungsfreien Bereich besitzt? Zwischen welchen Wellenlängen λ_3 und λ_4 liegt dieser Bereich?

O 7.6

Mit einem Beugungsgitter soll der Wellenlängenbereich zwischen λ_1 und λ_2 überlappungsfrei dargestellt werden. Es wird eine auflösbare Wellenlängendifferenz kleiner als $\delta\lambda$ gefordert. Der Beugungswinkel soll den Wert α nicht überschreiten.

a) Wie hoch kann die Beugungsordnung m höchstens gewählt werden?

b) Wie viele Spaltöffnungen muß das Gitter mindestens haben?

c) Welche Gitterkonstante d ist erforderlich?

d) Welche Breite b hat das Gitter?

$\lambda_1 = 480$ nm $\quad \lambda_2 = 500$ nm
$\delta\lambda = 10^{-2}$ nm $\quad \alpha = 30°$

O 7.7

Auf ein Reflexionsgitter mit der Gitterkonstanten d fällt paralleles gelbes Licht der Wellenlänge λ unter dem Winkel α_1 gegenüber der Gitterebene.

a) Unter welchem Winkel α_2 wird das Maximum erster Ordnung des gelben Lichtes beobachtet?

b) Muß der Beobachtungswinkel α_2 vergrößert oder verkleinert werden, wenn

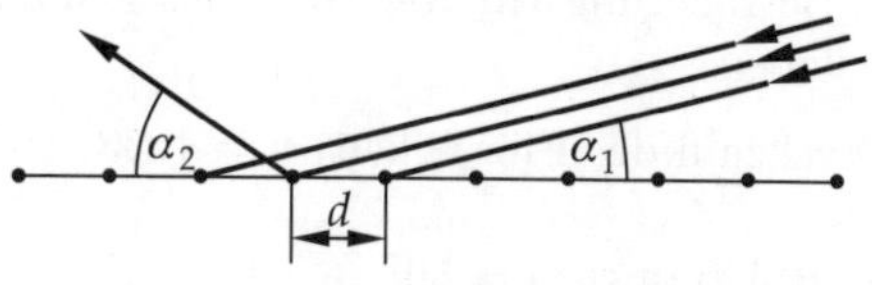

das Maximum des roten bzw. des blauen Lichtes gleicher Ordnung gesehen werden soll?

$d = 0,10$ mm $\quad \lambda = 589$ nm $\quad \alpha_1 = 2,0°$

O 7.8

Schätzen Sie ab, welchen Durchmesser d ein Kameraobjektiv haben müßte, mit dem man von einem Satelliten in der Höhe

h aus ein lesbares Bild von einem Kraftfahrzeugkennzeichen erzeugen kann! Die erforderliche Auflösungsgrenze (der Beschriftung) sei mit a angenommen. Das Licht hat die mittlere Wellenlänge λ.

$h = 100$ km $a = 10$ mm $\lambda = 500$ nm

O 7.9

Mit einem streng parallelen Laserstrahlbündel (Wellenlänge λ) vom Durchmesser d_0 soll von der Erde aus ein Fleck auf der Mondoberfläche bestrahlt werden. Die Entfernung Erde-Mond ist l. Welchen Durchmesser d hat das bestrahlte Gebiet auf dem Mond?

$d_0 = 1,0$ m $l = 384\,000$ km
$\lambda = 650$ nm

O 7.10

Das an der Oberfläche einer Seifenblase reflektierte Tageslicht erscheint bei Betrachtung unter dem Winkel α gegenüber dem Einfallslot grün; es hat die Wellenlänge λ_1 (Beugungsordnung $m = 1$).

a) Welche Dicke d hat die Flüssigkeitshaut?
b) Welche Wellenlänge λ_2 und Farbe hat das reflektierte Licht bei senkrechter Betrachtung (in Richtung des Einfallslotes)?

Brechzahl der Flüssigkeit: $n = 1,33$

$\lambda_1 = 540$ nm $\alpha = 50°$

O 7.11

Den Krümmungsradius einer Linsenfläche kann man bestimmen, indem man diese auf eine ebene Glasplatte legt und die Durchmesser d_n der bei senkrechtem Einfall von monochromatischem Licht auftretenden Newtonschen Ringe mißt. Vereinfachend darf angenommen werden, daß

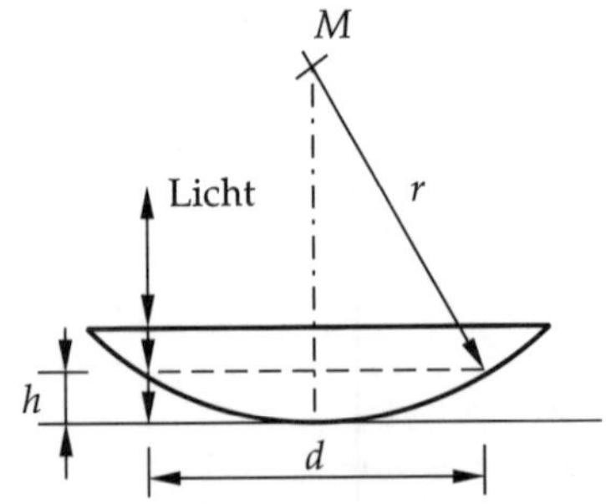

die Richtungsänderung der Lichtstrahlen gegenüber dem Einfallslot bei Reflexion und Brechung vernachlässigbar klein ist, so daß allein die Höhe h der durchlaufenen Luftschicht den Gangunterschied der interferierenden Strahlen beeinflußt. Welchen Krümmungsradius r hat die Linsenfläche, wenn für den n-ten hellen Ring bei Verwendung von Natriumlicht (Wellenlänge λ) der Durchmesser d_n festgestellt wird?

$\lambda = 589$ mm $n = 20$ $d_n = 12,0$ mm

O 7.12

Die Dicke einer Aufdampfschicht kann nach Tolansky in der nachfolgend beschriebenen Weise gemessen werden:

Beim Aufdampfen wird die Unterlage A teilweise durch eine Blende B abgedeckt (Bild a), so daß die Aufdampfschicht C durch eine Stufe begrenzt wird (Bild b). Anschließend wird auf die Aufdampfschicht C und den unbedampften Teil der Unterlage eine reflektierende Schicht D (z. B. Silber) aufgebracht (Bild b). Danach wird ein halbdurchlässig verspiegeltes Deckgläschen E, um einen kleine Winkel α angekippt, über die Stufe gelegt (Bild c). Bei senkrecht einfallendem monochromatischem Licht (Wellenlänge λ) werden im reflektierenden Licht Interferenzstreifen mit dem Abstand a beobachtet, die an der Stufe um die Strecke l gegeneinander versetzt sind (Bild d). Wie wird die Schichtdicke d aus a, l und λ berechnet?

(Der Winkel α ist so klein, daß die Abweichung der Richtung des reflektierten Lichtes von der Senkrechten vernächlässigt werden darf.)

$\lambda = 546$ nm (grüne Spektrallinie des Quecksilbers).

$a = 4,8$ mm $\quad l = 13$ mm

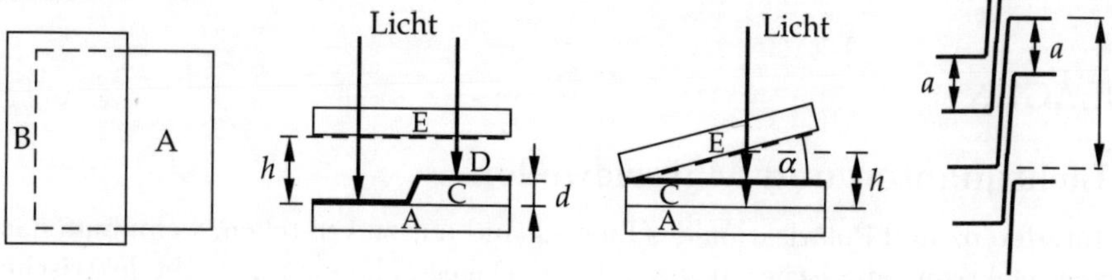

a) von oben b) von vorn c) von der Seite d) Interferenzstreifen

S Struktur der Materie

S 1 Welle-Teilchen-Dualismus

GRUNDLAGEN

1 Lichtquanten und Materiewellen

Beugung, Interferenz und Polarisation des Lichtes sind nur zu verstehen, wenn man das Licht als eine (elektromagnetische) *Welle* auffaßt. Dagegen können der lichtelektrische Effekt und der Compton-Effekt nur erklärt werden, wenn man sich das Licht als einen Strom von *Teilchen*, den Photonen, vorstellt.
Der Zusammenhang dieser beiden sich scheinbar widersprechenden Modellvorstellungen wird durch die *Plancksche Beziehung*

$$\boxed{E = hf}$$

hergestellt. Mit dieser Beziehung – von EINSTEIN als allgemeingültig erkannt – kann die Energie E eines Photons als Teilcheneigenschaft mit seiner Frequenz f als Welleneigenschaft verknüpft werden. h ist das Plancksche Wirkungsquantum, eine universelle Konstante:

$$h = 6{,}626\,076 \cdot 10^{-34}\ \mathrm{J \cdot s}$$

Auf Grund ihres Doppelcharakters sind die Photonen nicht als klassische Teilchen, sondern als sogenannte **Quant** (Lichtquanten) anzusehen. Neben der Energie E des Lichtquants kann man für das Lichtquant auch seinen Impuls p angeben. Auf Grund der Einsteinschen Energie-Masse-Beziehung $E = mc^2$ hat das Lichtquant eine Masse m, und es gilt

$$p = mc = \frac{E}{c}$$

Auch der Impuls läßt sich mit den Welleneigenschaften des Quants in Verbindung bringen. Man findet mit $f = \dfrac{c}{\lambda}$

$$\boxed{p = \frac{h}{\lambda}}$$

DE BROGLIE fand, daß diese Impuls-Wellenlängen-Beziehung nicht nur für Lichtquanten, die keine Ruhemasse besitzen, sondern für alle Teilchen, auch solche mit einer endliche Ruhemasse, gültig ist. λ wird deshalb De-Broglie-Wellenlänge genannt.

2 Lichtelektrischer Effekt

Beim lichtelektrischen Effekt werden Elektronen durch Lichtbestrahlung aus Metalloberflächen emittiert. Die Lichtquanten übertragen den Elektronen beim Stoß ihre

gesamte Energie $E = hf$. Ist die Energie hf größer als die Austrittsarbeit W_a, so verlassen die Elektronen das Metall mit der kinetischen Energie $\frac{m_e v^2}{2}$.
Es gilt die Einsteinsche lichtelektrische Gleichung

$$hf = \frac{m_e}{2}v^2 + W_a$$

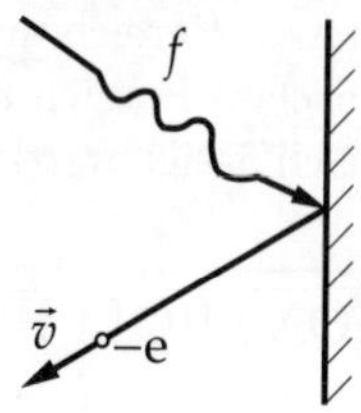

Die Energie der emittierten Elektronen hängt demzufolge von der Frequenz des Lichtes, nicht aber von dessen Intensität ab.

3 Compton-Effekt

Beim Compton-Effekt wird Röntgenlicht an freien (bzw. nur schwach gebundenen) Elektronen gestreut. Dabei vergrößert sich die Wellenlänge des einfallenden Röntgenlichtes um den Betrag $\Delta\lambda$. Der Streuwinkel ϑ ist mit $\Delta\lambda$ verknüpft:

$$\Delta\lambda = \lambda' - \lambda = \lambda_C(1 - \cos\vartheta)$$

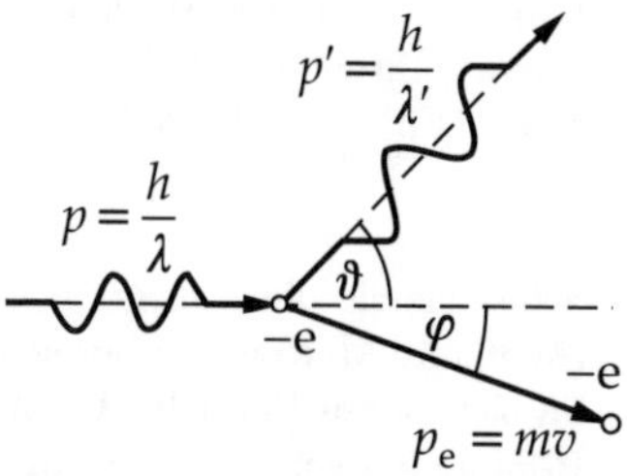

Die Compton-Wellenlänge λ_C ist eine universelle Konstante:

$$\lambda_C = \frac{h}{m_e c} = 2{,}426\,310 \cdot 10^{-12}\ \text{m}$$

m_e ist die Ruhemasse des Elektrons.

Die Beziehung für den Compton-Effekt gewinnt man, indem der Vorgang als elastischer Stoß zweier Teilchen aufgefaßt wird. Beim Zusammenstoß verringern sich Impuls und Energie des Röntgenquants; dafür erhält das Elektron Impuls und Energie.

4 Heisenbergsche Unbestimmtheitsrelation

Die für die gleiche physikalische Erscheinung angewendeten Modelle des Teilchens und der Welle lassen sich grundsätzlich nicht miteinander vereinbaren. Mit jeweils einer der beiden Modellvorstellungen können immer nur bestimmte typische Merkmale, aber nicht die Gesamtheit aller Eigenschaften erfaßt werden. So führt eine genauere Untersuchung des Zusammenhangs zwischen dem Teilchen- und Wellenmodell zu Widersprüchen: Ist der Impuls eines Teilchens exakt bekannt (Fehler der Impulsangabe $\Delta p = 0$), dann ergibt sich aus der De-Broglie-Beziehung die Wellenlänge einer streng monochromatischen Welle ($\Delta\lambda = 0$). Der zugehörige Wellenzug müßte unendlich lang sein, das heißt aber, der Ort des Teilchens wäre gänzlich unbestimmt. Dieser Widerspruch wird durch die Heisenbergsche Unbestimmtheitsrelation behoben. Danach lassen sich prinzipiell der Ort x und der Impuls p_x eines Teilchens nicht gleichzeitig exakt bestimmen. Das Produkt ihrer Unbestimmtheiten Δx und Δp_x nimmt mindestens den halben Wert der Konstanten $\hbar = \frac{h}{2\pi}$ an:

$$\Delta x \cdot \Delta p_x \geqq \frac{\hbar}{2}$$

Je genauer eine der beiden Größen Ort und Impuls ermittelt werden soll, desto größer ist die Unbestimmtheit der anderen. Diese unvermeidbare, nicht durch die Unvollkommenheit der Meßinstrumente bedingte Unschärfe der Messung macht sich aber nur im atomaren Bereich und nicht bei makroskopischen Körpern bemerkbar, da die im makroskopischen Bereich auftretenden Längen und Impulse so groß sind, daß ihre Unschärfe vernachlässigt werden kann.

KONTROLLFRAGEN

S 1-1
Wie kann man den Wellencharakter von bewegten Elementarteilchen (Elektronen, Nukleonen) experimentell nachweisen?

S 1-2
Warum spielen die Welleneigenschaften bei einem fahrenden PKW ($m = 1$ t, $v = 100$ km/h) keine Rolle?

S 1-3
Schätzen Sie die Energie von Lichtquanten (in eV) im Mikrowellenbereich ($\lambda = 500$ µm), im sichtbaren Bereich ($\lambda = 500$ nm) und im Röntgenbereich ($\lambda = 0,5$ nm) ab!

S 1-4
Warum können Photonen keine Ruhemasse haben?

S 1-5
Weshalb ist die Unbestimmtheitsrelation nur für mikrophysikalische Objekte von Bedeutung?

S 1-6
Weshalb tritt der lichtelektrische Effekt nur auf, wenn die Wellenlänge des Lichtes unter einer bestimmten Grenzwellenlänge λ_G liegt?

S 1-7
Sowohl beim Compton-Effekt als auch beim lichtelektrischen Effekt treffen Lichtquanten auf anfangs ruhende Elektronen. Worin bestehen aber die physikalischen Unterschiede zwischen beiden Effekten?

S 1-8
Um welchen Wert $\Delta\lambda_m$ kann sich die Wellenlänge eines Lichtquants beim Compton-Effekt höchstens ändern?

S 1-9
Der Compton-Effekt läßt sich als Stoß zwischen zwei Teilchen mit Hilfe von Energie- und Impulssatz berechnen. Stellen Sie mit den in der Skizze angegebenen Größen die Ausgangsgleichungen (Impulssatz, Energiesatz) auf! (Für die Gesamtenergie des Elektrons ist die relativistische Formel $E = c\sqrt{(m_e c)^2 + p_e^2}$ anzuwenden.)

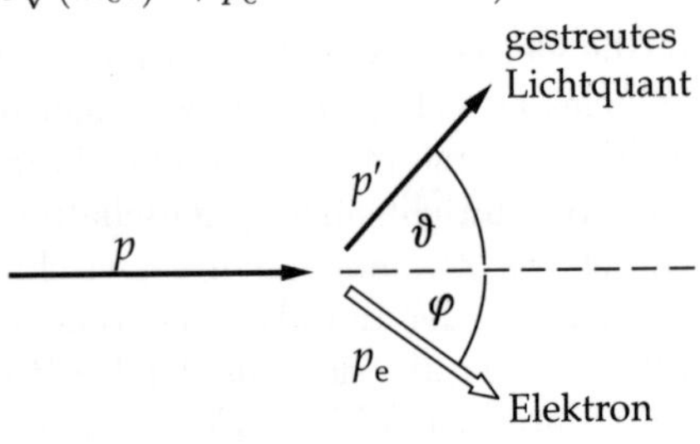

BEISPIELE

1. Lichtelektrischer Effekt

Eine Fotokatode aus Caesium hat die Austrittsarbeit W_a. Sie wird mit Na-Licht der Wellenlänge λ bestrahlt.

a) Welche Gegenspannung U muß man an die Anode der Fotozelle anlegen, damit der Fotostrom gerade verschwindet?

b) Wie groß ist die Grenzwellenlänge λ_G?

$W_a = 1{,}93$ eV $\quad \lambda = 589$ nm

Lösung

a) Im Gegenfeld (Gegenspannung U) werden Elektronen, die die Katode nach Überwindung der Austrittsarbeit verlassen haben, bis zur Geschwindigkeit $v = 0$ abgebremst; die kinetische Energie wird in potentielle Energie umgesetzt; der Fotostrom verschwindet. Es gilt

$$\frac{m_e}{2}v^2 = eU$$

Damit lautet die Einsteinsche Gleichung

$$hf = W_a + eU$$

Mit $f = \dfrac{c}{\lambda}$ ergibt sich daraus die Gegenspannung

$$U = \frac{hc}{\lambda e} - \frac{W_a}{e} = \underline{\underline{0{,}18 \text{ V}}}$$

b) Hat das Licht die Grenzwellenlänge λ_G, so verschwindet der Fotostrom bereits bei der Gegenspannung Null. Aus obiger Formel folgt für diesen Fall

$$0 = \frac{hc}{e\lambda_G} - \frac{W_a}{e}$$

$$\lambda_G = \frac{hc}{W_a} = \underline{\underline{642 \text{ nm}}}$$

2. Compton-Streuung

Röntgenstrahlung der Wellenlänge λ erfährt bei der Compton-Streuung eine Wellenlängenänderung $\Delta\lambda$.

a) Unter welchem Winkel ϑ wird die Streustrahlung beobachtet?

b) Welche kinetische Energie E_k haben die gestreuten Elektronen?

c) Welche De-Broglie-Wellenlänge λ_0 kann den Streuelektronen zugeordnet werden?

$\lambda = 102{,}6 \cdot 10^{-12}$ m $\quad \Delta\lambda = 1{,}2 \cdot 10^{-12}$ m

Lösung

a) Aus der Compton-Gleichung ergibt sich:

$$\Delta\lambda = \lambda' - \lambda = \lambda_C(1 - \cos\vartheta)$$

$$\frac{\Delta\lambda}{\lambda_C} = 1 - \cos\vartheta$$

$$\cos\vartheta = 1 - \frac{\Delta\lambda}{\lambda_C} \qquad \underline{\underline{\vartheta = 60^\circ}}$$

b) Die kinetische Energie E_k der Elektronen folgt aus dem Energieerhaltungssatz:

$$hf = hf' + E_k$$

(Der Energiesatz kann auch $hf + m_e c^2 = hf' + mc^2$ lauten; denn $E_k = mc^2 - m_e c^2$ mit $m = m_e/\sqrt{1-(v/c)^2}$.)

Mit $f = \dfrac{c}{\lambda}$ entsteht daraus

$$E_k = hc\left(\frac{1}{\lambda} - \frac{1}{\lambda'}\right) = \frac{hc\Delta\lambda}{\lambda(\lambda + \Delta\lambda)}$$

Wegen $\Delta\lambda \ll \lambda$ kann zur Berechnung von E_k hier auch die Näherung

$$\underline{E_k = hc\frac{\Delta\lambda}{\lambda^2}} = \underline{\underline{0,14 \text{ keV}}}$$

Anwendung finden.

c) Die De-Broglie-Wellenlänge der Streuelektronen ergibt sich aus ihrem Impuls p:

$$\lambda_0 = \frac{h}{p}$$

In der Beziehung $p = mv$ darf die Masse m durch die Ruhemasse m_e des Elektrons ersetzt werden, solange die kinetische Energie der Elektronen klein gegenüber deren Ruheenergie $E_0 = m_e c^2 = 511$ keV ist. In diesem Fall ($E_k = 0,14$ keV) gilt auch für die kinetische Energie die Formel

$$E_k = \frac{m_e}{2}v^2$$

und man findet

$$E_k = \frac{p^2}{2m_e} \qquad p = \sqrt{2m_e E_k}$$

$$\lambda_0 = \frac{h}{\sqrt{2m_e E_k}}$$

Mit der in b) benutzten Näherung für E_k entsteht daraus

$$\lambda_0 = \frac{h}{\sqrt{2m_e hc\frac{\Delta\lambda}{\lambda^2}}} = \underline{\lambda\sqrt{\frac{h}{2m_e c\Delta\lambda}}} = \underline{\underline{103 \cdot 10^{-12} \text{ m}}}$$

Bei Verwendung der Compton-Wellenlänge $\lambda_C = \dfrac{h}{m_e c}$ kann man auch schreiben:

$$\underline{\lambda_0 = \lambda\sqrt{\frac{\lambda_C}{2\Delta\lambda}}}$$

AUFGABEN

S 1.1

Gelbes Licht der Wellenlänge λ kann der Mensch mit bloßem Auge wahrnehmen, wenn die Netzhaut mindestens die Lichtleistung P empfängt.

Wie viele Photonen (Anzahl N) treffen dabei in der Zeit t auf die Netzhaut?

$\lambda = 600$ nm $\quad P = 1,7 \cdot 10^{-18}$ W
$t = 1,0$ s

S 1.2

Ein γ-Quant hat die Energie E. Berechnen Sie die Masse m, den Impuls p, die Frequenz f und die Wellenlänge λ für dieses Quant!

$E = 1,33$ MeV

S 1.3

Ein anfangs ruhendes Elektron wird zwischen zwei Elektroden mit der Spannung U beschleunigt. Seine Geschwindigkeit bleibt dabei im nichtrelativistischen Bereich ($v \ll c$). Wie groß ist seine De-Broglie-Wellenlänge λ?

$U = 1$ kV

S 1.4

Ein Elektron bewegt sich mit der Geschwindigkeit $v = c/2$. Wie groß ist seine De-Broglie-Wellenlänge λ?

S 1.5

a) Berechnen Sie die De-Broglie-Wellenlänge λ eines Elektrons als Funktion seiner kinetischen Energie E_k im relativistischen Bereich!

b) Welche Näherungsformel für $\lambda(E_\mathrm{k})$ erhält man als Ergebnis für $E_\mathrm{k} \ll m_\mathrm{e}c^2$ und $E_\mathrm{k} \gg m_\mathrm{e}c^2$?

Hinweis: Gehen Sie bei der Lösung von der relativistischen Energie-Impuls-Beziehung $E = c\sqrt{(m_0c)^2 + p^2}$ mit $m_0 = m_\mathrm{e}$ aus.

S 1.6

Eine Silberfläche wird mit Licht der Wellenlänge λ bestrahlt. Die Grenzwellenlänge des lichtelektrischen Effektes beim Silber ist λ_G. Welche Geschwindigkeit v haben die ausgelösten Fotoelektronen?

$\lambda = 150$ nm $\quad \lambda_\mathrm{G} = 261$ nm

S 1.7

An einer Wolframplatte (Austrittsarbeit W_a) wird ein Fotostrom beobachtet, der bei der Gegenspannung U_g aussetzt. Aus welchem Wellenlängenbereich (λ_1 bis λ_2) stammen die Photonen, die zu dem beobachteten Photonenstrom beitragen?

$W_\mathrm{a} = 4{,}55$ eV $\quad U_\mathrm{g} = 2{,}38$ V

S 1.8

Ein Röntgenquant der Wellenlänge λ überträgt auf ein schwach gebundenes Elektron die Energie ΔE.

a) Wie groß ist die Wellenlänge λ' des gestreuten Röntgenquants?

b) Unter welchem Winkel ϑ wird das Röntgenquant gestreut?

$\lambda = 11{,}2 \cdot 10^{-12}$ m $\quad \Delta E = 13{,}8$ keV

S 1.9

Um welchen Betrag ΔE kann sich die Energie E eines Lichtquants beim Compton-Effekt im Höchstfall ändern?

a) $E_1 = 25$ keV (Röntgenstrahlung)

b) $E_2 = 2{,}5$ eV (sichtbares Licht).

S 1.10

Ein Röntgenquant der Wellenlänge λ wird an einem Elektron um den Winkel ϑ gestreut.

a) Welchen Energiebetrag ΔE nimmt das Elektron auf?

b) Unter welchem Winkel φ gegenüber der Röntgenstrahlrichtung bewegt sich das Elektron?

$\lambda = 0{,}102$ nm $\quad \vartheta = 77°$

S 2 Atomhülle

GRUNDLAGEN

1 Bohrsches Atommodell, Spektrum des Wasserstoffatoms

Dem Rutherfordschen Atommodell entsprechend besteht das Atom aus einem positiv geladenen Kern (der Kernradius von etwa 10^{-15} m ist sehr klein gegenüber dem Atomradius von etwa 10^{-10} m), der fast die gesamte Masse des Atoms enthält, sowie aus negativ geladenen Elektronen, die den Kern auf Kreisbahnen umlaufen. Nach den Gesetzen der klassischen Physik müßte ein solches Atom eine elektromagnetische Welle abstrahlen, deren Frequenz mit der Umlauffrequenz der Elektronen übereinstimmt. Da diese Abstrahlung mit einem Energieverlust verbunden wäre, müßte die Umlauffrequenz kontinuierlich abnehmen, bis schließlich das Elektron in den Kern „gestürzt“

ist. Nichts von alledem wird aber beobachtet. Vielmehr senden Atome, die zuvor durch thermische Stöße oder Elektronenbeschuß „angeregt" worden sind, elektromagnetische Wellen (Licht, Röntgenstrahlung) von einigen genau bestimmten Wellenlängen aus (Linienspektrum). Diesen Widerspruch zwischen Modell und Beobachtung behob BOHR durch folgende, berühmt gewordenen *Postulate*:

– Jedes Atom besitzt eine Anzahl von stabilen Bahnen, in denen die Elektronen nicht strahlen.
– Beim Übergang eines Elektrons von einer stabilen Bahn höherer Energie (E_{n2}) zu einer solchen niedrigerer Energie (E_{n1}) ergibt sich die Frequenz der ausgesandten elektromagnetischen Welle gemäß

$$hf = E_{n2} - E_{n1}$$

Beim Wasserstoffatom werden nach BOHR die „erlaubten" Bahnen durch die Bedingung festgelegt, daß das Produkt aus dem Impuls $p = m_e v$ des Elektrons und der Bahnlänge $2\pi r$ der Kreisbahn ein ganzzahliges Vielfaches des Planckschen Wirkungsquantums ist:

$$2\pi r m_e v = nh \qquad n = 1, 2, 3 \ldots$$

Die Zahl n ist die **Hauptquantenzahl** des Elektrons.

Die **Bohrsche Quantenbedingung** kann so gedeutet werden, daß das umlaufende Elektron auf seiner geschlossenen Bahn eine stehende Welle mit der De-Broglie-Wellenlänge $\lambda = h/p$ bildet.

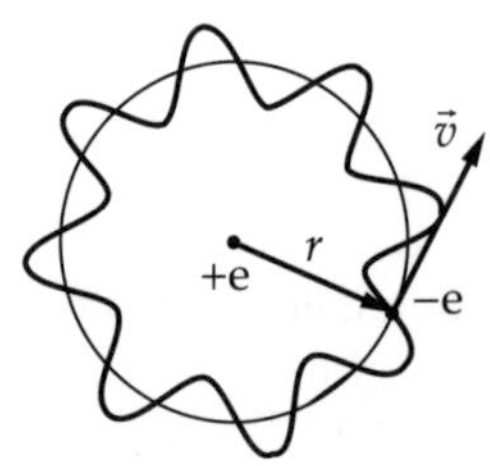

Mit den Bohrschen Postulaten und der Quantenbedingung können die Spektren des Wasserstoffs und der wasserstoffähnlichen Ionen (Ionen mit nur einem einzigen Elektron, Kernladungszahl Z) richtig erklärt werden. In Abhängigkeit von n ergeben sich Bahnradius:

$$r_n = \frac{\varepsilon_0 h^2}{\pi m_e e^2 Z} n^2 = n^2 \cdot 0{,}529\,2 \cdot 10^{-10}\ \mathrm{m}$$

Energie des Elektrons:

$$E_n = -\frac{m_e e^4 Z^2}{8\varepsilon_0^2 h^2} \frac{1}{n^2} = -\frac{1}{n^2} \cdot 13{,}60\ \mathrm{eV}$$

Die durch die Formel festgelegten Energiestufen werden auch als **Terme** bezeichnet. Der Zustand des Atoms mit der niedrigsten Energie ($n = 1$) heißt **Grundzustand.** Die Frequenzen des Wasserstoffspektrums berechnen sich aus

$$f = R\left(\frac{1}{n_1^2} - \frac{1}{n_2^2}\right)$$

Die Konstante R ist die **Rydberg-Frequenz**:

$$R = \frac{m_e e^4}{8\varepsilon_0^2 h^3} = 3{,}289\,841\,950 \cdot 10^{15}\ \mathrm{s}^{-1}$$

2 Quantenzahlen, Spektren der Alkaliatome

Mit den ursprünglichen Bohrschen Annahmen können außer dem Spektrum des Wasserstoffatoms nur noch die Spektren der wasserstoffähnlichen Ionen He^+, Li^{++}, Be^{+++},

B^{++++} usw. vollständig erklärt werden. Die Spektren aller anderen Atome zeigen eine wesentlich größere Anzahl von Energieniveaus, zu deren Beschreibung die Hauptquantenzahl n nicht mehr ausreicht.

Folgendes stellt sich heraus:

- Es gibt insgesamt vier Quantenbedingungen.
- Zu jeder Quantenbedingung gehört eine Quantenzahl.
- Jeder vollständige Satz der vier Quantenzahlen legt einen bestimmten **Elektronenzustand** fest.
- Zu jedem Elektronenzustand gehört ein bestimmter Wert der Energie.

Die vier *Quantenzahlen* sind:

Hauptquantenzahl	n	$n = 1, 2, 3, \ldots$
Bahndrehimpulsquantenzahl	l	$l = 0, 1, 2, \ldots, (n-1)$
Bahnorientierungsquantenzahl	m_l	$m_l = -l, \ldots, +l$
Spinorientierungsquantenzahl	m_s	$m_s = +\frac{1}{2}, -\frac{1}{2}$

Außer der Energie eines Elektrons können folgende weitere Größen ebenfalls nur gequantelte Werte annehmen:

Betrag des Bahndrehimpulses	$L = \sqrt{l(l+1)}\hbar$
Koordinate des Bahndrehimpulses bezüglich einer bevorzugten Richtung z (Richtung des äußeren Magnetfeldes)	$L_z = m_l \hbar$
Koordinate des Eigendrehimpulses (Spin) bezüglich der z-Richtung	$S_z = m_s \hbar$

Die Energie eines Elektronenzustandes im Atom hängt im allgemeinen von n, l und m_s ab. Nur beim Wasserstoffatom, das ein ungestörtes Coulomb-Feld besitzt, hängt die Größe der Energieterme allein von n ab. Dieser Sonderfall wird als **Entartung** bezeichnet. Der Begriff der **Bahndrehimpulsquantenzahl** l geht auf die von SOMMERFELD entwickelte Vorstellung zurück, daß im Coulomb-Feld außer den von BOHR angenommenen Kreisbahnen auch Ellipsenbahnen möglich sind. Verschieden exzentrische Ellipsen unterscheiden sich bei gleicher Energie durch ihren Bahndrehimpuls L. Die richtige Quantenbedingung für L folgt aber erst aus der neueren Quantentheorie. Sie läßt auch den Wert $L = 0$ zu, der nach klassischen Vorstellungen nicht erlaubt wäre. Der Bahnbegriff verliert so in der Quantentheorie seine physikalische Realität.

Der Einfluß von l auf die Energieterme ist bei den Alkaliatomen am deutlichsten erkennbar. Die Alkalispektren sind wasserstoffähnlich. Für jeden Wert von l gibt es jedoch eine eigene Termfolge. Die verschiedenen Termfolgen werden traditionell wie folgt bezeichnet:

l	0	1	2	3
Termfolge	S	P	D	F

Für die *Energieterme* gilt

$$E = -\frac{hR}{(n^* + a_l)^2} \qquad (n^* \geqq l+1)$$

n^* steht hierin für die Hauptquantenzahl n; die erlaubten Werte $n^* = 1, 2, 3, \ldots$ sind jedoch wie beim Wasserstoffatom festgesetzt und unterscheiden sich von n um ganze Zahlen. Die Koeffizienten a_l sind innerhalb einer Termfolge annähernd konstant (Rydberg-Korrektur). Sie beschreiben die Abweichung von den Wasserstofftermen und sind um so kleiner, je größer l ist. Die Wasserstoffähnlichkeit der Alkalispektren beruht darauf, daß bei den Alkaliatomen ein einziges Elektron, das „Leuchtelektron“, wesentlich weiter vom Kern entfernt ist als alle übrigen Elektronen („Rumpfelektronen“). Ein Elektron, das sich außerhalb des Rumpfes aufhält, findet dort annähernd ein Coulomb-Feld vor; Abweichungen davon machen sich um so stärker bemerkbar, je näher das Elektron am Rumpf ist. Die optischen Spektren der Alkaliatome entstehen dadurch, daß das Leuchtelektron Übergänge zwischen den unbesetzten Energieniveaus des Atoms ausführt, während die Rumpfelektronen unbeteiligt bleiben. Aus den beobachteten Alkalispektren ergibt sich weiterhin, daß nicht alle beliebigen Übergänge zwischen den vorhandenen Energieniveaus wirklich vorkommen. Für die erlaubten Elektronenübergänge gilt die **Auswahlregel**

$$\Delta l = \pm 1$$

Durch die Bahnorientierungsquantenzahl m_l werden die diskreten Einstellmöglichkeiten des Bahndrehimpulses eines Elektrons bezüglich einer bevorzugten Raumrichtung beschrieben (Richtungsquantelung). Ein Einfluß von m_l auf die Termenergien macht sich nur bemerkbar, wenn sich das Elektron in einem äußeren Magnetfeld befindet. Die Richtung von $\vec{B}$ ist dann die Bezugsrichtung. In diesem Fall spalten sich die Spektrallinien auf (Zeeman-Effekt). Diese Wechselwirkung des Elektrons mit einem Magnetfeld erklärt sich dadurch, daß ein mit einem bestimmten Drehimpuls umlaufendes Elektron einen elektrischen Ringstrom darstellt, auf den die Lorentz-Kraft wirkt. Die magnetischen Eigenschaften eines umlaufenden Elektrons werden quantitativ durch das **magnetische Moment** m^*, das Produkt aus Stromstärke I und umflossener Fläche A, beschrieben: $m^* = IA$.

Das magnetische Moment eines umlaufenden Elektrons mit dem Drehimpuls $\hbar$ hat den Wert

$$\mu_\mathrm{B} = \frac{e\hbar}{2m_\mathrm{e}} = 9{,}274\,015 \cdot 10^{-24}\ \mathrm{A \cdot m^2}$$

und wird als **Bohrsches Magneton** bezeichnet.

Mit der Spinorientierungsquantenzahl m_s wird der Einfluß des Eigendrehimpulses des Elektrons, des Spins, auf die Elektronenzustände berücksichtigt. Man darf sich deshalb das Elektron als rotierend vorstellen. Da die Spinkoordinate in einer durch den Bahndrehimpuls gegebenen Vorzugsrichtung nur die beiden Werte $\pm\frac{\hbar}{2}$ annehmen kann, spricht man von einer Parallel- und Antiparallelstellung des Spins. Das zum Spin $\frac{\hbar}{2}$ gehörende magnetische Moment des Elektrons beträgt ein ganzes Bohrsches Magneton. Die Wirkung des Spins äußert sich in einer Aufspaltung der Energieniveaus entsprechend den beiden möglichen Spineinstellungen. Aus diesem Grund treten z. B. die Spektrallinien der Alkaliatome als Dubletts auf (z. B. Na-D-Linie).

3 Pauli-Prinzip und Periodensystem

Das **Pauli-Prinzip** besagt:

Innerhalb eines Atoms kann jeder Elektronenzustand nur durch ein Elektron besetzt werden.

Die in einem Atom vorhandenen Elektronen unterscheiden sich also untereinander in mindestens einer Quantenzahl.

Beim Einbau der Elektronen in das Atom werden die unbesetzten Zustände nacheinander aufgefüllt, der Zustand mit der jeweils niedrigsten Energie wird stets zuerst besetzt (Stabilitätsprinzip). Daraus ergibt sich die **Besetzungsfolge** der Elektronenhülle beim Aufbau des Periodensystems der Elemente. Die Elektronen einer Hauptquantenzahl bilden eine **Schale**. Die Schalen werden mit Großbuchstaben bezeichnet:

n	1	2	3	4	5	6	7
Schale	K	L	M	N	O	P	Q

Auf Grund des Pauli-Prinzips kann jede Schale nur eine begrenzte Anzahl Elektronen aufnehmen. Die chemischen Eigenschaften eines Elements (Wertigkeit der Bindung) werden vorwiegend durch die Anzahl derjenigen Elektronen bestimmt, die sich in der äußersten, nicht abgeschlossenen Schale befinden. Mit jeder neuen Schale wiederholen sich diese Eigenschaften; daraus ergibt sich die Periodizität der Eigenschaften der Elemente. Die *Elektronenzustände* im Atom werden entsprechend ihrer Haupt- und Bahndrehimpulsquantenzahl wie folgt bezeichnet:

1. Ziffer: Hauptquantenzahl
2. Kleinbuchstabe (s, p, d, f): entsprechend der Termfolgebezeichung (S, P, D, F) verschlüsselte Bahndrehimpulsquantenzahl
3. hochgestellte Zahl: Anzahl der im bezeichneten Zustand eingebauten Elektronen

Beispiel: $2p^4$ bedeutet, daß im Atom 4 Elektronen mit $n = 2$ und $l = 1$ eingebaut sind. Die Besetzungsfolge lautet:

1s – 2s – 2p – 3s – 3p – 4s – 3d – 4p – 5s – 4d – 5p – 6s – erstes 5d-Elektron – 4f – übrige 5d-Elektronen – 6p – 7s – erstes 6d-Elektron – 5f

4 Röntgenspektren

Die tieferliegenden Energieniveaus der Atome sind normalerweise vollständig besetzt und können an Elektronenübergängen nur beteiligt sein, wenn zuvor ein Elektron aus ihnen entfernt worden ist, z. B. durch Stoß mit energiereichen Elektronen. In diesem Fall wird Röntgenstrahlung emittiert. Die Bezeichnung der Strahlung erfolgt entsprechend den beteiligten Schalen.

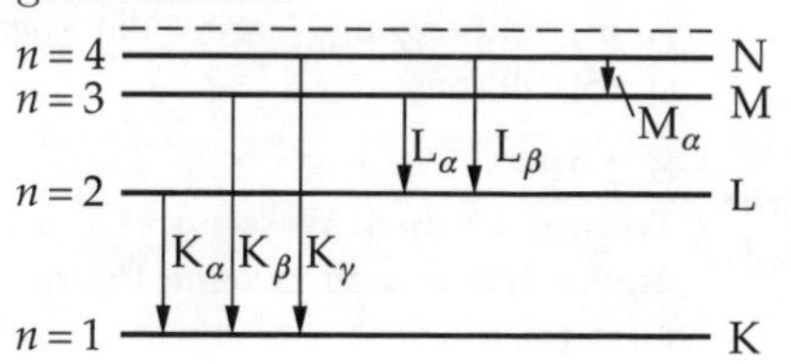

Für die näherungsweise Berechnung der ausgesandten Frequenzen kann das **Moseleysche Gesetz** angewendet werden, das auf den Bohrschen Wasserstofftermen aufbaut:

$$f = R(Z - b_1)^2 \left(\frac{1}{n_1^2} - \frac{1}{n_2^2}\right)$$

Z ist die Kernladungszahl des Atoms und b_1 eine Abschirmkonstante. Für Übergänge zur K-Schale ($n_1 = 1$) ist $b_1 = 1$. Entsprechend den Quantenzahlen l und m_s spalten sich die Energieniveaus der einzelnen Schalen noch weiter auf (Feinstruktur).

KONTROLLFRAGEN

S 2-1
Weisen Sie nach, daß das magnetische Moment eines Elektrons, das mit dem Drehimpuls $\hbar$ auf einer Kreisbahn umläuft, gerade ein Bohrsches Magneton betragen muß!

S 2-2
Warum wird durch den Elektronenspin keine Aufspaltung der S-Terme der Alkalispektren hervorgerufen?

S 2-3
Nach welchen beiden Grundprinzipien bildet sich die Elektronenkonfiguration eines Elements aus?

S 2-4
Wie viele s-, p-, d-, f-Elektronen kann es in jeder Schale eines Atoms höchstens geben?

S 2-5
Wie viele Elektronen können in die K-, L-, M-, N-Schale eines Atoms höchstens eingebaut werden? (Zur Berechnung wird das Ergebnis von Kontrollfrage S 2-4 benutzt.)

S 2-6
Leiten Sie die Ordnungszahlen der Alkalimetalle Li, Na, K, Rb, Cs im Periodensystem aus der Besetzungsfolge der Schalen ab! (Nennung in der Reihenfolge der Perioden.)

S 2-7
Wie erklärt sich die außerordentliche chemische Ähnlichkeit der seltenen Erden (Ordnungszahlen 57 bis 71) aus ihrer Elektronenkonfiguration?

S 2-8
Wie kann man aus der Heisenbergschen Unbestimmtheitsrelation folgern, daß der klassische Bahnbegriff für die Elektronen eines Atoms nicht aufrechterhalten werden kann?

S 2-9
Schätzen Sie ab, ob für die Bewegung eines Elektrons im Wasserstoffatom die relativistische Massenänderung berücksichtigt werden muß!

S 2-10
Die Sonne ist ein Temperaturstrahler mit einem kontinuierlichen Spektrum. Beim Durchgang des Sonnenlichts durch relativ kalte Gaswolken entstehen infolge der Absorption die Fraunhoferschen Linien. Geben Sie eine quantenmechanische Erklärung des Vorgangs!

S 2-11
Wie viele verschiedenen Energieniveaus gibt es innerhalb einer voll besetzten Schale eines Atoms auf Grund der möglichen Werte, die die Bahndrehimpulsquantenzahl l und die Spinorientierungsquantenzahl m_s annehmen können (Röntgenfeinstruktur)?

S 2-12
Welcher der in einem Atom möglichen Röntgenübergänge ergibt die energiereichste Strahlung?

S 2-13
Warum können Wasserstoff- und Heliumatome grundsätzlich keine Röntgenstrahlen aussenden?

BEISPIELE

1. Energieterme des He^+-Ions

Berechnen Sie mit Hilfe der Bohrschen Quantenbedingungen die ersten fünf Energieterme des He^+-Ions!

Lösung

Die Coulombsche Anziehungskraft zwischen dem He-Kern und dem einzigen Elektron des Ions hat den Betrag

$$F = \frac{Ze^2}{4\pi\varepsilon_0 r^2} \quad (Z = 2)$$

F ist die Radialkraft für die Kreisbewegung des Elektrons:

$$\frac{m_\mathrm{e} v^2}{r} = F$$

$$rv^2 = \frac{Ze^2}{4\pi\varepsilon_0 m_\mathrm{e}} \qquad (*)$$

Aus der Quantenbedingung

$$2\pi r m_\mathrm{e} v = nh$$

entnimmt man

$$rv = \frac{nh}{2\pi m_\mathrm{e}}$$

Beide Beziehungen genügen, um r (bzw. v) zu berechnen:

$$r = \frac{(rv)^2}{rv^2} = \frac{n^2h^2 \cdot 4\pi\varepsilon_0 m_\mathrm{e}}{(2\pi)^2 m_\mathrm{e}^2 Z e^2} = \frac{\varepsilon_0 h^2}{\pi m_\mathrm{e} e^2 Z} n^2$$

Die Energie auf einer Elektronenbahn setzt sich aus kinetischer und potentieller Energie zusammen. Für die kinetische Energie gilt mit v^2 aus $(*)$

$$E_\mathrm{k} = \frac{m_\mathrm{e}}{2} v^2 = \frac{m_\mathrm{e}}{2}\left(\frac{Ze^2}{4\pi\varepsilon_0 m_\mathrm{e} r}\right) = \frac{Ze^2}{8\pi\varepsilon_0 r}$$

und für die potentielle Energie der Coulomb-Kraft

$$E_\mathrm{p} = -\frac{Ze^2}{4\pi\varepsilon_0 r}$$

Damit ist

$$E = E_\mathrm{k} + E_\mathrm{p} = -\frac{Ze^2}{8\pi\varepsilon_0 r}$$

und mit dem für r ermittelten Wert

$$E = -Z^2 \frac{m_\mathrm{e} e^4}{8\varepsilon_0^2 h^2} \frac{1}{n^2}$$

Man berechnet

$$E_n = -\frac{54,2\ \mathrm{eV}}{n^2}$$

und findet

n	1	2	3	4	5
E_n/eV	−54,2	−13,6	−6,0	−3,4	−2,2

2. Rydberg-Korrekturen beim Kalium

Die Rydberg-Korrekturen a_i in den Energietermen des Kaliumatoms haben die Werte

$a_0 = 0,77 \quad a_1 = 0,23 \quad a_2 = -0,15 \quad a_3 = -0,01$

a) Welche Spektralserien, bei denen der Elektronenübergang zum niedrigsten Energieniveau einer der S-, P-, D-, F-Termfolgen führt, kann es geben?

b) Berechnen Sie die größte Wellenlänge in jeder dieser Spektralserien!

Lösung

a) Auf Grund der Auswahlregel $\Delta l = \pm 1$ sind Spektralserien mit folgenden Übergängen möglich:

$$\mathrm{S} \to \mathrm{P}, \quad \mathrm{P} \to \mathrm{S}, \quad \mathrm{P} \to \mathrm{D}, \quad \mathrm{D} \to \mathrm{P}, \quad \mathrm{D} \to \mathrm{F}, \quad \mathrm{F} \to \mathrm{D}$$

Jeder einzelne Übergang innerhalb einer Spektralserie kann durch die (n^*, l)-Werte des Anfangs- und Endzustandes gekennzeichnet werden. Für den Endzustand gilt stets $n^* = l + 1$ (niedrigstes Energieniveau einer Termfolge). Das Energieniveau des Anfangszustandes muß auf jeden Fall über dem des Endzustandes liegen. Danach richtet sich, wie groß der Wert der fiktiven Hauptquantenzahl n^* des Anfangszustandes mindestens sein muß. Um die n^*-Werte in den Spektralserien im einzelnen festzulegen, wird zunächst die Energie der Endzustände berechnet. Aus der Formel

$$E = -\frac{hR}{(n^* + a_l)^2}$$

kommt man mit $n^* = l + 1$ und $hR = 13{,}60$ eV zu folgender Tabelle:

Term-symbol	l	n^*	$(n^* + a_l)$	E/eV
1S	0	1	1,77	−4,341
2P	1	2	2,23	−2,735
3D	2	3	2,85	−1,674
4F	3	4	3,99	−0,854

Alle Übergänge mit $\Delta l = -1$ können mit dem niedrigsten Energieniveau der Termfolge des Anfangszustandes beginnen. Bei $\Delta l = \pm 1$ müssen die niedrigstmöglichen Ausgangsniveaus gesucht werden. Dazu wird die Tabelle für Werte $n^* > l + 1$ fortgesetzt:

Term-symbol	l	n^*	$(n^* + a_l)$	E/eV
2S	0	2	2,77	−1,772
3P	1	3	3,23	−1,304
4D	2	4	3,85	−0,918
5D	2	5	4,85	−0,578

Es stellt sich heraus, daß das 4D-Niveau noch unter dem 4F-Niveau liegt. Der niedrigste Anfangszustand der zugehörigen Spektralserie ist deshalb erst das 5D-Niveau. Damit ergeben sich folgende Serien:

$n^*S \to 2P \qquad n^* = 2, 3, 4, \ldots$
$n^*P \to 3D \qquad n^* = 3, 4, 5, \ldots$
$n^*D \to 4F \qquad n^* = 5, 6, 7, \ldots$
$n^*P \to 1S \qquad n^* = 2, 3, 4, \ldots$
$n^*D \to 2P \qquad n^* = 3, 4, 5, \ldots$
$n^*F \to 3D \qquad n^* = 4, 5, 6, \ldots$

b) Die Frequenz f einer Spektrallinie folgt aus der Energiedifferenz von Anfangs- und Endzustand:

$$hf = E_1 - E_2$$

Für die Wellenlänge ergibt sich

$$\lambda = \frac{c}{f} = \frac{hc}{E_1 - E_2}$$

Zur Ausrechnung können die Tabellen aus a) verwendet werden.
Dabei ist $hc = 1,240 \cdot 10^{-6}$ eV · m. Man findet:

Übergang	λ/nm
2S→2P	1 287
3P→3D	3 351
5D→4F	4 492

Übergang	λ/nm
2P→1S	772
3D→2P	1 169
4F→3D	1 512

Zur Veranschaulichung des Ergebnisses wird hier noch das Termschema des Kaliums mit den bekannten Serien und den tatsächlich beobachteten Wellenlängen dargestellt:

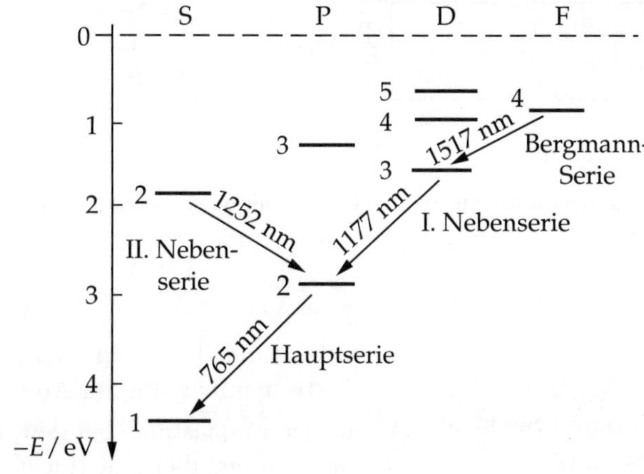

3. Elektronenkonfiguration von Natrium

Natrium ist das erste Element der 3. Periode im Periodensystem der Elemente.

a) Geben Sie die Elektronenkonfiguration des Natriums an!

b) Welchen Elektronenzustand hat jeweils das Leuchtelektron, wenn es sich auf den Energieniveaus 1S, 2P, 3D bzw. 4F befindet?

Lösung

a) Die Elektronenkonfiguration des Natriums kann aus dem Aufbauschema des Periodensystems abgeleitet werden. Das erste Elektron der 3. Schale ist ein 3s-Elektron. Die Konfiguration lautet:

$$\underline{\underline{1s^2 \quad 2s^2 \quad 2p^6 \quad 3s^1}}$$

Natrium besitzt also insgesamt 11 Elektronen, von denen sich 10 in vollständig abgeschlossenen Schalen befinden.

b) Die verschiedenen Termfolgen sind entsprechenden Bahndrehimpulsquantenzahlen l zuzuordnen. Deshalb ist z. B. ein Elektron, das ein Energieniveau der P-Termfolge einnimmt, auch stets ein p-Elektron ($l = 1$), usw.

Keine Übereinstimmung besteht zwischen der Hauptquantenzahl n eines Elektrons, die in der Elektronenkonfiguration angegeben wird, und der Zahl n^*, die die verschiedenen Niveaus der Termfolgen kennzeichnet. In jeder Termfolge ist dem niedrigsten n^* die Hauptquantenzahl n der tiefsten Schale im Atom zuzuordnen, in der ein Platz für ein Elektron der entsprechenden Bahndrehimpulsquantenzahl frei ist. Diese Zuordnung ist in jedem Atom und dort wieder für jede Termfolge anders. Beim Natrium können durch das Leuchtelektron kein Plätze in der K- und L-Schale mehr eingenommen werden, da diese Schalen voll besetzt sind. In der M-Schale ($n = 3$) können Elektronen mit $l = 0, 1$ und 2 einen Platz finden. Deshalb ist für die niedrigsten S-, P- und D-Terme die Hauptquantenzahl $n = 3$. Die Bahndrehimpulsquantenzahl $l = 3$ kann erst in der 4. Schale vorkommen, deshalb hat der niedrigste F-Term die Hauptquantenzahl $n = 4$. Das Ergebnis ist in einem Schema dargestellt:

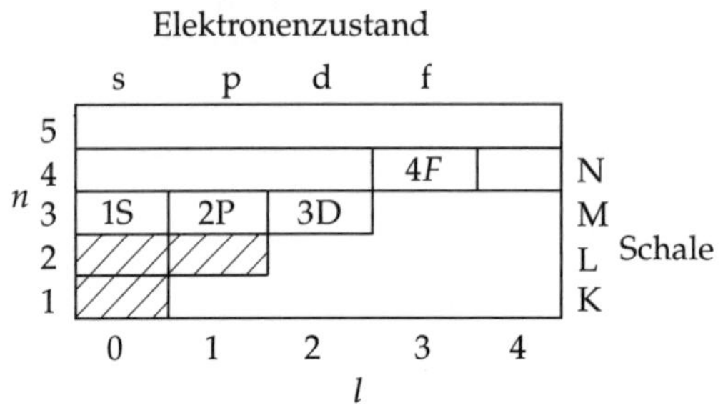

Natrium
1S – 3s
2P – 3p
3D – 3d
4F – 4f

(Die Zuordnung der Elektronenzustände zu den Termbezeichnungen ist daneben angegeben.)

AUFGABEN

S 2.1
Berechnen Sie die Wellenlängen des Wasserstoffspektrums im sichtbaren Spektralbereich (380 nm$\leqq \lambda \leqq$ 780 nm)!

S 2.2
Berechnen Sie den Elektronenbahnradius des Li^{++}-Ions im Grundzustand!

S 2.3
Welche Energie E und welche Wellenlänge λ hat die langwelligste Linie des He^{+}-Spektrums, die beim Übergang zum Grundzustand auftreten kann?

S 2.4
Im Spektrum des Wasserstoffs tritt eine Linie mit der Wellenlänge $\lambda = 1\,874$ nm auf.

a) Untersuchen Sie, welche Hauptquantenzahlen n_1 und n_2 der Anfangs- und Endzustand bei dem entsprechenden Elektronenübergang im Atom haben!

Wenn der Endzustand bei dem betreffenden Elektronenübergang nicht mit dem Grundzustand übereinstimmt, finden noch weitere Elektronenübergänge statt, bis der Grundzustand erreicht ist.

b) Welche Wellenlängen haben dementsprechend die Spektrallinien, die zusammen mit der vorgegebenen Linie auftreten müssen?

S 2.5
Für Li (Ordnungszahl 3) sind die Rydberg-Korrekturen $a_0 = 0,588$ und $a_1 = -0,041$ bekannt.

a) Welche Wellenlänge λ_1 hat die Spektrallinie des Übergangs 3P→1S?

b) Welche Wellenlänge λ_2 hat der Übergang zwischen den entsprechenden

Elektronenzuständen beim Li^{++}-Ion? (Vgl. BEISPIEL 3.)

S 2.6

Die bekannte Natrium-D-Linie entsteht beim Übergang 2P→1S. Der Grundzustand hat die Energie E_{1S}. Die D-Linie ist ein Dublett mit den Wellenlängen λ_1 und λ_2. Natrium hat die Ordnungszahl 11.

a) Bezeichnen Sie den Ausgangs- und den Endzustand des Leuchtelektrons bei der Entstehung der Na-D-Linie!

b) Berechnen Sie die Rydberg-Korrekturen für Ausgangs- und Endzustand! (Dublettaufspaltung vernachlässigen.)

c) Welcher der beiden Terme ist infolge des Spins aufgespalten? Um welche Energiedifferenz ΔE handelt es sich dabei?

$E_{1S} = -5,14$ eV $\quad \lambda_1 = 589,0$ nm
$\lambda_2 = 589,6$ nm

S 2.7

Rubidium (Ordnungszahl 37) hat die Rydberg-Korrekturen $a_0 = 0,804$ und $a_1 = 0,279$.

a) Geben Sie die Elektronenzustände an, die dem jeweils niedrigsten Niveau der S-, P-, D- und F-Termfolge entsprechen!

b) Berechnen Sie die jeweils größte Wellenlänge, die bei den S→P-Übergängen (λ_1) und den P→S-Übergängen (λ_2) vorkommt!

S 2.8

Geben Sie die Elektronenkonfiguration des Eisenatoms (Ordnungszahl 26) an!

S 2.9

Eine Röntgenfeinstrukturanlage hat eine maximale Anodenspannung U. Für welches Anodenmaterial könnten gerade noch alle Röntgenlinien angeregt werden?

$U = 40$ kV

S 2.10

Wolfram hat die Ordnungszahl 74.

a) Schätzen Sie die Wellenlänge λ der energiereichsten Röntgenlinie ab!

b) Welche Elektronenenergie E (in eV) ist zur Anregung dieser Röntgenlinie mindestens erforderlich?

S 2.11

Die K_α-Strahlung eines unbekannten Elements hat die Wellenlänge $\lambda = 0,335$ nm. Welche Ordnungszahl und welche Elektronenkonfiguration hat das betreffende Element?

S 2.12

Die Wellenlänge des M→L-Röntgenübergangs beim Zirkonium ($Z = 40$) beträgt $\lambda = 0,606$ nm.

a) Wie groß ist die Abschirmkonstante b_2?

b) Welche Wellenlängen hat der gleiche Übergang beim Chrom ($Z = 24$) und beim Uranium ($Z = 92$)?

S 2.13

Welche Energie E und Wellenlänge λ hat der einzig mögliche Röntgenübergang beim Lithium (Ordnungszahl 3)?

S 3 Quantenmechanik

GRUNDLAGEN

1 Schrödinger-Gleichung

Die widerspruchsfreie Beschreibung des Verhaltens von nichtrelativistischen Mikroteilchen ist mit Hilfe der Schrödinger-Gleichung möglich. Die Schrödinger-Gleichung ist eine Wellengleichung, und die Teilchen werden demzufolge durch *Wellenfunktionen* beschrieben. Dem jeweils vorliegenden quantenmechanischen System entsprechend kann die Schrödinger-Gleichung unterschiedliche Gestalt annehmen. Um ihre wichtigsten Eigenschaften zu zeigen, wird hier nur ein geeigneter Sonderfall ausgewählt: die Beschreibung eines *gebundenen Teilchens* bei eindimensionaler Bewegung.

„Gebunden" heißt, daß sich das Teilchen in einem Bereich aufhält, in dem die potentielle Energie $E_p(x)$ ein Minimum hat und den es auf Grund seiner Gesamtenergie E nicht verlassen kann. Dieser Fall tritt (von der Einschränkung auf eine Dimension abgesehen) z. B. beim einzelnen Elektron im Atom oder im Festkörper auf.

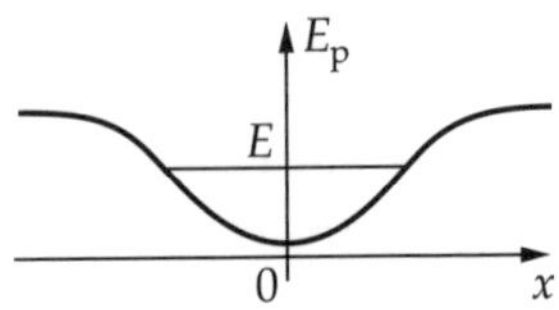

Die Schrödinger-Gleichung kann in diesem Fall in Form der sogenannten **zeitunabhängigen Schrödinger-Gleichung** dargestellt werden:

$$\frac{d^2\psi}{dx^2} = -\frac{2m}{\hbar^2}[E - E_p(x)]\psi$$

Aus der vollständigen Wellenfunktion $\Psi(x,t)$ ist hier der allein interessierende ortsabhängige Anteil $\psi(x)$ abgespalten worden, der die ortsveränderliche Amplitude einer stehenden Welle beschreibt. Die Wellenfunktion selbst stellt keine meßbare physikalische Größe dar, aber ihr Quadrat

$$\psi^2(x) = w(x)$$

gibt die **Dichte der Aufenthaltswahrscheinlichkeit** des Teilchens am Ort x an. Die Wahrscheinlichkeit dW, das Teilchen in einem (differentiell) kleinen Ortsbereich dx anzutreffen, ist

$$dW = w(x)\,dx$$

Die Wahrscheinlichkeit, das Teilchen im ganzen verfügbaren Raum überhaupt anzutreffen, ist mit 1 festgesetzt. Daraus ergibt sich die **Normierungsbedingung**

$$\int_{-\infty}^{+\infty} \psi^2(x)\,dx = 1$$

Bei einem gegebenen Verlauf der potentiellen Energie $E_p(x)$ – im folgenden als Potential bezeichnet – müssen für die Schrödinger-Gleichung solche Lösungen $\psi(x)$ gefunden werden, die auch die Normierungsbedingung erfüllen. Es stellt sich heraus, daß das nur für bestimmte, diskrete Werte E_n der Energie möglich ist. Diese werden **Eigenwerte** genannt. Die zugehörigen Lösungen $\psi_n(x)$ der Schrödinger-Gleichung heißen **Eigenfunktionen**. Diese beschreiben alle vorkommenden Teilchenzustände (z. B. die Elektronenzustände in einem Atom). Beim eindimensionalen Problem bilden die Eigenwerte eine einparametrige Schar. Der Parameter, der zur Bezeichnung aller möglichen Zustände dient, ist die **Quantenzahl**. In einem realen Atom, das ein dreidimensionales System ist, sind zur Erfassung der Gesamtheit aller Elektronenzustände (vom Spin abgesehen) drei Quantenzahlen erforderlich.

2 Lösen der Schrödinger-Gleichung

Alle Schritte, die zum Lösen der Schrödinger-Gleichung erforderlich sind, werden hier an einem Beispiel vorgeführt. Ein gebundenes Teilchen der Energie E soll sich in einem sogenannten „Kastenpotential“ befinden.

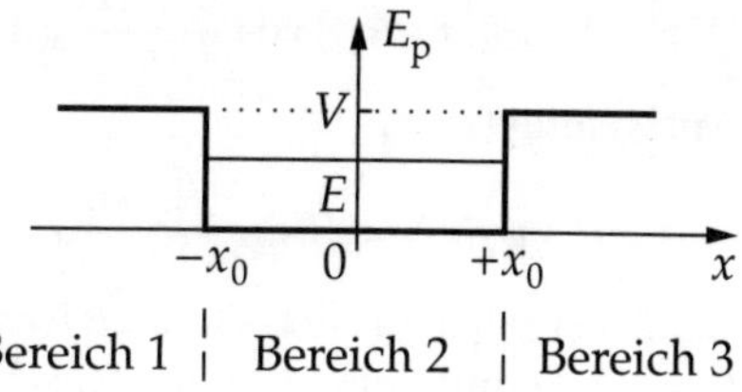

Da das Potential bereichsweise konstant ist, wird die Schrödinger-Gleichung für diese Bereiche einzeln gelöst:

Bereich 2:

$$E_p(x) = 0$$

$$\psi'' + \frac{2m}{\hbar^2} E\psi = 0$$

Dieses ist die Differentialgleichung einer harmonischen Funktion; ihre allgemeine Lösung kann in der Form

$$\psi(x) = A\cos\frac{\sqrt{2mE}}{\hbar}x + B\sin\frac{\sqrt{2mE}}{\hbar}x$$

angegeben werden.

Bereich 1 und 3:

$$E_p(x) = V$$

$$\psi'' - \frac{2m}{\hbar^2}(V-E)\psi = 0 \quad \text{mit} \quad (V-E) > 0$$

Diese Differentialgleichung hat die allgemeine Lösung

$$\psi(x) = C\,e^{\frac{\sqrt{2m(V-E)}}{\hbar}x} + D\,e^{-\frac{\sqrt{2m(V-E)}}{\hbar}x}$$

Damit die Wellenfunktion gemäß

$$\int_{-\infty}^{+\infty} \psi^2(x)\,dx = 1$$

normierbar ist, kommen nur die mit wachsendem Betrag von x abklingenden Exponentialfunktionen in Betracht:

$$\psi_1(x) = C\,e^{\frac{\sqrt{2m(V-E)}}{\hbar}x}$$

$$\psi_3(x) = D\,e^{-\frac{\sqrt{2m(V-E)}}{\hbar}x}$$

Die Indizes an den Wellenfunktionen bezeichnen deren Geltungsbereich. An den Bereichsgrenzen bei $x = -x_0$ und $x = +x_0$ müssen die Wellenfunktionen und ihre Ableitungen stetig ineinander übergehen. Daraus folgen die vier Bedingungen

$$\psi_1(-x_0) = \psi_2(-x_o) \qquad \psi_2(x_0) = \psi_3(x_0)$$
$$\psi_1'(-x_0) = \psi_2'(-x_o) \qquad \psi_2'(x_0) = \psi_3'(x_0)$$

Es stellt sich heraus, daß diese Gleichungen nur dann miteinander verträglich sind, wenn entweder A oder B gleich Null ist. Es gibt also nur symmetrische oder antisymmetrische Lösungen für $\psi_2(x)$ und damit gleichzeitig für die gesamte Wellenfunktion $\psi(x)$.

Symmetrisch:

$$\psi_2(x) = A\cos\frac{\sqrt{2mE}}{\hbar}x$$

Antisymmetrisch:

$$\psi_2(x) = B\sin\frac{\sqrt{2mE}}{\hbar}x$$

Zunächst wird nur der *symmetrische* Fall untersucht. Bei der symmetrischen Lösung ist $C = D$. Damit genügt es, die Anschlußbedingungen an einer der beiden Anschlußstellen aufzustellen. Bei $x = -x_0$ lauten sie:

$$C\,\mathrm{e}^{-\frac{\sqrt{2m(V-E)}}{\hbar}x_0} = A\cos\frac{\sqrt{2mE}}{\hbar}x_0$$
$$C\frac{\sqrt{2m(V-E)}}{\hbar}\,\mathrm{e}^{-\frac{\sqrt{2m(V-E)}}{\hbar}x_0} = A\frac{\sqrt{2mE}}{\hbar}\sin\frac{\sqrt{2mE}}{\hbar}x_0$$

Sie liefern eine Bestimmungsgleichung für die bisher noch nicht näher bestimmte Energie E:

$$\sqrt{2m(V-E)}\cos\frac{\sqrt{2mE}}{\hbar}x_0 = \sqrt{2mE}\sin\frac{\sqrt{2mE}}{\hbar}x_0$$
$$\tan\frac{\sqrt{2mE}}{\hbar}x_0 = \sqrt{\frac{V}{E}-1}$$

Zur Vereinfachung der Darstellung werden folgende Bezeichnungen eingeführt:

$$\varphi = \frac{\sqrt{2mE}}{\hbar}x_0 \qquad \text{und} \qquad a = \frac{\sqrt{2mV}}{\hbar}x_0$$

Damit entsteht die Gleichung

$$\tan\varphi = \sqrt{\left(\frac{a}{\varphi}\right)^2 - 1}$$

Sie besitzt eine endliche Anzahl Lösungen φ_n und liefert auf diese Weise die Eigenwerte E_n der Energie. Für die *antisymmetrischen Wellenfunktionen* lautet die entsprechende Eigenwertgleichung

$$-\cot\varphi = \sqrt{\left(\frac{a}{\varphi}\right)^2 - 1}$$

Sämtliche Lösungen beider Eigenwertgleichungen lassen sich am einfachsten grafisch veranschaulichen und auffinden. In einem Diagramm sind die Funktionen $\sqrt{\left(\frac{a}{\varphi}\right)^2 - 1}$ sowie die positiven Zweige der Funktionen $\tan\varphi$ und $-\cot\varphi$ dargestellt. Ihre Schnittpunkte legen die Eigenwerte φ_n fest.

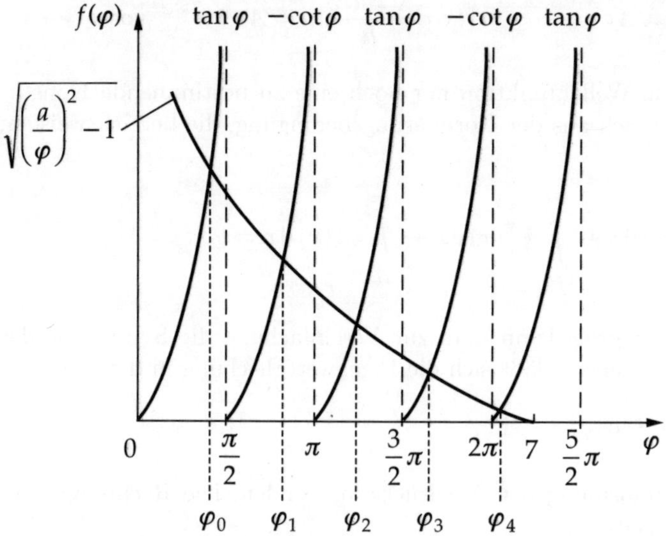

Die zusammengefaßte trigonometrische Funktion ist mit $\pi/2$ periodisch. In jeder Periode gibt es genau eine Lösung. Dabei alternieren symmetrische und antisymmtrische Wellenfunktionen. Die fortlaufende Numerierung n der Eigenwerte hat die Bedeutung einer Quantenzahl. Für gerade n ist $\psi(x)$ symmetrisch. Da die Wurzelfunktionen nur für positive Radikanden erklärt ist, darf φ den Wert von a nicht überschreiten: $\varphi \leqq a$. Damit gibt es nur eine endliche Zahl N von Eigenwerten φ_n. Zur Bestimmung von N ist festzustellen, wie oft der Winkel $\pi/2$ in a enthalten ist:

$$N = \text{int}\frac{2a}{\pi} + 1$$

Eine genaue Bestimmung der Eigenwerte φ_n ist nur durch ein numerisch ausgeführtes Iterationsverfahren möglich. Es werden im folgenden die Ergebnisse für den (willkürlich ausgewählten) Fall $a = 7$ dargestellt:

n	0	1	2	3	4
φ_n	1,373	2,739	4,089	5,402	6,616
$\frac{E_n}{V}$	0,038	0,153	0,341	0,595	0,893

Da die Wellenfunktion im Argument neben der Variablen x auch die Energie E enthält, gehört zu jedem Eigenwert E_n auch eine entsprechende Wellenfunktion $\psi_n(x)$, **Eigenfunktion** genannt. (Auf eine Indizierung der Eigenfunktionen und auch der Eigenwerte wird im folgenden der Einfachheit halber verzichtet.)

Um die Wellenfunktion $\psi(x)$ und die Aufenthaltswahrscheinlichkeiten $w(x) = \psi^2(x)$ vollständig anzugeben, müssen noch die Konstanten A (bzw. B), C und D bestimmt werden.

Aus den Anschlußbedingungen folgt für die symmetrischen Lösungen

$$C = D = A\,\mathrm{e}^{\frac{\sqrt{2m(V-E)}}{\hbar}x_0} \cos\frac{\sqrt{2mE}}{\hbar}x_0 = A\,\mathrm{e}^{\sqrt{a^2-\varphi^2}} \cos\varphi$$

Damit enthält jede Wellenfunktion nur noch eine zu bestimmende Konstante A. Der Wert von A ergibt sich aus der Normierungsbedingung, die bereichsweise ausgewertet werden muß:

$$\int\limits_{-\infty}^{-x_0} \psi_1^2(x)\,\mathrm{d}x + \int\limits_{-x_0}^{+x_0} \psi_2^2(x)\,\mathrm{d}x + \int\limits_{+x_0}^{\infty} \psi_3^2(x)\,\mathrm{d}x = 1$$

Beim Lösen der Integrale kann man zur Vereinfachung die Symmetrie der Funktion $\psi(x)$ ausnutzen. Außerdem läßt sich die Eigenwertgleichung in der Form

$$\sqrt{a^2-\varphi^2}\cos\varphi = \varphi\sin\varphi$$

vorteilhaft zur Umformung der Ausdrücke verwenden. Die Rechnung, die hier nicht vorgeführt wird, ergibt

$$x_0 A^2 \left[\frac{1}{\sqrt{a^2-\varphi^2}} + 1\right] = 1 \qquad \text{und}$$

$$A = \frac{1}{\sqrt{1+\dfrac{1}{\sqrt{a^2-\varphi^2}}}}\,\frac{1}{\sqrt{x_0}}$$

Dieselbe Beziehung findet man bei ungeradzahligen n für B: $B = A$. In diesem Fall ist aber

$$-C = D = A\,\mathrm{e}^{\sqrt{a^2-\varphi^2}} \sin\varphi$$

Die vollständigen Wellenfunktionen sind im folgenden Bild zusammengestellt.

Die Darstellung $w(x)$ zeigt deutlich den Unterschied zum klassischen Teilchenmodell. Bei einem *klassischen Teilchen* wäre

1. für die Energie jeder im Bereich $0 \leqq E \leqq V$ liegende Wert möglich (hier gibt es nur 5 diskrete Werte von E_n),
2. die Aufenthaltswahrscheinlichkeit $w(x)$ im Kasteninneren ortsunabhängig (hier „oszilliert“ $w(x)$ zwischen 0 und einem Maximalwert A^2),
3. die Aufenthaltswahrscheinlichkeit außerhalb des Kastens exakt gleich Null (hier klingt sie nur allmählich ab, d. h., das Teilchen kann sich in klassisch „verbotenen“ Bereichen aufhalten).

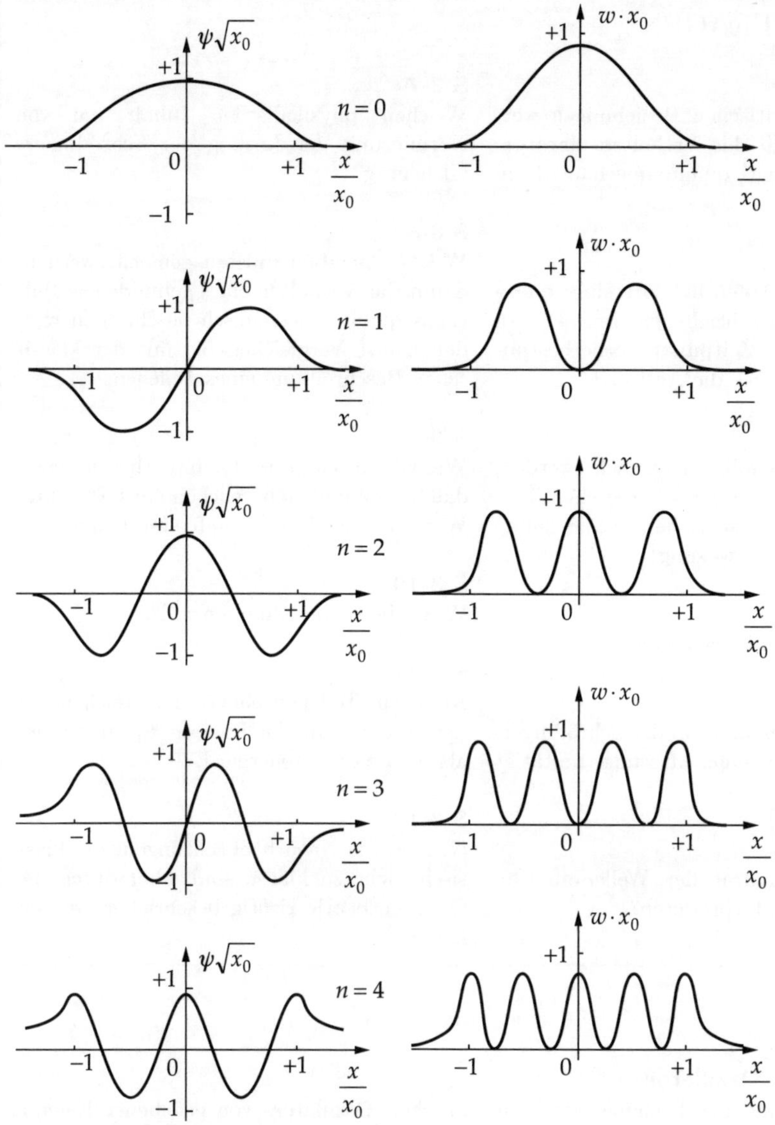

Für das klassische Teilchenmodell gilt die folgende Darstellung:

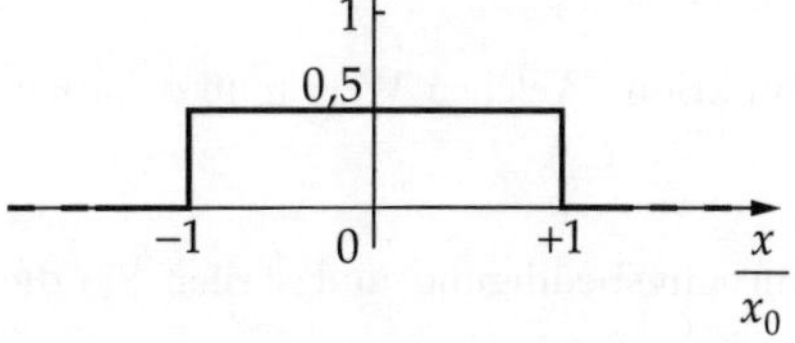

KONTROLLFRAGEN

S 3-1
Welche mathematischen Beziehungen werden benötigt, um das Verhalten eines gebundenen Teilchens quantenmechanisch zu beschreiben?

S 3-2
Kann man den Aufenthaltsort eines quantenmechanisch beschriebenen Teilchens zu einem beliebigen Zeitpunkt vorherbestimmen? Begründen Sie die Antwort!

S 3-3
Welche Angaben müssen gemacht werden, damit die Bewegung eines klassischen Teilchens vollständig beschrieben werden kann? (eindimensionale Bewegung)

S 3-4
Was ist ein gebundener Zustand?

S 3-5
Kann die Lösungsfunktion der Schrödinger-Gleichung durch eine Messung bestätigt werden?

S 3-6
Wie ist das Quadrat der Wellenfunktion physikalisch zu interpretieren?

S 3-7
Welchen physikalischen Inhalt hat die Normierung der Lösung der Schrödinger-Gleichung?

S 3-8
Welche Angaben müssen gemacht werden, damit das Verhalten eines gebundenen Teilchens quantenmechanisch beschrieben werden kann? Vergleichen Sie mit der klassischen Beschreibung eines Teilchens!

S 3-9
Wie kommt es in der Quantentheorie dazu, daß bei gebundenen Teilchen nur bestimmte Werte E_n der Energie auftreten können?

S 3-10
Wozu dient eine Quantenzahl?

S 3-11
Kann ein Teilchen einen Ort erreichen, an dem die potentielle Energie E_p größer ist als seine Gesamtenergie E?

S 3-12
Nennen Sie Naturbeobachtungen, die klassisch nicht zu klären sind, aber durch die Quantentheorie richtig beschrieben werden können!

BEISPIELE

1. Harmonischer Oszillator

Die klassische Bewegungsgleichung eines harmonischen Oszillators von gegebener Eigenfrequenz ω_0 kann in der Form

$$\ddot{x} + \omega_0^2 x = 0$$

dargestellt werden.

a) Formulieren Sie die Schrödinger-Gleichung für diesen Oszillator, wenn es sich um ein Mikroteilchen der Masse m handelt!

b) Der Lösungssatz $\psi(x) = A\,\mathrm{e}^{-\alpha x^2}$ ergibt eine Wellenfunktion. Welchen Wert muß α haben, damit die Schrödinger-Gleichung erfüllt wird?

c) Für welche Werte der Energie ist $\psi(x)$ eine Lösung?

d) Berechnen Sie die Konstante A mit Hilfe der Normierungsbedingung und stellen Sie die Aufenthaltswahrscheinlichkeit $w(x) = \psi^2(x)$ grafisch dar!

Hinweis: $\int\limits_{-\infty}^{+\infty} \mathrm{e}^{-x^2}\,\mathrm{d}x = \sqrt{\pi}$

Lösung

a) In die Schrödinger-Gleichung

$$\psi'' + \frac{2m}{\hbar^2}(E - E_\mathrm{p})\psi = 0$$

muß die Funktion $E_\mathrm{p}(x)$ der potentiellen Energie eingesetzt werden. Dazu wird mit der klassischen Bewegungsgleichung des harmonischen Oszillators,

$$\ddot{x} + \omega_0^2 x = 0$$

zunächst das Kraftgesetz dargestellt:

$$F_x = m\ddot{x} = -m\omega_0^2 x$$

Damit erhält man die potentielle Energie:

$$E_\mathrm{p}(x) = -\int F_x\,\mathrm{d}x = m\omega_0^2\frac{x^2}{2}$$

Die Schrödinger-Gleichung erhält dadurch die Gestalt

$$\underline{\psi'' + \left[\frac{2m}{\hbar^2}E - \left(\frac{m\omega_0}{\hbar}\right)^2 x^2\right]\psi = 0}$$

b) Der Lösungssatz $\psi(x) = A\,\mathrm{e}^{-\alpha x^2}$ ist in die Schrödinger-Gleichung einzusetzen. Dazu wird auch $\psi''(x)$ benötigt:

$$\psi' = A(-2\alpha x\,\mathrm{e}^{-\alpha x^2})$$

$$\psi'' = A(-2\alpha\,\mathrm{e}^{-\alpha x^2} + 4\alpha^2 x^2\,\mathrm{e}^{-\alpha x^2}) = (-2\alpha + 4\alpha^2 x^2)A\,\mathrm{e}^{-\alpha x^2}$$

Beim Aufschreiben der Schrödinger-Gleichung wird der gemeinsame Faktor $A\,\mathrm{e}^{-\alpha x^2}$ sofort gekürzt:

$$-2\alpha + 4\alpha^2 x^2 + \frac{2m}{\hbar^2}E - \left(\frac{m\omega_0}{\hbar}\right)^2 x^2 = 0$$

Wenn die Schrödinger-Gleichung erfüllt sein soll, müssen die konstanten Glieder und die Glieder mit x^2 einzeln Null werden. Das gibt zwei Bedingungsgleichungen:

$$-2\alpha + \frac{2m}{\hbar^2}E = 0 \qquad \text{(I)}$$

$$4\alpha^2 - \left(\frac{m\omega_0}{\hbar}\right)^2 = 0 \qquad \text{(II)}$$

Aus Gleichung (II) wird α gewonnen:

$$\underline{\alpha = \frac{m\omega_0}{2\hbar}} \qquad (\alpha < 0 \text{ erfüllt die Normierungsbedingung nicht.})$$

c) Die Funktion $\psi(x)$ erfüllt die Schrödinger-Gleichung nur für einen einzigen Wert E_0 der Energie. Dieser folgt aus Gleichung (I):

$$E_0 = \alpha\frac{\hbar^2}{m} \qquad \underline{E_0 = \frac{1}{2}\hbar\omega_0}$$

Hinweis: Die gegebene Funktion $\psi(x)$ ist nicht die einzige Lösung, die die Schrödinger-Gleichung erfüllt. Es gibt vielmehr eine Folge von verschiedenen Funktionen $\psi_n(x)$, von denen jede einen Eigenwert E_n der Energie hat. Unter diesen ist $\psi_0(x)$ die oben vorgegebene Funktion $\psi(x)$. E_0 ist dabei der niedrigste Eigenwert der Energie (Grundzustand).

d) Die Normierungsbedingung verlangt

$$\int_{-\infty}^{+\infty} \psi^2(x)\,\mathrm{d}x = 1$$

Mit der Wellenfunktion $\psi(x) = \psi_0(x)$ gilt

$$\int_{-\infty}^{+\infty} A^2\,\mathrm{e}^{-\frac{m\omega_0}{\hbar}x^2}\,\mathrm{d}x = 1$$

Hier wird die Substitution $\xi = \sqrt{\frac{m\omega_0}{\hbar}}x$ eingeführt. Somit ist $\mathrm{d}\xi = \sqrt{\frac{m\omega_0}{\hbar}}\,\mathrm{d}x$, und man erhält

$$A^2 \int_{-\infty}^{+\infty} \mathrm{e}^{-\xi^2}\sqrt{\frac{\hbar}{m\omega_0}}\,\mathrm{d}\xi = 1$$

$$A^2\sqrt{\frac{\hbar}{m\omega_0}}\int_{-\infty}^{+\infty} \mathrm{e}^{-\xi^2}\,\mathrm{d}\xi = 1 \qquad A^2\sqrt{\frac{\hbar}{m\omega_0}}\sqrt{\pi} = 1$$

$$\underline{A = \sqrt[4]{\frac{m\omega_0}{\pi\hbar}}}$$

Damit ist die Funktion der Aufenthaltswahrscheinlichkeit

$$\underline{w(x) = \sqrt{\frac{m\omega_0}{\pi\hbar}}\,\mathrm{e}^{-\frac{m\omega_0}{\hbar}x^2}}$$

Für die grafische Darstellung wird $w(x)$ mit der Abkürzung $x_0 = \sqrt{\frac{\hbar}{m\omega_0}}$ vereinfacht:

$$w(x) = \frac{1}{x_0\sqrt{\pi}}\,\mathrm{e}^{-\left(\frac{x}{x_0}\right)^2}$$

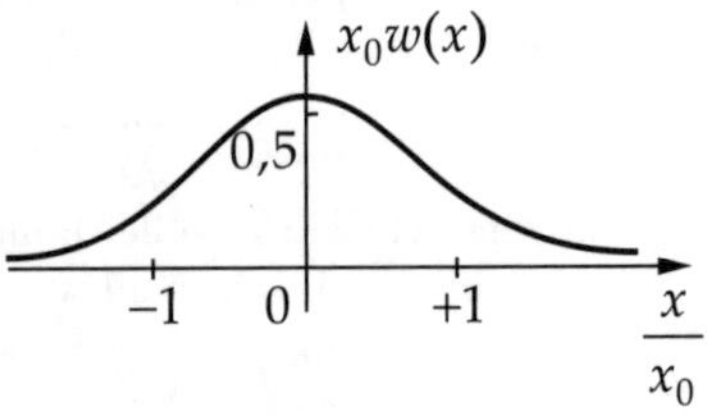

2. Tunneleffekt

Ein Elektron befindet sich in einem Kastenpotential in gebundenem Zustand mit der gegebenen Energie E. Auf einer Seite des Kastens hat die Potentialwand die Höhe V und die Breite b. Innerhalb und außerhalb des Kastens sei das Potential Null.

Bestimmen Sie das Verhältnis $\frac{w(b)}{w(0)}$ der Aufenthaltswahrscheinlichkeiten des Elektrons zwischen Außenseite und Innenseite der Potentialwand unter der Annahme, daß sich das Elektron in einem stationären Zustand befindet („quasistationär“)!

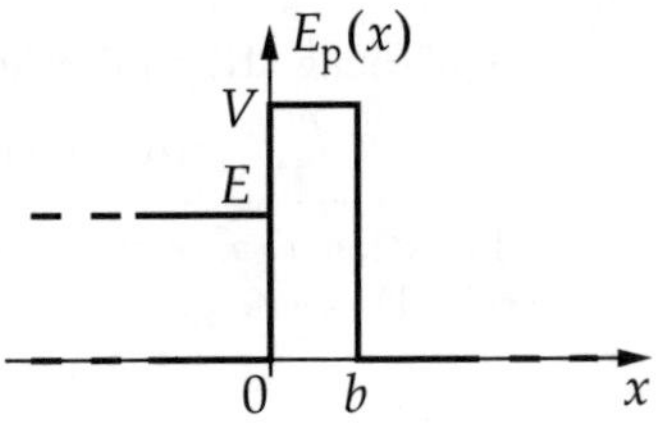

$(V - E) = 4,53\ \mathrm{eV} \quad b = 0,50\ \mathrm{nm}$

Lösung
Für das Gebiet der Potentialwand lautet die Schrödinger-Gleichung

$$\psi'' - \frac{2m}{\hbar^2}(V-E)\psi = 0$$

Setzt man voraus, daß sich das Elektron anfangs auf jeden Fall im Kasteninneren befindet, so klingt die Wellenfunktion mit wachsendem x ab, und es gilt (vgl. GRUNDLAGEN (2.))

$$\psi(x) = A\,\mathrm{e}^{-\frac{\sqrt{2m(V-E)}}{\hbar}x}$$

Damit kann das Verhältnis

$$\frac{w(b)}{w(0)} = \frac{\psi^2(b)}{\psi^2(0)}$$

sofort bestimmt werden:

$$w(0) = A^2 \qquad w(b) = A^2\,\mathrm{e}^{-2b\frac{\sqrt{2m(V-E)}}{\hbar}}$$

$$\frac{w(b)}{w(0)} = \mathrm{e}^{-2b\frac{\sqrt{2m(V-E)}}{\hbar}} = \underline{\underline{1,9\cdot 10^{-5}}}$$

Das ist die Wahrscheinlichkeit dafür, daß ein Teilchen, das auf die Innenseite der Wand auftrifft, an der Außenseite „erscheint“ (Tunneleffekt).

AUFGABEN

S 3.1
Ein Teilchen befindet sich in einem Kastenpotential mit unendlich hohen Wänden.

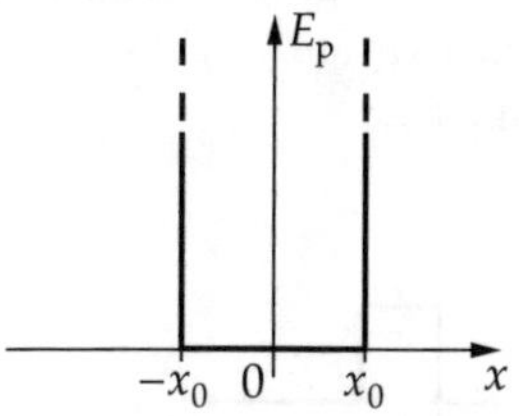

Berechnen Sie die Eigenwerte E_n der Energie und die zugehörigen Wellenfunktionen $\psi_n(x)$!

Hinweis:

$$\int \cos^2 x\,\mathrm{d}x = \frac{1}{2}(x + \sin x \cos x) + C$$

S 3.2
Ein Elektron befindet sich in einem Kastenpotential mit unendlich hohen Wänden, dessen halbe Breite x_0 gleich dem Bohrschen Wasserstoffradius r_0 ist. Welche Wellenlänge λ hat ein Lichtquant, das beim Übergang des Elektrons vom ersten angeregten Zustand in den Grundzustand emittiert wird?

$r_0 = 0,529\,2 \cdot 10^{-10}$ m

S 3.3
Ein harmonischer Oszillator (Teilchenmasse m, Eigenfrequenz ω_0) hat das Potential $E_p(x) = \frac{1}{2}m\omega_0^2 x^2$

a) Die Funktion $\psi_1(x) = Ax\,\mathrm{e}^{-\alpha x^2}$ ist eine Lösung der Schrödinger-Gleichung. Welchen Wert muß α haben?

b) Welchen Eigenwert E_1 hat die Energie?

c) Berechnen Sie die Wahrscheinlichkeitsdichte $w(x)$ und stellen sie diese grafisch dar!

Hinweis: $\int_{-\infty}^{+\infty} x^2\,\mathrm{e}^{-x^2}\,\mathrm{d}x = \frac{1}{2}\sqrt{\pi}$

S 3.4
a) Welche Schwingungsamplitude hätte ein klassischer harmonischer Oszilla-

tor, dessen gesamte Schwingungsenergie gleich der Energie $E_0 = 1/2\,\hbar\omega_0$ des quantenmechanischen Grundzustandes ist?

b) Berechnen Sie die Wahrscheinlichkeitsdichte $w_1(x)$ für den Aufenthalt des klassischen Teilchens an der Stelle x unter Benutzung der Voraussetzungen

$$w_1(x) \sim 1/|v_x| \text{ und } \int\limits_{-\infty}^{+\infty} w_1(x)\,\mathrm{d}x = 1$$

c) Tragen Sie $w_1(x)$ zusätzlich in das Diagramm für die Aufenthaltswahrscheinlichkeit $w_0(x)$ des quantenmechanischen Grundzustands ein!

Hinweis: $\displaystyle\int \frac{\mathrm{d}x}{\sqrt{x_0^2 - x^2}} = \arcsin\frac{x}{x_0} + C$

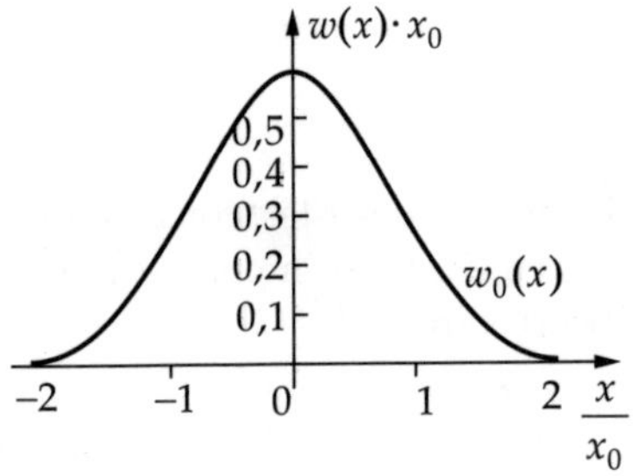

S 3.5
Ein Elektron befindet sich in einem Kastenpotential der „Wandhöhe“ V und der halben Kastenbreite x_0.

a) Welche Energie E_0 hat der Grundzustand?

b) Wie viele Zustände (Anzahl N) besitzt das Elektron?

$V = 100$ eV $\quad x_0 = 10^{-10}$ m

Lösungshinweis: Die Eigenwertgleichung wird in der Form $\varphi = \arctan\sqrt{\left(\frac{a}{\varphi}\right)^2 - 1}$ angewendet, um aus einem gegebenen Näherungswert von φ einen genaueren Wert zu berechnen.

S 3.6
Eine Erbse der Masse m befindet sich in einer Schüssel mit der Randhöhe h_S und dem Durchmesser d. Es soll näherungsweise angenommen werden, daß es sich um ein Kastenpotential handelt.

a) Wie viele Energiezustände (Anzahl N) hat die Erbse in der Schüssel?

b) Welche Energie E_0 hat der Grundzustand?

c) Welche Geschwindigkeit v_0 hat die Erbse im Grundzustand?

$m = 0{,}5$ g $\quad h_S = 0{,}1$ m $\quad d = 0{,}3$ m

S 3.7
Wie groß kann die halbe Breite x_0 eines Kastenpotentials der „Wandhöhe“ V höchstens sein, wenn ein darin gebundenes Elektron nur einen einzigen erlaubten Zustand besitzt?

$V = 1$ eV

S 3.8
Ein α-Teilchen (Masse m) ist bei der Energie E in einem Potentialtopf mit Wänden endlicher Dicke quasistationär gebunden (Modell eines Atomkerns).

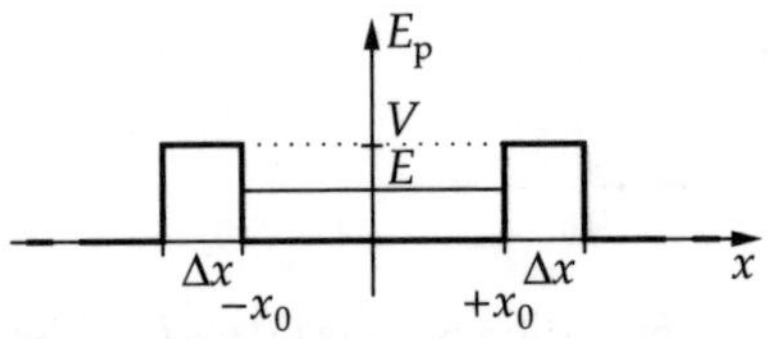

Wie groß ist die wahrscheinlichste Lebensdauer τ_0 des „Atomkerns“?

$m = 6{,}643 \cdot 10^{-27}$ kg
$x_0 = 7{,}30 \cdot 10^{-15}$ m
$\Delta x = 15{,}47 \cdot 10^{-15}$ m $\quad E = 4{,}78$ MeV
$V = 33{,}9$ MeV

Lösungshinweis: Die Zeit, die zwischen zwei aufeinanderfolgenden Wandstößen des α-Teilchens vergeht, ist klassisch zu berechnen.

S 4 Atomkern

GRUNDLAGEN

1 Kernaufbau und -eigenschaften

Die in der Natur vorkommenden Atomkerne sind aus Protonen (p) und Neutronen (n) zusammengesetzt. Diese Elementarteilchen werden als **Nukleonen** bezeichnet. Die dadurch entstehenden verschiedenen Atomarten heißen **Nuklide**. Jedes Nuklid ist durch die **Kernladungszahl** Z (Protonenzahl) und die **Massenzahl** A gekennzeichnet, die mit der **Neutronenzahl** N nach der Beziehung

$$\boxed{A = Z + N}$$

zusammenhängen. Die Ruhemasse des Protons

$$m_{\mathrm{p}} = 1{,}672\,623 \cdot 10^{-27}\ \mathrm{kg}$$

ist nahezu gleich der Ruhemasse des Neutrons:

$$m_{\mathrm{n}} = 1{,}674\,929 \cdot 10^{-27}\ \mathrm{kg}$$

Das Proton trägt eine positive Elementarladung, während das Neutron elektrisch neutral ist.
Ein Nuklid wird durch ${}^{A}_{Z}\mathrm{X}$ bezeichnet, wobei X hier anstelle des Symbols eines Elements gesetzt ist. Nuklide gleicher Protonenzahl Z sind dem gleichen chemischen Element zugeordnet und heißen *Isotope* dieses Elements.
Die atomare Masseneinheit u ist definiert als 12. Teil der Ruhemasse m_{A} eines Atoms des Nuklids ${}^{12}_{6}\mathrm{C}$:

$$1\,\mathrm{u} = \frac{1}{12} m_{\mathrm{A}}({}^{12}_{6}\mathrm{C}) = 1{,}660\,540\,2 \cdot 10^{-27}\ \mathrm{kg}$$

Die **relative Atommasse** A_{r} eines Atoms vom Nuklid ${}^{A}_{Z}\mathrm{X}$ ist festgelegt durch

$$\boxed{A_{\mathrm{r}}\left({}^{A}_{Z}\mathrm{X}\right) = \frac{m_{\mathrm{A}}\left({}^{A}_{Z}\mathrm{X}\right)}{\mathrm{u}}}$$

Die Atommasse unterscheidet sich von der Kernmasse m_{K} durch die Masse der Hüllenelektronen:

$$m_{\mathrm{A}} = m_{\mathrm{K}} + Z m_{\mathrm{e}}$$

2 Kernkräfte, Kernenergie

Den Atomkern kann man sich als Tropfen von Kugelgestalt vorstellen (Tröpfchenmodell). Sein Volumen ist der Massenzahl proportional, so daß auch der **Kernradius** r_{K} von A abhängt:

$$\boxed{r_{\mathrm{K}} = r_0 \sqrt[3]{A}} \qquad r_0 = 1{,}2 \cdot 10^{-15}\ \mathrm{m}\ \text{(Nukleonenradius)}$$

Die Nukleonen werden durch Kernkräfte zusammengehalten. Die Reichweite der Kernkräfte ist im wesentlichen auf den Kern beschränkt. Die anziehende Kernkraft zwischen den Protonen ist im Vergleich zur Coulombschen Abstoßungskraft sehr groß. Wegen der großen Reichweite der Coulomb-Kraft wirkt diese aber entscheidend auf geladene Teilchen außerhalb des Kerns.

Wollte man den Kern in seine einzelnen Nukleonen zerlegen, so müßten die Kernkräfte überwunden werden. Da dabei Arbeit aufzuwenden ist, muß der Atomkern eine niedrigere Energie besitzen als die einzelnen Nukleonen, aus denen er sich zusammensetzt. Die Differenz der Energie des Kerns gegenüber der Summe der Energien der einzelnen Nukleonen ist die **Bindungsenergie** E_B des Kerns; sie hat stets einen negativen Wert. Auf Grund der Einsteinschen Energie-Masse-Beziehung ist auch die Gesamtruhemasse der einzelnen Nukleonen immer größer als die Ruhemasse des von ihnen gebildeten Kerns. Diese Massendifferenz wird als **Massendefekt** Δm bezeichnet:

$$\Delta m = Z m_\mathrm{p} + N m_\mathrm{n} - m_\mathrm{K}$$

$$E_\mathrm{B} = -\Delta m c^2$$

Bei den stabilen Kernen hat die Bindungsenergie je Nukleon, $E'_\mathrm{B} = \dfrac{E_\mathrm{B}}{A}$, in der Nähe von $A = 50$ ein Minimum. Aus diesem Grund ist es möglich, die Energie zu gewinnen, indem man entweder leichte Kerne zu mittelschweren verschmilzt (Kernfusion) oder schwere Kerne in mittelschwere Bruchstücke zertrümmert (Kernspaltung).

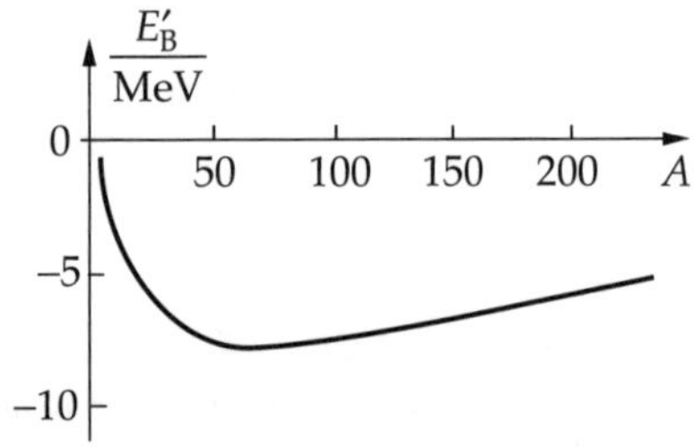

3 Radioaktivität

Schwere Kerne ($Z > 83$) sind instabil; sie zerfallen unter Aussendung von α-, β- und γ-Strahlung (natürliche Radioaktivität). Unter **Aktivität** A versteht man die auf die Zeit bezogene Anzahl der sich umwandelnden Kerne:

$$A = -\frac{\mathrm{d}N}{\mathrm{d}t} \qquad [A] = \mathrm{s}^{-1} = \mathrm{Bq} = \mathrm{Becquerel}$$

Die Aktivität ist stets der Zahl der vorhandenen Kerne proportional:

$$A = \lambda N \qquad \lambda \text{ heißt Zerfallskonstante}$$

Ist N_0 die Zahl der Kerne zur Zeit $t = 0$, so sind nach beliebiger Zeit nur noch N Kerne vorhanden. Es gilt das *Zerfallsgesetz* (Umwandlungsgesetz):

$$N(t) = N_0\,\mathrm{e}^{-\lambda t}$$

Zur **Halbwertszeit** $T_{1/2}$ ist $N = \dfrac{N_0}{2}$. Daraus folgt

$$T_{1/2} = \frac{\ln 2}{\lambda}$$

4 Kernreaktionen

Werden Nuklide mit energiereichen Teilchen (z. B. Protonen, α-Teilchen) beschossen, so können sie sich in andere Nuklide umwandeln. In der symbolischen Schreibweise für einen solchen Vorgang werden Ausgangs- und Endnuklid sowie – in Klammern dazwischen gebracht – die weiteren Reaktionspartner angegeben. So bedeutet z. B.

$$^{A_1}_{Z_1}\mathrm{X}_1(\alpha, \mathrm{p})^{A_2}_{Z_2}\mathrm{X}_2$$

daß sich der Kern des Nuklids 1 infolge des Beschusses mit einem α-Teilchen ($^4_2$He-Kern) in einen Kern des Nuklids 2 umwandelt, wobei ein Proton frei wird. Es handelt sich um eine (α, p)-Reaktion.

Beim Beschuß von schweren Kernen (z. B. $^{235}_{92}$U, $^{239}_{94}$Pu) mit Neutronen entstehen mittelschwere Kerne und Neutronen als Spaltprodukte. Werden bei einer solche Reaktion mehr Neutronen erzeugt, als zur Spaltung erforderlich sind, so tritt bei genügend großer und konzentrierter Masse des reagierenden Stoffes (kritische Masse) eine Kernreaktion ein.

Durch Kernreaktionen erzeugte Nuklide sind meistens instabil und zerfallen unter Aussendung von α-, β- oder γ-Strahlung. Bei einer Kernreaktion (Kernzerfall, Kernspaltung, Kernfusion, Kernumwandlung) ändert sich die Summe der Ruhemassen der beteiligten Kerne bzw. Elementarteilchen. Ist die Summe der Ruhemassen vor der Reaktion größer als danach ($\Delta m_0 < 0$), so wird bei der Reaktion Energie freigesetzt ($E > 0$). Diese freigesetzte Energie kann als kinetische Energie der Reaktionsprodukte oder als Energie von solchen Elementarteilchen auftreten, die keine Ruhemasse besitzen (Lichtquanten, Neutrinos). Sie wird bei der weiteren Wechselwirkung der Reaktionsprodukte mit der Materie überwiegend in Wärme umgesetzt. Die Größe der freigesetzten **Reaktionsenergie** kann mit Hilfe der Einsteinschen Masse-Energie-Beziehung aus der gesamten Ruhemassenänderung berechnet werden:

$$E = -\Delta m_0 c^2$$

Ist die Ruhemassenänderung bei einer Kernreaktion positiv ($\Delta m_0 > 0$), so wird die Reaktionsenergie verbraucht ($E < 0$). Diese Energie muß durch ruhemasselose Elementarteilchen oder in Form von kinetischer Energie der Reaktionspartner zugeführt werden.

KONTROLLFRAGEN

S 4-1
Was sind Isotope, Isotone, Isobare? Welche sind gleiche chemische Elemente?

S 4-2
Welcher Unterschied besteht zwischen der Massenzahl A und der relativen Atommasse A_r?

S 4-3
Schätzen Sie die Kerndichte ϱ_K ab!

S 4-4
Beweisen Sie die Beziehung für die Halbwertszeit beim radioaktiven Zerfall: $T_{1/2} = \dfrac{ln 2}{\lambda}$.

S 4-5
Was ist α-, β- und γ-Strahlung? Wie verändern sich die Nuklide beim Aussenden dieser Strahlungsarten?

S 4-6
Was ist die Voraussetzung dafür, daß die Aktivität eines radioaktiven Präparats während eines Experiments als nahezu konstant angesehen werden darf?

S 4-7
Warum können Neutronen auch mit geringer Geschwindigkeit in den Kern eindringen?

S 4-8
Bei der Emission von Kernstrahlung erfahren die Kerne einen Rückstoß. Wie ist das zu erklären?

S 4-9
Berechnen Sie die Protonenmasse m_p aus der bekannten Atommasse des Wasserstoffs

$$m_\text{A}({}^1_1\text{H}) = 1{,}673\,534 \cdot 10^{-27}\ \text{kg}$$

S 4-10
Wie groß ist die einer atomaren Masseneinheit u äquivalente Energie E? (Ergebnis in Joule und Megaelektronenvolt angeben.)

S 4-11
Welcher Unterschied besteht zwischen dem Massendefekt Δm und der Ruhemassenänderung Δm_0 bei Kernreaktionen?

S 4-12
Welche physikalischen Ursachen hat der Unterschied zwischen Protonenmasse m_p und atomarer Masseneinheit u?

BEISPIELE

1. Abklingen der Radioaktivität

Ein radioaktives Präparat enthält Ni63, das ein β-Strahler mit der Halbwertszeit $T_{1/2}$ ist. Es wird mit der Anfangsaktivität A_0 geliefert.

a) Nach welcher Zeit t_1 ist die Aktivität auf den Wert A_1 gesunken?

b) Wieviel Ni-63-Kerne waren anfangs im gelieferten Präparat?

$A_0 = 2{,}2 \cdot 10^6$ Bq $\quad A_1 = 1{,}8 \cdot 10^6$ Bq $\quad T_{1/2} = 92$ a

Lösung

a) Da $A = \lambda N$ ist, gilt auch die Proportion

$$\frac{A_1}{A_0} = \frac{N_1}{N_0}$$

Setzt man das Zerfallgesetz $N_1 = N_0\,\mathrm{e}^{-\lambda t_1}$ ein, so gilt

$$\frac{A_1}{A_0} = \mathrm{e}^{-\lambda t_1}$$

Auflösen nach t_1 ergibt:

$$\ln\frac{A_0}{A_1} = \lambda t_1$$

$$t_1 = \frac{1}{\lambda}\ln\frac{A_0}{A_1}$$

Mit der Beziehung $T_{1/2} = \dfrac{\ln 2}{\lambda}$ erhält man

$$\underline{t_1 = T_{1/2}\frac{\ln\frac{A_0}{A_1}}{\ln 2}} = \underline{\underline{27\ \text{a}}}$$

b) Mit $A_0 = \lambda N_0$ und $\lambda = \dfrac{\ln 2}{T_{1/2}}$ wird

$$\underline{N_0 = \frac{A_0}{\ln 2} T_{1/2}} = \underline{\underline{9,2 \cdot 10^{15}}}$$

2. Eindringen von α-Teilchen in einen Kern

Bei der Kernreaktion ${}^7_3\mathrm{Li} + {}^1_1\mathrm{H} \rightarrow 2\,{}^4_2\mathrm{He}$ haben die entstandenen α-Teilchen die kinetische Energie E. Eines der Teilchen nähert sich zentral einem Nickelkern ${}^{58}_{28}\mathrm{Ni}$. Kann das α-Teilchen in den Kern eindringen?

$E = 8,94$ MeV

Lösung

Das Teilchen muß gegen die Coulombsche Abstoßungskraft anlaufen, um in den Kern einzudringen. Zu prüfen ist, ob seine anfängliche kinetische Energie $E_{\mathrm{k}1} = E$ ausreicht, um sich dem Kern auf einen Abstand r_2 zu nähern, der kleiner ist als der Kernradius r_{K}.

r_2 wird mit Hilfe des Energiesatzes berechnet:

$$E_{\mathrm{p}2} + E_{\mathrm{k}2} = E_{\mathrm{p}1} + E_{\mathrm{k}1}$$

Bei maximaler Annäherung an den Kern ist $E_{\mathrm{k}2} = 0$. Für die potentielle Energie im Coulomb-Feld gilt

$$E_{\mathrm{p}} = \frac{Q_1 Q_2}{4\pi\varepsilon_0 r}$$

Für die Ladungen der beiden Kerne gilt

$$Q_1 = Z_1 e \quad \text{mit} \quad Z_1 = 28 \quad \text{und} \quad Q_2 = Z_2 e \quad \text{mit} \quad Z_2 = 2$$

Bei großem Abstand zwischen den beiden Kernen nimmt die potentielle Energie den Wert Null an:

$$E_{\mathrm{p}1} = 0$$

Daraus folgt:

$$\frac{e^2 Z_1 Z_2}{4\pi\varepsilon_0 r_2} + 0 = 0 + E$$

$$\underline{r_2 = \frac{Z_1 Z_2 e^2}{4\pi\varepsilon_0 E}} = \underline{\underline{9 \cdot 10^{-15}\ \mathrm{m}}}$$

Der Kernradius r_{K} ergibt sich aus

$$\underline{r_{\mathrm{K}} = r_0 \sqrt[3]{A}} \quad \text{mit } A = 58$$

zu $\underline{\underline{r_{\mathrm{K}} = 4,6 \cdot 10^{-15}\ \mathrm{m}}}$

Da r_2 größer ist als r_{K}, kann das α-Teilchen nicht in den Kern eindringen.

3. Ruhemassenänderung

Das Thalliumisotop ${}^{207}_{81}\mathrm{Tl}$ zerfällt unter Aussendung eines β-Teilchens und eines γ-Quants in Blei (Endstufe der Zerfallsreihe von ${}^{235}_{92}\mathrm{U}$). Das γ-Quant hat die Energie E_γ. Die Atommassen $m_{\mathrm{A}1}$ des Thalliums und $m_{\mathrm{A}2}$ des Bleis sind bekannt.

a) Geben Sie die Reaktionsgleichung an!

b) Wie groß ist die Ruhemassenänderung Δm_0 (in atomaren Masseneinheiten) beim Zerfall?

c) Welche Energie E_β (in MeV) entfällt auf das β-Teilchen?

d) Welche Geschwindigkeit v hat das β-Teilchen? (Da es sich um sehr hohe Geschwindigkeiten handelt, sind relativistische Formeln zu verwenden.)

$E_\gamma = 0,87$ MeV   Tl: $m_{\mathrm{A}1} = 206,977\,45$ u   Pb: $m_{\mathrm{A}2} = 206,975\,90$ u

Lösung

a) $^{207}_{81}\text{Tl} \rightarrow ^{207}_{82}\text{Pb} + \text{e}^- + \gamma$ (Die beiden Nuklide sind Isobare.)

b) Bei der Berechnung der Ruhemassenänderung sind die beiden Nuklide und das β-Teilchen zu berücksichtigen:

$$\Delta m_0 = (m_{\text{K2}} + m_\text{e}) - m_{\text{K1}}$$

Die Kernmassen ergeben sich aus den bekannten Atommassen nach Abzug der Masse der Hüllenelektronen:

$$m_{\text{K1}} = m_{\text{A1}} - 81 m_\text{e}$$

$$m_{\text{K2}} = m_{\text{A2}} - 82 m_\text{e}$$

Damit folgt

$$\underline{\Delta m_0 = m_{\text{A2}} - m_{\text{A1}}} = \underline{\underline{-0{,}001\,55\ \text{u}}}$$

c) Die der Ruhemassenänderung entsprechende freigesetzte Energie $E = -\Delta m_0 c^2$ verteilt sich auf die kinetische Energie E_β des β-Teilchens und die Energie E_γ des γ-Quants:

$$-\Delta m_0 c^2 = E_\gamma + E_\beta$$

Damit folgt

$$\underline{E_\beta = -\Delta m_0 c^2 - E_\gamma} = \underline{\underline{0{,}57\ \text{MeV}}}$$

d) Die relativistische Formel für die Energie lautet

$$E_\text{k} = mc^2 - m_0 c^2$$

wobei für die Masse m des bewegten Teilchens die Beziehung

$$m = \frac{m_0}{\sqrt{1 - \left(\frac{v}{c}\right)^2}}$$

anzuwenden ist.

Für m_0 ist die Ruhemasse m_e des Elektrons, für E_k die kinetische Energie E_β einzusetzen:

$$E_\beta = m_\text{e} c^2 \left(\frac{1}{\sqrt{1 - \left(\frac{v}{c}\right)^2}} - 1 \right)$$

Daraus folgt weiter:

$$\frac{1}{\sqrt{1 - \left(\frac{v}{c}\right)^2}} = 1 + \frac{E_\beta}{m_\text{e} c^2}$$

$$1 - \left(\frac{v}{c}\right)^2 = \frac{1}{\left(1 + \frac{E_\beta}{m_\text{e} c^2}\right)^2}$$

$$\underline{\frac{v}{c} = \sqrt{1 - \frac{1}{\left(1 + \frac{E_\beta}{m_\text{e} c^2}\right)^2}}}$$

Mit $m_\text{e} c^2 = 0{,}511$ MeV ergibt sich

$$\underline{\underline{v = 0{,}882c = 2{,}65 \cdot 10^8\ \frac{\text{m}}{\text{s}}}}$$

AUFGABEN

S 4.1
Ein radioaktiver Stoff enthält die Radiummasse m (Zerfallskonstante γ). Vor wieviel Jahren betrug die gesamte Radiummasse noch m_0?

$m = 4$ mg $\quad m_0 = 10$ mg
$\lambda = 4,38 \cdot 10^{-4}$ a^{-1} (a = 1 Jahr)

S 4.2
Die Aktivität A einer radioaktiven Substanz hat sich in der Zeit t um den Faktor f geändert. Ermitteln sie die Zerfallskonstante λ und die Halbwertszeit $T_{1/2}$!

$t = 5$ d $\quad$ (d = 1 Tag) $\quad f = 0,6$

S 4.3
a) Welchen Durchmesser d_1 hätte ein Stern von der Masse m_S der Sonne, der die Dichte eines Atomkerns besitzt (Neutronenstern)?
b) Die Sonne hat den Durchmesser d_S und die Rotationsdauer T_S. Auf welchen Wert T_1 würde sich die Rotationsdauer der Sonne bei ihrer Umwandlung in einen Neutronenstern verändern? (Der Drehimpuls bleibt konstant.)

$d_S = 1,4 \cdot 10^6$ km $\quad T_S = 27$ d

S 4.4
Durch Beschuß des Nuklids ${}^{31}_{15}$P mit Deuteronen ${}^{2}_{1}$D entsteht das radioaktive Nuklid ${}^{32}_{15}$P, dessen Halbwertszeit $T_{1/2}$ bekannt ist.
a) Geben Sie die Reaktionsgleichung an!
b) Bei Abbruch der Bestrahlung ist die Anzahl der radioaktiven Kerne N_0. Nach welcher Zeit t ist davon noch der Anteil $\dfrac{N}{N_0} = 0,1$ vorhanden?

$T_{1/2} = 14,5$ d

S 4.5
Man berechne die Bindungsenergie E_B (in MeV)
a) eines Deuterons,
b) eines α-Teilchens!

Atommassen: $m_A({}^{2}_{1}\mathrm{D}) = 2,014\,102$ u
$m_A({}^{4}_{2}\mathrm{He}) = 4,002\,604$ u

S 4.6
Berechnen Sie die Bindungsenergie E_B des Kohlenstoffnuklids ${}^{12}_{6}$C (in MeV)!

S 4.7
Ein ${}^{12}_{6}$C-Atomkern wird von einem α-Teilchen getroffen. Dabei entstehen ein Deuteron und ein Stickstoffkern.
a) Geben Sie die Reaktionsgleichung an!
b) Wie groß ist die Reaktionsenergie E ? Wird die Energie freigesetzt oder verbraucht?

$m_A({}^{2}_{1}\mathrm{D}) = 2,014\,102$ u
$m_A({}^{4}_{2}\mathrm{He}) = 4,002\,604$ u
$m_A({}^{14}_{7}\mathrm{N}) = 14,003\,074$ u

S 4.8
Die Kernreaktion ${}^{7}_{3}\mathrm{Li} + {}^{1}_{1}\mathrm{H} \rightarrow 2\,{}^{4}_{2}\mathrm{He}$ wird mit Protonen der kinetischen Energie E_1 durchgeführt. Die beiden α-Teilchen erhalten jedes die kinetische Energie E_2.
a) Welche Ruhemassenänderung Δm_0 tritt dabei ein? Geben Sie Δm_0 in atomaren Masseneinheiten an!
b) Berechnen Sie die Kernmasse m_K(Li) des Lithiumnuklids!

$m_K({}^{4}_{2}\mathrm{He}) = 4,001\,507$ u
$E_1 = 600$ keV $\quad E_2 = 8,94$ MeV

S 4.9
Die Solarkonstante B gibt die durch die Sonne hervorgerufene Bestrahlungsstärke außerhalb der Erdatmosphäre an. Welche Gesamtlebensdauer T hätte die Sonne bei konstant angenommener Solarkonstante, wenn man voraussetzt, daß sie zu Beginn ihrer Entwicklung nur aus Wasserstoff (${}^{1}_{1}$H) bestanden hat und am Ende nur

aus Helium ($^4_2$He) besteht?
(*Anmerkung*: Seit der Entstehung der Sonne sind $4,5 \cdot 10^9$ Jahre vergangen.)

$B = 1,32\ \text{kW/m}^2$
$m_A(^4_2\text{He}) = 4,002\,604$ u

S 4.10

a) Welche Energie E könnte aus den Weltmeeren gewonnen werden, wenn es möglich wäre, das gesamte enthaltene Deuterium durch Kernfusion zu Helium zu „verbrennen“?

b) Für wie viele Jahre könnte dadurch die Energie ersetzt werden, die die Sonnenstrahlung der Erde liefert?

Volumen der Weltmeere:
$V = 1,37 \cdot 10^9\ \text{km}^3$
Masseanteil des Deuteriums im natürlichen Wasserstoff: $\varepsilon = 0,015\ \%$
Solarkonstante: $B = 1,32\ \text{kW/m}^2$
$m_A(^2_1\text{D}) = 2,014\,102$ u
$m_A(^4_2\text{He}) = 4,002\,604$ u

S 4.11

Im Inneren der Sterne wird Energie durch die Verschmelzung von Protonen zu $^4_2$He-Kernen erzeugt. In der ersten Phase des dabei ablaufenden Proton-Proton-Zyklus entsteht aus zwei Protonen ein Deuteron.

a) Welche kinetische Energie E_1 (in eV) muß jedes von zwei Protonen mindestens haben, damit sich beide einander auf den Reaktionsabstand r_1 nähern können?

b) Welche Temperatur T_1 müßte im Sterneninneren herrschen, damit die mittlere kinetische Energie der Protonen gleich E_1 ist? Es gilt $E_\text{k} = \dfrac{3}{2}kT$.

c) Wie groß ist der bei der Reaktion freigesetzte Energiebetrag E_2?

$r_1 = 5 \cdot 10^{-15}$ m
$m_\text{d} = 2,013\,553$ u (Deuteronenmasse)

S 4.12

Natürliches Uran besteht zu 99,27 % aus dem Nuklid $^{238}_{92}$U dessen Halbwertszeit $T_{1/2}$ die aller seiner Folgeprodukte um mindestens das 10^4fache übersteigt. Bei der Altersbestimmung uranhaltiger Mineralien kann man deshalb so rechnen, als zerfalle das Uran mit seiner eigenen Halbwertszeit direkt in das Endprodukt $^{206}_{82}$Pb. Pechblende aus Schmiedeberg enthält $x = 60,03\ \%$ Uran und $y = 2,26\ \%$ Blei. Welches Alter t findet man für das Mineral, wenn man vereinfachend annimmt, daß das gesamte Uran aus dem Nuklid $^{238}_{92}$U besteht?

$T_{1/2} = 4,49 \cdot 10^9$ a

S 4.13

Welche kinetische Energie E_1 (in MeV) muß ein α-Teilchen mindestens besitzen, um in einen $^{58}_{28}$Ni-Kern eindringen zu können? Man rechne

a) unter Vernachlässigung,

b) unter Berücksichtigung

der kinetischen Energie, die die Stoßpartner auf Grund des Impulserhaltungssatzes im Augenblick der größten Annäherung (unmittelbar vor dem Eindringen des α-Teilchens in das Kerninnere) noch haben.

Hinweis: Für die erforderliche Genauigkeit des Ergebnisses genügt es, mit den Massezahlen $A_1(^4_2\text{He})$ und $A_2(^{58}_{28}\text{Ni})$ zu rechnen.

S 4.14

Berechnen Sie die Rückstoßenergie E_R in den folgenden Fällen radioaktiven Zerfalls:

a) $^{240}_{94}$Pu sendet α-Strahlung mit $E = 5,16$ MeV Energie aus.

b) $^{233}_{90}$Th sendet β-Strahlung mit $E = 1,23$ MeV Energie aus.

(Für die β-Strahlung sind die relativistischen Formeln für Energie und Masse anzuwenden.)

Antworten auf die Kontrollfragen

M 1

M 1-1

Es gilt allgemein $v_x = \mathrm{d}x/\mathrm{d}t$. Nur wenn $x_0 = 0$ und $v_x = \text{const}$, d. h. bei einer gleichförmigen Bewegung, gilt $v_x = x/t$.

M 1-2

Die Beschleunigung ist die zweite Ableitung des Weges nach der Zeit:

$\ddot{x} = a_x = \text{ const}$

Beide Seiten werden über die Zeit integriert:

$$\int \ddot{x}\,\mathrm{d}t = a_x \int \mathrm{d}t \qquad \left(\ddot{x} = \frac{\mathrm{d}\dot{x}}{\mathrm{d}t}\right)$$

$$\int \mathrm{d}\dot{x} = a_x \int \mathrm{d}t$$

$\dot{x} = a_x t + C_1$

C_1 wird mit Hilfe der Anfangsbedingungen ermittelt: Zur Zeit $t = 0$ ist $\dot{x} = v_{x0}$. Damit wird $v_{x0} = a_x \cdot 0 + C_1$ bzw. $C_1 = v_{x0}$; C_1 ist die Anfangsgeschwindigkeit.

$v_x = a_x t + v_{x0}$ (Geschwindigkeit-Zeit-Funktion)

Nochmalige Integration ergibt

$$\int v_x\,\mathrm{d}t = a_x \int t\,\mathrm{d}t + v_{x0} \int \mathrm{d}t$$

$$\left(v_x = \dot{x} = \frac{\mathrm{d}x}{\mathrm{d}t}\right)$$

$$\int \mathrm{d}x = a_x \int t\,\mathrm{d}t + v_{x0} \int \mathrm{d}t$$

$$x = \frac{a_x}{2} t^2 + v_{x0} t + C_2$$

Bestimmung von C_2: Zur Zeit $t = 0$ ist $x = x_0$. Damit wird $x_0 = (a_x/2) \cdot 0 + v_{x0} \cdot 0 + C_2$ bzw. $C_2 = x_0$; C_2 ist der Anfangsort.

$x = \dfrac{a_x}{2} t^2 + v_{x0} + x_0$ (Ort-Zeit-Funktion)

M 1-3

Die Beschleunigung a_x ist konstant und negativ. Im $a_x(t)$-Diagramm wird dieser Sachverhalt durch eine Gerade, die parallel zur Zeitachse verläuft, dargestellt.

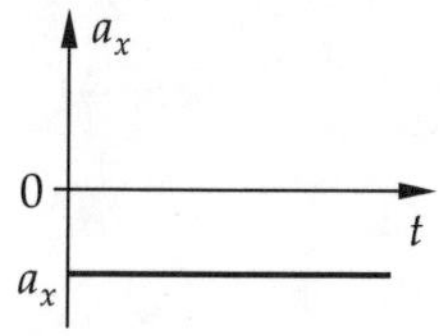

Die Funktion $v_x(t)$ wird durch eine Gerade dargestellt. Diese schneidet die Ordinatenachse bei v_{x0} und hat einen negativen Anstieg ($a_x < 0$).

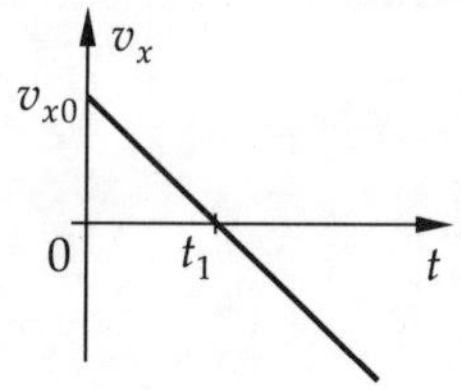

Die Stelle des Nulldurchganges ist mit t_1 bezeichnet. $v_x(t_1) = v_{x1} = 0$.

Die Ort-Zeit-Funktion $x(t)$ wird durch eine Parabel dargestellt. Ihr Scheitel ist wegen $a_x < 0$ ein Maximum und befindet sich bei t_1; $x(t_1) = x_1$ ist der Umkehrort der Bewegung. Der Schnittpunkt mit der Ordinatenachse liegt bei $x_0 > 0$.

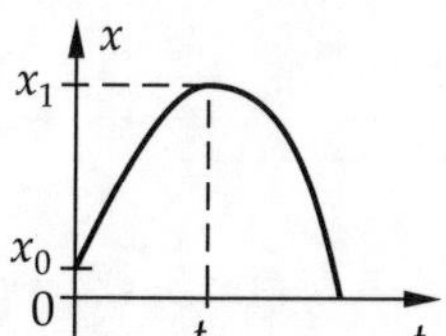

M 1-4
Die Bewegung ist ungleichmäßig beschleunigt, da die zweite Ableitung des Ortes nach der Zeit nicht konstant ist:

$\dot{x} = x_m \omega \cos \omega t \qquad \ddot{x} = -x_m \omega^2 \sin \omega t$

M 1-5
Aus $a = A\,e^{-Bt}$ wird durch Integration über dt:

$v = -\frac{A}{B} e^{-Bt} + C_1 \qquad v(t=0) = v_0$

$v_0 = -\frac{A}{B} + C_1 \qquad v = v_0 + \frac{A}{B}(1 - e^{-Bt})$

Nochmalige Integration ergibt:

$$s = v_0 t + \frac{A}{B} t + \frac{A}{B^2} e^{-Bt} + C_2$$

$$s(t=0) = s_0 = \frac{A}{B^2} + C_2$$

$$s = s_0 + \left(v_0 + \frac{A}{B}\right) t - \frac{A}{B^2}(1 - e^{-Bt})$$

M 2

M 2-1
$\varphi = 360°/(2\pi) = 57{,}3°$

M 2-2
Selbst wenn die Bahnbeschleunigung verschwindet ($a_S = 0$), ist bei der Kreisbewegung stets eine Radialbeschleunigung a_r vorhanden ($a_r \neq 0$). Der Betrag der Geschwindigkeit bleibt zwar konstant, ihre Richtung ändert sich jedoch fortwährend.

$v_1 = v_2$ aber $\vec{v}_1 \neq \vec{v}_2$

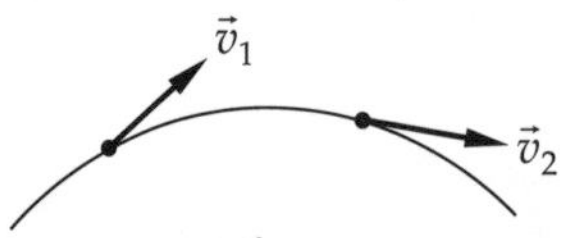

M 2-3
$\varphi = \omega t$; Herleitung $\dot{\varphi} = \omega$, $\varphi = \omega t + C$, $\varphi(0) = C = 0$

M 2-4
Die Bahngleichung $y(x)$ stellt die Bahn des bewegten Körpers in der x,y-Ebene dar. Sie gibt keine Auskunft über den zeitlichen Ablauf der Bewegung.

Die Ort-Zeit-Funktion $y(t)$ gibt zu jeder Zeit t die y-Koordinate eines bewegten Körpers an. Sie beschreibt einen eindimensionalen Bewegungsablauf; ihre grafische Darstellung im $y(t)$-Diagramm hat nichts mit der Bahn des bewegten Körpers zu tun.

M 2-5
Zunächst müssen die Koordinaten a_x und a_y des Beschleunigungsvektors durch Differenzieren der beiden Ort-Zeit-Funktionen nach der Zeit ermittelt werden:

$a_x = \ddot{x} = -\omega^2 r \cos \omega t$

$a_y = \ddot{y} = -\omega^2 r \sin \omega t$

Bei der gleichförmigen Kreisbewegung tritt keine Bahnbeschleunigung auf, so daß die Radialbeschleunigung mit der Gesamtbeschleunigung übereinstimmt:

$$a_r = a = \sqrt{a_x^2 + a_y^2}$$

Daraus folgt die Beziehung

$$a_r = \sqrt{\omega^4 r^2 (\cos^2 \omega t + \sin^2 \omega t)} = \omega^2 r$$

M3

M 3-1

Für den freien Fall gilt, wobei wir die z-Achse nach oben positiv annehmen wollen,

$m\ddot{z} = F_z$ (Bewegungsgleichung)

$m\ddot{z} = -mg$

$\ddot{z} = -g$

Daraus entsteht durch zweimalige Integration über die Zeit mit den Anfangsbedingungen $\dot{z}(0) = 0$ und $z(0) = 0$ die Ort-Zeit-Funktion

$$z = -\frac{g}{2}t^2$$

M 3-2

$$F_G = mg = 1\ \text{kg} \cdot 9,81\ \text{m/s}^2$$
$$= 9,81\ \text{kg} \cdot \text{m/s}^2 = 9,81\ \text{N}$$

M 3-3

Die Gewichtskraft $\vec{F}_G = m\vec{g}$ des Schlittens mit der Person (Gesamtmasse m) wird in zwei Komponenten zerlegt. Die Komponente senkrecht zur Bahn ist die Normalkraft mit dem Betrag $F_n = mg\cos\alpha$. Sie wird kompensiert von der Zwangskraft F_Z. Die Summe der Kräfte normal zur Bahn ist also Null. Die Bewegung kann demnach nur noch von den Kräften, die in Bewegungsrichtung wirken, verursacht werden. Die Komponente von $\vec{F}_G$ in Bahnrichtung ist die Hangabtriebskraft mit dem Betrag $F_H = mg\sin\alpha$. Ihr entgegen gerichtet ist die Reibungskraft mit dem Betrag $F_R = \mu F_N$. Die Bewegungsgleichung lautet somit $m\ddot{s} = F_H - F_R = mg(\sin\alpha - \mu\cos\alpha)$.

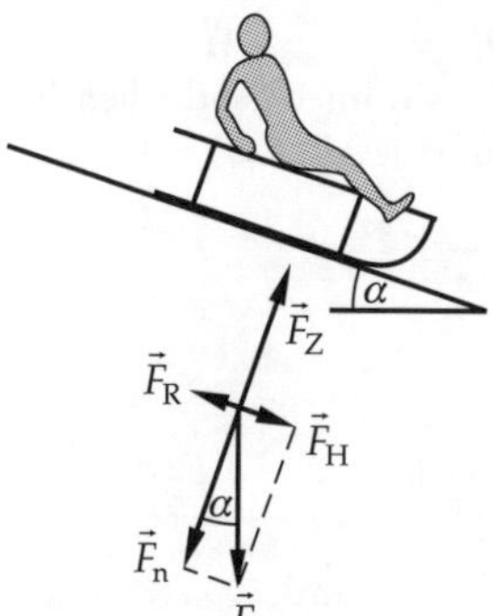

M 3-4

Aus dem Gravitationsgesetz $F = G(m_1 m_2/r^2)$ folgt, wenn m_1 die Masse der Erde m_E und m_2 die Masse eines Körpers m an der Erdoberfläche (Abstand r_E vom Erdmittelpunkt) ist, die Formel für die Gewichtskraft an der Erdoberfläche

$$F_G = m\frac{Gm_E}{r_E^2} = mg \quad \text{mit} \quad g = \frac{Gm_E}{r_E^2}$$

Der Einfluß der Erdrotation wurde vernachlässigt.

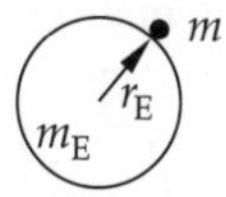

M 3-5

Das Trägheitsprinzip gilt, wenn $F = 0$ ist. Für diesen Fall ist die Bewegungsgleichung $0 = ma$. Da aber m nicht Null sein kann, ist nur $a = 0$ möglich. Das bedeutet, daß der Körper mit der Masse m sich entweder geradlinig gleichförmig bewegt oder sich in Ruhe befindet.

M 3-6

Das Gegenwirkungsprinzip sagt aus: Eine Kraft, die auf einen Körper wirkt, geht stets von einem anderen Körper aus. An diesem zweiten Körper greift eine gleich große, entgegengesetzt gerichtete Kraft an:
actio = reactio.

M 3-7

$$x = x_m\cos(\omega t + \alpha) \qquad (1)$$
$$\dot{x} = -\omega x_m\sin(\omega t + \alpha) \qquad (2)$$
$$\ddot{x} = -\omega^2 x_m\cos(\omega t + \alpha) \qquad (3)$$
$$\omega^2 = \frac{k}{m} \qquad (4)$$

(1) und (3) werden mit (4) in $m\ddot{x} = -kx$ eingesetzt, und man stellt fest, daß die Differentialgleichung erfüllt ist.

M 3-8

Der Kraftstoß ist gleich der Impulsänderung:

$$\int F\,\text{d}t = \Delta p = m(v_1 - v_0)$$

M 4

M 4-1

$W = \int \vec{F}\,d\vec{r} = \int F\cos\alpha\,ds$ geht in $W = Fs$ über, wenn $F = \text{const}$ und $\vec{F} \parallel d\vec{r}$, d. h. $\alpha = 0$.

M 4-2

$$W = \int_{\vec{r}_1}^{\vec{r}_2} \vec{F}\,d\vec{r} \qquad \vec{F} = m\vec{a}$$

Setzt man in die erste Gleichung $\vec{F}$ aus der zweiten ein, so ergibt sich

$$W = \int_{\vec{r}_1}^{\vec{r}_2} m\vec{a}\,d\vec{r}$$

Mit $\vec{a} = \frac{d\vec{v}}{dt}$ folgt

$$W = m\int_{\vec{r}_1}^{\vec{r}_2} \frac{d\vec{v}}{dt}\,d\vec{r} = m\int_{\vec{v}_1}^{\vec{v}_2} \frac{d\vec{r}}{dt}\,d\vec{v}$$

Wegen $\frac{d\vec{r}}{dt} = \vec{v}$ heißt es weiter

$$W = m\int_{\vec{v}_1}^{\vec{v}_2} \vec{v}\,d\vec{v}$$

An die Stelle des Differentials $d\vec{r}$ ist $d\vec{v}$ getreten, deshalb müssen auch die Grenzen durch $\vec{v}$ ausgedrückt werden. $\vec{v}_1$ ist die Geschwindigkeit des Körpers am Ort, der durch den Vektor $\vec{r}_1$ beschrieben wird. Entsprechendes gilt für $\vec{v}_2$. Die Integration führt zu

$$W = \frac{m}{2}\vec{v}^2\Big|_{\vec{v}_1}^{\vec{v}_2} = \frac{m}{2}(v_2^2 - v_1^2)$$

M 4-3

Der Erhaltungssatz der mechanischen Energie gilt, wenn keine Energieumwandlung in nichtmechanische Energien (z. B. Wärmeenergie) erfolgt. Das ist der Fall, wenn nur Potentialkräfte auftreten. Potentialkräfte sind daran zu erkennen, daß eine gegen sie geleistete Verschiebungsarbeit bei der Umkehrung der Bewegung vollständig zurückgewonnen werden kann. Potentialkräfte hängen nur vom Ort ab; zeit- und geschwindigkeitsabhängige Kräfte (z. B. Reibungskräfte) dagegen sind keine Potentialkräfte.

M 4-4

$E_k = W_{\text{Reib}}$

$\frac{m}{2}v^2 = F_R s = \mu mgs$

M 4-5

a) allgemein gilt $\Delta E_p = W' = -W$.
Das Bezugsniveau soll bei $z = 0$ sein. Damit ist $E_p(0) = 0$ und

$$\Delta E_p = E_p(z_1) - E_p(0) = -\int_0^{z_1} F_z\,dz$$

Wegen $F_z = -mg$ wird

$$\Delta E_p = E_p(z_1) = mg\int_0^{z_1} dz = mgz_1$$

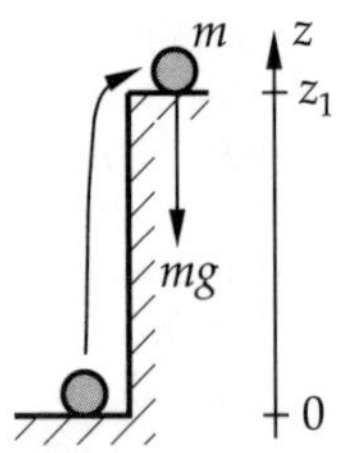

Um die potentielle Energie für beliebige Werte z darzustellen, soll z_1 in z übergehen:
$E_p(z) = mgz$

b) allgemein gilt $\Delta E_p = W' = -W$.
Das Bezugsniveau soll im Unendlichen liegen ($r \to \infty$). Damit ist $E_p(\infty) = 0$ und

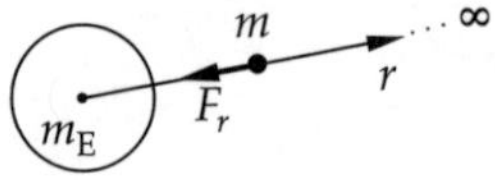

$$\Delta E_p = E_p(r_1) - E_p(\infty) = -\int_\infty^{r_1} F_r\,dr$$

Wegen $F_r = -G\frac{m_E m}{r^2}$ wird

$$\Delta E_p = E_p(r_1) = Gmm_E\int_\infty^{r_1} \frac{dr}{r^2} = -G\frac{mm_E}{r_1}$$

Für beliebige Werte von r gilt

$$E_p(r) = G\frac{mm_E}{r}$$

c) allgemein gilt $\Delta E_p = W' = -W$.
Das Bezugsniveau soll in der entspannten Lage der Feder sein ($x = 0$). Damit ist $E_p(0) = 0$ und

$$\Delta E_p = E_p(x_1) - E_p(0) = -\int_0^{x_1} F_x\,dx$$

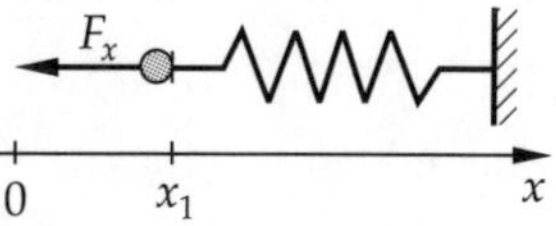

Wegen $F_x = -kx$ wird

$$E_p(x_1) = k\int_0^{x_1} x\,dx = \frac{k}{2}x_1^2$$

Für beliebige Werte von x gilt

$$E_p(x) = \frac{k}{2}x^2$$

M 4-6
Wenn P nicht von der Zeit abhängt, also bezüglich der Zeit P = const gilt, geht $P = \frac{dW}{dt}$ in $P = \frac{W}{t}$ über.

M 4-7
Für die Leistung gilt $P = \vec{F}\vec{v} = F_s v$.
Die Geschwindigkeit-Zeit-Funktion $v(t)$ erhält man aus der Ort-Zeit-Funktion $s = \frac{a}{2}t^2 + v_0 t + s_0$, indem man die zeitliche Ableitung ds/dt bildet. Es ergibt sich $v = at + v_0$ mit $a = F_s/m$ = const. Für die Leistung erhalten wir somit

$$P = ma(at + v_0) = ma^2 t + P_0$$

In dieser Gleichung ist nur t veränderlich. P_0 ist die Anfangsleistung (zur Zeit $t = 0$). Die Leistung hängt also linear von der Zeit ab, wenn die Bewegung gleichmäßig beschleunigt ist.

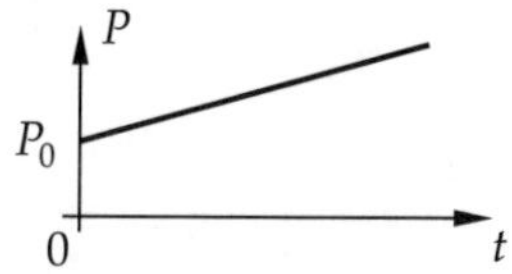

M 5

M 5-1
Der Impulserhaltungssatz gilt. Es wirken keine äußeren Kräfte, da die Schwerkraft keine Komponente in der waagerechten Ebene hat. Die Schwerkraft selbst wird durch die Zwangskraft der Unterlage kompensiert.

M 5-2
Der Impulserhaltungssatz gilt nicht. Die auf die geneigte Ebene entfallende Schwerkraftkomponente (die Hangabtriebskraft) ist eine äußere Kraft.

M 5-3
IS $\quad m_1 v_1 + m_2 v_2 = m_1 v_1' + m_2 v_2'$

ES $\quad \frac{m_1}{2}v_1^2 + \frac{m_2}{2}v_2^2 = \frac{m_1}{2}v_1'^2 + \frac{m_2}{2}v_2'^2$

Umstellen von IS und ES:

IS $\quad m_1(v_1 - v_1') = m_2(v_2' - v_2)$

ES $\quad m_1^2(v_1 - v_1'^2) = m_2(v_2'^2 - v_2^2)$

Umformung des ES nach der dritten binomischen Formel:

ES $\quad m_1(v_1 - v_1')(v_1 + v_1') = m_2(v_2' - v_2)(v_2' + v_2)$

Division des ES durch den IS:

$$v_1 + v_1' = v_2 + v_2'$$

(Die Benutzung dieser linearen Gleichung anstelle des Energiesatzes, zusammen mit dem Impulssatz, erleichtert die Berechnung des elastischen Stoßes erheblich.)

M 5-4
Nein. Die Punktmassen haben unterschiedliche Geschwindigkeiten nach dem Stoß.

M 5-5
Es handelt sich um einen unelastischen Stoß.

M 5-6

$$\frac{m_1}{2}v_1^2 + \frac{m_2}{2}v_2^2 = \frac{m_1}{2}{v_1'}^2 + \frac{m_2}{2}{v_2'}^2 + \Delta E$$

ΔE ist der Verlust an mechanischer Arbeit (Verformungsarbeit).

M 5-7

Geschoß und Gewehr bzw. Geschütz bilden ein abgeschlossenes System. Die beim Abschuß wirkenden Kräfte haben ihren Ursprung innerhalb des Systems; es sind innere Kräfte. Der Impulssatz gilt.

$$m_1v_1 + m_2v_2 = m_1v_1' + m_2v_2'$$

Wegen $v_1 = v_2 = 0$ ergibt sich

$$0 = m_1v_1' + m_2v_2'$$

und daraus

$$\frac{v_1'}{v_2'} = -\frac{m_2}{m_1}$$

M 5-8

Der Impulssatz wird getrennt aufgestellt für die Geschwindigkeitskoordinaten

– in der ursprünglichen Bewegungsrichtung der Masse m_1:

$$m_1v_1 = m_1v_1' \cos\alpha_1 + m_2v_2' \cos\alpha_2$$

– in der dazu senkrechten Richtung:

$$0 = m_1v_1' \sin\alpha_1 - m_2v_2' \sin\alpha_2$$

M 6

M 6-1

Die Gravitationskraft ist stets eine Anziehungskraft, d. h., die Kraftrichtung ist dem Ortsvektor $\vec{r}$ entgegengerichtet (Minuszeichen in der Formel). Die Richtung der Coulomb-Kraft hängt vom Vorzeichen der Ladungen Q_1 und Q_2 ab: ungleichnamige Ladungen ziehen sich an, gleichnamige stoßen sich ab.

M 6-2

Die Gravitationskraft wirkt nicht nur auf die Masse m, sondern mit gleichem Betrag und in entgegengesetzter Richtung auch auf die Masse m_0. Daher ist keiner der beiden Körper bevorzugt, und beide müssen sich bewegen. Sie beschreiben Bahnen um ihren gemeinsamen Massenmittelpunkt, der in Ruhe bleibt. Wenn die Masse m_0 sehr groß gegen m ist, fällt der gemeinsame Massenmittelpunkt beider Körper näherungsweise mit dem Massenmittelpunkt der Masse m_0 zusammen, und die Bewegung des größeren Körpers kann vernachlässigt werden.

M 6-3

In der Formel für $\vec{L}$ wird $\vec{v}$ als die Ableitung des Ortsvektors $\vec{r}$ nach der Zeit dargestellt:

$\vec{L} = \vec{r} \times m\dot{\vec{r}}$

Beim Differenzieren von $\vec{L}$ nach t wird die Produktregel angewendet:

$$\frac{\mathrm{d}\vec{L}}{\mathrm{d}t} = \dot{\vec{r}} \times m\dot{\vec{r}} + \vec{r} \times m\ddot{\vec{r}}$$

Da das Vektorprodukt eines Vektors mit sich selbst verschwindet, fällt der erste Term der Ableitung weg. Im zweiten Term kann $m\ddot{\vec{r}}$ durch $\vec{F}$ ersetzt werden:

$$\frac{\mathrm{d}\vec{L}}{\mathrm{d}t} = \vec{r} \times \vec{F}$$

Wenn $\vec{F}$ eine Zentralkraft ist, hat sie die Richtung des Ortsvektors, und auch das Vektorprodukt $\vec{r} \times \vec{F}$ muß verschwinden.

M 6-4

Da $\mathrm{d}A/\mathrm{d}t$ konstant ist, kann diese Größe für einen vollen Umlauf auf dem Kreis berechnet werden:

$$\frac{\mathrm{d}A}{\mathrm{d}t} = \frac{A}{T} = \frac{\pi r^2}{T}$$

Die Umlaufdauer T hängt mit der Umlaufgeschwindigkeit v durch

$$v = \frac{2\pi r}{T}$$

zusammen. Daraus folgt

$$\frac{\mathrm{d}A}{\mathrm{d}t} = \frac{vr}{2}$$

Da am Kreis überall $\alpha = 90°$ ist, hat die Beziehung für den Drehimpuls die Gestalt

$$L = mvr$$

Das Produkt vr wird damit eliminiert, und man findet

$$\frac{\mathrm{d}A}{\mathrm{d}t} = \frac{L}{2m}$$

M 6-5

In beiden Fällen gilt $\alpha = 90°$.

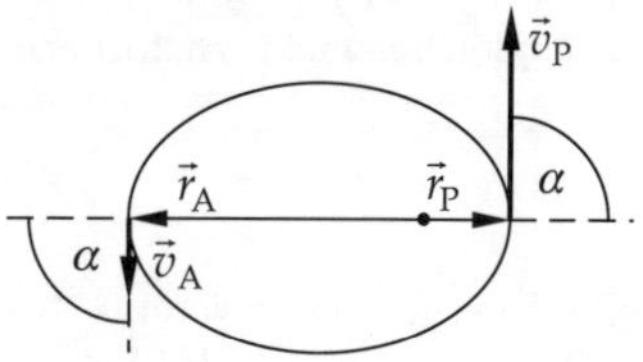

M 6-6

a) $\vec{v} \| \vec{r}$ bedeutet $\alpha = 0$, d. h. $L = 0$;

b) $\vec{v} \perp \vec{r}$ bedeutet $\alpha = 90°$, d. h. $L = mvr$.

M 6-7

Der Energieerhaltungssatz hat die Gestalt

$$\frac{m}{2}v^2 - G\frac{mm_0}{r} = E$$

In der Entfernung $r \to \infty$ hat die potentielle Energie den Wert Null, und der Energiesatz lautet für diesen Punkt

$$\frac{m}{2}v_\infty^2 = E$$

Da die kinetische Energie stets positiv ist, kann dieser Zustand für $E < 0$ nicht auftreten.

M 6-8

$$r_P + r_A = 2a$$

$$a = \frac{r_P + r_A}{2}$$

Die Formel macht deutlich, daß die große Halbachse der Bahnellipse dem mittleren Abstand des Planeten vom Zentralgestirn entspricht.

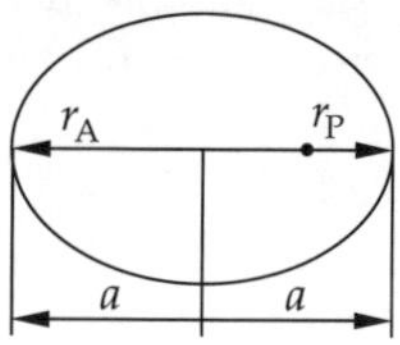

M 7

M 7-1

Es ist $\vec{M}_1 = \vec{M}_2 = \vec{M}_3$, da die drei gleich großen Kräfte auf einer gemeinsamen Wirkungslinie liegen.

M 7-2

Das Drehmoment ist Null, da der senkrechte Abstand a der Wirkungslinie der Kraft von der Drehachse Null ist und $M = Fa$ gilt.

M 7-3

Das resultierende Drehmoment verschwindet für denjenigen Punkt des Balkens, der vom Angriffspunkt der Kraft $\vec{F}$ doppelt so weit wie von $2\vec{F}$ entfernt ist, d. h. im Abstand $l/3$ vom rechten Balkenende. Jede Kraft erzeugt dort ein Drehmoment vom gleichen Betrag, während der Drehsinn der beiden Momente entgegengesetzt ist.

M 7-4

Die beiden Kräfte lassen sich durch eine Kraft $3\vec{F}$ ersetzen, die im Abstand $l/3$ vom rechten Balkenende kein Drehmoment erzeugt, d. h., deren Wirkungslinie durch diesen Punkt geht.

M 7-5

Zeichnerisch kann das Problem über die Konstruktion des Kräfteparallelogramms gelöst werden. Dazu müssen die beiden Kräfte in den Schnittpunkt ihrer Wirkungslinien verschoben und dort zu einer Resultierenden zusammengefügt werden. Da sich aber die Wirkungslinien der beiden Kräfte wegen der Parallelität im Endlichen nicht schneiden, muß ein Kunstgriff angewendet werden. Dieser besteht darin, daß zwei Hilfskräfte $\vec{F}'$ und $-\vec{F}'$ hinzugefügt werden, deren Wirkungen sich gegenseitig kompensieren.

Die beiden Resultierenden $\vec{F}_L$ und $\vec{F}_R$, deren Wirkungslinien sich nunmehr im Endlichen schneiden, werden entsprechend dem Parallelogrammsatz zusammengefügt.

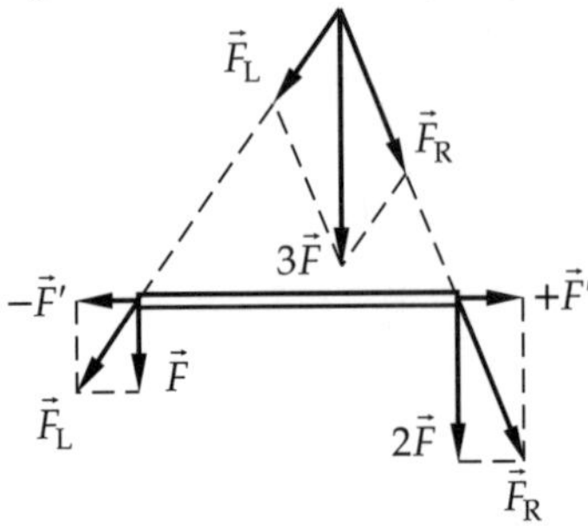

M 7-6

Bei der Berechnung des Drehmoments $\vec{M}_0$ bezüglich des Punktes $\vec{r}_0$ sind anstelle der Ortsvektoren $\vec{r}_k$ die Differenzen $(\vec{r}_k - \vec{r}_0)$ zu verwenden:

$\vec{M}_0 = \sum(\vec{r}_k - \vec{r}_0) \times \vec{F}_k$

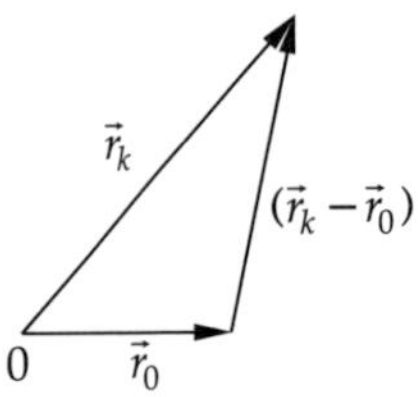

Für das Kreuzprodukt gilt das Distributivgesetz:

$$\vec{M}_0 = \sum \vec{r}_k \times \vec{F}_k - \sum \vec{r}_0 \times \vec{F}_k = \left(\sum \vec{r}_k \times \vec{F}_k\right) - \vec{r}_0 \times \left(\sum \vec{F}_k\right)$$

Entsprechend den Gleichgewichtsbedingungen verschwinden $\left(\sum \vec{r}_k \times \vec{F}_k\right)$ und $\left(\sum \vec{F}_k\right)$ einzeln, d. h., es gilt $\vec{M}_0 = 0$.

M 7-7

Da alle Kräfte in einer Ebene liegen, müssen nur zwei Kraftkoordinaten berücksichtigt werden, z. B. $F_x = 0$, $F_y = 0$. Berechnet man das Drehmoment für einen Punkt, der ebenfalls in der Ebene der Kräfte liegt, dann sieht man, daß alle Drehmomente senkrecht auf dieser Ebene stehen. Es ist also für nur eine Koordinate das Momentengleichgewicht zu fordern: $M_z = 0$.

M 7-8

a) Die potentielle Energie des Systems besteht aus der Federenergie und der Schwereenergie des Körpers:

$$E_p = \frac{k}{2}x^2 + mgx$$

Aus der ersten Ableitung $\mathrm{d}E_p/\mathrm{d}x = kx + mg$ folgt die Gleichgewichtsbedingung $kx_0 + mg = 0$. Die Gleichgewichtslage befindet sich demzufolge bei

$$x_0 = -mg/k$$

b) Die zweite Ableitung $\mathrm{d}^2E_p/\mathrm{d}x^2 = k$ ist stets größer als Null, d. h., das Gleichgewicht ist immer stabil.

c) Die Summe aller Kräfte $F_x = -mg - kx$ verschwindet für $x_0 : -mg - kx_0 = 0$. Daraus folgt $x_0 = -mg/k$.
Die Forderung $F_x = 0$ entspricht der Forderung $\mathrm{d}E_p/\mathrm{d}x = 0$ wegen des allgemeinen Zusammenhangs zwischen Kraft und potentieller Energie:

$$E_p = -\int F_x\,\mathrm{d}x \qquad \frac{\mathrm{d}E_p}{\mathrm{d}x} = -F_x$$

M 8

M 8-1

$M_1 = 0 \qquad M_2 = F_2 r \sin 30° = \frac{1}{2}F_2 r, \odot$

$M_3 = F_3 r, \otimes \qquad M_4 = F_4 r, \odot$

M 8-2

Der Angriffspunkt darf längs der Wirkungslinie der Kraft verschoben werden. (Der Kraftvektor ist ein linienflüchtiger Vektor.)

M 8-3

$J_A = \int r^2\,\mathrm{d}m = r^2 \int \mathrm{d}m = mr^2$

M 8-4

Beim dünnen Reifen und beim dünnwandigen Hohlzylinder befinden sich die Massen im konstanten Abstand r von der Drehachse.

M 8-5
Die Achsen müssen parallel zueinander liegen. Eine der beiden Achsen muß durch den Massenmittelpunkt (Schwerpunkt) gehen.

M 8-6
Der Eiskunstläufer bringt seine Arme und Beine möglichst nahe an seine Drehachse heran. Er leitet zunächst durch Kurvenfahrt die Pirouette mit einer geringen Winkelgeschwindigkeit ω_1 ein, wobei Arme und Beine vom Körper (von der Drehachse) möglichst weit weggestreckt werden, um ein großes Trägheitsmoment J_1 zu erreichen. Der Drehimpuls $L_1 = J_1\omega_1$ bleibt nun erhalten, auch wenn Arme und Beine so nahe wie möglich an die Drehachse herangebracht werden. Es wird dabei das Trägheitsmoment auf $J_2 < J_1$ verkleinert, die Winkelgeschwindigkeit nimmt dafür zu ($\omega_2 > \omega_1$); denn es gilt $L_2 = L_1$. Beim Heranziehen der Beine und Arme muß eine Arbeit (Muskelkraft längs eines Weges in radialer Richtung) verrichtet werden.

M 8-7
Bei gleichförmiger Rotation der großen Tragluftschraube ist das Drehmoment des Motors entgegengesetzt gleich groß dem Drehmoment, das die Luftwiderstandskraft (an den Luftschraubenblättern) erzeugt. Da der Motor mit dem Rumpf verbunden ist, würde dieser im Gegendrehsinn zur Tragschraube rotieren. Um das zu vermeiden, erzeugt die Heckluftschraube mit ihrer Zugkraft ein Gegendrehmoment.

M 8-8
$L_A = J_A\omega$ ergibt mit $\omega = \dfrac{v}{r}$ und $J_A = mr^2$ $L_A = mvr$. Gleiches liefert der Betrag von $\vec{L}_A = \vec{r} \times m\vec{v}$: $L_A = mrv \sin\alpha = mrv$; denn $\alpha = \dfrac{\pi}{2}$ ($\vec{r}$ steht senkrecht auf $\vec{v}$).

M 8-9

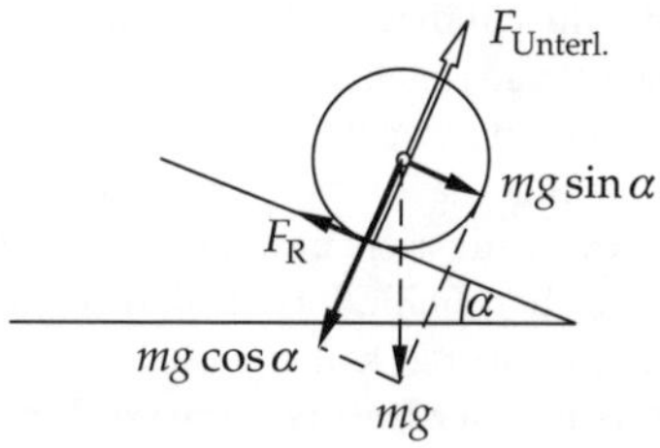

M 9

M 9-1
Im System des beschleunigten Motorrades wirken zwei Kräfte, die beide am Massenmittelpunkt angreifen: Trägheitskraft (ma) entgegen der Richtung der Beschleunigung und die Gewichtskraft (mg). Sie erzeugen entgegengesetzt gerichtete Drehmomente um den Auflagepunkt des Hinterrades. Wenn das Drehmoment der Trägheitskraft größer ist als das der Gewichtskraft, hebt das Vorderrad ab.

M 9-2
In der Beziehung $\vec{F}_Z = m(\vec{\omega} \times \vec{r}) \times \vec{\omega}$ wird zunächst das Kreuzprodukt $\vec{\omega} \times \vec{r}$ untersucht. Es ergibt einen Vektor, der senkrecht auf $\vec{\omega}$ und $\vec{r}$ steht.

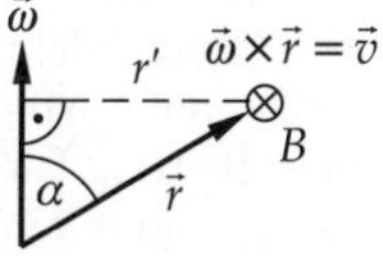

Man sieht, daß $\vec{\omega} \times \vec{r}$ die Geschwindigkeit $\vec{v}$ darstellt, die ein mitbewegter Beobachter B auf der Kreisbahn hat. $\vec{r}$ hat seinen Ursprung stets auf der Drehachse; $\vec{\omega} \times \vec{r}$ ist also tangential gerichtet. Der Betrag von $\vec{\omega} \times \vec{r}$ ist $\omega r \sin\alpha = \omega r'$, wobei r' der senkrechte Abstand des Beobachters B von der Drehachse ist.

Nun wird das Kreuzprodukt $\vec{v} \times \vec{\omega}$ untersucht. Der Ergebnisvektor steht senkrecht auf $\vec{v}$ und $\vec{\omega}$, ist also radial von der Drehachse weg gerichtet. Da $\vec{v}$ und $\vec{\omega}$ bereits senkrecht zueinander stehen, ist der Betrag des Kreuzproduktes einfach $v\omega$.

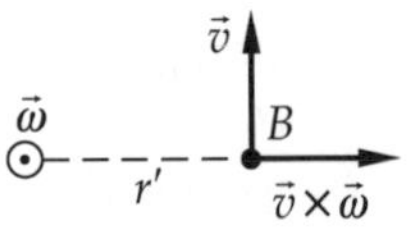

Damit findet man für den Betrag der Zentrifugalkraft

$$F_Z = mv\omega = m(\omega r')\omega$$

$$F_Z = m\omega^2 r'$$

F_Z zeigt senkrecht von der Drehachse weg.

M 9-3

Coriolis-Kräfte treten auf, wenn der Wagen eine Kurve durchfährt und der Fahrgast (oder ein Gegenstand) sich zugleich im Wagen horizontal bewegt. Der Fahrgast spürt die Coriolis-Kraft senkrecht zu der von ihm eingeschlagenen Bewegungsrichtung; er wird also beim Geradeausgehen behindert. Dabei spielt seine Bewegungsrichtung keine Rolle. Diese Kraft wirkt stets in einer Rechtskurve des Wagens nach links und in einer Linkskurve des Wagens nach rechts.

M 9-4

$\vec{\omega}$ hat die Richtung der Erdachse. Die Windgeschwindigkeit $\vec{v}$ ist tangential zur Erdoberfläche gerichtet. Zum Vektorprodukt $(\vec{v} \times \vec{\omega})$ liefert nur die senkrecht auf v stehende Komponente von $\vec{\omega}$ einen Beitrag. Die Coriolis-Kraft $\vec{F}_C = 2m(\vec{v} \times \vec{\omega})$ ergibt auf der Nordhalbkugel eine Rechtsablenkung des Windes, in Strömungsrichtung gesehen. Auf der Südhalbkugel zeigt die Vertikalkomponente des Winkelgeschwindigkeitsvektors $\vec{\omega}$ nach unten (zum Erdmittelpunkt). Dadurch führt die Coriolis-Kraft zu einer Linksablenkung des Windes.

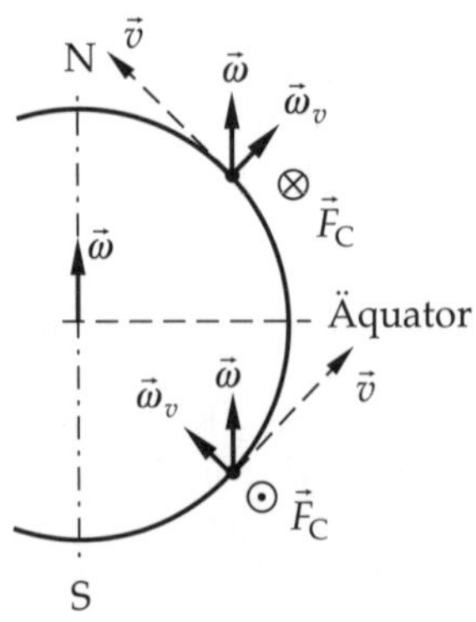

M 9-5

$$E_p(r) = -\int_0^r F_Z \, dr = -\int_0^r m\omega^2 r \, dr$$

$$= -m\omega^2 \frac{r^2}{2}$$

M 9-6

Der außenstehende Beobachter sieht die Kugel in Ruhe. Es existiert keine Kraft, die diesen Zustand ändert. Der mitrotierende Beobachter sieht eine Kreisbewegung der Punktmasse. Es müssen demnach Kräfte (im rotierenden System) vorhanden sein, die eine Radialkraft F_r darstellen. Im gleichförmig rotierenden System treten Coriolis-Kraft F_C und Zentrifugalkraft F_Z auf. Nur diese können die Kreisbahn erzwingen.

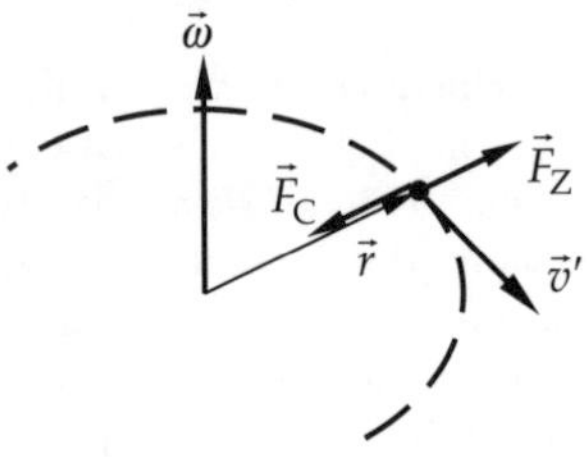

$$F_r = F_C + F_Z = -2mv'\omega + m\omega^2 r$$

$$F_r = -2m\omega^2 r + m\omega^2 r = -m\omega^2 r$$

M 10

M 10-1

Bewegt sich das System Σ' gegenüber Σ mit der Geschwindigkeit v, dann kann man auch sagen, daß sich Σ gegenüber Σ' mit der Geschwindigkeit $-v$ bewegt. Das Relativitätsprinzip verlangt, daß für die Koordinatentransformation von Σ nach Σ' die gleichen Formeln wie von Σ' nach Σ gelten. Es müssen lediglich x und x', t und t' sowie v und $-v$ gegeneinander ausgetauscht werden. Daraus ergibt sich

$$x' = \frac{x - vt}{\sqrt{1 - \left(\frac{v}{c}\right)^2}} \quad \text{und} \quad t' = \frac{t - \frac{v}{c^2}x}{\sqrt{1 - \left(\frac{v}{c}\right)^2}}$$

M 10-2

Wir benutzen die Abkürzung

$$\alpha = \sqrt{1 - \left(\frac{v}{c}\right)^2}$$

Um aus $x = \frac{1}{\alpha}(x' + vt')$

und $t = \frac{1}{\alpha}\left(t' + \frac{v}{c^2}x'\right)$

t' zu eliminieren, wird $(x - vt)$ gebildet:

$$x - vt = \frac{1}{\alpha}\left(x' + vt' - vt' - \frac{v^2}{c^2}x'\right)$$

Daraus folgt

$$x - vt = \frac{1}{\alpha}x'\alpha^2$$

$$x' = \frac{x - vt}{\alpha}$$

Soll x' eliminiert werden, so ist $\left(t - \frac{v}{c^2}x\right)$ zu bilden:

$$t - \frac{v}{c^2}x = \frac{1}{\alpha}\left(t' + \frac{v}{c^2}x' - \frac{v}{c^2}x' - \frac{v^2}{c^2}t'\right)$$

Nunmehr folgt

$$t - \frac{v}{c^2}x = \frac{1}{\alpha}t'\alpha^2$$

$$t' = \frac{t - \frac{v}{c^2}x}{\alpha}$$

M 10-3

Nach dem Additionstheorem der Geschwindigkeiten folgt für $v = c$

$$v_x = \frac{v'_x + c}{1 + \frac{v'_x}{c}} = c$$

Da v und v'_x in der Formel für v_x vertauschbar sind, liefert $v'_x = c$ das gleiche Ergebnis.

M 10-4

Bei kleinen Relativgeschwindigkeiten der Inertialsysteme ($v \ll c$) nimmt der Wurzelausdruck im Nenner der Lorentz-Transformationsformeln den Wert 1 an. Das Glied (v/c) mal (x'/c) im Zähler der Formel für t kann ebenfalls gegenüber t' vernachlässigt werden. Damit entstehen die Galilei-Transformationsformeln

$$x = x' + vt'$$

$$t = t'$$

bei denen insbesondere in allen Inertialsystemen die gleiche Zeit herrscht.

M 10-5

Zur Beantwortung dieser Frage muß der Unterschied zwischen Masse (m) und Ruhemasse (m_0) genau beachtet werden. Die häufig aus der Einsteinschen Gleichung $E = mc^2$ gezogene Schlußfolgerung, daß Masse in Energie verwandelt werden kann, bezieht sich allein auf die Ruhemasse m_0. Danach führt die Verringerung der Ruhemasse eines Körpers um Δm_0 zur Freisetzung des Energiebetrages $\Delta E = \Delta m_0 c^2$. ΔE tritt dabei in Form von kinetischer Energie oder als Strahlungsenergie in Erscheinung.

In der Gleichung $E = mc^2$ bedeutet aber m nicht die Ruhemasse. In m ist zum Beispiel auch die relativistische Massenzunahme enthalten, die ein Körper der Ruhemasse m_0 erfährt, wenn seine kinetische Energie erhöht wird. Ebenso wird den Lichtquanten, die überhaupt keine Ruhemasse besitzen, eine relativistische Masse m zugeschrieben. Umgekehrt wird der Ruhemasse m_0 auch eine Ruheenergie $E_0 = m_0 c^2$ zugeordnet.

Mit diesen Erweiterungen des Masse- und Energiebegriffs gegenüber den klassischen Vorstellungen ist der Inhalt der Einsteinschen

Gleichung $E = mc^2$ folgendermaßen zu interpretieren: Energie und Masse sind einander äquivalent; zu jeder Masse m gehört (da c eine Naturkonstante ist) auch ein fester Wert der Energie. Energieerhaltungssatz und Massenerhaltungssatz stellen somit ein und dasselbe physikalische Gesetz dar. In diesem Sinn gibt es keine Umwandlung von Masse in Energie.

M 10-6

Setzt man in die relativistische Formel für die kinetische Energie

$$E_\mathrm{k} = (m - m_0)c^2$$

die Formel für die Geschwindigkeitsabhängigkeit der Masse ein, so findet man

$$E_\mathrm{k} = m_0 c^2 \left(\frac{1}{\sqrt{1 - \left(\frac{v}{c}\right)^2}} - 1 \right)$$

Gilt $\frac{v}{c} \ll 1$, dann liefert die angegebene Näherungsformel

$$E_\mathrm{k} = m_0 c^2 \left[1 + \frac{1}{2}\left(\frac{v}{c}\right)^2 - 1 \right]$$

$$E_\mathrm{k} = m_0 \frac{v^2}{2}$$

M 10-7

Grundlage der Herleitung sind die Einsteinsche Energieformel $E = mc^2$ mit

$$m = m_0 \Big/ \sqrt{1 - \left(\frac{v}{c}\right)^2}$$

und die Definition des Impulses $p = mv$.
Mit Hilfe der Gleichung für p wird aus der Gleichung für m die Geschwindigkeit v eliminiert: $m = m_0 \Big/ \sqrt{1 - \left(\frac{p}{mc}\right)^2}$. Um nun auch m zu eliminieren, wird die entstandene Gleichung weiter umgeformt:

$$m^2 \left[1 - \left(\frac{p}{mc}\right)^2 \right] = m_0^2$$

$$m^2 - \left(\frac{p}{c}\right)^2 = m_0^2$$

$$m = \sqrt{m_0^2 + \left(\frac{p}{c}\right)^2}$$

Diese Beziehung wird in die Energieformel eingesetzt:

$$E = mc^2 = \sqrt{m_0^2 + \left(\frac{p}{c}\right)^2}\, c^2 = c\sqrt{(m_0 c)^2 + p^2}$$

M 11

M 11-1

$F_\mathrm{R} = 0$; denn am Körper greift in tangentialer Richtung zur Unterlage keine (eingeprägte) Kraft an. Die Reibungskraft ist eine Zwangskraft. Ihr Wert ist immer gerade so groß, daß der Körper in Ruhe bleibt, also „haftet". Durch die Haftreibungskraft wird das Kräftegleichgewicht hergestellt, wenn am Körper in tangentialer Richtung andere Kräfte angreifen. Der Höchstwert, den die Haftreibungskraft erreichen kann, ist $\mu_0 F_\mathrm{n}$. Überschreitet eine tangential am Körper angreifende Kraft den Wert $\mu_0 F_\mathrm{n}$, so kommt der Körper ins Gleiten.

M 11-2

Der Neigungswinkel α ist so lange zu vergrößern, bis der Körper zu rutschen beginnt. Bis zum Beginn des Gleitens ist der Betrag der Haftreibungskraft gleich dem der Hangabtriebskraft. Beim Grenzwinkel α_0 wird der Maximalwert $\mu_0 F_n$ der Haftreibungskraft erreicht, so daß gilt

$$\mu_0 mg \cos\alpha_0 = mg \sin\alpha_0$$

$$\mu_0 = \tan\alpha_0$$

M 11-3

Solange die gebremsten Räder rollen, wird das Fahrzeug durch die Haftreibungskraft gebremst. Da die Haftreibungszahl μ_0 stets größer als die Gleitreibungszahl μ ist, kann die maximale Bremskraft beim Rollen höhere Werte annehmen als beim Gleiten. Bei Glätte ist aber μ_0 so gering, daß beim Vollbremsen die Räder sehr leicht ins Rutschen kommen. Auch μ ist dann selbstverständlich wesentlich geringer als bei normalen Fahrbahnverhältnissen. Indem der Fahrer nun versucht, den höchstmöglichen Wert der Haftreibungskraft zum Bremsen zu nutzen, kommt das Fahrzeug meistens ins Gleiten. Durch kurze Unterbrechung des Bremsens kann aber der Zustand des Rollens wieder hergestellt werden und erneut der Bremsvorgang bei noch rollenden Rädern eingeleitet werden. Das wird dann in rascher Folge wiederholt (Intervallbremsen).

M 11-4
Bei weichem Untergrund (Ackerboden) nimmt der Rollreibungskoeffizient große Werte an. Das gleicht man durch entsprechend große Raddurchmesser aus.

M 12

M 12-1
Die Durchbiegung (Biegungspfeil δ) ist umgekehrt proportional dem Flächenmoment J_F. J_F ist aber beim hochkant gestellten Brett wesentlich größer als beim flach liegenden Brett, da viele Flächenelemente im Fall des hochkant gestellten Brettes relativ weit von der neutralen Faser entfernt sind.

M 12-2
Ein Stab mit der Querschnittsfläche A aus diesem Material wird durch eine Zugkraft bis zum Bruch belastet. Die dabei maximal auftretende Kraft $F_{\max}$, dividiert durch die ursprüngliche Querschnittsfläche A, ergibt die Bruchspannung $\sigma_B = \frac{f_{\max}}{A}$. σ_B wird auch Zerreißfestigkeit genannt.

M 12-3
Die Spiralfeder erfährt im wesentlichen eine Biegung. Die Dehnung ist dabei vernachlässigbar. Sowohl für die Biegung als auch für die Dehnung ist die elastische Konstante E zutreffend.

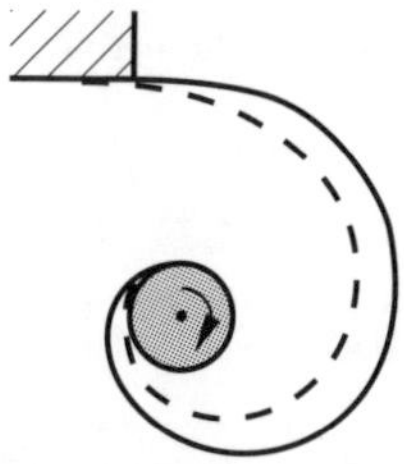

M 12-4
Einerseits besteht die Beziehung $p = M\omega$ (analog zu $P = Fv$), und andererseits können wir den Drillwinkel (Torsionswinkel) mit der Formel $\varphi = \text{const} \cdot M$ berechnen. Wir erhalten somit $\varphi = \text{const} \cdot \frac{P}{\omega}$.

M 13

M 13-1
Da sich unter dem Holz kein Wasser befindet, wirken auf den Holzquader nur die Druckkräfte von oben und von den Seiten. Die Seitenkräfte kompensieren sich. Die resultierende Kraft ist $F = pA = \varrho g h A$. Sie drückt den Holzklotz gegen den Boden des Gefäßes.

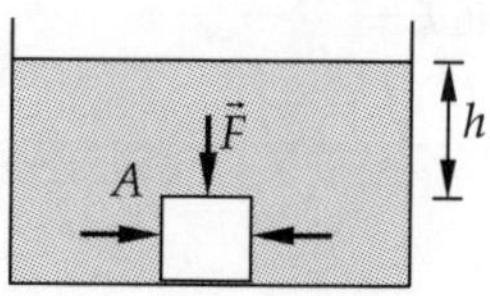

M 13-2

Der Luftdruck an der Quecksilberoberfläche ist stets im Gleichgewicht mit dem Schweredruck, den die Quecksilbersäule erzeugt. Über der Quecksilbersäule ist Vakuum, d. h. $p = 0$. Bei Normaldruck $p_a = 101,3$ kPa hat die Säule eine Höhe von 760 mm, denn es gilt mit $\varrho = 13,59 \cdot 10^3$ kg/m^3

$$p_a = \varrho g h \qquad h = \frac{p_a}{\varrho g} = 0,760 \text{ m}$$

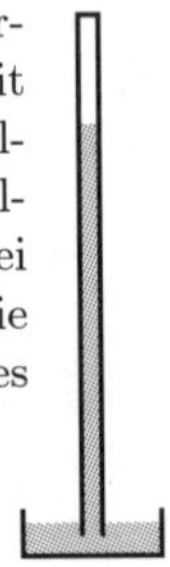

M 13-3

Die Pumpe saugt die Luft aus dem Steigrohr über dem Wasserspiegel ab. Das Wasser wird durch den äußeren Luftdruck p_0 hochgedrückt. Der Schweredruck der Wassersäule kann deshalb höchstens gleich p_0 werden:

$$p_0 = \varrho g h_{max} \qquad h_{max} = \frac{p_0}{\varrho g} = 10,3 \text{ m}$$

Eine Saughöhe von 15 m kann nicht erreicht werden.

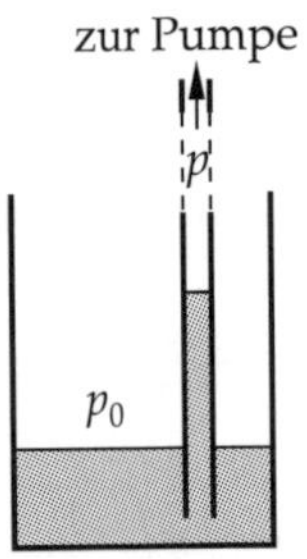

M 13-4

Schwimmen: Der Körper taucht nur so weit in die Flüssigkeit ein, bis die von ihm verdrängte Flüssigkeit die gleiche Gewichtskraft hat wie er selbst.
Schweben: Die Gewichtskraft des Körpers ist gleich der der Flüssigkeit, die er bei vollständigem Eintauchen verdrängt.
Sinken: Die Gewichtskraft des Körpers ist größer als die Auftriebskraft.
Steigen: Die Gewichtskraft des Körpers ist kleiner als die Auftriebskraft.

M 13-5

Es läuft kein Wasser über. Der Flüssigkeitsspiegel bleibt unverändert. Das Eis verdrängt so viel Wasser, wie seiner Masse entspricht (Prinzip von ARCHIMEDES). Dieses Volumen füllt es genau aus, wenn es zu Wasser geworden ist.

M 13-6

$\Delta W = 0$, da das Schiff die gleiche Masse m an Wasser verdrängt, die es selbst besitzt. Das verdrängte Wasser befindet sich beim Schließen der Trogtore nicht mehr im Trog.

M 13-7

Sie bewegt sich entgegen der Fahrtrichtung. Begründung: Die Beschleunigung ist der Fahrtrichtung entgegen gerichtet und bewirkt eine Trägheitskraft auf alle Körper in Fahrtrichtung. Diese Trägheitskraft ruft im Wasser der Libelle eine horizontal wirkende „Auftriebskraft" hervor, die der Fahrtrichtung entgegen gerichtet ist. Sie ist wesentlich größer als die auf die Luftblase wirkende Trägheitskraft.

M 14

M 14-1

Nach der Definition gilt $I = \frac{dV}{dt}$.
Mit $dV = A\,ds$ folgt

$$I = A\frac{ds}{dt} \text{ oder } I = Av$$

M 14-2

Flüssigkeitsströmung	Elektrischer Strom	Wärmestrom
Volumen V	Ladung Q	Wärmemenge Q
Stromstärke $I = \frac{dV}{dt}$	Stromstärke $I = \frac{dQ}{dt}$	Stromstärke $I = \frac{dQ}{dt}$

M 14-3

In einem horizontal liegenden Rohr ist $z_1 = z_2$. Die Bernoullische Gleichung wird damit

$$p_1 + \frac{\varrho}{2}v_1^2 = p_2 + \frac{\varrho}{2}v_2^2 \quad \text{oder}$$

$$p + \frac{\varrho}{2}v^2 = p_0 = \text{const}$$

M 14-4

Da die Strömungsgeschwindigkeit v gleich Null ist, lautet die Bernoullische Gleichung

$$p_1 + \varrho g z_1 = p_2 + \varrho g z_2$$

Mit $z_2 = 0$ gilt $\Delta p = p_1 - p_2 = -\varrho g z_1 = \varrho g h$

M 14-5

Venturi-Düse, Vergaser von Ottomotoren, Profil von Tragflächen, Zerstäuber, Bunsenbrenner, Wasserstrahlpumpe u. a.

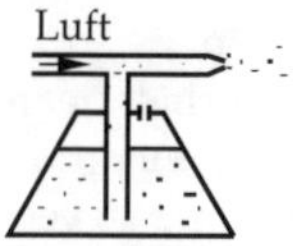

Zerstäuber

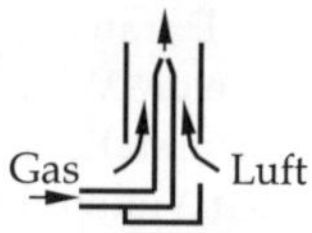

Bunsenbrenner

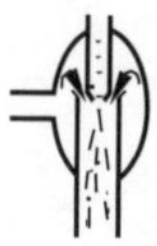

Wasserstrahlpumpe

M 14-6

Setzt man reibungsfreie Strömung voraus (ideale Flüssigkeit), so ergibt sich

$$p_2 - p_1 = \varrho g \Delta h$$

M 14-7

In einem horizontal liegenden Rohr ist der Staudruck die Differenz von Gesamtdruck und statischem Druck:

$$\frac{\varrho}{2}v^2 = p_0 - p$$

Ein Meßinstrument für den Staudruck – Prandtlsches Staurohr genannt – muß also die Differenz messen. Sein Konstruktion ergibt sich aus der Kombination von Drucksonde und Pitot-Rohr.

$$\frac{\varrho_1}{2}v^2 = \varrho_2 g \Delta h$$

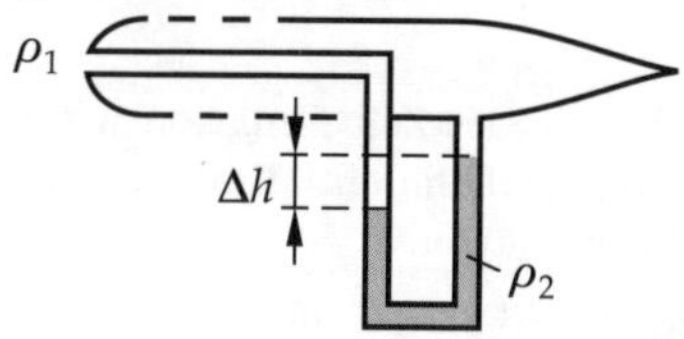

M 15

M 15-1

Die äußere Reibung wird durch innere Reibung ersetzt. Die Reibungskraft wird geringer, und die Lager verschleißen weniger.

M 15-2

a) Äußere Reibung: $F_\mathrm{R} = \mu F_\mathrm{n}$; $r_0 = \mu F_\mathrm{n}$.

b) Innere Reibung bei laminarer Umströmung einer Kugel: $F_\mathrm{R} = 6\pi\eta r v$; $r_1 = 6\pi\eta r$. Auch bei laminarer Strömung im Rohr: $F_\mathrm{R} = 8\pi\eta l v$; $r_1 = 8\pi\eta l$.

c) Reibung bei turbulenter Umströmung eines Körpers: $F_\mathrm{R} = cA\frac{\varrho}{2}v^2$; $r_2 = cA\frac{\varrho}{2}$.

M 15-3

Für einen kleinen Spalt der Breite b zwischen den Begrenzungsflächen (Kolbenstange) folgt aus dem Newtonschen Reibungsgesetz mit

$$\frac{\mathrm{d}v}{\mathrm{d}h} = \text{const} = \frac{v}{b} \text{ und } A = \pi d l \quad F_\mathrm{R} = \eta\frac{\pi d l}{b}v$$

M 15-4

$F_\mathrm{R} = 8\pi\eta l v$ wird mit $\Delta p = \frac{F_\mathrm{R}}{A} = \frac{F_\mathrm{R}}{\pi r_0^2}$ und

$$I = \frac{\mathrm{d}V}{\mathrm{d}t} = \frac{A\,\mathrm{d}s}{\mathrm{d}t} = Av$$

$$\Delta p A = \frac{8\pi\eta l I}{A} \text{ bzw. } I = \frac{A^2}{8\pi\eta l}\Delta p = \frac{\pi r_0^4}{8\eta l}\Delta p$$

M 15-5
Für Original und Modell müssen die kritischen Reynoldsschen Zahlen übereinstimmen: $Re_0 = Re_1$
Da die Dichte ϱ und Viskosität η der Luft in beiden Fällen gleich sind, folgt aus $Re = \dfrac{\varrho l v}{\eta}$ der Zusammenhang $l_0 v_0 = l_1 v_1$.
Der Verkleinerungsmaßstab ist $l_1/l_0 = 1/10$. Damit ist $v_0 = 0,1 v_1$. Es ist auffällig, daß bei verkleinerten Abmessungen des Modells die Strömungsgeschwindigkeit vergrößert werden muß.

W 1

W 1-1
Das Maximum der Elongation tritt auf, wenn das Argument der Kosinusfunktion gleich Null ist. Daraus folgt: $\omega_0 \Delta t + \alpha = 0$ und $\alpha = -\omega_0 \Delta t = -(2\pi/T)\Delta t$. Man beachte, daß $\Delta t < 0$ ist; daher $\alpha > 0$.

W 1-2
Aus den gegebenen Ort-Zeit-Funktionen folgen durch zweimalige Differentiation nach der Zeit die Beschleunigungen

$\ddot{x}(t) = -\omega_0^2 x_\mathrm{m} \cos(\omega_0 t + \alpha)$ und

$\ddot{x}(t) = -\omega_0^2 x_\mathrm{m} \sin(\omega_0 t + \alpha)$

Die rechten Seiten dieser Gleichungen haben beide die Form $-\omega_0^2 x(t)$. Es gilt daher für beide $\ddot{x} + \omega_0^2 x = 0$.

W 1-3
Zu einem schwingungsfähigen mechanischen System gehört ein Körper (träge Masse), auf den eine rücktreibende Kraft wirkt. Bei einem Drehkörper (Trägheitsmoment) muß ein rücktreibendes Drehmoment vorhanden sein.

W 1-4
Die Ort-Zeit-Funktion der harmonischen Schwingung ist die Lösung der Differentialgleichung, die aus der Bewegungsgleichung hervorgegangen ist. Die Differentialgleichung enthält die zweite Ableitung des Ortes nach der Zeit (Beschleunigung). Um die Ort-Zeit-Funktion zu ermitteln, ist eine zweimalige Integration über die Zeit erforderlich. Bei jeder Integration tritt eine Konstante auf. Das sind die Amplitude x_m und der Nullphasenwinkel α. Die Amplitude ist der Betrag der maximalen Auslenkung aus der Ruhelage. Der Nullphasenwinkel (Anfangsphase) gibt das Vor- oder Nacheilen der Schwingung gegenüber der Funktion $x = x_\mathrm{m} \cos \omega_0 t$ an.

W 1-5
Mit $\varphi = \omega t$ lautet die Bedingung für α: $\cos(\varphi + \alpha) = \sin \varphi$. Daraus folgt $\alpha = -\pi/2$ oder $\alpha = +3\pi/2$ Beide Winkel erhält man aus der grafischen Darstellung der Funktion $\cos \varphi$, indem man den Nullpunkt von φ so verschiebt, daß $\sin \varphi$ dargestellt wird. Die Größe der erforderlichen Verschiebung gibt α an.

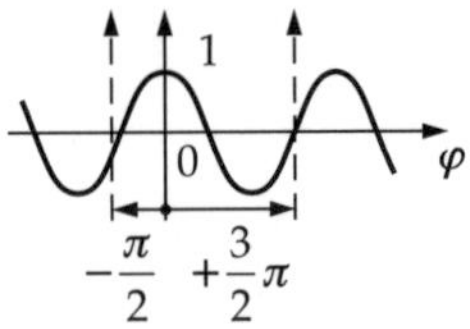

W 1-6
$x(t) = x_\mathrm{m} \cos \omega_0 t$

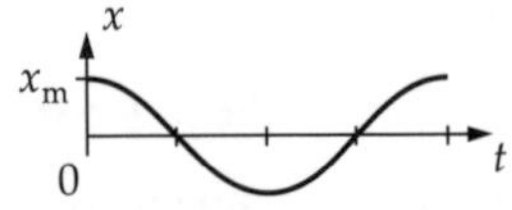

$E_\mathrm{p}(t) = \dfrac{k}{2} x^2 = \dfrac{k}{2} x_\mathrm{m}^2 \cos^2 \omega_0 t$

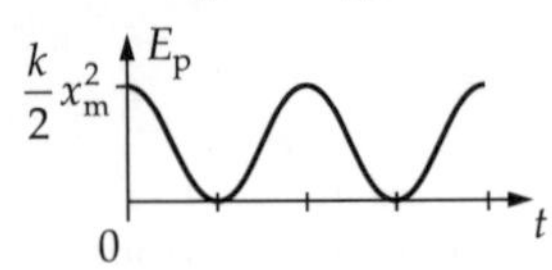

W 1-7
$\ddot{I} + \omega_0^2 I = 0 \qquad I = I_\mathrm{m} \cos(\omega_0 t + \alpha)$

W 2

W 2-1

Aus

$x(t) = x_A\,e^{-\delta t}\cos\omega t$

folgt

$$x(t+T) = x_A\,e^{-\delta(t+T)}\cos\omega(t+T)$$
$$= x_A\,e^{-\delta t}\,e^{-\delta T}\cos\omega t$$
$$x(t+T) = x(t)\,e^{-\delta T}$$

W 2-2

Man mißt das Amplitudenverhältnis zweier aufeinanderfolgender Schwingungen $\frac{x_{i+1}}{x_i}$ und die Zeitdauer T zwischen dem Auftreten der Amplituden auf ein und derselben Seite der Auslenkung. Es gilt

$$\frac{x_{i+1}}{x_i} = e^{-\delta T}$$

$$\delta = -\frac{1}{T}\ln\frac{x_{i+1}}{x_i} = \frac{1}{T}\ln\frac{x_i}{x_{i+1}}$$

In der Regel erhält man eine größere Genauigkeit, wenn man zwischen den Ablesungen eine größere Anzahl von Schwingungen (n) abwartet. Dann gilt

$$\frac{x_{i+n}}{x_i} = e^{-n\delta T}$$

$$\delta = -\frac{1}{nT}\ln\frac{x_{i+n}}{x_i} = \frac{1}{nT}\ln\frac{x_i}{x_{i+n}}$$

W 2-3

Im Fall a) ergibt sich eine periodische Lösung, der **Schwingfall**, mit der Kreisfrequenz

$$\omega = \sqrt{\omega_0^2 - \delta^2}$$

Je größer δ ist, desto kleiner ist ω.

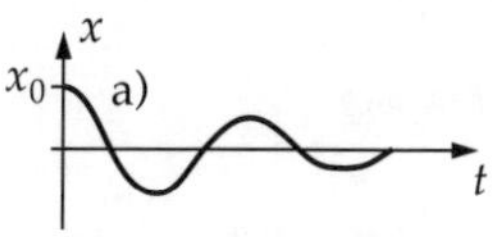

Im Fall b) ($\omega = 0$) tritt keine periodische Bewegung mehr auf. Die bekannte Ort-Zeit-Funktion der schwach gedämpften Schwingung kann auf diesen Fall, den **aperiodischen Grenzfall**, nicht mehr angewendet werden.

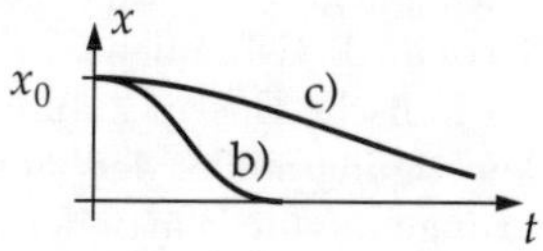

Bei noch stärkerer Dämpfung (Fall c) verlangsamt sich die Rückkehr in die Ruhelage, weshalb man von einem **Kriechfall** spricht. (In den $x(t)$-Diagrammen sind alle drei Fälle unter der gleichen Voraussetzung dargestellt, daß die Bewegung bei x_0 ohne Anfangsgeschwindigkeit beginnt.)

W 2-4

Die Gleitreibung hat das Kraftgesetz

$$F = \pm\mu m g$$

wobei das positive Vorzeichen für $v_x < 0$, das negative für $v_x > 0$ gilt. Daraus folgt die Bewegungsgleichung $m\ddot{x} + kx = \pm\mu m g$, die nicht auf die gleiche Ort-Zeit-Funktion führen kann wie die Gleichung $m\ddot{x} + kx = -r\dot{x}$.

W 2-5

Vergleicht man die Differentialgleichung

$\ddot{I} + \frac{R}{L}\dot{I} + \frac{1}{LC}I = 0$ mit der Differentialgleichung $\ddot{x} + 2\delta\dot{x} + \omega_0^2 x = 0$

so folgt

$$\delta = \frac{R}{2L} \quad \omega_0^2 = \frac{1}{LC} \quad \omega = \sqrt{\frac{1}{LC} - \left(\frac{R}{2L}\right)^2}$$

W 3

W 3-1

Zungenfrequenzmesser: Eine Blattfeder vereinigt Elastizität (k) und Trägheit (m) des schwingungsfähigen Systems. Der Luftwiderstand repräsentiert die Reibung (r). Durch k und m ist ω_0 sowie durch r und m die Abklingkonstante δ festgelegt. Aus ω_0 und δ ergibt sich die Resonanzkreisfrequenz ω_R der Blattfeder. Die periodische Energiezufuhr erfolgt über die Befestigungsstelle der Feder durch Erschütterungen. Von Blattfedern mit verschiedenen Resonanzfrequenzen führt diejenige erzwungene Schwingungen mit der größten Amplitude aus, deren Resonanzfrequenz der Erregerfrequenz (Erschütterungsfrequenz) am nächsten liegt. Ein gewisses Intervall der Erregerfrequenzen führt zu beobachtbaren Schwingungsamplituden einer bestimmten Blattfeder. Dieses bestimmt die Genauigkeit, mit der die Erregerfrequenz meßbar ist.

W 3-2

Es handelt sich hier um den Fall der äußeren Erregung. Das $\alpha(\omega)$-Diagramm enthält eine Kurve mit dem Parameter $\delta/\omega_0 = 0,3$. Für $\omega = 2\omega_0$ liest man dort $\alpha \approx (16/18)\pi = 160°$ ab. Dem $x_m(\omega)$-Diagramm entnimmt man $x_m \approx \xi_m/3$. Die Ergebnisse können auch rechnerisch gefunden werden:

$$\tan\alpha = \frac{2\omega\delta}{\omega_0^2 - \omega^2} = \frac{4\omega_0^2 \cdot 0,3}{-3\omega_0^2} = -0,4$$

$$\alpha = 158° \quad (0 < \alpha < \pi)$$

$$x_m = (F_m/m)/\sqrt{(\omega_0^2 - \omega^2)^2 + (2\omega\delta)^2}$$
$$= 0,31\xi_m$$
$$(F_m/m = \omega_0^2\xi_m)$$

W 3-3

Setzt man in die Formel für x_m die Erregerfrequenz $\omega = 0$ und für $F_m/m = \omega_0^2\xi_m$, so erhält man

$$x_m = \frac{F_m/m}{\omega_0^2} = \frac{\omega_0^2\xi_m}{\omega_0^2} = \xi_m$$

Anschauliche Erklärung: Mit verschwindender Erregerfrequenz verschwinden auch Beschleunigung der Punktmasse, Federkraft und Federdehnung. Also verhält sich die Feder wie eine starre Stange.

W 3-4

Setzt man in die Formel für x_m die Erregerfrequenz $\omega \to \infty$ ein, so folgt $x_m = 0$. Die Feder kann die Punktmasse nicht mehr bewegen, weil bei endlich großen Auslenkungen die Beschleunigung unendlich groß wäre und dazu eine unendlich große Kraft gebraucht würde.

W 3-5

Setzt man in die Formel für x_m anstelle der Kraft F_m den Ausdruck $m'\omega^2 r_0$ ein, so folgt für $\omega \to \infty$, $x_m = (m'/m)r_0$. Auf Grund der Trägheit der Gesamtmasse kann die Feder den Massenmittelpunkt des Motors bei schnellen Schwingungen nicht mehr bewegen. Trotzdem schwingen Kolben und Gehäuse gegeneinander.

W 3-6

Ohne Dämpfungsglied lautet die Schwingungsdifferentialgleichung

$$\ddot{x} + \omega_0^2 x = \frac{F_m}{m}\cos\omega t$$

Setzt man $x = \pm x_m \cos\omega t$ ein, so erhält man nach Kürzen des Faktors $\cos\omega t$

$$\pm x_m(-\omega^2 + \omega_0^2) = \frac{F_m}{m}$$

F_m/m und x_m sind positiv. Die Lösung $x = +x_m\cos\omega t$ gilt also für $\omega^2 < \omega_0^2$. Bei dieser Lösung ist $\alpha = 0$. Dagegen gilt die Lösung $x = -x_m\cos\omega t$ für $\omega^2 > \omega_0^2$. Die Schwingung $x(t)$ befindet sich in Gegenphase zur Kraft $F(t)$, es ist $\alpha = \pi$. Für die Berechnung von x_m ist daher anzusetzen:

$$x_m = \begin{cases} \dfrac{F_m}{m(\omega_0^2 - \omega)} & \text{für } \omega < \omega_0 \\ \dfrac{F_m}{m(\omega^2 - \omega_0^2)} & \text{für } \omega > \omega_0 \end{cases}$$

Dieses Ergebnis findet man auch direkt aus der Formel für $x_m(\omega)$, wenn man $\delta = 0$ setzt und beachtet, daß die Wurzel erklärt positiv ist:

$$x_m = \frac{F_m/m}{|\omega_0^2 - \omega^2|}$$

W 4

W 4-1

Der Körper führt wie die schwingenden Wasserteilchen eine Kreisbewegung aus. Da diese Schwingung in einer Ebene abläuft, sind zu ihrer Beschreibung zwei Koordinaten nötig: eine ξ-Koordinate in Ausbreitungsrichtung der Welle und eine η-Koordinate senkrecht dazu. Demzufolge werden für die Beschreibung der Welle zwei Wellenfunktionen $\xi(x,t)$ und $\eta(x,t)$ benötigt. Die Kreisbewegung der Teilchen ergibt sich gerade dann, wenn die beiden Wellenfunktionen gleiche Amplituden haben und um $\pi/2$ verschoben sind.

W 4-2

Siehe Skizze:

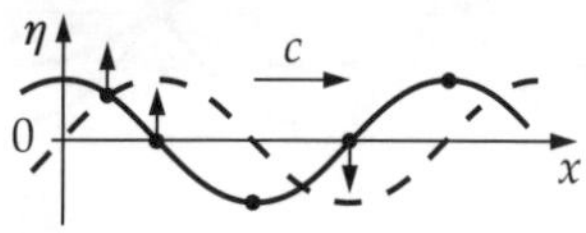

W 4-3

Zur Vereinfachung wird substituiert: $\omega t - kx = \varphi$. Sodann wird der Verlauf der Funktion $y = \cos\varphi$ skizziert. Der Verlauf der Funktion $y = \cos\left(\varphi + \frac{\pi}{2}\right)$ läßt sich aus dem Bild finden,

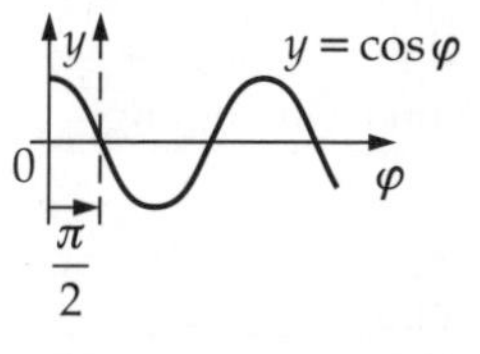

indem der Koordinatenursprung um $\frac{\pi}{2}$ in Richtung der φ-Achse verschoben wird. Bezogen auf den neuen Koordinatenursprung, kann aus dem dargestellten Kurvenverlauf die Funktion $y = -\sin\varphi$ abgelesen werden. Es ist also $\eta = -\eta_m \sin(\omega t - kx)$.

W 4-4

a) Aus $\eta(t,x) = \eta_m \cos(\omega t - kx)$ folgt für $t = 0$

$$\eta(0,x) = \eta_m \cos(-kx)$$

$$= \eta_m \cos\left(-\frac{2\pi}{\lambda}x\right) = \eta_m \cos\frac{2\pi}{\lambda}x$$

Damit haben wir folgendes Momentbild der Welle zur Zeit $t = 0$:

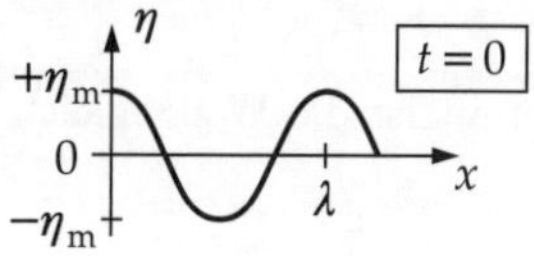

b) Aus $\eta(t,x) = \eta_m \cos(\omega t - kx)$ folgt für $x = 0$

$$\eta(t,0) = \eta_m \cos\omega t = \eta_m \cos\frac{2\pi}{T}t$$

Damit haben wir das Ort-Zeit-Diagramm der Schwingung bei $x = 0$:

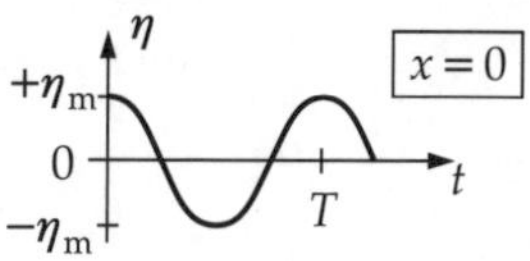

c) Für die Welle gilt $\eta(t,x) = \eta_m \cos(\omega t - kx)$. Betrachten wir nun den Wellenberg, so gilt $\eta(t,x) = \eta_m$. Diese Bedingung ist erfüllt, wenn $\cos(\omega t - kx) = 1$ bzw. $\omega t - kx = 0$ gesetzt wird. Daraus folgt die Ort-Zeit-Funktion $x = \frac{\omega}{k}t \left(\dot{x} = \frac{\omega}{k} = c\right)$. Damit haben wir das Ort-Zeit-Diagramm einer konstanten Phase (z. B. Wellenberg).

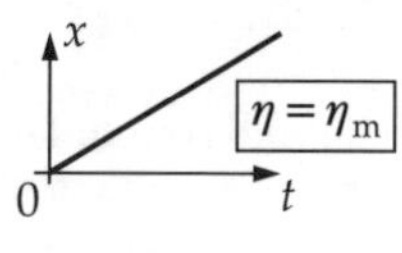

W 4-5

Die Wellengleichung lautet $\frac{1}{c^2}\frac{\partial^2\eta}{\partial t^2} = \frac{\partial^2\eta}{\partial x^2}$. Die Wellenfunktion

$\eta(t,x) = \eta_m \cos(\omega t - kx + \alpha_0)$ wird partiell differenziert:

$$\frac{\partial\eta}{\partial t} = -\omega\eta_m \sin(\omega t - kx + \alpha_0)$$

$$\frac{\partial^2\eta}{\partial t^2} = -\omega^2\eta_m \cos(\omega t - kx + \alpha_0)$$

$$\frac{\partial\eta}{\partial x} = k\eta_m \sin(\omega t - kx + \alpha_0)$$

$$\frac{\partial^2\eta}{\partial x^2} = -k^2\eta_m \cos(\omega t - kx + \alpha_0)$$

Die Ableitungen $\frac{\partial^2\eta}{\partial t^2}$ und $\frac{\partial^2\eta}{\partial x^2}$ werden in die Wellengleichung eingesetzt:

$$-\frac{1}{c^2}\omega^2\eta_m\cos(\omega t - kx + \alpha_0)$$
$$= -k^2\eta_m\cos(\omega t - kx + \alpha_0)$$

Es gilt $\frac{\omega}{c} = k$; damit ist die Wellengleichung erfüllt.

W 4-6

Wendet man auf $\eta = \eta_m[\cos(\omega t + kx) + \cos(\omega t - kx + \alpha_0)]$ das Additionstheorem $\cos\alpha + \cos\beta = 2\cos\frac{\alpha-\beta}{2}\cos\frac{\alpha+\beta}{2}$ an, so ist $\alpha = \omega t + kx$ und $\beta = \omega t - kx + \alpha_0$. Daraus folgt

$$\frac{\alpha+\beta}{2} = \frac{2\omega t + \alpha_0}{2} = \omega t + \frac{\alpha_0}{2} \quad \text{und}$$
$$\frac{\alpha-\beta}{2} = \frac{2kx - \alpha_0}{2} = kx - \frac{\alpha_0}{2}$$

sowie $\eta = 2\eta_m\cos\left(\omega t + \frac{\alpha_0}{2}\right)\cos\left(kx - \frac{\alpha_0}{2}\right)$

W 4-7

a) $\alpha_0 = 0$

$$\eta(t,x) = 2\eta_m\cos kx\cos\omega t$$

b) $\alpha_0 = \pi$

$$\eta(t,x) = 2\eta_m\cos\left(kx - \frac{\pi}{2}\right)\cos\left(\omega t + \frac{\pi}{2}\right) = -2\eta_m\sin kx\sin\omega t$$

W 4-8

Die Reflexion erfolgt am losen Ende. Dort befindet sich ein Schwingungsbauch. Die Abstände der Knoten von diesem Ende ergeben sich aus dem Bild. Die Wellenlänge λ erhält man aus $\lambda = c/f$.

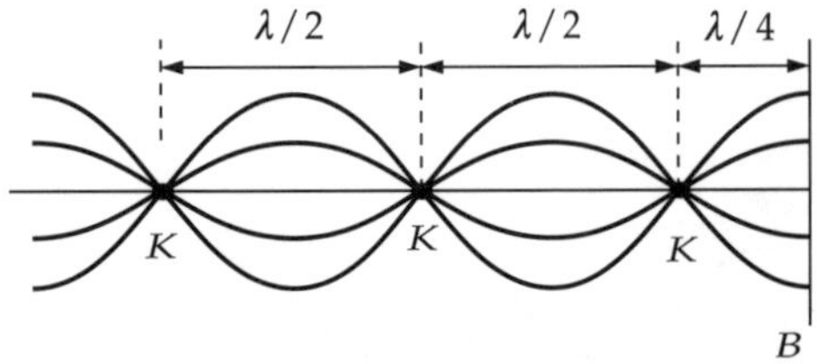

Die Knoten befinden sich in den Entfernungen $\frac{\lambda}{4}$, $\frac{3}{4}\lambda$ und $\frac{5}{4}\lambda$ vom reflektierenden Ende.

W 5

W 5-1

Nein. Im evakuierten Gefäß sind sowohl Druck als auch Dichte gegenüber der Außenluft verändert, die Temperatur ist aber die gleiche wie in der Umgebung. Nach der Formel $c = \sqrt{\varkappa R'T}$ bleibt somit c unverändert.

W 5-2

Auf der Saite bildet sich durch Reflexion an den fest eingespannten Enden eine stehende Welle aus. Diese kann nur bestehen, wenn an beiden Enden der Saite Schwingungsknoten liegen. Dadurch ist die Wellenlänge λ mit der Länge der Saite verknüpft. Je nach der Zahl n der Schwingungsbäuche auf der Saite sind verschiedene Verhältnisse zwischen l und λ möglich (Grundschwingung und Oberschwingungen):

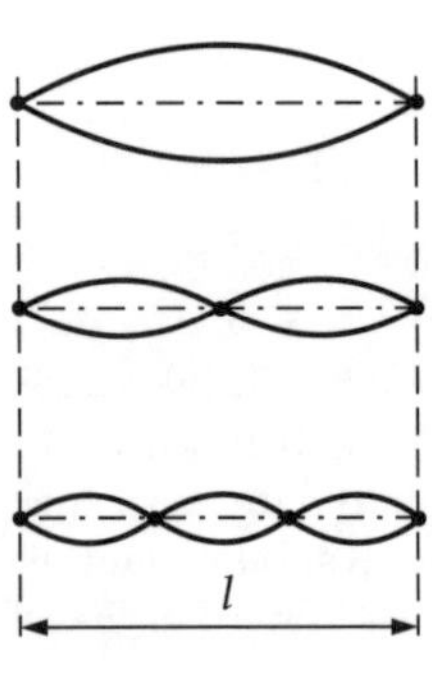

$$\lambda = \frac{2l}{n} \qquad n = 1, 2, 3, \ldots$$

Aus der Ausbreitungsgeschwindigkeit der Wellen und der Wellenlänge ergibt sich die Schwingungsfrequenz durch die Beziehung $f = \frac{c}{\lambda} = n\frac{c}{2l}$

W 5-3
Der Energiestrom durch eine Kugelfläche hängt nicht von deren Radius ab; er ist gleich der mittleren Schalleistung $\overline{P}_S$ der Schallquelle. Die Intensität $\overline{I}$ ist die Energiestromdichte, d. h. der Quotient aus Schalleistung und Kugeloberfläche A_S. Mit $A_S = 4\pi r^2$ folgt

$$\overline{I} = \frac{\overline{P}_S}{4\pi r^2} \qquad \overline{I} \sim \frac{1}{r^2}$$

W 5-4
Die Amplitude des Schalldrucks darf den mittleren Luftdruck nicht überschreiten. Es gilt im Grenzfall $\Delta p_{W_m} = \varrho c v_m = p_0$; $v_m = \frac{p_0}{\varrho c}$. Damit kann die Schallstärke ermittelt werden: $\overline{I} = \frac{1}{2}\varrho c v_m^2 = p_0^2/(2\varrho c)$. Für Luft findet man mit $c = 340$ m/s und $\varrho = 1,3$ kg/m^3 die Intensität $\overline{I} = 10^7$ W/m^2.

W 5-5
Die Schallstärke ändert sich auf den 10. Teil: $\overline{I}_2/\overline{I}_1 = 0,1$. Die Änderung des Schallpegels hängt dagegen vom Logarithmus dieses Verhältnisses ab:

$$\Delta L = L_2 - L_1 = 10 \text{ dB} \left(\lg \frac{\overline{I}_2}{\overline{I}_0} - \lg \frac{\overline{I}_1}{\overline{I}_0} \right)$$

$$= 10 \text{ dB} \lg \frac{\overline{I}_2}{\overline{I}_1} = -10 \text{ dB}$$

W 5-6
Die Lösung ergibt sich aus dem Lautstärke-Schallstärke-Diagramm. Man liest den Wert der Schallstärke $\overline{I}$ ab, bei dem die Isophone 0 phon die (zur Abszisse senkrechte) Gerade $f = 50$ Hz schneidet.
Es ist $\overline{I} = 1,5 \cdot 10^{-7}$ W/m^2.

W 5-7
Für den mit $v' = c$ bewegten Beobachter folgt aus $f' = f\left(1 + \frac{v'}{c}\right)$ die Frequenz $f' = 2f$.

Bewegt sich dagegen die Quelle mit $v = c$, so ist die Formel $f' = f \Big/ \left(1 - \frac{v}{c}\right)$ anzuwenden.

Da hier der Nenner den Wert 0 annimmt, ist die Frequenz f unbestimmt. Der Beobachter empfängt vor dem Eintreffen der Quelle keinen Schall (vgl. Abbildung in den GRUNDLAGEN (3.)). Obwohl in beiden Fällen die gleiche Relativbewegung zwischen Quelle und Beobachter vorliegt, ist das Ergebnis grundsätzlich verschieden. Das rührt daher, daß es auf die Bewegung gegenüber dem Ausbreitungsmedium ankommt.

W 5-8
Bewegt sich eine Schallquelle mit $v = c$, so kann sich vor ihr kein Schall ausbreiten. Es entsteht ein Energiestau am Ort der Schallquelle selbst, der um so größer wird, je länger sich die Schallquelle mit der gleichen Geschwindigkeit wie die von ihr emittierte Schallenergie bewegt. Beim Flugzeug muß das zur physischen Schädigung der Insassen und schließlich zur Zerstörung der Konstruktion führen. Es ist deshalb notwendig, beim Übergang zum Überschall den kritischen Geschwindigkeitsbereich so schnell wie möglich zu passieren. Man spricht in diesem Zusammenhang auch vom „Durchbrechen der Schallmauer“.

T 1

T 1-1
Jede von der Temperatur abhängige Größe kann zur Messung der Temperatur verwendet werden.

Beispiele:
Volumenänderung – Flüssigkeits- und Gasthermometer
Elektrischer Widerstand – Widerstandsthermometer
Thermospannung – Thermoelemente
Wärmestrahlung – Pyrometer

T 1-2

$$\vartheta_2 = \vartheta_1 + \Delta T = 17\ ^\circ\text{C} + 5 \text{ K} = 22\ ^\circ\text{C}$$

$$T_2 = \vartheta_2 + T_0 = 22\ ^\circ\text{C} + 273 \text{ K} = 295 \text{ K}$$

T 1-3
Die Volumenänderung des Wassers eignet sich nur bedingt zur Temperaturmessung, weil infolge des Dichtemaximums bei 4 °C in einem gewissen Temperaturbereich das gleiche Volumen bei zwei verschiedenen Temperaturen beobachtet wird.

T 1-4
Die Kantenlänge des Würfels nach dem Erwärmen ist $l = l_0(1 + \alpha\vartheta)$, sein Volumen demnach $V = l^3 = l_0^3(1 + \alpha\vartheta)^3$. Das Volumen des Würfels bei 0 °C ist $V_0 = l_0^3$. Damit folgt

$$V = V_0[1 + 3\alpha\vartheta + 3(\alpha\vartheta)^2 + (\alpha\vartheta)^3]$$

Das Produkt $(\alpha\vartheta)$ ist klein gegen 1, so daß die höheren Potenzen vernachlässigt werden können. Somit folgt $V = V_0(1 + 3\alpha\vartheta)$. Ein Vergleich mit der Formel $V = V_0(1 + \gamma\vartheta)$ liefert $\gamma = 3\alpha$.

T 1-5
Kalorimeter sind wärmeisolierte Gefäße, die die Umgebungseinflüsse fernhalten. Sie dienen zur Messung von Wärmen.

T 1-6
a) $\sum Q_{\mathrm{auf}} = \sum Q_{\mathrm{ab}}$ d. h.

$$m_1 c_{\mathrm{W}}(\vartheta_{\mathrm{m}} - \vartheta_1) + C(\vartheta_{\mathrm{m}} - \vartheta_1) = m_2 c_{\mathrm{W}}(\vartheta_2 - \vartheta_{\mathrm{m}})$$

Aus dieser Wärmebilanz kann die Wärmekapazität des Kalorimeters (C) berechnet werden.

b) Aus vorausgehenden Messungen müssen bekannt sein: die Masse m_1 des kalten Wassers und die Masse m_2 des heißen Wassers. Die spezifische Wärmekapazität c_{W} des Wassers kann immer als bekannt vorausgesetzt werden.

c) Unmittelbar vor dem Mischungsvorgang ist ϑ_1 zu messen. Das kalte Wasser muß einige Zeit vorher in das Kalorimeter gebracht werden, damit Wasser und Kalorimeter übereinstimmende Temperatur haben. Ferner ist unmittelbar vor dem Mischen auch ϑ_2, die Temperatur des heißen Wassers, zu messen. Während des Mischvorganges beobachtet man die ansteigende Temperatur im Kalorimeter; es stellt sich der Endwert ϑ_{m} ein.

T 2

T 2-1
$[\lambda] = \mathrm{W/(m \cdot K)}$ $[\alpha] = \mathrm{W/(m^2 \cdot K)}$
$[k] = \mathrm{W/(m^2 \cdot K)}$

T 2-2
Allgemein gilt $\dot{Q} = kA\Delta T$ und

$$\frac{1}{k} = \sum(l_i/\lambda_i) + \sum(1/\alpha_j)$$

Wärmeleitung: Für $\alpha_j \to \infty$ (idealer Übergang) folgt $\sum(1/\alpha_j) = 0$ und für nur eine Schicht $k = \lambda/l$. Daraus folgt der Wärmestrom

$$\dot{Q} = \frac{\lambda}{l} A\Delta T$$

Wärmeübergang: Für $\lambda_i \to \infty$ (ideale Wärmeleitung) oder $l_i \to 0$ (sehr dünne Schicht) folgt $\sum(l_i/\lambda_i) = 0$ und für nur eine Grenzschicht $k = \alpha$. Damit wird der Wärmestrom

$$\dot{Q} = \alpha A\Delta T$$

T 2-3
Der Wärmedurchgang wird dann als stationär bezeichnet, wenn die Temperaturdifferenz über längere Zeit konstant bleibt. Es gilt dann $\frac{\mathrm{d}Q}{\mathrm{d}t} = \mathrm{const}$ oder $Q = \mathrm{const} \cdot \int \mathrm{d}t = \mathrm{const} \cdot t$. Die Formeln für die in der Zeit transportierten Wärmemengen lauten in den drei Fällen:

Wärmeleitung: $Q = \frac{\lambda A}{l}\Delta T t$
Wärmeübergang: $Q = \alpha A\Delta T t$
Wärmedurchgang: $Q = kA\Delta T t$

T 2-4
Der Wärmestrom durch das Schichtsystem ist konstant ($\dot{Q} = \mathrm{const}$) und in jeder einzelnen Schicht gleich groß.
Wärmeübergänge: Aus der Formel $\dot{Q} = \alpha A\Delta T$ wird auf die Größe des Temperatursprungs geschlossen:

$$\Delta T = \frac{\dot{Q}}{\alpha A} \sim \frac{1}{\alpha}$$

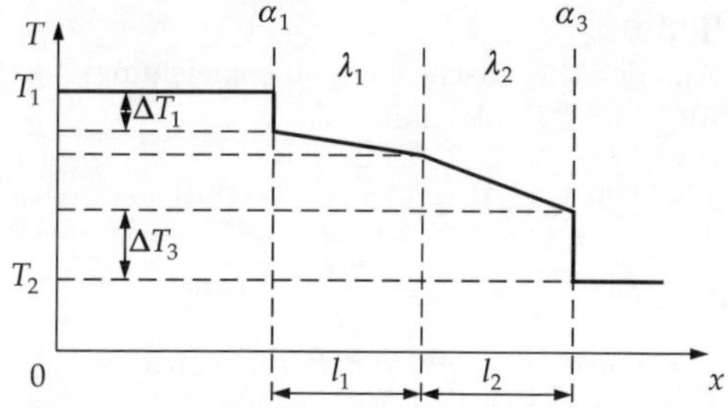

Wegen $\alpha_1 > \alpha_3$ ist $\Delta T_1 < \Delta T_3$. Wegen $\alpha_2 = \infty$ ist $\Delta T_2 = 0$.

Wärmeleitung: In der Formel $\dot{Q} = \frac{\lambda A}{l} \Delta T$ ist der Quotient $\frac{\Delta T}{l}$ das konstante Temperaturgefälle $\frac{dT}{dx}$ in der Schicht. Für dieses gilt demnach

$$\frac{dT}{dx} = \frac{\dot{Q}}{\lambda A} \sim \frac{1}{\lambda}$$

Wegen $\lambda_1 > \lambda_2$ ist $(dT/dx)_1 < (dT/dx)_2$.

T 2-5

Der Wärmestrom $\dot{Q}$, der das ganze Schichtsystem durchtritt, stimmt mit dem Wärmestrom durch jede einzelne Schicht überein; er ist $\dot{Q} = kA(T_1 - T_2)$. Die Formeln für die Wärmeleitung bzw. den Wärmeübergang werden so umgestellt, daß die Temperaturdifferenzen aus $\dot{Q}$ folgen.

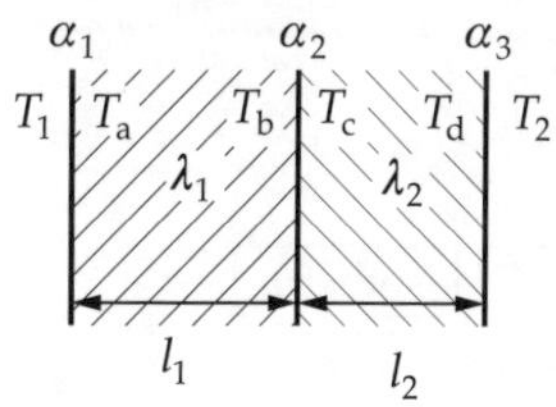

$$\dot{Q} = \alpha_1 A(T_1 - T_a) \quad T_1 - T_a = \frac{\dot{Q}}{\alpha_1 A}$$

$$\dot{Q} = \frac{\lambda_1}{l_1} A(T_a - T_b) \quad T_a - T_b = \frac{\dot{Q} l_1}{\lambda_1 A}$$

$$\dot{Q} = \alpha_2 A(T_b - T_c) \quad T_b - T_c = \frac{\dot{Q}}{\alpha_2 A}$$

$$\dot{Q} = \frac{\lambda_2}{l_2} A(T_c - T_d) \quad T_c - T_d = \frac{\dot{Q} l_2}{\lambda_2 A}$$

$$\dot{Q} = \alpha_3 A(T_d - T_2) \quad T_d - T_2 = \frac{\dot{Q}}{\alpha_3 A}$$

Die gesamte Temperaturdifferenz $(T_1 - T_2)$ ist gleich der Summe aller Temperaturdifferenzen. Man erhält durch Addition der Gleichungen

$$T_1 - T_2 = \frac{\dot{Q}}{A}\left(\frac{1}{\alpha_1} + \frac{l_1}{\lambda_1} + \frac{1}{\alpha_2} + \frac{l_2}{\lambda_2} + \frac{1}{\alpha_3}\right)$$

$(T_1 - T_2)$ entnimmt man aus der Formel für das ganze Schichtsystem:

$$T_1 - T_2 = \frac{\dot{Q}}{kA}$$

Aus dem Vergleich beider Formeln ergibt sich

$$\frac{1}{k} = \frac{1}{\alpha_1} + \frac{l_1}{\lambda_1} + \frac{1}{\alpha_2} + \frac{l_2}{\lambda_2} + \frac{1}{\alpha_3}$$

T 2-6

Elektrischer Strom	Wärmeleitung
Ladung Q	Wärme Q
Spannung U	Temperaturdifferenz ΔT
Stromstärke	Wärmestrom
$I = \varkappa \frac{A}{l} U$	$\dot{Q} = \lambda \frac{A}{l} \Delta T$
Elektr. Widerstand	Wärmewiderstand
$R = \frac{1}{\varkappa} \frac{l}{A}$	$R = \frac{1}{\lambda} \frac{l}{A}$

T 3

T 3-1
Das ideale Gas gehorcht exakt der Zustandsgleichung $pV = mR'T$. Das bedeutet, daß bei endlichem Druck und $T = 0$ sein Volumen verschwinden muß. Das ideale Gas ist ein Modell mit folgenden Annahmen:

- Die Moleküle haben kein Eigenvolumen.
- Die Moleküle üben keine Kräfte aufeinander aus.

Ein reales Gas kann als ideales Gas betrachtet werden, wenn seine Temperatur hinreichend weit oberhalb der Verflüssigungstemperatur liegt.

T 3-2
Die innere Energie ist beim idealen Gas die Summe der kinetischen Energien aller Moleküle.

T 3-3
Aus $\mathrm{d}W = p\,\mathrm{d}V$ folgt mit $p = F_s/A$ und $\mathrm{d}V = A\,\mathrm{d}s$:

$$\mathrm{d}W = \frac{F_s}{A} A\,\mathrm{d}s = F_s\,\mathrm{d}s$$

T 3-4
Aus $pV = mR'T$ folgt, daß $\frac{pV}{T} = mR' =$ const ist. Für beliebige Anfangs- und Endzustände gilt demnach $\frac{p_1V_1}{T_1} = \frac{p_2V_2}{T_2}$.

T 3-5
An Stelle des Volumens müßte das Verhältnis $\frac{\text{Volumen}}{\text{Masse}}$, das spezifische Volumen $v = \frac{V}{m}$, als Zustandsgröße genannt werden. Gebräuchlicher ist sein reziproker Wert, die Dichte $\varrho = \frac{m}{V}$. Auch die innere Energie ist keine wirkliche Zustandsgröße. Sie steht (bei konstanter Masse) für die spezifische innere Energie $u = \frac{U}{m}$.

Zusätzlicher Hinweis: Führt man die wirklichen Zustandsgrößen in die Zustandsgleichungen ein, so erhalten diese außer Konstanten nur Zustandsgrößen: $p = \varrho R'T$ und $u = c_V T$.

T 3-6
Aus der thermischen Zustandsgleichung $pV = mR'T$ folgt mit

$$V = \text{const}: \quad \frac{p}{T} = \frac{mR'}{V} = \text{const}$$

$$p = \text{const}: \quad \frac{V}{T} = \frac{mR'}{p} = \text{const}$$

$$T = \text{const}: \quad pV = mR'T = \text{const}$$

T 3-7

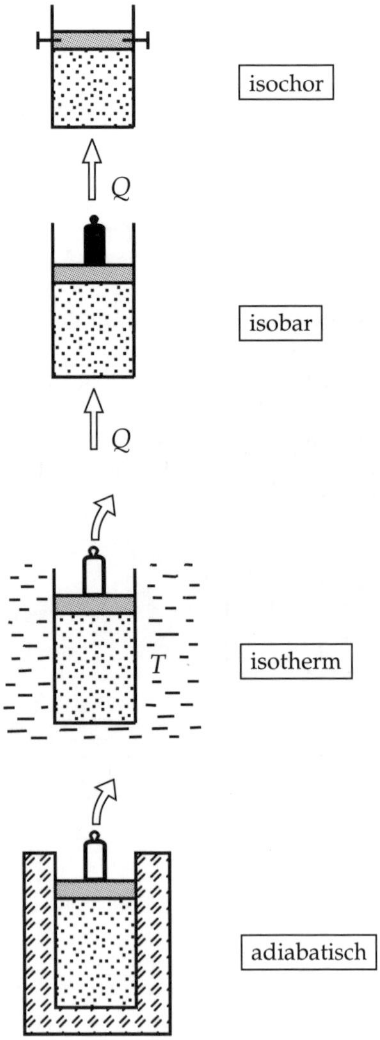

T 3-8

Begründung des Kurvenverlaufs der Isochoren: Aus $pV = mR'T$ folgt $p = \frac{mR'}{V}T$, also $p = \text{Konstante} \cdot T$.

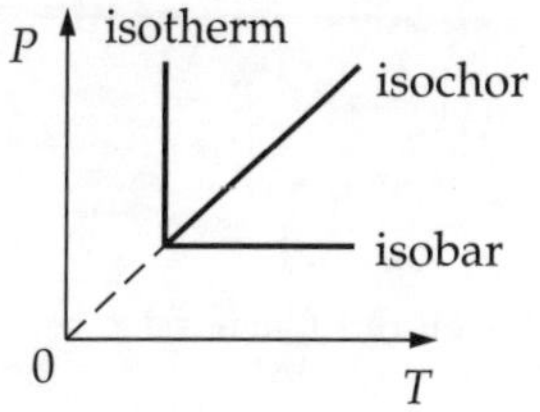

T 3-9

Der erste Hauptsatz heißt in differentieller Form $\mathrm{d}Q = \mathrm{d}U + \mathrm{d}W$.

a) Isochorer Prozeß ($\mathrm{d}V = 0$, damit auch wegen $\mathrm{d}W = p\,\mathrm{d}V$: $\mathrm{d}W = 0$): $\mathrm{d}Q = \mathrm{d}U$. Die zugeführte Wärme erhöht nur die innere Energie.

b) Isothermer Prozeß ($\mathrm{d}T = 0$, damit auch wegen $\mathrm{d}U = mc_V\,\mathrm{d}T$: $\mathrm{d}U = 0$): $\mathrm{d}Q = \mathrm{d}W$. Die zugeführte Wärme wird restlos in mechanische Arbeit umgewandelt.

c) Adiabatischer Prozeß ($\mathrm{d}Q = 0$): $\mathrm{d}U = -\,\mathrm{d}W$. Die innere Energie wird durch von außen zugeführte Arbeit erhöht.

T 3-10

In der Poissonschen Gleichung $pV^{\varkappa} = \text{const}$ wird mit Hilfe der thermischen Zustandsgleichung $pV = mR'T$ entweder p oder V ersetzt:

a) $p = mR'\frac{T}{V} \sim \frac{T}{V}$. Damit wird aus $pV^{\varkappa} = \text{const}$:

$$\left(\frac{T}{V}\right)V^{\varkappa} = \text{const, also } TV^{\varkappa-1} = \text{const}$$

b) $V = mR'\frac{T}{p} \sim \frac{T}{p}$. Damit wird aus $pV^{\varkappa} = \text{const}$:

$$p\left(\frac{T}{p}\right)^{\varkappa} = \text{const, also } \frac{T^{\varkappa}}{p^{\varkappa-1}} = \text{const}$$

T 3-11

Der erste Hauptsatz lautet allgemein $Q = \Delta U + W$. Ist der Druck konstant, so gilt $Q = mc_p\Delta T$ und $W = p\Delta V$. Für ΔU folgt aus der kalorischen Zustandsgleichung $\Delta U = mc_V\Delta T$. Damit wird der erste Hauptsatz für den isobaren Prozeß

$$mc_p\Delta T = mc_V\Delta T + p\Delta V$$

Aus der thermischen Zustandsgleichung $pV = mR'T$ erhält man wegen $p = \text{const}$

$$p\Delta V = mR'\Delta T$$

Durch Einsetzen in den ersten Hauptsatz ergibt sich

$$mc_p\Delta T = mc_V\Delta T + mR'\Delta T$$

$$c_p = c_V + R'$$

$$R' = c_p - c_V$$

Das bedeutet $c_p > c_V$.

T 3-12

Adiabatischer Prozeß ($\mathrm{d}Q = 0$): Der erste Hauptsatz lautet demzufolge $\mathrm{d}W = -\,\mathrm{d}U$. Mit $\mathrm{d}W = p\,\mathrm{d}V$ und $\mathrm{d}U = mc_V\,\mathrm{d}T$ schreiben wir für den ersten Hauptsatz $p\,\mathrm{d}V = -mc_V\,\mathrm{d}T$.

p wird mit Hilfe der thermischen Zustandsgleichung ersetzt: $p = \frac{mR'T}{V}$. Damit erhalten wir $\frac{mR'T}{V}\,\mathrm{d}V = -mc_V\,\mathrm{d}T$ oder $\frac{R'}{c_V}\frac{\mathrm{d}V}{V} = -\frac{\mathrm{d}T}{T}$. Die Konstante $\frac{R'}{c_V}$ wird mit den Beziehungen $R' = c_p - c_V$ und $\varkappa = \frac{c_p}{c_V}$ umgerechnet: $\frac{R'}{c_V} = \frac{c_p - c_V}{c_V} = \frac{c_p}{c_V} - 1 = \varkappa - 1$. Also ist $(\varkappa - 1)\frac{\mathrm{d}V}{V} = -\frac{\mathrm{d}T}{T}$.

Beide Seiten werden integriert:

$(\varkappa - 1)\int\limits_{V_0}^{V}\frac{\mathrm{d}V}{V} = -\int\limits_{T_0}^{T}\frac{\mathrm{d}T}{T}$; T_0 und V_0 sind Anfangswerte.

$(\varkappa - 1)\ln\frac{V}{V_0} = -\ln\frac{T}{T_0}$ und daraus

$$\left(\frac{V}{V_0}\right)^{\varkappa-1} = \frac{T_0}{T}$$

Damit können wir schreiben

$$TV^{\varkappa-1} = T_0V_0^{\varkappa-1} \text{ bzw. } TV^{\varkappa-1} = \text{const}$$

T 3-13

Q ergibt sich aus dem ersten Hauptsatz: $Q = \Delta U + W$. Beim isobaren Prozeß ist wegen

$p = \text{const}$ $\quad W = p\Delta V$. Die isobar zugeführte Wärme ist somit $Q_p = \Delta U + p\Delta V$.
Die Definition der Enthalpie ist $H = U + pV$. Bei $p = \text{const}$ ergibt sich daraus die Enthalpieänderung wie folgt:

$\Delta H = \Delta U + p\Delta V$. Ein Vergleich der beiden Formeln für Q_p und ΔH ergibt $\Delta H = Q_p$; d. h., die beim isobaren Vorgang zugeführte Wärme erhöht die Enthalpie.

T 4

T 4-1
Die isotherme Expansion ist ein solcher Prozeß. Mit diesem allein läßt sich jedoch keine Wärmekraftmaschine betreiben, da diese periodisch, d. h. nach dem Prinzip eines Kreisprozesses, arbeiten muß. Würde man die Arbeitssubstanz nach isothermer Expansion auf der gleichen Isotherme wieder in den Ausgangszustand bringen, so würde die bei der Expansion gewonnene mechanische Arbeit zur Kompression wieder völlig verbraucht. Das wäre ein „Kreisprozeß" ohne Nutzen.

T 4-2
Man muß die Dampftemperatur möglichst hoch wählen (überhitzter Dampf), soweit das die Bau- und Betriebsstoffe der Maschine zulassen. T_t liegt praktisch stets über der Temperatur der Umgebung, die ihrerseits den jahreszeitlichen Schwankungen unterworfen ist. Um den Wirkungsgrad $\eta = 1$ zu erhalten, wäre $T_t = 0\,\text{K}$ erforderlich. Der absolute Nullpunkt der Temperatur ist jedoch prinzipiell nicht zu erreichen. Bemerkung: Das Erzeugen von tiefen Umgebungstemperaturen erfordert Aufwand an mechanischer Arbeit.

T 4-3
Nach dem ersten Hauptsatz ist für den isothermen Prozeß $Q = W$, da $\Delta U = 0$ ist. Die Arbeit W ist allgemein: $W = \int p\,\mathrm{d}V$; für den isothermen Prozeß daher $W = mR'T \int \frac{\mathrm{d}V}{V}$.
Mit diesen Formeln kann der Ausdruck für den Wirkungsgrad η_C umgeformt werden:

$$\eta_\mathrm{C} = \frac{Q_\mathrm{h} + Q_\mathrm{t}}{Q_\mathrm{h}} = \frac{mR'T_\mathrm{h}\ln(V_B/V_A) - mR'T_t\ln(V_C/V_D)}{mR'T_\mathrm{h}\ln(V_B/V_A)}$$

Für die beiden Adiabaten des Carnot-Prozesses gilt

$$T_\mathrm{h}V_B^{\varkappa-1} = T_tV_C^{\varkappa-1} \text{ und } T_\mathrm{h}V_A^{\varkappa-1} = T_tV_D^{\varkappa-1}$$

Division beider Gleichungen ergibt $(V_B/V_A)^{\varkappa-1} = (V_C/V_D)^{\varkappa-1}$ und daher auch $V_B/V_A = V_C/V_D$.

Also lautet die Formel für den Wirkungsgrad

$$\eta_\mathrm{C} = (Q_\mathrm{h} + Q_\mathrm{t})/Q_\mathrm{h} = (T_\mathrm{h} - T_\mathrm{t})/T_\mathrm{h}$$

T 4-4
Nach dem ersten Hauptsatz gilt für die Adiabate $W = -\Delta U$. Da die Änderung der Zustandsgröße U, die beim idealen Gas nur von der Temperatur abhängt, lediglich von den Temperaturen der beiden Isothermen abhängig ist, ergibt sich für diese Änderung auf den beiden Adiabaten der gleiche Betrag. Ihre algebraische Summe ist daher gleich Null.

$$W_2 = -\Delta U_2 = -mc_V(T_\mathrm{t} - T_\mathrm{h}) = mc_V(T_\mathrm{h} - T_\mathrm{t}) > 0$$
$$W_4 = -\Delta U_4 = -mc_V(T_\mathrm{h} - T_\mathrm{t}) < 0$$

T 4-5
Nein. Im Gegenteil: Ein Kühlschrank heizt den Raum, in dem er steht. Die von der Kältemaschine dem Kühlschrankinneren entzogene Wärme wird gemeinsam mit der der aufgewendeten Arbeit äquivalenten Wärme am Verdampfer (an der Kühlschrankrückseite) an die Umgebung, also in das Zimmer abgeführt. Nur wenn sich der Verdampfer außerhalb des Zimmers befände, könnte der Kühlschrank in der beschriebenen Weise benutzt werden.

T 4-6

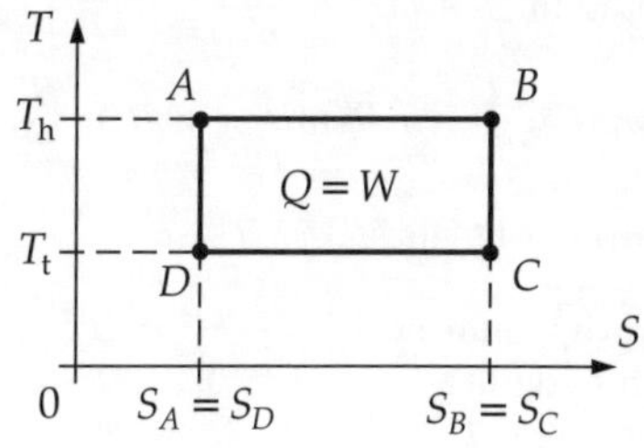

Die Fläche hat die Bedeutung der Wärme Q, die dem Arbeitsstoff während eines Umlaufs zugeführt wird. Aus $\mathrm{d}S = \frac{\mathrm{d}Q}{T}$ folgt nämlich $\mathrm{d}Q = T\,\mathrm{d}S$ und $Q = \int T\,\mathrm{d}S$. Gleichzeitig stimmt die Fläche aber auch mit der vom Arbeitsstoff abgegebenen Arbeit W überein. Das folgt aus dem ersten Hauptsatz, der für einen Kreisprozeß wegen $\Delta U = 0$ die Gestalt $Q = W$ annimmt.

T 5

T 5-1

Eine isotherme Expansion kann nur einmal ablaufen. Anfangs- und Endzustand stimmen nicht überein. Sie kann für sich allein keinen periodischen Prozeß darstellen.

T 5-2

Irreversible Prozesse laufen von selbst ab und führen zu bleibenden Zustandsänderungen in dem abgeschlossenen System, in dem sie stattfinden. Beim Ablauf eines irreversiblen Prozesses wird Energie in eine Form überführt, die weniger verwertbar ist. Physikalischer Ausdruck für die Qualitätsminderung der Energie ist das Anwachsen der Zustandsgröße Entropie.

T 5-3

Die Arbeit der Gewichtskraft des Körpers (m) verwandelt sich am Rührer zunächst in kinetische Energie des Wassers, die sich im Wasser allmählich in Wärme umwandelt. Dieser Vorgang findet bei der konstanten Temperatur T statt. Die Entropieänderung des Wasserbades ergibt sich wie beim reversiblen Wärmeübergang zu

$$\Delta S = \int \mathrm{d}Q/T = Q/T > 0$$

Da sonst keine Wärme entsteht oder übergeht, ist ΔS zugleich die Entropieänderung (Entropieerhöhung) im abgeschlossenen System, zu dem man den Körper, den Rührer, das Wasserbad und das Gefäß zu rechnen hat. Der Vorgang ist daher als irreversibel erwiesen.

T 5-4

Die Entropie des Wasserbehälters der höheren Temperatur T_h verringert sich durch die Abgabe der Wärme Q um $\Delta S_\mathrm{h} = -\frac{Q}{T_\mathrm{h}}$. Der andere Wärmebehälter nimmt die gleiche Wärme Q bei der tiefen Temperatur T_t auf: $\Delta S_\mathrm{t} = +\frac{Q}{T_\mathrm{t}}$. Der ebenfalls zum System gehörige Wärmeleiter ändert im stationären Fall seinen Zustand nicht und erfährt deshalb auch keine Entropieänderung. Die Entropieänderung des Gesamtsystems ist damit

$$\Delta S = \Delta S_\mathrm{h} + \Delta S_\mathrm{t} = Q\left(\frac{1}{T_\mathrm{t}} - \frac{1}{T_\mathrm{h}}\right)$$

Wegen $T_\mathrm{t} < T_\mathrm{h}$ gilt $\Delta S > 0$, d. h., der Vorgang ist irreversibel. Man sieht, daß hier die Entropiezunahme gleichbedeutend mit dem Übergang einer Wärme von höherer zu tieferer Temperatur ist. Da dieser Vorgang nur in dieser Richtung abläuft, also nicht umkehrbar ist, kann im abgeschlossenen System die Entropie nur zunehmen.

T 5-5

Obwohl sich der Drucklufthammer periodisch bewegt, arbeitet die Maschine im Sinne der Thermodynamik nicht periodisch. Jede Gasportion wird nämlich einzeln expandiert und nicht wieder komprimiert. Da die Maschine nicht periodisch arbeitet, ist der Sachverhalt nicht gegeben, der bei der Definition des PM II vorausgesetzt ist.

T 5-6
Die Entropieänderung des idealen Gases berechnet sich aus

$$S_2 - S_1 = mc_V \ln \frac{T_2}{T_1} + mR' \ln \frac{V_2}{V_1}$$

a) Es wird S_0 für S_1 eingesetzt und dann S_2 als variable Entropie S im Zustand T, V aufgefaßt:

$$S = S_0 + mc_V \ln \frac{T}{T_0} + mR' \ln \frac{V}{V_0}$$

b) Die unter a) gefundene Formel wird mit Hilfe der thermischen Zustandsgleichung $pV = mR'T$ umgeformt. Dazu gibt man der Zustandsgleichung die Form $\frac{pV}{T} = \frac{p_0 V_0}{T_0} = \text{const}$ und gewinnt

$$\frac{V}{V_0} = \frac{p_0 T}{p T_0}$$

Somit wird

$$S = S_0 + mc_V \ln \frac{T}{T_0} + mR' \ln \frac{p_0 T}{p T_0}$$

$$S = S_0 + mc_V \ln \frac{T}{T_0} - mR' \ln \frac{p}{p_0} + mR' \ln \frac{T}{T_0}$$

$$S = S_0 + m(c_V + R') \ln \frac{T}{T_0} - mR' \ln \frac{p}{p_0}$$

Berücksichtigt man noch $c_p - c_V = R'$, so ergibt sich endgültig

$$S = S_0 + mc_p \ln \frac{T}{T_0} - mR' \ln \frac{p}{p_0}$$

c) Die thermische Zustandsgleichung wird nach $\frac{T}{T_0}$ umgestellt: $\frac{T}{T_0} = \frac{pV}{p_0 V_0}$. Für S folgt damit aus der unter a) gefundenen Formel:

$$S = S_0 + mc_V \ln \frac{pV}{p_0 V_0} + mR' \ln \frac{V}{V_0}$$

$$S = S_0 + mc_V \ln \frac{p}{p_0} + mc_p \ln \frac{V}{V_0}$$

T 6

T 6-1
Bei der wahrscheinlichsten Geschwindigkeit v_w hat die Verteilungsfunktion

$$w(v) = \sqrt{\frac{8\mu}{\pi kT}} \frac{\mu v^2}{2kT} \mathrm{e}^{-\frac{\mu v^2}{2kT}}$$

ein Maximum, d. h., die Ableitung $\frac{\mathrm{d}w}{\mathrm{d}v}$ verschwindet.

$$\frac{\mathrm{d}w}{\mathrm{d}v} = \sqrt{\frac{8\mu}{\pi kT}} \cdot \frac{\mu}{2kT} \left(2v - \frac{\mu v^3}{kT}\right) \mathrm{e}^{-\frac{\mu v^2}{2kT}}$$

Aus $\frac{\mathrm{d}w}{\mathrm{d}v} = 0$ folgt $2v_\mathrm{w} - \frac{\mu v_\mathrm{w}^3}{kT} = 0$ oder

$$v_\mathrm{w} = \sqrt{\frac{2kt}{\mu}}$$

Mit $R' = \frac{k}{\mu}$ erhält man $v_\mathrm{w} = \sqrt{2R'T}$.

T 6-2
Die mittlere Geschwindigkeit ist definiert durch die Beziehung

$$\overline{v} = \int_0^\infty v w(v)\,\mathrm{d}v$$

Mit der Maxwell-Formel ergibt sich daher

$$\overline{v} = \int_0^\infty v \sqrt{\frac{8\mu}{\pi kT}} \frac{\mu v^2}{2kT} \mathrm{e}^{-\frac{\mu v^2}{2kT}}\,\mathrm{d}v$$

Substitution:

$$x = \frac{\mu v^2}{2kT} \qquad \mathrm{d}x = \frac{\mu v}{kT}\,\mathrm{d}v$$

$$\overline{v} = \sqrt{\frac{8kT}{\pi\mu}} \int_0^\infty x\,\mathrm{e}^{-x}\,\mathrm{d}x$$

Partielle Integration:

$$\int x\,\mathrm{e}^{-x}\,\mathrm{d}x = -x\,\mathrm{e}^{-x} - \int -\mathrm{e}^{-x}\,\mathrm{d}x = -x\,\mathrm{e}^{-x} - \mathrm{e}^{-x}$$

$$\int_0^\infty x\,\mathrm{e}^{-x}\,\mathrm{d}x = \left[-(1+x)\,\mathrm{e}^{-x}\right]_0^\infty = 0 + 1$$

Daraus folgt

$$\overline{v} = \sqrt{\frac{8kT}{\pi\mu}}$$

T 6-3

Die wahrscheinlichste Geschwindigkeit v_w liegt im Maximum der Kurve. Um die Lage der beiden anderen Geschwindigkeiten gegenüber v_w zu bestimmen, wird $v_\mathrm{w} = \sqrt{2R'T}$ in die Beziehungen für $\overline{v}$ und $\sqrt{\overline{v^2}}$ eingesetzt:

$$\overline{v} = \sqrt{8R'T/\pi} = 1{,}13 v_\mathrm{w}$$

$$\sqrt{\overline{v^2}} = \sqrt{3R'T} = 1{,}23 v_\mathrm{w}$$

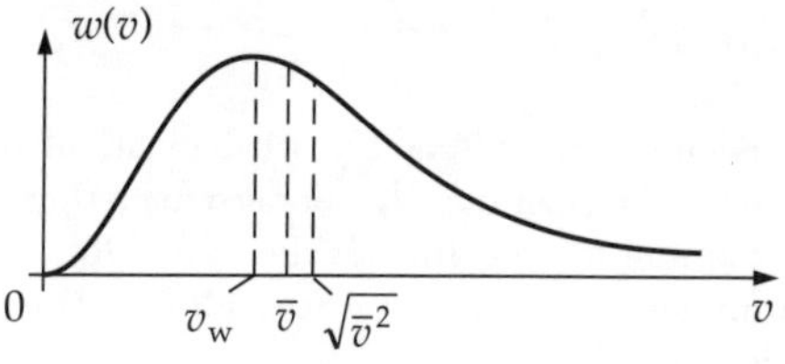

T 6-4

Die Brownsche Bewegung tritt bei Teilchen auf, deren Masse sehr groß gegenüber der der Moleküle, aber sehr klein gegenüber der Masse makroskopischer Körper ist. Ihre Geschwindigkeit kann aus dem Gleichverteilungssatz gefolgert werden. Da unabhängig von der Teilchenmasse auf jeden Freiheitsgrad der Bewegung im Mittel der gleiche Energieanteil entfällt, verhalten sich die mittleren Geschwindigkeitsquadrate umgekehrt wie die Massen. Die im Mikroskop sichtbare Zickzackbewegung kann auf die aus dem Gleichverteilungssatz folgende Geschwindigkeit zurückgeführt werden.

T 6-5

$$p = \frac{1}{3}\mu n\overline{v^2} \qquad \varrho = \mu n \qquad u = \frac{f}{6}\overline{v^2}$$

$$T = \frac{1}{3k}\mu\overline{v^2}$$

T 6-6

Mittels der kalorischen Zustandsgleichung kann c_V aus der inneren Energie U abgeleitet werden:

$$U = mc_VT$$

Die innere Energie eines idealen Gases ist auf Grund des Gleichverteilungssatzes

$$U = Nf\frac{k}{2}T$$

Daraus folgt für c_V zunächst

$$c_V = \frac{N}{m}f\frac{k}{2}$$

Nun ist aber $m = \mu N$, und es gilt $k = R'\mu$. Damit wird

$$c_V = \frac{N}{\mu N}f\frac{\mu R'}{2} = \frac{f}{2}R'$$

E 1

E 1-1

Das Ampere wird durch die Kraft definiert, die elektrische Ströme aufeinander ausüben. Fließt derselbe Strom im Vakuum durch zwei parallele, geradlinige, unendlich lange Leiter, deren Abstand 1 m ist, und üben diese je 1 m Länge der Doppelleitung die Kraft $F = 2\cdot 10^7$ N aufeinander aus, dann beträgt die Stromstärke 1 A.

E 1-2

a) Vom Pluspol zum Minuspol.

b) Vom Minuspol zum Pluspol.

c) Vom Minuspol zum Pluspol.

E 1-3

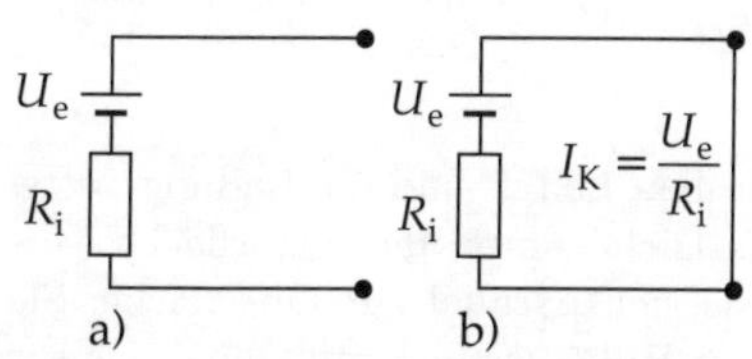

E 1-4

Aus $P = UI$ und $U = IR$ folgt $U = \sqrt{PR} = 223$ V.

E 1-5

Die Energieverluste durch den Widerstand der Übertragungsleitungen sollen möglichst gering sein. Die Verlustleistung P_V in der Leitung wächst quadratisch mit der Stromstärke I:

$$P_V = RI^2$$

Die Stromstärke muß deshalb möglichst klein gehalten werden. Für die Nutzleistung am Verbraucher gilt $P = UI$. Um also bei vorgegebener Nutzleistung mit einer geringen Stromstärke auszukommen, muß die Spannung möglichst hoch gewählt werden.

E 1-6

Stromteilerregel:

Da in dem geschlossenen Kreis (Masche) kein Spannungsquelle liegt, lautet der Maschensatz

$$\sum I_n R_n = 0 \quad \text{oder} \quad -I_1R_1 + I_2R_2 = 0$$

Daraus ergibt sich

$$\frac{I_1}{I_2} = \frac{R_2}{R_1}$$

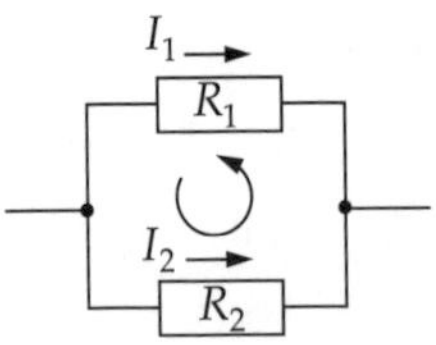

Bei der Parallelschaltung verhalten sich die Stromstärken umgekehrt wie die Widerstände: $I \sim \dfrac{1}{R}$.

Spannungsteilerregel:

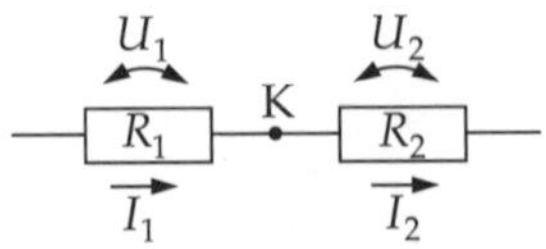

Aus dem Knotenpunktsatz folgt $I_1 - I_2 = 0$ oder $I_1 = I_2$. Mit dem Ohmschen Gesetz erhält man

$$\frac{U_1}{R_1} = \frac{U_2}{R_2} \quad \text{oder} \quad \frac{U_1}{U_2} = \frac{R_1}{R_2}$$

Bei der Reihenschaltung verhalten sich die Spannungen wie die Widerstände: $U \sim R$.

E 1-7

Die Klemmenspannung U_K wird nicht allein durch die Urspannung U_e, sondern auch durch die Spannung am Innenwiderstand R_i der Spannungsquelle (Generatorwicklung, Zuleitungen) bestimmt.

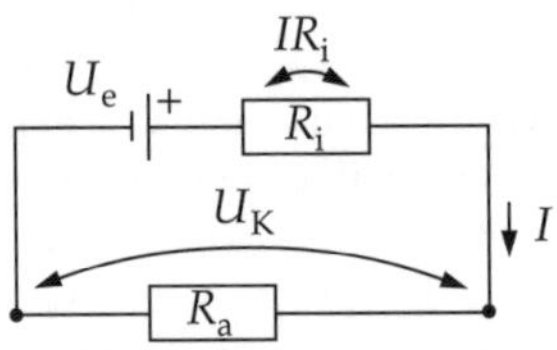

Es gilt $U_K = U_e - IR_i$. Wachsende Belastung bedeutet, daß der entnommene Strom (I) steigt, weil der Außenwiderstand R_a sinkt. Damit wird U_K kleiner.

E 2

E 2-1

Im elektrischen Leiter sind die Ladungen frei beweglich. Dicht unter der Oberfläche verschieben sie sich parallel zur Oberfläche. Sie kommen zur Ruhe, wenn Kräftegleichgewicht eingetreten ist, d. h., wenn sich die parallel zur Oberfläche gerichteten Komponenten der Feldstärke kompensieren. Demzufolge bleiben nur die senkrecht zur Oberfläche gerichteten Komponenten übrig.

E 2-2

Das Feld einer Punktladung hat radiale Richtung. Als Integrationsvariable wird deshalb die r-Koordinate eingeführt. Die allgemeine Beziehung für die Berechnung einer Potentialdifferenz nimmt somit die Gestalt

$$\varphi_2 - \varphi_1 = -\int_{r_1}^{r_2} E_r \, \mathrm{d}r$$

an, wobei für die Feldstärke $E_r = \dfrac{Q}{4\pi\varepsilon_0 r^2}$ gilt.

Damit wird die Integration ausgeführt:

$$\varphi_2 - \varphi_1 = -\frac{Q}{4\pi\varepsilon_0}\int_{r_1}^{r_2}\frac{\mathrm{d}r}{r^2} = \frac{Q}{4\pi\varepsilon_0}\left[\frac{1}{r}\right]_{r_1}^{r_2}$$

$$= \frac{Q}{4\pi\varepsilon_0}\left(\frac{1}{r_2} - \frac{1}{r_1}\right)$$

Die Festlegung eines Nullpunktes für das Potential erfolgt willkürlich. Üblicherweise wird $\varphi(\infty) = 0$ gesetzt. Legt man unter dieser Voraussetzung $r_1 = \infty$ fest und bezeichnet r_2 wieder als Variable mit r, so entsteht

$$\varphi(r) = \frac{Q}{4\pi\varepsilon_0 r}$$

Der Kurvenverlauf ist eine Hyperbel.

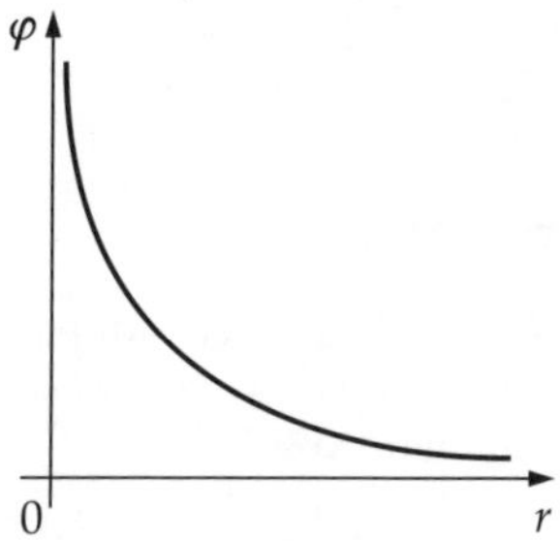

E 2-3

a) $Q = Q_1 + Q_2 \qquad U_1 = U_2 = U$

$CU = C_1U + C_2U$

$C = C_1 + C_2$

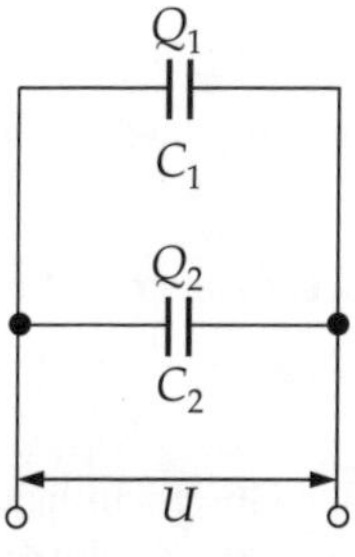

b) $U = U_1 + U_2 \qquad Q_1 = Q_2 = Q$

$$\frac{Q}{C} = \frac{Q}{C_1} + \frac{Q}{C_2}$$

$$\frac{1}{C} = \frac{1}{C_1} + \frac{1}{C_2}$$

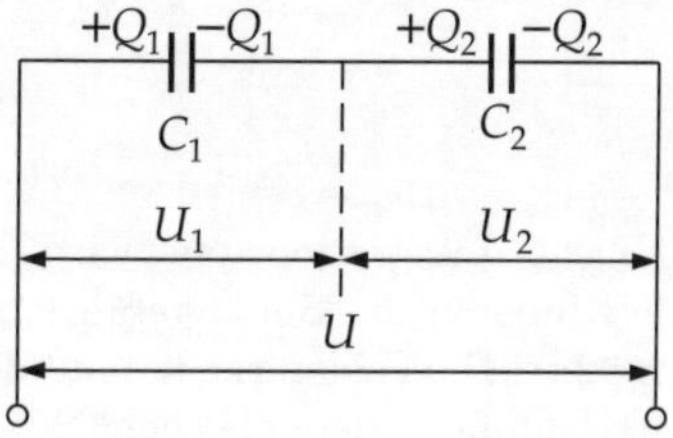

E 2-4

$C = \varepsilon_\mathrm{r} C_0$

$$\frac{Q_1}{U_1} = \varepsilon_\mathrm{r}\frac{Q_2}{U_2}$$

a)

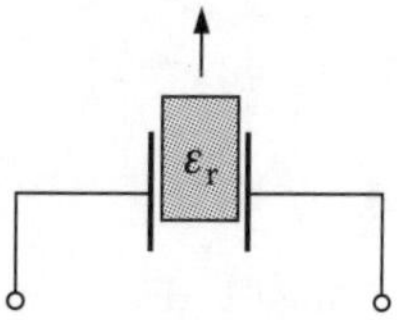

$Q = \text{const}; \; (Q_2 = Q_1)$

$$\frac{Q_1}{U_1} = \varepsilon_\mathrm{r}\frac{Q_1}{U_2}$$

$U_2 = \varepsilon_\mathrm{r} U_1$

b)

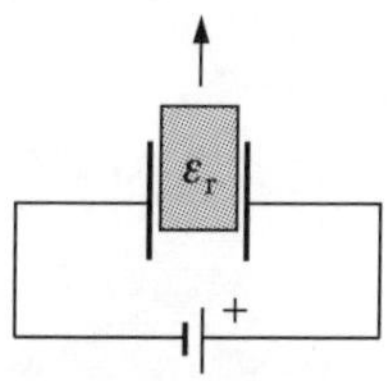

$U = \text{const}; \; (U_2 = U_1)$

$$\frac{Q_1}{U_1} = \varepsilon_\mathrm{r}\frac{Q_2}{U_1}$$

$$Q_2 = \frac{Q_1}{\varepsilon_\mathrm{r}}$$

E 2-5

Die Feldstärke an der Oberfläche eines geladenen Leiters hat einen um so größeren Betrag, je größer die Krümmung der Oberfläche ist. Es gilt $E \sim \frac{1}{r^2}$ mit r als Krümmungsradius. Bei zu hohen Feldstärken kommt es zu Entladungen. Die vereinzelt in der Luft auftretenden Ionen werden stark beschleunigt, prallen auf neutrale Moleküle, ionisieren diese, und dieser Vorgang setzt sich lawinenartig fort (Sprühentladung, Funken, Bogenentladung).

E 3

E 3-1

Der geschlossene Integrationsweg wird auf dem Kreis im Inneren der Spule geführt und hat die Länge $2\pi r$. Die Feldstärke hat auf dem gesamten Kreisumfang den gleichen Betrag $H_s = H = \text{const}$. Das Integral hat den Wert NI, weil N Windungen umschlossen werden. Daraus folgt

$$NI = \oint H_s \, \mathrm{d}s = H \oint \mathrm{d}s = H \cdot 2\pi r$$

$$H = \frac{NI}{2\pi r}$$

E 3-2

Auf ein Leiterstück der Länge l, das von der Stromstärke I_1 durchflossen wird, wirkt die Lorentz-Kraft $\vec{F} = I_1 \vec{l} \times \vec{B}_2$. $\vec{B}_2$ ist die Flußdichte des Magnetfeldes, das von der durch den Leiter 2 fließenden Stromstärke I_2 erzeugt wird. Es gilt

$$B_2 = \mu_0 H_2 = \frac{\mu_0 I_2}{2\pi r}$$

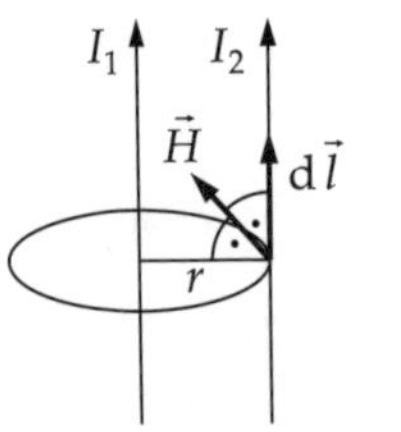

Wegen $\vec{l} \perp \vec{B}_2$ erhalten wir für den Betrag von $\vec{F}$

$$F = I_1 l B_2 = \frac{I_1 I_2 l}{2\pi r}$$

Man erhält das gleiche Ergebnis für F, wenn man den Leiter 1 als felderzeugend betrachtet.

E 3-3

Für die Lorentz-Kraft gilt

$$\vec{F} = Q(\vec{v} \times \vec{B})$$

Da $\vec{v}$ und $\vec{B}$ die gleiche Richtung haben, ist

$$\vec{v} \times \vec{B} = 0$$

Auf das Teilchen wirkt also keine ablenkende Kraft. Es behält in der Spule die Einschußrichtung bei und durchläuft eine geradlinige Bahn.

E 3-4

Die Lorentz-Kraft $\vec{F}$ steht senkrecht auf $\vec{v}$. Dadurch ändert sich nur die Richtung der Teilchengeschwindigkeit $\vec{v}$, ihr Betrag bleibt konstant. Weil aber $\vec{F} \perp \vec{B}$ gilt, erfolgt die Richtungsänderung in einer zu $\vec{B}$ senkrechten Ebene. Es gilt also jederzeit $\vec{v} \perp \vec{B}$ und auch $\vec{F} \perp \vec{v}$. Der Betrag der Lorentz-Kraft erzeugt eine Kreisbahn und ist dabei Radialkraft.

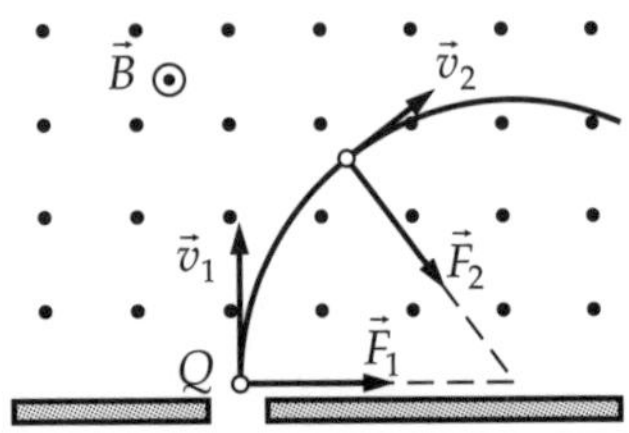

Ein positiv geladenes Teilchen durchläuft eine nach rechts gekrümmte, ein negativ geladenes eine nach links gekrümmte Kreisbahn.

E 3-5

Die Lorentz-Kraft stellt die Radialkraft dar (siehe Antwort auf die Kontrollfrage E 3-4):

$$m\frac{v^2}{r} = Q|\vec{v} \times \vec{B}| \quad \text{mit} \quad \vec{v} \perp \vec{B}$$

$$m\frac{v^2}{r} = QvB \qquad r = \frac{mv}{QB}$$

Für die Winkelgeschwindigkeit $\omega = \dfrac{v}{r}$ folgt damit

$$\omega = \frac{Q}{m}B \text{ (Kreisfrequenz des Zyklotrons)}$$

$$\frac{2\pi}{T} = \frac{Q}{m}B \qquad T = 2\pi\frac{m}{QB}$$

T ist also abhängig von der Geschwindigkeit des einfliegenden Ladungsträgers (Zyklotron).

E 3-6

Zerlegt man die Geschwindigkeit in eine zu $\vec{B}$ parallele Komponente $\vec{v}_\mathrm{p}$ und eine dazu rechtwinklige Komponente $\vec{v}_\mathrm{n}$, so entsteht aus $\vec{v}_\mathrm{n}$ eine Kreisbahn und aus $\vec{v}_\mathrm{p}$ eine geradlinige Bewegung rechtwinklig zur Kreisebene. Durch die Überlagerung beider ergibt sich eine Wendel (Schraubenlinie) als Teilchenbahn.

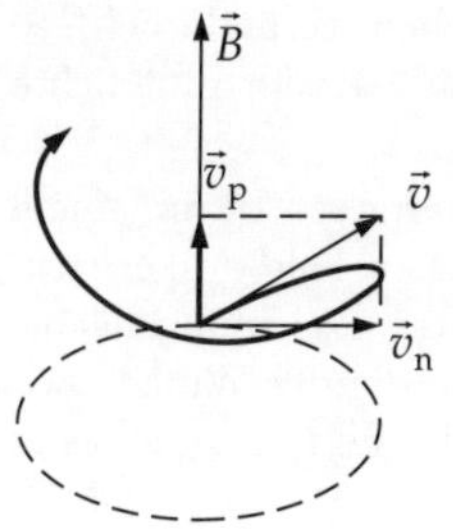

E 3-7

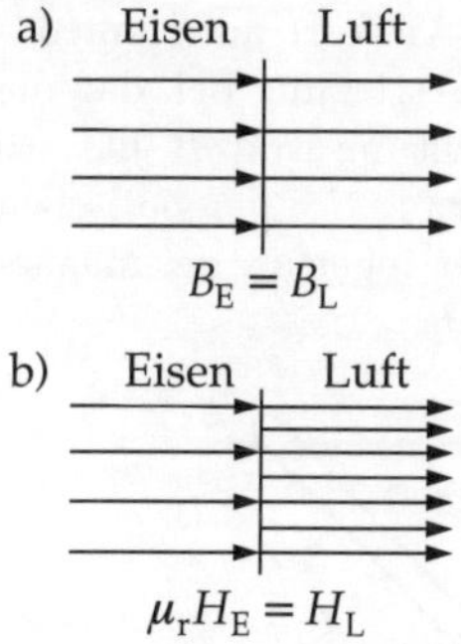

E 4

E 4-1
Induzierte Spannungen, Ströme, Kräfte haben eine solche Richtung, daß sie ihre Ursachen hemmen.

E 4-2
$U = -\dfrac{d\Phi}{dt}$. Φ hängt von A ab; A wächst mit der Zeit. Hat die Flächennormale $\vec{n}$ die gleiche Richtung wie $\vec{B}$, so ist $\Phi > 0$. Damit verläuft U_i im Leiterkreis entgegen dem positiven Umlaufsinn, der sich auf $\vec{n}$ bezieht (Rechtsschraubenregel). Der induzierte Strom fließt von 4 nach 3.

Andere Antwort: Die im bewegten Leiterstück induzierte Feldstärke $\vec{E}_i = \vec{v} \times \vec{B}$ ist von 2 nach 1 gerichtet. Den gleichen Umlaufsinn hat U_i, d. h., der bewegte Stab kann als Spannungsquelle mit dem Pluspol bei 1 und dem Minuspol bei 2 angesehen werden. Der Strom fließt also von 4 nach 3.

E 4-3

a) Für die Berechnung des induzierten Stromes gilt $I = \dfrac{U_i}{R}$, wobei

$$U_i = \int_0^l E_s \, ds = E_s l \quad \text{und}$$

$$E_s = |\vec{v} \times \vec{B}| = vB$$

Also wird $I = \dfrac{vBl}{R}$.

b) Der bewegte Metallstab (Länge l) überstreicht in der Zeit dt die Fläche $dA = lv\,dt$. Dadurch vergrößert sich der Betrag des magnetischen Flusses um $d\Phi = Blv\,dt$. Für die induziert Spannung ergibt sich somit $|U_i| = Blv$, für die Stromstärke

$$I = \frac{|U_i|}{R} = \frac{Blv}{R}$$

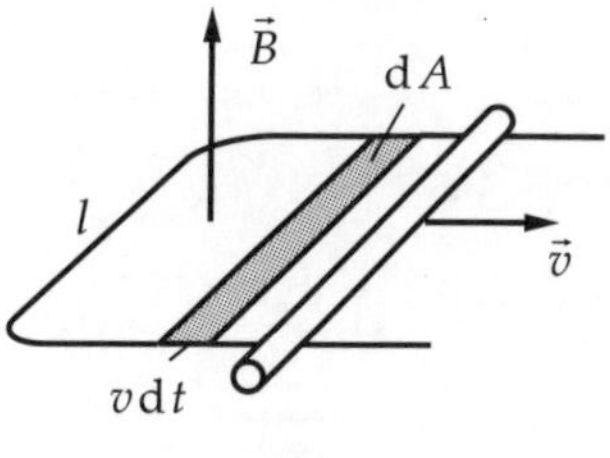

E 4-4
Auf Grund der Lenzschen Regel läßt sich folgern: Die Kraft auf den bewegten Leiter, die als Wirkung des Induktionsvorganges entsteht, versucht die Ursache der Induktion, nämlich die Bewegung des Leiters, zu hemmen. Diese Kraft hat also die entgegengesetzte Richtung von v.

Andere Antwort: Man benutzt die Antwort auf die Kontrollfrage E 4-2, nach der der Strom im bewegten Leiter von 2 nach 1 fließt. Diese Richtung ist die des Leiterstückes $\vec{l}$ in der Formel für die Lorentz-Kraft: $\vec{F} = I\vec{l} \times \vec{B}$. Diese Kraft ist demnach der Geschwindigkeit $\vec{v}$ entgegengerichtet.

E 4-5
Behält man die in der Antwort auf Kontrollfrage E 4-2 getroffene Festlegung bei, daß die Flächennormale die Richtung von $\vec{B}$ hat, so bedeutet eine Verringerung der magnetischen Flußdichte auch eine Verringerung des magnetischen Flusses: $\mathrm{d}\Phi < 0$

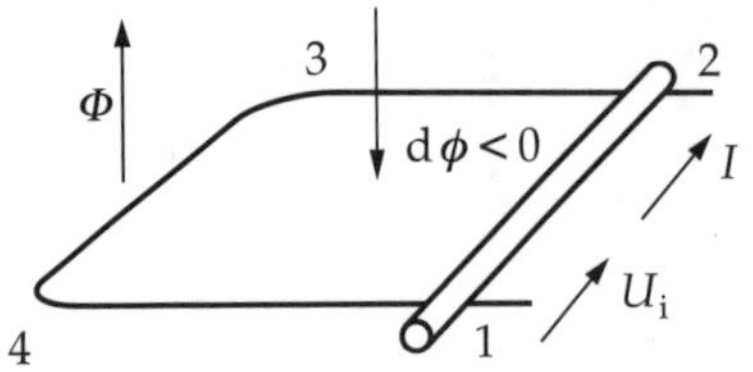

Damit ist entsprechend $U_\mathrm{i} = -\frac{\mathrm{d}\Phi}{\mathrm{d}t}$ die induzierte Spannung positiv. Der induzierte Strom fließt also im Stab von 1 nach 2.

E 4-6
Für den Fluß gilt $\Phi = \int B\,\mathrm{d}A \cos\alpha$. Er ist also bestimmt durch die Flußdichte und Flächennormale.

a) Beim Transformator ist der Strom in der Primärspule zeitlich veränderlich, so daß sich auch die magnetische Flußdichte ändert.

b) Beim Generator rotieren z. B. in einem konstanten magnetischen Feld Ankerwicklungen mit konstanter Wicklungsfläche. Damit ändert sich ständig der Winkel zwischen Flächennormale und magnetischer Flußdichte.

E 4-7
In der Meßleitung mit dem Voltmeter wird eine Spannung induziert, die hinsichtlich ihrer Richtung und ihres Betrages gleich der Spannung ist, die in der Tragfläche induziert wird. Im geschlossenen Leiter (Tragfläche und Rückleiter) addieren sich beide Spannungen zu Null (Maschensatz).

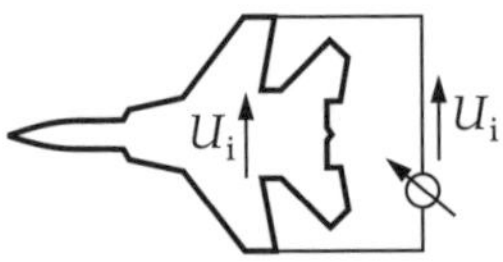

E 5

E 5-1
$U_\mathrm{m} = \sqrt{2}U_\mathrm{eff} = \sqrt{2} \cdot 220\ \mathrm{V} = 311\ \mathrm{V}$

E 5-2
Für die Leistung gilt an einem ohmschen Widerstand $P = I^2R$ mit $I = I_\mathrm{m} \sin\omega t$. Damit ist $P = I_\mathrm{m}^2 R \sin^2\omega t$. Wegen $\cos 2\alpha = 1 - 2\sin^2\alpha$ wird $P = I_\mathrm{m}^2 R \left(\frac{1}{2}\right)(1 - \cos 2\omega t)$. Im zeitlichen Mittel fällt der Anteil $\cos 2\omega t$ wegen der Periodizität fort. Somit gilt der Mittelwert $\overline{P} = \frac{1}{2} I_\mathrm{m}^2 R$. Schreiben wir dafür $\overline{P} = I_\mathrm{eff}^2 R$, so liefert ein Vergleich

$$I_\mathrm{eff} = \frac{I_\mathrm{m}}{\sqrt{2}}$$

E 5-3
Mit $\varphi = 0$ wird $P_\mathrm{W} = P_\mathrm{S} = I_\mathrm{eff} U_\mathrm{eff}$. In diesem Fall sind entweder keine Induktivitäten oder Kapazitäten im Stromkreis, oder die Phasenverschiebungen, die von den Kapazitäten und Induktivitäten verursacht werden, kompensieren sich.

E 5-4
$P_\mathrm{S}^2 = P^2 + P_\mathrm{B}^2$; Beweis:
$(U_\mathrm{eff} I_\mathrm{eff})^2 = (U_\mathrm{eff} I_\mathrm{eff} \cos\varphi)^2 + (U_\mathrm{eff} I_\mathrm{eff} \sin\varphi)^2$
denn $\sin^2\varphi + \cos^2\varphi = 1$.

E 5-5
Wir betrachten nur eine Viertelschwingung des Wechselstroms. Liegt die Spannung an einer Induktivität mit dem Maximalwert an, so baut der Strom zunächst das Magnetfeld auf und erreicht erst den vollen Wert, wenn die Spannung wieder Null ist. Die Spannung ist der Stromstärke um $\frac{\pi}{2}$ voraus: $\varphi = +\frac{\pi}{2}$.

Die volle Spannung an einer Kapazität kann erst anliegen, wenn der Kondensator geladen ist. Zu diesem Zeitpunkt ist aber die Stromstärke um $\frac{\pi}{2}$ zurück: $\varphi = -\frac{\pi}{2}$.

E 5-6
Es handelt sich um eine Reihenschaltung, und es soll

$$R_S = \sqrt{R^2 + \left(\omega L - \frac{1}{\omega C}\right)^2} = R \text{ sein.}$$

Das ist der Fall, wenn $\omega L - \left(\frac{1}{\omega C}\right) = 0$ ist.

Daraus folgt

$$\omega^2 = \frac{1}{LC} \quad \text{bzw.} \quad f = \frac{1}{2\pi\sqrt{LC}}$$

E 5-7
Es ist nicht die induzierte Spannung angegeben, sondern der Spannungsabfall über der Spule. Damit wird die Spule nicht als Spannungsquelle, sondern als Verbraucher angesehen und im Maschensatz (2. Kirchhoffsche Regel) auf die andere Seite der Gleichung gebracht, wobei das Vorzeichen wechselt.

O 1

O 1-1
Trifft der Lichtstrahl senkrecht auf den Spiegel, dann wird der Strahl (Lichtzeiger) in sich reflektiert. Wird der Spiegel um den Winkel φ gedreht, dann wird der Lichtzeiger um den Winkel 2φ abgelenkt.

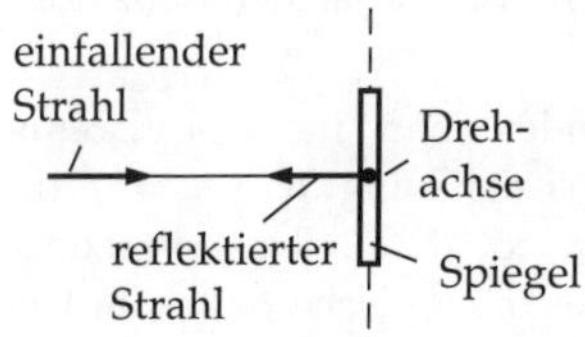

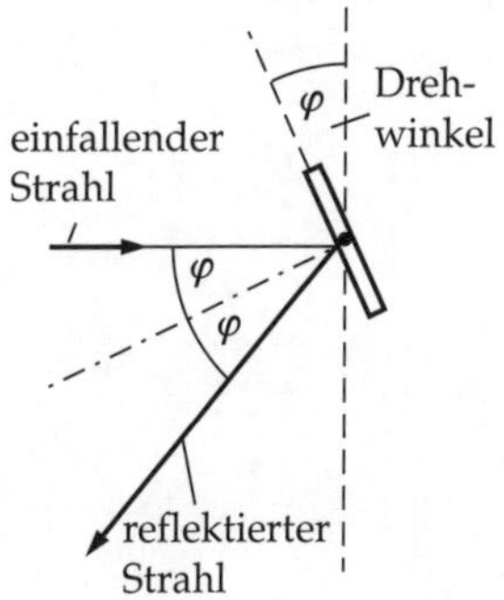

O 1-2
Der Lichtstrahl ändert seine Richtung nicht, wenn die Brechzahlen beider Medien gleich sind oder der Einfallswinkel gleich Null ist (Einfall senkrecht zur Grenzfläche).

O 1-3
Aus dem Brechungsgesetz $n \sin\varepsilon = n' \sin\varepsilon'$ folgt, daß beim Übergang des Lichts vom optisch dichteren ins optisch dünnere Medium $(n' < n)$ der Brechungswinkel ε' größer als der Einfallswinkel ε ist. ε' kann jedoch nicht größer als $90°$ werden. Setzt man im Brechungsgesetz $\sin\varepsilon' = 1$, so ergibt sich daraus der maximale Einfallswinkel (Grenzwinkel) ε_G:

$$n \sin\varepsilon_G = n' \cdot 1$$

$$\sin\varepsilon_G = \frac{n'}{n} < 1$$

Oberhalb dieses Grenzwinkels ist keine Brechung mehr möglich; es tritt Totalreflexion ein.

O 1-4
An den Kathetenflächen ändert wegen des senkrechten Einfalls der Lichtstrahl seine Richtung nicht. Deshalb ist der Einfallswinkel an der Hypotenusenfläche $\varepsilon = 45°$. Totalreflexion tritt auf, wenn ε größer als der Grenzwinkel ε_G des sich in Luft befindenden Prismas ist. Mit $n' = 1$ gilt

$$\sin\varepsilon_G = \frac{1}{n}$$

$$\sin 45° \geqq \frac{1}{n}$$

$$n \geqq \frac{1}{\sin 45°} = \sqrt{2}$$

O 1-5

Ein achromatisches Prisma besteht aus zwei miteinander verkitteten Prismen unterschiedlicher Glassorten (unterschiedliche Brechzahl). Die brechenden Winkel der beiden Teilprismen sind so aufeinander abgestimmt, daß der Gesamtablenkwinkel für zwei verschiedene Wellenlängen (C-Linie und F-Linie) gleich ist. Damit bewirkt das Prisma zwar eine Ablenkung des Lichtes, aber fast keine Farbzerlegung.

O 2

O 2-1

Eine Linse darf als dünn bezeichnet werden, wenn ihre Dicke d (Abstand der Schnittpunkte der beiden brechenden Flächen mit der optischen Achse) klein gegenüber den Krümmungsradien der brechenden Flächen ist. Die Strahlen werden bei der dünnen Linse so gezeichnet, als würden sie nur einmal, nämlich an der Mittelebene der Linse, gebrochen. Deshalb genügt es, bei Strahlenkonstruktionen anstelle des Linsenkörpers nur die Mittelebene zu zeichnen.

O 2-2

Paraxialstrahlen sind Strahlen, die dicht bei der optischen Achse verlaufen und nur geringe Neigung gegen diese haben. Die Abbildungsgleichung für die Linse und die daraus abgeleiteten Gesetze des Strahlenverlaufs gelten nur für Paraxialstrahlen. Sind in einem Lichbündel, das von einem Dingpunkt P ausgeht, Strahlen enthalten, die die Bedingungen von Paraxialstrahlen nicht erfüllen, dann laufen sie nicht genau durch den Bildpunkt P'. Es entstehen Abbildungsfehler.

O 2-3

a) Ein Parallelstrahl kann einem Dingpunkt auf der optischen Achse, der im Unendlichen liegt, zugeordnet werden: $a = \infty$. Aus $\frac{1}{a} + \frac{1}{a'} = \frac{1}{f}$ folgt damit $a' = f$ Der Bildpunkt, durch den der gebrochene Strahl laufen muß, liegt an dieser Stelle auf der optischen Achse; es ist der bildseitige Brennpunkt F'.

b) Umgekehrt findet man für eine Brennpunktstrahl aus der Dingweite $a = f$ die Bildweite $a' = \infty$, d. h., der gebrochene Strahl schneidet die optische Achse im Unendlichen und ist damit achsenparallel.

O 2-4

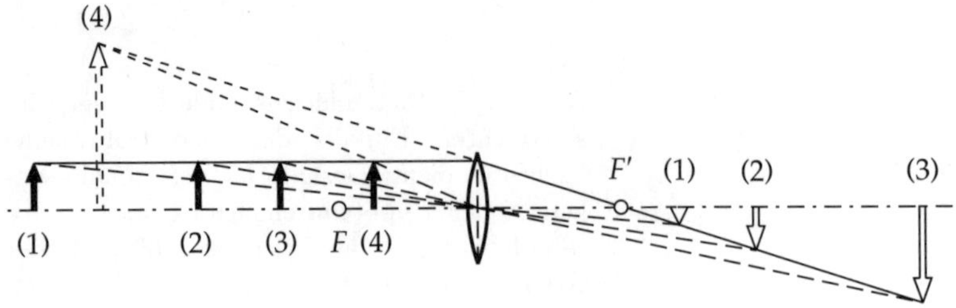

a) (1) reell	$0 > \beta > -1$	Fotoapparat,
b) (2) reell	$\beta = -1$	–
c) (3) reell	$\beta < -1$	Bildwerfer
d) (4) virtuell	$\beta > 1$	Lupe

O 2-5
Die Bilder sind – unabhängig von der Dingweite – aufrecht, verkleinert und virtuell. Sie liegen im Dingraum zwischen bildseitigem Brennpunkt und Linse.

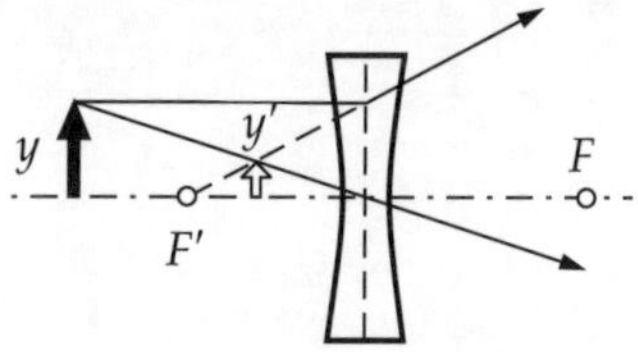

O 2-6
Bei einer Zerstreuungslinse ist die Brennweite negativ. Deshalb kann man für die Abbildungsgleichung auch schreiben

$$\frac{1}{a} + \frac{1}{a'} = -\frac{1}{|f|}$$

Für den angegebenen Dingpunkt gilt $a = |f|$. Daraus folgt für a'

$$\frac{1}{|f|} + \frac{1}{a'} = -\frac{1}{|f|} \qquad a' = -\frac{|f|}{2}$$

Zeichnerisch läßt sich das Problem mit einem Strahl lösen, der von $P = F'$ ausgeht. P' liegt dort, wo dieser Strahl die optische Achse wieder schneidet. Als Hilfsstrahl für die Strahlenkonstruktion kann ein Mittelpunktstrahl genommen werden. Bei der Lösung ist besonders zu beachten, daß der von F' ausgehende Strahl kein Brennpunktstrahl ist, da er nicht durch den dingseitigen Brennpunkt F einfällt.

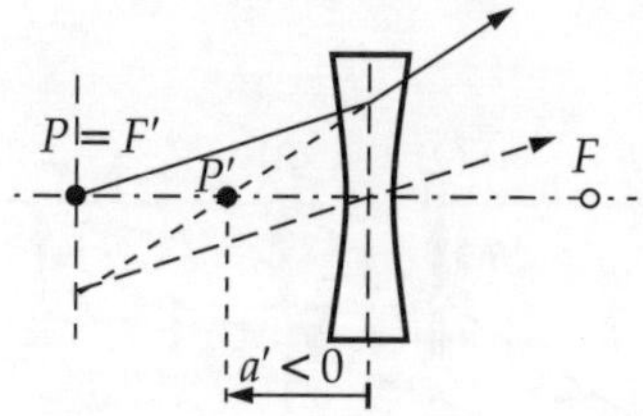

O 2-7
Eine Zerstreuungslinse ist durch eine negative Brennweite f gekennzeichnet. In der Brennweitenformel

$$\frac{1}{f} = \left(\frac{n}{n_0} - 1\right)\left(\frac{1}{r_2} - \frac{1}{r_1}\right)$$

ist der Faktor $\left(\frac{1}{r_2} - \frac{1}{r_1}\right)$ für eine Bikonvexlinse positiv. Der Faktor $\left(\frac{n}{n_0} - 1\right)$ ist nur dann positiv, wenn die Brechzahl n des Linsenkörpers höher als die Brechzahl n_0 des umgebenden Mediums ist. Ist das nicht der Fall (z. B. Luftblase in Wasser), dann ist die Brennweite negativ, und die Bikonvexlinse wirkt als Zerstreuungslinse.

O 2-8
Die Dioptrie (dpt) ist die in der Augenoptik gebräuchliche Maßeinheit für die Brechkraft D einer Linse. Es gilt $D = \frac{1}{f}$; $\text{dpt} = \text{m}^{-1}$.
Beispiel: Eine Linse der Brennweite $f = -2$ m hat die Brechkraft $D = -0,5$ dpt.

O 3

O 3-1
Die Abbildungsgleichung und die dazugehörigen Gesetzmäßigkeiten des Strahlenverlaufs gelten beim Spiegel ebenso wie bei der Linse nur für Paraxialstrahlen. Bei der Skizze des Strahlenganges werden jedoch zur Erhöhung der Übersichtlichkeit Strahlen gezeichnet, die viel weiter als Paraxialstrahlen von der optischen Achse entfernt sind. Sie gelten aber als Paraxialstrahlen, d. h., die Reflexionsstelle wird an der Stelle gezeichnet, von der aus Dingweite und Bildweite gemessen werden. Das ist die Scheitelebene des Spiegels.

O 3-2
Durch die Umkehrung der Lichtrichtung bei der Reflexion fallen F und F' zusammen.

O 3-3

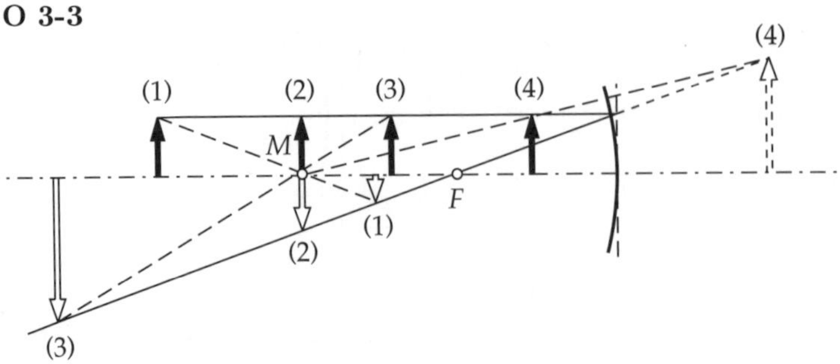

a) (1) reell $0 > \beta > -1,$

b) (2) reell $\beta = -1,$

c) (3) reell $\beta < -1,$

d) (4) virtuell $\beta > 1.$

O 3-4

Die Bilder sind – unabhängig von der Dingweite – aufrecht, verkleinert und virtuell. Sie liegen hinter dem Spiegel zwischen Brennpunkt und Spiegel.

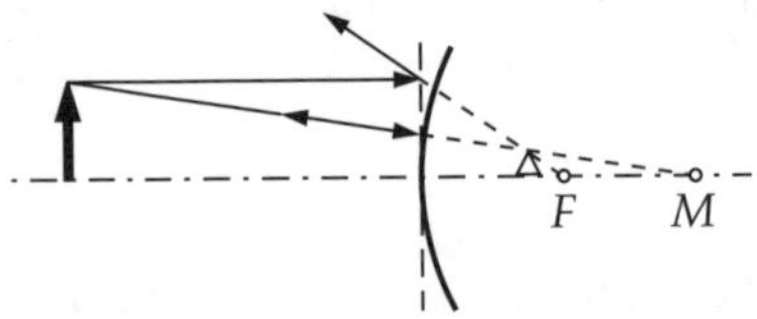

O 3-5

Man benutzt einen zum gegebenen Strahl (1) parallel einfallenden Hilfsstrahl (2), der durch den Krümmungsmittelpunkt M des Spiegels verläuft.

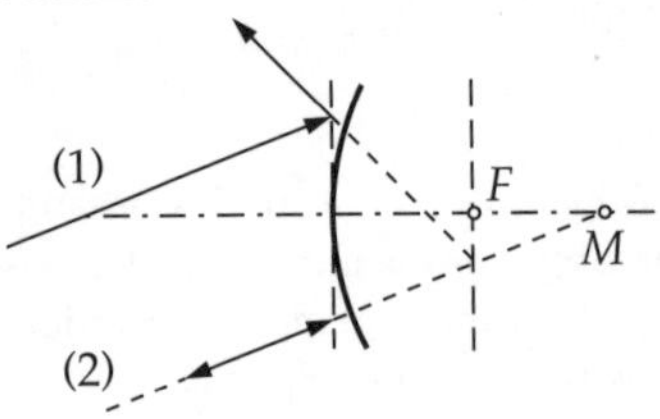

Da M hinter dem Spiegel liegt, kann nur die Verlängerung des Hilfsstrahles (2) durch M laufen. Der Hilfsstrahl (2) wird in sich selbst reflektiert. Der beliebige Strahl verläuft nach der Reflexion so, als käme er vom Schnittpunkt des verlängerten Hilfsstrahls mit der Brennebene.

O 3-6

Am ebenen Spiegel sieht die Person P ein virtuelles gleich großes Bild P' von sich selbst, das sich in der gleichen Entfernung e hinter dem Spiegel befindet, in der die Person vor dem Spiegel steht. Die Strahlen, die von oberer und unterer Begrenzung des Bildes ins Auge der Person gelangen, müssen gerade noch durch den Rand des Spiegels gehen.

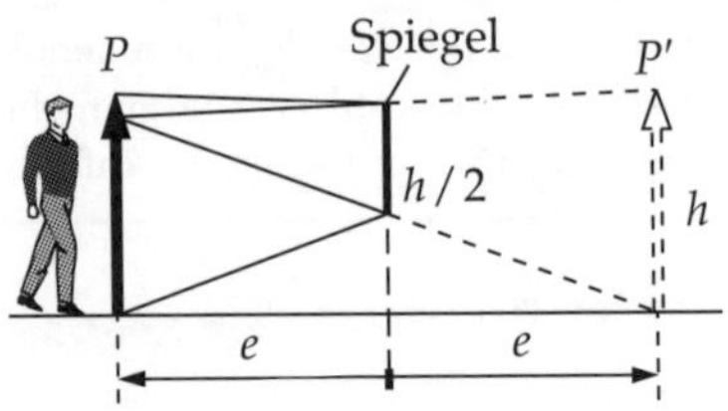

Mit Hilfe des Strahlensatzes läßt sich aus dem Bild ermitteln, daß der Spiegel halb so hoch wie die Person sein muß. Die erforderliche Spiegelgröße hängt nicht von der Entfernung e der Person vom Spiegel ab.

O 4

O 4-1

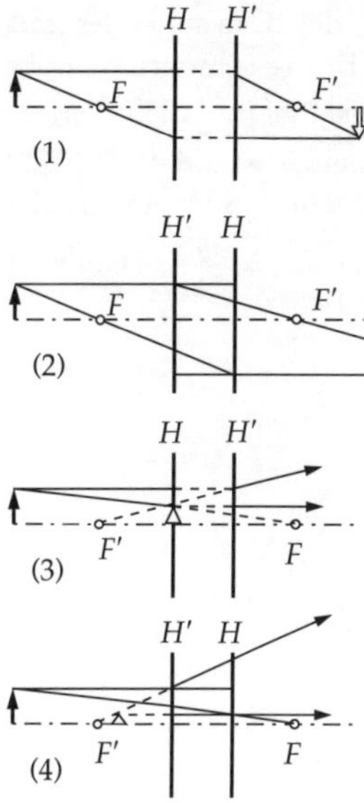

O 4-2

In die Formel für die Gesamtbrennweite

$$\frac{1}{f} = \frac{1}{f_1} + \frac{1}{f_2} - \frac{d}{f_1 f_2}$$

ist einzusetzen

$$d = 0 \qquad f_1 = -f_2$$

Damit folgt

$$\frac{1}{f} = 0 \qquad f \to \infty$$

Die Kombination verhält sich wie eine planparallele Platte.

O 4-3

Für die Gesamtbrennweite f gilt

$$\frac{1}{f} = \frac{1}{f_1} + \frac{1}{f_2} - \frac{d}{f_1 f_2}$$

Der Linsenabstand d ist hier durch

$$d = t + f_1 + f_2$$

zu ersetzen. Bringt man die Glieder des Ausdrucks für $1/f$ auf den gemeinsamen Nenner, so folgt

$$\frac{1}{f} = \frac{f_2 + f_1 - (t + f_1 + f_2)}{f_1 f_2}$$

$$f = -\frac{f_1 f_2}{t}$$

In den zu unterscheidenden Fällen gilt:

$t > 0 \quad f < 0$ Zerstreuungslinse

$t = 0 \quad f = \infty$ teleskopischer Strahlengang

$t < 0 \quad f > 0$ Sammellinse.

O 4-4

Bei der Einzellinse fallen beide Hauptebenen in der Mittelebene der Linse zusammen, bei der Linsenkombination dagegen liegen sie an verschiedenen Stellen, die mit der Lage der Linsen der Linsenkombination in keinem unmittelbaren Zusammenhang stehen.

O 4-5

Da abzubildende Gegenstände stets reell sind, kann das „virtuelle Ding" nur als Bild auftreten. Das ist bei einer zweistufigen Abbildung möglich, bei der eine erste Linse ein Bild erzeugt, das für eine zweite Linse wieder zum Ding wird.

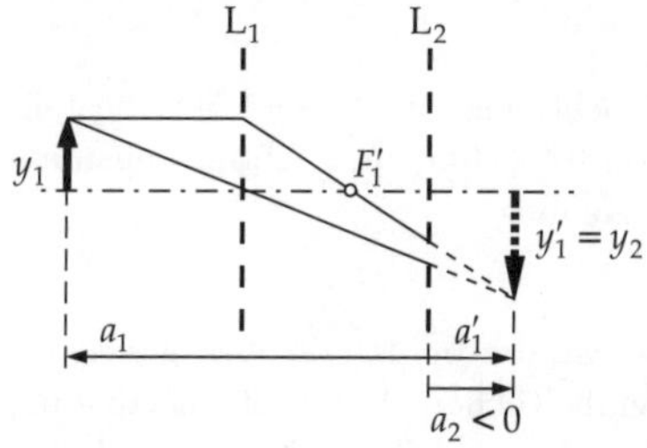

Liegt das Bild hinter der zweiten Linse, dann werden die Strahlen bereits durch die zweite Linse gebrochen, bevor sie sich in ihren Bildpunkten vereinigen. Das von der ersten Linse erzeugte Bild wird zum virtuellen Ding für die zweite Linse.

O 5

O 5-1

Der Abbildungsmaßstab ist bei jeder beliebigen Linse (bzw. bei jedem optischen Gerät) als Verhältnis von Bildgröße y' zu Dinggröße y definiert: $\beta = \frac{y'}{y}$. Er hängt nicht davon ab, in welcher Weise Ding bzw. Bild mit dem Auge betrachtet werden. Die Vergrößerung Γ ist dagegen als Verhältnis der Sehwinkel σ_m (mit Gerät) und σ_0 (ohne Gerät) definiert, die sich bei Betrachtung von Bild bzw. Ding mit dem Auge ergeben: $\Gamma = \frac{\sigma_m}{\sigma_0}$. Γ ist als stets positive Größe definiert.

O 5-2

Bei der Betrachtung des Gegenstandes mit bloßem Auge aus der Bezugssehweite S ergibt sich der Bezugssehwinkel $\sigma_0 = \frac{y}{S}$. Wird stattdessen aus dem gleichen Abstand S das Bild hinter der Linse betrachtet, so entsteht der Sehwinkel (mit Gerät) $\sigma_m = \frac{|y'|}{S}$. Damit ist die Vergrößerung

$$\Gamma = \frac{\sigma_m}{\sigma_0} = \frac{|y'|}{y}$$

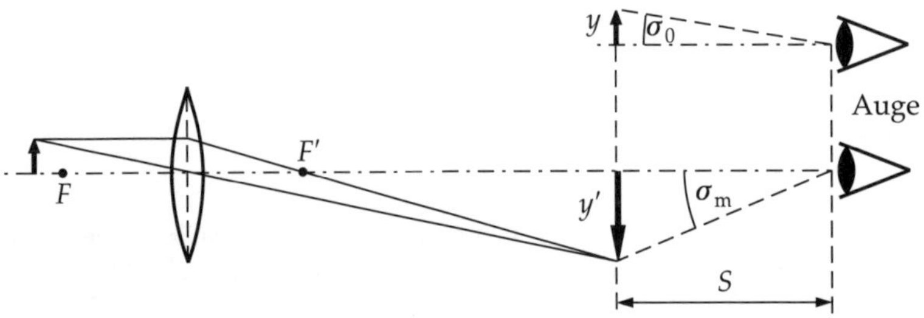

Der Abbildungsmaßstab ist dagegen

$$\beta = \frac{y'}{y}$$

Da im betrachteten Fall $\beta < 1$ ist, besteht zwischen Vergrößerung und Abbildungsmaßstab die Beziehung

$$\Gamma = -\beta = |\beta|$$

Daß der Betrag der beiden Größen gleich ist, liegt am einheitlichen Betrachtungsabstand (S) von Ding und Bild. Dieser Sonderfall ändert nichts an der Tatsache, daß Vergrößerung und Abbildungsmaßstab unterschiedliche Bedeutung haben:

Anmerkung: Die vorstehende Überlegung findet bei der Bestimmung der Vergrößerung des Mikroskopobjektivs Anwendung ($\Gamma = |\beta|$).

O 5-3

Mit Hilfe eines die Linse umgebenden ringförmigen Muskels läßt sich die Krümmung der Linse vergrößern. Dabei verringert sich die Brennweite. Ist dieser „Ziliarmuskel" entspannt, dann nimmt die Brennweite ihren größtmöglichen Wert an. Beim normalsichtigen Auge werden in diesem Zustand unendlich ferne Gegenstände scharf auf der Netzhaut abgebildet ($f = a'$).

O 5-4

Beim kurzsichtigen Auge ist der Augenkörper (Bildweite a') länger als die maximale Brennweite f_{max} der Linse. Dadurch werden parallel einfallende Strahlen bereits beim entspannten Auge vor der Netzhaut vereinigt.

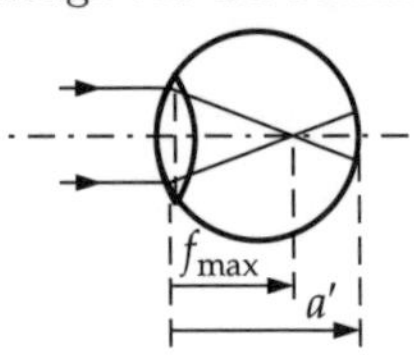

Zur Korrektur dient eine Zerstreuungslinse. Ihre Brennweite ist so gewählt, daß der unendlich ferne Achsenpunkt auf den Fernpunkt des Kurzsichtigen abgebildet wird.

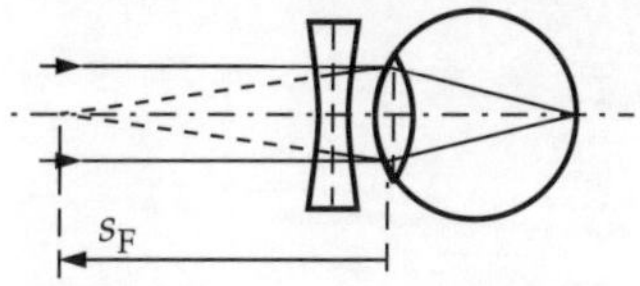

Beim weitsichtigen Auge ist der Augenkörper kürzer als sie maximale Brennweite der Linse. Dadurch werden parallel einfallende Strahlen bei entspanntem Auge hinter der Netzhaut vereinigt.

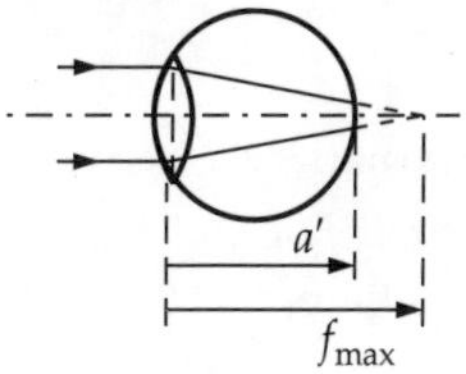

Der Weitsichtige kann den unendlich fernen Achsenpunkt scharf sehen, indem er akkommodiert. Sein Nahpunkt liegt jedoch zu weit vom Auge entfernt. Zur Korrektur des Augenfehlers dient eine Sammellinse. Ihre Brennweite wird so berechnet, daß der Fernpunkt mit Brille im Unendlichen liegt.

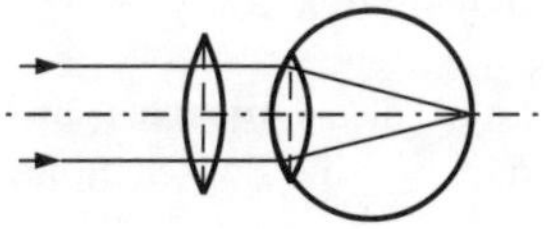

O 5-5

Der Mittelpunktstrahl, der unter dem Sehwinkel σ gegen die optische Achse einfällt, tritt ungebrochen durch die dünne Augenlinse und wird dann an der Grenzfläche zum optisch dichteren Medium zur optischen Achse hin gebrochen. Aus dem Brechungsgesetz folgt dafür die Beziehung

$$\sin\sigma = n \sin\sigma'$$

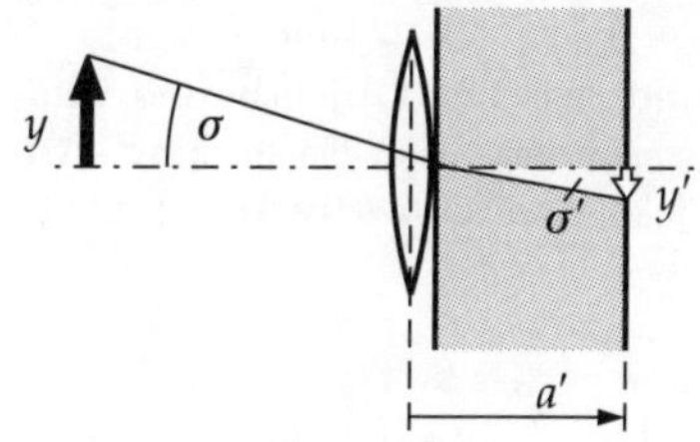

die bei Paraxialstrahlen näherungsweise

$$\sigma = n\sigma'$$

lautet. Die Bildweite a' ist beim Auge eine Konstante, so daß man die Bildgröße folgendermaßen angeben kann:

$$|y'| = \sigma' a' = \frac{a'}{n}\sigma = \text{const} \cdot \sigma$$

O 6

O 6-1

Entsprechend der Formel für die Normalvergrößerung der Lupe,

$$\Gamma_0 = \frac{S}{f}$$

folgt aus der Forderung $\Gamma_0 = 100$, daß die Brennweite f den Wert

$$f = \frac{S}{\Gamma_0} = 2,5 \text{ mm}$$

haben müßte. Bei einer Linse dieser Brennweite sind Krümmungsradien der brechenden Flächen sehr klein. Überschlägig lassen sich die notwendigen Krümmungsradien ermitteln, wenn man die Formeln für die Brennweite der dünnen Linse

$$\frac{1}{f} = (n-1)\left(\frac{1}{r_1} - \frac{1}{r_2}\right)$$

unter der Voraussetzung anwendet, daß $r_1 = -r_2 = r$ (symmetrische Bikonvexlinse) und $n = 1,5$ (übliche Glassorten) gilt. Dann ergibt sich $r = f$.

Eine Linse mit dem Krümmungsradius $r = 2,5$ mm kann höchstens einen Durchmesser von 5 mm haben (Kugel). Soll sie außerdem dünn sein, dann wird ihr Durchmesser wesentlich kleiner. So kleine Linsen sind schwer herstellbar und besonders kompliziert bei der Verwendung.

O 6-2

a) Die Brennweite der Linse wird verändert.
b) Die Entfernung zwischen Objektiv und Filmebene (Bildweite a') wird verändert.
c) Die Entfernung zwischen Lupe und Gegenstand (Dingweite a) wird verändert.
d) Der Abstand zwischen Objekt und Objektiv (a_{Ob}) wird verändert; die Entfernung zwischen Objektiv und Okular (bzw. die Tubuslänge t) bleibt konstant.
e) Der Abstand zwischen Objektiv und Okular wird verändert; die Entfernung zwischen Objekt und Objektiv (a_{Ob}) bleibt konstant.

O 6-3

Für den Abbildungsmaßstab beim Mikroskopobjektiv gilt

$$\beta_{\text{Ob}} = \frac{y'}{y}$$

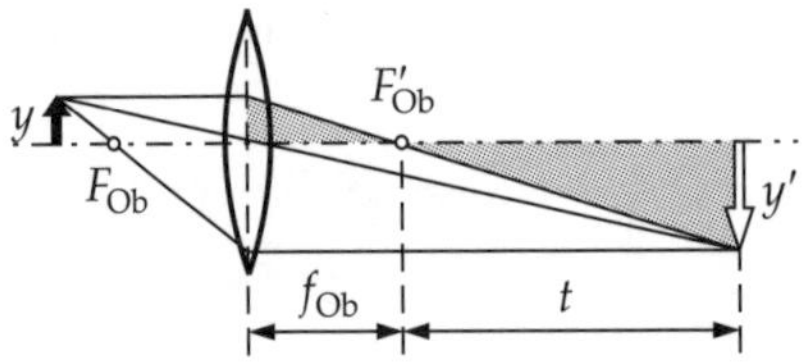

Aus der Skizze des Strahlenverlaufs läßt sich das Verhältnis $\frac{y'}{y}$ unmittelbar mit Hilfe des Strahlensatzes ablesen:

$$\frac{y'}{y} = -\frac{t}{f_{\text{Ob}}}$$

Das gleiche Ergebnis findet man rechnerisch mit Hilfe der Abbildungsgleichung aus

$$\beta_{\text{Ob}} = -\frac{a'}{a}$$

Es gilt

$$\frac{1}{a} + \frac{1}{a'} = \frac{1}{f_{\text{Ob}}}$$

$$\beta_{\text{Ob}} = -a'\left(\frac{1}{f_{\text{Ob}}} - \frac{1}{a'}\right)$$

$$a' = f_{\text{Ob}} + t$$

$$\beta_{\text{Ob}} = -\frac{f_{\text{Ob}} + t}{f_{\text{Ob}}} + 1 = -\frac{t}{f_{\text{Ob}}}$$

O 6-4

Schritte bei der Bildkonstruktion:

(1) Vorgabe des Okulars mit F_{Ok} und F'_{Ok} sowie des Endbildes y'_{Ok} im Abstand S vom Okular.
(2) Konstruktion des Zwischenbildes $y_{\text{Ok}} = y'_{\text{Ob}}$: Strahl (1) ist Mittelpunktstrahl, wird nicht gebrochen; Strahl (2) ist Parallelstrahl, wird so gebrochen, daß die rückwärtige Verlängerung durch F'_{Ok} geht.
Nur die Verlängerungen dieser Strahlen führen zum virtuellen Ding y_{Ok} bzw. virtuellen Bild y'_{Ok}.
(3) Festlegen der Lage des Objektivs aus der Forderung, daß F'_{Ob} ins Zwischenbild fällt.
(4) Rückwärtsverfolgen von Strahl (2): dieser Strahl muß durch F_{Ob} gehen:
(5) Rückwärtsverfolgen von Strahl (1): Dieser Strahl muß vor dem Objektiv parallel zu Strahl (2) verlaufen.

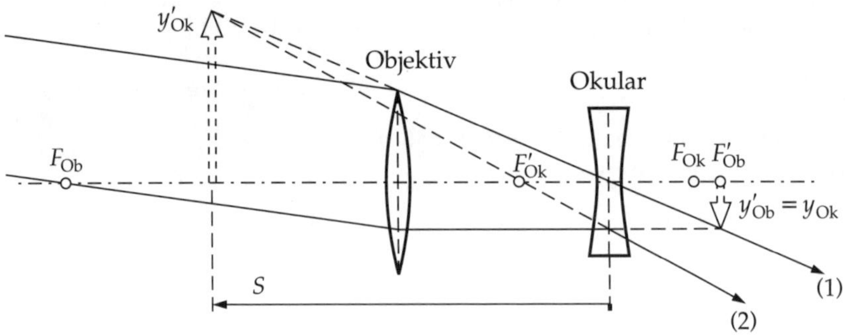

O 6-5
Ein teleskopischer Strahlengang liegt vor, wenn sich Gegenstand und Endbild im Unendlichen befinden, d. h., wenn die von einem Punkt des Gegenstandes auf das Objektiv eines Fernrohres einfallenden Strahlen Parallelstrahlen sind und diese Strahlen auch das Okular als Parallelstrahlen verlassen.

O 7

O 7-1
Man kann eine vollständig ebene Wellenfront als Ausgangsort neuer Elementarwellen ansehen. Die Quellpunkte bilden dabei eine unbegrenzte und unendlich dichte Folge, und die zugehörigen Elementarwellen überlagern sich in der Weise, daß sich ihre Hüllfläche als neue ebene Wellenfront ausbildet.

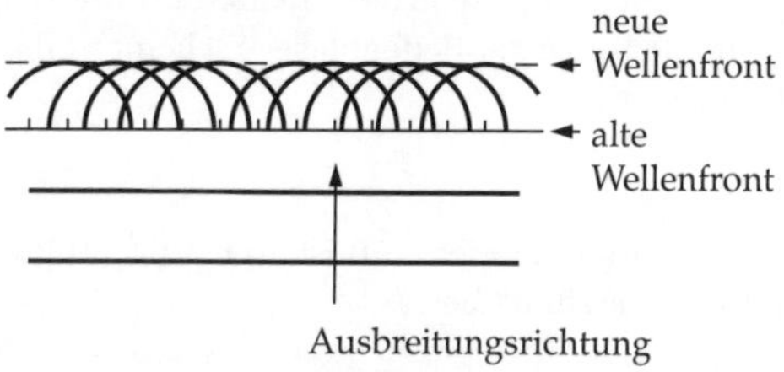

(*Anmerkung*: Erst durch das Wegfallen eines Teils der Quellpunkte infolge von Hindernissen wird die Ausbildung neuer ebener Wellenfronten gestört, und es treten die bekannten Beugungserscheinungen auf.)

O 7-2
Die Meßgenauigkeit ist um so größer, je höher das Auflösungsvermögen $\frac{\lambda}{\delta\lambda}$ des Gitters ist. Um ein hohes Auflösungsvermögen zu erreichen, muß die Zahl N der Spalte möglichst groß gewählt werden.

O 7-3
An der Grenze zwischen den Beugungsspektren m-ter und $(m+1)$-ter Ordnung fallen das m-te Beugungsmaximum der Wellenlänge λ_2 und das $(m+1)$-te Beugungsmaximum der Wellenlänge λ_1 zusammen, d. h., für beide Maxima ist der Gangunterschied Δs gleich groß:
$\Delta s = m\lambda_2 = (m+1)\lambda_1$
Daraus folgt $m(\lambda_2 - \lambda_1) = \lambda_1$ und
$\frac{\lambda_1}{\lambda_2 - \lambda_1} = m$

O 7-4
Die Richtung α_m in der das Beugungsmaximum m-ter Ordnung beobachtet wird, ist durch $\sin\alpha_m = m\frac{\lambda}{d}$ festgelegt. Der höchstmögliche Wert von α_m ist 90°. Damit muß die Bedingung $\frac{m\lambda}{d} \leqq 1$ erfüllt werden, und es ergibt sich für m eine obere Grenze:
$m \leqq \frac{d}{\lambda}$
(*Anmerkung*: Aus dieser Bedingung ist zu ersehen, daß bei kleinem Spaltabstand $d < \lambda$ überhaupt keine Beugungsmaxima höherer Ordnung $m \neq 0$ auftreten, d. h., die typische Interferenzerscheinungen lassen sich nicht mehr beobachten.)

O 7-5
Dem Bild entnimmt man $\frac{\Delta s_1}{d} = \sin\alpha$ und $\frac{\Delta s_2}{d} = \sin\alpha_0$. Damit wird
$\Delta s = \Delta s_1 - \Delta s_2 = d(\sin\alpha - \sin\alpha_0)$

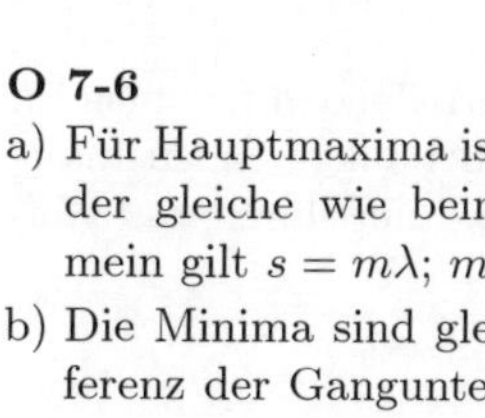

O 7-6
a) Für Hauptmaxima ist der Gangunterschied der gleiche wie beim Doppelspalt. Allgemein gilt $s = m\lambda$; $m = 0, \pm 1, \pm 2, \ldots$
b) Die Minima sind gleichabständig, die Differenz der Gangunterschiede benachbarter Minima beträgt daher $\frac{\lambda}{N}$. Daraus folgt
$s = n\frac{\lambda}{N}$ mit $n = \pm 1, \pm 2, \ldots$

Dabei sind allerdings die Werte $n = mN$ auszunehmen, da bei ihnen gerade die Hauptmaxima liegen.

O 7-7
Alle Punkte mit gleichem Gangunterschied Δs liegen auf einer Hyperbel, denn diese ist als geometrischer Ort aller Punkt definiert, die von zwei festen Punkten, den Brennpunkten (hier den Erregerzentren Q_1 und Q_2), die gleiche Abstandsdifferenz (hier: Δs) haben.

O 7-8
Newtonsche Ringe werden beobachtet, wenn zwischen zwei Glasscheiben, Linsenflächen o. ä. Luftschichten von wenigen Lichtwellenlängen Dicke vorhanden sind. Bei annähernd senkrecht einfließendem Licht kommt es durch mehrfache Reflexion an der Oberseite und Unterseite einer solchen Luftschicht in Abhängigkeit von deren Dicke zu Interferenzerscheinungen. Die bei Verwendung von monochromatischem Licht entstehenden Interferenzerscheinungen (helle und dunkle geschlossene Kurven; bei Linsen helle und dunkle Kreise) kennzeichnen die Zonen gleicher Dicke und können z. B. für die Kontrolle der Oberflächengestalt von Glasflächen benutzt werden. Mit polychromatischem Licht entstehen farbige Ringe (geschlossene Kurven, Kreise), da die Schichtdicken, bei denen Verstärkung auftritt, von der Wellenlänge abhängen.

O 7-9
Die Farbigkeit der Reflexe einer Seifenblase entsteht durch Interferenz des an der Vorderseite und an der Rückseite der Flüssigkeitshaut reflektierten Lichtes. Die jeweils beobachtete Farbe hängt hauptsächlich von der Dicke der Schicht an der betreffenden Stelle ab. Unmittelbar vor dem Zerplatzen der Seifenblase wird die Flüssigkeitshaut an einzelnen Stellen bedeutend dünner als die Wellenlänge des sichtbaren Lichtes. Der Wegunterschied der an Vorderseite und Rückseite reflektierten Strahlen wird damit vernachlässigbar klein. Auf Grund des zusätzlichen Gangunterschiedes von $\frac{\lambda}{2}$ bei der Reflexion am Übergang Luft-Flüssigkeit tritt zwischen den beiden reflektierten Strahlen unter diesen Bedingungen Auslöschung auf. Es gibt deshalb überhaupt keine Reflexion mehr, und die betreffende Stelle der Seifenblase erscheint völlig durchsichtig.

O 7-10
Der Abstand zweier auflösbarer Bildpunkte auf der Netzhaut beträgt

$$s = 1,22 \cdot \frac{\lambda}{d} \cdot f' = 1,4\ \mu\text{m}$$

Die Auflösungsgrenze der Augenlinse kann nur ausgenutzt werden, wenn der Abstand der Sehzellen auf der Netzhaut nicht wesentlich größer ist. (Tatsächlich ist der mittlere Abstand der Zäpfchen im menschliche Auge an diese Forderung angepaßt.)

S 1

S 1-1
Durch Beugung der betreffenden Strahlen an Kristallgittern. Die dabei auftretenden Interferenzerscheinungen sind nur durch das Wellenmodell zu erklären.

S 1-2
Die Wellenlänge λ erhält man aus der De-Broglie-Beziehung:

$$\lambda = \frac{h}{mv} = 2 \cdot 10^{-38}\ \text{m}$$

λ ist so extrem klein, daß die typischen Welleneigenschaften, wie Interferenz und Beugung, nicht beobachtet werden können.

S 1-3
Aus $E = hf$ folgt mit $f = \frac{c}{\lambda}$:

$$E = \frac{hc}{\lambda} \quad \left(1\ \text{J} = \frac{1}{1,602} \cdot 10^{19}\ \text{eV}\right).$$

Die Abschätzung ergibt:

	λ	E
Mikrowellen	500 µm	2,5 meV
Sichtbares Licht	500 nm	2,5 eV
Röntgenstrahlung	0,5 nm	2,5 keV

S 1-4

Photonen bewegen sich mit Lichtgeschwindigkeit ($v = c$). Bei einer endlichen Ruhemasse m_0 würde die Masse m nach der relativischen Beziehung $m = m_0 / \sqrt{1 - \left(\frac{v}{c}\right)^2}$ unendlich groß werden. Ebenso würde die Energie $E = mc^2$ über alle Grenzen wachsen.

S 1-5

Die Unbestimmtheitsrelation gilt grundsätzlich für alle physikalischen Objekte. Bei der Messung makrosphysikalischer Objekte sind selbst bei sehr hoher Präzision die Meßfehler wesentlich größer als die in der Unbestimmtheitsrelation auftretenden Unbestimmtheiten der Meßgrößen, die daher meßtechnisch gar nicht erfaßt werden können.

S 1-6

Die Energie der Lichtquanten muß größer als die Austrittsarbeit W_a sein, da sonst die Elektronen den Festkörper nicht verlassen können. Für die entsprechende Grenzfrequenz f_G gilt demnach $hf_G = W_a$. Die Grenzwellenlänge ist $\lambda_G = \dfrac{c}{f_G} = \dfrac{hc}{W_a}$.

S 1-7

Beim Fotoeffekt sind die Elektronen in einem Festkörper gebunden. Zu ihrer Freisetzung muß ein Energiebetrag $E = W_a$ aufgebracht werden. Beim Compton-Effekt dagegen sind die Elektronen als frei anzusehen (genauer: Die Photonenenergie ist groß gegenüber der Ionisationsenergie der Atome). Während beim Fotoeffekt die Lichtquanten völlig verschwinden, werden sie beim Compton-Effekt nur gestreut und geben dabei einen Teil der Energie an die Elektronen ab. Der Fotoeffekt tritt bei Licht im sichtbaren Bereich auf. Für den Compton-Effekt sind Lichtquanten mit höherer Energie (z. B. Röntgenstrahlen) erforderlich.

S 1-8

Auf Grund der Compton-Beziehung $\Delta\lambda = \lambda_C(1 - \cos\vartheta)$ hängt $\Delta\lambda$ von $\cos\vartheta$ ab. Der größte mögliche Streuwinkel $\vartheta = 180°$ ergibt auch die größte Wellenlängenänderung. Für diesen Winkel findet man $\Delta\lambda_m = 2\lambda_C = 4{,}86 \cdot 10^{-12}$ m.

S 1-9

Der Impulssatz kann für zwei zueinander senkrechte Koordinatenrichtungen aufgestellt werden:

x-Richtung: $p = p' \cos\vartheta + p_e \cos\varphi$
y-Richtung: $0 = p' \sin\vartheta - p_e \sin\varphi$

Stellt man den Energiesatz mit der relativistischen Gesamtenergie auf, dann muß auch die Ruheenergie des Elektrons berücksichtigt werden:

$$hf + m_e c^2 = hf' + c\sqrt{(m_e c)^2 + p_e^2}$$

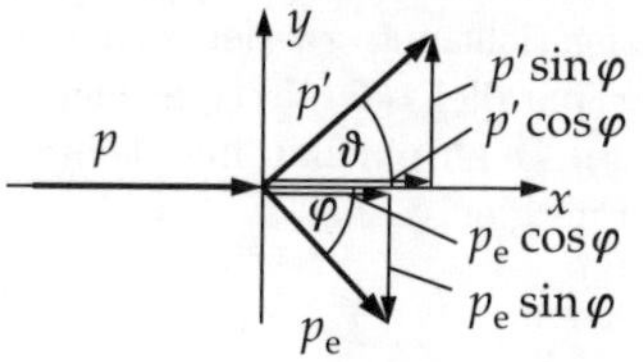

Zusätzlicher Hinweis: Bei der Herleitung der Formel für den Compton-Effekt werden aus diesen Gleichungen p_e und φ eliminiert. Außerdem finden die Beziehungen $f = \dfrac{c}{\lambda}$ und $p = \dfrac{h}{\lambda}$ Anwendung.

S 2

S 2-1

Das auf einer Kreisbahn mit der Geschwindigkeit v umlaufende Elektron (Ladung e) ist einem stromdurchflossenen Leiter äquivalent, dessen Länge l dem Kreisumfang entspricht. Es gilt

$$Qv = Il \quad \text{mit} \quad Q = e \quad \text{und} \quad l = 2\pi r$$

Daraus ergeben sich die Stromstärke $I = \dfrac{ev}{2\pi r}$ sowie das magnetische Moment des Elektrons:

$$m^* = IA = I\pi r^2 = \frac{evr}{2}$$

Der Drehimpuls L des Elektrons ist $L = m_e vr$. Daraus folgt

$$m^* = \frac{eL}{2m_e}$$

Setzt man hierin $L = \hbar$, dann ist das magnetische Moment gleich dem Bohrsche Magneton μ_B:

$$m^* = \frac{e\hbar}{2m_e} = \mu_B$$

S 2-2

Die S-Terme haben die Bahndrehimpulsquantenzahl $l = 0$ und damit auch den Bahndrehimpuls $L = 0$. Für die s-Elektronen gilt deshalb keine Vorzugsrichtung, zu der sich der Spin – entweder parallel oder antiparallel – ausrichten könnte. Der Spin hat hier keinen Einfluß auf die Energieniveaus.

S 2-3

Jedes neu eingebaute Elektron unterscheidet sich in mindestens einer Quantenzahl von den bereits vorhandenen Elektronen (Pauli-Prinzip) und nimmt den niedrigstmöglichen Energiezustand ein (Stabilitätsprinzip).

S 2-4

Die jeweilige Zahl der Elektronen ergibt sich aus dem Pauli-Prinzip. Sie müssen sich untereinander durch ihre Bahnorientierungsquantenzahl m_l und Spinorientierungsquantenzahl m_s unterscheiden. m_l kann ganzzahlige Werte zwischen $-l$ und $+l$ annehmen. Daraus ergibt sich:

Bezeichnung	l	Werte für m_l	Anzahl verschiedener m_l
s	0	0	1
p	1	$-1, 0, +1$	3
d	2	$-2, -1, 0, +1, +2$	5
f	3	$-3, \dots, +3$	7
allgemein:	l	$-l, \dots, +l$	$2l + 1$

Da m_s nur zwei zulässige Werte besitzt, ist die Quantenzahl der Elektronen doppelt so groß die wie die Anzahl verschiedener m_l-Werte. Es gibt also höchstens

2 s-Elektronen, 6 p-Elektronen,
10 d-Elektronen, 14 f-Elektronen;
allgemein: $2(2l + 1)$.

S 2-5

Die Elektronen jeder Schale müssen sich untereinander durch mindestens eine Quantenzahl unterscheiden (Pauli-Prinzip). Wegen $l = 0, \dots, (n-1)$ werden in die einzelnen Schalen folgende Elektronen eingebaut:

Schalenbezeichnung	n	Eingebaute Elektronen	Anzahl
K	1	s	2
L	2	s+p	8
M	3	s+p+d	18
N	4	s+p+d+f	32
allgemein:	n		$2n^2$

S 2-6

Die Alkalimetalle haben in der äußersten Schale jeweils nur ein Elektron. Dieses ist ein s-Elektron. Das letzte eingebaute Elektron hat demzufolge die Bezeichnung 2s (Li), 3s (Na), 4s (K), 5s (Rb) oder 6s (Cs).

Aus der Besetzungsfolge ergibt sich die Zahl der vorher eingebauten Elektronen:

Element	Eingebaute Elektronen	Gesamtzahl der Elektronen (Ordnungszahl)
Li	1s 2s (Elektronen) 2 1 (Anzahl)	3
Na	1s 2s 2p 3s 2 2 6 1	11
K	1s 2s 2p 3s 3p 4s 2 2 6 2 6 1	19
Rb	1s 2s 2p 3s 3p 3d 4s 4p 5s 2 2 6 2 6 10 2 6 1	37
Cs	1s 2 . . . 3 . . . 4s 4p 4d 5s 5p 6s 2 8 18 2 6 10 2 6 1	55

S 2-7

Bis zur Ordnungszahl 57 sind gemäß den Besetzungsfolgen folgende Elektronen eingebaut:

Elektronentyp	1s	2 . . .	3 . . .	4s	4p	5s	4d	5p	6s	5d
Zahl	2	8	18	2	6	2	10	6	2	1
Gesamtzahl	2	10	28	30	36	38	48	54	56	57

Nach dem Einbau des ersten 5d-Elektrons werden erst alle 4f-Elektronen – insgesamt 14 – eingebaut, bevor mit dem Aufbau der 5. Schale fortgefahren wird. Bis zum Element 71 haben sowohl die 5. als auch die 6. Elektronenschale die gleiche Elektronenkonfiguration. Die chemischen Eigenschaften eines Elements werden vor allem von den äußersten besetzten Elektronenschalen bestimmt.

S 2-8

Auf Grund der Heisenbergschen Unbestimmtheitsrelation können Impuls und Ort eines Teilchens prinzipiell nicht gleichzeitig genau bestimmt werden. Für die Unbestimmtheit beider Größen gilt $\Delta x \Delta p_x \geqq \frac{\hbar}{2}$. Andererseits wird die „Bahn" eines Elektrons durch die Bohrsche Quantenbedingung $2\pi r m_e v = nh$ festgelegt. Für die erste Bahn gilt $n = 1$. Setzt man außerdem x für die Bahnlänge $2\pi r$ und p_x für den Impuls $m_e v$, so folgt $x p_x = h$.

Aus beiden Ansätzen folgt, daß für die relativen Genauigkeiten $\frac{\Delta x}{x}$ und $\frac{\Delta p_x}{p_x}$ der Meßgrößen die Beziehung

$$\frac{\Delta x}{x}\frac{\Delta p_x}{p_x} \geqq \frac{1}{4\pi}$$

gelten muß. Soll eine der beiden Größen genau bestimmt werden $\left(\text{z. B. } \frac{\Delta x}{x} \ll 1\right)$, so ist die andere überhaupt nicht bestimmbar $\left(\frac{\Delta p_x}{p_x} \gg 1\right)$. Die Bahn des Elektrons im Atom kann man sich demzufolge auch nicht in gleicher Weise determiniert vorstellen wie die Kepler-Bahn makroskopischer Körper. Das heißt aber nichts anderes, als daß im atomaren Bereich der Bahnbegriff überhaupt seine physikalische Realität verliert.

S 2-9

Die relativistische Massenänderung eines Teilchens mit endlicher Ruhemasse muß nur dann berücksichtigt werden, wenn seine Geschwindigkeit Werte erreicht, die mit der Lichtgeschwindigkeit c vergleichbar sind. Dieser Vergleich wird für die Bahn mit der höchsten kinetischen Energie ($n = 1$) durchgeführt:

Mit $r = \frac{\varepsilon_0 h^2}{\pi m_e e^2}$ folgt aus der Quatenbedingung $2\pi r m_e v = h$ für die Geschwindigkeit $v = \frac{e^2}{2\varepsilon_0 h}$. Das Verhältnis ist

$$\frac{v}{c} = \frac{e^2}{2\varepsilon_0 c h} = \frac{1}{137,04}$$

Danach ist die relativistische Masse

$$m = \frac{m_0}{\sqrt{1 - \left(\frac{v}{c}\right)^2}}$$

des ersten Wasserstoffatoms nur um das $2,7 \cdot 10^{-5}$fache größer als seine Ruhemasse.

Zusätzlicher Hinweis: $\alpha = 137,04$ ist die Sommerfeldsche Feinstrukturkonstante, die im Zusammenhang mit der sehr geringfügigen Feinstrukturaufspaltung der Wasserstoffterme auftritt. Durch die relativistischen Effekte wird die Entartung des Wasserstoffatoms aufgehoben; die Energieterme hängen damit also auch von der Bahndrehimpulsquantenzahl l ab.

S 2-10

Im Sonnenlicht sind Lichtquanten aller Frequenzen bzw. Energien enthalten. Sie können in einem Atom ein Elektron auf ein höheres Energieniveau anheben, also anregen, wenn ihre Frequenz die Bohrsche Bedingung $hf = E_{n2} - E_{n1}$ erfüllt. Nur diejenigen Lichtquanten, deren Energie zu den Termenergien eines Atoms paßt, werden dabei absorbiert. Alle anderen bleiben unbeeinflußt. Die fehlenden Lichtquanten äußern sich als dunkle Linien im hellen Spektrum. Diese Linien liegen bei genau denselben Wellenlängen, bei denen die betreffenden Atome selbst strahlen würden.

Anmerkung: Die durch Absorption von Lichtquanten angeregten Atome strahlen tatsächlich anschließend ein Quant der gleichen Wellenlänge wieder aus, da das angeregte Elektron innerhalb von etwa 10^{-8} s wieder in den Grundzustand zurückspringt. Da die emittierten Quanten sich aber nicht wieder in der alten Richtung weiterbewegen, sondern in beliebige Raumrichtungen emittiert werden, ersetzen sie nicht wieder die im beobachteten Spektrum fehlenden Quanten.

S 2-11

Innerhalb einer Schale wird die Termenergie allein durch die Bahndrehimpulsquantenzahl l und die Spinorientierungsquantenzahl m_s des Elektrons bestimmt, das bei einem Röntgenübergang den betreffenden Elektronenzustand einnimmt. Zu jedem möglichen Wert von l, außer $l = 0$, gibt es entsprechend der Spineinstellung zwei Energieniveaus. Bei $l = 0$ gibt es wegen des fehlenden Bahndrehimpulses keine bevorzugte Spinrichtung, also nur ein Energieniveau. Die Zahl der möglichen Werte von l ist durch die Bedingung $l = n - 1$ beschränkt. In der K-Schale ($n = 1$) ist nur $l = 0$ möglich; es gibt also auch nur ein Energieniveau. In der L-Schale ($n = 2$) kommt $l = 1$ mit zwei Energieniveaus dazu; die Gesamtzahl der Niveaus ist 3. Mit diesen Überlegungen ergibt sich die Zahl der Energieniveaus in den vollbesetzten Schalen wie folgt:

K	L	M	N
1	3	5	7

S 2-12

Die energiereichste Strahlung entsteht dann, wenn der Ausgangszustand in der höchsten besetzten Schale des Atoms und der Endzustand in der energetisch tiefsten Schale, also der K-Schale, liegt.

S 2-13

Röntgenstrahlung wird von einem Atom unter folgenden Bedingungen ausgesendet:

1. Aus einer voll besetzten Schale des Atoms wird durch Anregung ein Elektron entfernt. Dadurch entsteht ein freier Platz in dieser Schale, und das Atom wird ionisiert.
2. Ein Elektron aus einem besetzten Zustand in einer höheren Schale springt auf den freigewordenen Platz. Die dabei gewonnene Energie wird in Form eines Röntgenquants emittiert.

Diese Bedingungen sind beim Wasserstoff- und Heliumatom nicht erfüllbar, da es überhaupt nur eine besetzte Elektronenschale gibt.

S 3

S 3-1

Die Schrödinger-Gleichung, eine Differentialgleichung für $\psi(x)$:

$$\psi'' = -\frac{2m}{\hbar^2}[E - E_\mathrm{p}(x)]\psi$$

und die Normierungsbedingung für die Wellenfunktion $\psi(x)$:

$\int\limits_{-\infty}^{+\infty} \psi^2(x)\,\mathrm{d}x = 1$ werden benötigt.

S 3-2

Nein. Die Schrödinger-Gleichung gestattet nicht, den wirklichen Aufenthaltsort eines Teilchens zu berechnen. Sie liefert nur Aufenthaltswahrscheinlichkeiten, also statistische Aussagen.

S 3-3

Die auf das Teilchen wirkende Kraft F_x und die Anfangsbedingungen der Bewegung v_{x0} und x_0 müssen bekannt sein.

S 3-4
Ein gebundener Zustend ist der Zustand eines Teilchens, das sich in einer Potentialmulde befindet, die es auf Grund seiner Gesamtenergie nicht verlassen kann.

S 3-5
Nein, denn die Lösung der Schrödinger-Gleichung ist eine Wellenfunktion, die physikalisch nicht meßbar ist.

S 3-6
Das Quadrat der Wellenfunktion beschreibt die Dichte der Aufenthaltswahrscheinlichkeit eines Teilchens.

S 3-7
Die Wahrscheinlichkeit, das Teilchen irgendwo anzutreffen, ist Gewißheit, also gleich 1.

S 3-8
Es genügt die Angabe der potentiellen Energie $E_\mathrm{p}(x)$. Diese Angabe entspricht der Angabe des Kraftgesetzes $F_x(x)$, die im klassischen Fall benötigt wird. Die für die klassische Rechnung erforderlichen Anfangsbedingungen(v_{x0}, x_0) spielen dagegen in der Quantenmechanik keine Rolle, da sich der wirkliche Aufenthaltsort des Teilchens nicht bestimmen läßt.

S 3-9
Die Lösungen $\psi(x)$ der Schrödinger-Gleichung müssen normiert sein, d. h., die Wahrscheinlichkeit dafür, daß das beschriebene Teilchen überhaupt vorhanden ist, muß den festen Wert 1 haben. Das ist nur bei diskreten Werten E_n der Energie möglich.

S 3-10
Sie dient der Bezeichnung (Numerierung) der diskreten Zustände, in denen sich ein Teilchen befinden kann.

S 3-11
Klassisch nein, aber quantenmechanisch ja.

S 3-12
a) Welleneigenschaften von Teilchen (z. B. Elektronenbeugung),
b) diskrete Energiezustände im Atom (z. B. Linienspektren),
c) Aufenthalt von Teilchen in energetisch „verbotenen" Bereichen; Tunneleffekt (z. B. Feldelektronenemission, α-Strahlung beim radioaktiven Zerfall).

S 4

S 4-1
Isotope: Nuklide mit gleichem Z, aber unterschiedlichem N und damit auch unterschiedlichem A; chemisch gleiche Elemente, z. B.: ${}^1_1\mathrm{H}$, ${}^2_1\mathrm{H} = \mathrm{D}$, ${}^3_1\mathrm{H} = \mathrm{T}$. Die meisten natürlich vorkommenden Elemente sind Isotopengemische.
Isotone: Nuklide mit gleichem N, aber unterschiedlichem Z und damit auch unterschiedlichem A; z. B.: ${}^{40}_{20}\mathrm{Ca}$, ${}^{39}_{19}\mathrm{K}$, ${}^{38}_{18}\mathrm{Ar}$.
Isobare: Nuklide mit gleichem A und unterschiedlichem Z und N; z. B.: ${}^{40}_{20}\mathrm{Ca}$, ${}^{40}_{19}\mathrm{K}$, ${}^{40}_{18}\mathrm{Ar}$.

S 4-2
Die Massenzahl A ist die Anzahl der Nukleonen, also ganzzahlig. Die relative Atommasse A_r ist das Verhältnis der Ruhemasse m_A eines Atoms des betreffenden Nuklids zur atomaren Masseneinheit u. A_r ist auf Grund der Definition von u nur für Kohlenstoff ${}^{12}_6\mathrm{C}$ exakt ganzzahlig. Für alle anderen Nuklide liegen die relativen Atommassen dicht bei ganzen Zahlen. Die relativen Atommassen von natürlich vorkommenden Elementen (vgl. Periodisches System der Elemente) können beliebig von ganzen Zahlen abweichen, da es sich hier um Isotopengemische handelt.

S 4-3
Entsprechend dem Tröpfchenmodell hat die Kernmaterie eine annähernd einheitliche Dichte, die der Dichte der Nukleonen ent-

spricht: $\varrho_K = \frac{\overline{m}}{V}$. Für m ist die mittlere Nukleonenmasse einzusetzen: $\overline{m} \approx$u. Für das Volumen V eines Nukleons gilt $V = \frac{4}{3}\pi r_0^3$. Mit diesen Zusammenhängen findet man

$$\varrho_K = 2,3 \cdot 10^{17}\,\frac{\text{kg}}{\text{m}^3}$$

Anmerkung: Das ist das 10^{13}fache der größten Dichte gewöhnlicher Materie; die hohe Dichte kommt in Neutronensternen vor.

S 4-4

$N = N_0\,\mathrm{e}^{-\lambda t}$ zur Zeit $T_{1/2}$: $\frac{N_0}{2} = N_0\,\mathrm{e}^{-\lambda T_{1/2}}$

Daraus folgt:

$$\mathrm{e}^{\lambda T_{1/2}} = 2 \qquad \lambda T_{1/2} = \ln 2 \qquad T_{1/2} = \frac{\ln 2}{\lambda}$$

S 4-5

α-Strahlen sind schnelle Heliumkerne ($^4_2$He). Auf Grund ihrer positiven Ladung ($Z = 2$) werden sie im Magnetfeld abgelenkt. Bei der Aussendung von α-Strahlen verringert sich die Massenzahl des Nuklids um 4 und die Kernladungszahl um 2.

β-Strahlen sind Elektronen (e^-) mit hoher Geschwindigkeit. Wegen ihrer negativen Ladung werden sie im Magnetfeld entgegengesetzt zur Ablenkrichtung der α-Strahlen abgelenkt. Beim Aussenden von β-Strahlen erhöht sich die Kernladungszahl des Nuklids um 1; die Massenzahl bleibt dagegen unverändert (Isobare).

(*Anmerkung*: Zur β-Strahlung wird auch die Positronenstrahlung (e^+) gerechnet.)

γ-Strahlen sind elektromagnetische Wellen sehr kurzer Wellenlänge (kürzer als bei Röntgenstrahlen). Sie werden im Magnetfeld nicht abgelenkt. Bei der Aussendung von γ-Strahlung bleibt das Nuklid erhalten. Es ändert sich lediglich sein Energiezustand (Isomere).

S 4-6

Die Halbwertszeit $T_{1/2}$ muß groß gegen die Beobachtungszeit (Experimentierzeit) sein.

S 4-7

Neutronen sind elektrisch neutral und müssen bei Annäherung an den Kern nicht gegen die Coulomb-Abstoßungskräfte anlaufen.

S 4-8

Kern und wegfliegendes Teilchen bilden ein abgeschlossenes System. Es gilt der Impulssatz: $p_{\text{ges}} = 0 = m_1 v_1 + m_2 v_2$. Wenn vor dem radioaktiven Zerfall der Gesamtimpuls Null war, muß sich danach der zerfallene Kern bewegen.

S 4-9

Es ist die Masse des Hüllenelektrons abzuziehen:

$$m_{\text{p}} = m_{\text{A}} - m_{\text{e}} = 1,672\,623 \cdot 10^{-27}\ \text{kg}$$

S 4-10

$E = \text{u}c^2 = 1,492\,419 \cdot 10^{-10}\ \text{J} = 931,494\ \text{MeV}$

Da bei Kernreaktionen die Änderung der Ruhemasse meistens als Vielfaches der atomaren Masseneinheit angegeben wird, benötigt man diese Umrechnung häufig.

S 4-11

Der Massendefekt ist die Ruhemassenverringerung, die beim Zusammenfügen eines Atomkerns aus den Nukleonen auftritt. Δm ist positiv definiert. Das umgekehrte Vorzeichen tritt nicht auf. Die Ruhemassenänderung Δm_0 bei Kernreaktionen ist die Differenz, die sich aus *Summe aller Ruhemassen nach der Reaktion* minus *der Summe aller Ruhemassen vor der Reaktion* ergibt. Δm_0 kann beiderlei Vorzeichen haben.

S 4-12

Es gibt drei Ursachen:

- die atomare Masseneinheit enthält auch die Massen der Hüllenelektronen des Isotops $^{12}_{6}$C
- Das Nuklid $^{12}_{6}$C enthält außer den Protonen auch Neutronen, die eine größere Ruhemasse besitzen.
- Auf Grund der Bindungsenergie des Nuklids $^{12}_{6}$C tritt ein Massendefekt auf.

Ergebnisse der Aufgaben

M 1

M 1.1

a) $x_1 = \frac{a_x}{2} t_1^2 + v_{x0} t_1 + x_0 = 0$

b) $v_{x1} = a_x t_1 + v_{x0} = 1,0\ \mathrm{m/s}$

c) $x_2 = x_0 - \frac{v_{x0}^2}{2a_x} = -0,25\ \mathrm{m}$

M 1.2

$$x = \frac{v_\mathrm{m} T}{2\pi} \left(\sin 2\pi \frac{t}{T} - 1 \right) + x_0$$

$$a_x = -\frac{2\pi}{T} v_\mathrm{m} \sin 2\pi \frac{t}{T}$$

M 1.3

$$v_0 = \frac{s_1}{t_1} - \frac{a}{2} t_1 = 32\ \mathrm{km/h}$$

$$v_1 = \frac{s_1}{t_1} + \frac{a}{2} t_1 = 50\ \mathrm{km/h}$$

M 1.4

a) $a_x = -\frac{v_{x0}^2}{2x_1} = -1,20\ \mathrm{m/s^2}$

b)

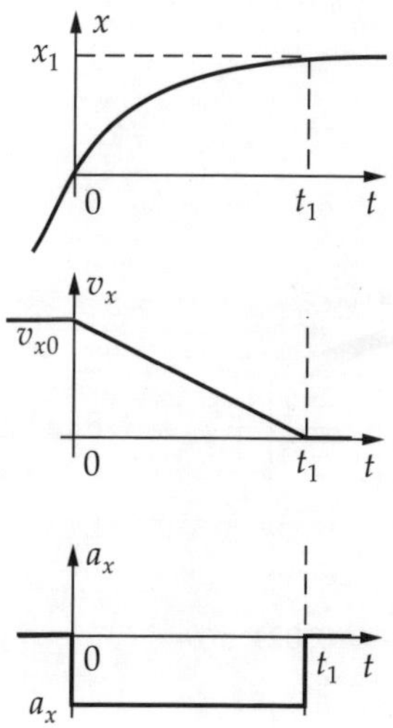

M 1.5

a) $v_{z1} = +\sqrt{v_{z0}^2 - 2gz_1} = +17,3\ \mathrm{m/s}$

$v_{z1}^* = -\sqrt{v_{z0}^2 - 2gz_1} = -17,3\ \mathrm{m/s}$

b) $z_2 = \frac{v_{z0}^2}{2g} = 20\ \mathrm{m}$

c)

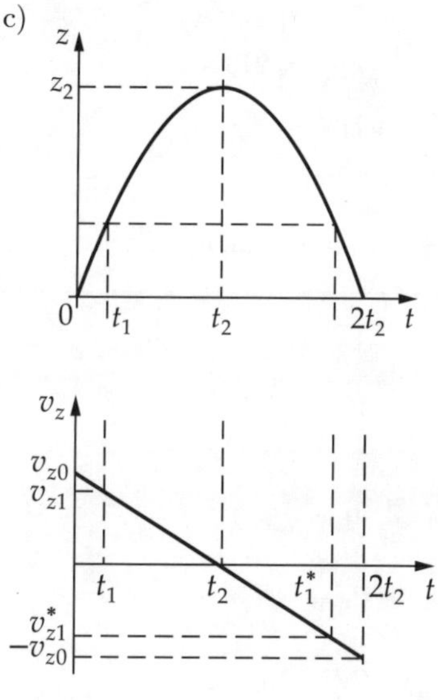

M 1.6

$$z_\mathrm{m} = \frac{g}{8} (\Delta t)^2 = 20\ \mathrm{cm}$$

M 1.7

a)

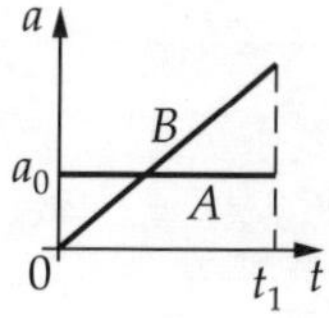

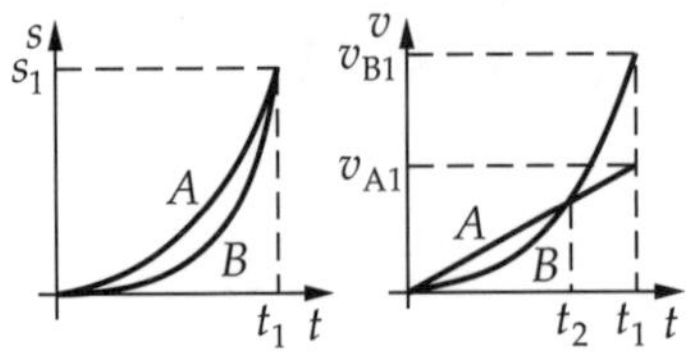

b) $t_1 = \dfrac{3a_0}{k} \qquad s_1 = \dfrac{9a_0^3}{2k^2}$

c) $v_{A1} = \dfrac{3a_0^2}{k} \qquad v_{B1} = \dfrac{9a_0^2}{2k}$

d) $t_2 = \dfrac{2a_0}{k}$

M 1.8

a) $t_2 = \dfrac{t_1}{3\left(1 - \dfrac{2v_0'}{a_0 t_1}\right)} = 213 \text{ s}$

b) $s_2 = v_0' t_2 = 3{,}2 \text{ km}$

c) $\Delta v = \dfrac{a_0 t_1}{2} - v_0' = 18 \text{ km/h}$

d)

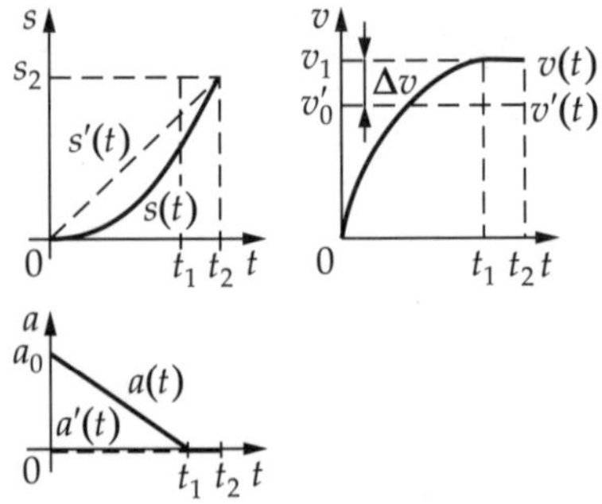

M 1.9

a) $t_1 = \dfrac{1}{K}\left(\dfrac{1}{v_1} - \dfrac{1}{v_0}\right) = 80 \text{ s}$

b) $s_1 = \dfrac{1}{K} \ln \dfrac{v_0}{v_1} = 1{,}85 \text{ km}$

M 1.10

a) $t_0 = \sqrt{\dfrac{2s_0(a_2 - a_1)}{a_1 a_2}} = 12 \text{ s}$

b) $v_1 = \sqrt{\dfrac{2s_0 a_1 a_2}{a_2 - a_1}} = 72 \text{ km/h}$

M 2

M 2.1

a) $x_1 = \dfrac{v_F}{v_B} y_1 = 80 \text{ m}$

b) $x_1 = c\dfrac{y_1^3}{6v_B} = 55 \text{ m}$

c) $\sin\alpha = \dfrac{v_F}{v_B}; \quad \alpha = 53°$

M 2.2

a) $v_G = \sqrt{v_F^2 + v_W^2 - 2v_F v_W \cos(\alpha - \beta)}$

$= 183 \text{ km/h}$

b) $\gamma = \arctan \dfrac{v_F \sin\alpha - v_W \sin\beta}{v_F \cos\alpha - v_W \cos\beta} = 46°$

$\vec{v}_G = \begin{pmatrix} v_G \sin\gamma \\ v_G \cos\gamma \end{pmatrix}$

M 2.3

a) $y = x \tan\alpha_0 - \dfrac{g}{2v_0^2 \cos^2\alpha_0} x^2$

b) $v_0 = \sqrt{\dfrac{g x_1^2}{2\cos^2\alpha_0 (x_1 \tan\alpha_0 - y_1)}}$

$= 8{,}9 \text{ m/s}$

c) $\tan\alpha_0' = 2\dfrac{y_1}{x_1} \quad \alpha_0' = 26{,}6°$

$v_0' = \sqrt{g\left(\dfrac{x_1^2}{2y_1} + 2y_1\right)} = 12 \text{ m/s}$

M 2.4

$x_1 = \dfrac{v_0^2 \sin\alpha_0 \cos\alpha_0}{g}$

$\times \left[\sqrt{1 + \dfrac{2gh}{v_0^2 \cos^2\alpha_0}} - 1\right] + x_0 = 1{,}8 \text{ m}$

M 2.5

$a_r = \dfrac{4\pi^2 r_E \cos\varphi}{d^{*2}} = 0{,}021 \text{ m/s}^2$

($d^* = 86\,164$ s; $\varphi = 51°$)

M 2.6

a) $v_0 = \frac{2\pi r}{T} = 2{,}9$ m/s

$a_r = \frac{4\pi^2}{T^2} r = 1{,}5$ m/s^2

b) $a_s = -\frac{\pi r}{T^2} = -0{,}12$ m/s^2

M 2.7

$a_s = \frac{v_1}{t_1} = 0{,}17$ m/s^2

$a_{r2} = \frac{(a_s t_2)^2}{r} = 0{,}52$ m/s^2

$a_2 = \sqrt{a_s^2 + a_{r2}^2} = 0{,}55$ m/s^2

M 2.8

a) $\alpha = \frac{2}{t_1}\left(\frac{\varphi_1 - \varphi_0}{t_1} - \omega_0\right) = 33$ s^{-2}

$\omega_1 = 2\frac{\varphi_1 - \varphi_0}{t_1} - \omega_0 = 98$ s^{-1}

b) $a_1 = r\sqrt{\omega_1^4 + \alpha^2} = 9{,}6 \cdot 10^2$ m/s^2

c) $x_1 = r\cos\varphi_1 = 5{,}0$ cm

$y_1 = r\sin\varphi_1 = -8{,}7$ cm

$v_1 = \omega_1 r = 9{,}8$ m/s

$\beta_1 = \frac{\pi}{6} (= 30°)$

M 2.9

a) $a_1 = \sqrt{(a_{s0} - bt_1)^2 + \frac{\left(a_{s0}t_1 - \frac{b}{2}t_1^2\right)^4}{r^2}}$

$= 1{,}9$ m/s^2

b) $t_2 = \frac{a_{s0}}{b} = 30$ s

c) $v_2 = \frac{a_{s0}^2}{2b} = 4{,}5$ m/s

M 2.10

$a_{r1} = 0 \quad a_{r2} = \left(\frac{s_\mathrm{m}}{l}\right)^2 g = 0{,}39$ cm/s^2

$a_{s1} = -\frac{s_\mathrm{m}}{l} g = -20$ cm/s$^2 \quad a_{s2} = 0$

M 2.11

Fall	a)	b)	
1	g	g	
2	$\frac{1}{2}\sqrt{3}g$	$\frac{1}{2}\sqrt{3}g$	
3	0	$\frac{v^2}{r}$	
4	$\frac{g}{2}$	$\sqrt{\frac{g^2}{4} + \frac{v^4}{r^2}}$	
5	g	$\sqrt{g^2 + \frac{v^4}{r^2}}$	
6	g	$\frac{v^2}{r}$ $(v > \sqrt{gr})$ g $(v \leqq \sqrt{gr})$	
7	$\frac{g}{2}$	$\sqrt{\frac{g^2}{4} + \frac{v^4}{r^2}}$	$\left(v < \sqrt{\frac{\sqrt{3}gr}{2}}\right)$
		g	$\left(v \geqq \sqrt{\frac{\sqrt{3}gr}{2}}\right)$

M 3

M 3.1

$a_{x1} = \frac{b}{m} t_1 = 20$ m/s^2

$v_{x1} = \frac{b}{2m} t_1^2 = 20$ m/s

$x_1 = \frac{b}{6m} t_1^3 = 13$ m

M 3.2

$F = \frac{mv_0}{\Delta t} = 1{,}0 \cdot 10^6$ N

M 3.3

a) $v_1 = -\frac{F_0 t_1}{m} + v_0 = -2{,}0$ m/s

b) $v_1 = -\frac{1}{m}\left(F_0 t_1 + \frac{b}{2}t_1^2\right) + v_0 = 0{,}5$ m/s

M 3.4

a) $a_\mathrm{m} = \frac{\mu_0 m_\mathrm{L} g}{m_\mathrm{L} + N m_\mathrm{W}} = 0{,}28$ m/s^2

b) $\tan\alpha = \frac{\mu_0 m_\mathrm{L}}{m_\mathrm{L} + N m_\mathrm{W}} = 2{,}9$ %

M 3.5

$$a = \frac{h_2 - h_1}{h_1 + h_2 + \pi r} g = 1,4\ \mathrm{m/s^2}$$

M 3.6

a) $\omega = \sqrt{\dfrac{g}{\sqrt{l^2 - r^2}}} = 5,7\ \mathrm{s^{-1}}$

b) $F = mg \dfrac{l}{\sqrt{l^2 - r^2}} = 0,33\ \mathrm{N}$

M 3.7

a) $\alpha_\mathrm{R} = \arctan \dfrac{v_\mathrm{R}^2}{r_\mathrm{R} g} = 27°$

b) $r_\mathrm{F} = r_\mathrm{R} \left(\dfrac{v_\mathrm{F}}{v_\mathrm{R}}\right)^2 = 12,5\ \mathrm{km}$

M 3.8

a) $F_\mathrm{G} = mg = 0,78\ \mathrm{kN}$

b) $F_{r1} = m \dfrac{v_0^2}{r_1} = 0,24\ \mathrm{kN}$

$F_{\mathrm{Z}1} = m \left(g + \dfrac{v_0^2}{r_1}\right) = 1,02\ \mathrm{kN}$

c) $F_{r2} = m \dfrac{v_0^2}{r^2} = 0,47\ \mathrm{kN}$

$F_{\mathrm{Z}2} = m \left(g - \dfrac{v_0^2}{r_2}\right) = 0,31\ \mathrm{kN}$

d) $v_1 = \sqrt{g r_2} = 93\ \mathrm{km/h}$

M 3.9

$$m_\mathrm{E} = \frac{g r_\mathrm{E}^2}{G} = 5,97 \cdot 10^{24}\ \mathrm{kg}$$

M 3.10

$$h = \sqrt[3]{\frac{G m_\mathrm{E} \mathrm{d}^{*2}}{4\pi^2}} - r_\mathrm{E}$$

$h = 35\,800\ \mathrm{km}$

M 3.11

a) $a = \dfrac{m_1 - m_3 \sin\alpha}{m_1 + m_2 + m_3} g = 1,23\ \mathrm{m/s^2}$

b) $F_{12} = m_1(g - a) = 2,15\ \mathrm{N}$

$F_{32} = m_3(a + g \sin\alpha) = 1,84\ \mathrm{N}$

M 3.12

a) $F_\mathrm{A} = m_\mathrm{l}(a - g) + (m_\mathrm{v} + m_\mathrm{S})(a + g)$

$= 187\ \mathrm{kN}$

b) $F_\mathrm{S} = (m_\mathrm{S} + m_\mathrm{v})(a + g) = 273\ \mathrm{kN} < F_\mathrm{Sm}$

M 3.13

$$\Delta F = \mu \frac{m_1 m_2}{m_1 + m_2} g = 0,050\ \mathrm{N}$$

M 3.14

a) $m\ddot{x} = \dfrac{(1+\mu) mg}{l} x - \mu mg$

b) $F = (1+\mu) \dfrac{x}{l} \left(1 - \dfrac{x}{l}\right) mg$

c) $x_0 = \dfrac{\mu_0}{1 + \mu_0} l$

M4

M 4.1

$$W' = k \left(x_1 + \frac{\Delta x}{2}\right) \Delta x$$

a) $W' = 1,5\ \mathrm{J}$

b) $W' = 3,0\ \mathrm{J}$

M 4.2

a) $z_2 = -\dfrac{mg}{k} - \sqrt{\left(\dfrac{mg}{k}\right)^2 + \dfrac{2mg}{k} z_1}$

$= -0,30\ \mathrm{m}$

b) $v_{z3} = \pm\sqrt{2g(z_1 - z_3) - \dfrac{k}{m} z_3^2}$

$= \pm 3,4\ \mathrm{m/s}$

c) $P_3 = -k z_3 v_{z3} = \pm 0,67\ \mathrm{kW}$

d) $z_5 = -0,26\ \mathrm{m}$

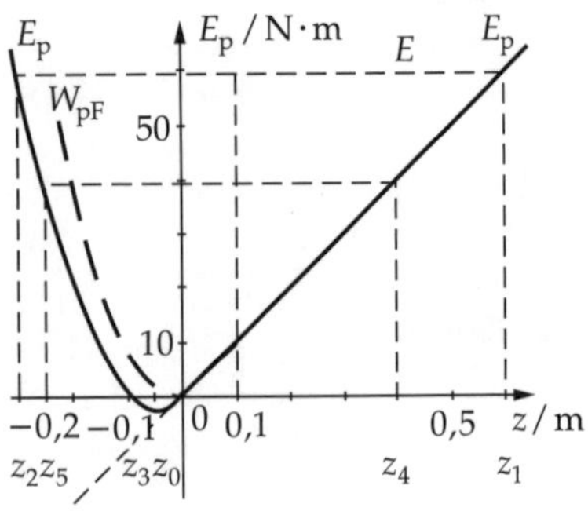

M 4.3

$$z_1 = z_0 \left(1 + \sqrt{1 - \frac{2 z_2 + v_{z2}^2 / g}{z_0}}\right) = -165\ \mathrm{mm}$$

M 4.4

a) $P_1 = (mg\sin\alpha)v_1 = 0,33$ MW

b) $v_2 = P_2/(mg\sin\alpha) = 23$ km/h

M 4.5

a) $W' = F'v_1t_1\cos\beta = 19$ kJ

b) $P' = F'v_1\cos\beta = 0,15$ kW

c) $m = (F'\cos\beta - F_R)/(g\sin\alpha) = 115$ kg

d) $h_1 = v_1t_1\sin\alpha = 12$ m

M 4.6

$P = I\varrho gh = 3,4$ kW

M 4.7

a) $W_1 = \frac{m}{2}v_1^2 = 0,10$ kWh

b) $P_1 = \frac{mv_1^3}{2s_1} = 29$ kW

$\overline{P} = P_1/2 = 15$ kW

M 4.8

a) $x_0 = \sqrt{5\frac{mgr}{k}} = 3,2$ cm

b) $F_0 = mg = 0,2$ N

$F_1 = 6mg = 1,2$ N

M 4.9

$F_2 = 6mg + F_1 = 1,4$ N

M 4.10

$h = \frac{r}{3}$

M 4.11

a) $v = \sqrt{\frac{Gm_E}{r_E + h}} = 7,35$ km/s

b) $W' = \frac{Gmm_E}{r_E}\left(1 - \frac{r_E}{2(r_E + h)}\right) = 7,1$ GJ

M 4.12

a) $\Delta E_p/E_k = 2h/r_E$

b) $h' = r_E/2$

M 4.13

$v = \sqrt{2Gm_E/r_E} = 11,2$ km/s

M 5

M 5.1

–

M 5.2

a) $v_1' = -\frac{5}{3}v \qquad v_2' = \frac{1}{3}v$

b) $v_1' = v_2' = -\frac{1}{3}v$

c) $\Delta E = \frac{4}{3}mv^2$

M 5.3

a) $v_1' = v_1 - \frac{m_2}{m_1}v_2' = 0,48$ m/s

b) $\eta = 1 - \frac{m_1v_1'^2 + m_2v_2'^2}{m_1v_1^2}$

$\eta = 0,39$

M 5.4

$$v = \frac{m_K + m_H}{m_K}\sqrt{2g\left(l - \sqrt{l^2 - x_m^2}\right)}$$

$$\approx \frac{m_K + m_H}{m_K}x_m\sqrt{\frac{g}{l}} = 71 \text{ m/s}$$

M 5.5

a) 3 Zusammenstöße

$v_A = -\frac{1}{15}v_0$

$v_B = \frac{8}{15}v_0$

$v_C = \frac{16}{15}v_0$

b) 2 Zusammenstöße

$v_A = \frac{1}{7}v_0$

$v_B = \frac{8}{35}v_0$

$v_C = \frac{48}{35}v_0$

M 5.6

$m_H = \left(\frac{1}{f} - 1\right)m_A = 5,0$ kg

M 5.7

a) $v_1 = v_0 - \sqrt{\frac{m_2}{m_1}\frac{kx^2}{m_1+m_2}}$

$v_2 = v_0 + \sqrt{\frac{m_1}{m_2}\frac{kx^2}{m_1+m_2}}$

b) $v_2 = 2v_0 = 2,00$ m/s

$x = v_0\sqrt{\frac{2m_1}{k}} = 0,16$ m

Die Energie des zur Ruhe gekommenen Fahrzeuges ist auf das bewegte Fahrzeug übertragen worden.

M 5.8

$\cos\beta = \frac{\cos\alpha}{\sqrt{0,8}}$ $\beta = 38°$

M 5.9

a) $\sin\alpha_2 = \frac{d}{2r}$ $\alpha_2 = 37°$

b) $\vec{p}_0 = \vec{p}_1 + \vec{p}_2$

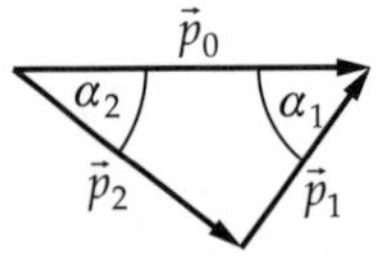

c) $\alpha_1 = 90° - \alpha_2 = 53°$

d) $v_1 = v_0 \sin\alpha_2 = 6,0$ cm/s

$v_2 = v_0\cos\alpha_2 = 8,0$ cm/s

M 5.10

a) $t_B = \left(1 - \frac{m_1}{m_0}\right)\frac{u}{a_0+g} = 137$ s

b) $a(t) = \frac{a_0+g}{1-\frac{a_0+g}{u}t} - g$

c) $v(t) = -u\ln\left(1 - \frac{a_0+g}{u}t\right) - gt$

M 5.11

a) $a_0 = \frac{uq}{m_0} - g = 2,2$ m/s^2

b) $a_1 = \frac{uq}{m_0 - qt_1} - g = 2,7$ m/s^2

c) $F_S = uq = 3,0$ MN

M 5.12

a) $q = \frac{F_0}{u} = 90$ kg/s

b) $P = \frac{1}{2}F_0u = 377$ MW

c) $m_1 = m_0\,\mathrm{e}^{-v_1/u} = 7,5$ t

d) $t_1 = u\frac{m_0}{F_0}\left(1 - \mathrm{e}^{-v_1/u}\right) = 68$ s

e) $a_0 = F_0/m_0 = 19$ m/s^2

$a_1 = \frac{F_0}{m_0}\mathrm{e}^{v_1/u} = 35$ m/s^2

f) $\varepsilon = \frac{(v_1/u)^2}{\mathrm{e}^{v_1/u}-1} = 0,44$

M 6

M 6.1

$v_0 = \sqrt{v_P^2 - \frac{2Gm_E}{r_P}} = 16,9$ km/s

M 6.2

$(r_1 = r_E + h)$

a) $v_A = \frac{2Gm_E}{v_1r_1} - v_1 = 6,32$ km/s

$r_A = r_1\frac{v_1}{v_A} = 8\,630$ km

b) $v_2 = \sqrt{v_1^2 - 2Gm_E\left(\frac{1}{r_1} - \frac{1}{r_2}\right)}$

$= 7,18$ km/s

$\sin\alpha_2 = \frac{v_1r_1}{v_2r_2}$ $\alpha_2 = 82°$

M 6.3

a) $r_A = \frac{2Gm_E}{v_A(v_P+v_A)} = 17,6\cdot10^3$ km

$r_P = \frac{2Gm_E}{v_P(v_P+v_A)} = 10,7\cdot10^3$ km

b) $T = \frac{2\pi Gm_E}{\sqrt{(v_Av_P)^3}} = 4$ h 39 min

M 6.4

a) $(T_0 = 365$ d)

$T = T_0\sqrt{\left(\frac{r_P+r_A}{2r_0}\right)^3} = 88$ d

b) $v_P = \sqrt{\frac{2Gm_Sr_A}{r_P(r_A+r_P)}} = 59$ km/s

$v_A = v_P\frac{r_P}{r_A} = 39$ km/s

M 6.5

a) $v_2 = \sqrt{v_1^2 - 2Gm_E\left(\frac{1}{r_E + h_1} - \frac{1}{r_E + h_2}\right)}$

$= 3,77$ km/s

b) $\sin\alpha_1 = \sin\alpha_2 \frac{v_2(r_E + h_2)}{v_1(r_E + h_1)} \qquad \alpha_1 = 84°$

M 6.6

a) $E = \frac{m}{2}\left(v_1^2 - \frac{2Gm_M}{r_M}\right)$

$= \frac{m}{2}\left(1,83\ \frac{\text{km}}{\text{s}}\right)^2 > 0$ Hyperbel

b) $r_P = r_M \frac{A\cos^2\beta_1}{1 + \sqrt{1 + (A-2)A\cos^2\beta_1}}$

$= 1\,400$ km

$A = \frac{v_1^2 r_M}{Gm_M} = 3,193$

M 6.7

a) $v_0 = \frac{2\pi r_0}{T_0} = 29,8$ km/s

b) $m_S = \frac{4\pi^2 r_0^3}{GT_0^2} = 1,99 \cdot 10^{30}$ kg

M 6.8

a) $v_2 = \sqrt{\frac{2Gm_E}{r_E}} = 11,2$ km/s

b) $v_F = \sqrt{\frac{2Gm_S}{r_0}} = 42,1$ km/s

c) $v_3 = \sqrt{v_2^2 + (v_F - v_0)^2} = 16,7$ km/s

M 6.9

a) $v_1 = \sqrt{\frac{2Gm_S r_2}{r_0(r_0 + r_2)}} = 32,1$ km/s

b) $v_2 = v_1 \frac{r_0}{r_2} = 23,2$ km/s

c) ($T_0 = 365$ d)

$\tau = \frac{T_0}{4\sqrt{2}}\sqrt{1 + \frac{r_2}{r_0}}^{\,3} = 237$ d

M 6.10

$T = 76,03$ a $\qquad T_0 = 1$ a

$\frac{r_A}{r_0} = 2\sqrt[3]{\frac{T}{T_0}}^{\,2} - \frac{r_P}{r_0} = 35,3$

M 6.11

a) $r_1 = \frac{a}{1+\mu} = 0,60 \cdot 10^6$ km

b) $m_2 = \left(\frac{2\pi}{T}\right)^2 \frac{a^3}{G(1+\mu)} = 1,17 \cdot 10^{30}$ kg

$= 0,59 m_S$

$m_1 = \mu m_2 = 1,39 m_S$

M 7

M 7.1

$F = \frac{mg}{2\sqrt{1 - \left(\frac{b}{l}\right)^2}} = 129$ N

M 7.2

$F_{Ax} = -\frac{m_1 s + m_2 l}{h} g = -71$ N

$F_{Bx} = \frac{m_1 s + m_2 l}{h} g = 71$ N

$F_{By} = (m_1 + m_2)g = 26$ N

M 7.3

$F_{Ax} = F_3 - F_1\cos\alpha = 500$ N

$F_{Ay} = \frac{F_1}{2}\sin\alpha - \frac{F_2}{2} - \frac{F_3}{2} = -317$ N

$F_B = \frac{F_1}{2}\sin\alpha + \frac{3}{2}F_2 + \frac{1}{2}F_3 = 1\,683$ N

M 7.4

$F_1 = \left(5 - \frac{7}{\tan\alpha + \tan\beta - 1}\right)\frac{F_G}{12}$

$= -574$ N

$F_2 = \frac{7}{\cos\alpha(\tan\beta - 1) + \sin\alpha}\frac{F_G}{12}$

$= 1\,167$ N

$F_3 = \frac{-7}{\cos\beta(\tan\alpha - 1) + \sin\beta}\frac{F_G}{12}$

$= -1\,429$ N

(Zugkräfte zählen positiv)

M 7.5

$F_1 = \frac{F_G}{2} + F\left(\frac{1}{2}\cos\alpha - \sin\alpha\right)$

$= +333$ N

$F_2 = F\sin\alpha - F_G = -300$ N

$$F_3 = \frac{F_G}{2} - F\left(\frac{1}{2}\cos\alpha + \sin\alpha\right) = -533 \text{ N}$$

M 7.6

$$F_A = \left(F + \frac{mg}{2}\right)\frac{l}{b} = 228 \text{ kN}$$

$$F_B = F_A - (F + mg) = 205 \text{ kN}$$

M 7.7

$$F_{1x} = -F_G\cos\frac{\alpha}{2}\left(\cos\frac{\alpha}{2}\tan\frac{\beta}{2} + \sin\frac{\alpha}{2}\right) = -1\,427 \text{ N}$$

$$F_{1y} = -F_G\cos\frac{\alpha}{2}\left(\cos\frac{\alpha}{2} + \sin\frac{\alpha}{2} / \tan\frac{\beta}{2}\right) = 2\,038 \text{ N}$$

$$F_{2x} = F_G\cos\frac{\alpha}{2}\left(\cos\frac{\alpha}{2}\tan\frac{\beta}{2} - \sin\frac{\alpha}{2}\right) = 366 \text{ N}$$

$$F_{2y} = F_G\cos\frac{\alpha}{2}\left(\cos\frac{\alpha}{2} - \sin\frac{\alpha}{2} / \tan\frac{\beta}{2}\right) = 523 \text{ N}$$

M 7.8

$$\alpha = \arctan\frac{c\Delta m}{2h(2m + \Delta m)}$$

M 7.9

a) $a = \dfrac{\mu_0 g}{2\left(1 + \mu_0\dfrac{h}{s}\right)} = 3,0 \text{ m/s}^2$

b) $a = \dfrac{\mu_0 g}{2\left(1 - \mu_0\dfrac{h}{s}\right)} = 4,0 \text{ m/s}^2$

c) $a = \mu_0 g = 6,9 \text{ m/s}^2$

M 7.10

$$\left(\frac{d^2 E_p}{d\varphi^2}\right)_{\varphi=0} = -mg(s - r)$$

$$M\begin{cases} < 0 \text{ für } s > r \text{ labil} \\ = 0 \text{ für } s = r \text{ indifferent} \\ > 0 \text{ für } s < r \text{ stabil} \end{cases}$$

M 7.11

$$\alpha_0 = \arctan\frac{F_{G1} - F_{G2}}{mgs}r = 34°$$

M 7.12

a) $\alpha_0 = 0 \qquad \cos\alpha_1 = \dfrac{mgl}{kl'^2}$

b) $m_0 = \dfrac{kl'^2}{gl} = 102$ g

$$\alpha_0 : m\begin{cases} < m_0 \text{ stabil} \\ = m_0 \text{ indifferent} \\ > m_0 \text{ labil} \end{cases}$$

c)

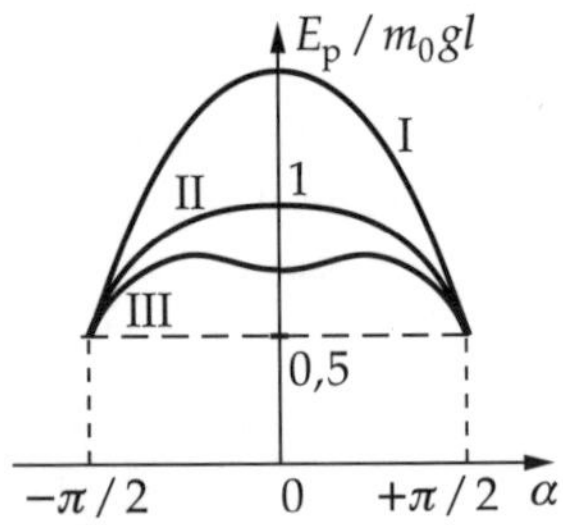

I : $m > m_0$

II : $m = m_0$

III : $m < m_0$

M8

M 8.1

a) $J_S = \dfrac{m}{2}r_0^2 = 5,0 \cdot 10^{-3} \text{ kg} \cdot \text{m}^2$

b) $J_A = \dfrac{3}{2}mr_0^2 = 1,5 \cdot 10^{-2} \text{ kg} \cdot \text{m}^2$

c) $J'_A = \left(\dfrac{3}{2}m + m'\right)r_0^2 = 2,0 \cdot 10^{-2} \text{ kg} \cdot \text{m}^2$

d) $T = 2\pi\sqrt{\dfrac{\frac{3}{2}m + m'}{m + m'}\dfrac{r_0}{g}} = 0,73$ s

M 8.2

$$T = 2\pi\sqrt{\frac{7l}{12g}} = 1,53 \text{ s}$$

M 8.3

$$T = 2\pi \sqrt{\frac{l}{g} \cdot \frac{1 + \frac{1}{3} \cdot \frac{m_1}{m_2} + 2\frac{r}{l} + \frac{3}{2}\left(\frac{r}{l}\right)^2}{1 + \frac{1}{2} \cdot \frac{m_1}{m_2} + \frac{r}{l}}}$$

$$= 1,00 \text{ s}$$

M 8.4

a) $M_A = -\frac{2\pi m r^2 f_0}{t_1} = -105 \text{ N} \cdot \text{m}$

b) $N = \frac{f_0}{2} t_1 = 30$

M 8.5

$$\omega_1 = \frac{M_0(1 - \mathrm{e}^{-ct_1})}{J_A c} + \omega_0 = 77 \text{ s}^{-1}$$

M 8.6

a) $\omega' = \frac{J_1\omega_1 + J_2\omega_2}{J_1 + J_2}$

b) $\Delta E_\mathrm{k} = -\frac{J_1 J_2}{2(J_1 + J_2)}(\omega_1 - \omega_2)^2$

c) $\omega_1 : \omega_2 = -(J_2 : J_1)$

entgegengesetzter Drehsinn

d) $Q = \frac{J_1}{2}\omega_1^2 + \frac{J_2}{2}\omega_2^2$

M 8.7

$v = \sqrt{3gl} = 5,4 \text{ m/s}$

M 8.8

$$h_1 = \frac{v_0^2}{g} = 41 \text{ cm}$$

$$h_2 = \frac{3v_0^2}{4g} = 31 \text{ cm}$$

M 8.9

$$v = \sqrt{\frac{2gl}{\frac{J_A}{mr^2} + 1}} = 3,6 \text{ m/s}$$

M 8.10

$$v_1 = \sqrt{\frac{2hg}{1 + 4\frac{J_S}{mr^2}}} = 9,7 \text{ m/s}$$

M 8.11

$$F_\mathrm{R} = \frac{v^2}{s}\left[\frac{m}{2} + \frac{1}{r_2^2}(50J_1 + 2J_2)\right]$$

$$= 0,35 \text{ N}$$

M 8.12

$$v = \frac{F}{m}\Delta t = 6,7 \text{ m/s}$$

$$f = \frac{Fr}{2\pi J_S}\Delta t = 38 \text{ s}^{-1}$$

M 8.13

a) $t_1 = \sqrt{\frac{14 s_1}{5g \sin\alpha}} = 0,91 \text{ s}$

b) $v_1 = \sqrt{\frac{10}{7} g s_1 \sin\alpha} = 2,2 \text{ m/s}$

M 8.14

$$a = \frac{\frac{2M_A}{r_2} - (m + m_1)g}{\frac{J_{S1}}{r_1^2} + \frac{4J_{S2}}{r_2^2} + m + m_1}$$

M 8.15

$$v = \frac{m_\mathrm{Z} r_0^2 + 2m_\mathrm{G} r_2^2}{m_\mathrm{G} r_1}\pi f = 79 \text{ m/s}$$

M 8.16

a) $\vec{L}$ zeigt in Richtung der Rotationsachse vom Kreisel zum Punkt A.

b) $J_S = \frac{mgl}{4\pi^2 f f_\mathrm{P}} = 1,24 \cdot 10^{-4} \text{ kg} \cdot \text{m}^2$

M 8.17

a) $\omega_0 = \omega \frac{r}{r_0} = 18,4 \text{ s}^{-1}$

$L_0 = \frac{m r r_0 \omega}{2} = 470 \text{ kg} \cdot \text{m}^2/\text{s}$

b) $M = \frac{1}{2} m r r_0 \omega^2 = 2,88 \text{ kN} \cdot \text{m}$

c) $F = m\left(g + \frac{r_0\omega^2}{2}\right) = 5,54 \text{ kN}$

M 8.18

a) nach links

b) $M = \frac{2\pi f J_S v}{r} = 349 \text{ N} \cdot \text{m}$

M9

M 9.1

$a_z = \frac{F}{m} - g = 2,09\ \text{m/s}^2$

M 9.2

$\alpha = \arctan \frac{a}{g} = 14°$

M 9.3

$a = g \tan \beta$

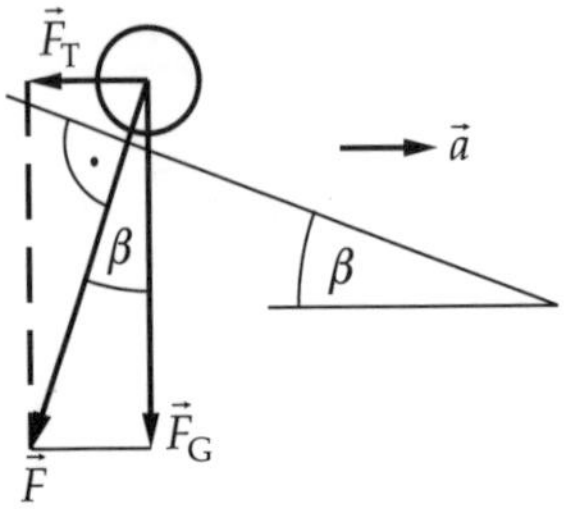

M 9.4

a) $F = -m(g + a_1)$
b) $F = 0$
c) $F = 0$
d) $F = 0$
e) $F = -ma_2$

M 9.5

$\alpha = \arctan \frac{4\pi^2 r}{T^2 g} = 38°$

M 9.6

$F_C = \frac{4\pi m v \sin\varphi}{d^*} = 6,32\ \text{kN}$

M 9.7

$r = \frac{v\,d^*}{4\pi \sin\varphi} = 140\ \text{km}$

M 9.8

a) $F_1 = \sqrt{\left(\frac{mv_1^2}{r}\right)^2 + (ma_s)^2} = 31\ \text{N}$

b) $\alpha_1 = \arctan \frac{a_s r}{v_1^2} + 90° = 107°$

c) $F_2 = \frac{m}{r} v_1(v_1 + 2u) = 35\ \text{N}$

d) $F_3 = \frac{m}{r} v_1(v_1 - 2u) = 25\ \text{N}$

M 9.9

$x_1 = \frac{4\pi z_0}{3\,d^*} \sqrt{\frac{2z_0}{g}} = 2,2\ \text{cm}$

M 9.10

$x_2 = -\frac{16\pi}{3\,d^*} z_1 \sqrt{\frac{2z_1}{g}} = -8,8\ \text{cm}$

M 9.11

a) $F_{Zx} = 0$

$$F_{Zy} = -\left(\frac{2\pi}{d^*}\right)^2 m r_E \cos\varphi \sin\varphi = -0,163\ \text{N}$$

$$F_{Zz} = \left(\frac{2\pi}{d^*}\right) m r_E \cos^2\varphi = 0,123\ \text{N}$$

$$F_{Cx} = m \frac{4\pi}{d^*} v \cos\varphi = 0,052\ \text{N}$$

$F_{Cy} = 0$

$F_{Cz} = 0$

b) $\frac{F_Z}{F_G} = \left(\frac{2\pi}{d^*}\right)^2 \frac{r_E \cos\varphi}{g} = 2,1\ {}^0\!/_{00}$

$\frac{F_C}{F_G} = \frac{4\pi v \cos\varphi}{g\,d^*} = 0,5\ {}^0\!/_{00}$

M 9.12

a) $F_C = \frac{4\pi m}{d^*} \sqrt{2gl(1-\cos\beta)} \sin\varphi = 2,2 \cdot 10^{-3}\ \text{N}$

b) $r = \frac{d^*}{4\pi \sin\varphi} \sqrt{2gl(1-\cos\beta)} = 7,0\ \text{km}$

c) $T = \frac{d^*}{\sin\varphi} = 30,8\ \text{h}$

M 10

M 10.1

$$\Delta l = r_{\mathrm{E}} \left(\frac{v}{c}\right)^2 = 6,4 \text{ cm}$$

M 10.2

$$t_{\mathrm{A}} = t_0 + \frac{2s}{v} = 87 \text{ Jahre}$$

$$t_{\mathrm{B}} = t_0 + \frac{2s}{v}\sqrt{1-\left(\frac{v}{c}\right)^2} = 35 \text{ Jahre}$$

M 10.3

a) $$t = \frac{\tau}{\sqrt{1-\left(\frac{v}{c}\right)^2}} = 70 \text{ µs}$$

$$s \approx ct = 21 \text{ km} > h$$

b) $$h' = h\sqrt{1-\left(\frac{v}{c}\right)^2} = 320 \text{ m}$$

$$s' \approx c\tau = 660 \text{ m} > h'$$

M 10.4

$$a = \frac{F}{m_0}\sqrt{1-\left(\frac{v}{c}\right)^2}^{\,3} = 0,650\frac{F}{m_0}$$

M 10.5

a) $$x = \frac{v_x' + v}{1+\frac{vv_x'}{c^2}}t = (0,981c)t$$

b) $$x_1' = \frac{v_x'\sqrt{1-\left(\frac{v}{c}\right)^2}}{1+\frac{vv_x'}{c^2}}t_1 = 56,1 \text{ m}$$

$$x_1 = \frac{v_x' + v}{1+\frac{vv_x'}{c^2}}t_1 = 294,3 \text{ m}$$

c) $$t_1' = \frac{\sqrt{1-\left(\frac{v}{c}\right)^2}}{1+\frac{vv_x'}{c^2}}t_1 = 0,267\,4 \text{ µs}$$

M 10.6

a) $t_0' = 0 \quad t_1' = -\frac{v}{c^2}x_1'$

b) $$x_1 = x_1'\sqrt{1-\left(\frac{v}{c}\right)^2}$$

c) $$x_2' = x_2\sqrt{1-\left(\frac{v}{c}\right)^2}$$

M 10.7

a) $$t_1 = \frac{t_1'}{\sqrt{1-\left(\frac{v}{c}\right)^2}} = 1.15 \text{ Uhr}$$

b) $$s = \frac{vt_1'}{\sqrt{1-\left(\frac{v}{c}\right)^2}} = 1,08\cdot 10^9 \text{ km}$$

c) $$t_2 = t_1'\sqrt{\frac{c+v}{c-v}} = 2.15 \text{ Uhr}$$

d) $$t_3' = t_1'\left(\frac{c+v}{c-v}\right) = 6.45 \text{ Uhr}$$

M 10.8

a) $t_1' = \frac{1}{f_0} \qquad x_1' = 0$

$$t_1 = \frac{1}{f_0\sqrt{1-\left(\frac{v}{c}\right)^2}}$$

$$x_1 = \frac{v}{f_0\sqrt{1-\left(\frac{v}{c}\right)^2}}$$

b) $$\bar{t}_1 = \frac{1}{f_0}\sqrt{\frac{c+v}{c-v}}$$

c) $$f = f_0\sqrt{\frac{c-v}{c+v}}$$

d) $$f = f_0\sqrt{\frac{c+v}{c-v}}$$

M 10.9

a) $$v_{x1} = \frac{QE_xt_1}{m_0}$$

b) $$v_{x1} = \frac{QE_xt_1}{m_0}\cdot\frac{1}{\sqrt{1+\left(\frac{QE_xt_1}{m_0c}\right)^2}}$$

M 10.10

a) $$t = \frac{l}{c\sqrt{1-\frac{1}{\left(1+\frac{eU}{m_{\mathrm{e}}c^2}\right)^2}}} = 1,58 \text{ ns}$$

b) $$l' = \frac{l}{1+\frac{eU}{m_{\mathrm{e}}c^2}} = 23,2 \text{ cm}$$

M 10.11

$$\frac{\Delta m}{m_0} = \frac{1}{\sqrt{1-\left(\frac{v}{c}\right)^2}} - 1 = 51\ \%$$

M 10.12

a) $E = c\sqrt{m_e^2c^2 + p^2} = 9{,}46 \cdot 10^{-14}$ J

b) $E_k = E - m_e c^2 = 1{,}27 \cdot 10^{-14}$ J

M 11

M 11.1

$P = Nmgv(\sin\alpha + \mu\cos\alpha) = 8{,}5$ kW

M 11.2

$$\mu' = \frac{Pd}{2mgv_0} = 0{,}011 \text{ m}$$

M 11.3

$$\mu = \frac{2s_1}{gt_1^2} = 0{,}20$$

M 11.4

$v_0 = \sqrt{2\mu gr} = 0{,}66$ m/s

M 11.5

a) $\tan\alpha_0 = \mu \qquad \alpha_0 = 31°$

b) $W' = \dfrac{\mu mgs}{1+\mu^2} = 3{,}9$ MJ

M 11.6

a) $F_n = \dfrac{mg}{1+\mu\tan\alpha} = 27$ N

b) $F_n = \dfrac{mg}{1-\mu\tan\alpha} = 32$ N

M 11.7

a) $\mu_0 \geqq \dfrac{v^2}{rg} = 0{,}17$

b) $\tan\alpha = \dfrac{v^2}{rg} \qquad \alpha = 9{,}6°$

M 11.8

a) $\tan\alpha = \dfrac{\mu_0}{2\left(1-\mu_0\dfrac{h}{l}\right)}$

$\alpha = 13°$

b) $\tan\alpha = \dfrac{\mu_0}{2\left(1+\mu_0\dfrac{h}{l}\right)}$

$\alpha = 10°$

M 11.9

a) $s_1 = l\left(\dfrac{r_1}{\mu'}\sin\alpha - \cos\alpha\right) = 5{,}4$ m

b) $s_2 = 11{,}6$ m

M 11.10

a) $F = (m_1 - m_3\sin\alpha)g = 0{,}98$ N

$F_{\text{Rmax}} = \mu_0(m_2 + m_3\cos\alpha)g = 1{,}03$ N

Kein Gleiten, da $F < F_{\text{Rmax}}$

b) $a = \dfrac{m_1 - \mu m_2 - (\sin\alpha + \mu\cos\alpha)m_3}{m_1 + m_2 + m_3 + 2J/r^2}g$

$= 0{,}53$ m/s^2

c) $F_{12} = m_1(g-a) = 2{,}32$ N

$F_{21} = F_{12} - (J/r^2)a = 2{,}29$ N

$F_{23} = F_{21} - m_2(a + \mu g) = 1{,}91$ N

$F_{32} = F_{23} - (J/r^2)a = 1{,}88$ N

M 11.11

$$\frac{a}{h} = \frac{1}{\mu_0} = 1{,}67$$

M 11.12

$$\mu_0 = \frac{h}{b+2s} = 0{,}067$$

M 11.13

a) $\tan\alpha_1 = \dfrac{\mu'}{r} \qquad \alpha_1 = 1{,}5°$

b) $\tan\alpha_2 = \dfrac{7}{2}\mu_0 + \dfrac{\mu'}{r} \qquad \alpha_2 = 48{,}9°$

M 12

M 12.1

a) $F = \dfrac{bdE\Delta l}{l} = 0,84$ kN

b) $\Delta b = -\left(\dfrac{E}{2G} - 1\right)\dfrac{\Delta l}{l} b = -5,3$ µm

M 12.2

$\Delta l = \dfrac{l_0 g}{E}\left(\dfrac{\varrho l_0}{2} + \dfrac{m}{A}\right) = 0,56$ mm

M 12.3

$P = \dfrac{\sigma_Z (a+b) h\pi df}{2N} = 6,6$ kW

M 12.4

$f = \dfrac{1}{\pi l}\sqrt{\dfrac{2\sigma_B}{\varrho_A}} = 74$ Hz

M 12.5

$s = \dfrac{ma}{4Gl} = 0,73$ mm

M 12.6

$\dfrac{\Delta V}{V} = -3p\left(\dfrac{3}{E} - \dfrac{1}{G}\right) = -0,77 \cdot 10^{-3}$

mit $p = 0,115$ GPa

$\Delta V = -0,77$ cm^3

M 12.7

$K = \dfrac{E}{3\left(3 - \dfrac{E}{G}\right)} = 252$ GPa

$\mu = \dfrac{E}{2G} - 1 = 0,45$

M 12.8

$\delta_1 = \dfrac{1}{16}\delta_0$

M 12.9

$\dfrac{\delta_a}{\delta_b} = \left(\dfrac{b}{d}\right)^2 = 100$

M 12.10

$\delta = \dfrac{l^3 F}{3EJ_F}$

a) $J_F = \dfrac{b^4}{24}$ $\qquad \delta = 3,0$ mm

b) $J_F = \dfrac{83}{648} b^4$ $\qquad \delta = 1,0$ mm

M 12.11

$J_F = \dfrac{ab^3}{12} - \dfrac{2}{3}(a - 2d)\left(\dfrac{b}{2} - d\right)^3$

$= 14,9$ cm^4

a) $\delta_a = \dfrac{l_0^3 F_0}{48EJ_F} = 13,7$ mm

b) $\delta_b = \dfrac{1}{4}\delta_a = 3,4$ mm

M 12.12

a) $J_F = 4a^4$

b) $J_F = \dfrac{a^3 b}{48}$

M 12.13

a) $\alpha = \dfrac{Pl}{\pi^2 G r_a^4 f} = 0,100 \mathrel{\widehat{=}} 5,7°$

b) $\alpha' = \dfrac{Pl}{\pi^2 G f (r_a^4 - r_i^4)} = 0,107 \mathrel{\widehat{=}} 6,1°$

M 12.14

a) $\varphi = \dfrac{32 l F r_S}{\pi G d^4} = 0,092 \mathrel{\widehat{=}} 5,3°$

b) $s = \varphi r_S = 13,8$ m

M 12.15

$E = \dfrac{\varrho g h l_0}{\Delta l}\left(\dfrac{d}{d_0}\right)^2 = 104$ GPa

$G = \dfrac{4\pi^2}{T^2}\varrho h l_0 \left(\dfrac{d}{d_0}\right)^4 = 42$ GPa

$K = \dfrac{E}{3\left(3 - \dfrac{E}{G}\right)} = 66$ GPa

M 13

M 13.1

a) $F = p_\mathrm{a}\pi\frac{d^2}{4} = 26\ \mathrm{kN}$

b) 8 Pferde

M 13.2

$F = \frac{\pi}{4}(p_\mathrm{a}d_\mathrm{a}^2 - p_\mathrm{i}d_\mathrm{i}^2) = 1,0\ \mathrm{kN}$

M 13.3

$F = mg\left(\frac{\varrho_\mathrm{Hg}}{\varrho_\mathrm{H}} - 1\right) = 0,16\ \mathrm{kN}$

M 13.4

$l = \frac{\sigma_\mathrm{B}}{g(\varrho_\mathrm{K} - \varrho_\mathrm{W})} = 3,74\ \mathrm{km}$

M 13.5

$h = s\left[\frac{d_2^2}{d_1^2}\left(\frac{\varrho}{\varrho_\mathrm{W}} - 1\right) + 1\right] = 47\ \mathrm{mm}$

M 13.6

$\frac{F_\mathrm{GL}}{F_\mathrm{GW}} = \frac{\varrho_\mathrm{G}}{\varrho_\mathrm{G} - \varrho_\mathrm{W}} = 1,055$

M 13.7

$s = \frac{3\varrho_2 hd}{8\varrho_1(d+2h)} = 0,41\ \mathrm{mm}$

M 13.8

$V_1 = \frac{m_1 + m_2}{\varrho_\mathrm{W}} - (1-\eta)\frac{m_2}{\varrho_2} = 12\ \mathrm{l}$

M 13.9

$F = \frac{(\varrho_\mathrm{L}V - m)g}{\cos\alpha} = 0,69\ \mathrm{kN}$

M 13.10

$$w_\mathrm{Cu} = \frac{1 - \frac{\varrho_\mathrm{Sn}}{\varrho_\mathrm{B}}\left(1 - \frac{G'}{G}\right)}{1 - \frac{\varrho_\mathrm{Sn}}{\varrho_\mathrm{Cu}}} = 86,5\ \%$$

$w_\mathrm{Sn} = 1 - w_\mathrm{Cu} = 13,5\ \%$

M 13.11

$$m = \left(m_\mathrm{L} - m_\mathrm{W}\frac{\varrho_\mathrm{L}}{\varrho_\mathrm{W}}\right)\frac{\left(1 - \frac{\varrho_\mathrm{L}}{\varrho_\mathrm{M}}\right)}{\left(1 - \frac{\varrho_\mathrm{L}}{\varrho_\mathrm{W}}\right)}$$

$= 32,19\ \mathrm{g}$

M 13.12

$h_1 = \frac{p_0}{\varrho_0 g}\ln 2 = 5,40\ \mathrm{km}$

M 13.13

$p_1 = p_0\,\mathrm{e}^{-\frac{\varrho_0 g}{p_0}z_1} = 124\ \mathrm{kPa}$

M 13.14

$h = \frac{p_0}{\varrho_0 g}\ln\frac{\varrho_0}{\varrho_\mathrm{He} + \frac{m}{V}} = 3\,400\ \mathrm{m}$

M 14

M 14.1

$\Delta p = 8\varrho_\mathrm{L}\left(\frac{I}{\pi}\right)^2\left(\frac{1}{d_2^4} - \frac{1}{d_1^4}\right) = 10,1\ \mathrm{Pa}$

M 14.2

$v = \sqrt{\frac{2\Delta p}{\varrho}} = 300\ \mathrm{km/h}$

M 14.3

$v_2 = \sqrt{\frac{2(p_1 - p_\mathrm{R})}{\varrho_\mathrm{W}} + v_1^2} = 25\ \mathrm{m/s}$

$A_2 = \frac{v_1 A_1}{v_2} = 0,25\ \mathrm{cm}^2$

M 14.4

$v = \sqrt{2g\Delta h} = 1,0\ \mathrm{m/s}$

M 14.5

a) $v_0 = \sqrt{\frac{2\Delta p}{\varrho_\mathrm{W}\left[1 - \left(\frac{d_0}{d_1}\right)^4\right]}} = 28\ \mathrm{m/s}$

b) $I = \frac{\pi}{4}d_0^2 v_0 = 14\ \mathrm{l/s}$

M 14.6

$v_0 = \sqrt{2gh_1} = 4,4\ \mathrm{m/s}$

M 14.7

a) $v_2 = \sqrt{2gh_0} = 28\ \text{m/s}$

$v_1 = \left(\frac{d_2}{d_1}\right)^2 v_2 = 0{,}07\ \text{m/s}$

b) $I = \frac{\pi d_2^2}{4} v_2 = 32\ \text{m}^3/\text{h}$

c) $p_{1\text{Stau}} = \varrho_\text{W} g h_0 \left(\frac{d_2}{d_1}\right)^4 = 2{,}5\ \text{Pa}$

$p_1 = p_\text{a} + \varrho_\text{W} g(h_0 - h_1) - p_{1\text{Stau}}$
$= 395\ \text{kPa}$

M 14.8

a) $t = \frac{4V}{\pi d_0^2 \sqrt{2gh_1}} = 23{,}5\ \text{s}$

b) $d_2 = d_0 \sqrt[4]{\frac{h_1}{h_1 - h_2}} = 4{,}5\ \text{mm}$

M 14.9

$\frac{I_1}{I_2} = \sqrt{\frac{p_0 - p_\text{a} - \varrho g h_1}{p_0 - p_\text{a} - \varrho g h_2}} = 2{,}3$

M 14.10

$v = \sqrt{v_0^2 - \frac{2\Delta p}{\varrho}} = 82\ \text{m/s}$

M 14.11

$\varrho = \varrho_\text{W} \frac{\pi^2 d_0^4 g h}{8I^2} = 0{,}937\ \text{kg/m}^3$

M 14.12

a) $P_0 = \varrho_\text{W} g h I = 3{,}5\ \text{MW}$

b) $A_1 = \frac{I}{\sqrt{2gh}} = 0{,}50\ \text{m}^2$

c) $\eta = 1 - \left(\frac{A_1}{A_2}\right)^2 = 0{,}94$

M 15

M 15.1

$M = \frac{\pi^2 \eta d^3 l f}{2b} = 1{,}93 \cdot 10^{-2}\ \text{N} \cdot \text{m}$

M 15.2

a) $v_\text{E} = \frac{2g(\varrho_1 - \varrho_2)}{9\eta} r^2 = 1{,}10\ \text{cm/s}$

b) $v_\text{E}' = 4v_\text{E} = 4{,}40\ \text{cm/s}$

c) $v(t) = \frac{2g(\varrho_1 - \varrho_2) r^2}{9\eta} \left(1 - \text{e}^{-\frac{9\eta}{2r^2\varrho_1} t}\right)$

M 15.3

a) $v = \sqrt{2gh} = 3{,}4\ \text{m/s}$

b) $v = \sqrt{\left(\frac{32\eta l}{\varrho d^2}\right)^2 + 2gh} - \frac{32\eta l}{\varrho d^2} = 0{,}56\ \text{m/s}$

M 15.4

$v_2 = \sqrt{\left(\frac{32\eta l}{\varrho d^2}\right)^2 + \frac{2}{\varrho}(p_1 - p_2)} - \frac{32\eta l}{\varrho d^2}$
$= 19\ \text{cm/s}$

M 15.5

$v_\text{E} = \sqrt{\frac{mg(\sin\alpha - \mu\cos\alpha)}{F_\text{L0}}}\, v_0$
$= 108\ \text{km/h}$

M 15.6

a) $v_1 = \sqrt{\frac{2m_1 g}{cA_1\varrho}} = 61{,}5\ \text{m/s} = 221\ \text{km/h}$

b) $v_2 = \frac{v_1}{\sqrt{500}} = 2{,}7\ \text{m/s}$

c) $h_2 = \frac{v_2^2}{2g} = 0{,}40\ \text{m}$

M 15.7

$P = cA\frac{\varrho_\text{L}}{2} v_\text{F}^2 \sqrt{v_\text{W}^2 + v_\text{F}^2} = 23\ \text{kW}$

M 15.8

a) $I_0 = \frac{\pi d_0^4 \varrho g \sin\alpha}{128\eta} = 19\ \text{cm}^3/\text{s}$

b) $Re = \frac{\varrho^2 d_0^3 g \sin\alpha}{32\eta^2} = 2\,130 < Re_\text{kr}$

M 15.9

a) $I_0 = \frac{\pi\eta Re_\text{kr} d_0}{4\varrho} = 0{,}22\ \text{l/s}$

b) $Re = \frac{4\varrho I_1}{\pi\eta d_0} = 277 \cdot 10^3$

M 15.10

a) $t = \frac{9\eta \ln\frac{d_2}{d_1}}{2\pi^2(\varrho_2 - \varrho_1) f^2 d^2} = 70\ \text{s}$

b) $t = \frac{9\eta(d_2 - d_1)}{(\varrho_2 - \varrho_1) g d^2} = 4{,}0\ \text{d}$

W 1

W 1.1

a) $v_{\mathrm{m}} = v_0 \dfrac{h}{d_0} = 9,3\ \mathrm{m/s}$

b) $a_{\mathrm{m}} = 2\dfrac{v_0^2}{d_0^2} h = 269\ \mathrm{m/s^2}$

W 1.2

$\tan\alpha = -\dfrac{v_{x0}}{x_0\omega_0}$ mit $\cos\alpha > 0$

$\alpha = 301°$

$x_{\mathrm{m}} = x_0/\cos\alpha = 3,9\ \mathrm{cm}$

W 1.3

$f > \dfrac{1}{2\pi}\sqrt{\dfrac{g}{x_{\mathrm{m}}}} = 2,2\ \mathrm{Hz}$

W 1.4

a) $x_1 = \dfrac{m_2}{m_0} x_0 = 4,5\ \mathrm{mm}$

b) $x_2 = \dfrac{m_1 + 2m_2}{m_0} x_0 = 10\ \mathrm{mm}$

W 1.5

a) $F_{\mathrm{m}} = mg + \dfrac{mv_0^2}{l} = 100\ \mathrm{kN}$

b) $x_{\mathrm{m}} = v_0\sqrt{\dfrac{l}{g}} = 71\ \mathrm{cm}$

W 1.6

$f = \dfrac{1}{2\pi}\sqrt{\dfrac{m_1 g}{\Delta l(m_1+m_0)}} = 2,7\ \mathrm{Hz}$

W 1.7

$J_1 = \dfrac{D}{4\pi^2}(T_1^2 - T_0^2) = 0,110\ \mathrm{kg\cdot m^2}$

W 1.8

a) $F_s = -mg\sin\varphi$

b) $\ddot\varphi = -\dfrac{g}{l}\sin\varphi$

c) $\varphi \ll 1 \qquad \ddot\varphi = -\dfrac{g}{l}\varphi$

d) $\omega_0 = \sqrt{\dfrac{g}{l}}$

W 1.9

a) $T = 2\pi\sqrt{\dfrac{l}{2g}} = 0,83\ \mathrm{s}$

b) $v_{x\mathrm{m}} = x_{\mathrm{m}}\sqrt{\dfrac{2g}{l}} = 0,27\ \mathrm{m/s}$

c) $a_{x0} = -\dfrac{2g}{l}x_{\mathrm{m}} = -2,0\ \mathrm{m/s^2}$

d) $a_{x1} = 0$

W 1.10

a) $\ddot\varphi + \dfrac{3k}{m}\varphi = 0$

b) $T = 2\pi\sqrt{\dfrac{m}{3k}}$

W 1.11

a) $y_2 = \dfrac{m_1+m_2}{m_1} y_1 = 16,6\ \mathrm{cm}$

b) $y_{\mathrm{m}} = \dfrac{m_2}{m_1} y_1 = 7,1\ \mathrm{cm}$

c) $y_3 = y_1\left(1 + 2\dfrac{m_2}{m_1}\right) = 23,7\ \mathrm{cm}$

d) $\omega_0 = \sqrt{\dfrac{m_1 g}{(m_1+m_2)y_1}} = 7,69\ \mathrm{s^{-1}}$

e) $y_4 = y_2 + y_{\mathrm{m}}\cos\omega_0 t_4 = 20,0\ \mathrm{cm}$

f) $v_{y4} = -y_{\mathrm{m}}\omega_0\sin\omega_0 t_4 = 48\ \mathrm{cm/s}$

W 1.12

$f = \dfrac{1}{2\pi}\sqrt{\dfrac{g}{l} + \dfrac{2k}{m}\left(\dfrac{l'}{l}\right)^2}$

W 2

W 2.1

a) $m\ddot x = -kx - r\dot x$

b) $\omega = \sqrt{\dfrac{k}{m} - \delta^2} = 14,1\ \mathrm{s^{-1}}$

$\delta = \dfrac{r}{2m} = 0,75\ \mathrm{s^{-1}}$

c) $\alpha = 0$

$x_{\mathrm{A}} = \dfrac{v_{x0}}{\omega} = 7,9\ \mathrm{cm}$

$x(t) = \dfrac{v_{x0}}{\omega}\,\mathrm{e}^{-\delta t}\sin\omega t$

d) $\tan \omega t_n = \dfrac{\omega}{\delta} \qquad t_n = t_0 + nT$

$t_0 = 0,108$ s

$T = \dfrac{2\pi}{\omega} = 0,445$ s

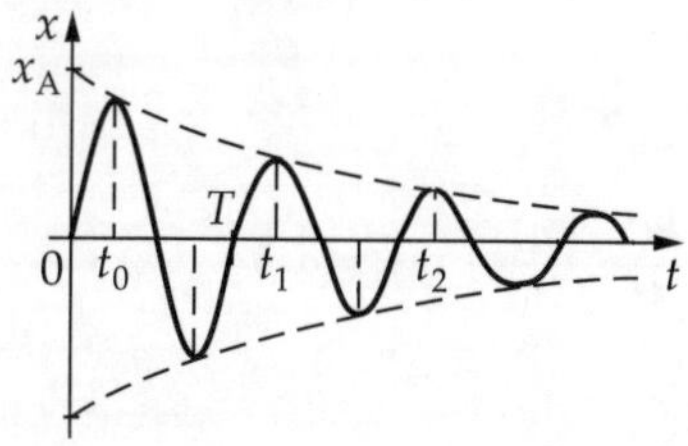

e) $\dfrac{x_{n+1}}{x_n} = e^{-\frac{2\pi\delta}{\omega}} = 0,716$

f) $\eta = r\sqrt[3]{\dfrac{\varrho k}{162\pi^2 m}} = 0,713$ Pa · s

g) $k' = \dfrac{r^2}{4m} = 0,142$ N/m

W 2.2

a) $x_0 = \dfrac{x_{10}^3}{x_{15}^2} = 68,8$ cm

b) $n \geqq 5\dfrac{\ln(x_0/\tilde{x})}{\ln(x_{10}/x_{15})}$

$\geqq 5\dfrac{\ln(x_{10}/\tilde{x})}{\ln(x_{10}/x_{15})} + 10$

$n = 48$

c) $t_n \approx 2\pi n\sqrt{\dfrac{l}{g}} = 215$ s

d) $\delta \approx \dfrac{\ln(x_{10}/x_{15})}{10\pi}\sqrt{\dfrac{g}{l}} = 9,0 \cdot 10^{-3}\ \text{s}^{-1}$

W 2.3

a) $\ddot{x} + \dfrac{32\eta}{d^2\varrho}\dot{x} + \dfrac{2g}{l}x = 0$

b) $\delta = \dfrac{16\eta}{d^2\varrho} = 7,39 \cdot 10^{-2}\ \text{s}^{-1}$

$\omega = \sqrt{\dfrac{2g}{l} - \left(\dfrac{16\eta}{d^2\varrho}\right)^2} = 7,00\ \text{s}^{-1}$

$\Lambda = \dfrac{2\pi\delta}{\omega} = 6,63 \cdot 10^{-2}$

c) $t_H = \dfrac{\ln 2}{\delta} = 9,38$ s

$N = \dfrac{\ln 2}{\Lambda} = 10,5$

W 2.4

a) $\ddot{\varphi} + \dfrac{\eta}{\varrho bd}\dot{\varphi} + \dfrac{2g}{\pi r}\varphi = 0$

b) $\delta = \dfrac{\eta}{2\varrho bd} = 10\ \text{s}^{-1}$

c) $r = \dfrac{8g}{\pi}\left(\dfrac{bd\varrho}{\eta}\right)^2 = 6,2$ cm

W 2.5

$k = \dfrac{mg}{4s} = 44$ kN/m

$r = \sqrt{\dfrac{mgm_R}{s}} = 2,7 \cdot 10^3$ kg/s

W 2.6

a) $T = \dfrac{2\pi}{\sqrt{\dfrac{k}{m} - \left(\dfrac{r}{2m}\right)^2}} = 0,93$ s

$\Lambda = \dfrac{rT}{2m} = 1,85$

b) $x(T) = x_0\,e^{-\Lambda} = 5,5$ mm

$x(2T) = x_0\,e^{-2\Lambda} = 0,86$ mm

W 2.7

a) $t_n = \dfrac{2\pi n}{\sqrt{\dfrac{k}{m} - \left(\dfrac{r}{2m}\right)^2}} = 9,9$ s

b) $\dfrac{x_n}{x_0} = e^{-\frac{rt_n}{2m}} = 0,10$

W 2.8

$k = \dfrac{m}{T^2}\left[4\pi^2 + \left(\ln\dfrac{x_n}{x_{n+1}}\right)^2\right] = 220$ N/m

$r = \dfrac{2m}{T}\ln\dfrac{x_n}{x_{n+1}} = 2,7$ N · s/m

W 2.9

a) $J\alpha = -D\varphi - r_0 l^2\omega$

b) $\delta_0 = \sqrt{\dfrac{D}{J}} = 2,0\ \text{s}^{-1}$

c) $T = \dfrac{2\pi}{\delta_0\sqrt{1-\eta^2}} = 5,2$ s

$\dfrac{\varphi_{n+1}}{\varphi_n} = e^{-\frac{2\pi\eta}{\sqrt{1-\eta^2}}} = 2,3 \cdot 10^{-4}$

W 2.10

a) $U_0 = U_{11} \left(\dfrac{U_{11}}{U_{15}} \right)^{\frac{11}{4}} = 311 \text{ V}$

b) $T_0 = \dfrac{T}{\sqrt{1 + \dfrac{1}{64\pi^2} \left(\ln \dfrac{U_{11}}{U_{15}} \right)^2}} = 124 \text{ µs}$

W 3

W 3.1

a) $k = \left(\dfrac{3\pi}{2} f \right)^2 m = 1{,}50 \cdot 10^5 \text{ kg/s}^2$

b) $x_0 = \dfrac{g}{(3\pi f)^2} = 1{,}2 \text{ cm}$

c) $x_\text{m} = \dfrac{2}{5} \dfrac{m'}{m} h = 0{,}67 \text{ mm}$

W 3.2

a) $\omega_\text{R} = \sqrt{\omega_0^2 - 2\delta^2} = 9{,}6 \text{ s}^{-1}$

b) $x_\text{mR} = \dfrac{F_\text{m}/m}{2\delta \sqrt{\omega_0^2 - \delta^2}} = 5{,}1 \text{ cm}$

c) $\tan \alpha_\text{R} = \sqrt{\left(\dfrac{\omega_0}{\delta} \right)^2 - 2}$

$\alpha_\text{R} = 78°$

d) $\omega_1 = \omega_0 = 10 \text{ s}^{-1}$

e) $v_{x\text{m}1} = \dfrac{F_\text{m}}{2m\delta} = 50 \text{ cm/s}$

f) $t_\text{H} = \dfrac{\ln 2}{\delta} = 0{,}35 \text{ s}$

W 3.3

a) $\ddot{x} + \dfrac{g}{l} x = \dfrac{g}{l} \xi_\text{m} \sin 2\pi \dfrac{t}{T}$

b) $x_\text{m} = \dfrac{\xi_\text{m}}{\left| 1 - \dfrac{4\pi^2 l}{T^2 g} \right|} = 14{,}5 \text{ mm}$

c) $\alpha = \pi$

W 3.4

a) $v = \dfrac{l}{2\pi} \sqrt{\dfrac{k}{m} - \dfrac{1}{2} \left(\dfrac{r}{m} \right)^2} = 71 \text{ km/h}$

b) $x_\text{m} = \dfrac{\dfrac{mk}{r^2}}{\sqrt{4 \dfrac{mk}{r^2} - 1}} h = 10 \text{ cm}$

W 3.5

a) $x_\text{m} = \dfrac{\eta F_\text{m}}{k} = 3{,}1 \text{ µm}$

b) $m_2 = \dfrac{k(1 + \eta)}{4\pi^2 f^2 \eta} - m_1 = 3{,}5 \text{ t}$

W 3.6

a) $\delta = \dfrac{\omega_0}{\sqrt{2}}$

b) $\dfrac{x_\text{mR}}{\xi_\text{m}} = \dfrac{1}{2 \dfrac{\delta}{\omega_0} \sqrt{1 - \left(\dfrac{\delta}{\omega_0} \right)^2}}$

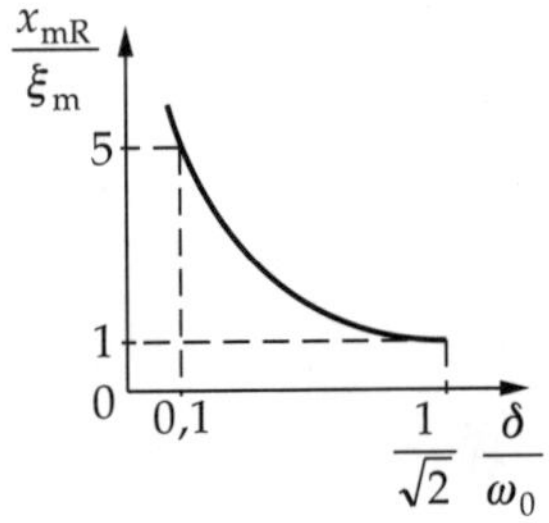

W 3.7

a) $x_\text{m} = \dfrac{\varepsilon \dfrac{m'}{m} (2\pi f)^2}{\sqrt{\left(\dfrac{k}{m} - 4\pi^2 f^2 \right)^2 + \left(\dfrac{2\pi f r}{m} \right)^2}}$

$= 43 \text{ µm}$

$\tan \alpha = \dfrac{2\pi f r}{k - (2\pi f)^2 m}$

$\alpha = 166°$

b) $\overline{P} = 2\pi^2 f^2 r x_\text{m}^2 = 19 \text{ mW}$

W 3.8

a) $f_1 = \dfrac{\dfrac{k}{m}}{2\pi \sqrt{\dfrac{k}{m} - 2\delta^2}} = 3{,}2 \text{ Hz}$

b) $a_{x\text{m}1} = \dfrac{\left(\dfrac{k}{m} \right)^2 \xi_\text{m}}{2\delta \sqrt{\dfrac{k}{m} - \delta^2}} = 8 \text{ m/s}^2$

W 3.9

a) $k = m(\varepsilon\omega_\mathrm{k})^2 = 40\ \mathrm{N/m}$

b) $\delta = \dfrac{\varepsilon\omega_\mathrm{k}}{2} = 10\ \mathrm{s}^{-1}$

c) $\omega_\mathrm{M} = \dfrac{\varepsilon\omega_\mathrm{k}}{\sqrt{2}} = 14\ \mathrm{s}^{-1}$

d) $\dfrac{x_\mathrm{m}}{\xi_\mathrm{m}}(\omega_\mathrm{M}) = \dfrac{2}{\sqrt{3}} = 1,15$

$\dfrac{x_\mathrm{m}}{\xi_\mathrm{m}}(\omega_\mathrm{k}) = \dfrac{\varepsilon^2}{\sqrt{1-\varepsilon^2+\varepsilon^4}} = 1,0 \cdot 10^{-2}$

W 3.10

a) $k = \dfrac{m_\mathrm{V} g}{2s} = 33 \cdot 10^6\ \mathrm{kg/s^2}$

b) $f_0 = \dfrac{1}{2\pi}\sqrt{\dfrac{m_\mathrm{V}}{m_0 + N m_\mathrm{P}}\dfrac{g}{s}} = 1,7\ \mathrm{Hz}$

c) $x_\mathrm{m} = \dfrac{FN}{\left|\dfrac{m_\mathrm{V} g}{s} - 4\pi^2 f^2 (m_0 + N m_\mathrm{P})\right|}$
$= 3,8\ \mathrm{mm}$

W 4

W 4.1

a) $\eta = -\eta_\mathrm{m} \cos 2\pi f t$

b) $v_\mathrm{m} = 2\pi f \eta_\mathrm{m} = 1,5\ \mathrm{m/s}$

c) $\eta_1 = -\eta_\mathrm{m} \cos 2\pi f t_1 = -1,9\ \mathrm{cm}$
$v_1 = 2\pi f \eta_\mathrm{m} \sin 2\pi f t_1 = -1,4\ \mathrm{m/s}$
$a_1 = (2\pi f)^2 \eta_\mathrm{m} \cos 2\pi f t_1 = 12\ \mathrm{m/s^2}$

d) $\eta(t,x) = -\eta_\mathrm{m} \cos 2\pi \left(ft - \dfrac{x}{\lambda}\right)$

e)

	t	x	η
1	0	0	$-\eta_\mathrm{m}$
2	0	$\lambda/2$	$+\eta_\mathrm{m}$
3	$T/4$	0	0
4	$T/4$	$\lambda/4$	$-\eta_\mathrm{m}$
5	$T/4$	$3\lambda/4$	$+\eta_\mathrm{m}$

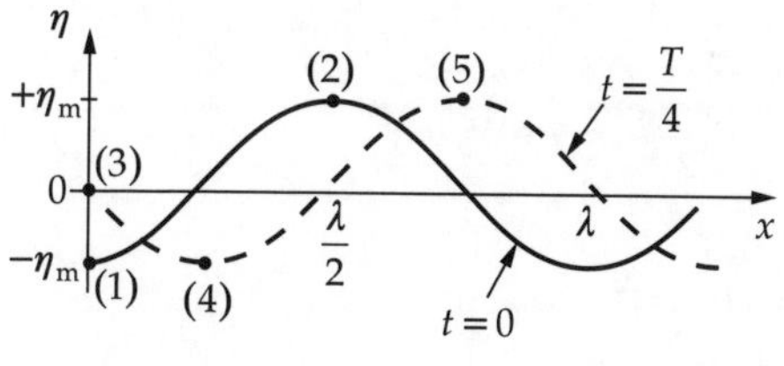

f) $c = \lambda f = 1,28\ \mathrm{m/s}$

W 4.2

$\eta(t,x) = \eta_\mathrm{m} \sin 2\pi \left(ft - \dfrac{x}{\lambda}\right)$

W 4.3

$\eta(t,x) = -\eta_\mathrm{m} \sin 2\pi \left(ft + \dfrac{x}{\lambda}\right)$

W 4.4

$\eta(t,0) = \eta_\mathrm{m} \cos 2\pi f t$

W 4.5

a) $\eta = 2\eta_\mathrm{m} \cos \dfrac{\pi}{4} \cos\left(\omega t - kx + \dfrac{\pi}{4}\right)$

b) $A = 2\eta_\mathrm{m} \cos \dfrac{\pi}{4} = \sqrt{2}\eta_\mathrm{m}$

c)

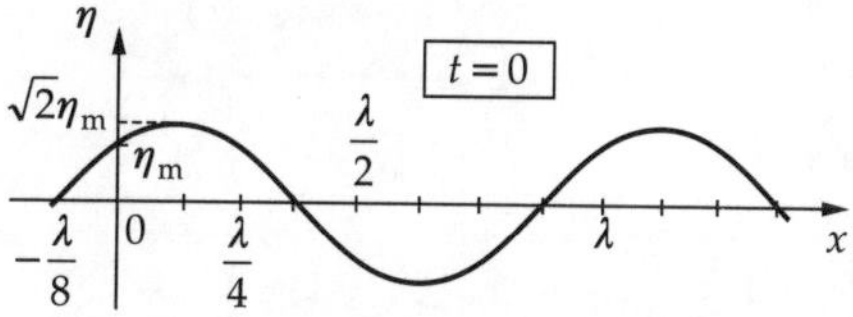

$\eta = A\cos\left(-kx + \dfrac{\pi}{4}\right)$
$= A\cos\left(kx - \dfrac{\pi}{4}\right)$

W 4.6

$x(t) = \dfrac{\lambda}{T} t + \dfrac{\lambda}{4}$

W 4.7

a) $c = \dfrac{\omega}{k} = 10\ \mathrm{m/s}$

b) $\lambda = \dfrac{2\pi}{k} = 2,0\ \mathrm{m}$

c) $\eta(t, x_1) = \eta_\mathrm{m} \cos(\omega t + k x_1 + \alpha)$
mit $k x_1 + \alpha = 214°$

d) $\eta(t_1, x_1) = \eta_\mathrm{m} \cos(\omega t_1 + k x_1 + \alpha)$
$= 30\ \mathrm{mm}$

W 4.8

$\eta_2(t,x) = \eta_\mathrm{m} \cos(\omega t - kx + \alpha_2)$
mit $\alpha_2 = 2kx_1 + \pi + \alpha_1 = 178°$

W 4.9

a) $x_\mathrm{K} = x_1 - n\dfrac{\lambda}{2} \qquad n = 0, 1, 2, \ldots$
$x_\mathrm{K} = 60\ \mathrm{cm}, 46\ \mathrm{cm}, 32\ \mathrm{cm}, \ldots$

$$x_B = x_1 - \left(n + \frac{1}{2}\right)\frac{\lambda}{2} \qquad n = 0, 1, 2, \ldots$$

$x_B = 53$ cm, 39 cm, 25 cm, ...

b) $\eta(t,x) = 2\eta_m \sin 2\pi \times \left(ft - \frac{x_1}{\lambda}\right) \sin 2\pi \left(\frac{x - x_1}{\lambda}\right)$

c) $\eta_B = 2\eta_m = 10$ cm

W 4.10

$$\eta_B = \frac{\eta_m}{\sin \frac{2\pi f l}{c}} = 1{,}9 \text{ mm}$$

W 4.11

a) $\xi(x,t) = 2\xi_m \cos\left[2\pi\left(f_1 + \frac{\Delta f}{2}\right)\left(t - \frac{x}{c}\right)\right] \times \cos\left[2\pi \frac{\Delta f}{2}\left(t - \frac{x}{c}\right)\right]$

b)

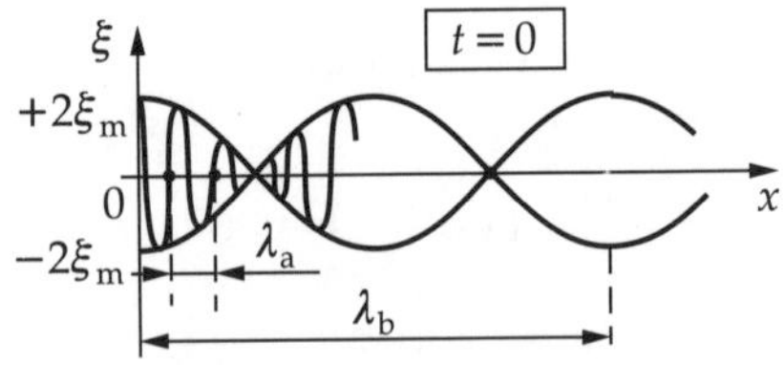

$$\lambda_a = \frac{c}{f_1 + \frac{\Delta f}{2}} = 0{,}50 \text{ m}$$

$$\lambda_b = \frac{c}{\frac{\Delta f}{2}} = 100 \text{ m}$$

c) $f_a = f_1 + \frac{\Delta f}{2} = 680$ Hz

d) $\tau = \frac{1}{\Delta f} = 0{,}15$ s

W 5

W 5.1

$\Delta V = V_0 \frac{gh}{c^2} \approx 50$ l

W 5.2

a) $f_0 = \frac{1}{4l_0}\sqrt{\frac{E}{\varrho_M}} = 3{,}52$ Hz

b) $l_2 = 2l_0\sqrt{\frac{\eta\sigma_Z\varrho_M}{E\varrho_S}} = 4{,}8$ cm

c) $c = \frac{2l_1}{n} f_0 = 342$ m/s

W 5.3

$f_0/f_1 = 2^7 = 128$

a) $\frac{\sigma_1}{\sigma_0} = \left(\frac{l_1 f_1}{l_0 f_0}\right)^2 = 0{,}045$

b) $\frac{m_K}{m_S} = \left(\frac{l_0 f_0}{l_1 f_1}\right)^2 - 1 = 21$

W 5.4

a) $v_m = \sqrt{\frac{2\overline{I}}{\varrho c}} = 4{,}91$ cm/s

b) $\xi_m = v_m/2\pi f = 3{,}13$ µm

c) $\Delta\varrho_m = \frac{\varrho}{c} v_m = 0{,}172$ g/m³

d) $\Delta p_{Wm} = \varrho c v_m = 20{,}4$ Pa

e) $\overline{\Delta p_S} = \frac{\varrho}{2} v_m^2 = 1{,}45$ mPa

W 5.5

$\overline{I} = \overline{\Delta p_S}\sqrt{\varkappa R' T} = 0{,}74$ W/m²

$L = 10 \text{ dB} \cdot \lg \frac{\overline{I}}{\overline{I}_0} = 118{,}7$ dB

W 5.6

$E_S = \frac{\overline{I}_0}{c} A h \cdot 10^{\frac{L}{10 \text{ dB}}} = 3{,}3 \cdot 10^{-8}$ J

W 5.7

$\overline{I} = \frac{\varrho_W g h c}{2} = 73$ W/cm²

W 5.8

$P = \overline{I} \cdot 4\pi l_0^2$

a) $\overline{I}_1 = 8 \cdot 10^{-7}$ W/m²
$P_1 = 1{,}0 \cdot 10^{-3}$ W

b) $\overline{I}_2 = 2 \cdot 10^{-13}$ W/m²
$P_2 = 2{,}5 \cdot 10^{-10}$ W

W 5.9

$$\xi_m = \frac{1}{2\pi f}\sqrt{\frac{2\overline{I}}{\varrho c}}$$

a) $\overline{I}_1 = 3 \cdot 10^{-6}$ W/m²
$\xi_{m1} = 11$ µm

b) $\overline{I}_2 = 1,5 \cdot 10^{-13}$ W/m²

$\xi_{m2} = 0,019$ nm

c) $\overline{I}_3 = 1 \cdot 10^{-10}$ W/m²

$\xi_{m3} = 0,13$ nm

W 5.10

a) $\overline{I}_1 = \dfrac{P}{2\pi l_1^2} = 1,4 \text{ W/m}^2$

$L_{N1} = 120$ phon

b) $\overline{I}_2 = 10^{-4}$ W/m²

$$l_2 = \sqrt{\frac{P}{2\pi \overline{I}_2}} = 360 \text{ m}$$

W 5.11

a) $$\overline{I} = \overline{I}_0 \left(10^{\frac{L_1}{10\text{ dB}}} + 2 \cdot 10^{\frac{L_2}{10\text{ dB}}} + 10^{\frac{L_3}{10\text{ dB}}} \right) = 8,8 \cdot 10^{-6} \text{ W/m}^2$$

$$L = 10 \text{ dB} \cdot \lg \left(\frac{\overline{I}}{\overline{I}_0} \right) = 69 \text{ dB}$$

b) $L_N = 65$ phon

W 5.12

$$v = c \frac{1 - \dfrac{f_2}{f_1}}{1 + \dfrac{f_2}{f_1}} = 136 \text{ km/h}$$

W 5.13

a) $f' = f \dfrac{c + v_2}{c + v_1} = 2\,412$ Hz

b) $f' = f = 2\,500$ Hz

W 5.14

a) $v = \dfrac{c}{\sin \gamma} = 1,74c = 2\,130$ km/h

b) $h = ct_1 \dfrac{1}{\cos \gamma} = 10,4$ km

T 1

T 1.1

a) $F = E\alpha A \Delta T = 19$ kN

b) $\sigma = E\alpha \Delta T = 189 \text{ MPa} < \sigma_B$

T 1.2

a) $d_0 = \dfrac{d}{1 + 0,3\sigma_B/E}$

$d_0 = 39,963$ mm

b) $\Delta T = 0,3\sigma_B/(\alpha E) = 78$ K

T 1.3

$$p_1 = \frac{p_1'}{1 + \gamma\vartheta_1} \approx p_1'(1 - \gamma\vartheta_1) = 1\,019,4 \text{ hPa}$$

T 1.4

$$Q = m \left[c_E(\vartheta_0 - \vartheta_A) + q_f + c_W(\vartheta_S - \vartheta_0) + \frac{q_d}{2} \right]$$

$\vartheta_0 = 0$ °C $\qquad \vartheta_S = 100$ °C

$Q = 3,80$ MJ

T 1.5

$$\vartheta_E = \frac{m_E q_f + m_E c_W(\vartheta_M - \vartheta_0)}{m_E c_E} - \frac{m_W c_W(\vartheta_S - \vartheta_M)}{m_E c_E} + \vartheta_0 = -14 \text{ °C}$$

T 1.6

$$c_A = \frac{(m_W c_W + C)(\vartheta_E - \vartheta_W)}{\varrho_A l b h (\vartheta_A - \vartheta_E)} = 0,90 \text{ kJ/(kg} \cdot \text{K)}$$

T 1.7

$$\vartheta_E = \frac{(m_W c_W + C)(\vartheta_S - \vartheta_W) + m_D q_d}{m_E c_E} + \vartheta_S = 710 \text{ °C}$$

T 1.8

a) $\vartheta' = \vartheta_0 = 0$ °C

$$m_E = m_1 - \frac{m_3 c_W(\vartheta_S - \vartheta_0)}{q_f} = 74 \text{ g}$$

$m_W = m_1 + m_2 + m_3 - m_E = 526$ g

b) $$\vartheta' = \frac{m_3\vartheta_S + (m_1 + m_2)\vartheta_0}{m_1 + m_2 + m_3} + \frac{m_3 q_d - m_1 q_f}{c_W(m_1 + m_2 + m_3)} = 80 \text{ °C}$$

$m_E = 0$

$m_W = m_1 + m_2 + m_3 = 600$ g

T 1.9

$$I = \frac{m_K[q_d + c_W(\vartheta_S - \vartheta_K)]}{c_W \varrho_W (\vartheta_2 - \vartheta_1) t} = 61 \text{ l/h}$$

T 1.10

a) $t_1 = \dfrac{(mc_W + C)(\vartheta_S - \vartheta_A)}{P} = 6\ \text{min}$

b) Ja, denn $t_2 < t_1 + \dfrac{mq_d}{P} = 37\ \text{min}$

T 1.11

$\Delta T_Q = \dfrac{c_W}{c_Q}\Delta T_W = 30\Delta T_W$

T 2

T 2.1

a) $P = \dfrac{A(\vartheta_i - \vartheta_a)}{\dfrac{1}{\alpha_i} + \dfrac{2d_1}{\lambda_1} + \dfrac{1}{k_2} + \dfrac{1}{\alpha_a}} = 0,21\ \text{kW}$

b) $P' = \dfrac{A(\vartheta_i - \vartheta_a)}{\dfrac{1}{\alpha_i} + \dfrac{d_3}{\lambda_1} + \dfrac{1}{\alpha_a}} = 0,51\ \text{kW}$

T 2.2

a) $\lambda_1 = \dfrac{d_1}{\left(\dfrac{2}{\alpha} + \dfrac{d_3}{\lambda_3}\right)\dfrac{\vartheta_S - \vartheta_2}{\vartheta_2 - \vartheta_0} - \dfrac{2}{\alpha}}$

$= 0,75\ \text{W/(m} \cdot \text{K)}$

b) $\Delta\vartheta = \dfrac{\dfrac{d_2}{\lambda_2}}{\dfrac{2}{\alpha} + \dfrac{d_3}{\lambda_3}}(\vartheta_2 - \vartheta_0) = 0,015\ \text{K}$

T 2.3

$\vartheta_a = \vartheta_0 - \left(\dfrac{\alpha_i d}{\lambda} + \dfrac{\alpha_i}{\alpha_a}\right)(\vartheta_i - \vartheta_0)$

$= -9,7\ ^\circ\text{C}$

T 2.4

$\vartheta_3 = \dfrac{kA\left(\vartheta_1 - \dfrac{\vartheta_2}{2}\right) + \varrho_W c_W I \vartheta_2}{\dfrac{kA}{2} + \varrho_W c_W I} = 70\ ^\circ\text{C}$

$\dfrac{1}{k} = \dfrac{1}{\alpha_1} + \dfrac{d}{\lambda} + \dfrac{1}{\alpha_2} \qquad k = 3,77\ \text{W/(m}^2 \cdot \text{K)}$

T 2.5

a) $\dot{Q}_1 = \dfrac{\lambda_1}{d_1}A(\vartheta_i - \vartheta_{a1}) = 34\ \text{W}$

b) $Q_W = \varrho_1 c_1 \dfrac{Ad_1}{2}(\vartheta_{a1} - \vartheta_{a2}) = 1,26\ \text{kWh}$

$t_1 = \dfrac{\varrho_1 c_1 d_1^2}{2\lambda_1} = 37\ \text{h}$

c) $t_2 = t_1 \dfrac{\varrho_2 c_2 \lambda_2}{\varrho_1 c_1 \lambda_1} = 3,2\ \text{h}$

$t_3 = t_1 \dfrac{\varrho_3 c_3 \lambda_3}{\varrho_1 c_1 \lambda_1} = 55\ \text{s}$

T 2.6

a)

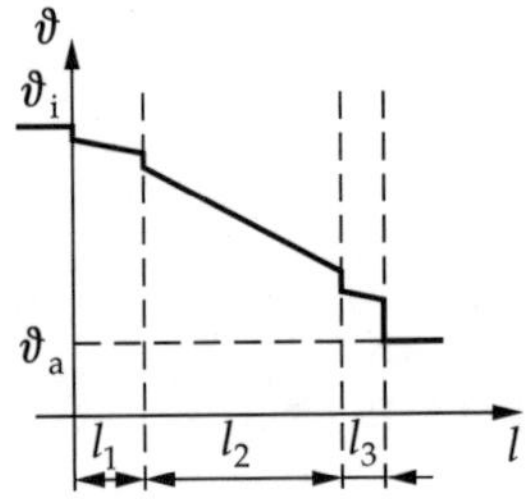

b) $\dfrac{1}{k} \approx \dfrac{1}{\alpha_a} + \dfrac{2}{\alpha_m} + \dfrac{l_2}{\lambda_2}$; $k = 0,92\ \text{W/(m}^2 \cdot \text{K)}$

c) $Q_1 = kA(\vartheta_i - \vartheta_a)t_1 = 318\ \text{kJ}$

$P = kA(\vartheta_i - \vartheta_a) = 88\ \text{W}$

d) $\vartheta_W = \vartheta_a + \dfrac{(\vartheta_i - \vartheta_a)k}{\alpha_a} = 17\ ^\circ\text{C}$

T 2.7

a) $\vartheta = \vartheta_a + (\vartheta_i - \vartheta_a)\,\mathrm{e}^{-\frac{kA}{mc_W}t}$

b) $t_1 = \dfrac{mc_W}{kA}\ln\dfrac{\vartheta_i - \vartheta_a}{\Delta T} \approx 22\ \text{d}$

T 2.8

$t_1 = \dfrac{\varrho q_f}{\alpha(\vartheta_u - \vartheta_0)} r_A \left(1 - \sqrt[3]{0,5}\right) = 30\ \text{h}$

T 3

T 3.1

a) $\Delta m = \dfrac{p_1(V_1 - V_2)}{R'T_1} = 7{,}96\ \text{kg}$

b) $W' = p_1 V_1 \ln \dfrac{V_1}{V_2} = 3{,}04\ \text{MJ}$

c) Geht als Wärme an die Umgebung

T 3.2

$$h = \frac{p_1}{\varrho_\text{W} g}\left(10\frac{T_0 + \vartheta_2}{T_0 + \vartheta_1} - 1\right) = 91\ \text{m}$$

T 3.3

$$t = \frac{V_1 T_2 (p_1 - p_1')}{I T_1 p_2} = 318\ \text{min}$$

T 3.4

a) $V_2 = \left(\dfrac{p_1}{p_2}\right)^{\frac{1}{\varkappa}} V_1 = 93\ \text{cm}^3$

b) $T_2 = \dfrac{p_2}{p_1}\dfrac{V_2}{V_1} T_1 = 435\ \text{K}$

c) $W' = \dfrac{1}{\varkappa - 1}(p_2 V_2 - p_1 V_1) = 31\ \text{J}$

d) $m = N\dfrac{p_1 V_1}{R'T_1} = 15\ \text{g}$

e) Sie bleibt als innere Energie im Gas

T 3.5

a) $F_1 = \left[\dfrac{\varrho_\text{L0} - \varrho_\text{W0}}{1 + \dfrac{\vartheta_1}{T_0}}\dfrac{p_1}{p_0} V_\text{B} - m_\text{N}\right] g$
$= 25\ \text{kN}$

b) $p_2 = p_0 \dfrac{m_\text{N}}{V_\text{B}(\varrho_\text{L0} - \varrho_\text{W0}}\left(1 + \dfrac{\vartheta_2}{T_0}\right)$
$= 52\ \text{kPa}$

c) $\Delta m_\text{W} = \dfrac{\varrho_\text{W0} V_\text{B}}{p_0}\left(\dfrac{p_1}{1 + \dfrac{\vartheta_1}{T_0}} - \dfrac{p_2}{1 + \dfrac{\vartheta_2}{T_0}}\right)$
$= 190\ \text{kg}$

T 3.6

$$m_2 = \frac{M_\text{r}(\text{CaCO}_3)}{M_\text{r}(\text{CO}_2)}\frac{p_1 V_1}{R'(T_0 + \vartheta_1)} = 56{,}3\ \text{g}$$

mit $R' = R'(\text{CO}_2)$

T 3.7

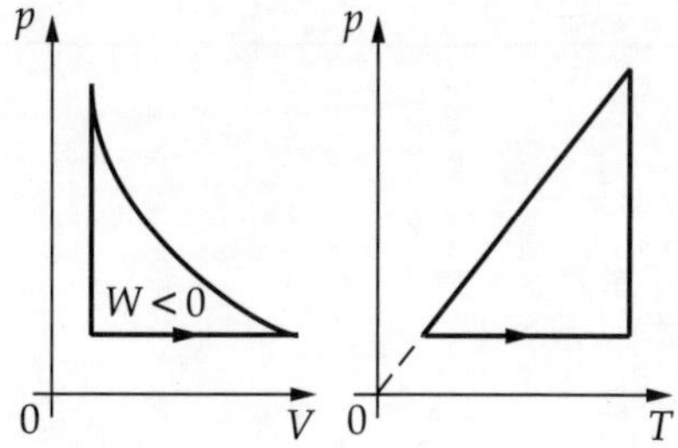

T 3.8

a) $\dfrac{Q}{W} = \dfrac{\varkappa - n}{\varkappa - 1}$

b) $\dfrac{\Delta U}{W} = -\dfrac{n - 1}{\varkappa - 1}$

c) $n = 1 \quad Q/W = 1 \quad \Delta U/W = 0$
$n = \varkappa \quad Q/W = 0 \quad \Delta U/W = -1$

T 3.9

Ansatz: $\mathrm{d}p = -\varrho g\,\mathrm{d}z$; $p = \varrho R' T$
Integration: p_0 bis p und 0 bis h

T 3.10

a) $\Delta T = \dfrac{Q - (p_\text{a} A + m_\text{K} g)h}{m c_V} = 49\ \text{K}$

b) $\Delta H = Q = 126\ \text{J}$

T 3.11

a) $\Delta H = Q = 2\,808\ \text{J}$

b) $\Delta U = Q - p_\text{a}\left(\dfrac{\varrho_\text{W}}{\varrho_\text{D}} - 1\right)\Delta V_\text{W} = 2\,597\ \text{J}$

c) $q_\text{d} = \dfrac{Q}{\varrho_\text{W}\Delta V_\text{W}} = 2{,}25\ \text{MJ/kg}$

T 3.12

a) $\Delta S_V = m c_V \ln\left(1 + \dfrac{\vartheta_1}{T_0}\right) = 0{,}155\ \text{J/K}$

b) $\Delta S_p = m c_p \ln\left(1 + \dfrac{\vartheta_1}{T_0}\right) = 0{,}217\ \text{J/K}$

T 3.13

$$\Delta H = \frac{\varkappa}{\varkappa - 1} p_1 V_1 \left(\frac{T_0 + \vartheta_2}{T_0 + \vartheta_1} - 1\right)$$
$$= -55\ \text{J}$$

$$\Delta S = \frac{p_1 V_1}{T_0+\vartheta_1}\left(\frac{\varkappa}{\varkappa-1}\ln\frac{T_0+\vartheta_2}{T_0+\vartheta_1}+\ln\frac{p_1}{p_2}\right)$$
$$= -0,099\ \mathrm{J/K}$$

T 3.14

a) $\Delta S_1 = m c_\mathrm{W} \ln\frac{T_\mathrm{S}}{T_0} = 1,31\ \mathrm{kJ/K}$

b) $\Delta S_2 = m c_\mathrm{W} \ln\frac{T_0+T_\mathrm{S}}{2\sqrt{T_0 T_\mathrm{S}}} = 50,8\ \mathrm{J/K}$

T 4

T 4.1

$$T_\mathrm{h} = \frac{\Delta T}{\eta} = 467\ \mathrm{K}$$

$$T_\mathrm{t} = \Delta T\left(\frac{1}{\eta}-1\right) = 327\ \mathrm{K}$$

T 4.2

$$P = \dot{Q}\frac{\vartheta_\mathrm{H}-\vartheta_\mathrm{W}}{T_0+\vartheta_\mathrm{H}} = 7,8\ \mathrm{kW}$$

T 4.3

$$Q_2 = 60\frac{T_0+\vartheta_2}{T_0+\vartheta_1}Q_1 = 124\ \mathrm{GJ}$$

T 4.4

a) als Wärmepumpe oder Kältemaschine

b) $W = |Q_2| - |Q_1| = -84\ \mathrm{kJ}$ (eingeschlossene Fläche im $p(V)$-Diagramm)

c) $\varepsilon_\mathrm{W} = \left|\frac{Q_1}{W}\right| = 11$

$\varepsilon_\mathrm{K} = \left|\frac{Q_2}{W}\right| = 10$

d) $\vartheta_1 = \frac{|Q_1|}{|Q_2|}(T_0+\vartheta_2) - T_0 = 38,4\ ^\circ\mathrm{C}$

e) $m = \frac{|Q_2|}{R' T_2}\frac{1}{\ln(V_\mathrm{b}/V_\mathrm{a})} = 1,03\ \mathrm{kg}$

T 4.5

a) $W = mR'(T_\mathrm{h}-T_\mathrm{t})\ln\frac{V_B}{V_A} = 19,1\ \mathrm{kJ}$

b) $V_\mathrm{max} = V_B\left(\frac{T_\mathrm{h}}{T_\mathrm{t}}\right)^{1/(\varkappa-1)} = 64\ \mathrm{l}$

c) $\frac{p_\mathrm{max}}{p_\mathrm{min}} = \frac{V_B}{V_A}\left(\frac{T_\mathrm{h}}{T_\mathrm{t}}\right)^{\varkappa/(\varkappa-1)} = 113$

T 4.6

a) $|Q_1| = \frac{T_0+\vartheta_1}{\vartheta_1-\vartheta_2}Pt = 141\ \mathrm{MJ}$

b) $\Delta T = \frac{T_0+\vartheta_2}{\vartheta_1-\vartheta_2}\frac{P}{I\varrho_\mathrm{W} c_\mathrm{W}} = 0,066\ \mathrm{K}$

T 4.7

$$m = \frac{T_0+\vartheta_2}{\vartheta_1-\vartheta_2}$$
$$\times\frac{Pt}{c_\mathrm{W}(\vartheta_3-\vartheta_0)+q_\mathrm{f}+c_\mathrm{E}(\vartheta_0-\vartheta_2)}$$
$$= 422\ \mathrm{kg}$$

T 4.8

a) $d = \frac{\lambda A(\vartheta_\mathrm{a}-\vartheta_\mathrm{i})^2}{\eta_\mathrm{V} P(T_0+\vartheta_\mathrm{i})}\left(1+\frac{1}{\tau}\right) = 30\ \mathrm{mm}$

b) $\vartheta'_\mathrm{a} = \vartheta_\mathrm{i} + (\vartheta_\mathrm{a}-\vartheta_\mathrm{i})\sqrt{1+\frac{1}{\tau}} = 48\ ^\circ\mathrm{C}$

T 5

T 5.1

$$\Delta S = m c_\mathrm{E}\left(\frac{T_1}{T_2}-1-\ln\frac{T_1}{T_2}\right) = 143\ \mathrm{J/K}$$

T 5.2

$$\Delta S = m_\mathrm{W} c_\mathrm{W}\ln\frac{T_0+\vartheta_\mathrm{E}}{T_0+\vartheta_\mathrm{W}} - m_\mathrm{M} c_\mathrm{M}\ln\frac{T_0+\vartheta_\mathrm{M}}{T_0+\vartheta_\mathrm{E}}$$
$= 7,9\ \mathrm{J/K}$, wobei

$$\vartheta_\mathrm{E} = \frac{m_\mathrm{M} c_\mathrm{M}\vartheta_\mathrm{M} + m_\mathrm{W} c_\mathrm{W}\vartheta_\mathrm{W}}{m_\mathrm{M} c_\mathrm{M} + m_\mathrm{W} c_\mathrm{W}} = 30,4\ ^\circ\mathrm{C}$$

T 5.3

$$\Delta S = \frac{mgh}{T} = 0,71\ \mathrm{J/K}$$

T 5.4

$$\Delta S = m_2 c_\mathrm{W}\ln\frac{T_0+\vartheta_\mathrm{M}}{T_0+\vartheta_2} - m_1 c_\mathrm{W}\ln\frac{T_0+\vartheta_1}{T_0+\vartheta_\mathrm{M}}$$
$= 1,57\ \mathrm{kJ/K}$ mit

$$\vartheta_\mathrm{M} = \frac{m_1\vartheta_1 + m_2\vartheta_2}{m_1+m_2} = 50\ ^\circ\mathrm{C}$$

T 5.5

$$\Delta S = (mc_\text{W} + C)\ln\left[1 + \frac{W'}{(mc_\text{W}+C)T_1}\right]$$
$$= 0,30 \text{ kJ/K}$$

T 5.6

a) $\Delta S = \dfrac{p_1V_1}{T_1}\ln 4 = 97,5 \text{ J/K}$

b) Irreversibler Prozeß: $\Delta S > 0$ im abgeschlossenen System

T 5.7

$$\Delta S = \frac{1}{T}\left[p_1V_1 \ln\frac{p_1(V_1+V_2)}{p_1V_1+p_2V_2} - p_2V_2\ln\frac{p_1V_1+p_2V_2}{p_2(V_1+V_2)}\right] = 10,5 \text{ J/K}$$

T 5.8

a) $\dot{Q} = \lambda\dfrac{A}{l}(T_1 - T_2) = 928 \text{ W}$

b) $P = \dfrac{1}{T_1}(T_1 - T_2)\dot{Q} = 195 \text{ W}$

c) $\Delta S = \dot{Q}t\left(\dfrac{1}{T_2} - \dfrac{1}{T_1}\right) = 2,34 \text{ kJ/K}$

d) $\Delta S = Pt\dfrac{1}{T_2}$

T 5.9

$$\Delta S = R'\left(\frac{7}{2}m_1\ln\frac{T'}{T_1} + \frac{7}{2}m_2\ln\frac{T'}{T_2} - m_1\ln\frac{p'}{p_1} - m_2\ln\frac{p'}{p_2}\right)$$
$$= +1,48 \text{ kJ/K}$$

Irreversibel

T 5.10

$$\Delta S = \frac{p_1V_1}{\vartheta_1 + T_0}\ln\frac{V_0}{V_1} + \frac{p_2(V_0 - V_1)}{\vartheta_1 + T_0}\ln\frac{V_0}{V_0 - V_1}$$
$$= 8,02 \text{ kJ/K}$$

T 6

T 6.1

a) $\dfrac{\Delta N}{N} = \sqrt{\dfrac{8}{\pi R'T_0}}\cdot\dfrac{\overline{v}^2}{2R'T_0}\,\mathrm{e}^{-\frac{\overline{v}^2}{2R'T_0}}\Delta v$

$= 1,5\ \%\qquad \overline{v} = \dfrac{v_1 + v_2}{2}$

b) $N^* = \left(\dfrac{\Delta N}{N}\right)N_\text{a}\nu = 9,0\cdot 10^{24}$

T 6.2

$v_\text{w} = \sqrt{2R'T}$

H_2: $v_\text{w} = 1\,761$ m/s

He: $v_\text{w} = 1\,245$ m/s

N_2: $v_\text{w} = 471$ m/s

T 6.3

a) $v_\text{w1} = \sqrt{2R'T_1} = 395$ m/s

$v_\text{w2} = \sqrt{2R'T_2} = 603$ m/s

b) $w(v_\text{w}) = \dfrac{4}{\sqrt{\pi}\,\mathrm{e}v_\text{w}}$

$w(v_\text{w1}) = 2,10\cdot 10^{-3}$ s/m

$w(v_\text{w2}) = 1,38\cdot 10^{-3}$ s/m

c)

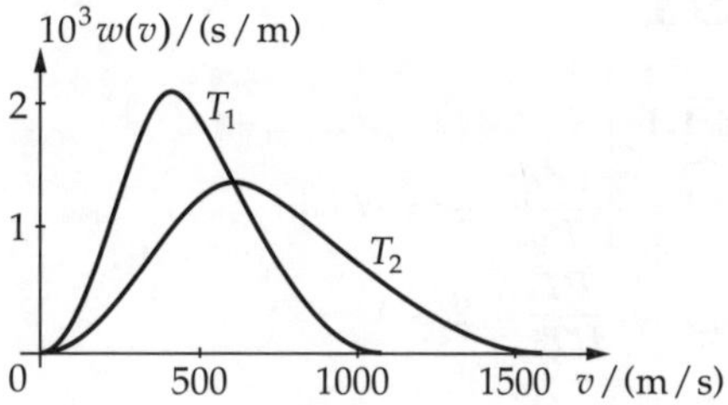

T 6.4

a) $\Delta\overline{E}_\text{k} = \dfrac{Q}{mN'_\text{A}} = 2,8\cdot 10^{-21}$ J

b) $\Delta T = \dfrac{2Q}{3mR'} = 134$ K

c) $\varkappa = \dfrac{2}{f} + 1 = 1,67 \qquad f = 3$

T 6.5

a) $\Lambda = \dfrac{kT}{4\sqrt{2}\pi r_0^2}\cdot\dfrac{1}{p}$

b) $N_\text{Z} = \dfrac{1}{\Lambda}\sqrt{\dfrac{8}{\pi}R'T}\Delta t$

	p/Pa	Λ/cm	N_Z
1)	10^5	$6,4 \cdot 10^{-6}$	$\approx 10^{10}$
2)	10^2	$6,4 \cdot 10^{-3}$	$\approx 10^7$
3)	10^{-1}	$6,4$	$\approx 10^4$

b) $\dot{m} = \dfrac{N}{N'_A} = 1,15 \cdot 10^{-12}$ g/s

c) $I = e\dot{N} = 4,0 \cdot 10^{-9}$ A

d) $t = \dfrac{p_a V}{I_V} = 32$ a

T 6.6

a) $s = \sqrt{\dfrac{8R'}{\pi T}} \dfrac{pVt}{k} = 10^{19}$ m

b) $t_L = \dfrac{s}{c} = 10^3$ a

c) $N_z = 2\sqrt{2}\pi r_0^2 \dfrac{ps}{kT} = 10^{26}$

T 6.7

$$p = \frac{kT}{4\sqrt{2}d\pi r_0^2}$$

$p = 2,4 \cdot 10^{-2}$ Pa

T 6.8

$p = \dfrac{2}{3} n\overline{E}_k = 17,5$ MPa

T 6.9

a) $\dot{N} = \dfrac{1}{kT} I_V = 2,5 \cdot 10^{10}\ \mathrm{s}^{-1}$

T 6.10

$$S = \sqrt{\frac{\pi}{32} R'T d^2} = 390 \text{ l/s}$$

T 6.11

$$t = \frac{k}{A_0 p} \sqrt{\frac{2\pi T}{R'}} = 47,5 \text{ min}$$

T 6.12

$$\varkappa = \frac{2}{f} + 1$$

a) $f = 3$ $\quad \varkappa = \dfrac{5}{3} = 1,67$

b) $f = 5$ $\quad \varkappa = \dfrac{7}{5} = 1,40$

c) $f = 6$ $\quad \varkappa = \dfrac{4}{3} = 1,33$

E 1

E 1.1

a) $l = \dfrac{\pi}{4} \dfrac{U^2 d^2}{P\varrho_0} \dfrac{T_0}{T} = 87$ cm

b) $I_0 = \dfrac{PT}{UT_0} = 2,3$ A

E 1.2

$$R = \frac{\eta U^2 t}{mc_W \Delta\vartheta} = 31\ \Omega$$

E 1.3

$$N = \frac{I_1}{3e} t_1 = 1,0 \cdot 10^{20}$$

E 1.4

a) $R = R_3 \| \{R_4 + [R_5 \| (R_1 + R_2)]\} = 63\ \Omega$

b) $U = U_e \dfrac{R}{R + R_i} = 5,2$ V

c) $I_4 = \dfrac{U}{\{R_4 + [R_5 \| (R_1 + R_2)]\}} = 30$ mA

E 1.5

a) $R_i = \dfrac{U_0 - U_1}{I} = 18$ mΩ

b) $R_A = \dfrac{U_1}{I} = 58$ mΩ

c) $U_2 = \dfrac{U_0}{2} = 6,4$ V

E 1.6

a) $U_1 = U_e \dfrac{R_1}{R_1 + R_i} = 199$ V

$R_1 = \dfrac{U^2}{P_B} = 96,8\ \Omega$

b) $U_2 = U_e \dfrac{R_2}{R_2 + R_i} = 168$ V

$R_2 = \dfrac{U^2}{P_B + P_T} = 32,3\ \Omega$

E 1.7

a) $I = \dfrac{P_L}{U_L} = 1,25$ A

b) $R_V = \frac{(U_N - U_L)U_L}{P_L} = 157\ \Omega$

c) $P_V = \frac{U_N - U_L}{U_L} P_L = 245\ \text{W}$

d) $Q_V = P_V t = 245\ \text{J}$

e) $R_p = R_A \frac{I_A}{I - I_A} = 0,435\ \Omega$

E 1.8

a)

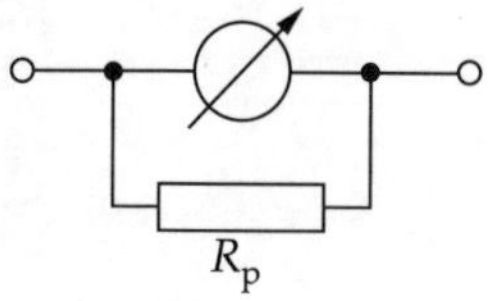

$$R = R_0 \frac{I_0}{I} \qquad R_p = R_0 \frac{I_0}{I - I_0}$$

$$R_1 = 2,000\ \Omega \qquad R_{p1} = 2,041\ \Omega$$

$$R_2 = 200,0\ \text{m}\Omega \qquad R_{p2} = 200,4\ \text{m}\Omega$$

$$R_3 = 20,00\ \text{m}\Omega \qquad R_{p3} = 20,00\ \text{m}\Omega$$

b)

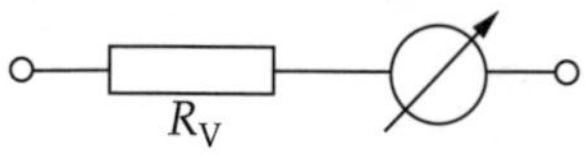

$$R = \frac{U}{I_0} \qquad R_V = R - R_0$$

$$R_1 = 1,000\ \text{k}\Omega \qquad R_{V1} = 0,900\ \text{k}\Omega$$

$$R_2 = 5,000\ \text{k}\Omega \qquad R_{V2} = 4,900\ \text{k}\Omega$$

$$R_3 = 25,00\ \text{k}\Omega \qquad R_{V3} = 24,90\ \text{k}\Omega$$

E 1.9

a) Schaltung 1: U
Schaltung 2: I

b) $\frac{\Delta U}{U} = \frac{R_A}{R} = 10^{-3}$

$\frac{\Delta I}{I} = \frac{R}{R_V} = 2 \cdot 10^{-2}$

Schaltung 1 ist günstiger.

E 1.10

a) $R_{AB} = \frac{(R_1 + R_2)R_3}{R_1 + R_2 + R_3}$

$R_{AC} = \frac{(R_1 + R_3)R_2}{R_1 + R_2 + R_3}$

$R_{BC} = \frac{(R_2 + R_3)R_1}{R_1 + R_2 + R_3}$

b) $R_A = \frac{R_2 R_3}{R_1 + R_2 + R_3}$

$R_B = \frac{R_1 R_3}{R_1 + R_2 + R_3}$

$R_C = \frac{R_1 R_2}{R_1 + R_2 + R_3}$

E 1.11

a) $I_1 = \frac{U_{e1} - U_{e2}}{R_{i1} + R_{i2}} = 33\ \text{mA}$

$I_2 = -I_1 = -33\ \text{mA}$

$U_K = U_{e1} - R_{i1} I_1 = 107\ \text{V}$

b) $I_1 = \frac{U_{e1} - U_{e2} + R_{i2} I}{R_{i1} + R_{i2}} = 167\ \text{mA}$

$I_2 = \frac{U_{e2} - U_{e1} + R_{i1} I}{R_{i1} + R_{i2}} = 33\ \text{mA}$

$U_K = U_{e1} - R_{i1} I_1 = 93\ \text{V}$

E 1.12

$I_{III} = I_I - I_{II} = 8\ \text{A}$

$I_1 = \frac{I_I R_3 - I_{II}(R_2 + R_3)}{R_1 + R_2 + R_3} = 3,25\ \text{A}$

$I_2 = I_{II} + I_1 = 5,25\ \text{A}$

$I_3 = I_I - I_2 = 4,75\ \text{A}$

E 2

E 2.1

a) $F = \frac{Q_1 Q_3}{4\pi\varepsilon_0} \frac{x_2}{r^3} = 52\ \text{mN}$

b) $F = \frac{Q_1 Q_3}{4\pi\varepsilon_0} \frac{\sqrt{4r^2 - x_2^2}}{r^3} = 69\ \text{mN}$

c)

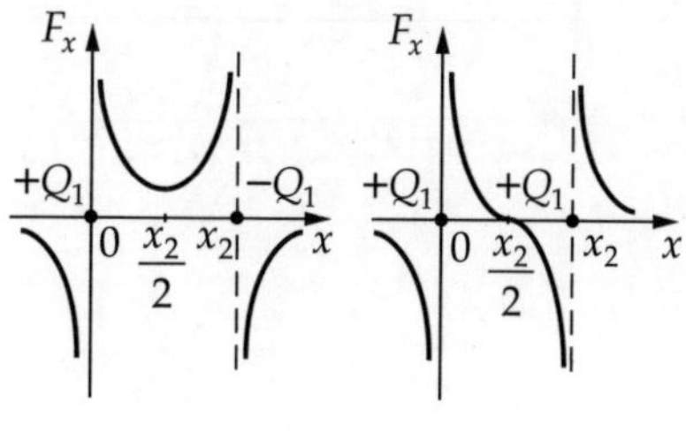

E 2.2

$$Q = \frac{2d\sqrt{\pi\varepsilon_0 mg}}{\sqrt[4]{\left(\frac{2l}{d}\right)^2 - 1}} = 1,3\ \text{nC}$$

E 2.3

a) $Q = 4\pi\varepsilon_0 r_0 U_0 = 12,5\ \mu\text{C}$

b) $E_\text{D} = \frac{U_0}{r_0} = 18\ \text{kV/cm}$

E 2.4

$t_1 = RC \ln 2 = 6,9\ \text{s}$

E 2.5

a) $U = U_1 + U_2 = 300\ \text{V}$

b) $Q_1 = C_1 U_1 = 0,20\ \text{mC}$
$Q_2 = C_2 U_2 = 1,00\ \text{mC}$

c) $U_1' = \frac{Q_1 - Q_2}{C_1 + C_2} = -114\ \text{V}$
$U_2' = -U_1' = 114\ \text{V}$

d) $Q_1' = C_1 U_1' = -0,23\ \text{mC}$
$Q_2' = C_2 U_2' = 0,57\ \text{mC}$

E 2.6

a) $C = \frac{12}{5} C_0 = 2,4\ \mu\text{F}$

b) Parallelschaltung:
$C_\text{max} = 6C_0 = 6\ \mu\text{F}$

c) Reihenschaltung:
$C_\text{min} = \frac{C_0}{6} = 0,17\ \mu\text{F}$

E 2.7

a) $C_1 = C_0 \frac{U_2}{U_1 - U_2} = 3,0\ \text{pF}$

b) $Q_0 = C_1 U_3 = 16 \cdot 10^{-12}\ \text{C}$

E 2.8

a) Parabelbahn

$$y = x \tan\alpha_0 - \frac{eU}{2mdv_0^2 \cos^2\alpha_0} x^2$$

b) $\frac{e}{m} = \frac{3}{2} \frac{v_0^2 \sin^2\alpha_0}{U} = 1,76 \cdot 10^{11}\ \text{C/kg}$

c) $U_\text{B} = U / \sin^2\alpha_0 = 600\ \text{V}$

E 2.9

$$N = \frac{\pi d^3 (\varrho_1 - \varrho_2) g l}{6Ue} = 3$$

E 2.10

$$U = \frac{md}{Q}\left(\frac{2d}{t_1^2} + g\right) = 800\ \text{V}$$

E 2.11

a) $C = \frac{(1 + 2\varepsilon_\text{r}) C_0}{3}$

b) $U = U_0$
$Q = \frac{1 + 2\varepsilon_\text{r}}{3} C_0 U_0$

c) $Q = C_0 U_0$
$U = \frac{3}{1 + 2\varepsilon_\text{r}} U_0$

E 2.12

$$C = \frac{C_0}{1 - \frac{a}{d}\left(1 - \frac{1}{\varepsilon_\text{r}}\right)} = 15\ \text{pF}$$

E 2.13

a) $\tan\alpha_1 = \frac{Q'U}{mgd_1}$
$\alpha_1 = 5,8°$

b) $\tan\alpha_2 = \frac{Q\varepsilon_\text{r} U}{mg[d_2 + \varepsilon_\text{r}(d_1 - d_2)]}$
$\alpha_2 = 8,7°$

E 2.14

a) $f = \frac{r_\text{a}}{r_\text{i}} = 400$

b) $f = \frac{2r_\text{a}}{r_\text{a} + r_\text{i}} = 2$

c) $E(r) = \frac{U}{\ln \frac{r_\text{a}}{r_\text{i}}} \frac{1}{r}$

E 3

E 3.1

a) $\vec{E} \perp \vec{v}_0 \qquad \vec{E} \perp \vec{B}$

b) $H = \dfrac{U}{\mu_0 v_0 d} = 8 \cdot 10^3\ \mathrm{A/m}$

c) $I = \dfrac{Hl}{N} = 20\ \mathrm{A}$

d) $v > v_0$: Ablenkung in Richtung $\vec{F}_\mathrm{m}$
$v < v_0$: Ablenkung in Richtung $\vec{F}_\mathrm{e}$

E 3.2

$$I = \frac{B}{\mu_0 N}\left(s + \frac{2a + 2b - 4d - s}{\mu_\mathrm{r}}\right)$$
$$= 3,6\ \mathrm{A}$$

E 3.3

a) $M = \dfrac{IBr_0^2}{2}$

b) Entgegengesetzt dem Uhrzeigersinn

E 3.4

a) $H_0 = \dfrac{NI_0}{l \tan\varphi_0} = 14,8\ \mathrm{A/m}$

b) $I_1 = I_0 \dfrac{\tan\Delta\varphi}{\tan\varphi_0} = 0,13\ \mathrm{mA}$

$I_2 = I_0 \dfrac{\tan(90^\circ - \Delta\varphi)}{\tan\varphi_0} = 423\ \mathrm{mA}$

E 3.5

$P = \pi\mu_0 HldNfI = 8,9\ \mathrm{kW}$

E 3.6

$x = \dfrac{2\mu_0 HlbhN}{D} I = 1,3\ \mathrm{cm}$

E 3.7

a) $N_2 = N_1 \dfrac{d_1^2}{d_2^2} = 384$

b) $I = \dfrac{Hl}{N_1(1 - d_1^2/d_2^2)} = 2,78\ \mathrm{A}$

c) $H' = \dfrac{H}{d_1^2/d_2^2 - 1} = 3,56 \cdot 10^3\ \mathrm{A/m}$

d) $\Phi = \mu_0 H \dfrac{\pi}{4} d_1^2 = 12,6 \cdot 10^{-6}\ \mathrm{Wb}$

E 3.8

a) $E_\mathrm{k} = e \cdot \dfrac{e}{8m_\mathrm{p}}(\mu_0 Hd)^2 = 12,3\ \mathrm{MeV}$

b) $f = \dfrac{\mu_0}{2\pi}\dfrac{e}{m_\mathrm{p}} H = 15,4\ \mathrm{MHz}$

c) $N = \dfrac{E_\mathrm{k}}{2eU_\mathrm{m}} = 613$

$t_0 = \dfrac{N}{f} = 40\ \mathrm{\mu s}$

E 3.9

$$B = \frac{2\tan\frac{\alpha}{2}}{d}\sqrt{\frac{2Um}{e}} = 8,6\ \mathrm{mT}$$

E 3.10

$m = \dfrac{eBd}{v_0} \qquad A = \mathrm{int}\left(\dfrac{m}{u}\right)$

$m_1 = 1,06 \cdot 10^{-25}\ \mathrm{kg} \qquad A_1 = 64$

$m_2 = 1,09 \cdot 10^{-25}\ \mathrm{kg} \qquad A_2 = 66$

$m_3 = 1,13 \cdot 10^{-25}\ \mathrm{kg} \qquad A_3 = 68$

E 4

E 4.1

$U_\mathrm{i} = vB_\mathrm{v}l = 1,8\ \mathrm{mV}$

E 4.2

$|U_\mathrm{i}| = \dfrac{B\omega l^2}{2}$

E 4.3

$H = \dfrac{QR}{NA\mu_0} = 5,0 \cdot 10^4\ \mathrm{A/m}$

E 4.4

$I_\mathrm{eff} = \dfrac{\sqrt{2}\pi fNBa^2}{R} = 0,22\ \mathrm{A}$

E 4.5

$U_\mathrm{m} = 2\pi\mu_0 \dfrac{N_1 N_2}{l_1} I_1 A_2 f_2 = 95\ \mathrm{V}$

E 4.6

a) $\Phi = Bab\sin\varphi$

b) $U_\mathrm{i} = -NabB\omega$

c) $I = -\dfrac{NabB}{R}\omega$

d) $M = -\dfrac{(NabB)^2\omega}{R}$

e) $\vec{M} \sim -\vec{\omega}$

f) $J_A\ddot{\varphi} = -\dfrac{(NabB)^2}{R}\dot{\varphi} - D\varphi$

Gedämpfte Torsionsschwingung

E 4.7

$I = -\dfrac{U_\mathrm{m}}{\omega L}\cos\omega t$

E 4.8

$H_\mathrm{m} = \dfrac{U_\mathrm{eff}}{\sqrt{2}\pi f N \mu_0 A} = 47\ \mathrm{A/m}$

E 4.9

a) $\Phi_0 = \dfrac{\pi\mu_0 d^2 N I_0}{4l} = 1{,}85 \cdot 10^{-6}\ \mathrm{Wb}$

b) $U_\mathrm{i} = \dfrac{\pi\mu_0 d^2 N^2 \omega I_\mathrm{m}}{4l}\sin\omega t$

$U_\mathrm{ieff} = \dfrac{\pi^2\mu_0 d^2 N^2 f I_\mathrm{m}}{2\sqrt{2}l} = 0{,}43\ \mathrm{V}$

c) $L = \dfrac{\pi\mu_0 d^2 N^2}{4l} = 30\ \mathrm{mH}$

E 4.10

a) $H = \dfrac{4\Phi}{\mu_0\pi d_2^2} = 5{,}1 \cdot 10^3\ \mathrm{A/m}$

b) $I = \dfrac{4\Phi d_1}{\mu_0 d_2^2 N} = 3{,}5\ \mathrm{A}$

c) $U_\mathrm{ieff} = \dfrac{\mu_0\pi d_2^2 N^2 f}{2d_1} I_\mathrm{eff} = 200\ \mathrm{mV}$

E 4.11

a) $\Phi_1 = \dfrac{\mu_0 a}{2\pi} I_2 \ln\left(1 + \dfrac{b}{d}\right) = 3{,}6\ \mathrm{\mu Wb}$

b) $U_\mathrm{1eff} = \mu_0 a f I_\mathrm{2eff} \ln\left(1 + \dfrac{b}{d}\right) = 1{,}1\ \mathrm{mV}$

c) $I_\mathrm{1eff} = U_\mathrm{1eff}/R = 11\ \mathrm{mA}$

d) $P = I_\mathrm{1eff} U_\mathrm{1eff} = 12\ \mathrm{\mu W}$

e) Aus der Stromquelle, die L_2 versorgt.

E 4.12

a) $I_\mathrm{e} = \dfrac{U_0}{R} = 0{,}67\ \mathrm{A}$

b) $t_1 = \dfrac{L}{R}\ln 4 = 0{,}46\ \mathrm{s}$

E 5

E 5.1

a) $X_C = 1/(\omega C) = 4{,}5\ \Omega \qquad \omega = 2\pi f$

b) $Z = R/\sqrt{1 + (R\omega C)^2} = 2{,}5\ \Omega$

c) $I_\mathrm{eff} = U_\mathrm{eff}/R_\mathrm{S} = 4{,}0\ \mathrm{A}$

d) $I_{R\mathrm{eff}} = \dfrac{U_\mathrm{eff}}{R} = 3{,}3\ \mathrm{A}$

$I_{C\mathrm{eff}} = \dfrac{U_\mathrm{eff}}{R_C} = 2{,}2\ \mathrm{A}$

e) $\varphi = -\arctan R\omega C = -33^\circ$

f) $P_\mathrm{S} = I_\mathrm{eff} U_\mathrm{eff} = 40\ \mathrm{W}$

g) $Q = P_\mathrm{W} t = I_\mathrm{eff} U_\mathrm{eff} (\cos\varphi) t = 33\ \mathrm{J}$

h) $L = 1/(\omega^2 C) = 1{,}4\ \mathrm{mH}$

E 5.2

a) $I_\mathrm{eff} = \dfrac{U_\mathrm{eff}}{\sqrt{R^2 + \left(\omega L - \dfrac{1}{\omega C}\right)^2}} = 0{,}89\ \mathrm{A}$

$\omega = 2\pi f$

$L = L_1 + L_2$

$R = R_1 + R_2 + R_3$

$C = C_1 + C_2$

b) $P = I_\mathrm{eff}^2 R = 71\ \mathrm{W}$

c) $Q = P_\mathrm{W} t = 4{,}2\ \mathrm{kJ}$

E 5.3

a) $R = \dfrac{U}{I} = 20\ \Omega$

$Z = \dfrac{U_\mathrm{eff}}{I_\mathrm{eff}} = 121\ \Omega$

$X_\mathrm{B} = \sqrt{R_\mathrm{S}^2 - R^2} = 119\ \Omega$

b) $L = \dfrac{R_\mathrm{B}}{2\pi f} = 0{,}38\ \mathrm{H}$

c) $\varphi = \arctan\dfrac{R_\mathrm{B}}{R} = 80^\circ$

E 5.4

a) $C = \dfrac{P_1}{2\pi f U_{1\text{eff}}^2 \sqrt{\left(\dfrac{U_{2\text{eff}}}{U_{1\text{eff}}}\right)^2 - 1}} = 6,1\ \mu\text{F}$

b) $P_\text{B} = P_1 \sqrt{\left(\dfrac{U_{2\text{eff}}}{U_{1\text{eff}}}\right)^2 - 1} = 69\ \text{W}$

E 5.5

a) $\cos\varphi = \dfrac{P_\text{W}}{U_\text{eff} I_\text{eff}} = 0,68$

b) $C = \dfrac{I_\text{eff}^2}{\omega P_\text{W}(\tan\varphi - \tan\varphi')} = 3,6\ \text{mF}$

$\omega = 2\pi f$

E 5.6

a) $I_\text{eff} = \dfrac{U_\text{m}}{\sqrt{2}R} = 35\ \text{A}$

b) $U_{L\text{eff}} = U_{C\text{eff}} = \sqrt{\dfrac{L}{C}} I_\text{eff} = 7,0\ \text{kV}$

E 5.7

a) $f_0 = \dfrac{1}{2\pi\sqrt{LC}} = 1,02\ \text{kHz}$

b) $I_\text{m} = \dfrac{U_\text{m}}{R} = 100\ \text{mA}$

c) $U_{C\text{m}} = \dfrac{U_\text{m}}{R}\sqrt{\dfrac{L}{C}} = 157\ \text{V}$

d) $I_\text{m} = \dfrac{U_\text{m}}{\sqrt{R^2 + \dfrac{L}{C}\left(k - \dfrac{1}{k}\right)^2}}$

$k = 1,10 \qquad I_\text{m} = 31,7\ \text{mA}$

$k = 0,90 \qquad I_\text{m} = 29,0\ \text{mA}$

E 5.8

a) Hochpaß:

$\dfrac{U_\text{eff}}{U_{0\text{eff}}} = \dfrac{1}{\sqrt{1 + \left(\dfrac{1}{\omega RC}\right)^2}} \qquad \omega = 2\pi f$

Tiefpaß:

$\dfrac{U_\text{eff}}{U_{0\text{eff}}} = \dfrac{1}{\sqrt{1 + (\omega RC)^2}} \qquad \omega = 2\pi f$

b) Hochpaß:

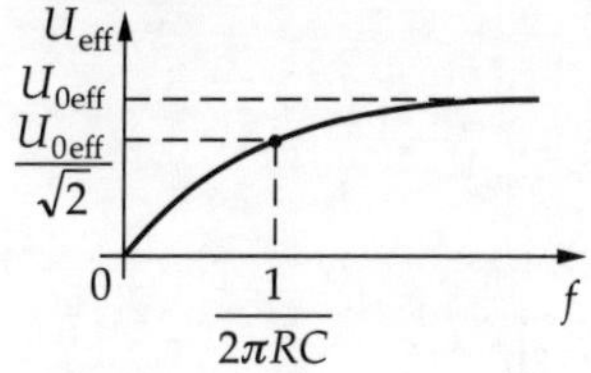

Tiefpaß:

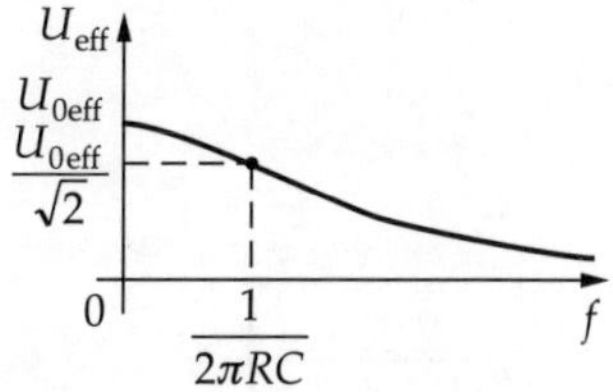

c) Hochpaß:

$f \ll \dfrac{1}{RC}: \quad U_\text{eff} \approx 2\pi f RC U_{0\text{eff}}$

$f \gg \dfrac{1}{RC}: \quad U_\text{eff} \approx U_{0\text{eff}}$

Tiefpaß:

$f \ll \dfrac{1}{RC}: \quad U_\text{eff} \approx U_{0\text{eff}}$

$f \gg \dfrac{1}{RC}: \quad U_\text{eff} \approx \dfrac{U_{0\text{eff}}}{2\pi f RC}$

E 5.9

$I_\text{m} = \dfrac{U_\text{m}}{R} \dfrac{1}{\sqrt{1 + \left(\dfrac{\omega L}{R} - \dfrac{1}{\omega CR}\right)^2}}$

$\tan\varphi = \dfrac{\omega L}{R} - \dfrac{1}{\omega RC}$

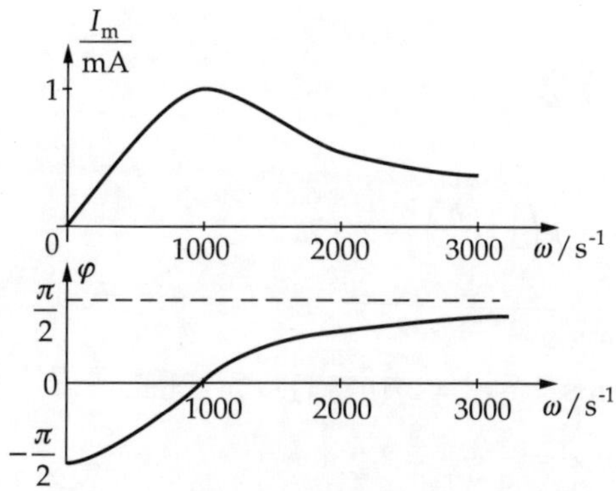

O 1

O 1.1
$\varepsilon = \arctan n' = 53,1^\circ$

O 1.2
$n = \dfrac{1}{\sin 2\alpha} = 1,39$

O 1.3
$n = \dfrac{\sin(\delta + \varphi)}{\sin \varphi} = 1,492$

O 1.4
$$s = d \sin\varepsilon \left(1 - \frac{\cos\varepsilon}{\sqrt{n^2 - \sin^2\varepsilon}}\right) = 26,4 \text{ mm}$$

O 1.5
$$\delta = \varepsilon_1 - \varphi + \arcsin\left[n \sin\left(\varphi - \arcsin\frac{\sin\varepsilon_1}{n}\right)\right] = 29,7^\circ$$

O 1.6
$n = \sqrt{2}$

O 1.7
$$\delta = 30^\circ - \arcsin\left[\frac{1}{n}\sin\left(60^\circ - \arcsin\frac{n}{2}\right)\right] = 16,3^\circ$$
Strahl wird zur brechenden Kante hin gebrochen

O 1.8
$$\frac{\alpha_2}{\alpha_1} = \frac{1}{1 - \dfrac{h}{h_0}\left(1 - \dfrac{1}{n}\right)} = 1,20$$

O 1.9
$$\frac{\varphi_1}{\varphi_2} = \frac{n_{2\mathrm{F}} - n_{2\mathrm{C}}}{n_{1\mathrm{F}} - n_{1\mathrm{C}}} = 2,04$$

O 1.10
a) $\varphi_2 = \dfrac{n_{1\mathrm{D}} - 1}{n_{2\mathrm{D}} - 1}\varphi_1 = 8,3^\circ$

b) $\Delta\delta = \vartheta_1\varphi_1 - \vartheta_2\varphi_2 = 0,057^\circ$

O 1.11
a) $\delta = 4 \arcsin\dfrac{\sin\varepsilon}{n} - 2\varepsilon$

b) $$\delta_0 = 4 \arcsin\left(\frac{1}{n}\sqrt{\frac{4 - n^2}{3}}\right) - 2 \arcsin\sqrt{\frac{4 - n^2}{3}}$$

$\delta_{0\mathrm{C}} = 42,34^\circ$
$\delta_{0\mathrm{D}} = 42,08^\circ$
$\delta_{0\mathrm{F}} = 41,49^\circ$

O 2

O 2.1
$a = f\left(1 + \dfrac{h}{c}\right) = 2,5 \text{ m}$

O 2.2
a) $r_1 = -r_2 = 2f(n-1) = 76,5 \text{ mm}$

b) $x' = \dfrac{f^2}{a - f} = 2,9 \text{ mm}$

c) $\delta = d\dfrac{x'}{f} = 0,4 \text{ mm}$

O 2.3
a) $\beta = -\dfrac{s + \Delta s}{f}$

b) $\beta_1 = -\dfrac{\Delta s_1}{f} = -0,14$

c) $s_2 = f = 50 \text{ mm}$

d) $a_3 = \dfrac{2f + \Delta s_1}{f + \Delta s_1} f = 94 \text{ mm}$

O 2.4

$$r_2 = \frac{r_1}{1 - \frac{r_1 D}{n-1}} = 87 \text{ mm}$$

O 2.5

$$f \geqq \frac{l}{1 + \frac{c}{b}} = 119 \text{ mm}$$

$$f = f_2 = 120 \text{ mm}$$

O 2.6

$$f = \frac{a}{1 + \frac{a}{e}\left(1 - \frac{d_1}{d}\right)} = -134 \text{ mm}$$

O 2.7

a) $V_0 = \dfrac{s}{d} = 50$

b) $V_1 = \dfrac{a_1^2 + sf - sa_1}{fd} = -70$

c) $a_2 = \dfrac{s}{2} = 250 \text{ mm}$

$V_2 = \dfrac{s}{fd}\left(f - \dfrac{s}{4}\right) = -75$

O 2.8

a)

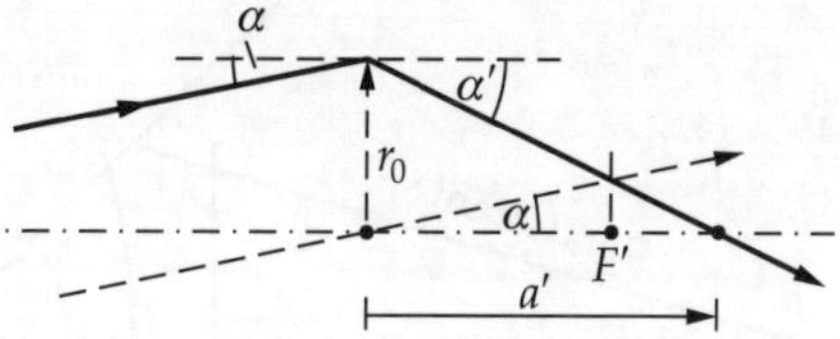

b) $a' = \dfrac{r_0 f}{r_0 - f \tan\alpha} = 62 \text{ mm}$

c) $\alpha' = \arctan\left(\dfrac{r_0}{f} - \tan\alpha\right) = 26°$

O 2.9

a) $a_1 = l\left(\dfrac{1}{2} - \sqrt{\dfrac{1}{4} - \dfrac{f}{l}}\right) = 106 \text{ mm}$

$a_2 = l\left(\dfrac{1}{2} + \sqrt{\dfrac{1}{4} - \dfrac{f}{l}}\right) = 1\,894 \text{ mm}$

b) $\beta = 1 - \dfrac{l}{a}$ $\qquad \beta_1' = -18$

$\beta_2 = -0{,}056$

c) $l = 4f = 40 \text{ cm}$

O 2.10

$$f = \frac{l^2 - d^2}{4l}$$

O 3

O 3.1

a)

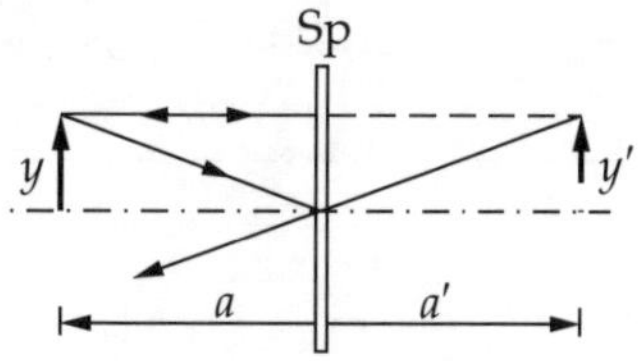

b) $f = \infty \qquad a' = -a$

O 3.2

$$a = \frac{\sqrt{r^2 + e^2} + r - e}{2} = 90 \text{ mm}$$

$$a' = \frac{\sqrt{r^2 + e^2} + r + e}{2} = 180 \text{ mm}$$

O 3.3

a) $a = \dfrac{1}{2}\left(r + S - \sqrt{r^2 + S^2}\right) = 80 \text{ mm}$

b) $\beta = \dfrac{S}{a} - 1 = 2{,}1$

O 3.4

a)

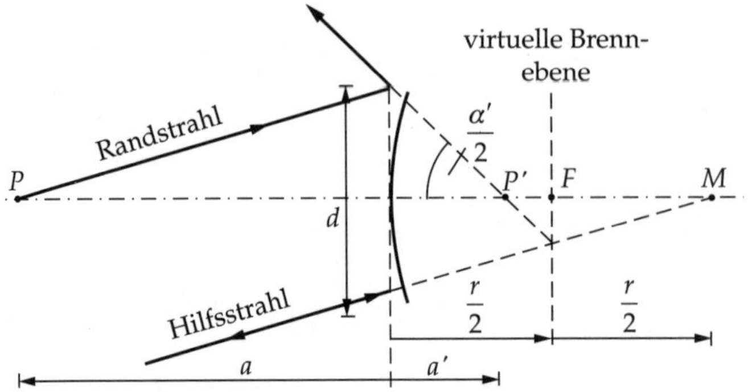

b) $\alpha' = 2\arctan\left(d\dfrac{2a+r}{2ar}\right) = 82°$

O 3.5

a) $r = 2e = 2{,}00$ m

b) $\sigma = \dfrac{y}{2s+3e} = 0{,}095 = 5{,}4°$

O 3.6

a) $a_1' = -\dfrac{\Delta a'}{2} \pm \sqrt{\left(\dfrac{\Delta a'}{2}\right)^2 + \dfrac{a_1 a_2 \Delta a'}{a_1 - a_2}}$

$a_2' = a_1' + \Delta a'$

Spiegel I:	Spiegel II:
$a_1' = 60$ cm	$a_1' = -120$ cm
$a_2' = 120$ cm	$a_2' = -60$ cm

b) $f = \dfrac{a_1 a_1'}{a_1 + a_1'} = \dfrac{a_2 a_2'}{a_2 + a_2'}$

Spiegel I:	Spiegel II:
$f = 24$ cm	$f = 60$ cm

c)

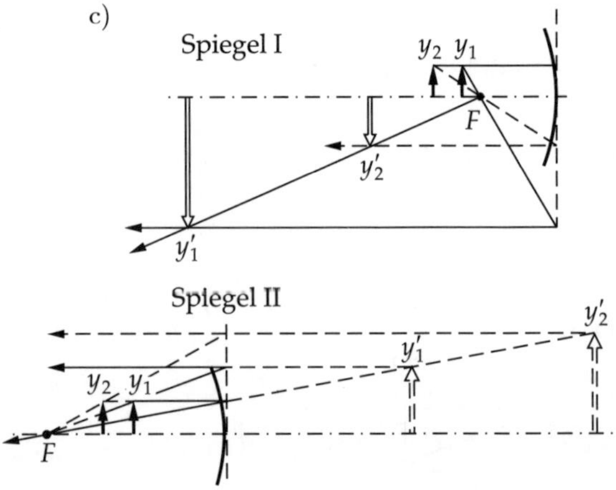

O 3.7

a) $a_2' = \dfrac{f_1}{2} + f_2 + \sqrt{\dfrac{f_1^2}{4} + f_2^2} = 1200$ mm

b) $\beta_2 = \dfrac{-a_2'}{a_2' - f_1} = -3$

O 4

O 4.1

a)

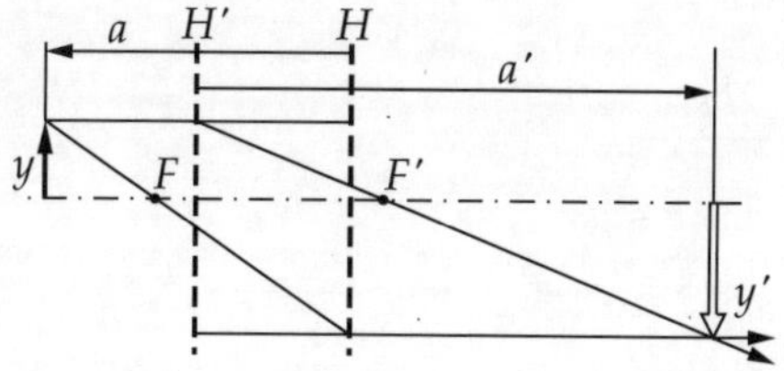

b) $a' = \dfrac{af}{a-f} = 133$ mm

$y' = -\dfrac{f}{a-f}y = -33$ mm

c)

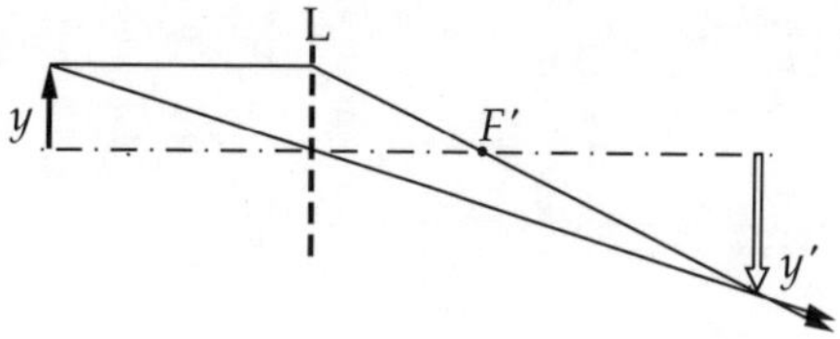

O 4.2

a) $d > f_1 + f_2 = 40$ mm

b) $d = f_1 + f_2 - \dfrac{f_1 f_2}{f} = 51$ mm

O 4.3

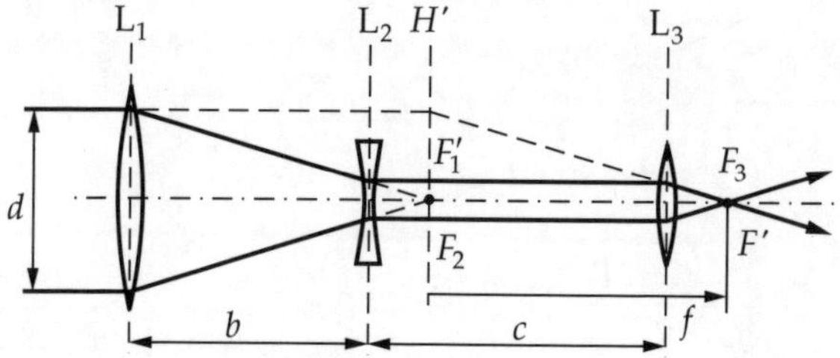

H' liegt 40 mm vor L_3
F' liegt 10 mm hinter L_3
$f = 50$ mm

O 4.4

a) Fall 1

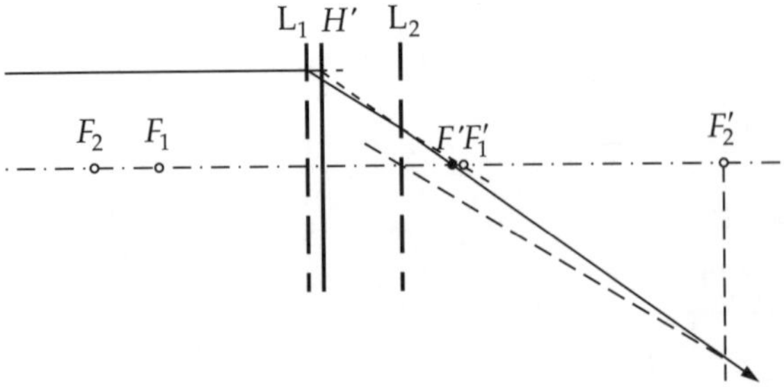

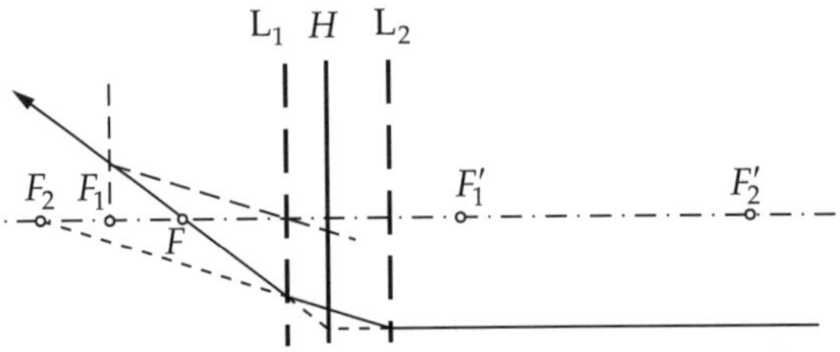

Fall 2

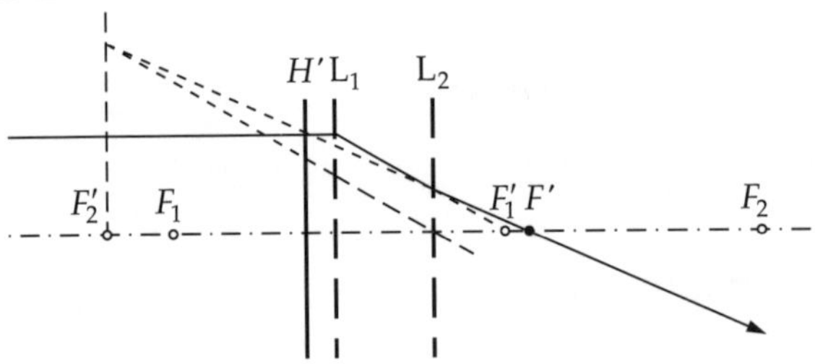

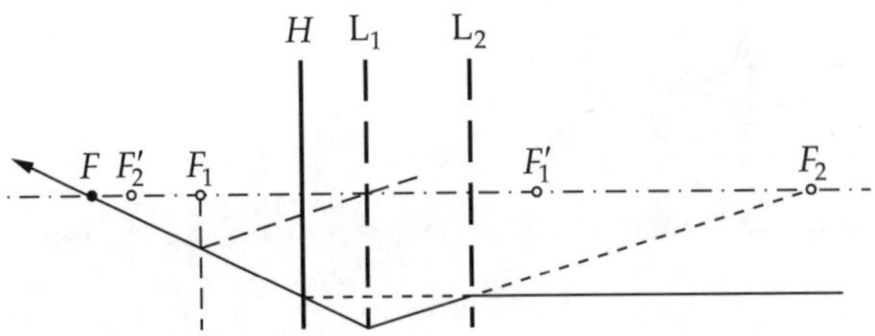

	Fall 1	Fall 2
b) $f = \dfrac{f_1 f_2}{f_1 + f_2 - d} =$	+42 mm	+63 mm
c) $h' = \dfrac{-f_2 d}{f_1 + f_2 - d} =$	−25 mm	−38 mm
d) $h = \dfrac{-f_1 d}{f_1 + f_2 - d} =$	−13 mm	+20 mm

O 4.5

a)

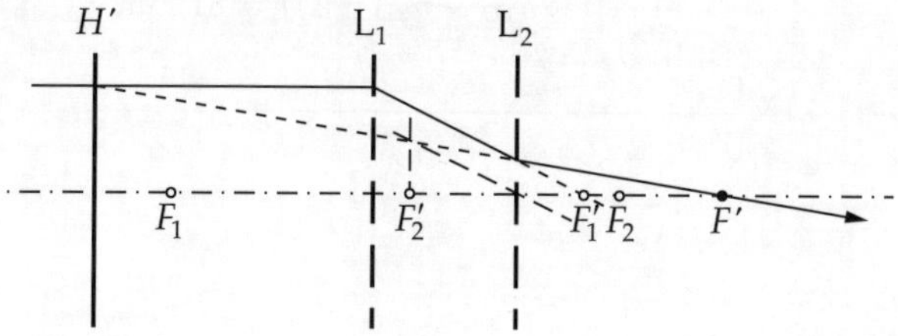

b) $f = \dfrac{f_1 f_2}{f_1 + f_2 - d} = 180$ mm

c) $l = \dfrac{(f_1 - d) f_2}{f_1 + f_2 - d} + d = 100$ mm

d) $d_0 = f_1 + f_2 - \dfrac{\sigma}{y'} f_1 f_2 = 30{,}3$ mm

e) $l_0 = f_1 + f_2 \left(2 - \dfrac{\sigma f_1}{y'} - \dfrac{y'}{\sigma f_1} \right) = 2{,}7$ m

O 4.6

a)

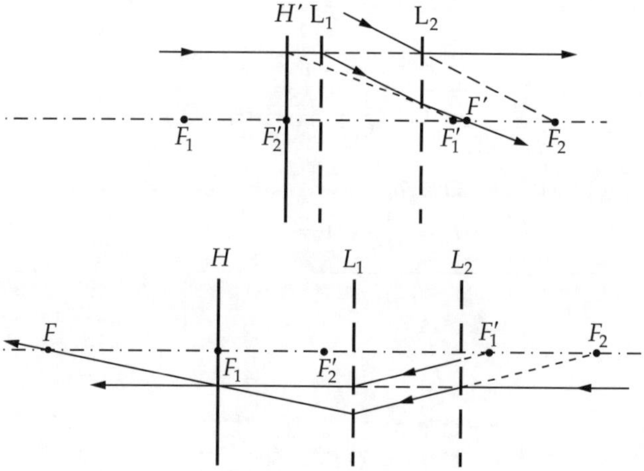

b) H' in F_2'

H in F_1

c) $f_0 = l = 60$ mm

$d_0 = \dfrac{l^2}{f} = 20$ mm

O 4.7

a)

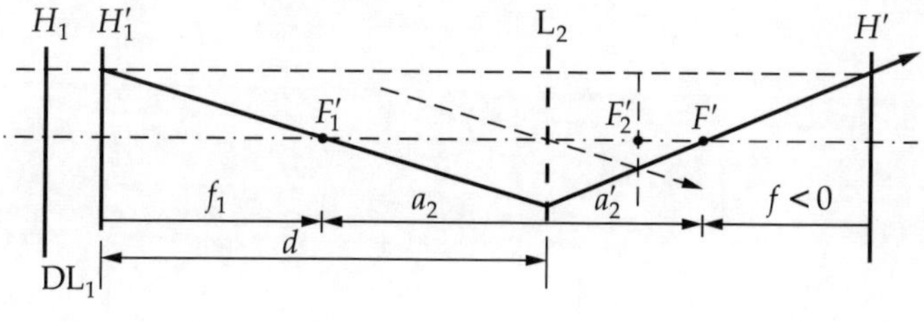

b) $\frac{1}{f} = \frac{1}{f_1} + \frac{1}{f_2} - \frac{d}{f_1 f_2}$ $f = -33$ mm

O 4.8

a) $r = (2n_{1D} - n_{2D} - 1)f = 81$ mm

b) $\vartheta_2 = 2\vartheta_1$

O 5

O 5.1

$D = \frac{1}{S} - \frac{1}{s_N} = 3{,}5$ dpt

O 5.2

$s_N = \frac{s'_N f}{f - s'_N} = 1\,000$ mm

O 5.3

a) $f = -s_F = -400$ mm

b) $s'_N = \frac{s_N s_F}{s_F - s_N} = 100$ mm

O 5.4

a) $f = a' = 2{,}0$ m

$D = \frac{1}{f} = 0{,}5$ dpt

b) $\sigma_0 = \frac{d}{a'} = 32'$

c) $\Gamma = \frac{a'}{S} = 8{,}0$

O 5.5

a) $\Gamma = \frac{f}{a-f}\left[1 + \frac{a^2}{S(a-f)}\right] = 12{,}2$

b) $\Gamma = \frac{f}{a-f} = 5{,}0$

O 5.6

a) $s = S + \frac{a^2}{f-a} = 410$ mm

b) $y' = y\frac{f}{f-a} = 12{,}5$ mm

c) $\Gamma = \frac{fS}{S(f-a) + a^2} = 3{,}0$

O 5.7

$\Gamma = \frac{1}{DS} - 1 = 3,$ ja

O 6

O 6.1

a) $\Gamma_S = 1 + \frac{S}{f}$

b) $\beta = \Gamma_S$

c) $\Gamma_S = 1 + \Gamma_0$

O 6.2

a) $\Gamma = \frac{S(s_N + f)}{s_N f} = 7{,}5$

b) $\Gamma = \frac{s_N}{f} + 1 = 24$

O 6.3

a) $\Gamma_0 = \Gamma_1 \Gamma_2 = 600$

b) $f_1 = \frac{t}{\Gamma_1} = 4{,}0$ mm

$f_2 = \frac{S}{\Gamma_2} = 16{,}7$ mm

c) $\beta_1 = -40$

O 6.4

a)

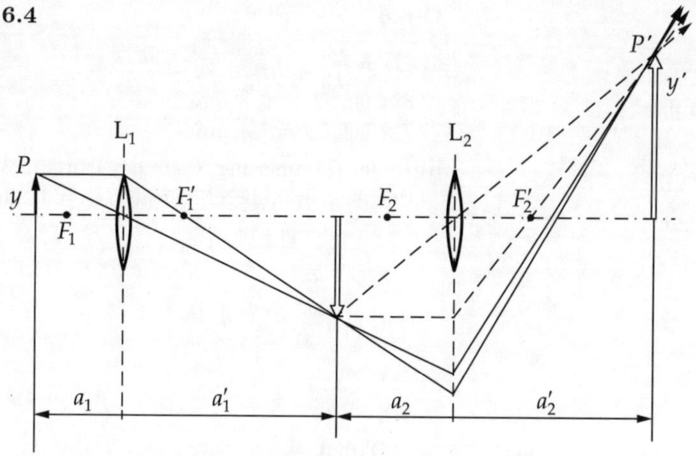

b) $y = \dfrac{y'}{\beta_1 \left(1 - \dfrac{a_2'}{f_2}\right)} = 0,17$ mm

O 6.5

$f_2 = \dfrac{\Gamma_1 S d}{e} = 22,5$ mm

O 6.6

a)

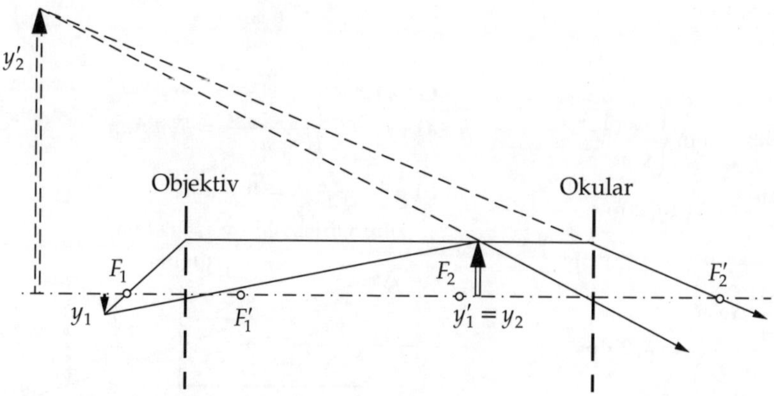

b) $\beta_1 = -\left[\dfrac{t}{f_1} + \dfrac{f_2^2}{f_1(S + f_2)}\right] = -32,1$

c) $\Gamma = \dfrac{St}{f_1 f_2} + \dfrac{f_2 + t}{f_1} = 701$

O 6.7

a) $f_0 = \frac{S}{\Gamma_0} = 40$ mm

b) $f_A = \frac{\Delta t \Gamma_0}{\Gamma_2 - \Gamma_1} = 4,25$ mm

c) $t_1 = \frac{\Delta t \Gamma_1}{\Gamma_2 - \Gamma_1} = 85$ mm

$t_2 = \frac{\Delta t \Gamma_2}{\Gamma_2 - \Gamma_1} = 153$ mm

O 6.8

a) $D_2 = \frac{D_1}{\Gamma_0}$

8×30: $D_2 = 3,8$ mm

7×50: $D_2 = 7,1$ mm

b) In der Dämmerung, wenn der Durchmesser der Augenpupille größer als $D_2 = 3,8$ mm ist.

O 6.9

a) $\Gamma_0 = \frac{f_1}{f_2} = 40$

b) $d_1 = d\frac{f_1}{f_2} = 140$ mm

c)

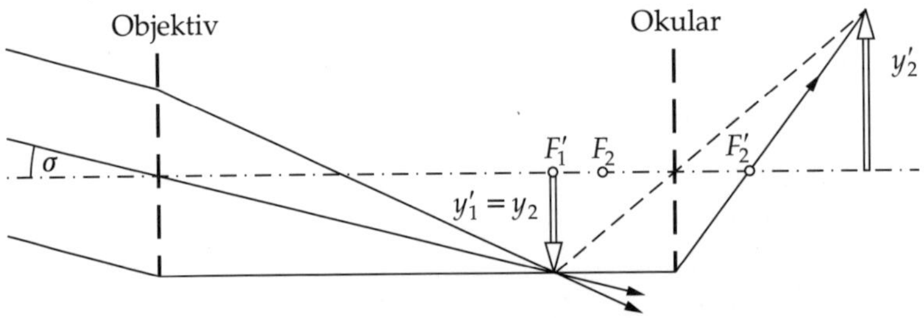

$e = f_1 f_2 \frac{\sigma}{y_2'} = 3,4$ mm

O 6.10

a) $f_2 = \frac{f_1}{\Gamma_0} = \pm 33,3 \text{ mm} \begin{cases} \text{Kepl. F.} \\ \text{Gal. F.} \end{cases}$

b) $a_1 = \frac{(f_1 + \Delta a')f_1}{\Delta a'} = 10,2$ m

c) $D_1 = \frac{1}{f_2\left(1 - \frac{f_2}{\Delta a'}\right)} = -4,1$ dpt

$D_2 = \frac{1}{f_2\left(1 + \frac{f_2}{\Delta a'}\right)} = 3,2$ dpt

O 6.11

a) $f_1 = l\frac{\Gamma_0}{\Gamma_0 - 1} = 90$ mm

$f_2 = \frac{l}{1 - \Gamma_0} = -30$ mm

b) $a_1 = \frac{f_1(f_1 + e)}{e} = 50$ cm

O 6.12

a) $d_2 = d_1 \frac{f_2}{f_1}\frac{f_1 - a_1}{a_1} = 7,9$ mm

b) $s = \frac{f_2^2}{S + f_2} = 9,9$ mm

zum Objekt hin verschieben

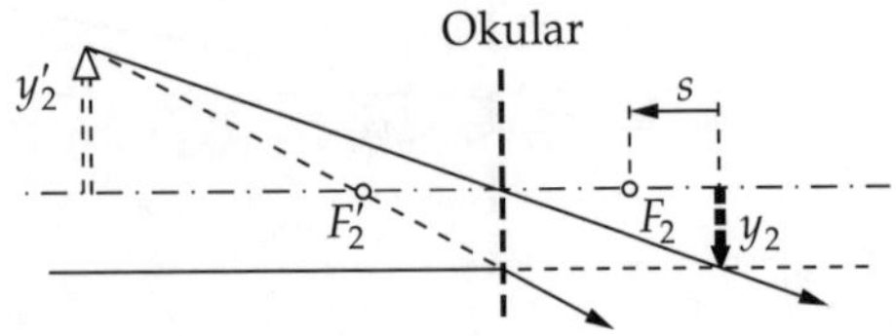

O 6.13

a)

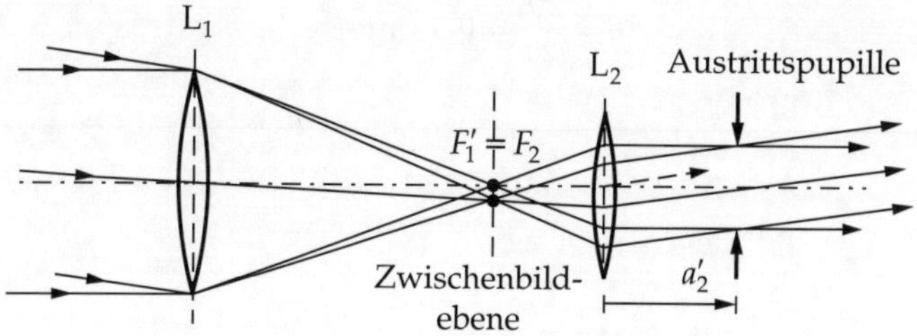

b) $d_2 = d_1 \dfrac{f_2}{f_1} = 6{,}0$ mm

c) $a_2' = \dfrac{f_1 + f_2}{f_1} f_2 = 26{,}3$ mm

d) $f_3 = \dfrac{f_1 f_2}{f_1 + f_2} = 23{,}8$ mm

O 7

O 7.1

a) $s = \dfrac{a}{\sqrt{\left(\dfrac{fd}{c}\right)^2 - 1}} = 6{,}0$ m

b) Tiefe Töne

O 7.2

$$f = \frac{\frac{c}{2}}{\sqrt{\left(y_1 + \frac{d}{2}\right)^2 + l^2} - \sqrt{\left(y_1 - \frac{d}{2}\right)^2 + l^2}}$$

$= 178$ Hz

O 7.3

$d = \dfrac{2f\lambda}{l} = 16{,}7$ µm

O 7.4

$b = d\dfrac{\lambda_1}{\lambda_1 - \lambda_2} = 5$ mm

O 7.5

$m < \dfrac{\lambda_2 + \lambda_1}{\lambda_2 - \lambda_1}$ $\quad m = 3$

$\lambda_3 = \dfrac{m-1}{m}\lambda_2 = 467$ nm

$\lambda_4 = \dfrac{m+1}{m}\lambda_1 = 533$ nm

O 7.6

a) $m \leqq \dfrac{\lambda_1}{\lambda_2 - \lambda_1}$ $\quad m = 24$

b) $N \geqq \dfrac{\lambda_2}{m\delta\lambda}$ $\quad N = 2\,083$

c) $d \geqq \dfrac{m\lambda_2}{\sin\alpha}$ $\quad d = 24$ µm

d) $b = Nd = 50$ mm

O 7.7

a) $\cos\alpha_2 = \cos\alpha_1 - \dfrac{\lambda}{d}$

$\alpha_2 = 6{,}5°$

b) Rot: α_2 vergrößern
Blau: α_2 verkleinern

O 7.8

$d = 1{,}22\dfrac{\lambda h}{a} = 6$ m

O 7.9

$d = 2{,}44\dfrac{\lambda l}{d_0} = 610$ m

O 7.10

a) $d = \dfrac{\lambda_1}{4\sqrt{n^2 - \sin^2\alpha}} = 124$ nm

b) $\lambda_2 = \lambda_1 \dfrac{n}{\sqrt{n^2 - \sin^2\alpha}} = 660$ nm, rot

O 7.11

$$r = \frac{d_n^2}{4\lambda\left(n - \frac{1}{2}\right)} = 3,1 \text{ m}$$

O 7.12

$$d = \frac{\lambda l}{2a} = 0,74 \text{ µm}$$

S 1

S 1.1

$$N = \frac{Pt\lambda}{hc} = 5$$

S 1.2

$$m = \frac{E}{c^2} = 2,37 \cdot 10^{-30} \text{ kg}$$

$$p = \frac{E}{c} = 7,11 \cdot 10^{-22} \text{ kg} \cdot \text{m/s}$$

$$f = \frac{E}{h} = 3,22 \cdot 10^{20} \text{ s}^{-1}$$

$$\lambda = \frac{hc}{E} = 9,32 \cdot 10^{-13} \text{ m}$$

S 1.3

$$\lambda = \frac{h}{\sqrt{2eUm_\text{e}}} = 39 \cdot 10^{-12} \text{ m}$$

S 1.4

$$\lambda = \sqrt{3}\frac{h}{m_\text{e}c} = \sqrt{3}\lambda_\text{C} = 4,20 \cdot 10^{-12} \text{ m}$$

S 1.5

a) $\lambda = \dfrac{hc}{\sqrt{E_\text{k}(E_\text{k} + 2m_\text{e}c^2)}}$

b) $E_\text{k} \ll m_\text{e}c^2 \qquad \lambda = \dfrac{h}{\sqrt{2m_\text{e}E_\text{k}}}$

$E_\text{k} \gg m_\text{e}c^2 \qquad \lambda = \dfrac{hc}{E_\text{k}}$

S 1.6

$$v = \sqrt{\frac{2hc}{m_\text{e}}\left(\frac{1}{\lambda} - \frac{1}{\lambda_\text{G}}\right)}$$

$$= c\sqrt{2\lambda_\text{C}\left(\frac{1}{\lambda} - \frac{1}{\lambda_\text{G}}\right)} = 1,11 \cdot 10^6 \text{ m/s}$$

S 1.7

$$\lambda_1 = \frac{hc}{W_\text{a} + eU_\text{g}} = 179 \text{ nm}$$

$$\lambda_2 = \lambda_\text{G} = \frac{hc}{W_\text{a}} = 273 \text{ nm}$$

S 1.8

a) $\lambda' = \dfrac{\lambda}{1 - \dfrac{\lambda\Delta E}{hc}} = 12,8 \cdot 10^{-12} \text{ m}$

b) $\cos\vartheta = 1 - \dfrac{\lambda}{\lambda_\text{C}}\dfrac{1}{\dfrac{hc}{\lambda\Delta E} - 1}$

$\vartheta = 69,9°$

S 1.9

$$\Delta E = \frac{E}{1 + \dfrac{m_\text{e}c^2}{2E}}$$

a) $\Delta E_1 = 2,2 \text{ keV}$
b) $\Delta E_2 = 24 \text{ µeV}$

S 1.10

a) $\Delta E = \dfrac{hc}{\lambda}\dfrac{1}{1 + \dfrac{\lambda}{\lambda_\text{C}(1 - \cos\vartheta)}} = 220 \text{ eV}$

b) $\tan\varphi = \dfrac{\sin\vartheta}{(1 - \cos\vartheta)\left(1 + \dfrac{\lambda_\text{C}}{\lambda}\right)}$

$\varphi = 51°$

S 2

S 2.1

$$\lambda = \frac{c}{R} \frac{n_1^2}{1 - \left(\frac{n_1}{n_2}\right)^2}$$

n_1	n_2	λ/nm
2	3	656
	4	486
	5	434
	6	410
	7	397
	8	389
	9	383
	10	380

(Balmer-Serie)

S 2.2

$$r = \frac{\varepsilon_0 h^2}{3\pi m_e e^2} = 0,176 \cdot 10^{-10} \text{ m}$$

S 2.3

$$\lambda = \frac{c}{3R} = 30,4 \text{ nm}$$

$$E = 3hR = 40,8 \text{ eV}$$

S 2.4

a) $n_1 = 3$ $\quad n_2 = 4$

b) $n_2 = 3$ $\quad n_1 = 2$ $\quad \lambda = 656$ nm

$n_2 = 2$ $\quad n_1 = 1$ $\quad \lambda = 121$ nm

$n_2 = 3$ $\quad n_1 = 1$ $\quad \lambda = 102$ nm

S 2.5

a) $$\lambda_1 = \frac{c}{R} \frac{1}{\frac{1}{(1+a_0)^2} - \frac{1}{(3+a_1)^2}} = 323 \text{ nm}$$

b) $$\lambda_2 = \frac{4c}{5R} = 72,9 \text{ nm}$$

S 2.6

a) Ausgangszustand: 3p
Endzustand: 3s

b) $$a_0 = \sqrt{-\frac{hR}{E_{1S}}} - 1 = 0,627$$

$$a_1 = \sqrt{\frac{-hR}{E_{1S} + \frac{hc}{\lambda}}} - 2 = 0,117$$

c) $$\Delta E_{2P} = hc \frac{\lambda_2 - \lambda_1}{\lambda_1 \lambda_2} = 2,1 \text{ meV}$$

S 2.7

a) 1S: 5s $\quad$ 3D: 4d
2P: 5p $\quad$ 4F: 4f

b) $$\lambda_1 = \frac{c}{R} \frac{1}{\frac{1}{(2+a_1)^2} - \frac{1}{(2+a_0)^2}} = 1\,394 \text{ nm}$$

$$\lambda_2 = \frac{c}{R} \frac{1}{\frac{1}{(1+a_0)^2} - \frac{1}{(2+a_1)^2}} = 794 \text{ nm}$$

S 2.8

$1s^2 \quad 2s^2 \quad 2p^6 \quad 3s^2 \quad 3p^6 \quad 4s^2 \quad 3d^6$

S 2.9

$$Z \leqq 1 + \sqrt{\frac{eU}{hR}}$$

$Z = 55$ (Caesium)

S 2.10

a) $$\lambda = \frac{c}{R(Z-1)^2} = 17 \cdot 10^{-12} \text{ m}$$

b) $$E = Rh(Z-1)^2 = 73 \text{ keV}$$

S 2.11

$$Z = \sqrt{\frac{4c}{3\lambda R}} + 1 = 20 \text{ (Ca)}$$

$1s^2 \quad 2s^2 \quad 2p^6 \quad 3s^2 \quad 3p^6 \quad 4s^2$

S 2.12

a) $$b_2 = Z - \sqrt{\frac{36c}{5R\lambda}} = 7,10$$

b) $$\lambda = \frac{36c}{5R(Z-b_2)^2}$$

$$\lambda_{Cr} = 2,30 \text{ nm}$$

$$\lambda_U = 0,091\,0 \text{ nm}$$

S 2.13

$$E = 3hR = 40,8 \text{ eV}$$

$$\lambda = \frac{c}{3R} = 30,4 \text{ nm}$$

S 3

S 3.1

$$E_n = \frac{h^2}{32mx_0^2}n^2 \qquad n = 1, 2, 3, \ldots$$

$$\psi_n(x) = \frac{1}{\sqrt{x_0}}\cos\left(n\frac{\pi x}{2x_0}\right)$$

mit $n = 1, 3, 5, \ldots$

$$\psi_n(x) = \frac{1}{\sqrt{x_0}}\sin\left(n\frac{\pi x}{2x_0}\right)$$

mit $n = 2, 4, 6, \ldots$

$(-x_0 \leqq x \leqq +x_0)$

S 3.2

$$\lambda = \frac{32m_e r_0^2 c}{3h} = 12,3 \text{ nm}$$

S 3.3

a) $\alpha = \dfrac{m\omega_0}{2\hbar}$

b) $E_1 = \dfrac{3}{2}\hbar\omega_0$

c) $w(x) = \dfrac{2}{\sqrt{\pi}}\sqrt{\dfrac{m\omega_0}{\hbar}}^3 x^2\, \mathrm{e}^{-\frac{m\omega_0}{\hbar}x^2}$

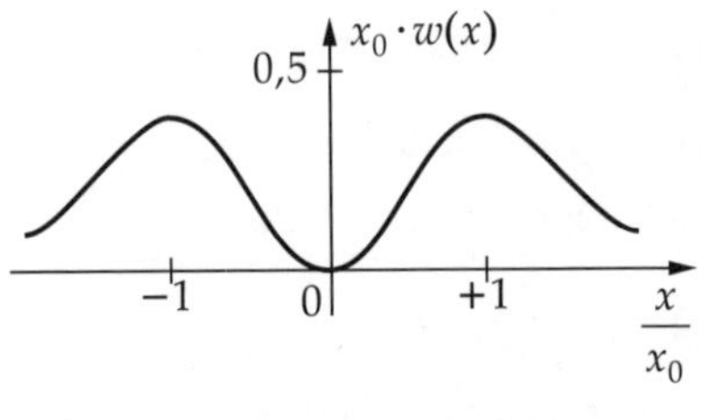

S 3.4

a) $x_0 = \sqrt{\dfrac{\hbar}{m\omega_0}}$

b) $w_1(x) = \dfrac{1}{\pi\sqrt{x_0^2 - x^2}}$

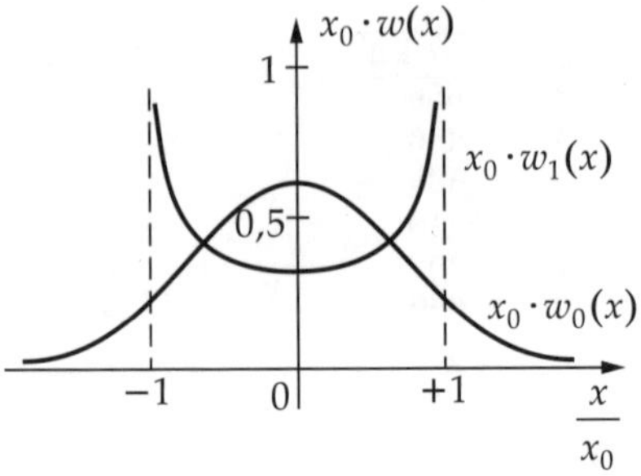

S 3.5

a) $E_0 = V\left(\dfrac{\varphi_0}{a}\right)^2 = 6,56 \text{ eV}$

mit $a = \dfrac{\sqrt{2m_e V}}{\hbar}x_0 = 5,1235$

$\varphi_0 = 1,3111$

b) $N = \operatorname{int}\dfrac{2a}{\pi} + 1 = 4$

S 3.6

a) $N = \dfrac{2md}{h}\sqrt{2gh_S} = 6,3 \cdot 10^{29}$

b) $E_0 = \dfrac{h^2}{8md^2} = 1,2 \cdot 10^{-65} \text{ J}$

c) $v_0 = \dfrac{h}{2md} = 2,2 \cdot 10^{-32} \text{ m/s}$

S 3.7

$$x_0 < \frac{h}{4\sqrt{2m_e V}} = 3,07 \cdot 10^{-10} \text{ m}$$

S 3.8

$$\tau_0 = x_0\sqrt{\frac{2m}{E}}\, \mathrm{e}^{\frac{2\Delta x}{\hbar}\sqrt{2m(V-E)}} \approx 1600 \text{ a}$$

S 4

S 4.1

$$t = \frac{1}{\lambda}\ln\frac{m_0}{m} = 2100 \text{ a}$$

S 4.2

$$\lambda = \frac{1}{t}\ln\frac{1}{f} = 1,2 \cdot 10^{-6} \text{ s}^{-1}$$

$$T_{1/2} = \frac{\ln 2}{\lambda} = 6,8 \text{ d}$$

S 4.3

a) $d_1 = 2r_0 \sqrt[3]{\frac{m_S}{u}} = 25$ km

b) $T_1 = T_S \left(\frac{d_1}{d_S}\right)^2 = 8 \cdot 10^{-4}$ s

S 4.4

a) ${}^{31}_{15}P(d,p){}^{32}_{15}P$

b) $t = \frac{\ln \frac{N_0}{N}}{\ln 2} T_{1/2} = 48$ d

S 4.5

a) $E_B = -[m_p + m_n + m_e - m_A(D)]c^2$
$= -2,224$ MeV

b) $E_B = -[2m_p + 2m_n + 2m_e - m_A(He)]c^2$
$= -28,295$ MeV

S 4.6

$E_B = -6(m_p + m_n + m_e - 2u)c^2$
$= -92,16$ MeV

S 4.7

a) ${}^{12}_{6}C(\alpha, d)\,{}^{14}_{7}N$

b) $E = -[m_A(D) + m_A(N) - m_A(He) - 12u]c^2$
$= -13,57$ MeV

Diese Energie wird verbraucht.

S 4.8

a) $\Delta m_0 = -\frac{2E_2 - E_1}{c^2} = -1,855 \cdot 10^{-2}$ u

b) $m_K(Li) = 2m_K(He) - m_K(H) - \Delta m_0$
$= 7,01429$ u

S 4.9

$T = \frac{m_S c^2}{4\pi r_0^2 B} \left(4 \frac{m_p + m_e}{m_A({}^4_2He)} - 1\right)$
$= 1,1 \cdot 10^{11}$ a

(Erdbahnradius r_0)

S 4.10

a) $E = \varepsilon \varrho_{H_2O} V \frac{M_r(H_2)}{M_r(H_2O)} \left[1 - \frac{m_A(He)}{2m_A(D)}\right] c^2$
$= 3,6 \cdot 10^{24}$ kWh

b) $t = \frac{E}{\pi r_E^2 B} = 2,5 \cdot 10^6$ a

(Erdradius r_E)

S 4.11

a) $E_1 = \frac{e^2}{8\pi\varepsilon_0 r_1} = 144$ keV

b) $T_1 = \frac{2E_1}{3k} = 1,1 \cdot 10^9$ K

c) $E_2 = (2m_p - m_d + m_e)c^2 = 1,44$ MeV

S 4.12

$t = \frac{T_{1/2}}{\ln 2} \ln \left[1 + \frac{yA({}^{238}U)}{xA({}^{206}Pb)}\right] = 2,8 \cdot 10^8$ a

S 4.13

a) $E_1 = \frac{Z_1 Z_2 e^2}{4\pi\varepsilon_0 r_0 \sqrt[3]{A_2}} = 17,4$ MeV

b) $E_1 = \left(1 + \frac{A_1}{A_2}\right) \frac{Z_1 Z_2 e^2}{4\pi\varepsilon_0 r_0 \sqrt[3]{A_2}} = 18,6$ MeV

S 4.14

a) $E_R = \frac{4}{236} E = 86$ keV

b) $E_R = \frac{m_e}{233\text{ u}} \left(1 + \frac{E}{2m_e c^2}\right) E = 6,4$ eV

Sachwortverzeichnis